分子光散射与光学活性

原书第二版

Molecular Light Scattering and Optical Activity

Second Edition

〔英〕L. D. 巴伦（L. D. Barron） 著

唐智勇 高小青 译

科学出版社

北 京

图字：01-2023-5870 号

内 容 简 介

本书利用经典和量子方法，结合对称原理，给出了与分子散射偏振光问题相关的各种光学活性及有关现象的理论推导。不仅介绍了与电子跃迁相关的、常见的紫外可见区域光学活性和圆二色性的内容，还介绍了与振动跃迁相关的红外及拉曼探测技术相关的光学活性新课题。通过讨论光学活性和手性在从基本粒子的物性到病毒的结构等方面的应用，指出相关课题在现代科学中的重要性。物理学家和生命科学家必将对该领域产生浓厚兴趣。

本书适用于对光学活性及手性基础科学比较感兴趣的研究生和学者。

图书在版编目（CIP）数据

分子光散射与光学活性：原书第二版 /（英）L. D. 巴伦（L. D. Barron）著；唐智勇，高小青译. —北京：科学出版社，2023.12

书名原文：Molecular Light Scattering and Optical Activity

ISBN 978-7-03-077487-3

Ⅰ. ①分…　Ⅱ. ①L…　②唐…　③高…　Ⅲ. ①光学—研究　Ⅳ. ①O43

中国国家版本馆 CIP 数据核字（2023）第 240626 号

责任编辑：翁靖一　孙　曼 / 责任校对：杜子昂

责任印制：师艳茹 / 封面设计：东方人华

科学出版社 出版

北京东黄城根北街 16 号

邮政编码：100717

http://www.sciencep.com

北京科信印刷有限公司 印刷

科学出版社发行　各地新华书店经销

*

2023 年 12 月第　一　版　开本：720 × 1000　1/16

2023 年 12 月第一次印刷　印张：23 1/2

字数：456 000

定价：198.00 元

（如有印装质量问题，我社负责调换）

译 者 序

手性物质科学，从1811年Arago在缺角石英中发现线偏振光颜色的变化开始，到现在已有两百多年的发展历史。在此期间，手性物质科学逐渐融合了物理学、化学、生物学及材料学等多种不同学科，并根据研究对象的不同可以划分为手性物质光学、手性催化与制备、手性光谱学、手性材料学、手性生物医学等多个不同研究方向。迄今为止，手性物质科学在圆二色发光器件、光谱学分析、自旋电子信息传输、圆偏振光检测、手性药物、生物医学检测与诊疗等不同领域都有应用前景。

近年来，我国手性物质科学在国家自然科学基金委员会及科学技术部的大力支持下，在科研人员的共同努力下，得到蓬勃发展并取得显著成果。其中，圆二色荧光材料的构建及相关应用性研究已经处于世界领先水平。然而，在手性物质基础研究方面还比较缓慢，相关的基础书籍也还比较缺乏。因此，引入手性物质科学领域中优秀的理论书籍，无论是对于提高实验科研人员对手性物质科学的基础认知，还是供基础科研人员入门学习，都是大有裨益的。

英国格拉斯哥大学的Laurence Barron教授在手性物质科学的基础研究方面有极深的造诣。他在拉曼光学活性、磁手性及手性的宇称时间对称性研究等方面，都给予了原创性贡献。Laurence Barron 于 1982 年出版的英文版 *Molecular Light Scattering and Optical Activity* 深受读者喜欢，停版后于 2004 年出版了第二版。该书系统地描述了手性物质科学的发展现状（第 1 章），详细阐述了光和物质相互作用的半经典理论（第 2 章）、手性物质的拉曼和瑞利散射特性（第 3 章）、手性物质的宇称时间反演特征（第 4 章）、圆二色性基本理论（第 5 章）、磁圆二色性基本理论（第 6 章）、振动光学活性（第 7 章），以及反对称散射和磁拉曼光学活性（第 8 章）。读者在阅读本书之前，需要有一定的量子力学及电磁学基础。

该书的引入，有助于提升我国科研人员对手性物质光学基础研究的认知，促进初学者系统掌握手性物质光学的基础研究，并对手性的概念有更深入的理解。

译者在对该书进行翻译工作时，得到牟维华老师的帮助，在此表示感谢。由于译者能力有限，书中难免有疏漏和不妥之处，望读者给予指正。

唐智勇　高小青

2023 年 9 月 14 日

第二版序

自 1982 年本书第一版出版以来，科研人员对光学活性的关注迅速增加。本书预料到了一些新的发展，并辅助激发了人们的研究兴趣。然而，自 1990 年绝版以来，本书越来越难得到。很多人咨询我在哪里能找到这本书，有些给出的理由是"我们图书馆的书被偷了"，并建议说第二版会很受欢迎，这些都鼓励我准备该新版本。第二版进行了相当大的修改和扩充，但总体纲要和风格仍与第一版一样。

传统上，许多分子特别是天然产物，具有固有手性，导致光学活性和手性研究一直是合成化学和结构化学的研究领域。实际上，手性物质在生物分子科学中也很重要，因为蛋白质、核酸和低聚糖是由手性分子构建的，即由 L-氨基酸和 D-糖构成的，而生命化学是精细立体定向的。因此，在这些传统领域中对该方面的研究变得越来越重要。例如，手性合成与拆分是现代制药工业的关键技术，因为许多药物都具有手性，并且人们已经意识到手性药物在制备上应该保持单一手性；手性光谱学被越来越广泛地用于研究生物分子在溶液中的结构和性能，该课题目前处于生物医学前沿。近年来，光学活性和手性也受到了其他几个学科的热烈欢迎。例如，手性流体、晶体和表面产生的微妙的线性和非线性光学新现象，使物理学家对这一领域越来越感兴趣。此外，由于单一手性是生命的特征，因而人类正努力在宇宙的其他地方，包括星际尘云、彗星物质，以及太阳系外行星的表面，寻找生命的证据，或进行前生命化学研究。手性由此引起了一些天体物理学家和太空科学家的兴趣。它甚至引起了应用数学家和电气工程师对手性介质新颖而潜在的电磁特性的关注。

第二版虽然包含了大量新内容，但与第一版一样，并不是关于光学活性的全面论述，只是我个人对光学活性理论及相关偏振光散射效应的看法，仅反映了我个人的研究兴趣。关于对称性和手性的内容，已经扩展到了与运动相关的镜像性问题，以及"真""假"手性的概念，以此揭示手性分子与基本粒子在物理学特性方面的诸多相似性。这些相似性是通过考虑宇称时间反演不变性而进行进一步强调的。另一个重要的补充是对磁手性现象的详细处理，这是由手性和磁性间微妙的相互作用所产生的，而相关原理在撰写第一版时还不太清楚。由于 20 世纪 80～90 年代仪器和理论的新发展，振动光学活性已经发展"成熟"，所以我对该部分进行了大量修订和扩展。其中，重点放在第 7 章中对振动圆二色性的新处理；量子化学理论中的一些重要问题现在已经解决，但在撰写第一版时还没有解决，因而第一版中出现了玻恩-奥本海默近似的应用错误。目前，关于天然拉曼光学活性的修订内容反映了这样一个事实，即它已经成为一种精确的手性技术，从最小的分子，如 CHFClBr，到最大的分子，如完整的病毒，提供了各种手性分子的结构信息。本书还介绍了磁拉曼光学活性的最新研究进展，并指出它有可能成为新型的磁结构探针。

非线性光学活性是另一个近些年发展起来的课题，指由强激光入射到手性样品内部或表面所产生的一系列不同的光学现象。然而，该课题的涉及面已经非常广泛且重要，在理论上也更加专业化。对此，本版本给出明确说明，即本书仅仅局限于线性光学活性现象。

在与许多同事的交流过程中我获益匪浅。他们直接或间接地帮助我对第一版的错误进行了识别和纠正，并帮助我准备了新资料。在这方面，我特别感谢 E. W. Blanch，I. H. McColl，A. D. Buckingham，J. H. Cloete，R. N. Compton，J. D. Dunitz，K.-H. Ernst，R. A. Harris，L. A. Hecht，W. Hug，T. A. Keiderling，L. A. Nafie，R. D. Peacock，P. L. Polavarapu，M. Quack，R. E. Raab，G. L. J. A. Rikken，A. Rizzo，P. J. Stephens，G. Wagnière 和 N. I. Zheludev。

我希望在纯科学和应用科学的许多不同领域的工作者都能从第二版中学到一些有价值的知识。

L. D. 巴伦

2004 年于格拉斯哥

第一版序

从 20 世纪初发现光学活性开始，研究人员就对该性质倍感兴趣。科学家在探索光学活性的过程中，拓展了该特性在物理学、化学和生物学等不同领域的发展。例如，菲涅耳在经典光学方面做出了杰出贡献；巴斯德对具有光学活性对映异构分子的发现及深入研究，使他对生物化学及药学领域都做出了重大贡献；法拉第发现磁旋光性后，结论性地证明了电磁场与光之间的密切联系。当然，整个立体化学（又称空间化学）都源于菲涅耳和巴斯德的认知，即具有旋光性的分子必须具有本质上的螺旋结构。因此，该类分子一开始就被认为必须是三维的。

一个体系，如果能够使线偏振光的偏振面产生旋转，就被称为具有“光学活性”特征。事实上，旋光性只是各种光学活性现象中的一种，我们可以将所有光学活性现象简单地看成是体系对左右圆偏振光的不同响应。当不存在外在影响因素时，光学活性物质可以被看成是具有“天然”光学活性。除此之外，磁场中的所有物质都会展现光学活性；电场也会在某些特定情况下诱导出物质的光学活性。

有人可能会认为，起源于 19 世纪初的一门学科到现在已经几乎穷尽了，但事实却远非如此。近年来，随着光学和电子技术的迅猛发展，传统光学活性测量的灵敏度大大提升，这使得全新的光学活性现象得以被观测和使用。传统的光学活性几乎只与电子跃迁有关；但在过去十年中，该领域的一个非常重要的进展是利用红外和拉曼技术，将天然光学活性测量范围扩展到了振动光谱。很明显，振动光学活性打开了通往基础研究和实际应用的大门，这在以往的常规电子光学活性领域中是无法想象的。

在化学和生物化学中，光学活性的测量将变得越来越重要。这是因为“常规”方法已经为确定分子结构奠定了基础，并且检测重点逐渐转向了在各种环境中确定分子的精确三维结构：显然，在生物化学中，三维空间的精细结构在很大程度上决定了生物的某些特定功能。例如，X 射线晶体分析法虽然可以提供这方面的完备信息，但它仅局限于对晶体中分子的研究，并且晶体中的三维结构不一定与处于所研究环境中的结构相同。然而，天然光学活性测量在分子立体化学的检测方面具有独特的敏感探针作用。该检测技术在构象和绝对构型方面都是非常有用的。与 X 射线方法不同的是，该技术可以用于液体、溶液，以及活体生物分子的检测。另一方面，磁光学活性测量的意义可以总结为：它们在原子和分子光谱中注入了附加结构，从而可以提取更多信息。

最近，随着理论物理学在将弱力和电磁力统一为“电弱”力方面取得的成功，物理学世界也开始重新审视光学活性。由于弱电磁力被证明是更基本、统一而相同的力的不同方面，从而与弱力有关的绝对宇称不守恒被认为在所有电磁现象中都有微小渗透。关于这点，我们可以在原子和分子领域中通过精细的光学活性实验进行研究。因此，正如光学活性在20世纪的科学进步中起到了催化剂的作用一样，在我们这个时代，光学活性似乎势必会推动进一步的基础性研究。可以说，光学活性提供了一个窥探构建宇宙机制的窗口!

为了统一处理光学活性物质的光学性质，以及理解传统旋光性和圆二色的“双折射”现象与瑞利和拉曼光学活性的新“散射”现象之间的关系，本书推导了从分子偏振光散射角度给出的理论。由此得到了分子光学的普遍性理论，并应用于折射、双折射、瑞利散射和拉曼散射等基本现象。光学活性实验是这些现象的应用，以探索光学活性体系对左右圆偏振光的不对称响应性。并且，用普遍性理论的结果，得到每个特定光学活性现象中观测量的表达，该表达也可以通过尽可能简单的方式独立推导出。这对于只对其中的一个课题感兴趣的读者是有利的。

在光学活性的普遍领域中有几个重要课题，然而在这里我不是略去了就是只简单地提了一下，主要是因为它们与分子偏振光散射的主题无关，并且我对它们也不够了解。这些包括圆偏振荧光、手性识别。这里也没有讨论螺旋聚合物：为了中肯地讨论这一非常重要的话题，我们会偏离基本理论。在我讨论特定原子或分子体系时，目的是阐明理论，而不是详尽地解释任何特定体系的光学活性。对于天然光学活性更广泛的观点，包括实验和一些特定体系的详细描述，读者可以参考 S. F. Mason 的新书《分子光学活性与手性识别》(Mason，1982)。

因此，这不是一本关于光学活性的全面论述。相反，这是我个人对光学活性理论和相关偏振光散射效应的看法，反映了我过去 14 年左右的研究兴趣。早期，我有幸与两位杰出的物理化学家：牛津大学的 P. W. Atkins 博士和剑桥大学的 A. D. Buckingham 教授共事，并向他们学习，他们的影响贯穿全书。

我要感谢多年来通过讨论和邮件帮助阐明本书大部分内容的许多同事。我特别感谢 J. Vrbancich 博士通读全书，指出了许多错误和晦涩的段落。

L. D. 巴伦

1982 年 5 月于格拉斯哥

目　录

第 1 章　光学活性现象的历史回顾

然而，它们中的每一个——所有都是神奇、反有机、否定生命的——每个都完全对称，非常有规律。它们太有规律了，因为构成生命体的物质从没有这种程度的规律性——对于这种完美的精确性，生存准则颤抖了，因为这分明就是死亡的精髓——汉斯·卡斯托尔觉得他现在理解了为什么古代建筑师故意悄无声息地将绝对对称性产生的微小变化引入到他们的圆柱形结构中。

托马斯·曼（《魔山》）

1.1　引　　言

在第一版序中，光学活性现象被定义成：体系对左右圆偏振光的不同响应。本章将会从历史发展的角度系统阐述光学活性的一系列现象，以及一些与光学活性有关，然而从严格意义上讲不算是光学活性的效应。关于手性发展史的更多历史知识，读者可以参考 Lowry（1935）、Partington（1953）和 Mason（1982）的相关著作。

本章中涉及的符号和单位，在早期的文献中也都会遇到，属于 CGS 单位制；然而，这些没必要与本书后面出现的，包含分子偏振光散射在内的一些现象的理论中涉及的符号和单位相同。特别是在后面章节的理论推导中用到了 SI 单位，因为这些是国际上普遍使用的。

1.2　天然旋光性和圆二色性

光学活性最早是由 Arago（1811）发现的。他将石英晶体放在两个相互垂直的偏振片之间，当太阳光沿着石英晶体的光轴通过时，颜色发生变化。Biot（1812）随后的实验确定，颜色的变化是由两种不同的效应共同作用产生：旋光性，也就是线偏振光偏振面的旋转；旋光色散，也就是不同波长光偏振面的不等量旋转。Biot 还发现了另一种产生偏振面旋转方向相反的石英。Biot（1818）认识到，当光经过石英的路径长度一定时，旋转角 α 反比于波长 λ 的平方。Drude（1902）给出了更准确的实验数据，从而用如下公式取代了 Biot 的平方反比定律：

$$\alpha = \sum_j \frac{A_j}{\lambda^2 - \lambda_j^2} \tag{1.2.1}$$

其中，A_j 是与可见或近紫外吸收波长 λ_j 对应的常数。旋光现象的现代分子理论对于透过波段，都给出这种形式的方程。

很快，在像松脂这样的有机液体中也发现了旋光现象（Biot，1815），在樟脑的乙醇溶液、糖及酒石酸的水溶液中也都发现了旋光现象，后者在 1832 年被报道（Lowry，1935）。该现象被理解成，液体的光学活性肯定来自单个分子，甚至是当分子处于完全无序的状态下也能产生该效应；然而，石英的光学活性来自晶体而不是单个分子，因为熔融的石英不具有光学活性。正如我们将在 1.9 节中讨论的那样，研究人员最终意识到，天然光学活性来自手性分子或晶体的结构。当该结构的对称性低到与其镜像不重合时，就会产生天然光学活性。人们将能够存在的这两种不同形式称为相反的绝对构型。对于给定波长的光，具有相反绝对构型的两种物质会产生大小相等、方向相反的旋光度。

绝对构型与旋光特性之间的关系非常微妙，理论学家花了很长时间研究该效应。目前，大多数手性分子绝对构型的定义是基于 Cahn、Ingold 和 Prelog 的 *R*（rectus，右）和 *S*（sinister，左）体系，而具有明显螺旋结构的分子用 *P*（plus，正）和 *M*（minus，负）表示。与特定绝对构型相关联的旋光度（通常用钠在 589nm 处的 D 线进行测试）在括号中给出，如(*R*)-(–)或者(*S*)-(+)。相关的深入探讨可以参考 Eliel 和 Wilen 的相关文献（Eliel and Wilen，1994）。确定绝对构型的最好方法是利用同位素分子产生的反常 X 射线散射。Bijvoet 等（1951）在研究酒石酸铷钠时首次证实了该方法。然而，很多手性分子不符合 X 射线晶体学：对于这种情况，像对分子手性非常敏感的旋光效应这样的光学活性检测非常有用。能够区分手性分子的两个对映异构体的光学方法称为手性光学（chiroptical）技术。

菲涅耳著名的旋光理论（Fresnel，1825）源于他对圆偏振光的发现。在圆偏振光中，电矢量的尖端处于垂直于传播方向的固定面上，且轨迹随时间的变化呈圆形：通常，当观察者正对入射光，电矢量顺时针旋转时为右圆偏振光，逆时针旋转时为左圆偏振光*。如图 1.1 所示，在给定时刻，电矢量的顶端沿圆偏振光的传播方向形成了一个螺旋。由于螺旋沿着传播方向移动，但不旋转，因此之前关于左右旋向的定义对应于螺旋的旋向。当螺旋经过固定面时，向着光源的方向观测，电矢量顶端的顺时针旋转为右手螺旋，逆时针旋转为左手螺旋。关于圆偏振光的详细解释及其图形描述中可能产生的误区，可以参考 Kliger、Lewis 和 Randall 的书（Kliger et al.，1990）。

---

* 左右圆偏振光的定义分别符合左右手螺旋定则，即大拇指的方向为光传播的方向，四个指头弯曲的方向为电矢量旋转的方向。

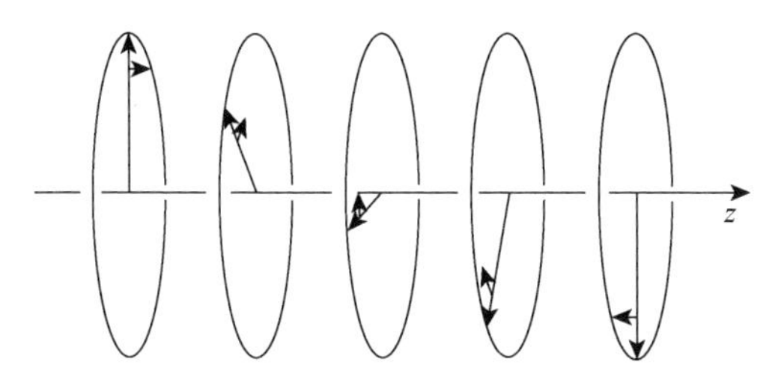

图 1.1　沿着 z 方向传播的右圆偏振光的瞬间电矢量。当从 $-z$ 方向观察时，电矢量在固定面上顺时针旋转

菲涅耳意识到，可以将线偏振光看成是等量的左右圆偏振光的叠加，偏振面的方向是两个分量相对相位的函数。相关示意图见图 1.2（a）。他将旋光性归因于线偏振光在介质中传播时，左右圆偏振光传播速度的不同，因为在圆偏振光之间引入相差会改变偏振面的方向，见图 1.2（b）。假设角频率为 $\omega = 2\pi c / \lambda$ 的线偏振光在 $z = 0$ 处进入透明的光学活性介质中。如果在给定时刻 $z = 0$ 时，左右圆偏振光的电矢量平行于线偏振光的极化方向，随后，某时刻在光学活性介质点 $z = l$ 处，右圆偏振光分量和左圆偏振光分量的电矢量倾斜的角度分别为 $\theta^{\mathrm{R}} = 2\pi cl / \lambda v^{\mathrm{R}}$ 和 $\theta^{\mathrm{L}} = -2\pi cl / \lambda v^{\mathrm{L}}$，其中，$v^{\mathrm{R}}$ 和 v^{L} 分别是右圆偏振光和左圆偏振光在介质中的速度。这样的话，用弧度表示的旋光度为

$$\alpha = \frac{1}{2}(\theta^{\mathrm{R}} + \theta^{\mathrm{L}}) = \frac{\pi cl}{\lambda}\left(\frac{1}{v^{\mathrm{L}}} - \frac{1}{v^{\mathrm{R}}}\right) \tag{1.2.2}$$

因为折射率 $n = c / v$，所以每单位长度（与 λ 的单位相同）旋光度可以写成：

$$\alpha = \frac{\pi}{\lambda}(n^{\mathrm{L}} - n^{\mathrm{R}}) \tag{1.2.3}$$

由此可见，旋光度是介质圆双折射的函数，即左圆偏振光折射率 n^{L} 和右圆偏振光折射率 n^{R} 之间的差值。

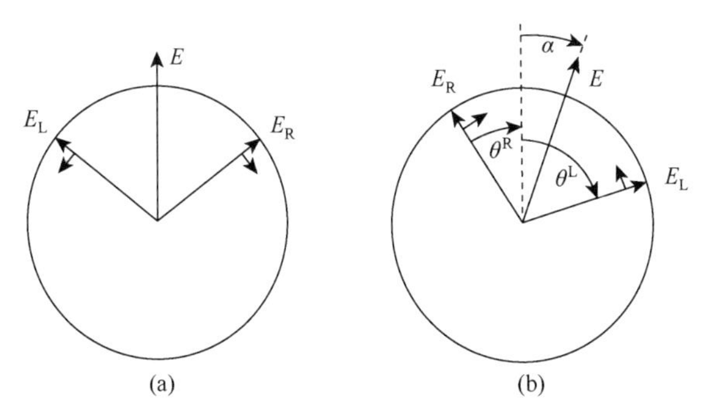

图 1.2　（a）线偏振光的电矢量分解成相干的左圆偏振光和右圆偏振光，其中，传播方向垂直纸面向外；（b）在光学活性介质某点处电矢量的旋转，如果看不明白图 1.2（b），可以参考图 1.1

在化学文献中，当向着光源方向，如果偏振面顺时针旋转（正的旋转角度），介质被认为是右旋的（dextro rotatory），如果偏振面逆时针旋转（负的旋转角度），介质被认为是左旋的（laevo rotatory）。线偏振光在透明光学活性介质中的路径用电矢量的螺旋模式表示，因为每个电矢量的方向仅仅是该矢量在介质中位置的函数，尽管其振幅是时间的函数。

如果折射率与波长相关的表达式如下：

$$n^2 = 1 + \sum_j \frac{C_j \lambda^2}{\lambda^2 - \lambda_j^2} \tag{1.2.4}$$

其中，C_j 是适用于近紫外到可见光吸收波长 λ_j 的常数，那么 Drude 方程（1.2.1）可以由方程（1.2.3）给出。这是 Sellmeier 方程（Sellmeier，1872）的一种形式。因此，只要左右圆偏振光的 C_j 略微不同，就能得到 $(n^{\mathrm{L}})^2 - (n^{\mathrm{R}})^2$ 的表达。然而，$(n^{\mathrm{L}})^2 - (n^{\mathrm{R}})^2 = (n^{\mathrm{L}} - n^{\mathrm{R}})(n^{\mathrm{L}} + n^{\mathrm{R}})$，并且因为 n^{L}和n^{R} 接近非偏振光的折射率 n，所以可以将 $(n^{\mathrm{L}} + n^{\mathrm{R}})$ 写成 $2n$，从而得到 Drude 方程（1.2.1），其中，$A_j = \pi\lambda\left(C_j^{\mathrm{L}} - C_j^{\mathrm{R}}\right)/2n$。以上简单讨论是为了描述当 $C_j^{\mathrm{L}} \neq C_j^{\mathrm{R}}$ 时旋光性的产生机制。

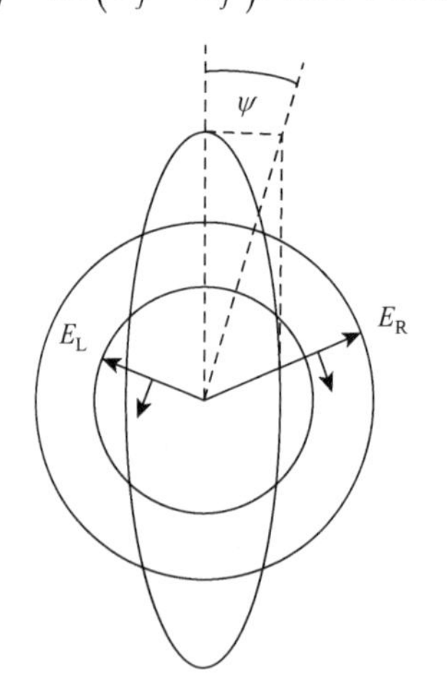

图 1.3 由角度 ψ 确定的椭圆偏振光可以分解成具有不同振幅的左右圆偏振光的叠加

因为折射与吸收是密切相关的，所以光学活性介质会对左右圆偏振光产生不同的吸收。该现象首次由 Haidinger（1847）在紫水晶中观察到，后来由 Cotton（1895）在酒石酸铜和铬的溶液中观察到。并且，在具有吸光性的光学活性介质中，线偏振光变成椭圆偏振光：如图 1.3 所示，椭圆偏振光可以看成是振幅不同的左右圆偏振光的叠加，因此，传统理论将椭圆度（ellipticity）的产生归因于对这两种圆偏振光吸收的不同。椭圆度 ψ 由椭圆的短轴和长轴的比值给出，而该比值仅仅是这两种圆偏振分量振幅的差与和的比值：

$$\tan\psi = (E_{\mathrm{R}} - E_{\mathrm{L}})/(E_{\mathrm{R}} + E_{\mathrm{L}}) \tag{1.2.5}$$

当 $E_{\mathrm{R}} > E_{\mathrm{L}}$ 时，ψ 为正，对应于在固定面内椭圆偏振光电矢量的顺时针旋转。由吸光介质导致的光的振幅与吸收率 n' 和路径长度 l 的直接关系如下：

$$E_l = E_0 \mathrm{e}^{-2\pi n' l/\lambda} \tag{1.2.6}$$

因此，椭圆度为

$$
\begin{aligned}
\tan\psi &= \frac{e^{-2\pi n'^{R}l/\lambda} - e^{-2\pi n'^{L}l/\lambda}}{e^{-2\pi n'^{R}l/\lambda} + e^{-2\pi n'^{L}l/\lambda}} = \frac{e^{\pi l(n'^{L}-n'^{R})/\lambda} - e^{-\pi l(n'^{L}-n'^{R})/\lambda}}{e^{\pi l(n'^{L}-n'^{R})/\lambda} + e^{-\pi l(n'^{L}-n'^{R})/\lambda}} \\
&= \tanh\left[\frac{\pi l}{\lambda}(n'^{L} - n'^{R})\right]
\end{aligned} \tag{1.2.7}
$$

其中，n'^{L} 和 n'^{R} 分别是左圆偏振光和右圆偏振光的吸光率。当椭圆度比较小时，每单位长度的弧度（与 λ 有相同单位）为

$$
\psi \approx \frac{\pi}{\lambda}(n'^{L} - n'^{R}) \tag{1.2.8}
$$

因此，椭圆度是 $(n'^{L} - n'^{R})$ 的函数，体现介质的圆二色性（circular dichroism）。

圆二色性和旋光色散，除了在曲线上正负号数量不同之外，在电子吸收区域具有与波长相关的曲线，它们分别与传统的吸收和折射的曲线非常相似。相关示意图见图 1.4。圆二色性与在吸收区域伴随的反常旋光色散一起被称作 Cotton 效应。椭圆度的最大值与旋光色散曲线的拐点重合，理想的椭圆度最大值与 λ_j 处的电子吸收带的最大值重合。对于一个给定样品的单个吸收带，椭圆度和旋光色散曲线总是有如图 1.4 所示的相对符号。在远离任何 λ_j 的波长处，旋光色散由 Drude 方程（1.2.1）给出，然而在反常区域，必须对 Drude 方程进行修正，去掉奇点，允许特定的吸收线宽。如果有几个邻近的吸收带，则净 Cotton 效应将会是单个 Cotton 效应曲线的叠加。

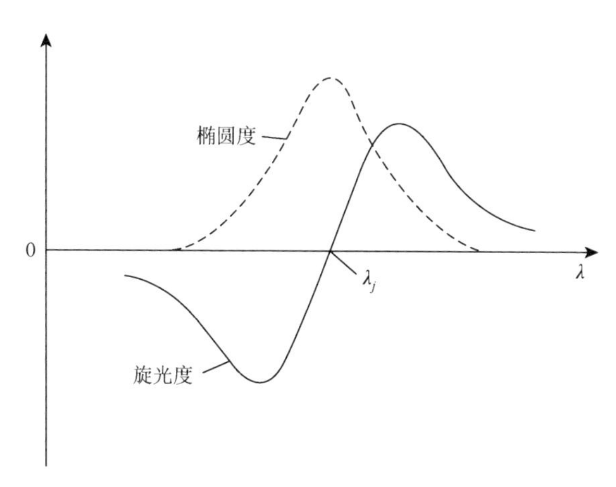

图 1.4　在电子吸收波长 λ_j 区域中的椭圆度和反常旋光色散。这里展现的峰的正负情况对应正的 Cotton 效应

通常将旋光测试称为比旋光度（specific rotation）测试：

$$
[\alpha] = \frac{\alpha V}{ml} \tag{1.2.9}
$$

其中，α 是旋光度，单位为（°）；V 是质量为 m 的光学活性物质的体积；l 是光程。在大多数化学文献中用到了 CGS 单位，l 的单位为 dm。同样，圆二色测试通常表达成比椭圆度（specific ellipticity）：

$$[\psi]=\frac{\psi V}{ml} \tag{1.2.10}$$

其中，ψ 的单位为（°）。通常可以通过测试分别由左右圆偏振光十进制摩尔消光系数的差值直接检测圆二色性，而不是由初始线偏振光诱导的椭圆度给出圆二色性。此处摩尔消光系数的表达为

$$\epsilon=\frac{1}{cl}\log\frac{I_0}{I_l} \tag{1.2.11}$$

其中，I 是光的强度；c 是吸光分子的浓度，单位为 $\mathrm{mol{\cdot}L^{-1}}$。因为光的强度正比于其振幅的平方，所以可以通过方程（1.2.6）和方程（1.2.11）得到摩尔消光系数与吸光率之间的关系：

$$I_l=I_0\mathrm{e}^{-2.303\epsilon cl}=I_0\mathrm{e}^{-4\pi n'l/\lambda} \tag{1.2.12}$$

从而得到

$$n'=\frac{2.303\lambda c\epsilon}{4\pi} \tag{1.2.13}$$

我们通常会在化学文献中遇到如下表达，该表达给出了以度为单位的椭圆度与十进制摩尔圆二色性之间的关系：

$$[\theta]=3300(\epsilon^{\mathrm{L}}-\epsilon^{\mathrm{R}})=3300\Delta\epsilon \tag{1.2.14}$$

如果采用 CGS 单位制，从方程(1.2.8)、方程(1.2.10)和方程(1.2.13)得到以上公式。注意，这里的光程单位为 dm。

一个有用的无量纲物理量是不对称因子（dissymmetry factor）（Kuhn，1930）：

$$g=\frac{\epsilon^{\mathrm{L}}-\epsilon^{\mathrm{R}}}{\epsilon}=\frac{(\epsilon^{\mathrm{L}}-\epsilon^{\mathrm{R}})}{\frac{1}{2}(\epsilon^{\mathrm{L}}+\epsilon^{\mathrm{R}})} \tag{1.2.15}$$

该值是圆二色性与常规吸收的比值。因而，在确定绝对吸收强度时产生的常数就消掉了。g 通常简化成只包含分子几何结构信息的简单表达。圆二色性通常是在吸收存在的情况下确定的，因此 g 也是一个合适的标准，在给定仪器灵敏度的情况下，可以用来判断特定吸收波段处圆二色性是否可以测量。

尽管旋光色散和圆二色性的研究可以追溯到 100 多年前，但直到 20 世纪中期，大多数化学研究仅仅利用了 589nm 处钠的 D 线，给出一些透过波长处的旋光性。接着，在 20 世纪 50 年代，随着旋光色散检测仪器的普及，光学活性分子的研究迎来了一场革命：这可能是电子学，特别是光电倍增管的出现发展的结果，从而紫外可见光谱的记录不再依赖感光板。甾体化学是最早受益的研究领域之一，

这主要得益于 Djerassi（1960）的先驱工作。测试常规圆二色性的设备在 20 世纪 60 年代初被开发出来。当时，光电调制解调器已经出现，它可以在适当频率处切换入射光的左右圆偏振性。而且，现在这种技术通常比旋光色散更受欢迎，因为它能够更好地区分重叠吸收带（圆二色线形函数下降到零的速度比旋光色散线形函数快得多）。

常规的旋光性和圆二色性检测技术选用可见光或者紫外光作为光源：因为该波段激发分子的电子态，从而可以将这些技术看成是偏振电子光谱技术。因此，电子态的特定空间分布产生了特定的圆二色谱带，如各种被探测到的圆二色谱带。通常，可以将该圆二色谱带与分子的立体化学性质相关联，对此我将会在后面的章节中介绍。关于这方面的常规陈述为：利用旋光色散和圆二色技术，通过生色团（能够吸收可见光或者近紫外光的结构基团）的“眼睛”，了解分子的立体化学信息。该拟人化观点的第一个成功的应用是 Moffit 等的著名八区规则（octant rule）（Moffit et al.，1961），该规则与由分子中其余部分作为微扰基团，通过空间排列诱导原本光学不活跃的羰基生色团产生 Cotton 效应的符号和量级有关。八区规则将会在第 5 章深入阐述。

这里需要提到两个与圆二色性非常密切的话题，即圆偏振发光和荧光检测圆二色性（fluorescence detected circular dichroism）。后者仅仅是测试样品中圆二色特性的另一种方法，通常用来检测透光性比较差的生物样品，表征电子吸收带附近左右圆偏振光激发的荧光强度差（Turner et al.，1974）。前者与处于激发态的光学活性分子自发发射的圆偏振成分有关。吸收与自发发射的爱因斯坦系数之间的关系指出，具有特定电子跃迁的圆二色吸收光谱和圆偏振发光光谱将提供相同的结构信息。然而，当分子处于基电子态的结构与处于荧光激发态的结构不同时，将会观察到不同的圆二色吸收光谱和圆偏振发光光谱。因此，圆二色吸收光谱提供基态结构信息，而圆偏振发光光谱提供激发态结构信息。在特定条件下，可以利用圆偏振发光技术研究像光选择性和重取向弛豫这样的激发态分子动力学。关于这些光谱技术的发展，本书不作过多陈述，感兴趣的读者可以参考 Richardson 和 Metcalf（2000）及 Dekkers（2000）的著作。

研究人员还提出了一种与荧光检测圆二色技术略微不同的光谱技术：圆差光声光谱术（circular differential photoacoustic spectroscopy）（Saxe et al.，1979）。在传统光声光谱中，光能被样品吸收，随后以热能的形式被耗散掉的那部分能量以如下方式被检测：如果及时调节激发光，会调整样品的加热和冷却，由此产生的温度波动会将热能转化为样品中声波携带的机械能，该部分能量能够利用扬声器进行检测。在圆差光声光谱术中，入射光在左右圆偏振光之间切换，在调制频率处的任何声波的强度将是吸光手性样品圆二色性的函数。该光谱要比荧光检测圆二色性的应用更广泛，因为不需要荧光生色团，并且在研究分子表面方面具有特定优势。

天然光学活性技术，特别是紫外圆二色，由于在立体化学中的普遍重要性，以及在探测决定生物功能的精细立体化学特征方面表现出的高敏感性，在生物化学和生物物理上成为表征性质的重要物理方法（Fasman，1996；Berova et al.，2000）。

1.3　磁旋光性和磁圆二色性

法拉第因为确信电磁与光之间的联系，从而发现线偏振光在穿过放置在电磁铁两极之间的硼酸铅玻璃棒时，偏振面会发生旋转（Faraday，1846）。当光经过任何介质，无论是各向同性的还是有一定取向的，只要光的方向沿着磁场方向，就可以观察到法拉第旋光现象。旋光现象看起来与光束和磁场的方向有关，并且当光的方向或者磁场的方向颠倒时，旋光度也会反向。因此，磁旋光性与天然旋光性是不一样的，因为在天然旋光性中，物体反射的光使旋光度发生叠加，而不是相互抵消。科学家很快发现，磁旋光度与波长的平方成反比，这与自然旋光度的 Biot 定律是一致的；尽管后来发现一个与实验更吻合的公式，该公式类似于 Drude 方程（1.2.1）。

Verdet 定律总结了 Verdet（1854）的定量研究。该定律指出，在磁场 $\boldsymbol{B}$ 中，与该磁场成 θ 角度的光束每单位光程的旋光度为

$$\alpha = VB\cos\theta \tag{1.3.1}$$

其中，V 是在给定波长和温度下材料的 Verdet 常数。对于平行磁场方向（从南极到北极）的光，当面向光源的方向时，大多数抗磁性材料会使偏振面逆时针旋转，对应了化学惯例中负的旋转。该旋光方向与产生等价磁场的螺旋线圈中电流的环流方向是一致的。

磁旋光现象可以根据左右圆偏振光的不同折射率进行描述，式（1.2.3）同样适用于天然旋光和磁旋光效应，尽管在这两种情况中，圆二色双折射的产生原因有所不同。在光的吸收波段，左右圆偏振光沿着磁场方向的消光系数存在差异，并且线偏振光获得的椭圆度与天然圆二色方程（1.2.8）相同。

Verdet 还发现，在水溶液中的铁盐给出与水相反的磁旋光性，这是因为铁盐具有顺磁性。通常，只有抗磁性材料的磁旋光色散遵循 Drude 定律和 Verdet 定律；顺磁性材料要更复杂。温度对抗磁性材料的磁旋光性的影响很小，然而顺磁性材料却展现出了明显的温度相关性，这是顺磁性受温度影响的缘故。

在光的吸收波段，磁旋光色散和椭圆度与抗磁性和顺磁性样品的相对量有关。这两种理想情况见图 1.5。其中，图 1.5（a）所示的抗磁性样品的旋光曲线实际上是旋光色散相反的两个相邻电子吸收带的叠加，谱线形状通常是对称的。顺磁性样品的旋光曲线像单个吸收谱带的旋光色散，通常是不对称的。

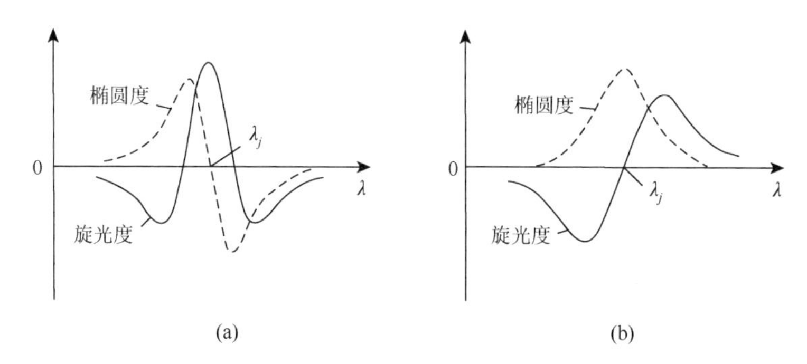

图 1.5　抗磁性样品（a）和顺磁性样品（b）在电子吸收波长 λ_j 处的椭圆度和反常旋光色散

法拉第期望看到磁场对光源的影响，然而未能成功，因为缺少强磁场和高分辨的光谱仪。第一个理想结果由塞曼的实验给出（Zeeman，1896），即在强电磁铁两极间钠火焰的第一主族二重态双线间距的宽化。很快，洛伦兹指出，关于光与物质的电子理论能够解释该现象：当垂直于磁场方向观察时，光谱线应该相对于中心线（未移动的线）分裂成三种线偏振分量，其中，中心线相对于场是极化平行的（‖），而另两条线相对于场是极化垂直的（⊥）；当磁场指向观察者时，应该有两条线在初始线的两边，分别对应更长的波长和更短的波长，并且分别对应右圆偏振光和左圆偏振光，见图 1.6。移动的波长 $\Delta\lambda$ 应该正比于磁场强度。该预测最终由塞曼证实，然而，只有一些光谱线会展现这种现象，我们将其称为正常塞曼效应；其他线（包括第一主族钠双线的分量）产生了更多的分裂，称为反常塞曼效应。正常塞曼效应仅仅是不考虑电子自旋的特殊情况。

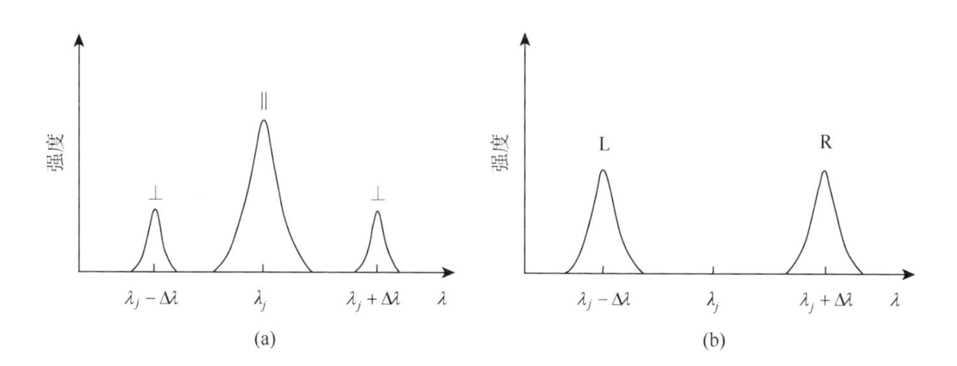

图 1.6　光发射垂直于磁场（a）和平行于磁场（b）方向的正常塞曼效应

由于在磁场作用下，原子会发射不等量的左右圆偏振光，因此可以将塞曼效应看成是光学活性的一种表现。实际上，人们很快就意识到，法拉第效应的主要特征可以用塞曼效应进行解释。因为当磁场沿着入射光的方向时，物质对左右圆偏振光刚好在略微不同的波长 $\lambda_j^{\mathrm{R}}=\lambda_j+\Delta\lambda$，$\lambda_j^{\mathrm{L}}=\lambda_j-\Delta\lambda$ 处产生不同的吸收。可以用表示折射率的方程(1.2.4)，其中引入两个不同的吸收波长 λ_j^{R} 和 λ_j^{L} 进行表示：

$$(n^{\mathrm{L}})^2-(n^{\mathrm{R}})^2=C_j\lambda^2\left[\frac{1}{\lambda^2-\left(\lambda_j^{\mathrm{L}}\right)^2}-\frac{1}{\lambda^2-\left(\lambda_j^{\mathrm{R}}\right)^2}\right] \tag{1.3.2}$$

该表达式仅仅是 λ_j^{R} 和 λ_j^{L} 处的两个等值反向的旋光色散曲线的和，因而：

$$\alpha\approx\frac{\pi C_j\lambda}{2n}\left[\frac{1}{\lambda^2-\left(\lambda_j^{\mathrm{L}}\right)^2}-\frac{1}{\lambda^2-\left(\lambda_j^{\mathrm{R}}\right)^2}\right] \tag{1.3.3}$$

如果对式（1.3.3）进行修正，去掉奇点，允许一定的吸收带宽，就得到了如图 1.7 所示的抗磁性旋光色散曲线的普遍形式。同样，抗磁性椭圆度曲线的普遍形式由 λ_j^{R} 和 λ_j^{L} 处的两个等值反向椭圆度曲线的和给出。

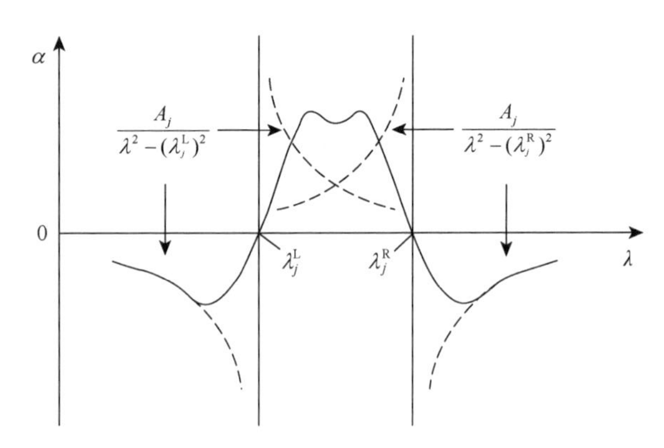

图 1.7　λ_j^{R} 和 λ_j^{L} 处的两个等值反向 Drude 型曲线给出的抗磁性旋光色散曲线。当磁场沿着光束传播方向时，得到了如图所示的符号

注意，为了证明 Drude 方程（1.2.1）对天然旋光色散的影响，在用于计算左右圆偏振光折射率的 Sellmeier 方程（1.2.4）中对常数 C_j 引入微小差异，但假设共振波长相同。而在对应抗磁性旋光色散曲线的式（1.3.3）中，假设对于不同的圆二色偏振光，C_j 是相同的，但共振波长不同。这描述了产生旋光（和圆二色吸收）的两种不同机制。我们将会在后面看到，随着广义量子力学理论的发展，这两个机制的类似形式可以分别促进天然旋光性和圆二色性，以及磁旋光性和磁圆二色性。

磁光学活性在化学中的主要意义是提供了关于原子和分子的基态和激发态信息。正如前面所述，磁圆二色性是左右圆偏振塞曼光谱的差，因此，当分析跃迁的塞曼组分时得不到新信息。然而，因为可以在宽频处测试磁圆二色性，在该区域正常塞曼效应是检测不到的，所以其价值的本质是将圆偏振塞曼实验扩展到宽频光谱区域。磁圆二色性最简单的应用是检测弱跃迁，该跃迁要么被强跃迁掩盖，要么太弱而无法被常规吸收光谱检测到。磁圆二色性被证明是研究过渡金属配合物及晶体中色心激发电子态的最有用工具；尤其是能够提供对称性、角动量、电子分裂能、振动-电子相互作用等信息。磁光学活性在研究有机和生物体系方面也非常有用，特别是对像卟啉这样的环 π 电子分子。

当然，圆偏振发光也有加磁场的光谱形式（在 1.2 节中概述），即在平行于发光观测方向的磁场中，所有分子都会展现这种现象。该表征也提供了关于分子激发态方面的信息，读者可以从 Richardson 和 Riehl 的著作（Richardson and Riehl，1977）中获得更多这方面的知识。另外还有荧光检测圆二色性和圆差光声光谱的加磁场形式。

1.4　光学活性物质的光散射

旋光和圆二色特性与光在光学活性介质中的偏振性有关，从而与折射相关。折射是光被构成介质的分子中的电子和原子核散射的结果之一，并可以伴随着在各个方向上的瑞利和拉曼散射。瑞利散射与入射光有相同频率，而拉曼散射会相对入射光产生一定量的移动，该移动对应分子的转动、振动和电子跃迁。玻璃和金属抛光表面的镜面反射，以及一片纸的漫反射，最终都是由分子光散射导致的。

折射的散射描述是很微妙的，它涉及光的未散射部分与介质中单个散射体阵列平面正向点阵面波前之间的干涉。这一过程将会在第 3 章中进行深入讨论。这种干涉改变了由单个分子散射体导致的散射光的偏振特性，从而通过光学活性介质的折射光会产生与瑞利散射和拉曼散射（及反射光）不同的偏振特性。因此，处于透过波段的线偏振光入射到各向同性光学活性物质上时，折射光发生了偏振面的旋转但不会改变光的椭圆度，而散射光改变了光的椭圆度但不产生偏振面的旋转。

在瑞利和拉曼散射中，椭圆度的变化一般是非常容易理解的，因为光学活性分子对左右圆偏振光的响应不同，从而产生不同程度的散射。结果，由线偏振光分解成的相干左右圆偏振光，在散射中产生不同的散射程度，振幅不再相等，从而产生椭偏。这方面比较有代表性的例子为胆甾相液晶，该液晶具有极大的旋光能力，液晶表面反射的光几乎是完全圆偏的（Giesel，1910）。

在瑞利和拉曼散射中，可以直接测量左右圆偏振光的散射强度差[即圆偏振强度差（circular intensity difference）]，而不是椭圆度。在透过波段，散射光的椭圆度（或者与之相关的圆偏振度）和圆偏振强度差提供了关于光学活性分子的等价信息，然而在吸收波长处可能会产生细微的差异。圆偏振度和圆偏振强度差都是瑞利和拉曼光学活性的表现。

瑞利和拉曼光学活性的首次观测是集中在圆偏振强度差的变化上。关于这些实验的曲折历史，这里作一个简单介绍。Gans（1923）考虑了从光学活性分子产生的瑞利散射，然而忽略了产生椭圆度和圆偏振强度差的关键干扰项；他表示，在退偏度方面观察到了光学活性效应。然而，de Mallemann（1925）指出，异常的退偏现象源于入射光和散射光的旋光性。在发现拉曼效应后不久，Bhagavantam 和 Venkateswaran（1930）发现，两种光学异构体在非偏振入射光的照射下，某些振动拉曼谱线的相对强度存在差异，然而这些随后被归因于杂质。尽管没有明确的理论，可 Kastler（1930）认为，因为光学活性分子会对左右圆偏振光具有不同的响应，那么，在左右圆偏振光的照射下，光学活性分子的振动拉曼光谱也应该存在差异。然而，当时的设备还无法探测到该现象。Perrin（1942）提到过光学活性分子会产生额外的偏振效应；直到 Atkins 和 Barron（1969）开展了关于分子极化光散射和光学活性张量之间干扰机制的理论工作，才使研究人员最终发现了散射光中的椭圆度和圆偏振强度差。Barron 和 Buckingham（1971）随后完善了该理论，并且引入如下关于瑞利和拉曼圆偏振强度差的定义：

$$\Delta = \frac{I^{\mathrm{R}} - I^{\mathrm{L}}}{I^{\mathrm{R}} + I^{\mathrm{L}}} \tag{1.4.1}$$

其中，I^{R}和I^{L}分别是右和左圆偏振入射光的散射强度，为瑞利和拉曼旋光活性的实验物理量。Bosnich、Moskovits 和 Ozin（1972），以及 Diem、Fry 和 Burow（1973）给出的天然拉曼圆差光谱的首次报道来自设备的假数据。然而，Barron、Bogaard 和 Buckingham（1973）关于手性分子 1-苯乙胺 $[(C_6H_5)CH(CH_3)(NH_2)]$ 和 1-苯乙醇 $[(C_6H_5)CH(CH_3)(OH)]$ 的光谱报道，随后由 Hug 等（1975）真正证实。由于实验上的困难，天然瑞利圆偏振强度差在小的手性分子中还未观察到，但在大的生物结构中的相关研究已经有所报道（Maestre et al.，1982；Tinoco and Williams，1984）。

因为所有分子在磁场中都会展现旋光性和圆二色性，所以所有分子在强磁场中也会展现瑞利和拉曼光学活性（Barron and Buckingham，1972）。而且，磁场必须平行于入射光，以产生圆偏振强度差，平行于散射光束以产生椭圆度。当磁场方向反转时，信号的正负号会颠倒。该效应的首次观测是关于一种血红素蛋白（亚铁细胞色素 c）稀溶液的共振拉曼光谱（Barron，1975a）。然而，需要指出的是，很久以前的现象，即 Kerr 磁光效应（Kerr，1877），可能属于光散射的磁光学活性范畴。这里，当电磁铁抛光的磁极对线偏振光进行反射时，该线偏振光变成椭圆偏振光：入射光在入射平面内或垂直于入射平面的方向必须是线偏振的，否则金属就会反射椭圆偏振光。

更令人惊讶的是，尽管对于磁旋光和磁圆二色效应没有观察到电类似现象（它们会违背宇称和时间反演对称性，关于这一点将会在 1.9 节中讨论），然而当液体在垂直于入射和散射方向的静电场中时，会展现瑞利和拉曼光学活性（Buckingham and Raab，1975）。电拉曼光学活性最早由 Buckingham 和 Shatwell（1980）在气态氯代甲苯中观察到。

一些研究人员对浑浊的光学活性介质产生的左右圆偏振光散射差的圆二色光谱比较感兴趣：从样品边缘散射的光去掉了透射光束的强度和吸收光束的强度（Tinoco and Williams，1984）。该效应的一个典型例子是由胆甾相液晶产生的（de Gennes and Prost，1993）：由于相干圆偏振组分之一的优先散射（反射），一束最初的线偏振光束通过该液晶膜后可以完全变成圆偏振光。

瑞利光学活性的主要意义是，用液体或溶液这样的各向同性样品，通过检测 90°散射，提供分子光学活性中各向异性的测试方法。而这些信息只能通过定向样品，如晶体或静电场中的流体，从旋光或圆二色性测试获得（Tinoco，1957）。拉曼光学活性的主要意义是，提供了一种不同于近红外旋光和圆二色性的测试振动光学活性的方法。对比，我们将在后面的章节中作进一步讨论。

1.5　振动光学活性

我们知道，与分子振动相关的光学活性测试可以提供很多精确的立体化学结构信息。然而，直到 20 世纪 70 年代早期，由于光学及电子学技术的发展，科学家克服了之前的种种困难，才通过红外和拉曼技术得到了振动光学活性光谱。

将振动光学活性光谱与传统的近紫外可见区的旋光和圆二色光谱提供的电子光学活性进行对比，振动光学活性的重要性就呈现出来了。相关研究表明，这些常规技术在研究立体化学方面非常有用。然而，因为分子中的大部分结构单元的电子跃迁频率都处于远紫外区，所以这些常规技术只能局限在特定的结构单元上，特别是针对生色团及它们附近的分子内环境，而不能检测没有生色团的分子（尽管在透过区域的旋光性检测仍有一定的价值）。然而，红外或拉曼振动光谱包含了分子大部分结构单元振动产生的谱带，测量某种形式的振动旋光性可以提供更多分子结构信息。

振动光学活性检测的合理方法是将旋光色散和圆二色扩展到红外区。然而，除了操纵红外偏振光的技术存在一定的困难外，还需要解决一个基本的物理学难题：光学活性是激发光频率的函数，红外光的频率要比近紫外可见光的频率小几个数量级。另一方面，拉曼效应利用可见激发光提供振动光谱，分子的振动频率为散射光频率相对于入射光频率产生的小的位移。因此，如果通过拉曼圆偏振强度差（或者圆偏振度）测试振动光学活性，就不会产生基本的频率问题，这一点前面已经提到。

Biot 和 Melloni 早在 1836 年就观察到了天然红外旋光现象。他们将红外线偏振光沿着石英柱的光轴照射，然而可能主要产生了近红外电子跃迁。随后的研究进展就比较缓慢了。Lowry（1935）给出红外光学活性的综述，并且不乐观地指出：“在红外区域，几乎测不到旋光色散，因为该现象未引起显著兴趣。随着波长的增加，即便是经过红外吸收带，旋光能力也持续降低。”Gutowsky（1951）报道了石英中的反常红外旋光色散，然而，该工作被 West（1954）质疑。Katzin（1964）重新分析了 Lowry 和 Snow（1930）的红外旋光色散数据，并且指出，虽然电子跃迁起到主要作用，但是红外振动跃迁确实存在。Hediger 和 Günthard（1954）报道了与 2-丁醇振动光谱相关联的反常旋光色散，然而，Wyss 和 Günthard（1966）随后对该结果产生怀疑，并且在进一步的实验中未观察到任何效应。

Schrader 和 Korte（1972）报道了通过加入光学活性溶质，由胆甾相液晶干扰给出的 *N*-(*p*-甲氧基亚苄基)丁苯胺振动光谱中的反常旋光色散。很快，Dudley、Mason 和 Peacock（1972）报道了类似化合物中的振动圆二色性。在胆甾相液晶中如此容易得到振动光学活性的原因是，其螺距与红外光波长处于同一个数量级。

1973 年，Hsu 和 Holzwarth 报道了硫酸镍（α-$NiSO_4 \cdot 6H_2O$）等光学晶体中水分子振动产生的清晰的圆二色谱带，这使红外振动光学活性在化学中的实际应用出现了曙光。当 Holzwrth 等（1974）报道了 2, 2, 2-三氟-l-苯乙醇 $[(C_6H_5)C^*H(CF_3)(OH)]$ 在 $2920cm^{-1}$ 处的圆二色性来自 C^*—H 的伸缩振动模式时，该光芒更加强烈了。Nafie、Keiderling 和 Stephens（1976）报道了一系列典型的光学活性分子低至约 $2000cm^{-1}$ 处的振动圆二色光谱。这使科学家意识到，红外振动圆二色已成为常规表征技术。

然而，当科学家对关于红外旋光和圆二色性的振动光学活性进行广泛研究时，在前面章节中描述的可进行红外检测的拉曼光学活性被忽略了。实际上，在前面已经指出，Barron、Bogaard 和 Buckingham（1973）首次观测到拉曼光学活性，并且最先观察到了液相中小分子的真正天然振动光学活性。手性分子的高质量红外圆二色和拉曼光学活性光谱，现在可以通过常规方法测得，并被证明对解决广泛的立体化学问题越来越有价值。α-蒎烯的拉曼光学活性光谱见图 1.8。该光谱是一个典型的振动光学活性光谱。这两个对映异构体具有几乎完美的镜面对称性。对样品的测试只需要将微克级样品放在一次性的毛细管中即可。这表明了用最新设备对样品测试的容易性和可靠性（Hug，2003）。典型的红外圆二色光谱都有相似的谱形，只是由于技术问题和上面提到的基本频率问题，它们不能到低于 $800cm^{-1}$ 的波长范围。然而，红外圆二色和拉曼光学活性光谱的机制完全不同，因此与特定振动相关的红外圆二色谱带的符号和振幅，与对应的拉曼光学活性谱带之间没有任何关系（见第 7 章）。

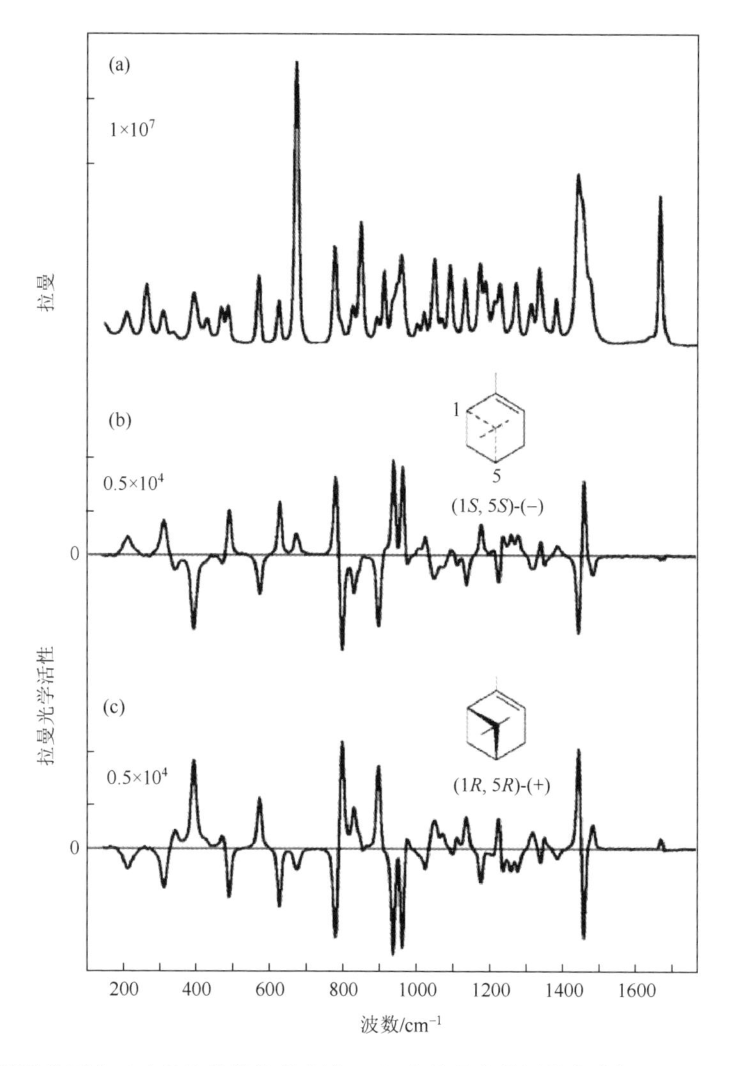

图 1.8　*α*-蒎烯的两个对映异构体的拉曼光谱（a）和拉曼光学活性光谱[（b）、（c）]（Hug，2003）。这里，测试的是背散射光中圆偏振度的变化。光谱（b）的强度略低于（c），这是因为(1*S*, 5*S*)-(−)样品有较低的对映异构体剩余。拉曼光谱和拉曼光学活性光谱的绝对强度是不确定的，然而相对强度是很显著的

振动光学活性技术，包括红外技术和拉曼技术，在生物化学和生物物理学中具有重大价值。该技术自本书第一版出版以来取得了巨大发展。里程碑的成果是由 Keiderling（1986）利用红外圆二色光谱，以及 Barron、Gargaro 和 Wen（1990）利用拉曼光学活性光谱，检测蛋白质的振动光学活性的首次报道。拉曼光学活性光谱还可以原位检测水溶液中的活病毒，以提供关于蛋白壳和核酸核的结构及相互作用的相关信息（见 7.6 节）。

Keiderling（1981）最早利用红外圆二色光谱，通过磁场诱导样品的振动光学活性，正如在 1.4 节中提到的，那时采用的是共振拉曼散射中的圆差光谱技术。就像传统的磁光学活性在电子光谱中会引入额外的结构信息一样，磁红外和拉曼光学活性在振动光谱中也会引入额外的结构信息，从而促进了对波段的归属性分析。磁振动圆二色性对研究气相中的小分子很有价值，它可以从旋转分辨带得到振动 g 值（Bour et al.，1996）。另一方面，处于简并基态的体系最常见的是含奇数个电子的分子中的 Kramers 简并，为磁拉曼光学活性研究增加了另一个维度，因为可以观察到叠加在振动跃迁上的简并基电子能级的磁分裂组分之间的跃迁。该“拉曼电子顺磁共振”效应最早是由 Barron 和 Meehan（1979）从像六氯化铱（$IrCl_6^{2-}$）这样的过渡金属配合物稀溶液的共振散射中观察到的。拉曼电子顺磁共振提供了关于基态和低激发电子态的磁结构信息，包括 g 因子的符号，以及当分子处于激发的振动态时磁结构的变化。

还有一些讨论是关于气相中手性分子纯旋转跃迁的光学活性，其中包括微波区域的旋光和圆二色及拉曼光学活性（Salzman，1977；Barron Johnston，1985；Polavarapu，1987）。然而，截止到现在，在实验上还未观测到。

1.6　X 射线光学活性

自本书的第一版问世以来，由于 X 射线同步辐射的发展，光学活性测试已经扩展到 X 射线范围，这对此类测试至关重要。Schutz 等（1987）首次报道了 X 射线条件下的磁场诱导圆二色性，研究了磁化的铁。十年后，Alagna 等（1998）在手性钕配合物的晶体中首次观察到手性分子中的天然圆二色性。由于 X 射线磁不对称因子会比 X 射线天然不对称因子大几个数量级，因此首次观察到了磁 X 射线圆二色性。

磁 X 射线圆二色性和天然 X 射线圆二色性都来自原子近边吸收及其相关结构。磁效应现在被广泛用于探索磁有序材料的磁性。而关于天然效应的研究才刚刚起步（Peacock and Stewart，2001；Goulon et al.，2003），该光谱对于原子周围分子环境的绝对手性非常敏感。天然 X 射线圆二色性的一个有趣方面是，它主要与少见的电偶极-电四极机制有关。关于该机制我们将会在后面讨论。而该效应只存在于像晶体这样的有序样品中。电偶极-磁偶极机制在红外、可见和紫外圆二色光谱中都起到主要作用，并且适用于像液体和溶液这样的各向同性介质，然而，在 X 射线区域的作用却比较小。对此，我们在下一节中将描述的磁手性二色性会比较适合在 X 射线区域研究手性样品，因为在各向同性介质中存在电偶极-电四极，并且线偏振同步辐射要比圆偏振同步辐射更容易产生，能够用于测试磁场方向反转后产生的相关效应。

1.7　磁手性现象

本书第一版发行后不久，科学家新发现了一类具有影响力的与手性和磁相互作用有关的光学现象。Wagnière 和 Meier（1982）预测，平行于入射光传播方向的定磁场会导致由手性分子构成的介质消光系数的微小变化。该变化与入射光的偏振特征无关，因而也会在非偏振光中出现。当将手性分子换成其对映异构体，或者将磁场的方向反转，或者改变光束的传播方向时，该变化值的正负都会发生改变。Portigal 和 Burstein（1971）很早就指出，基于对称性的讨论，手性介质的介电常数中存在一个附加项，该项正比于 $\boldsymbol{k}\cdot\boldsymbol{B}$，其中，$\boldsymbol{k}$ 是光束的单位传播矢量，$\boldsymbol{B}$ 是外定磁场强度。Baranova 和 Zel'dovich（1979a）预测了在平行于光束传播方向的定磁场中，手性分子液体折射率的变化。

随后，Barron 和 Vrbancich（1984）将这种由光束平行（↑↑）和反平行（↑↓）于磁场方向时产生的吸收的差异性现象称为磁手性二色性效应。对应的折射率不同的现象称为磁手性双折射效应。磁手性二色性实验见图 1.9。对应的磁手性双折射和二色性实验数据，$n^{\uparrow\uparrow}-n^{\uparrow\downarrow}$ 和 $n'^{\uparrow\uparrow}-n'^{\uparrow\downarrow}$，与磁场强度呈线性关系，类似于法拉第效应。磁手性二色性最早是由 Rikken 和 Raupach（1997）在手性铕(III)配合物的二甲亚砜溶液中观测到。而磁手性双折射是由 Kleindienst 和 Wagnière（1998）在像樟脑丸衍生物和香芹酮这样的手性有机液体中发现的。目前，在测试磁手性双折射方面还有一些未解决的问题，因为不同的实验策略会给出非常不同的结果（Vallet et al.，2001）。

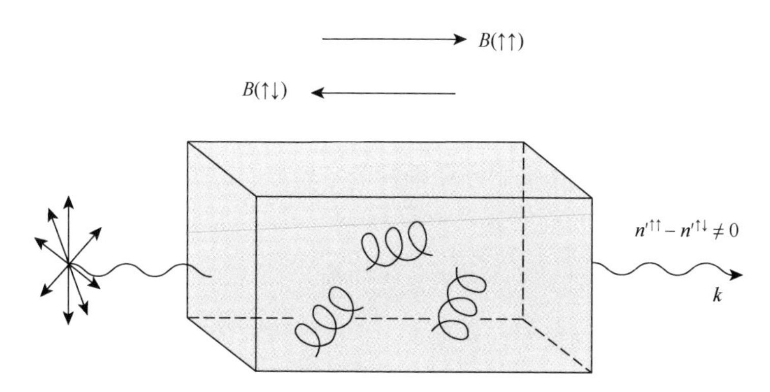

图 1.9　磁手性二色性实验。对于非偏振光，当外磁场平行（↑↑）于光束的传播方向时，由手性分子组成的介质的吸收率 n' 与定磁场反平行（↑↓）时的略微不同

可能乍一看磁手性二色性仅仅是天然圆二色性和磁圆二色性相继测试（反之亦然）给出的串联机制的结果。因此，非偏振光可以分解成等振幅非相干的左右

圆偏振成分，给出天然圆二色性，这使最初的非偏振光在通过介质时获得圆偏振分量。随后，根据外磁场与传播方向是平行还是反平行而产生不同的吸收。当然，磁圆二色先在初始非偏振光中诱导一个圆二色成分，随后产生天然圆二色性也会给出同样的结果。尽管这些串联机制会提供该现象物理机制的初始观点，但是实际上将需要更高阶的项（Rikken and Raupach，1998）。正如我们将会在第 6 章中详细讲到的，磁手性二色性主要来自单步散射过程，其中存在手性与磁相互作用的干扰。

尽管截止到现在观察到的磁手性效应非常弱，但是该效应具有根本意义。例如，它们提供了在定磁场下用非偏振光，通过光化学反应产生绝对对映体选择性的新源头。这对于研究生物单一手性的起源意义重大（Rikken and Raupach，2000）。此外，我们可以将该效应用于手性磁介质中推进技术的新现象，如平行于和反平行于定磁场方向的手性导体中电阻的各向异性问题（Rikken et al.，2001）。

1.8　Kerr 效应和 Cotton-Mouton 效应

Kerr 效应和 Cotton-Mouton 效应分别是关于静电场，定磁场诱导的液体或者各向同性固体的线双折射效应。该电场或磁场垂直于光束的传播方向（Kerr，1875；Cotton and Mouton，1907）。该效应主要来自分子在介质中的部分取向。实际上，这些样品类似于光轴平行于场方向的单轴晶体。虽然这些现象不是光学活性的表现（它们不是源于对左右圆偏振光的不同响应），但我们这里提是因为，由第 3 章中介绍的双折射散射自动给出了与之相关的偏振变化方程。

如果光束是线偏振的，并且与外电场成 45°角，那么在线偏振平行和垂直于定场方向的两个相干成分中诱导的相差会产生椭圆偏振。因为相差为

$$\delta = \frac{2\pi l}{\lambda}(n_{\parallel} - n_{\perp}) \tag{1.8.1}$$

其中，$n_{\parallel}$和$n_{\perp}$分别是光线偏振平行和垂直于定场方向的折射率，导致椭圆度仅仅是$\delta/2$，因而用每单位光程的弧度表示为

$$\psi = \frac{\pi}{\lambda}(n_{\parallel} - n_{\perp}) \tag{1.8.2}$$

在吸收波长处，线偏振平行和垂直于定磁场方向的两个不同的折射率伴随着不同的吸收率。这就导致了椭圆偏振主轴的旋转，因为在两个正交组分之间产生了振幅差，而没有相差。这种由线二色产生的旋光性不是光学活性的表现。线双折射和线二色色散的线形对于常规的折射和吸收是一样的。读者可以进一步参考 Michl 和 Thulstrup（1986）及 Rodger 和 Nordén（1997）的著作，了解线二色的相关知识及其在化学中的应用。

1.9　对称性与光学活性

本节所涉及的对称性与光学活性影响了许多不同科学领域，从经典晶体光学到基本粒子物理、宇宙学和生命的起源。这里提到的一些论题在第 4 章中将进行深入讲解，其他更深入的探讨则会超出本书范围。

1.9.1　空间对称性与光学活性

Fresnel（菲涅耳）根据左右圆偏振光折射率的不同给出的光学活性分析，直接对光学活性介质结构的对称性要求提供了物理学见解。Fresnel（1824）的原话是这样的：

"某些折射介质，如沿着光轴的石英、松脂、柠檬香精等，具有从右向左和从左向右循环振动传播速度不同的特性。这可能是折射介质或其分子的特殊结构造成的。这种结构产生了从右到左和从左到右方向的差异性；例如，介质分子的螺旋状排列，而左右旋会呈现相反的性质。"

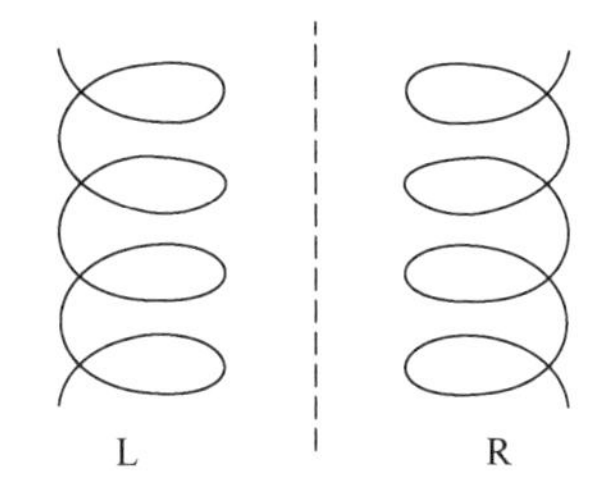

图 1.10　右螺旋及其左旋镜像

有限圆柱形螺旋线，是巴斯德指出的具有反对称性（dissymmetriy）特征的所有图形的原型（Pasteur，1848），描述了"物体的不同只是镜子中的图像与产生该图像的物体的不同"。因此，如图 1.10 所示，螺旋与其镜像不重合，因为反映会使螺旋反转。当一个体系含有两种不可重叠镜像形式时，我们就称其存在镜像性（enantiomorphism，也称为对映异构性）。反对称（dissymmetric）结构不需要是非对称的（asymmetric），即不含任何对称性元素，因为它们可能含有一个或更多真旋转轴（有限圆柱形螺旋在通过圆环中心，垂直于长的螺旋轴有一个二重旋转轴 C_2）。然而，反对称性不包含瑕旋转（improper rotation）轴，即反演中心、镜面反映和旋转-反映轴。近年来，在更现代的立体化学文献和其他科学分支中，"反对称"一词已经被"手性"（chirality，也就是 handedness，在希腊语中，chir = 手）所取代。"手性"最早是由格拉斯哥大学自然哲学教授开尔文男爵提出的，其完整定义是（Kelvin，1904）：

"当任何几何图形或者点群在理想情况下与其镜像不重叠时，我就将其称为具有手性特征。两只右手是同手性（homochirally）相似的。同样的或者相似的右手和左手是左右手性的(heterochirally 或者"allochirally"，其中 hetrochirally 更好)。这些也称为"对映体"（enantiomorphs），我认为是由德国作者引入的。任何手性物质与其镜像物质都具有异手性相似性。"

以上的第一句话基本上就是今天使用的定义。严格地讲，术语“enantiomorph”通常用于像晶体这样大的物质，而“enantiomer”用于分子。然而，由于在一般物理体系中，尺寸是不明确的，因此本书中的这两个词是同义词。手性物质的群理论判据是：该物质必须不具有瑕旋转对称元素，如反演中心、反映面或者旋转-反映轴，因此必须属于C_n、D_n、O、T、I等点群中的一个。

1801 年，Hauy 观察到石英晶体的六方对称性因晶体交替角处存在小切面而降低，这直接证明了光学活性的结构在某种程度上是手性的。这些缺角破坏了全角六方晶体原有的对称中心和对称面，将原本一个六重主旋转轴和六个垂直的二重旋转轴，降低成一个三重主旋转轴和三个垂直的二重旋转轴，产生两种镜像石英结构，见图 1.11。Biot 发现，石英的这两种形式提供了相反的旋光性，随后，Herschel（1822）确定它们是石英的缺角晶体。这个早期的例子是非常有指导意义的，因为它说明了在许多系统中产生天然旋光性的一个共同特征，即固有对称的基本结构中存在小的手性微扰。

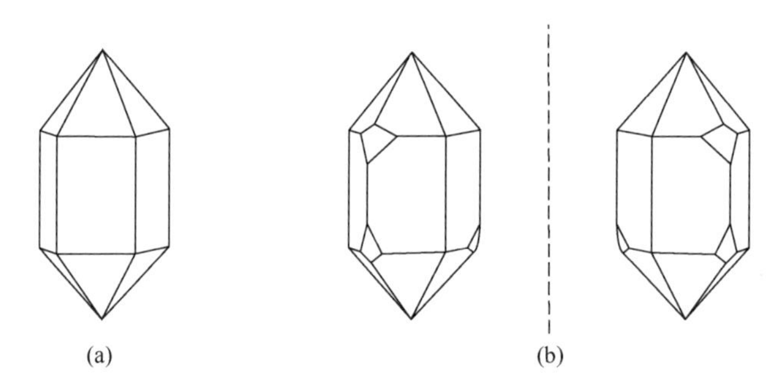

图 1.11　（a）全角六方晶体；（b）缺角六方晶体及其镜像

巴斯德将手性的概念从光学活性晶体的结构领域，推广到给出液体或溶液光学活性的单个分子。他研究了酒石酸和消旋酒石酸，Biot 证明，前者具有光学活性，后者与前者化学性质相同，但不具有光学活性。酒石酸的晶体及大多数酒石酸盐类都是缺角的，而大多数消旋酒石酸及其盐都是全角的。然而，Mitscherlich 却在酒石酸铵钠盐中发现了反常情况：具有光学活性和不具有光学活性的晶体都是缺角的（事实上，这是偶然的，因为当晶体在低于 26℃结晶时，消旋酒石酸铵钠只会产生缺角晶体）。1848 年，巴斯德在后续的研究中观察到，尽管两者确实都是缺角晶体，但在酒石酸盐中，缺角都以相同的方式转动，而在消旋酒石酸盐中，互为镜像的缺角晶体的数量相等。巴斯德的报告如下（引自 Lowry，1935）：

“我仔细地将缺角向右的晶体与缺角向左的晶体分开，并且分别在偏振器中检测它们的溶液。接着，我无比兴奋地发现，缺角向右的晶体使光的偏振面向右旋转，而缺角向左的晶体使光的偏振面向左旋转。”

因而，消旋酒石酸被认为是一种混合物，现在我们知道它是外消旋混合物，是能中和光学活性的等量镜像组合的混合物。该工作结合菲涅耳早期的陈述，有利于建立碳原子的四面体价键结构，因为具有手性结构的分子必须是三维的。

如果一个各向同性的聚集体具有光学活性，那么组成该聚集体的单个分子必须没有反演中心、反映面和旋转-反映轴。然而，具有反映面或者旋转-反映轴（从而会与其镜像重叠）的一些晶体及有取向的分子，对于特定方向传播的光束也会展现光学活性。例如，如图 1.12 所示，一个有取向的水分子（对称点群为C_{2v}），在不包含反映面的任何方向都会呈现部分螺旋。对于一束光，当一部分分子相对于这束光呈左手螺旋时，会有另一部分分子呈右手螺旋。这两个方向的光学活性是等量反号的，从而水分子的各向同性组合不会展现光学活性。尽管定向水分子中的光学活性目前还没有观察到，但是研究人员在其他两种非对映体体系中观察到了特定方向的旋光性：具有$D_{2d}(\bar{4}2m)$对称性的硫化镓银晶体（Hobden，1967）；当磁场垂直于光的传播方向时，对氧化偶氮苯甲醚的平面分子会在玻璃板上阵列，形成向列液晶（Williams，1968）。因此，天然光学活性不是只与镜像性有关。

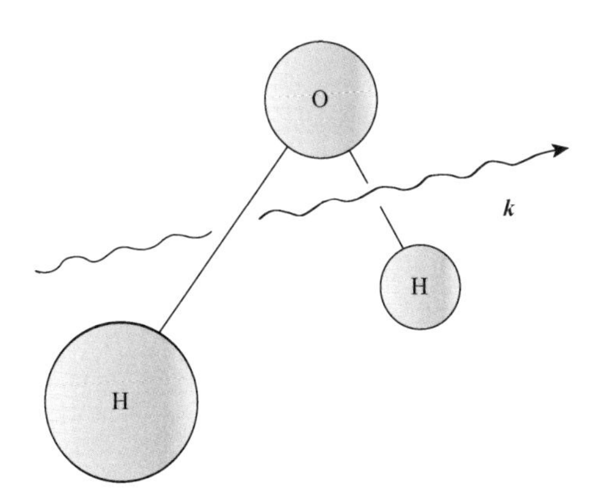

图 1.12　以这种方式放置的水分子，相对于平行于或者反平行于单位矢量 $\boldsymbol{k}$ 的光束而言，是左手螺旋的一部分

尽管对像氯化钠这样的手性立方晶体，由于其空间各向同性，天然旋光性的测试比较简单，但是对于光在非立方晶体中的普遍传播，天然光学活性则被线双折射所掩盖。直到 Kobayashi 和 Uesu（1983）引入高精准的通用偏振测量法，才能够精确地测量任何对称晶体的旋光性。这使研究人员能够首次对酒石酸晶体的旋光特性进行测试（Brożek et al.，1995），该测试距离 Biot 在溶液中观察酒石酸的光学活性过去了 163 年，距离 Pasteur 人工分离互为镜像的晶体过去了 147 年。Kaminsky（2000）在其综述中全面回顾了晶体光学活性及其测试等精妙课题。

1.9.2 反演对称性及其物理学定律

以上讨论已经考虑了光学活性分子及晶体的固有空间对称性，即点群对称性。物理世界的物质展现了各种空间对称性，例如，恒星、行星、水滴和原子都有与球相关的高对称性；甚至植物和动物世界也表现出一定程度的对称性，尽管蝴蝶的对称性不像晶体或分子的对称性那么基础。一个物体，如果通过相对于物体中的一个对称元素进行如反演、反映或者旋转等对称操作后，看起来与之前是一样的，那么我们就称该物体具有空间对称性。然而，比这些空间对称性更值得注意的是，对称性存在于决定物理世界运行的定律中。其中之一为，如果一个完整的实验服从空间反演或时间反演对称性，原理上反演的实验应该是可以实行的（Wigner，1927）。

空间反演的对称性操作用宇称算符 P 表示。该对称性操作通过坐标原点对指定系统的坐标进行反演，而坐标原点可以位于任意位置。该对称性操作等价于将研究体系相对于包含坐标原点的任何平面进行反映操作，然后再围绕垂直于反映面的轴旋转 180°（该操作记作旋转操作 R_π ），见图 1.13。大多数物理学定律，特别是电场定律（但不包括 β 衰变的相关理论），通过空间反演是不变的；换句话讲，如果坐标 (x,y,z) 被 $(-x,-y,-z)$ 取代，表达物理学定律的方程不变，那么由这些定律描述的物理过程就被称为是宇称守恒的。

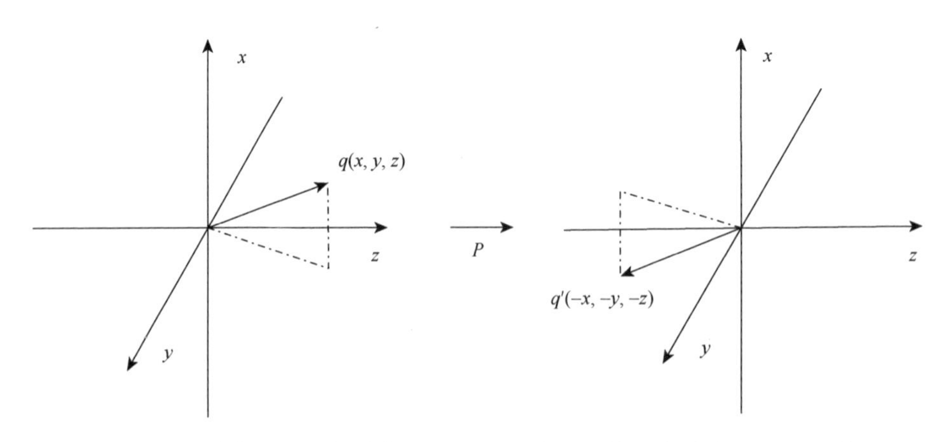

图 1.13 在空间反演 P 的操作下，$q(x,y,z)$ 处的物体移动到 $q'(-x,-y,-z)$ 处

时间反演的对称操作用算符 T 表示，指对整个物理体系的运动进行时间上的逆转。如果在描述物理学定律的方程中处处用$(-t)$替换时间坐标(t)后，这些方程仍然保持不变，则这些定律所代表的物理过程在时间反演的操作下是不变的，或称

为具有时间反演不变性。这里提到的过程的可逆性不要与热力学术语中的可逆性相混淆：只要所有运动在原理上是可逆的，无论它多么不可能，该过程都具有逆转性；而热力学与概率的计算有关。例如，机械地洗牌在原则上是可逆过程，尽管热力学将其归类为不可逆过程。正如 Sachs（1987）所强调的，时间坐标与热力学的“时间箭头”的概念基本上没有关系。我们最好把时间反演看成运动反转。这并不意味着时光倒流!哲学家和物理学家 Costa de Beauregard 的著作（Costa de Beauregard，1987）对时间作为一种可衡量的实体，及其内在的可逆性与过去和未来不对称性之间的关系，进行了全面的评论。

标量，如温度，有大小没有方向；矢量，如速度，有大小和一个方向；张量，如电极化率，有大小及两个或多个方向。标量、矢量和张量根据在 P 和 T 操作下的性质进行分类。通过 P 会改变符号的矢量称为极矢量或者真矢量，如图 1.14（a）所示的位置矢量 $\boldsymbol{r}$。通过 P 不会改变符号的矢量称为轴矢量或赝矢量，如角动量 $\boldsymbol{L}=\boldsymbol{r}\times\boldsymbol{p}$，为位置矢量 $\boldsymbol{r}$ 和动量 $\boldsymbol{p}$ 的矢量乘。因为极矢量 $\boldsymbol{r}$ 和 $\boldsymbol{p}$ 在 P 操作下会改变符号，所以轴矢量 $\boldsymbol{L}$ 在 P 操作下不变。换句话讲，当 $\boldsymbol{L}$ 遵循“右手定则”旋转时，P 不会改变其旋转状态，见图 1.14（b）。通过 T 不会改变符号的矢量称为偶时间矢量，如位置矢量，它不是时间的函数。通过 T 会改变符号的矢量称为奇时间矢量，如速度和角动量，它们都是时间的线性函数。图 1.15 描述了 T 对 $\boldsymbol{r}$ 、$\boldsymbol{v}$ 和 $\boldsymbol{L}$ 的影响。

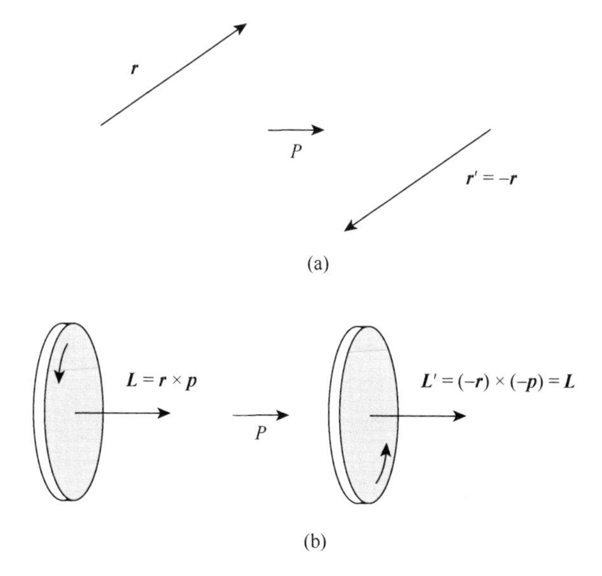

图 1.14　空间反演算符 P 改变了（a）中极位置矢量 $\boldsymbol{r}$ 的符号，然而没有改变（b）中轴角动量矢量的符号

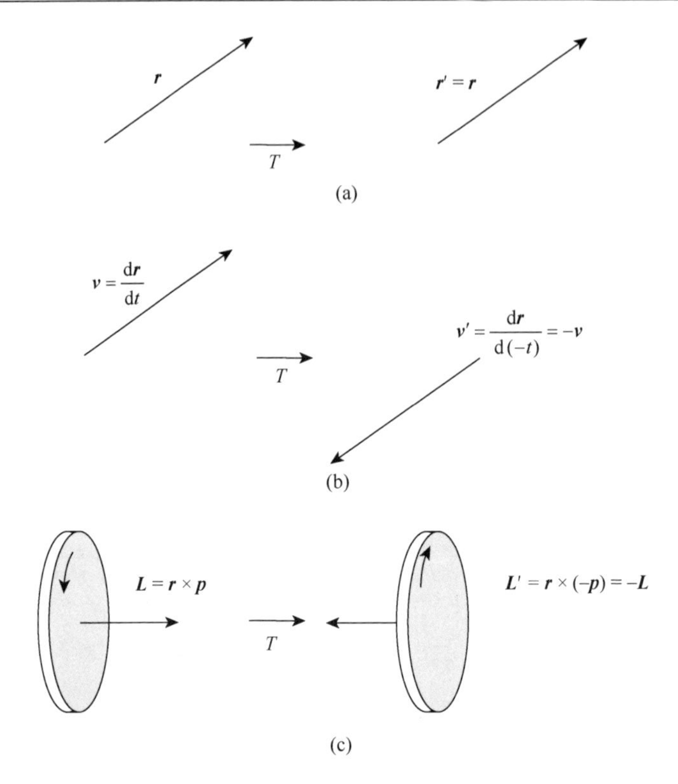

图 1.15　时间反演算符 T 在（a）中不会改变偶时间位置矢量 $\boldsymbol{r}$，然而会改变（b）中的奇时间速度矢量 $\boldsymbol{v}$ 和（c）中的角动量矢量 $\boldsymbol{L}$

根据上述分类，赝标量是指没有方向性但在空间反演时改变符号的量。赝标量在天然光学活性现象中具有重要意义，因为所测量的旋光度或圆偏振强度差等物理量都是赝标量。因为螺旋是所有手性物质的原型，所以确定赝标量螺旋参数具有指导意义。圆形螺旋可由从坐标系的原点 O 到曲线上某一点的半径矢量定义(图 1.16)：

$$\boldsymbol{r} = \boldsymbol{i}a\cos\theta + \boldsymbol{j}a\sin\theta + \boldsymbol{k}b\theta \tag{1.9.1}$$

其中，$\boldsymbol{i}$、$\boldsymbol{j}$、$\boldsymbol{k}$ 分别是沿着 x 轴、y 轴、z 轴的单位矢量。螺距为 $2\pi b$，这是连续匝之间的距离。右手螺旋用 b 的正值表示，因为 θ 的变化为正（从 x 到 y），产生沿着 z 且通过 $b\theta$ 的正移动。同样，左手螺旋用$-b$ 表示，因为正 θ 变化会产生沿着$-z$ 方向的移动。因为进行 P 操作会改变螺旋，将 b 变成 $-b$，所以螺距是赝标量。如后面的 1.9.3 节所述，线偏振光的电矢量在旋光介质中形成了一个螺旋，因此该分析表明旋光度 α 是赝标量，因为对于光程 l，$\alpha = -l/b$。负号是由于前面定义的 b 对于右手螺旋为正，而化学上对于正旋光度的约定是，它与左旋光路径相关[图 1.18（a）]。事实上，我们将会在后面（4.3.3 节）看到，只有天然旋光实验值是赝标量，磁旋光实验值实际上是轴矢量。

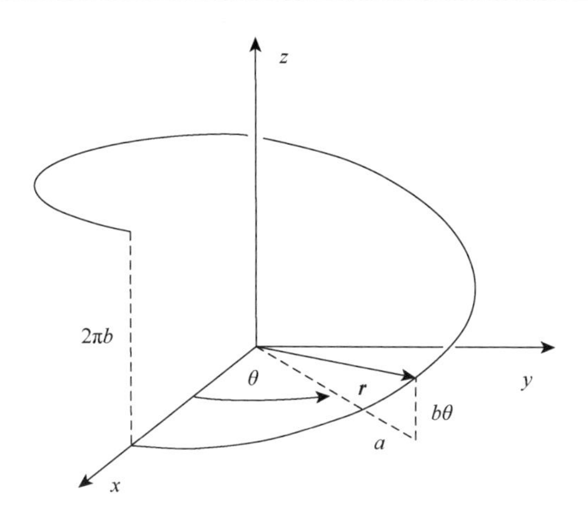

图 1.16　圆形螺旋：a 是螺旋的半径，$2\pi b$ 是螺距

我们对在 P 和 T 操作下的电矢量 $\boldsymbol{E}$ 和磁矢量 $\boldsymbol{B}$ 的特性非常感兴趣，这可以通过讨论产生 $\boldsymbol{E}$ 和 $\boldsymbol{B}$ 的物理学体系的对称性来确定。一对带有等量相反均匀电荷密度的平行板（严格地讲是无限伸展的平行板）可以产生均匀电场，如图 1.17（a）所示。在 P 的操作下，两个平行板互换位置，同时保持各自的电荷情况不变，则 $\boldsymbol{E}$ 会改变符号。因为电荷是定态的，所以 T 不会影响该体系。因此，$\boldsymbol{E}$ 是偶时间极矢量。而圆柱形螺旋线圈（严格地讲是无限长的）可以产生均匀磁场，见图 1.17（b）。围绕螺旋线圈的电子在 T 的操作下会颠倒旋转方向，然而在 P 的操作下不会，因此，磁场 $\boldsymbol{B}$ 是奇时间轴矢量。

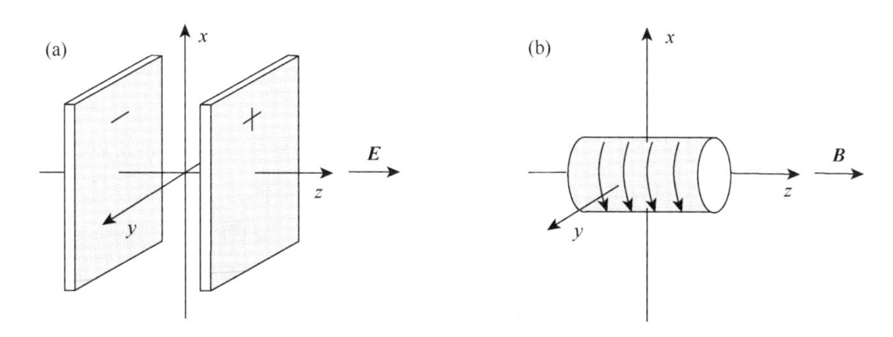

图 1.17　（a）电荷相反的两块极板产生的电场 $\boldsymbol{E}$；（b）圆柱形螺旋线圈产生的磁场 $\boldsymbol{B}$

我们现在可以看出，电场定律是宇称守恒和时间反演不变的。麦克斯韦方程组和洛伦兹力方程如下（这些方程将在第 2 章中介绍和讨论）：

$$\nabla\cdot\boldsymbol{D}=\rho,\quad \nabla\cdot\boldsymbol{B}=0$$

$$\nabla \times \boldsymbol{E} = -\frac{\partial \boldsymbol{B}}{\partial t}, \quad \nabla \times \boldsymbol{H} = \boldsymbol{J} + \frac{\partial \boldsymbol{D}}{\partial t}$$

$$\boldsymbol{F} = \rho \boldsymbol{E} + \boldsymbol{J} \times \boldsymbol{B}$$

因此，以总结电磁感应的法拉第定律和洛伦兹定律的第三个方程为例，很容易看出该方程在 P 和 T 的操作下是不变的：

$$\nabla \times \boldsymbol{E} = -\frac{\partial \boldsymbol{B}}{\partial t} \begin{cases} \underrightarrow{P}(-\nabla) \times (-\boldsymbol{E}) = -\dfrac{\partial(+\boldsymbol{B})}{\partial(+t)} \\ \underrightarrow{T}(+\nabla) \times (+\boldsymbol{E}) = -\dfrac{\partial(-\boldsymbol{B})}{\partial(-t)} \end{cases}$$

很容易证明其他方程也具有同样的不变性。结论就是，只涉及电磁相互作用的任何物理过程，如光与分子相互作用，必须是宇称守恒和时间反演不变的。

为了完整起见，这里还要提到第三个基本的对称操作，也就是电荷共轭。电荷共轭用算符 C 表示，来自相对论量子场理论，指粒子与反粒子之间的互换（Berestetskii et al.，1982）。对于带电粒子，该操作表示电荷的正反转变。尽管没有经典的对应物，但它在某些情况下仍然有概念上的价值，并且对检验方程的一致性非常有用。例如，通过简单地将 C 解释为体系中所有电荷符号的改变，很容易看出，麦克斯韦方程组在这种操作下保持不变。

1.9.3　反演对称性与旋光性

现在证明天然旋光实验和磁旋光实验都是宇称守恒和时间反演不变的。类似的讨论可以用在其他光学活性现象中，并且正如下面所描述的，可以用来解释或者预测新效应，而无须求助于数学理论。本节是基于 Rinard 和 Calvert（1971）及 Barron（1972）的文章。

天然旋光实验需要手性介质，如石英晶体或者包含固有手性分子的液体。线偏振光在该手性介质中的电矢量具有螺旋模式。该螺旋模式的常规表达是延伸通过介质的一个扭转带，电矢量在扭转带的平面中振动，见图 1.18（a）。电矢量的螺旋模式是一个具有明确对称性的物理量。因为只涉及电磁相互作用，所以产生旋光的物理过程必须是宇称守恒和时间反演不变的。换句话讲，如果 P 和 T 被应用到整个实验中，那么结果也一定是一个可能的实验。因为对于手性分子，P 不是对称点群操作，所以文献中有时暗示涉及这类分子的过程不会是宇称守恒的（Ulbricht，1959）：这个错误的概念可能是因为没有把实验考虑成整体。因此，在 P 的条件下，介质中电矢量的螺旋模式反转（旋光度是赝标量），光的传播方向也发生反转[图 1.18（a）]；同时，手性介质转换成其不可叠加的镜像[图 1.18（b）]。该结果本身是一个可能的实验，因为用手性介质的对映体会产生相反的旋光性，而改变光束的传播方向则不会影响手性介质的旋光性。因此，天然旋光性是宇称守恒的。在 T 的操作下，传播方向反转，而电矢量的螺旋形式不变[图 1.18（a）]。因为 T 不影响手性介质（如果手性介质是非磁性的），所以时间反演实验在物理上是可以实现的，仅仅将光束的传播方向反转并不会改变手性介质的旋光性。因此，天然旋光性具有时间反演不变性。

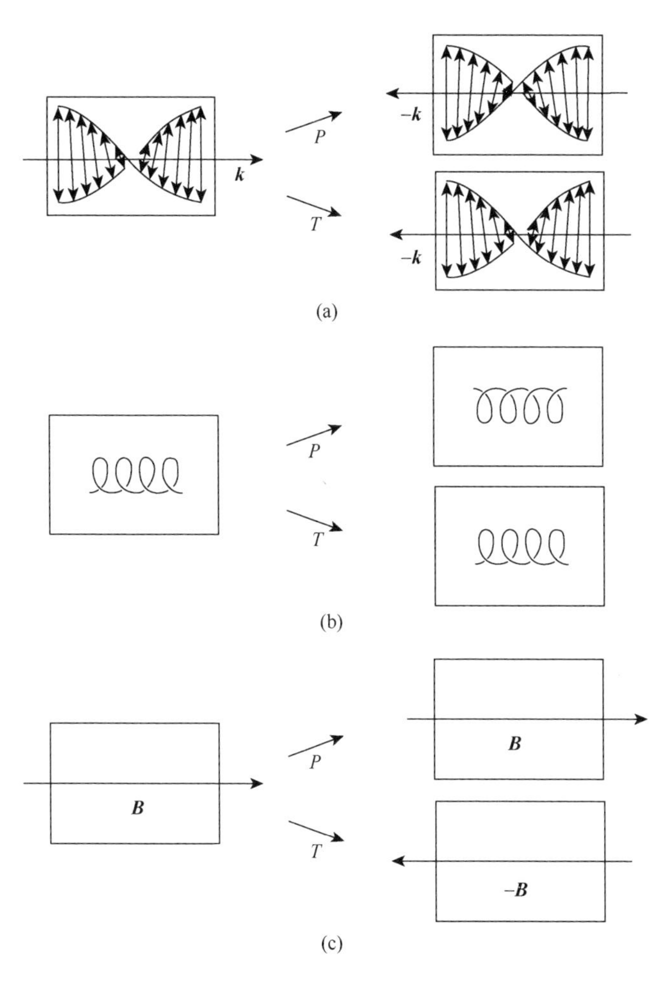

图 1.18　对在螺旋介质中，沿着单位矢量 $\boldsymbol{k}$ 方向的线偏振光电矢量的螺旋模式（a）、手性介质（b）、定磁场中的非手性介质（c）分别进行 P、T 操作的示意图。注意（a）左边初始态中的负旋光度对应了电矢量螺旋模式中的右手螺旋

法拉第旋光实验是指，在平行于线偏振光传播方向的定磁场中放入一个非手性介质，线偏振光的电矢量在介质中具有螺旋模式。P 再次反转了光束的传播方向，颠倒了电矢量的螺旋模式[图 1.18（a）]，但非手性介质和定磁场没有变

化［图 1.18（c）］。这与实验现象相吻合，也就是说，将光束相对于磁场的传播方向进行反转时，颠倒了法拉第旋光方向。因此，法拉第旋光效应是宇称守恒的。在 T 的操作下，光的传播方向反转，但它的旋光性保持不变。因为 T 反转了磁场的方向，然而不会影响介质［如果介质在外磁场的条件下是非磁性的，图 1.18(c)］。时间反演实验在物理上是可以实现的，因为磁场和光束的反向会保持法拉第旋光性不变。因此，法拉第旋光效应具有时间反演不变性。也可以看到，法拉第旋光效应必须与 $\boldsymbol{B}$ 的奇次幂相关，因为这些会在 T 的条件下改变符号，而偶次幂则不会。

这些对称性讨论也可以用来证明为什么没有类似于法拉第效应的电效应；换句话讲，平行于传播方向的静电场不能引起穿过各向同性非手性介质的线偏振光的旋光性。因此，P 不会影响介质，尽管电场的方向和光传播的方向及旋光性都反转了：因为未扰动体系的所有方向都是等价的，从而 $\boldsymbol{E}$ 的奇指数（或者偶指数）诱导的光学活性会违背宇称守恒。同样，T 不会影响电场、介质或者旋光度，然而会反转光相对于电场的传播方向。因此，由 $\boldsymbol{E}$ 的奇（不是偶）次幂诱导的任何旋光效应也会违背时间反演不变性。读者可能认为，这种效应可以在手性分子的液体中诱导产生：当然，图形化讨论表明不会违背宇称守恒，但同时也表明会违背时间反演不变性。将这些图形化讨论扩展到更奇特的介质是很麻烦的，所以我们参考了 Buckingham、Graham 和 Raab（1971）及 Gunning 和 Raab（1997）关于此类的理论讨论，用以证明法拉第效应的电类似效应在某些晶体中是可能的。Kaminsky（2000）给出了这种现象的理论和实验说明，这种现象在晶体光学中被称为电致旋光效应。

尽管在无磁场的各向同性非手性介质中，线偏振光偏振面的旋转会违反宇称守恒，但是在同一介质中，椭圆偏振光椭偏长轴的旋转则不会违反宇称守恒。椭圆偏振光是线偏振光和圆偏振光的相干叠加。电矢量在垂直于圆偏振光束传播方向的一个固定面中，随时间产生圆环形轨迹，于是，P 反转了手性，因为尽管保持了电矢量的旋转，然而传播方向反转了；而 T 保持了手性，因为电矢量的旋转和传播方向都反转了。因此，在 P 的作用下，介质不受影响，而传播方向相反，从而椭圆偏振光的旋光方向和手性被反转；也就是说，反转椭圆度的手性会反转旋光方向。而在 T 的作用下，介质不受影响，保持了旋光性和椭圆度的手性（光束的传播方向反转了）。这些结论与观测到的椭圆偏振自动旋转效应一致，即强椭圆偏振激光束的椭偏长轴在穿过各向同性非手性溶液时会产生旋转（Maker et al., 1964）。改变椭圆度的手性就改变了旋光性。该效应来自折射率对强度的依赖性：椭圆偏振光可以看成是强度不同的两个相干圆偏振光的叠加，这两个组分以不同速度经过介质，从而导致椭偏主轴的旋转。一个有趣的推测是，可能存在一种机制，使外消旋混合物中椭圆偏振光的旋光性与其中一个对映体的旋光性有关，因为这种效应不会违反宇称守恒或时间反演不变性。

很容易看出，完全各向同性样品围绕平行于光束传播方向轴的快速旋转诱导的旋光，不会违背宇称守恒或时间反演不变性，因此是一种可能的现象。这种效应称为“旋转以太曳引”（rotatory ether drag），是由 Jones（1976）在由 Pockels 玻璃做成的快速旋转的棒中观察到的。对称性分析将该效应与法拉第效应一并归类为由奇时间外影响因素诱导的光学活性。

1.9.4　光散射中的反演对称性和光学活性

类似于图 1.18 的图形讨论也适用于瑞利光学活性和拉曼光学活性。对于线偏振光入射的瑞利散射光的椭圆度，这种图形化说明最为简单：该方式同样适用于圆偏振强度差，但阐述起来比较麻烦。

图 1.19（a）展现了这样一个实验：当入射光的线偏振方向垂直于散射面时，各向同性手性介质在 90°处散射的光束中会检测到一个小的向右的椭圆度。在 P 操作下，入射光束和散射光束被反转，现在，散射光带有左椭圆度，手性介质被其不能叠加的镜像所取代。假设空间是各向同性的，则这是一个可以实现的实验，因为用对映体取代该介质会导致散射光束中相反的椭圆度。因此，天然瑞利光学活性是宇称守恒的。

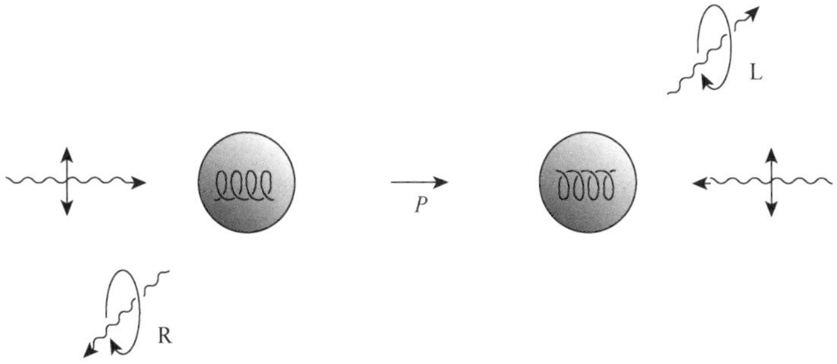

(a)

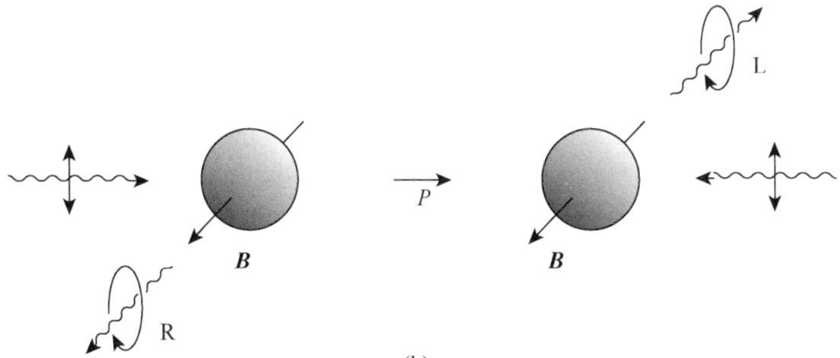

(b)

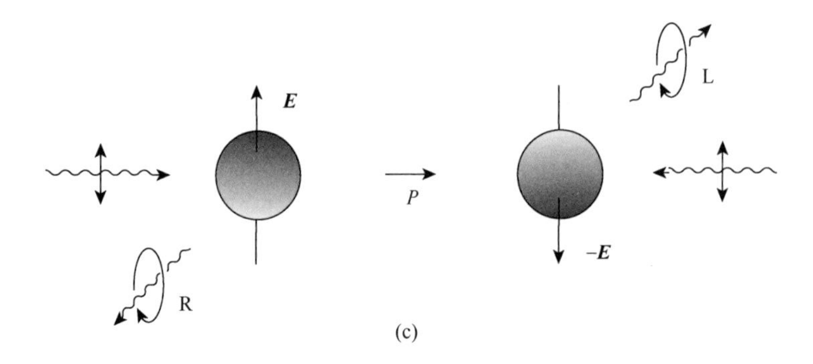

图 1.19　P 对天然瑞利（a）、磁瑞利（b）和电瑞利（c）光学活性实验的影响

如果散射光束中的椭圆度是由平行于散射光束的定磁场在非手性介质中产生的，则应用 P 会使散射光束相对于磁场的方向发生反转[图 1.19（b）]，因此磁瑞利光学活性也是宇称守恒的。

图 1.19（c）显示了在非手性介质中，由垂直于入射光束和散射光束方向的静电场产生的散射光束中更为微妙的椭圆度现象。该电瑞利光学活性是宇称守恒的，因为 P 改变了由入射光束方向、散射光束方向和电场方向定义的轴手性。

时间反演的讨论就比较复杂了，因为光散射不再是时间反演对称的现象。在这里，只有散射到关注方向的光束是时间反演对称的，并且忽略了所有其他方向的散射光束，这样就不能将入射光束恢复到其初始条件。然而，由瑞利首先提出（Rayleigh，1900），并由 Krishnan（1938）和 Perrin（1942）扩展到包括光散射的互易原理（principle of reciprocity），是一种适用的时间反演形式。这表明[遵循 de Figueiredo and Raab（1980）]，就散射系统而言，对整个光散射实验进行时间反转时，光速和偏振态在散射光束中产生与初始实验相同的分解强度，前提是两个实验中的入射偏振态强度相同。我们这里不阐述该原理，而是参考 de Figueiredo 和 Raab（1980）及 Graham（1980）的相关文献，将空间反演和互易原理系统地应用于广泛的偏振光散射现象。

Perrin（1942）对此类构思做出了如下限定："互易原理不适用于荧光或拉曼效应。在这些效应中，频率的变化是不可逆的。在散射现象中，互易原理只适用于瑞利散射这种没有或者只有很小的对称频率变化的情况。"然而，因为基本的瑞利散射实验自身是不可逆的，它看起来与否定将互易原理扩展到包含该不可逆的附加元素是不一致的。事实上，Hecht 和 Barron（1993a）基于特定的斯托克斯/反斯托克斯互易对的实验，已经提供了一种适用于拉曼散射的普遍互易原理。

1.9.5　与运动相关的对映异构体：真假手性

光学活性没必要只是手性的特征。例如，在一些化学和物理文献中，关于天然光学活性和磁光学活性的区别一直存在误区。Kelvin（1904）完全意识到这一根本区别，因为他在巴尔的摩演讲中给出如下陈述：

"磁旋光效应既没有左手性也没有右手性（即没有手性）。法拉第完全理解这一点，并在他的著作中阐明了这一点。但直到今天，我们仍然经常发现偏振光平面的手性旋转和磁旋转被归为一类，这与法拉第最初对该发现的描述相悖。法拉第最初的描述预警过这一问题。"

他可能想到了巴斯德，巴斯德认为，由于磁场诱导旋光性，对于在常规条件下生长成全角的非手性晶体，在定磁场的诱导下生长成手性的缺角晶体。然而，生长成的晶体实际上仍然保留了它们常规的全角对称形式（Mason，1982）。Kelvin 的观点在很久以后得到了 Zocher 和 Török（1953）的支持，他们从常规经典观点讨论了天然光学活性和磁光学活性的时空对称性，并意识到其中涉及截然不同的不对称性。同样，Post（1962）根据天然光学活性和磁光学活性这两种现象的互易和非互易特征，强调了天然光学活性和磁光学活性之间的基本区别（这里，互易和非互易指的是当反转光的传播方向时，天然旋光现象不变，而磁旋光性会反转）。

从 1.9.3 节中可以清楚地看出，天然旋光性和磁旋光性具有不同的对称特性。进一步的探讨（见 4.3.3 节）表明，可观测的天然旋光性是偶时间赝标量，而可观测的磁旋光性是奇时间轴矢量。这些论点及其他论点表明，手性体系的特征是该体系能够给出的观测量是偶时间赝标量。这引出了如下定义，该定义可以区分手性和其他类型的不对称性（Barron，1986a, b）：

"真手性是由这样的体系给出：存在两种不同的对映体，这两种对映体可以通过空间反演进行互换，却不能通过与任何空间真旋转相结合的时间反演进行互换。"

这意味着，由真手性体系展现的空间镜像性是时间不变的。具有不同特征的时间非不变性的空间镜像性，本书作者将其称为假手性，以强调这种区别。最初，并不是故意使"真"和"假"手性变成标准术语，然而这些术语逐渐进入立体化学的文献中。注意，磁场自身不是假手性，因为没有相关的空间镜像性。本质上，对于真手性体系，宇称 P 不是一个对称操作（因为它产生了一个不同的体系，也就是对映体），然而时间反演 T 是一个对称操作；对于假手性体系，P 和 T 自身都不是对称操作，然而组合 PT 则是对称操作。

根据 Kelvin 的原始定义，一个静止物体，如具有手性的有限螺旋，适用于该定义的前半部分：空间反演是一个比镜面反映更基本的操作，然而，给出了等价的结果。时间反演不影响静止物体，但需要完整的定义来识别更微妙的手性来源，其中运动是一个关键要素。以下几个例子会让我们有更清楚的认知。

电子的自旋量子数$s=\frac{1}{2}$，而$m_s=\pm\frac{1}{2}$对应自旋角动量在空间固定轴的两个相反的投影。定态自旋电子不是手性物质，因为空间反演P不会产生一个可区分的P对映体[图 1.20（a）]。然而，自旋投影平行或反平行于传播方向的移动电子具有真手性，这是因为P能互换可区分的左、右自旋偏振方向，而时间反演T则不能[图 1.20（b）]。在基本粒子物理学中，粒子沿其运动方向的自旋角动量$\boldsymbol{s}$的投影称为螺度$\lambda=\boldsymbol{s}\cdot\boldsymbol{p}/|\boldsymbol{p}|$（Gibson and Pollard，1976）。自旋$-\frac{1}{2}$粒子的螺度$\lambda=\pm\hbar/2$，正态和负态分别称为右手态和左手态。然而，这与本书中用到的，也就是经典光学中关于左右圆偏振光的常规定义相反。

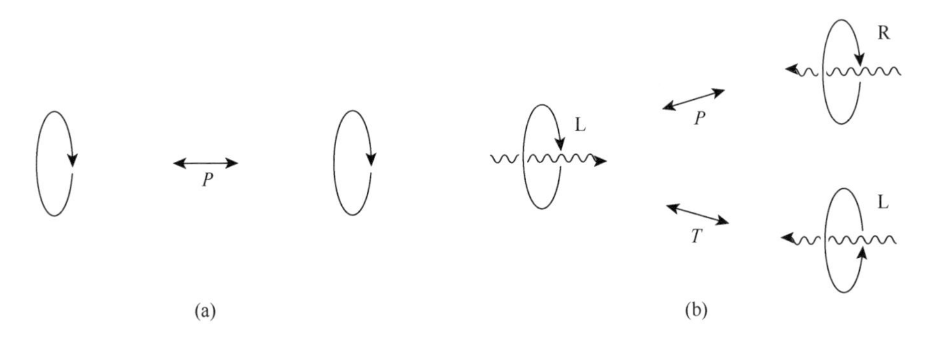

图 1.20　宇称P和时间反演T对于定态自旋粒子（a）和平移自旋粒子（b）的影响。左手和右手的命名 L 和 R 遵循基本粒子物理学的约定，然而这与本书其他地方用到的经典光学约定相反

以平面波形式传播的圆偏振光束中的光子具有$s=1$，$m_s=\pm1$的自旋角动量本征态，分别对应自旋角动量矢量与传播方向平行或反平行的投影。没有$m_s=0$的态是因为光子没有质量、没有静止坐标系，因此光子总是以光速运动着（Berestetskii et al.，1982）。与图 1.20（b）相同的讨论表明，圆偏振光子具有真手性。

现在讨论围绕对称轴自旋的圆锥。因为P会产生一个与初始态不重叠的状态[图 1.21（a）]，所以可以认为这是一个手性体系。然而，手性是假的，因为T操作后，再围绕垂直于对称轴的轴旋转 180°(R_π)，会产生与空间反演相同的体系[图 1.21（a）]。如果自旋锥也沿着自旋轴平移，那么T操作后再通过R_π会产生一个与单独P产生的体系不同的体系[图 1.21（b）]。因此，平移自旋锥具有真手性。

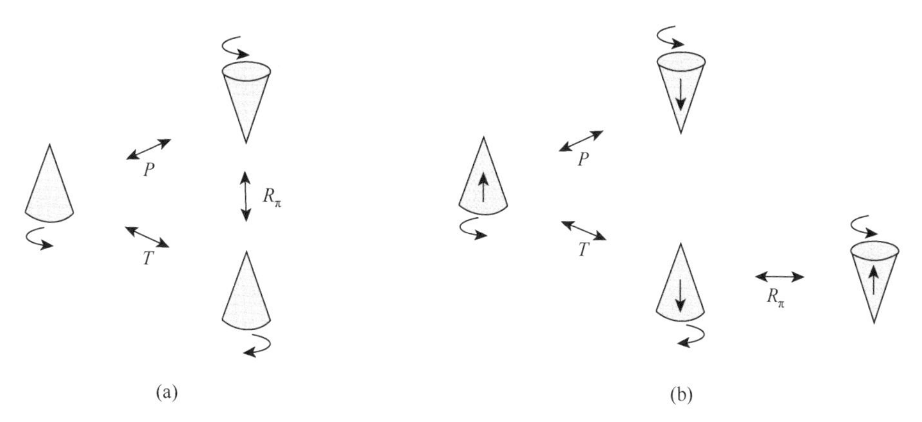

图 1.21　P、T 和 R_π 对具有假手性的定态自旋锥（a）和具有真手性的平移自旋锥（b）的影响。由 P 和 T 产生的体系可以通过 R_π 在（a）中进行相互转换，而不能在（b）中进行互换

Mislow（1999）认为非平移自旋锥属于空间点群 C_∞，因此具有手性。他还指出，展现镜像性的物体无论是否具有 T 不变性，都属于手性对称点群，因此运动手性包含在与开尔文定义等价的群论中。然而，非平移自旋锥的物理特性将与有限螺旋线的物理特性截然不同。例如，如后文（4.3.3 节）所示，具有自旋锥结构的分子的成功构建，即旋转对称尖端分子，不支持像天然旋光性这样的偶时赝标量观测量（它支持磁旋光性）。因此，就物理学而言，将其归类为"手性"分子与将其归类为满足天然旋光性的完全不对称分子是具有误导性的，尽管这种分类在特定的数学描述中可能是一致的。

显然，定态均匀电场 $\boldsymbol{E}$（偶时间极矢量）和定态均匀磁场 $\boldsymbol{B}$（奇时间轴矢量）都不构成手性体系；含时的均匀电场和磁场也是如此。此外，定态均匀电场和定态均匀磁场的结合也不会构成手性体系。正如 Curie（1894）指出的那样，共线电场和磁场确实会产生空间镜像性。因此，平行和反平行排列可以通过空间反演互换，并且不重合。然而，它们也通过时间反演，接着通过垂直于场方向的轴旋转 180°的旋转 R_π 相互转换，从而镜像性对应了假手性。Zocher 和 Török（1953）也意识到 Curie 的空间镜像性和手性分子是不一样的：他们将电场和磁场的共线排列称为时间不对称镜像性，并且不支持时间对称光学活性。Tellegen（1948）设想了一种具有新型电磁特性的介质。该介质包含微观电偶极子和磁偶极子，其偶极矩相互平行或者反平行。这种介质明显展现出与假手性相对应的镜像性。尽管讨论很多（Post，1962；Lindell et al.，1994；Raab and Sihvola，1997；Weiglhofer and Lakhtakia，1998），但是 Tellegen 介质在自然中并没有被观察到，并且也没有被人工合成出来。

事实上，两个共线矢量影响手性生成的基本要求是：一个以极矢量的形式变换，另一个以轴矢量的形式变换，二者要么是偶时间，要么是奇时间。第二种情况以 1.7 节中描述的磁手性现象为例，其中，与任意偏振光束的传播矢量 $\boldsymbol{k}$ 共线的均匀磁场 $\boldsymbol{B}$，可以在各向同性手性样品中诱导双折射和二色性。因此，通过空间反演转换 $\boldsymbol{B}$ 和 $\boldsymbol{k}$ 的平行和反平行排列是真手性对映体，因为 $\boldsymbol{k}$ 和 $\boldsymbol{B}$ 都是奇时间物理量，它们不能通过时间反转进行互换。

这里所描述的手性的新定义被证明在不同领域都是有用的，如分子中的自旋极化电子散射（Blum and Thompson，1997）、绝对对映选择性（Avalos et al.，1998）等。这些领域的物理背景增加了一个新的维度，即涉及手性分子的过程可能会破坏传统的微观可逆性，但在存在假手性影响（如共线电场和磁场）的情况下，保留了对映体微观可逆性的一个新的、更深入的原理（Barron，1987）。过程的传统微观可逆性是基于时间反演下量子力学散射振幅的不变性，从而使正向和反向过程的振幅相同。过程的对映体微观可逆性仅在涉及手性粒子时才有意义，它基于时间反演和宇称下散射振幅的不变性，因此正向过程的振幅等于涉及镜像手性粒子的逆向过程的振幅。换句话讲，该过程分别在 P 和 T 的操作下不是不变的，但在 PT 共同的操作下是不变的。这揭示了与下一节提到的基本粒子物理学中 CP 破缺的类似性，其中也出现了假手性的概念，然而是关于 CP 镜像性，而不是 P 镜像性，是 CPT 不变性，而不是 PT 不变性。

1.9.6 对称性破缺：宇称守恒和时间反演不变性的坍塌

在 1957 年之前，手性不是自然规律的一部分是不言而喻的。如果两个物体分别是彼此的非叠加镜像，如手性分子的两个对映异构体，那么自然界选择其中一个而不是另一个似乎是不合理的。我们将镜像体系之间的任何差异认为是仅限于赝标量观测量符号的变化：涉及一个对映体的任何完整实验的镜像应该是可以实现的，任何赝标量观测量（如旋光度）都会改变符号，然而完全保持相同的数值。接着，Lee 和 Yang（1956）指出，与强相互作用和电磁相互作用不同，在涉及弱相互作用的过程中没有宇称守恒的证据。在他们提出的实验中，吴健雄等所做的实验（Wu et al.，1957）最为著名。

吴健雄的实验研究了 β 衰变的过程：

$$^{60}\mathrm{Co} \longrightarrow {}^{60}\mathrm{Ni} + \mathrm{e}^- + \mathrm{v}_\mathrm{e}^*$$

在该过程中，一个中子通过弱相互作用衰变成一个质子、一个电子 e^- 和一个电子反中微子 v_e^*。每个 $^{60}\mathrm{Co}$ 核的核自旋磁矩 $\boldsymbol{I}$ 与外磁场 $\boldsymbol{B}$ 对齐，测量出发射电子的角度分布。研究人员发现，电子优先沿着与 $\boldsymbol{B}$ 相反的方向发射[图 1.22（a）]。正如我们在 1.9.2 节中讨论的那样，$\boldsymbol{B}$ 和 $\boldsymbol{I}$ 是轴矢量，在空间反演的条件下不会改变符号，而电子传递矢量 $\boldsymbol{k}$ 由于是极矢量所以会改变符号。在对应的空间反演实验中，发射的电子应该与磁场平行[图 1.22（b）]。如果没有电子发射的首选方向（各向同性分布），或者电子在垂直于 **B** 的平面上发射，则对于图 1.22（a）和（b），只有当电子传播方向相反时才会是宇称守恒的。图 1.22（a）所示的观察结果为宇称不守恒提供了确凿的证据。β 衰变中宇称破缺的另一个重要的方面是，发射的电子有一个左手纵向自旋极化，并伴随着右手反中微子的产生。

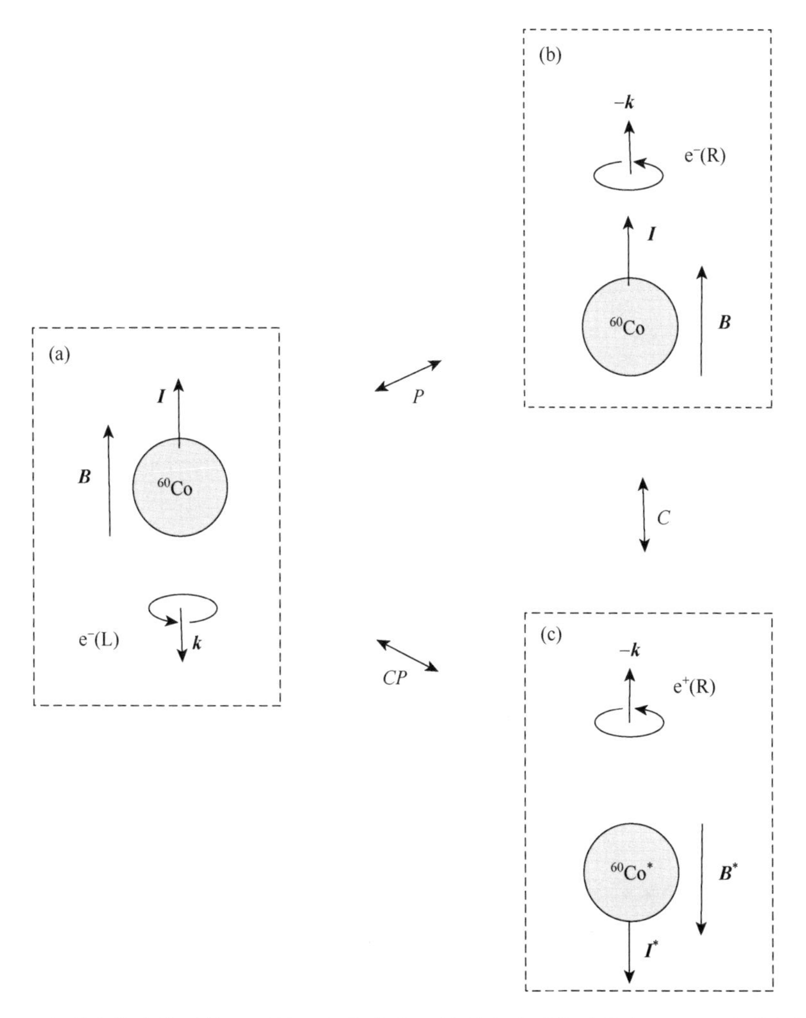

图 1.22 β 衰变中的宇称破缺。对于 β 衰变实验，只观察到了实验现象（a），而不能实现由空间反演导致的实验现象（b）。实验现象（c）恢复了该对称性，该实验现象也可以由（a）通过调用组合 *CP* 操作获得。反 Co 用 Co* 表示，$\boldsymbol{B}^*$ 和 $\boldsymbol{I}^*$ 分别表示 **B** 和 **I** 的逆方向，因为移动源粒子上的电荷在 *C* 的操作下改变了符号

事实上，通过利用电荷共轭和空间反演的 *CP* 操作又恢复了对称性。这就意味着，缺失的实验要在反世界中被找到！换句话讲，自然界对图 1.22（a）所示的

原实验和图 1.22（c）所示的由 *CP* 产生的实验之间没有偏好。在 *CP* 的原实验中，反 ^{60}Co 衰变产生一个右手自旋极化正电子。该正电子在反平行于逆磁场方向运动。由于没有得到反核，不能直接检测到核的衰变，但在实验上已为某些基本粒子的衰变建立了 *CP* 不变性（然而，如下文所述，已经证明中性 K 介子体系是不服从 *CP* 不变性的）。该结果表明，*P* 破缺伴随着 *C* 破缺：由于我们所谓的负电荷由电子给出，并以左手自旋极化的方式发射，由此区分了绝对电荷。

继吴健雄实验之后，原弱相互作用费米理论得到了深化，以考虑宇称破缺。这是通过将理论重新构建，使相互作用采用左手赝标量的形式来实现的。但是仍然存在一些技术问题。20 世纪 60 年代，S. Weinberg、A. Salam 和 S. L. Glashow 最终克服了这一问题，将弱相互作用与电磁相互作用理论统一为电-弱相互作用理论。该理论的概念基础基于两大支柱：规范不变性和自发对称性破缺（Gottfried and Weisskopf，1984；Weinberg，1996）。除了容纳无质量光子和两个有质量带电 W^+ 和 W^- 粒子（它们介导了电荷变化的弱相互作用）外，一种新的重粒子，即中性中间矢量玻色子 Z^0 还被预测到了。该粒子能够产生一系列新的中性电流现象，其中包括原子和分子中的宇称破缺效应。这三种粒子于 1983 年在欧洲核子研究中心（Conseil Europeen pour la Recherche Nucleaire，CERN）的质子-反质子散射实验（有史以来最重要的实验之一）中被检测到。

从 1.9.3 节可以清楚地看出，自由原子蒸气中的旋光性是宇称破缺的（但却遵循时间反演不变性）。事实上，科学家已经在像铋和铊这样的重原子的原子蒸气中，通过常规方式检测到了微小的旋光性和相关的观测量（Khriplovich，1991；Bouchiat and Bouchiat，1997）。这种效应的来源之一是原子核与轨道电子之间的弱中性电流相互作用。Hegstrom 等（1988）根据螺旋电子概率电流密度提供了相关原子手性的吸引人的图形表示。这些实验意义重大，因为他们采用“台式”实验解决了粒子物理中的问题。例如，他们对各种“新物理现象”（高于标准模式）非常敏感，因为他们测试了一组与模型无关的电子-夸克电弱耦合常数，该常数与需要通过加速的高能实验探测到的结果有所不同（Wood et al.，1997）。

手性分子支持宇称破缺的独特表现形式，即镜像对映异构体能级的确切简并性略微降低（Rein，1974；Khriplovich，1991）。弱中性电流相互作用作为一种偶时间赝标量，在很大程度上导致了这种宇称破缺能量差，是分子物理中典型的真手性影响。它只降低了真手性体系中空间反演（*P*）对映体的简并度；假手性体系（如非平移自旋锥）的 *P* 对映体仍然是严格简并的（Barron，1986a）。尽管在实验上还未观察到，但是这种对映异构体之间微小的宇称破缺能量差可以通过计算给出（Hegstrom et al.，1980），并作为生物单一手性的可能来源，引起了广泛的讨论[参见如 MacDermott（2002）和 Quack（2002）]。初步结果看起来支持这个观点，但这些与目前复杂的研究不一致（Wesendrup et al.，2003；Sullivan et al.，2003）。需要更多的理论和实验工作，确定宇称破缺与生物单一手性之间是否存在一定联系。

由于宇称破缺，真手性物体的 *P* 对映异构体不是完全简并的，它们不是严格的对映异构体（因为对映体的概念表示完全相反）。因此，在哪里能找到一个手性物质的严格的对映异构体？当然，是在反物质世界中！就像在吴健雄实验中，通过引入 *CP* 而不仅仅是 *P* 产生的对称性恢复那样，我们可能期望严格的对映异构体通过 *CP* 进行互换；换句话讲，由反粒子构成的具有相反绝对构型的分子应该有和原分子完全一样的能量（Barron，1981a，b；Jungwirth et al.，1989），这意味着，一个手性分子与两个不同的严格对映体有关（图 1.23）。因为这里 *P* 破缺自然表示 *C* 的破缺，这也说明了现实世界中的手性分子与反物质世界中具有相同绝对构型的手性分子之间存在着微小的能量差。此外，*P* 破缺能量差和 *C* 破缺能量差必须是相等的。手性体系中严格对映异构体的一般定义与自由原子因宇称破缺表现出的手性是一致的。在现实世界中，弱中性电流只产生一种类型的手性原子：仅通过空间反演得到的传统手性原子对映体并不存在。显然，手性原子的对映异构体是由 *CP* 联合作用产生的。因此，由反粒子组成的对应原子将必然有相反的“绝对构型”，并且将会具有相反的宇称破缺导致的旋光性（Barron，1981a）。

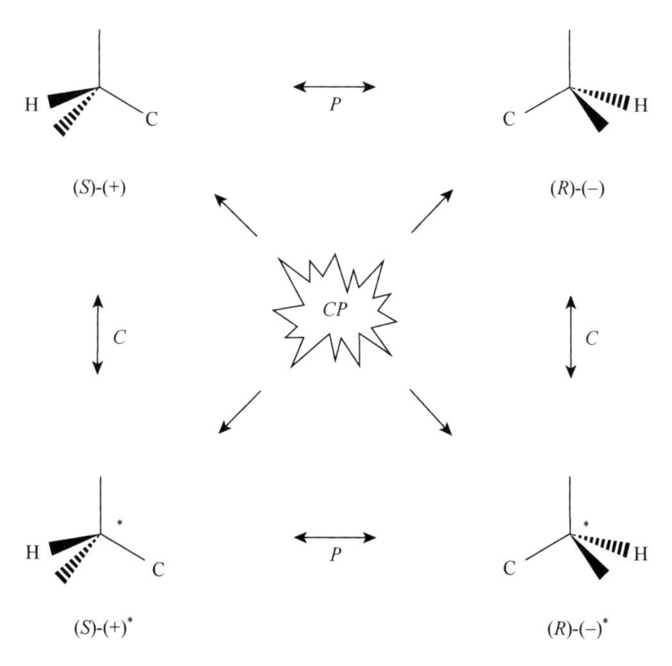

图 1.23　通过 *CP* 转换的两对手性分子的严格对映异构体（完全简并）。带有星号标记原子的结构是由原分子成分的反粒子构建而成的反分子。假设 *CPT* 是守恒的，即使 *CP* 破缺，严格简并性也仍然存在。CHFClBr 的绝对构型由拉曼光学活性和比旋光度确定（Costante et al.，1997；Polavarapu，2002a）

P 对映体，如只表现出手性的平移的自旋电子或者自旋锥体，由于它们的运动也会展现对称性破缺能量差，从而一种表现是左旋和右旋粒子（或反粒子）有不同的弱相互作用（Gibson and Pollard，1976；Gottfried and Weisskopf，1984）。同样，严格意义上的对映异构体也会通过 *CP* 进行互换：如一个左旋电子和一个右旋正电子。注意，因为光子是它自身的反粒子（Berestetskii et al.，1982；Weinberg，1995），从而左、右圆偏振光子自然成为严格的对映体。

时间反演破缺最早是在 Christenson 等（1964）的著名实验中观测到的，该实验涉及中性 K 介子(K^0)的不同衰减模式的速率测量（Gottfried and Weisskopf，1984；Sachs，1987；Branco et al.，1999）。虽然很明显，但是影响是非常小的；当然，没有什么能比得上弱过程中的宇称破缺效应，这种效应有时是绝对的。事实上，*T* 破缺本身并不是直接观测到的：相反，观测结果显示了 *CP* 破缺，其中，*T* 破缺隐含在通过相对论量子场理论给出的 *CPT* 定理中。正如 Cronin 在其诺贝尔奖演讲（Cronin，1981）中指出的那样，自然界已经给我们提供了一个非常敏感的体系，以传递仍然需要破解的神秘信息。

CPT 定理是 L. Lüder 和 W. Pauli 于 1950 年提出的。该定理指出，即使一个或者多个 *C*、*P* 和 *T* 是破缺的，然而 *CPT* 的联合操作始终是守恒的（Gibson and Pollard，1976；Berestetskii et al.，1982；Sachs，1987；Weinberg，1995）。*CPT* 定理有三个重要结果：粒子和反粒子的静止质量相等；粒子和反粒子的寿命相同（尽管单个通道的衰减速率可能不相等）；粒子和反粒子的电荷和磁矩等电磁特性大小相等，符号相反。

CP 破缺的表现之一是长寿命中性 K 介子(K_L)的衰减速率具有不对称性：

$$\Delta=\frac{\text{速率}\left(K_L\to\pi^- e_r^+ v_l\right)}{\text{速率}\left(K_L\to\pi^+ e_l^- v_r^*\right)}\approx 1.00648$$

如公式所示，K_L 可以衰变成正的介子 π^+ 、左旋电子 e_l^- 和右旋反中微子 v_r^*；或者衰变成负的反介子 π^- 、右旋正电子 e_r^+ 和左旋中微子 v_l 。因为这两组衰变产物通过 *CP* 相互转换，所以这种衰变速率不对称性是 *CP* 破缺的表现。如果 *CPT* 不变性是成立的，由于粒子和反粒子具有相同的静止质量，这导致 K_L 衰变速率不对称性的 *CP* 破缺相互作用不会提高这两组 *CP* 对映体产物的简并度。因而，这种 *CP* 破缺属于化学催化的概念框架，因为衰变过程只影响动力学，而不影响热力学（Barron，1994）。

对于图 1.23 中出现的手性分子，其严格（*CP*）镜像体的精确简并性的初始证明是基于 *CPT* 定理给出的，其中，假设 *CP* 是不破缺的。然而，随后的研究表明，如果 *CPT* 守恒，即使 *CP* 破缺，粒子及其反粒子仍有相同的静止质量，手性分子的 *CP* 对映体仍然严格简并（Barron，1994）。这表明，对 *CP* 破缺起作用的力相

对于 *CP* 对映体表现出假手性：由于 *CPT* 守恒，由 *CP*（只有一种存在于我们的世界，因此 *CP* 是破缺的）转换的两个不同的镜像力也可以通过 *T* 进行相互转换。Okun 于 1985 年的评论强化了这一观点，即在量子色动力学中用到的 *CP* 破缺相互作用项，以与 ***E.B*** 同样的方式，相对于 *CP* 和 *T* 进行变换（事实上，***E.B*** 在 *CP* 和 *T* 条件下产生的变换与在 *P* 和 *T* 条件下产生的变换是一样的，因为 ***E*** 和 ***B*** 都是奇 *C* 的）。因此，如果将 *P* 破缺力看成是典型的真手性影响，那么，*CP* 破缺力就可以看成是典型的假手性影响！

CPT 定理的另一个结论是，粒子和反粒子有大小相等符号相反的电磁特性，这立刻揭示了一个致命缺陷，即圆偏振光子支持一个平行于或者反平行于传播方向的静电场，这与圆偏振的情况有关，从而引入“光磁铁”的概念，该概念可以产生一系列新的磁-光现象（Evans，1993）。这是因为光子是其自身的反粒子，任何这种粒子的磁场都必须为零。光子定磁场的不存在也可以通过电荷共轭对称守恒的图形讨论得到证明（Barron，1993）。

尽管 *CPT* 对称性是基本粒子物理学的基石，但是 *CPT* 对称性也可能产生非常小的破缺（Sachs，1987）。最简单的测试集中在测量粒子及其相关反粒子的静止质量上，因为任何差异都将揭示 *CPT* 破缺。此外，光子的定磁场也可以在实验中作为 *CPT* 破缺的标志。然而，原子和分子的世界可能最终证明是最好的测试对象（Quack，2002）。例如，如果反氢原子的量足够多，可以用超高分辨光谱比较氢原子和反氢原子的能量差，作为对 *CPT* 守恒的测试，其精度远远高于以往的任何测量（Eades，1993；Walz et al.，2003）。2002 年，欧洲核子研究中心首次制造出适合精密光谱实验的冷反氢原子。展望未来，当可以用到由反物质组成的手性分子时，正如上面所提到的，可以尝试测试在 *CP* 对映体之间的能量差，因为 *CPT* 破缺会降低其简并度。

1.9.7　手性与相对论

在 1.9.5 节中我们已经证明，沿着自旋轴平移的自旋球或者自旋圆锥具有真手性。这是一个有意思的概念，因为它揭示了手性和狭义相对论之间的联系。假设一个具有右手螺旋度的粒子远离观察者，如果观察者向着粒子方向加速，并且最终超过粒子，那么它将会向着观察者移动，并且呈现左手螺旋。在静止框架中，粒子的螺旋是不确定的，故其手性消失。只有像光子和中微子这样的无质量粒子，手性才是守恒的，因为它们在任何参考系中总是以光速运动。

手性的这一相对论特性实际上是现代基本粒子理论的一个核心特征，特别是在宇称破缺与速度有关的弱相互作用方面。电子与中微子的相互作用就是一个很好的例子。中微子是典型的手性物质，因为只存在对应于左旋中微子和右旋反中

微子的 CP 对映体。首先考虑电子接近光速的极端情况。这时，只有左旋相对论电子与左旋中微子通过弱力进行相互作用；右旋相对论电子根本不与中微子进行相互作用。然而，右旋相对论正电子可以和右旋反中微子进行相互作用。对于非相对论电子速度，弱相互作用将会是宇称破缺的，然而破缺的值降低到与 v/c 在同一个数量级上（Gottfried and Weisskopf，1984）。我们可以用这个解释一个有意思的事实：$\pi^- \to e^- \nu_e^*$ 衰变要比 $\pi^- \to \mu^- \nu_e^*$ 衰变小 10^4，尽管在第一个衰变中的有效能量要大得多。因此，在 π 的静止框架中，轻粒子（电子 e 或者 μ 子）和反中微子以相反方向发射，从而，它们的线性动量相互抵消。并且，因为 π 是无自旋的，轻粒子必须是右旋的，以便抵消反中微子的右旋性。因此，如果 e 和 μ 子具有光速，那么这两种衰变都会是禁阻的，因为相关的最大宇称破缺表明二者都是纯左手性的。然而，因为 μ 子具有更大的质量，从而发射的速度要比 e 的更慢，所以以右旋性发射 μ 子的振幅要大得多。该讨论仅适用于由 W^+ 或 W^- 粒子介导的改变电荷的弱过程。由 Z^0 粒子介导的弱中性电流过程是非常不同的，因为即使是在相对论极限下，左手性和右手性电子也都参与，但振幅略有不同。

1.9.8　二维手性

当两个不同的对映体被限制在一个平面或表面上时，它们通过宇称相互转换，而不是通过平面内围绕垂直于该平面的轴进行任何旋转（平面外的对称操作需要这里不打算探究的第三维度）。然而，在二维空间中，宇称操作不再等同于在三维空间中通过坐标原点的反演，因为这不会改变两个坐标轴的手性。相反，只需要反转两个轴中的一个（Halperin et al.，1989）。例如，如果轴 x, y 所在的平面与 z 垂直，那么宇称操作可以被视为产生 $-x, y$ 或 $x, -y$，它们等价于分别沿着由 y 或 x 定义的线的镜面反射。因此，一个物体，如不等边三角形（三个边均不相等），在三维空间中是非手性的，而在由三角形平面定义的二维空间中则为手性的，因为该三角形相对于该平面内任何直线的镜面反射，都会产生一个不能通过 z 轴旋转而与原三角形重叠的图形。请注意，当第二条线垂直于第一条时，由第二条线给出的镜面反射产生了一个可与原三角形重叠的图形，这就说明了为什么两个轴的倒置，即 $x, y \to -x, -y$，是不可能在二维中作为宇称操作的。

现在，我们考虑一个由分子构成的各向同性层（也就是说在面中没有优先方向）。如果分子是非手性的，则平面内的线之间可能存在无限次的镜面反射对称操作，从而产生不可区分的各向同性层。然而，如果表面分子是手性的，这样的镜面反射将会产生由对映体分子组成的不同的各向同性表面，因此不是对称操作。

这些考虑并不纯粹是学术上的。例如，Hicks、Petralli-Mallow 和 Byer（1994）观察到，在各向同性表面上的手性分子通过纯电偶极相互作用，在预共振二次谐波散射中产生了巨大的圆偏振强度差。这是一种真手性光学现象，因为它可以区分手性对映体，而且可以预见大量相关的偏振效应（Hecht and Barron，1996）。在三维样品中，由手性分子产生的散射光的等价偶时赝标量可观测值要比该手性面小三个数量级，因为正如我们将在后面的章节中讨论的，需要电偶极-磁偶极和电偶极-电四极过程。类似的效应会存在于由手性表面和界面产生的线拉曼和瑞利散射中（Hecht and Barron，1994），然而在撰写本书时仍未观察到。在二维手性的另一种表现形式中，从基于手性表面纳米结构的人工手性平面光栅表面衍射的光中，科学家们观测到了偏振面的旋转及诱导的椭圆度（Papkasostas et al.，2003），还观察到了有趣的偏振彩色图像（Schwanecke et al.，2003）。

从手性介质表面反射的天然光学活性一直是一种难以理解且有争议的现象，然而，它却被 Silverman、Badoz 和 Briat（1992）在手性液体（即樟脑醌的甲醇溶液）中观察到。Bungay、Svirko 和 Zheludev（1993）也在像 α-HgS（朱砂）这种属于 $D_3(32)$ 点群的手性晶体中发现了该现象。随后，在一些非手性晶体中也观察到了该现象，例如属于 $T_d(\bar{4}3m)$ 点群的闪锌矿半导体，如 GaAs（Svirko and Zheludev，1994，1998）。

Arnaut（1997）将手性的几何问题推广到了任何维度。本质上，如果一个 N 维物体与其镜像在 N 维空间中，通过平移和旋转后不能重叠，那么我们就可以认为该物体在 N 维空间中是手性的。因此，如果 $M > N$，那么 N 维手性的 N 维物体在 M 维空间中就会失去手性，因为它可以在$(M-N)$子空间中旋转到其对映体处。Arnaut（1997）将一维手性、二维手性和三维手性分别称为轴手性、平面手性和手性，并且对像万字符、对数螺线和锯齿环这样的平面手性进行了深入分析。

假手性的概念产生于二维和三维空间中。例如，在二维宇称操作下（与三维不同），在自旋轴垂直的面上的自旋电子是反向的。由于具有相反自旋的电子在平面上是不可重叠的，因此在平面上的自旋电子可以被看成是手性的。然而，这种看起来的手性是假的，因为自旋也会在时间反演的操作下进行反转（和在三维中是一样的）。从而，对映体是时间不变的，该体系在 PT 操作下是不变的，但在 P 和 T 分别操作下是会变的。

第 2 章　电场和磁场中的分子

难道整个身体和光不是彼此转化，身体的大部分活动不是来自组成身体的光粒子的吗？把身体变成光，再把光变成身体，这是非常符合自然规律的，大自然似乎很喜欢这些变化。

艾萨克·牛顿（《光学》）

2.1　引　　言

本书中所涉及的光学活性理论是基于光与分子相互作用的半经典描述，也就是说，分子被处理成由经典电磁场扰动的量子力学物质。尽管量子电动力学（辐射场也是量子化的）目前能够给出关于电磁波与分子间相互作用的最完整的解释（Craig and Thirunamachandran，1984），但本书未使用该理论，因为我们可以用半经典方法更直接地获得所需的结果。

本章回顾了分子导致的偏振光散射的半经典理论所需的经典电动力学和量子力学微扰理论。该方法是基于在 20 世纪 20 年代和 30 年代发展起来的理论。当时，新的薛定谔-海森伯量子力学公式被用于光与原子或分子的相互作用上。因此，我们可以找到相似的理论著作，如 Born（1933）的光学，Born 和 Huang（1954）的晶格动力学理论，Placzek（1934）关于拉曼效应的理论，以及 Landau 和 Lifshitz（1960，1975，1977），Lifshitz 和 Pitaevskii（1980），Berestetskii、Lifshitz 和 Pitaevskii（1982）理论物理系列的部分内容。在本章中，我们讲了光学活性所要涉及的更高阶的分子性质张量，这是根据 Buckingham（1967，1978）的处理得出的。像所有这些著作一样，本书大量使用了笛卡儿张量符号，这在第 4 章中有详细阐述：如果要简单处理电磁场分量与对光学活性起作用的分子的性质张量分量之间的微妙耦合，这是必不可少的。关于拉曼散射更复杂的讨论，可以参考 Long（2002）最近发表的关于拉曼效应理论的综合性论著。

2.2　电　磁　波

2.2.1　麦克斯韦方程组

电荷密度 ρ 和电流密度 $\boldsymbol{J} = \rho\boldsymbol{v}$ 产生电磁场。而源和场又通过麦克斯韦方程组相关联：

$$\nabla \cdot \boldsymbol{D} = \rho \tag{2.2.1a}$$

$$\nabla \cdot \boldsymbol{B} = 0 \tag{2.2.1b}$$

$$\nabla \times \boldsymbol{E} = -\frac{\partial \boldsymbol{B}}{\partial t} \tag{2.2.1c}$$

$$\nabla \times \boldsymbol{H} = \boldsymbol{J} + \frac{\partial \boldsymbol{D}}{\partial t} \tag{2.2.1d}$$

其中，$\boldsymbol{E}$ 和 $\boldsymbol{B}$ 分别是自由空间中的电场和磁场；$\boldsymbol{D}$ 和 $\boldsymbol{H}$ 是介质中对应的修正场。如果介质是各向同性的，则场与修正场之间会通过如下关系相关联：

$$\boldsymbol{D} = \epsilon\epsilon_0 \boldsymbol{E} \tag{2.2.2a}$$

$$\boldsymbol{H} = \frac{1}{\mu\mu_0}\boldsymbol{B} \tag{2.2.2b}$$

其中，ϵ 和 μ 分别是介质的介电常数和磁导率；ϵ_0 和 μ_0 分别是自由空间的介电常数和磁导率。

麦克斯韦方程组总结了如下电磁学定律：(2.2.1a) 是适用于静电学的高斯定理的微分形式；(2.2.1b) 对应无磁荷时静磁学的结果；(2.2.1c) 是法拉第和洛伦兹电磁感应定律；(2.2.1d) 是磁动势安培定律，其中包含的重要修正，即将电位移 $\boldsymbol{D}$ 随时间变化时产生的位移电流加到传导电流 $\boldsymbol{J}$ 上。这里，传导电流 $\boldsymbol{J}$ 为电荷运动产生的电流。在无限均匀介质（包括自由空间）中，不存在自由电荷，电导率为零，从而麦克斯韦方程组可以简化为

$$\nabla \cdot \boldsymbol{D} = 0 \tag{2.2.3a}$$

$$\nabla \cdot \boldsymbol{B} = 0 \tag{2.2.3b}$$

$$\nabla \times \boldsymbol{E} = -\frac{\partial \boldsymbol{B}}{\partial t} \tag{2.2.3c}$$

$$\nabla \times \boldsymbol{H} = \frac{\partial \boldsymbol{D}}{\partial t} \tag{2.2.3d}$$

利用矢量恒等式：

$$\nabla \times (\nabla \times \boldsymbol{F}) = \nabla(\nabla \cdot \boldsymbol{F}) - \nabla^2 \boldsymbol{F}$$

可以将以上四个方程简化成两个等价的波动方程：

$$\nabla^2 \boldsymbol{E} = \mu\mu_0\epsilon\epsilon_0 \frac{\partial^2 \boldsymbol{E}}{\partial t^2} \tag{2.2.4a}$$

$$\nabla^2 \boldsymbol{B} = \mu\mu_0\epsilon\epsilon_0 \frac{\partial^2 \boldsymbol{B}}{\partial t^2} \tag{2.2.4b}$$

波速为

$$v = (\mu\mu_0\epsilon\epsilon_0)^{-\frac{1}{2}} \tag{2.2.5a}$$

波速在自由空间中的值为

$$c=(\mu_0\epsilon_0)^{-\frac{1}{2}} \tag{2.2.5b}$$

实际上，$v=c/n$，其中，

$$n=(\mu\epsilon)^{\frac{1}{2}} \tag{2.2.6}$$

是介质的折射率。

2.2.2 平面单色波

电磁波是一类非常重要的波，其中，场仅仅与一个空间坐标相关联。我们将这种波称为平面波。如果设传播方向沿着 z 轴，那么场在垂直于传播方向的任何 z 为常数 a 的平面上有相同的值。这意味着，场相对于 x 和 y 的偏导都为零，因此，从式（2.2.3a）和式（2.2.3b）得到

$$\frac{\partial E_z}{\partial z}=\frac{\partial B_z}{\partial z}=0$$

从式（2.2.3c）和式（2.2.3d）得到

$$\frac{\partial E_z}{\partial t}=\frac{\partial B_z}{\partial t}=0$$

因此，波是完全横向的，在传播方向上没有场分量。波动方程（2.2.4）此时采用如下形式：

$$\frac{\partial^2 \boldsymbol{E}}{\partial z^2}-\frac{1}{v^2}\frac{\partial^2 \boldsymbol{E}}{\partial t^2}=0 \tag{2.2.7}$$

如果平面波具有单一频率，我们则可以将其说成是单色的，从而方程（2.2.7）的解为

$$\boldsymbol{E}=\boldsymbol{E}^{(0)}\cos(\omega t-2\pi z/\lambda) \tag{2.2.8}$$

通常将其写成如下复表达：

$$\tilde{\boldsymbol{E}}=\tilde{\boldsymbol{E}}^{(0)}\mathrm{e}^{-\mathrm{i}(\omega t-2\pi z/\lambda)} \tag{2.2.9}$$

的实部，其中，ω 是波的角频率，与波长的关系为 $\omega=2\pi v/\lambda$。式（2.2.9）中指数的符号是习惯用法，因为它不影响实部。尽管大多数关于经典光学的著作选择了正号，但在量子力学中通常会选择负号（它导致了正的光子动量），这样有利于处理分子光学。我们在本书中用波浪线表示复数。

现在在光传播的方向引入波矢量 $\boldsymbol{\kappa}$，其值为 ω/v。通常，根据传播矢量 $\boldsymbol{n}$ 写 $\boldsymbol{\kappa}$，$\boldsymbol{n}$ 的值等于传播方向的折射率：

$$\boldsymbol{\kappa}=\frac{\omega}{c}\boldsymbol{n} \tag{2.2.10}$$

$\boldsymbol{n}$ 成为在自由空间中的单位传播矢量。方程（2.2.9）此时可以写成

$$\tilde{\boldsymbol{E}} = \tilde{\boldsymbol{E}}^{(0)} \mathrm{e}^{\mathrm{i}(\boldsymbol{\kappa}\cdot\boldsymbol{r}-\omega t)} \tag{2.2.11}$$

因为单个光子在平面波中的动量为 $\hbar\boldsymbol{\kappa}$，所以在式（2.2.9）的指数中选择负号的原因现在就很清楚了，因为光子在该表达中有正动量。

从式（2.2.3c）、式（2.2.3d）和式（2.2.11）可以看出，平面波中电磁场矢量之间具有如下重要关系：

$$\boldsymbol{B} = \frac{1}{c}\boldsymbol{n}\times\boldsymbol{E} \tag{2.2.12a}$$

$$\boldsymbol{E} = -\frac{c}{n^2}\boldsymbol{n}\times\boldsymbol{B} \tag{2.2.12b}$$

2.2.3　力和能量

在电磁场中，作用于电荷和电流密度上的洛伦兹力密度为

$$\boldsymbol{F} = \rho\boldsymbol{E} + \boldsymbol{J}\times\boldsymbol{B} \tag{2.2.13}$$

在特定体积 V 中，洛伦兹力做的功率为

$$\int \boldsymbol{F}\cdot\boldsymbol{v}\mathrm{d}V = \int \rho[\boldsymbol{v}\cdot\boldsymbol{E} + \boldsymbol{v}\cdot(\boldsymbol{v}\times\boldsymbol{B})]\mathrm{d}V = \int \boldsymbol{J}\cdot\boldsymbol{E}\mathrm{d}V$$

该功率表示将电磁能转换成机械能或热能，并且必须通过 V 内电磁能的相应下降率进行平衡。根据式（2.2.1c）和式（2.2.1d），以及如下矢量关系：

$$\nabla\cdot(\boldsymbol{E}\times\boldsymbol{H}) = \boldsymbol{H}\cdot(\nabla\times\boldsymbol{E}) - \boldsymbol{E}\cdot(\nabla\times\boldsymbol{H})$$

给出：

$$\begin{aligned}\int \boldsymbol{J}\cdot\boldsymbol{E}\mathrm{d}V &= -\int\left[\boldsymbol{E}\cdot\frac{\partial\boldsymbol{D}}{\partial t} + \boldsymbol{H}\cdot\frac{\partial\boldsymbol{B}}{\partial t} + \nabla\cdot(\boldsymbol{E}\times\boldsymbol{H})\right]\mathrm{d}V \\ &= -\frac{1}{2}\frac{\partial}{\partial t}\int(\boldsymbol{D}\cdot\boldsymbol{E} + \boldsymbol{B}\cdot\boldsymbol{H})\mathrm{d}V - \int(\boldsymbol{E}\times\boldsymbol{H})\cdot\mathrm{d}\boldsymbol{S}\end{aligned}$$

最后一项被转换成对体积 V 表面 S 的积分。此时，场做的功率可以等于场中能量的衰减速率，加上能量流到 V 上的速率。因此我们将：

$$U = \frac{1}{2}(\boldsymbol{D}\cdot\boldsymbol{E} + \boldsymbol{B}\cdot\boldsymbol{H}) \tag{2.2.14}$$

设为电磁能量密度，并且，

$$\boldsymbol{N} = \boldsymbol{E}\times\boldsymbol{H} \tag{2.2.15}$$

为电磁能量经过在边界处流过单位面积的速率。$\boldsymbol{N}$ 称为坡印廷矢量，表示电磁波传播方向能量流动的瞬时速率。

强度 I 是能量流的平均速率，也就是在整个波周期内 $\boldsymbol{N}$ 的平均值。对于一个平面波，$\boldsymbol{N}$ 的值为

$$\left|\boldsymbol{N}\right| = \frac{1}{\mu\mu_0}\left|\boldsymbol{E}\times\boldsymbol{B}\right| = \frac{1}{\mu\mu_0 c}\left|\boldsymbol{E}\times(\boldsymbol{n}\times\boldsymbol{E})\right| = \left(\frac{\epsilon\epsilon_0}{\mu\mu_0}\right)^{\frac{1}{2}} E^{(0)^2}$$

因为平面波是正弦波，所以强度 I 是 $\left|\boldsymbol{N}\right|$ 对时间的平均值，为

$$I = \frac{1}{2}\left(\frac{\epsilon\epsilon_0}{\mu\mu_0}\right)^{\frac{1}{2}} E^{(0)^2} \tag{2.2.16}$$

2.2.4 标量势和矢量势

麦克斯韦方程组（2.2.1）的四个方程可以简化成包括标量势 ϕ 和矢量势 $\boldsymbol{A}$ 的两个方程。其中，由于 $\nabla\cdot\boldsymbol{B}=0$，并且旋度的散度总是为零，因此我们可以将 $\boldsymbol{B}$ 写成 $\boldsymbol{A}$ 的函数：

$$\boldsymbol{B} = \nabla\times\boldsymbol{A} \tag{2.2.17}$$

从而，式（2.2.1c）变成：

$$\nabla\times\left(\boldsymbol{E}+\frac{\partial\boldsymbol{A}}{\partial t}\right)=0$$

由此，可以将电矢量写成：

$$\boldsymbol{E} = -\frac{\partial\boldsymbol{A}}{\partial t}+\boldsymbol{a}$$

其中，$\boldsymbol{a}$ 是旋度为零的矢量。然而，因为标量函数梯度的旋度为零，所以可以写成：

$$\boldsymbol{E} = -\nabla\phi-\frac{\partial\boldsymbol{A}}{\partial t} \tag{2.2.18}$$

从而，麦克斯韦方程组的四个公式可以简化成：

$$\nabla^2\boldsymbol{A}-\nabla(\nabla\cdot\boldsymbol{A})-\frac{1}{v^2}\left(\nabla\frac{\partial\phi}{\partial t}+\frac{\partial^2\boldsymbol{A}}{\partial t^2}\right) = -\mu\mu_0\boldsymbol{J} \tag{2.2.19a}$$

$$\nabla^2\phi+\frac{\partial}{\partial t}(\nabla\cdot\boldsymbol{A}) = -\frac{\rho}{\epsilon\epsilon_0} \tag{2.2.19b}$$

利用势定义中的任意值，可以将以上两个方程解关联。

如果两个电磁场有相同的 $\boldsymbol{B}$ 和 $\boldsymbol{E}$ 特征，我们就称它们在物理学上是相等的，即使它们的 $\boldsymbol{A}$ 和 ϕ 是不同的。考虑由 $\boldsymbol{A}_0$ 和 ϕ_0 通过规范变换（gauge transformation）确定的势 $\boldsymbol{A}$ 和 ϕ：

$$\boldsymbol{A} = \boldsymbol{A}_0-\nabla\Lambda \tag{2.2.20a}$$

$$\phi = \phi_0+\frac{\partial\Lambda}{\partial t} \tag{2.2.20b}$$

其中，Λ 是坐标和时间的任意函数。用 $\boldsymbol{A}$ 和 ϕ 通过式（2.2.17）和式（2.2.18）计

算的 $\boldsymbol{B}$ 和 $\boldsymbol{E}$ 与用 $\boldsymbol{A}_0$ 和 ϕ_0 计算的 $\boldsymbol{B}$ 和 $\boldsymbol{E}$ 是一样的。这样就能对简化麦克斯韦方程组（2.2.19）的 $\boldsymbol{A}$ 和 ϕ 进行限制。

如果我们设 Λ 为

$$\nabla^2 \Lambda = \nabla \cdot \boldsymbol{A}_0 \tag{2.2.21}$$

则

$$\nabla \cdot \boldsymbol{A} = 0 \tag{2.2.22}$$

这样，式（2.2.19）就变成：

$$\nabla^2 \boldsymbol{A} - \frac{1}{v^2}\left(\nabla \frac{\partial \phi}{\partial t} + \frac{\partial^2 \boldsymbol{A}}{\partial t^2}\right) = -\mu\mu_0 \boldsymbol{J} \tag{2.2.23a}$$

$$\nabla^2 \phi = -\frac{\rho}{\epsilon\epsilon_0} \tag{2.2.23b}$$

具有 $\nabla \cdot \boldsymbol{A} = 0$ 的任何规范称为库仑规范，因为在这种情况下，ϕ 由只含电荷的泊松方程（2.2.23b）确定，就像这些电荷是静止的。

如果让 Λ 满足如下关系：

$$\nabla^2 \Lambda - \frac{1}{v^2}\frac{\partial^2 \Lambda}{\partial t^2} = \nabla \cdot \boldsymbol{A}_0 + \frac{1}{v^2}\frac{\partial \phi_0}{\partial t} \tag{2.2.24}$$

那么，代入式（2.2.20）就能得到如下关系式：

$$\nabla \cdot \boldsymbol{A} + \frac{1}{v^2}\frac{\partial \phi}{\partial t} = 0 \tag{2.2.25}$$

这样的话，式（2.2.19）的两个方程完全不再相关：

$$\nabla^2 \boldsymbol{A} - \frac{1}{v^2}\frac{\partial^2 \boldsymbol{A}}{\partial t^2} = -\mu\mu_0 \boldsymbol{J} \tag{2.2.26a}$$

$$\nabla^2 \phi - \frac{1}{v^2}\frac{\partial^2 \phi}{\partial t^2} = -\frac{\rho}{\epsilon\epsilon_0} \tag{2.2.26b}$$

在大多数书籍中，方程（2.2.25）被称为洛伦兹条件，并且满足这个条件的任何规范都被称为洛伦兹规范。然而，目前的研究表明这个出处不对。该条件，以及与之相关联的规范实际上是由丹麦物理学家 L. Lorenz 提出的，而不是荷兰物理学家 H. A. Lorentz（Van Bladel，1991）。

在自由空间，或者是没有源的介质中，ρ 和 $\boldsymbol{J}$ 都为零。这样，在库仑规范中的 ϕ 自然为零。并且，如果对式（2.2.20）中的 Λ 稍加规定，在洛伦兹规范中的 ϕ 也可以为零。此时，场只由 $\boldsymbol{A}$ 决定，并且是完全横向的：

$$\nabla \cdot \boldsymbol{A} = 0 \tag{2.2.27a}$$

$$\nabla^2 \boldsymbol{A} - \frac{1}{v^2}\frac{\partial^2 \boldsymbol{A}}{\partial t^2} = 0 \tag{2.2.27b}$$

对应的电矢量和磁矢量就变成：

$$\boldsymbol{E} = -\frac{\partial \boldsymbol{A}}{\partial t} \tag{2.2.28a}$$

$$\boldsymbol{B} = \nabla \times \boldsymbol{A} \tag{2.2.28b}$$

为了得到由电荷密度 ρ 和电流密度 $\boldsymbol{J}$ 产生的电磁场，需要独立方程（2.2.26）的通解。如果这些源是定态的，那么 $\boldsymbol{A}$ 和 ϕ 与时间无关，则通解的形式为

$$\boldsymbol{A}(\boldsymbol{R}) = \frac{\mu\mu_0}{4\pi}\int \frac{\boldsymbol{J}\mathrm{d}V}{|\boldsymbol{R}-\boldsymbol{r}|} \tag{2.2.29a}$$

$$\phi(\boldsymbol{R}) = \frac{1}{4\pi\epsilon\epsilon_0}\int \frac{\rho\mathrm{d}V}{|\boldsymbol{R}-\boldsymbol{r}|} \tag{2.2.29b}$$

其中，$\boldsymbol{R}$ 是确定场中点 P 的位置矢量；$\boldsymbol{r}$ 是包含 ρ 和 $\boldsymbol{J}$ 的体积单元的位置矢量；$|\boldsymbol{R}-\boldsymbol{r}|$ 是从体积单元到 P 的距离，见图 2.1。如果电荷密度和电流密度是时间的函数，则解为

$$\boldsymbol{A}(\boldsymbol{R},t) = \frac{\mu\mu_0}{4\pi}\int \frac{[\boldsymbol{J}]\mathrm{d}V}{|\boldsymbol{R}-\boldsymbol{r}|} \tag{2.2.30a}$$

$$\phi(\boldsymbol{R},t) = \frac{1}{4\pi\epsilon\epsilon_0}\int \frac{[\rho]\mathrm{d}V}{|\boldsymbol{R}-\boldsymbol{r}|} \tag{2.2.30b}$$

$[\rho]$ 和 $[\boldsymbol{J}]$ 分别表示在 $t-|\boldsymbol{R}-\boldsymbol{r}|/v$ 时刻的 ρ 和 $\boldsymbol{J}$。这是因为，由 ρ 和 $\boldsymbol{J}$ 导致的扰动以速度 v 传播，并且需要 $|\boldsymbol{R}-\boldsymbol{r}|/v$ 传播到距离 $|\boldsymbol{R}-\boldsymbol{r}|$ 处。因此，在时间 t，$\boldsymbol{R}$ 处的势和在更早的时间 $t-|\boldsymbol{R}-\boldsymbol{r}|/v$ 处的电荷密度和电流密度有关，从而该势称为推迟势。

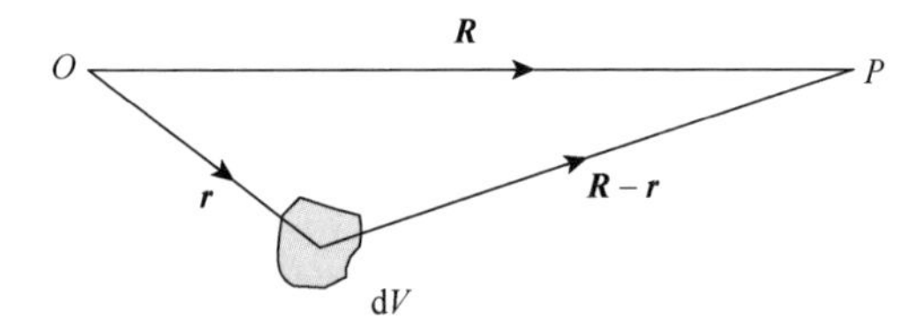

图 2.1　用于指定点 P 的位置矢量系统。检测含有电荷密度和电流密度的体积元 dV 在该处产生的电磁场

2.3　偏　振　光

2.3.1　纯偏振

一个沿 z 方向传播的平面单色波可以写成两个沿 x 和 y 方向线偏振相干波的和：

$$\tilde{\boldsymbol{E}} = \tilde{E}_x\boldsymbol{i} + \tilde{E}_y\boldsymbol{j} \tag{2.3.1}$$

其中，沿 x、y、z 方向的单位矢量 $\boldsymbol{i}$、$\boldsymbol{j}$、$\boldsymbol{k}$ 形成了右手体系，使 $\boldsymbol{i}\times\boldsymbol{j}=\boldsymbol{k}$。波的偏振情况由复振幅 $\tilde{E}_x$ 和 $\tilde{E}_y$ 的相对相位和振幅确定。例如，如果 $\tilde{E}_x$ 和 $\tilde{E}_y$ 有相同的相

位，则是线偏振的。如果它们具有相同振幅，而相位差 $\pi/2$，就成了圆偏振极化。通常，当观察者在接收的方向观察圆偏振时，电矢量顺时针旋转时为右圆偏振光，逆时针旋转时为左圆偏振光。由此，我们可以写成：

$$\tilde{\boldsymbol{E}}_{\mathrm{R} \atop \mathrm{L}} = \frac{1}{\sqrt{2}} E^{(0)}(\boldsymbol{i} + \mathrm{e}^{\mp \mathrm{i}\pi/2} \boldsymbol{j}) \mathrm{e}^{\mathrm{i}(\kappa z - \omega t)} = \frac{1}{\sqrt{2}} E^{(0)} \left(\boldsymbol{i} \mp \mathrm{i}\boldsymbol{j} \right) \mathrm{e}^{\mathrm{i}(\kappa z - \omega t)} \tag{2.3.2}$$

注意，式（2.3.2）中 $\mathrm{i}\boldsymbol{j}$ 的符号由式（2.2.9）中指数的符号决定。

最普遍的纯偏振态用如图 2.2 所示的椭圆表示。椭圆度 η 由椭圆的短轴 b 和长轴 a 的比值决定：

$$\tan\eta = \frac{b}{a} \tag{2.3.3}$$

椭圆的方向由 a 轴和 x 轴之间的夹角 θ 指定，称为偏振角。因为 a 和 b 是相位差为 $\pi/2$ 的两个波的相对振幅，所以相位因子 $\exp(\mathrm{i}\pi/2) = \mathrm{i}$ 与 b 轴相关：由于符号的选择，正 η 对应右椭圆度[记住，波函数为 $\exp(-\mathrm{i}\omega t)$]。如果 $a^2 + b^2 = 1$，那么 a 和 b 就可以被认为分别是复单位偏振矢量 $\tilde{\boldsymbol{\Pi}}$ 的实部和虚部，从而：

$$\tilde{\boldsymbol{E}} = E^{(0)}(\tilde{\Pi}_x \boldsymbol{i} + \tilde{\Pi}_y \boldsymbol{j}) \mathrm{e}^{\mathrm{i}(\kappa z - \omega t)} \tag{2.3.4}$$

将 $\tilde{\boldsymbol{\Pi}}$ 投影到实的 a 轴和虚的 b 轴上，然后再投影到 x 轴和 y 轴上，给出以下复表达：

$$\tilde{\Pi}_x = \cos\eta\cos\theta - \mathrm{i}\sin\eta\sin\theta \tag{2.3.5a}$$

$$\tilde{\Pi}_y = -\cos\eta\sin\theta - \mathrm{i}\sin\eta\cos\theta \tag{2.3.5b}$$

将 $\theta = 0$， $\eta = \pm\pi/4$ 代入式（2.3.5）和式（2.3.4）中就得到了式（2.3.2）。

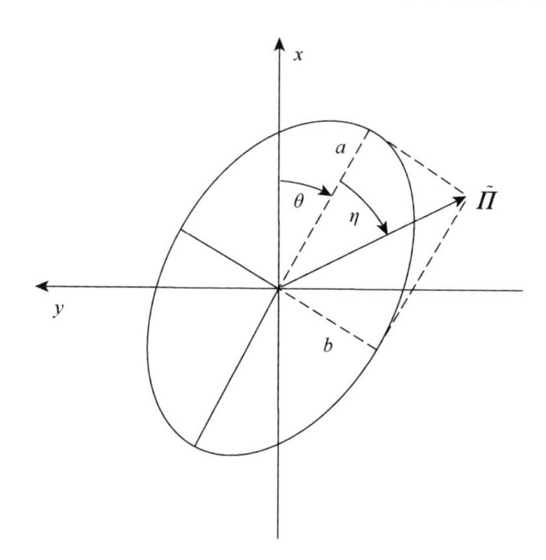

图 2.2　相对于空间固定轴 x 和 y 的椭圆偏振。传播方向 z 垂直于纸面向外。η 是椭圆度，θ 为偏振角，$\tilde{\boldsymbol{\Pi}}$ 为复单位偏振矢量。这样定义的椭圆度和偏振角符合第 1 章中关于正的椭圆度和旋光度的约定

确定单色平面波光束的状态需要三个物理量：强度I、偏振角θ和椭圆度η。这些可以从波的复表达（2.3.4）中提取，方法是取像四个斯托克斯参数这样合适的分量的实部积（Stokes，1852）：

$$S_0 = \tilde{E}_x\tilde{E}_x^* + \tilde{E}_y\tilde{E}_y^* \tag{2.3.6a}$$

$$S_1 = \tilde{E}_x\tilde{E}_x^* - \tilde{E}_y\tilde{E}_y^* \tag{2.3.6b}$$

$$S_2 = -\left(\tilde{E}_x\tilde{E}_y^* + \tilde{E}_y\tilde{E}_x^*\right) \tag{2.3.6c}$$

$$S_3 = -\mathrm{i}\left(\tilde{E}_x\tilde{E}_y^* - \tilde{E}_y\tilde{E}_x^*\right) \tag{2.3.6d}$$

这里的标记和符号来自 Born 和 Wolf（1980），但正的偏振角的定义除外，它导致S_2产生不同的符号。对于完全偏振光，只有三个斯托克斯参数是独立的，因为：

$$S_0^2 = S_1^2 + S_2^2 + S_3^2 \tag{2.3.7}$$

根据式（2.3.4）和式（2.3.5），可以将斯托克斯参数改写成：

$$S_0 = E^{(0)2}\left(\tilde{\Pi}_x\tilde{\Pi}_x^* + \tilde{\Pi}_y\tilde{\Pi}_y^*\right) = E^{(0)2} \tag{2.3.8a}$$

$$S_1 = E^{(0)2}\left(\tilde{\Pi}_x\tilde{\Pi}_x^* - \tilde{\Pi}_y\tilde{\Pi}_y^*\right) = E^{(0)2}\cos 2\eta\cos 2\theta \tag{2.3.8b}$$

$$S_2 = -E^{(0)2}\left(\tilde{\Pi}_x\tilde{\Pi}_y^* + \tilde{\Pi}_y\tilde{\Pi}_x^*\right) = E^{(0)2}\cos 2\eta\sin 2\theta \tag{2.3.8c}$$

$$S_3 = -\mathrm{i}E^{(0)2}\left(\tilde{\Pi}_x\tilde{\Pi}_y^* - \tilde{\Pi}_y\tilde{\Pi}_x^*\right) = E^{(0)2}\sin 2\eta \tag{2.3.8d}$$

由此给出的强度、偏振角和椭圆度的表达为

$$I = \frac{1}{2}\left(\frac{\epsilon\epsilon_0}{\mu\mu_0}\right)^{\frac{1}{2}} S_0 \tag{2.3.9a}$$

$$\theta = \frac{1}{2}\tan^{-1}\left(\frac{S_2}{S_1}\right) \tag{2.3.9b}$$

$$\eta = \frac{1}{2}\tan^{-1}\left[\frac{S_3}{\left(S_1^2 + S_2^2\right)^{\frac{1}{2}}}\right] \tag{2.3.9c}$$

读者可能会认为我们可以更直接地得到η的如下关系式：

$$\eta = \frac{1}{2}\sin^{-1}\left(\frac{S_3}{S_0}\right)$$

如果波是完全偏振的，这确实是正确的，然而下面展现出当波是部分偏振时，该物理量不再是椭圆的。

斯托克斯参数对应完全确定光束状态所需的四个强度测量值。这里需要两个光学元件：检偏器，如尼科耳棱镜，其出射光束沿检偏器的传输轴是线偏振的；减速器，如四分之一波片，可以改变光束的相干正交偏振分量之间的相位关系。

如果$I(\sigma,\tau)$表示通过减速器后的光强，此时该减速器导致光的y分量相对于x分量滞后τ，接着再经过一个与x轴成σ度的检偏器，那么斯托克斯参数为

$$
\begin{gathered}
S_0 \propto I(0,0)+I(\pi/2,0) \\
S_1 \propto I(0,0)-I(\pi/2,0) \\
S_2 \propto I(\pi/4,0)-I(3\pi/4,0) \\
S_3 \propto I(3\pi/4,\pi/2)-I(\pi/4,\pi/2)
\end{gathered}
$$

因此，S_0给出总强度，S_1给出偏振角$\theta=0$的线偏振光经过检偏器的强度减去$\theta=\pi/2$的线偏振光经过检偏器的强度。S_2与S_1的理解相似，只是这里的偏振角分别为$\theta=\pi/4$和$\theta=3\pi/4$。S_3是接收右圆偏振光的器件传输的光强减去接收左圆偏振光的器件传输的光强。

完全等效于斯托克斯参数的另一种确定偏振的方法，涉及厄米极化密度矩阵，Born 和 Wolf（1980）将其称为相干矩阵，以及由 Landau 和 Lifshitz（1975）给出的偏振张量，其基元为

$$
\tilde{\rho}_{\alpha\beta}=\frac{\tilde{E}_\alpha\tilde{E}_\beta^*}{E^{(0)2}}=\tilde{\Pi}_\alpha\tilde{\Pi}_\beta^* \tag{2.3.10}
$$

利用式（2.3.5），这些元素可以根据斯托克斯参数，或者偏振角和椭圆度写成：

$$
\begin{aligned}
\tilde{\rho}_{\alpha\beta}&=\frac{1}{2S_0}\begin{pmatrix} S_0+S_1 & -S_2+\mathrm{i}S_3 \\ -S_2-\mathrm{i}S_3 & S_0-S_1 \end{pmatrix} \\
&=\frac{1}{2}\begin{pmatrix} 1+\cos 2\eta\cos 2\theta & -\cos 2\eta\sin 2\theta+\mathrm{i}\sin 2\eta \\ -\cos 2\eta\sin 2\theta-\mathrm{i}\sin 2\eta & 1-\cos 2\eta\cos 2\theta \end{pmatrix}
\end{aligned} \tag{2.3.11}
$$

2.3.2　部分偏振

严格意义上的单色光总是完全偏振的，空间中每个点的电矢量尖端围绕椭圆移动，在特定情况下，椭圆会简化成圆形或直线。实际上，我们通常只需要处理近似为单色的波，即以单色频率ω为中心的小间隔$\Delta\omega$内的频率。这样的波称为准单色波，可以表示为具有各种频率的严格单色波的叠加，如傅里叶和。准单色光在其可能的偏振范围内有一个额外的“维度”，因为单色波分量可以有不同的偏振和相位。它的一个极端条件是，准单色光的净电矢量可以具有完全单色光的偏振特性，称为完全偏振。与之相反的一个极端情况是非偏振光或者自然光，在这种情况下，净电矢量的尖端无规律移动，没有展现优先的方向性。总之，电矢量的变化既不是完全有规律的，也不是完全无规律的，从而，我们将其看成是部分偏振的。散射光通常具有这种特点。

如果ω是准单色波的平均频率，则该波在空间定点处的电矢量可以写成：

$$
\tilde{\boldsymbol{E}}=\tilde{\boldsymbol{E}}^{(0)}(t)\mathrm{e}^{\mathrm{i}(\boldsymbol{\kappa}\cdot\boldsymbol{r}-\omega t)} \tag{2.3.12}
$$

其中，复矢量振幅 $\tilde{\boldsymbol{E}}^{(0)}(t)$ 是随时间缓慢变化的函数（如果波是严格单色的，则 $\tilde{\boldsymbol{E}}^{(0)}$ 是常数）。事实上，偏振矢量和标量振幅都可以随时间变化：

$$\tilde{\boldsymbol{E}}^{(0)}(t)=\tilde{\boldsymbol{\Pi}}(t)\tilde{E}^{(0)}(t) \tag{2.3.13}$$

当只有椭圆偏振的振幅长时间变化时，即 $\tilde{\boldsymbol{E}}^{(0)}(t)$ 发生变化，而 $\tilde{\boldsymbol{\Pi}}(t)$ 是常数，就产生了完全偏振的结果。如果 $\tilde{\boldsymbol{\Pi}}(t)$ 长时间没有优先的偏振角或椭圆度，波就是非偏振的。这些区别通常只适用于观察的持续时间大于准单色波的频率宽度 $\Delta\omega$ 的倒数的情况。

测试强度是场的实二次函数的时间平均值。因此，准单色光的斯托克斯参数和偏振张量根据电矢量的时间平均积进行定义。如果光是完全偏振的，则 $\tilde{\boldsymbol{\Pi}}$ 分量乘积的时间平均值为

$$\overline{\tilde{\Pi}_\alpha \tilde{\Pi}_\beta^*}=\tilde{\Pi}_\alpha \tilde{\Pi}_\beta^* \tag{2.3.14}$$

从而，完全偏振准单色波的时间平均斯托克斯参数仍然通过如下关系式相关联：

$$S_0^2=S_1^2+S_2^2+S_3^2$$

这与单色波的式（2.3.7）是一样的。如果光是完全非偏振的，那么在 xy 面中 $\tilde{\boldsymbol{\Pi}}$ 的所有方向都是等概率的，时间平均实际上是在二维中对所有方向的平均值：

$$\overline{\tilde{\Pi}_\alpha \tilde{\Pi}_\beta^*}=\frac{1}{2}\delta_{\alpha\beta} \tag{2.3.15}$$

（关于张量分量的平均值，我们将在 4.2.5 节介绍。）因而，完全非偏振波的时间平均斯托克斯参数为

$$S_0^2=E^{(0)2} \tag{2.3.16a}$$

$$S_1^2=S_2^2=S_3^2=0 \tag{2.3.16b}$$

结果，部分偏振的特征必须是

$$S_0^2>S_1^2+S_2^2+S_3^2 \tag{2.3.17}$$

该不等性来自非偏振组分。

我们通常会引入偏振度 P，该物理量的取值范围为从非偏振光的 0 到偏振光的 1，从而：

$$S_0=E^{(0)2} \tag{2.3.18a}$$

$$S_1=PE^{(0)2}\cos 2\eta\cos 2\theta \tag{2.3.18b}$$

$$S_2=PE^{(0)2}\cos 2\eta\sin 2\theta \tag{2.3.18c}$$

$$S_3=PE^{(0)2}\sin 2\eta \tag{2.3.18d}$$

$$P=\left(S_1^2+S_2^2+S_3^2\right)^{\frac{1}{2}}/S_0 \tag{2.3.18e}$$

显然，P 是光束偏振部分的强度与总强度的比值。因此，部分偏振光可分解为偏振部分和非偏振部分，其斯托克斯参数只是偏振部分和非偏振部分斯托克斯参数

之和。偏振部分的偏振角和椭圆度由式（2.3.9b）和式（2.3.9c）给出，而现在，S_3/S_0 给出圆度，即圆偏振分量的强度与总强度的比值，而不是椭圆度。

偏振张量也可以用来说明部分偏振。将式（2.3.11）推广到：

$$\rho_{\alpha\beta}=\frac{1}{2}\begin{pmatrix}1+P\cos2\eta\cos2\theta & P(-\cos2\eta\sin2\theta+\mathrm{i}\sin2\eta)\\ P(-\cos2\eta\sin2\theta-\mathrm{i}\sin2\eta) & 1-P\cos2\eta\cos2\theta\end{pmatrix}\tag{2.3.19}$$

其行列式为

$$\left|\rho_{\alpha\beta}\right|=\rho_{xx}\rho_{yy}-\rho_{xy}\rho_{yx}=\frac{1}{4}(1-P^2)$$

因此，对于完全偏振光，$\left|\rho_{\alpha\beta}\right|=0$；对于完全非偏振光，$\left|\rho_{\alpha\beta}\right|=\frac{1}{4}$。偏振张量的一个常规表达为

$$\begin{aligned}\rho_{\alpha\beta}=\frac{1}{2}[&i_\alpha i_\beta+j_\alpha j_\beta+(i_\alpha i_\beta-j_\alpha j_\beta)P\cos2\eta\cos2\theta\\&-(i_\alpha j_\beta+i_\beta j_\alpha)P\cos2\eta\sin2\theta+\mathrm{i}(i_\alpha j_\beta-i_\beta j_\alpha)P\sin2\eta]\end{aligned}\tag{2.3.20}$$

其中，i_α 和 j_α 分别是单位矢量 $\boldsymbol{i}$ 和 $\boldsymbol{j}$ 的 α 分量。

表达式：

$$\tilde{\boldsymbol{E}}=\tilde{\boldsymbol{\Pi}}E^{(0)}\mathrm{e}^{\mathrm{i}(\boldsymbol{\kappa}\cdot\boldsymbol{r}-\omega t)}\tag{2.3.21}$$

为偏振光的琼斯矢量描述（Jones，1941）。由于琼斯矢量携带波的绝对相位，因此通过先对单个琼斯矢量求和，然后从净琼斯矢量形成的斯托克斯参数中提取 I、θ、η 和 P，就可以得到相干波的组合态。该过程是第 3 章中计算双折射偏振变化的基础，而双折射偏振变化是由透射波与前向散射波之间的干扰引起的。与此相反，非相干光束组合的状态是通过直接对各分量的斯托克斯参数求和，然后提取 I、θ、η 和 P 得到的。

斯托克斯参数构成了三维空间中长度为 PS_0 的矢量；矢量尖端的轨迹是一个球体，称为庞加莱球体。所有可能的偏振条件都包含在该球体的表面。很明显，庞加莱空间中的斯托克斯矢量的三个分量，加上 PS_0，可以被视为四维实空间中的一个矢量。后者揭示了斯托克斯参数和偏振张量之间的数学联系，因为 $\rho_{\alpha\beta}$ 具有二阶旋量的形式，从而表示二维复空间中的一个实四维矢量。另一方面，琼斯矢量具有一阶旋量的数学形式。

琼斯矢量类似于波函数描述，而斯托克斯矢量或偏振张量类似于量子力学中系统状态的密度矩阵描述。因此，琼斯矢量只能确定纯偏振光，而量子力学波函数只能确定纯态。部分偏振光是纯偏振光的非相干叠加，必须用斯托克斯矢量或者偏振张量表示，并且混合的量子力学态是纯态的不相干叠加，必须用密度矩阵表示。光通常由原子或分子中两个量子态之间的跃迁产生。如果在跃迁前后，发射的量子态是完全确定的，那么就会导致完全偏振的结果；如果其中一个不

是完全确定的，则发射光就是非完全偏振的。Fano（1957）对该问题进行了详细讨论。

2.4　电多极矩和磁多极矩

本节讨论引起标量势和矢量势的电荷和电流分布的结构。电荷分布根据电多极矩进行推导，电流分布根据磁多极矩进行推导。

2.4.1　电多极矩

我们对电多极矩的处理采用了由 Landau 和 Lifshitz（1975）及 Buckingham（1970）给出的理论。点电荷 e_i 集合的零级矩是净电荷，又称为电单极矩：

$$q = \sum_i e_i \tag{2.4.1}$$

其中，e_i 对于质子为 $+e$，对于电子为 $-e$（在 SI 中，$e = 1.603 \times 10^{-19}\,\text{C}$）。

电荷的一阶矩是电偶极矢量：

$$\boldsymbol{\mu} = \sum_i e_i \boldsymbol{r}_i \tag{2.4.2}$$

其中，$\boldsymbol{r}_i$ 是第 i 个电荷的位置矢量。注意，如果净电荷为零，电偶极矩与原点的选择无关。因此，如果原点从 $\boldsymbol{O}$ 到点 $\boldsymbol{O}' = \boldsymbol{O} + \boldsymbol{a}$，其中，$\boldsymbol{a}$ 是某个常矢量，那么在旧坐标系中的位置矢量 $\boldsymbol{r}_i$ 在新坐标系中就变成了 $\boldsymbol{r}_i' = \boldsymbol{r}_i - \boldsymbol{a}$（图 2.3），从而，电偶极矩变成：

$$\boldsymbol{\mu}' = \sum_i e_i \boldsymbol{r}_i' = \boldsymbol{\mu} - q\boldsymbol{a} \tag{2.4.3}$$

如果 q 不为零，那么存在唯一的点，称为电荷中心，$\boldsymbol{\mu}$ 相对于该点为 0。

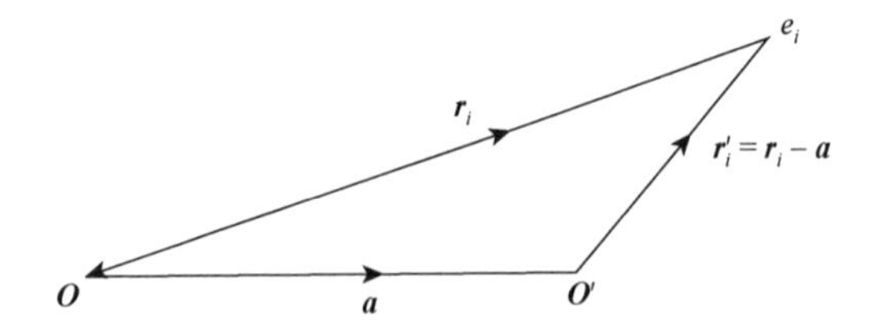

图 2.3　当坐标原点从 $\boldsymbol{O}$ 移动到点 $\boldsymbol{O}'$ 时点电荷 e_i 的位置矢量的变化

电荷的二阶矩是电四极矩张量：

$$\boldsymbol{\Theta} = \frac{1}{2}\sum_i e_i \left(3\boldsymbol{r}_i\boldsymbol{r}_j - r_i^2\boldsymbol{1}\right) \tag{2.4.4}$$

其中，r_i^2 是标量积：$\boldsymbol{r}_i \cdot \boldsymbol{r}_i = x_i^2 + y_i^2 + z_i^2$；$\boldsymbol{1}$ 是对称单位张量 $\boldsymbol{ii}+\boldsymbol{jj}+\boldsymbol{kk}$。在笛卡尔张量记法中，可以将式（2.4.4）写成：

$$\Theta_{\alpha\beta} = \frac{1}{2}\sum_i e_i \left(3r_{i_\alpha} r_{j_\beta} - r_i^2 \delta_{\alpha\beta}\right) \tag{2.4.5}$$

很明显，$\Theta_{\alpha\beta}$ 是一个对称的二阶张量：

$$\Theta_{\alpha\beta} = \Theta_{\beta\alpha} \tag{2.4.6}$$

该张量矩阵的迹为零：

$$\Theta_{\alpha\alpha} = \Theta_{xx} + \Theta_{yy} + \Theta_{zz} = 0 \tag{2.4.7}$$

从而，它有五个独立分量：

$$\boldsymbol{\Theta} = \begin{pmatrix} \Theta_{xx} & \Theta_{xy} & \Theta_{xz} \\ \Theta_{yx} = \Theta_{xy} & \Theta_{yy} & \Theta_{yz} \\ \Theta_{zx} = \Theta_{xz} & \Theta_{zy} = \Theta_{yz} & \Theta_{zz} = -\Theta_{xx} - \Theta_{yy} \end{pmatrix} \tag{2.4.8}$$

只有当净电荷和偶极矩都为零时，电四极矩才与原点的选择无关。因此，将原点从 $\boldsymbol{O}$ 移动到 $\boldsymbol{O}' = \boldsymbol{O} + \boldsymbol{a}$，得到

$$\begin{aligned} \Theta'_{\alpha\beta} &= \frac{1}{2}\sum_i e_i \left(3r'_{i_\alpha} r'_{i_\beta} - r_i'^2 \delta_{\alpha\beta}\right) \\ &= \Theta_{\alpha\beta} - \frac{3}{2}\mu_\alpha a_\beta - \frac{3}{2}\mu_\beta a_\alpha + \mu_\gamma a_\gamma \delta_{\alpha\beta} + \frac{1}{2}q\left(3a_\alpha a_\beta - a^2\delta_{\alpha\beta}\right) \end{aligned} \tag{2.4.9}$$

当 q 为零而 $\boldsymbol{\mu}$ 不为零时，存在一个相对于 $\Theta_{\alpha\beta} = 0$ 的偶极中心。

电四极矩有时定义为 $\frac{1}{2}\sum_i e_i r_{i_\alpha} r_{i_\beta}$。然而，这里首选无迹定义（2.4.5），因为它自动成为由定态电荷分布产生的，标量势的明确部分的源（参见 2.4.3 节）。选用无迹定义的另一个相关原因是，它对于球形电荷分布为零。

n 阶电多极矩的普遍形式为

$$\xi^{(n)}_{\alpha\beta\gamma\ldots\nu} = \frac{(-1)^n}{n!}\sum_i e_i r_i^{2n+1} \nabla_{i_\alpha} \nabla_{i_\beta} \nabla_{i_\gamma} \ldots \nabla_{i_\nu} \left(\frac{1}{r_i}\right) \tag{2.4.10}$$

其中，$\nabla_{i_\alpha} = \partial / \partial r_{i_\alpha}$，对于所有 n 个后缀都是对称的。进行如下明确计算是具有指导意义的：

$$\begin{aligned} \nabla_\alpha \nabla_\beta r^{-1} &= \nabla_\alpha \nabla_\beta (r_\gamma r_\gamma)^{-\frac{1}{2}} = \nabla_\alpha \left[-r_\beta (r_\gamma r_\gamma)^{-\frac{3}{2}}\right] = 3r_\alpha r_\beta (r_\gamma r_\gamma)^{-\frac{5}{2}} - \delta_{\alpha\beta}(r_\gamma r_\gamma)^{-\frac{3}{2}} \\ &= \left(3r_\alpha r_\beta - r^2 \delta_{\alpha\beta}\right) r^{-5} \end{aligned} \tag{2.4.11}$$

以及拉普拉斯方程：

$$\nabla_\alpha \nabla_\alpha r^{-1} = \nabla^2 r^{-1} = 0 \tag{2.4.12}$$

这使我们能够证明 $\xi^{(2)}_{\alpha\beta} = \Theta_{\alpha\beta}$，并且发现在式（2.4.10）中，如果任意张量下角标

是重复的（隐含了对重复下角标的求和），对应的多极矩为零。通常，$\xi^{(n)}_{\alpha\beta\gamma\ldots\nu}$ 独立分量的最大数量为 $2n+1$，但是对称性会降低该值。这样的张量被认为不可约，因为在收缩的条件下为零（对重复的下角标求和），意味着不能从这些组分中构建更低阶的张量。

除了用笛卡儿坐标张量表示的实多极矩以外，可以用球谐函数表示复多极矩。然而，分子有一个本征笛卡儿坐标，而不是本征极坐标（线形分子除外），所以就我们的目的而言，实数形式更合适。

2.4.2　磁多极矩

截止到现在，我们还没有观察到磁单极子。环形电流分布的一阶矩是磁偶极矩；当没有外磁场时，磁偶极矩的表达式为

$$\boldsymbol{m} = \sum_i \frac{e_i}{2m_i} \boldsymbol{r}_i \times \boldsymbol{p}_i \tag{2.4.13}$$

其中，m_i 和 $\boldsymbol{p}_i$ 分别是第 i 个电荷的质量和线性动量。当原点从 $\boldsymbol{O}$ 移动到 $\boldsymbol{O}' = \boldsymbol{O} + \boldsymbol{a}$ 时，磁偶极矩变成：

$$\boldsymbol{m}' = \sum_i \frac{e_i}{2m_i} \boldsymbol{r}_i' \times \boldsymbol{p}_i' = \boldsymbol{m} - \frac{1}{2}\boldsymbol{a} \times \dot{\boldsymbol{\mu}} \tag{2.4.14}$$

其中，$\dot{\boldsymbol{\mu}} = \partial\boldsymbol{\mu} / \partial t$，因而当不存在含时电偶极矩时，磁偶极矩与原点的选择无关。

矢量积 $\boldsymbol{r} \times \boldsymbol{p}$ 是粒子的轨道角动量 $\boldsymbol{l}$。而自旋角动量 $\boldsymbol{s}$ 也对磁矩有贡献。因此，磁偶极矩的一般表达式为

$$\boldsymbol{m} = \sum_i \frac{e_i}{2m_i} (\boldsymbol{l}_i + g_i \boldsymbol{s}_i) \tag{2.4.15}$$

其中，g_i 是第 i 个粒子自旋的 g 值（对于自由电子，$g = 2.0023$）。当粒子是电子时，因子 $e/2m$ 通常用 $-\mu_{\mathrm{B}}/\hbar$ 代替，其中，玻尔磁子 $\mu_{\mathrm{B}} = e\hbar/2m = 9.274 \times 10^{-24}\ \mathrm{J/T}$。

磁四极矩的定义并不明确，存在几种不同的版本。以下是 Buckingham 和 Stiles（1972）在没有外磁场的情况下给出的定义：

$$M_{\alpha\beta} = \frac{1}{2}(3m_{\alpha\beta} - m_{\gamma\gamma}\delta_{\alpha\beta}) \tag{2.4.16}$$

其中，

$$m_{\alpha\beta} = \sum_i \frac{e_i}{2m_i}\left[r_{i_\alpha}\left(\frac{2}{3} l_{i_\beta} \times g_i s_{i_\beta}\right) + r_{i\beta}\left(\frac{2}{3} l_{i_\alpha} \times g_i s_{i_\alpha}\right)\right] \tag{2.4.17}$$

虽然该定义对于“定态”经典电流分布是令人满意的，但 Raab（1975）已经表明，关于后缀交换的对称性会导致磁四极矩的振荡，从而会辐射出异常电磁场。这里不作进一步讨论，因为没有涉及磁四极矩。

2.4.3　定态电多极场

我们现在考虑由静电荷分布产生的电场。借助 δ 函数，根据点电荷将电荷密度表示为

$$\rho = \sum_i e_i \delta(\boldsymbol{r} - \boldsymbol{r}_i) \tag{2.4.18}$$

则定态标量势（2.2.29b）变成：

$$\phi(\boldsymbol{R}) = \frac{1}{4\pi\epsilon\epsilon_0} \sum_i \frac{e_i}{|\boldsymbol{R} - \boldsymbol{r}_i|} \tag{2.4.19}$$

其中，$|\boldsymbol{R} - \boldsymbol{r}_i|$ 是从第 i 个电荷到计算点 P 的距离。我们感兴趣的是当 $|\boldsymbol{R}|$ 的值足够大（$|\boldsymbol{R}| \gg |\boldsymbol{r}_i|$）的情况。这时，可以使用如下展开式：

$$\begin{aligned}\frac{1}{|\boldsymbol{R} - \boldsymbol{r}_i|} &= \left(R_\alpha R_\alpha - 2R_\alpha r_{i_\alpha} + r_{i_\alpha} r_{i_\alpha}\right)^{-\frac{1}{2}} \\ &= \frac{1}{R} + \frac{R_\alpha r_{i_\alpha}}{R^3} + \frac{1}{2}\left(\frac{3R_\alpha 3R_\beta r_{i_\alpha} r_{i_\beta}}{R^5} - \frac{r_i^2}{R^3}\right) + \cdots\end{aligned} \tag{2.4.20}$$

现在，标量势（2.4.19）可以用电荷集合的电多极矩表示：

$$\phi(\boldsymbol{R}) = \frac{1}{4\pi\epsilon\epsilon_0}\left(\frac{q}{R} + \frac{R_\alpha \mu_\alpha}{R^3} + \frac{R_\alpha R_\beta \Theta_{\alpha\beta}}{R^5} + \cdots\right) \tag{2.4.21}$$

当 $E_\alpha = -\nabla_\alpha \phi$ 时，对应的静电场为

$$E_\alpha(\boldsymbol{R}) = \frac{1}{4\pi\epsilon\epsilon_0}\left(\frac{R_\alpha q}{R^3} + \frac{3R_\alpha R_\beta \mu_\beta - R^2 \mu_\alpha}{R^5} + \frac{5R_\alpha R_\beta R_\gamma \Theta_{\beta\gamma} - 2R^2 R_\beta \Theta_{\alpha\beta}}{R^7} + \cdots\right) \tag{2.4.22}$$

式（2.4.21）的物理学解释如下：当距离足够远时，一堆电荷看起来像一个点电荷，我们可以设 $|\boldsymbol{R} - \boldsymbol{r}_i| = R$，从而，电势由第一项给出，也就是点电势。然而，如果这些电荷是中性的，则第一项为零。因为所有电荷不是在一点上，所以应该仍然存在剩余电势，相继的项对应 $|\boldsymbol{R} - \boldsymbol{r}_i|$ 更精确的表达。

现在是时候引入如下张量：

$$T = R^{-1} \tag{2.4.23a}$$

$$T_\alpha = \nabla_\alpha R^{-1} = -R_\alpha R^{-3} \tag{2.4.23b}$$

$$T_{\alpha\beta} = T_{\beta\alpha} = \nabla_\alpha \nabla_\beta R^{-1} = \left(3R_\alpha R_\beta - R^2 \delta_{\alpha\beta}\right) R^{-5} \tag{2.4.23c}$$

$$\begin{aligned}T_{\alpha\beta\gamma} &= \nabla_\alpha \nabla_\beta \nabla_\gamma R^{-1} \\ &= -3\left[5R_\alpha R_\beta R_\gamma - R^2(R_\alpha \delta_{\beta\gamma} + R_\beta \delta_{\alpha\gamma} + R_\gamma \delta_{\alpha\beta})\right] R^{-7}\end{aligned} \tag{2.4.23d}$$

$$T_{\alpha\beta\gamma\cdots\nu} = \nabla_\alpha \nabla_\beta \nabla_\gamma \cdots \nabla_\nu R^{-1} \tag{2.4.23e}$$

这些张量对于所有下角标都是对称的，并且方程（2.4.12）指出，重复的下角标将张量降为零。

由电荷分布引起的标量势（2.4.21）和电场（2.4.22）现在可以简化成：

$$\phi(\boldsymbol{R})=\frac{1}{4\pi\epsilon\epsilon_0}\left(Tq-T_\alpha\mu_\alpha+\frac{1}{3}T_{\alpha\beta}\Theta_{\alpha\beta}+\cdots\right)\tag{2.4.24}$$

$$E_\alpha(\boldsymbol{R})=\frac{1}{4\pi\epsilon\epsilon_0}\left(-T_\alpha q+T_{\alpha\beta}\mu_\beta-\frac{1}{3}T_{\alpha\beta\gamma}\Theta_{\beta\gamma}+\cdots\right)\tag{2.4.25}$$

2.4.4　永磁多极场

现在，我们转向由处于“定态”运动的电荷产生的定磁场。如果电流密度写成以速度 $\dot{\boldsymbol{r}}$ 运动的点电荷，现在来看看由“定态”运动的电荷体系所产生的定磁场。如果电流密度写成以速度 $\dot{\boldsymbol{r}}$ 移动的点电荷，

$$\boldsymbol{J}=\sum_i e_i\dot{\boldsymbol{r}}_i\delta(\boldsymbol{r}-\boldsymbol{r}_i)\tag{2.4.26}$$

则静态矢量势（2.2.29a）变成：

$$\boldsymbol{A}(\boldsymbol{R})=\frac{\mu\mu_0}{4\pi}\sum_i\frac{e_i\dot{\boldsymbol{r}}_i}{|\boldsymbol{R}-\boldsymbol{r}_i|}\tag{2.4.27}$$

这里，我们感兴趣的是恒定电流，它通过一些循环特性产生静态矢量势和相应的定磁场。该场只是坐标的函数，与时间无关，因此需要进行时间上的平均：

$$\overline{\boldsymbol{A}(\boldsymbol{R})}=\frac{\mu\mu_0}{4\pi}\sum_i\frac{\overline{e_i\dot{\boldsymbol{r}}_i}}{|\boldsymbol{R}-\boldsymbol{r}_i|}\tag{2.4.28}$$

其中，包括对位置矢量 $|\boldsymbol{R}-\boldsymbol{r}_i|$ 的平均，它们在电荷运动的过程中会发生变化。利用方程（2.4.20）的展开式，该关系式变成：

$$\overline{\boldsymbol{A}(\boldsymbol{R})}=\frac{\mu\mu_0}{4\pi}\sum_i\left[\frac{\overline{e_i\dot{\boldsymbol{r}}_i}}{R}+\frac{\overline{e_i\dot{\boldsymbol{r}}_i(\boldsymbol{r}_i\cdot\boldsymbol{R})}}{R^3}+\cdots\right]\tag{2.4.29}$$

式（2.4.29）的第一项为零，因为被限制在小体积内运动的粒子线速度的时间平均为零。由于 $\boldsymbol{R}$ 不随时间变化，

$$\begin{aligned}\dot{\boldsymbol{r}}(\boldsymbol{r}\cdot\boldsymbol{R})&=\frac{1}{2}\frac{\mathrm{d}}{\mathrm{d}t}\boldsymbol{r}(\boldsymbol{r}\cdot\boldsymbol{R})+\frac{1}{2}[\dot{\boldsymbol{r}}(\boldsymbol{r}\cdot\boldsymbol{R})-\boldsymbol{r}(\dot{\boldsymbol{r}}\cdot\boldsymbol{R})]\\&=\frac{1}{2}\frac{\mathrm{d}}{\mathrm{d}t}\boldsymbol{r}(\boldsymbol{r}\cdot\boldsymbol{R})-\frac{1}{2}\boldsymbol{R}\times(\boldsymbol{r}\times\dot{\boldsymbol{r}})\end{aligned}\tag{2.4.30}$$

因此，式（2.4.30）第一项的时间平均值为零的原因与式（2.4.29）第一项相同。但是，对于被限制在小体积内运动的粒子，其角速度的时间平均值不为零，因此，

式（2.4.29）可以用磁偶极矩（2.4.13）表示：

$$\overline{\boldsymbol{A}(\boldsymbol{R})} = \frac{\mu\mu_0}{4\pi}\left(\frac{\boldsymbol{m}\times\boldsymbol{R}}{R^3}+\cdots\right) \tag{2.4.31}$$

利用 $\boldsymbol{B} = \nabla\times\boldsymbol{A}$，则对应的磁场为

$$B_\alpha(\boldsymbol{R}) = \frac{\mu\mu_0}{4\pi}\left(\frac{3R_\alpha R_\beta m_\beta - R^2 m_\alpha}{R^5}+\cdots\right) \tag{2.4.32}$$

为了简便起见，我们只推导了对磁场有贡献的磁偶极。电场的一般表达式类似于式（2.4.25），但没有净电荷的磁类似物：

$$B_\alpha(\boldsymbol{R}) = \frac{\mu\mu_0}{4\pi}\left(T_{\alpha\beta}m_\beta - \frac{1}{3}T_{\alpha\beta\gamma}M_{\beta\gamma}+\cdots\right) \tag{2.4.33}$$

2.4.5　动态电磁多极场

由时变电荷和电流体系产生的电磁场是非常重要的；我们根据特定时变的电多极矩、磁多极矩的特定贡献表示该辐射场。这里的基本假设是，电荷密度和电流密度随时间呈谐振变化。情况是这样的，当单色光入射到该体系上时，感应振荡电荷和电流所辐射的场构成了散射光。因此：

$$\rho(t) = \rho^{(0)}\mathrm{e}^{-\mathrm{i}\omega t} \tag{2.4.34a}$$

$$\boldsymbol{J}(t) = \boldsymbol{J}^{(0)}\mathrm{e}^{-\mathrm{i}\omega t} \tag{2.4.34b}$$

为了简便起见，本节省略了复数上的波浪号。

辐射场由推迟势（2.2.30）确定，这需要在滞后时间 $t' = t - |\boldsymbol{R}-\boldsymbol{r}|/v$ 处计算 $\rho(t)$ 和 $\boldsymbol{J}(t)$：

$$\phi(\boldsymbol{R},t) = \frac{1}{4\pi\epsilon\epsilon_0}\int\frac{\rho^{(0)}\mathrm{e}^{\mathrm{i}(\kappa|\boldsymbol{R}-\boldsymbol{r}|-\omega t)}\mathrm{d}V}{|\boldsymbol{R}-\boldsymbol{r}|} \tag{2.4.35a}$$

$$\boldsymbol{A}(\boldsymbol{R},t) = \frac{\mu\mu_0}{4\pi}\int\frac{\boldsymbol{J}^{(0)}\mathrm{e}^{\mathrm{i}(\kappa|\boldsymbol{R}-\boldsymbol{r}|-\omega t)}\mathrm{d}V}{|\boldsymbol{R}-\boldsymbol{r}|} \tag{2.4.35b}$$

如果电荷和电流体系的尺寸相对于波长比较小，那么这些滞后势可以用 κ 的幂表示。这时，我们用如下展开关系：

$$|\boldsymbol{R}-\boldsymbol{r}| = R\left[1-\frac{R_\alpha r_\alpha}{R^2}-\frac{1}{2}\left(\frac{R_\alpha R_\beta r_\alpha r_\beta}{R^4}-\frac{r^2}{R^2}\right)+\cdots\right]$$

$$\frac{1}{|\boldsymbol{R}-\boldsymbol{r}|} = \frac{1}{R}\left[1+\frac{R_\alpha r_\alpha}{R^2}+\frac{1}{2}\left(\frac{3R_\alpha R_\beta r_\alpha r_\beta}{R^4}-\frac{r^2}{R^2}\right)+\cdots\right]$$

从而：

$$\frac{\mathrm{e}^{\mathrm{i}\kappa|\boldsymbol{R}-\boldsymbol{r}|}}{|\boldsymbol{R}-\boldsymbol{r}|}=\frac{\mathrm{e}^{\mathrm{i}\kappa R}}{R}\left[1+\frac{R_\alpha r_\alpha}{R^2}+\frac{1}{2}\left(\frac{3R_\alpha R_\beta r_\alpha r_\beta}{R^4}-\frac{r^2}{R^2}\right)-\frac{\mathrm{i}\kappa R_\alpha r_\alpha}{R}-\frac{\mathrm{i}\kappa}{2}\left(\frac{3R_\alpha R_\beta r_\alpha r_\beta}{R^3}-\frac{r^2}{R}\right)\right.$$
$$\left.-\frac{\kappa^2 R_\alpha R_\beta r_\alpha r_\beta}{2R^2}+\cdots\right] \tag{2.4.36}$$

根据点电荷写电荷密度，并且将式（2.4.36）代入式（2.4.35a）中，从而得到如下辐射的动力学标量势的多极展开式：

$$\phi(\boldsymbol{R},t)=\frac{\mathrm{e}^{\mathrm{i}(\kappa R-\omega t)}}{4\pi\epsilon\epsilon_0 R}\left(\frac{R_\alpha\mu_\alpha^{(0)}}{R^2}+\frac{R_\alpha R_\beta\Theta_{\alpha\beta}^{(0)}}{R^4}-\frac{\mathrm{i}\kappa R_\alpha\mu_\alpha^{(0)}}{R}-\frac{\mathrm{i}\kappa R_\alpha R_\beta\Theta_{\alpha\beta}^{(0)}}{R^3}\right.$$
$$\left.-\frac{\kappa^2 R_\alpha R_\beta\sum_i e_i r_{i_\alpha}^{(0)} r_{i_\beta}^{(0)}}{2R^2}+\cdots\right) \tag{2.4.37}$$

动力学矢量势的演变要更微妙，因为有必要将电流与电荷分布的矩联系起来。我们从连续性方程开始，它表示物体中的电荷守恒。电荷离开以表面 $\boldsymbol{S}$ 为界的体积 V 的速率为 $\int_S \boldsymbol{J}\cdot\mathrm{d}\boldsymbol{S}$。因为电荷是守恒的，所以

$$\int_S \boldsymbol{J}\cdot\mathrm{d}\boldsymbol{S}=-\frac{\mathrm{d}q}{\mathrm{d}t}=-\int_V\frac{\partial\rho}{\partial t}\mathrm{d}V$$

其中，q 是 V 所含的净电荷。利用高斯定理，

$$\int_S \boldsymbol{J}\cdot\mathrm{d}\boldsymbol{S}=\int_V\nabla\cdot\boldsymbol{J}\mathrm{d}V$$

给出连续性方程：

$$\nabla\cdot\boldsymbol{J}+\frac{\partial\rho}{\partial t}=0 \tag{2.4.38}$$

调用 $\boldsymbol{J}$ 和 ρ 对谐振时间的相关性，上式变成：

$$\nabla\cdot\boldsymbol{J}=\mathrm{i}\omega\rho$$

此时，乘以位置的一个任意标量或张量函数：

$$\int f(\nabla_\alpha J_\alpha)\mathrm{d}V=\int\nabla_\alpha(fJ_\alpha)\mathrm{d}V-\int J_\alpha(\nabla_\alpha f)\mathrm{d}V=\mathrm{i}\omega\int\rho f\mathrm{d}V$$

利用高斯定理，

$$\int_V\nabla_\alpha(fJ_\alpha)\mathrm{d}V=\int_S fJ_\alpha\mathrm{d}S_\alpha$$

如果积分面在电荷和电流分布的边界之外，则为零。因此：

$$\int J_\alpha(\nabla_\alpha f)\mathrm{d}V=-\mathrm{i}\omega\int\rho f\mathrm{d}V \tag{2.4.39}$$

设 $f=1$，由式（2.4.39）得到 $\int\rho\mathrm{d}V=0$，因此我们必须认为系统总体上是中性的，从而使该处理保持一致。将 $f=r_\beta$ 和 $f=r_\beta r_\gamma$ 代入式（2.4.39）中，得到

$$\int J_\alpha \mathrm{d}V = -\mathrm{i}\omega\mu_\alpha \tag{2.4.40a}$$

$$\int (J_\alpha r_\beta + J_\beta r_\alpha)\mathrm{d}V = -\mathrm{i}\omega\sum_i e_i r_{i_\alpha} r_{i_\beta} \tag{2.4.40b}$$

$$\int (J_\alpha r_\beta - J_\beta r_\alpha)\mathrm{d}V = -\varepsilon_{\alpha\beta\gamma}\varepsilon_{\gamma\delta\epsilon}\int r_\delta J_\epsilon \mathrm{d}V = -2\varepsilon_{\alpha\beta\gamma} m_\gamma \tag{2.4.40c}$$

将式（2.4.40）连同如下关系式：

$$\int J_\alpha r_\beta \mathrm{d}V = \frac{1}{2}\int (J_\alpha r_\beta + J_\beta r_\alpha)\mathrm{d}V + \frac{1}{2}\int (J_\alpha r_\beta - J_\beta r_\alpha)\mathrm{d}V$$

与式（2.4.36）一并代入式（2.4.35b），给出动态矢量势的如下多级展开：

$$\begin{aligned} A_\alpha(\boldsymbol{R},t) = -\frac{\mu\mu_0}{4\pi R}\mathrm{e}^{\mathrm{i}(\kappa R-\omega t)}\Bigg(&\frac{\varepsilon_{\alpha\beta\gamma} R_\beta m_\gamma^{(0)}}{R^2} + \frac{\mathrm{i}c\kappa\mu_\alpha^{(0)}}{n} - \frac{\mathrm{i}\kappa\varepsilon_{\alpha\beta\gamma} R_\beta m_\gamma^{(0)}}{R} \\ &+ \frac{\mathrm{i}c\kappa R_\beta \sum_i e_i r_{i_\alpha}^{(0)} r_{i_\beta}^{(0)}}{2nR^2} + \frac{c\kappa^2 R_\beta \sum_i e_i r_{i_\alpha}^{(0)} r_{i_\beta}^{(0)}}{2nR} + \cdots \Bigg) \end{aligned} \tag{2.4.41}$$

辐射电场可以通过将式（2.4.37）和式（2.4.41）代入$\boldsymbol{E} = -\partial \boldsymbol{A}/\partial t - \nabla\phi$进行计算。因为传播方向沿$\boldsymbol{R}$，通常会根据矢量$\boldsymbol{n}$表达$\boldsymbol{R}$，即$R_\alpha = Rn_\alpha / n$，所以得到

$$\begin{aligned} E_\alpha(\boldsymbol{R},t) = \frac{\mu\mu_0}{4\pi R}\mathrm{e}^{\mathrm{i}(\kappa R-\omega t)}\Bigg[&\mu_\alpha^{(0)}\left(\frac{\omega^2}{R} + \frac{\mathrm{i}\omega c}{nR^2} - \frac{c^2}{n^2R^3}\right) - n_\alpha n_\beta \mu_\beta^{(0)}\left(\frac{\omega^2}{n^2R} + \frac{3\mathrm{i}\omega c}{n^3R^2} - \frac{3c^2}{n^4R^3}\right) \\ &- \varepsilon_{\alpha\beta\gamma} n_\beta m_\gamma^{(0)}\left(\frac{\omega^2}{cR} + \frac{\mathrm{i}\omega}{nR^2}\right) - n_\beta \sum_i e_i r_{i_\alpha}^{(0)} r_{i_\beta}^{(0)}\left(\frac{\mathrm{i}\omega^3}{2cR} - \frac{3\omega^2}{2nR^2}\right) \\ &+ n_\alpha n_\beta n_\gamma \sum_i e_i r_{i_\beta}^{(0)} r_{i_\gamma}^{(0)}\left(\frac{\mathrm{i}\omega^3}{2n^2cR} - \frac{3\omega^2}{2n^3R^2}\right) \\ &+ n_\beta \Theta_{\alpha\beta}^{(0)}\left(\frac{2\mathrm{i}\omega c}{n^2R^3} - \frac{2c^2}{n^3R^4}\right) - n_\alpha n_\beta n_\gamma \Theta_{\beta\gamma}^{(0)}\left(\frac{\omega^2}{n^3R} + \frac{5\mathrm{i}\omega c}{n^4R^3} - \frac{5c^2}{n^5R^4}\right) + \cdots \Bigg] \end{aligned} \tag{2.4.42a}$$

同样，利用$\boldsymbol{B} = \nabla\times\boldsymbol{A}$，辐射磁场为

$$\begin{aligned} B_\alpha(\boldsymbol{R},t) = \frac{\mu\mu_0}{4\pi R}\mathrm{e}^{\mathrm{i}(\kappa R-\omega t)}\varepsilon_{\alpha\beta\gamma}\Bigg\{ &n_\beta \mu_\gamma^{(0)}\left(\frac{\omega^2}{cR} + \frac{\mathrm{i}\omega}{nR^2}\right) \\ &- \varepsilon_{\gamma\delta\epsilon} m_\epsilon^{(0)}\left[\frac{\omega^2 n_\beta n_\delta}{c^2R} + \frac{\mathrm{i}\omega\left(3n_\beta n_\delta - n^2\delta_{\beta\delta}\right)}{ncR^2} - \frac{\left(3n_\beta n_\delta - n^2\delta_{\beta\delta}\right)}{n^2R^3}\right] \\ &- \sum_i e_i r_{i_\gamma}^{(0)} r_{i_\delta}^{(0)}\left(\frac{\mathrm{i}\omega^3 n_\beta n_\delta}{2c^2R} - \frac{3\omega^2 n_\beta n_\delta}{2ncR^2} - \frac{3\mathrm{i}\omega n_\beta n_\delta}{2n^2R^3}\right) + \cdots \Bigg\} \end{aligned} \tag{2.4.42b}$$

我们现在考虑式（2.4.42）的两种比较重要的极限情况。

当所处的位置远大于波长($\kappa R \gg 1$)时，在式（2.4.42）中只保留$1/R$的项：

$$E_\alpha(\boldsymbol{R},t)=\frac{\omega^2\mu\mu_0}{4\pi R}\mathrm{e}^{\mathrm{i}(\kappa R-\omega t)}\left[\left(\mu_\alpha^{(0)}-\frac{n_\alpha n_\beta}{n^2}\mu_\beta^{(0)}\right)-\frac{1}{c}\varepsilon_{\alpha\beta\gamma}n_\beta m_\gamma^{(0)}\right.$$
$$\left.-\frac{\mathrm{i}\omega}{3c}\left(n_\beta\Theta_{\alpha\beta}^{(0)}-\frac{n_\alpha n_\beta n_\gamma}{n^2}\Theta_{\beta\gamma}^{(0)}\right)+\cdots\right] \tag{2.4.43a}$$

$$B_\alpha(\boldsymbol{R},t)=\frac{\omega^2\mu\mu_0}{4\pi Rc}\mathrm{e}^{\mathrm{i}(\kappa R-\omega t)}\varepsilon_{\alpha\beta\gamma}n_\beta\times\left(\mu_\gamma^{(0)}-\frac{1}{c}\varepsilon_{\gamma\delta\epsilon}n_\delta m_\epsilon^{(0)}-\frac{\mathrm{i}\omega}{3c}n_\delta\Theta_{\gamma\delta}^{(0)}+\cdots\right) \tag{2.4.43b}$$

$\left(\mu_\alpha^{(0)}-\dfrac{n_\alpha n_\beta}{n^2}\mu_\beta^{(0)}\right)$和$\left(n_\beta\Theta_{\alpha\beta}^{(0)}-\dfrac{n_\alpha n_\beta n_\gamma}{n^2}\Theta_{\beta\gamma}^{(0)}\right)$的意思是：减掉矢量$\mu_\alpha^{(0)}$和$n_\beta\Theta_{\alpha\beta}^{(0)}$平行于辐射场方向的分量，只剩下垂直分量。结果，由式（2.4.43a）给出的$\boldsymbol{E}(\boldsymbol{R},t)$是完全横向的；因为$\nabla\cdot\boldsymbol{B}=0$，从而$\boldsymbol{B}(\boldsymbol{R},t)$总是横向的。这与在式（2.4.43a）和式（2.4.43b）中给出的电矢量和磁矢量有如下关系是一致的：

$$B_\alpha=\frac{1}{c}\varepsilon_{\alpha\beta\gamma}n_\beta E_\gamma$$

这是平面波的性质，见 2.2.2 节。这种横向特性也使$\dfrac{3}{2}\sum_i e_i r_{i_\alpha}^{(0)} r_{i_\beta}^{(0)}$被无迹电四极矩$\Theta_{\alpha\beta}^{(0)}$代替。对于在小的空间区域处被看成平面波的辐射波，足够远处的空间区域称为波场区（wave zone）。

当所处的位置远小于波长($\kappa R \ll 1$)，我们可以忽略式（2.4.42）中涉及$1/R$和$1/R^2$的项，并且设$\exp(\mathrm{i}\kappa R)\approx 1$，则：

$$E_\alpha(\boldsymbol{R},t)=\frac{\mathrm{e}^{-\mathrm{i}\omega t}}{4\pi\epsilon\epsilon_0}\left(\frac{3R_\alpha R_\beta\mu_\beta^{(0)}-R^2\mu_\alpha^{(0)}}{R^5}+\frac{5R_\alpha R_\beta R_\gamma\Theta_{\beta\gamma}^{(0)}-2R^2R_\beta\Theta_{\alpha\beta}^{(0)}}{R^7}+\cdots\right) \tag{2.4.44a}$$

$$B_\alpha(\boldsymbol{R},t)=\frac{\mu\mu_0\mathrm{e}^{-\mathrm{i}\omega t}}{4\pi}\left(\frac{3R_\alpha R_\beta m_\beta^{(0)}-R^2m_\alpha^{(0)}}{R^5}+\frac{\mathrm{i}\omega\varepsilon_{\alpha\beta\gamma}R_\beta R_\delta\Theta_{\gamma\delta}^{(0)}}{R^5}+\cdots\right) \tag{2.4.44b}$$

电场（2.4.44a）类似于定态电偶极矩和电四极矩的静电场（2.4.22）。通过该近似处理，磁偶极矩对辐射的电场没有贡献。注意，在该近似处理中，振荡的电四极矩对辐射磁场（2.4.44b）有贡献，而定态电四极矩对定态磁场（2.4.32）没有类似的贡献。

将波场区（2.4.43）表示成振荡的电多极矩、磁多极矩的时间导数形式是非常有用的，具体表达如下：

$$E_\alpha(\boldsymbol{R},t)=-\frac{\mu\mu_0}{4\pi R}\mathrm{e}^{\mathrm{i}\kappa\boldsymbol{R}}\left[\left(\ddot{\mu}_\alpha-\frac{n_\alpha n_\beta}{n^2}\ddot{\mu}_\beta\right)-\frac{1}{c}\varepsilon_{\alpha\beta\gamma}n_\beta\ddot{m}_\gamma+\frac{1}{3c}\left(n_\beta\dddot{\Theta}_{\alpha\beta}-\frac{n_\alpha n_\beta n_\gamma}{n^2}\dddot{\Theta}_{\beta\gamma}\right)+\cdots\right] \tag{2.4.45a}$$

$$B_\alpha(\boldsymbol{R},t)=-\frac{\mu\mu_0}{4\pi R}\mathrm{e}^{\mathrm{i}\kappa\boldsymbol{R}}\varepsilon_{\alpha\beta\gamma}n_\beta\times\left(\ddot{\mu}_\gamma-\frac{1}{c}\varepsilon_{\gamma\delta\epsilon}n_\delta\ddot{m}_\epsilon+\frac{1}{3c}n_\delta\dddot{\Theta}_{\gamma\delta}+\cdots\right) \tag{2.4.45b}$$

例如，这些表达与 Buckingham 和 Raab（1975）中使用的表达相同，也与 Landau 和 Lifshitz（1975）中派生的表达等价。这些表达在其他方面也非常有用，尤其是用于检查每一项在时空反演下的正确特性（参见第 4 章）。这是因为，传播矢量 $\boldsymbol{n}$ 具有明确的变换特性（该物理量是奇 P 和奇 T 的）。其他方程也有类似的情况，如标量势（2.4.37）和矢量势（2.4.41）。

2.5　电场和磁场中电荷和电流的能量

我们现在讨论处于定外电场和动态外磁场中的电荷和电流的能量，并推导以算符形式构成的哈密顿表达，以便后续量子力学计算。

实际上，带电粒子在电磁场中的运动方程是洛伦兹力方程：

$$\boldsymbol{F}=e\boldsymbol{E}+e\boldsymbol{v}\times\boldsymbol{B} \tag{2.5.1}$$

还有一种运动方程，来自拉格朗日函数 $L=T-V$ ，其中，T 和 V 分别是动能和势能。该运动方程通过欧拉-拉格朗日方程给出：

$$\nabla L-\frac{\mathrm{d}}{\mathrm{d}t}\frac{\partial L}{\partial\boldsymbol{v}}=0 \tag{2.5.2}$$

很容易证明拉格朗日算符：

$$L=\frac{1}{2}mv^2+e\boldsymbol{v}\cdot\boldsymbol{A}-e\phi \tag{2.5.3}$$

可以得到需要的运动方程（2.5.1）。

根据拉格朗日算符（2.5.3），通过哈密顿量的如下关系[式（2.5.4）]，我们可以得到带电粒子的哈密顿算符 H：

$$H=\boldsymbol{v}\cdot\frac{\partial L}{\partial\boldsymbol{v}}-L \tag{2.5.4}$$

其中，$\partial L/\partial\boldsymbol{v}$ 是粒子的广义动量 $\boldsymbol{p}'$。当势能 V 与速度无关时，广义动量仅等于牛顿动量 $\boldsymbol{p}=m\boldsymbol{v}$ ，这与在电磁场中运动的带电粒子不同。因而，广义动量为

$$\boldsymbol{p}'=\frac{\partial L}{\partial\boldsymbol{v}}=m\boldsymbol{v}+e\boldsymbol{A} \tag{2.5.5}$$

这样，根据广义动量而不是牛顿力学动量给出的哈密顿算符表达为

$$H=\frac{1}{2m}(\boldsymbol{p}'-e\boldsymbol{A})^2+e\phi \tag{2.5.6}$$

（矢量表达式的平方意味着标量积。）在将这一结果应用于量子体系与电磁场的相互作用时，必须记住算子 $-\mathrm{i}\hbar\nabla$ 取代的是 $\boldsymbol{p}'$，而不是 $\boldsymbol{p}$；并且，$\boldsymbol{p}'$ 和 $\boldsymbol{A}$ 不需要是对易的。

2.5.1 静电场中的电多极矩和磁多极矩

现在，我们将对哈密顿算符（2.5.6）进行推导，以获得包含电荷和电流体系与外部源产生的静电场和磁场相互作用能的显式多极项的表达式。

根据式（2.5.6），以标量势为特征的静电场中，在 $\boldsymbol{r}_i$ 处的第 i 个电荷的势能为 $e_i\phi(\boldsymbol{r}_i)$。我们将 $\phi(\boldsymbol{r})$ 在电荷体系的原点 O 处以泰勒序列的形式展开：

$$\phi(\boldsymbol{r}) = (\phi)_0 + r_\alpha(\nabla_\alpha\phi)_0 + \frac{1}{2}r_\alpha r_\beta(\nabla_\alpha\nabla_\beta\phi)_0 + \cdots = (\phi)_0 - r_\alpha(E_\alpha)_0 - \frac{1}{2}r_\alpha r_\beta(E_{\alpha\beta})_0 + \cdots \tag{2.5.7}$$

其中，$E_{\alpha\beta}$ 是场梯度 $\nabla_\alpha E_\beta$，下角标 0 表示在原点处用到的场或场梯度。此时在静电场中，电荷体系势能的多极形式为

$$V = \sum_i e_i\phi(\boldsymbol{r}_i) = q(\phi)_0 - \mu_\alpha(E_\alpha)_0 - \frac{1}{3}\Theta_{\alpha\beta}(E_{\alpha\beta})_0 + \cdots \tag{2.5.8}$$

此处允许引入无迹电四极矩 $\Theta_{\alpha\beta}$，因为原点距离由外电荷分布产生的 ϕ 是非常远的，从而：

$$\delta_{\alpha\beta}(\nabla_\alpha\nabla_\beta\phi)_0 = (\nabla^2\phi)_0 = -\frac{\rho(\boldsymbol{o})}{\epsilon\epsilon_0} = 0 \tag{2.5.9}$$

描述定态均匀磁场的矢量势可以写成：

$$\boldsymbol{A} = \frac{1}{2}(\boldsymbol{B}\times\boldsymbol{r}) \tag{2.5.10}$$

该关系满足 $\boldsymbol{B} = \nabla\times\boldsymbol{A}$（因为均匀场中的 $\boldsymbol{B}$ 与 $\boldsymbol{r}$ 无关）。将哈密顿算符（2.5.6）中的 $(\boldsymbol{p}' - e\boldsymbol{A})^2$ 展开，注意，如果 $\boldsymbol{p}'$ 是量子力学算符 $-\mathrm{i}\hbar\nabla$，只有当 $\nabla\cdot\boldsymbol{A} = 0$ 时 $\boldsymbol{p}'$ 与 $\boldsymbol{A}$ 才会对易，这对矢量势（2.5.10）是成立的。从而，根据式（2.5.6），定态均匀磁场中电流体系的势能为

$$\begin{aligned} V &= -\sum_i \frac{e_i}{m_i}\boldsymbol{p}_i'\cdot\boldsymbol{A}(\boldsymbol{r}_i) + \sum_i \frac{e_i^2}{2m_i}A(\boldsymbol{r}_i)^2 \\ &= -\sum_i \frac{e_i}{2m_i}\boldsymbol{p}_i'\cdot[\boldsymbol{B}(\boldsymbol{r}_i)\times\boldsymbol{r}_i] + \sum_i \frac{e_i^2}{8m_i}[\boldsymbol{B}(\boldsymbol{r}_i)\times\boldsymbol{r}_i]^2 \\ &= -m_\alpha B_\alpha - \frac{1}{2}\chi_{\alpha\beta}^{(\mathrm{d})}B_\alpha B_\beta \end{aligned} \tag{2.5.11}$$

在展开第二项时，我们用到了后面（4.2.4 节）介绍的如下张量关系：

$$\varepsilon_{\alpha\beta\gamma}\varepsilon_{\alpha\delta\lambda}=\delta_{\beta\delta}\delta_{\gamma\lambda}-\delta_{\beta\lambda}\delta_{\gamma\delta}$$

以揭示抗磁磁化率张量：

$$\chi_{\alpha\beta}^{(\mathrm{d})}=\sum_i\frac{e_i^2}{4m_i}\left(r_{i_\alpha}r_{i_\beta}-r_i^2\delta_{\alpha\beta}\right) \tag{2.5.12}$$

可以将其看成是产生与感应场相反的磁场感应磁矩 $\frac{1}{2}\chi_{\alpha\beta}^{(\mathrm{d})}B_\alpha$。磁势能（2.5.11）只包含偶极相互作用，因为它来自均匀磁场。如果场不均匀，就需要更高的多极相互作用项，这时就需要用关于原点的一般展开来代替（2.5.10）。例如，尽管

$$A_\alpha(\boldsymbol{r})=\frac{1}{2}\varepsilon_{\alpha\beta\gamma}(B_\beta)_0r_\gamma+\frac{1}{3}\varepsilon_{\alpha\gamma\delta}r_\beta(\nabla_\beta B_\gamma)_0r_\delta+\cdots \tag{2.5.13}$$

自身并不是泰勒展开，但是用 $\boldsymbol{B}=\nabla\times\boldsymbol{A}$ 引出了 $\boldsymbol{B}(\boldsymbol{r})$ 的正确泰勒展开。

因此，电荷和电流体系与静电场和磁场之间的相互作用能，可以很自然地以多极形式得到。然而，我们在下面将会看到，当场是动态的时，如在辐射场中，以多极形式推导相互作用能会更困难。

我们现在考虑两个距离非常远的电荷分布 1 和 2 之间的相互作用能。该相互作用能由类似于（2.5.8）的表达式给出。该表达式是通过推导 1、2 这两组电荷分布之间的库仑相互作用能获得的：

$$V=\frac{1}{4\pi\epsilon\epsilon_0}\sum_{i_1,i_2}\frac{e_{i_1}e_{i_2}}{R_{i_1i_2}}=q_2(\phi)_2-\mu_{2_\alpha}(E_\alpha)_2-\frac{1}{3}\Theta_{2\alpha\beta}(E_{\alpha\beta})_2+\cdots \tag{2.5.14}$$

其中，$R_{i_1i_2}$ 是分布 1 中电荷基元 e_{i_1} 和分布 2 中电荷基元 e_{i_2} 之间的距离；q_2、μ_{2_α}、$\Theta_{2\alpha\beta}$ 等是电荷分布 2 的电多极矩；$(\phi)_2$、$(E_\alpha)_2$、$(E_{\alpha\beta})_2$ 等是由瞬间电荷分布 1 导致分布 2 坐标原点处产生的场和场梯度。将 1 和 2 的作用颠倒一下，就会得到相同的相互作用能。使用式（2.4.24）和式（2.4.25），相互作用能变成：

$$V=\frac{1}{4\pi\epsilon\epsilon_0}\left[T_{21}q_1q_2+T_{21_\alpha}\left(q_1\mu_{2_\alpha}-q_2\mu_{1_\alpha}\right)+T_{21_{\alpha\beta}}\left(\frac{1}{3}q_1\Theta_{2\alpha\beta}+\frac{1}{3}q_2\Theta_{1\alpha\beta}-\mu_{1_\alpha}\mu_{2_\beta}\right)+\cdots\right] \tag{2.5.15}$$

其中，$\boldsymbol{T}$ 张量的下角标 21 表示它们是从 1 的原点到 2 的原点的矢量 $\boldsymbol{R}_{21}=\boldsymbol{R}_2-\boldsymbol{R}_1$ 的函数。很明显，$T_{21}=(-1)^nT_{12}$，其中，n 是张量的级数。

两个电流分布的相互作用能也可以用如下类似的形式给出：

$$V=-m_{2_\alpha}(B_\alpha)_2+\cdots \tag{2.5.16}$$

使用式（2.4.33），上式变成：

$$V=\frac{\mu\mu_0}{4\pi}\left(-T_{21_{\alpha\beta}}m_{1_\alpha}m_{2_\beta}+\cdots\right) \tag{2.5.17}$$

在式（2.5.15）中，不会产生更低阶项的磁类似项，因为不存在磁单极子。

2.5.2 动态场中的电多极矩和磁多极矩

现在，我们讨论用于动态电场和磁场，特别是在辐射场中的电荷和电流，这种关键情况下哈密顿量（2.5.6）的推导。有几种方法可以揭示多极相互作用项。在分子光学中，应用最广泛的方法是扩展（2.5.6）的算符等价项，并调用电荷和电流的坐标与哈密顿量之间的量子力学对易关系。2.2.4 节显示，当辐射源较远时，$\nabla\cdot\boldsymbol{A}=0$ 和 $\phi=0$ 在库仑规范和洛伦兹规范中都是成立的。因此，在这种情况下，式（2.5.6）的势能部分可以写成：

$$V=-\sum_i\frac{e_i}{m_i}\boldsymbol{p}_i'\cdot\boldsymbol{A}(\boldsymbol{r}_i)+\sum_i\frac{e_i^2}{2m_i}A(\boldsymbol{r}_i)^2 \tag{2.5.18}$$

当辐射场的波长比电荷和电流体系的尺寸大时，$\boldsymbol{A}(\boldsymbol{r})$ 可以围绕电荷和电流体系的原点 $\boldsymbol{O}$ 进行泰勒级数展开。这样，式（2.5.18）的第一项变成：

$$\begin{aligned}-\sum_i\frac{e_i}{m_i}A_\alpha(\boldsymbol{r}_i)p_{i_\alpha}'&=-\sum_i\frac{e_i}{m_i}\left[(A_\alpha)_0p_{i_\alpha}'+(A_{\beta\alpha})_0r_{i_\beta}p_{i_\alpha}'+\cdots\right]\\&=-\sum_i\frac{e_i}{m_i}\left\{(A_\alpha)_0p_{i_\alpha}'+\frac{1}{2}(A_{\beta\alpha})_0\left[\left(r_{i_\beta}p_{i_\alpha}'+r_{i_\alpha}p_{i_\beta}'\right)+\left(r_{i_\beta}p_{i_\alpha}'-r_{i_\alpha}p_{i_\beta}'\right)\right]+\cdots\right\}\end{aligned} \tag{2.5.19}$$

用如下式（2.5.20）给出的对易关系，可以给出式（2.5.19）第一项的电偶极特性：

$$r_\alpha H-Hr_\alpha=\frac{\mathrm{i}\hbar}{m}p_\alpha' \tag{2.5.20}$$

其中，

$$H=-\frac{\hbar^2}{2m}\nabla^2+V(\boldsymbol{r}) \tag{2.5.21}$$

是分子中粒子的哈密顿量。式（2.5.19）中第二项的对称部分的电四极特性用如下对易关系给出：

$$r_\alpha r_\beta H-Hr_\alpha r_\beta=\frac{\mathrm{i}\hbar}{m}\left(r_\beta p_\alpha'+r_\alpha p_\beta'-\mathrm{i}\hbar\delta_{\alpha\beta}\right) \tag{2.5.22}$$

实际上，只有当哈密顿量(2.5.21)中的势能 $V(\boldsymbol{r})$ 与坐标交换时，式(2.5.20)与式(2.5.22)的对易关系才是正确的；后面将会指出，这并不总是正确的，特别是当自旋-轨道耦合比较显著时。式（2.5.19）第二项的反对称部分已经具有磁偶极相互作用的形式：

$$\begin{aligned}-\sum_i\frac{e_i}{2m_i}(A_{\beta\alpha})_0\left(r_{i_\beta}p_{i_\alpha}'-r_{i_\alpha}p_{i_\beta}'\right)&=-\sum_i\frac{e_i}{2m_i}(A_{\beta\alpha})_0r_{i_\gamma}p_{i_\delta}'\left(\delta_{\gamma\beta}\delta_{\delta\alpha}-\delta_{\gamma\alpha}\delta_{\delta\beta}\right)\\&=-\sum_i\frac{e_i}{2m_i}\varepsilon_{\epsilon\gamma\delta}r_{i_\gamma}p_{i_\delta}'\varepsilon_{\epsilon\beta\alpha}(A_{\beta\alpha})_0=-m_\alpha(B_\alpha)_0\end{aligned} \tag{2.5.23}$$

从而，我们可以将相互作用哈密顿量（2.5.18）写成如下多极算符的形式：

$$V=-\frac{\mathrm{i}}{\hbar}(H\mu_\alpha-\mu_\alpha H)(A_\alpha)_0-\frac{\mathrm{i}}{3\hbar}(H\Theta_{\alpha\beta}-\Theta_{\alpha\beta}H)(A_{\beta\alpha})_0-m_\alpha(B_\alpha)_0+\cdots+\sum_i\frac{e_i^2}{2m_i}A(\boldsymbol{r}_i)^2 \tag{2.5.24}$$

其中，引入无迹电四极矩算符，因为 $A_{\alpha\alpha}\equiv\nabla\cdot\boldsymbol{A}=0$ 。

如果我们将实矢量势明确写成如下形式：

$$A_\alpha(\boldsymbol{r})=\frac{1}{2}A^{(0)}\left[\tilde{\Pi}_\alpha\mathrm{e}^{\mathrm{i}(\kappa_\beta r_\beta-\omega t)}+\tilde{\Pi}_\alpha^*\mathrm{e}^{-\mathrm{i}(\kappa_\beta r_\beta-\omega t)}\right] \tag{2.5.25}$$

则相互作用哈密顿量（2.5.24）变成：

$$\begin{aligned}V=&\frac{1}{2}A^{(0)}\Big[-\frac{\mathrm{i}}{\hbar}(H\mu_\alpha-\mu_\alpha H)\left(\tilde{\Pi}_\alpha\mathrm{e}^{-\mathrm{i}\omega t}+\tilde{\Pi}_\alpha^*\mathrm{e}^{\mathrm{i}\omega t}\right)+\frac{\mathrm{i}\omega}{c}\varepsilon_{\alpha\beta\gamma}n_\beta m_\gamma\left(\tilde{\Pi}_\alpha\mathrm{e}^{-\mathrm{i}\omega t}-\tilde{\Pi}_\alpha^*\mathrm{e}^{\mathrm{i}\omega t}\right)\\&+\frac{\omega}{3\hbar c}n_\beta(H\Theta_{\alpha\beta}-\Theta_{\alpha\beta}H)\left(\tilde{\Pi}_\alpha\mathrm{e}^{-\mathrm{i}\omega t}-\tilde{\Pi}_\alpha^*\mathrm{e}^{\mathrm{i}\omega t}\right)+\cdots\Big]\\&+A^{(0)^2}\sum_i\frac{e_i}{8m_i^2}\left(\tilde{\Pi}_\alpha\tilde{\Pi}_\alpha\mathrm{e}^{-2\mathrm{i}\omega t}+\tilde{\Pi}_\alpha^*\tilde{\Pi}_\alpha^*\mathrm{e}^{2\mathrm{i}\omega t}+2\tilde{\Pi}_\alpha\tilde{\Pi}_\alpha^*+\cdots\right)\end{aligned} \tag{2.5.26}$$

该表达是后面常用的形式。

尽管动态相互作用哈密顿量（2.5.24）实际上是多极形式，但是它并不像定态多极相互作用哈密顿量（2.5.8）和（2.5.11）那么“清晰”；此外，动态抗磁相互作用并没有明确给出。然而，可以将基本哈密顿量（2.5.6）转换成适用于经典和量子（含有算符表达）形式的，精确动态类似的定态多极相互作用哈密顿量。我们参考了 Woolley（1975a)对已提出的各种变换方法的综述。这里，我们根据 Barron 和 Gray（1973）给出一个特别简单的方法。它表明，通过合理选择规范，基本相互作用的哈密顿量（2.5.6）仅仅等于多极哈密顿量。如 2.2.4 节所述，假设标量势和矢量势通过如下关系产生正确的电场和磁场：

$$\boldsymbol{E}=-\nabla\phi-\frac{\partial\boldsymbol{A}}{\partial t} \tag{2.5.27a}$$

$$\boldsymbol{B}=\nabla\times\boldsymbol{A} \tag{2.5.27b}$$

在选择 ϕ 和 $\boldsymbol{A}$ 上具有“规范自由度”。我们用如下展开式进行明确选择：

$$\phi(\boldsymbol{r})=(\phi)_0-r_\alpha(E_\alpha)_0-\frac{1}{2}r_\alpha r_\beta(E_{\alpha\beta})_0+\cdots \tag{2.5.28a}$$

$$A_\alpha(\boldsymbol{r})=\frac{1}{2}\varepsilon_{\alpha\beta\gamma}(B_\beta)_0r_\gamma+\frac{1}{3}\varepsilon_{\alpha\beta\gamma}r_\beta(B_{\beta\gamma})_0r_\delta+\cdots \tag{2.5.28b}$$

如果 $\boldsymbol{E}(\boldsymbol{r})$ 和 $\boldsymbol{B}(\boldsymbol{r})$ 可以进行如下泰勒展开，则满足式（2.5.27）：

$$E_\alpha(\boldsymbol{r}) = (E_\alpha)_0 + r_\beta(E_{\beta\alpha})_0 + \cdots \tag{2.5.29a}$$

$$B_\alpha(\boldsymbol{r}) = (B_\alpha)_0 + r_\beta(B_{\beta\alpha})_0 + \cdots \tag{2.5.29b}$$

常数项$(E_\alpha)_0$和$(B_\alpha)_0$的产生很容易理解，但要理解式（2.5.29a）中$r_\beta(E_{\beta\alpha})_0$的产生则需要进一步解释：事实上，我们用到了如下关系：

$$\frac{1}{2}\nabla_\alpha[r_\beta r_\gamma(E_{\beta\gamma})_0] = \frac{1}{2}r_\beta[(E_{\alpha\beta})_0 + (E_{\beta\alpha})_0]$$

$$\frac{1}{2}\frac{\partial}{\partial t}\varepsilon_{\alpha\beta\gamma}(B_\beta)_0 r_\gamma = -\frac{1}{2}\varepsilon_{\alpha\beta\gamma}[\varepsilon_{\beta\delta\epsilon}(E_{\delta\epsilon})_0]r_\gamma = \frac{1}{2}r_\beta[(E_{\alpha\beta})_0 - (E_{\beta\alpha})_0]$$

第二个用到了麦克斯韦方程$\nabla \times \boldsymbol{E} = -\partial\boldsymbol{B}/\partial t$。将式（2.5.28）代入式（2.5.6），得到动态多极相互作用哈密顿量：

$$V = q(\phi)_0 - \mu_\alpha(E_\alpha)_0 - \frac{1}{3}\Theta_{\alpha\beta}(E_{\alpha\beta})_0 - m_\alpha(B_\alpha)_0 - \frac{1}{2}\chi^{(\mathrm{d})}_{\alpha\beta}(B_\alpha)_0(B_\beta)_0 + \cdots \tag{2.5.30}$$

这个与定态的类似。

关于这两个动态相互作用哈密顿量（2.5.26）和（2.5.30）的优点，已经有许多讨论，特别是关于A^2的贡献。然而，如果使用一致，这两个哈密顿量应该给出相同的结果。该等价性的一个早期例子，由 Dirac（1958）在推导由原子或分子产生光子的散射系数的 Kramers-Heisenberg 扩散方程时间接给出。从描述独立吸收和发射过程的两个“$\boldsymbol{\mu}\cdot\boldsymbol{E}$”相互作用的干扰中得到的色散公式，与从描述独立光子吸收和发射过程的两个“$\boldsymbol{p}\cdot\boldsymbol{A}$”相互作用的干扰，再加上描述同时光子吸收和发射的单个“A^2”相互作用，而得到的色散方程是一样的。然而，该特性似乎只出现在量子化辐射场的公式中。在下面的分子光散射的半经典理论中，即使A^2项没有贡献，哈密顿量（2.5.26）和（2.5.30）也会给出相同结果。这是因为我们用入射光在分子中诱导的电磁多极矩发出的电磁波，以及在入射频率处振荡的电磁波来描述光散射；A^2项在入射光波的频率处没有分量。

需要指出的是，如果哈密顿量包含了自旋-轨道相互作用，则向多极形式的转换更为微妙，并且出现了新的项。Barron 和 Buckingham（1973）曾详细讨论过该问题。

2.6 电场和磁场中的分子

在本节中，我们使用微扰理论推导分子性质张量的量子力学表达。而这些张量用来表征分子对特定电场或磁场分量的响应。这些性质张量稍后出现在光学活性实验中可观测量（如旋光度）的表达式里。

2.6.1　静场中的分子

电荷和电流体系与外部电场和磁场的相互作用能的表达式中，出现的电多极矩、磁多极矩可以是体系的永久属性，也可以是电场和磁场本身引起的。如果相互作用很弱，可以通过将体系的能量 W 展开成关于无场时能量的泰勒级数来分析这种情况。

因此，对于处于均匀静电场中的电中性分子，

$$W[(\boldsymbol{E})_0] = (W)_0 + (E_\alpha)_0\left[\frac{\partial W}{\partial (E_\alpha)_0}\right]_0 + \frac{1}{2}(E_\alpha)_0(E_\beta)_0\left[\frac{\partial^2 W}{\partial (E_\alpha)_0 \partial (E_\beta)_0}\right]_0 + \frac{1}{6}(E_\alpha)_0(E_\beta)_0(E_\gamma)_0\left[\frac{\partial^3 W}{\partial (E_\alpha)_0 \partial (E_\beta)_0 \partial (E_\gamma)_0}\right]_0 + \cdots \tag{2.6.1}$$

场本身，$(\boldsymbol{E})_0$，在分子的原点处，并且 $(W)_0$、$[\partial W / \partial (E_\alpha)_0]_0$ 等分别表示在分子原点处零场强的能量、该能量相对于场的微分等。从式（2.5.8）我们还得到：

$$W = (W)_0 - \mu_\alpha (E_\alpha)_0 - \frac{1}{3}\Theta_{\alpha\beta}(E_{\alpha\beta})_0 + \cdots \tag{2.6.2}$$

由此给出电偶极矩：

$$\mu_\alpha = -\frac{\partial W}{\partial (E_\alpha)_0} \tag{2.6.3}$$

因此，根据式（2.6.1）和式（2.6.3），我们可以将均匀静电场作用下的分子电偶极矩写成：

$$\mu_\alpha = \mu_{0_\alpha} + \alpha_{\alpha\beta}(E_\beta)_0 + \frac{1}{2}\beta_{\alpha\beta\gamma}(E_\beta)_0(E_\gamma)_0 + \cdots \tag{2.6.4a}$$

其中，

$$\mu_{0_\alpha} = -\left[\frac{\partial W}{\partial (E_\alpha)_0}\right]_0 \tag{2.6.4b}$$

$$\alpha_{\alpha\beta} = -\left[\frac{\partial^2 W}{\partial (E_\alpha)_0 \partial (E_\beta)_0}\right]_0 \tag{2.6.4c}$$

$$\beta_{\alpha\beta\gamma} = -\left[\frac{\partial^3 W}{\partial (E_\alpha)_0 \partial (E_\beta)_0 \partial (E_\gamma)_0}\right]_0 \tag{2.6.4d}$$

分别为永久电偶极矩、电极化率和一级电超极化率。因此，张量 $\alpha_{\alpha\beta}$、$\beta_{\alpha\beta\gamma}$ 等描述了相继电场对分子电荷分布产生的扭曲。

同样，对于在静电场梯度中的分子，

$$W[(E_{\alpha\beta})_0]_0=(W)_0+(E_{\alpha\beta})_0\left[\frac{\partial W}{\partial(E_{\alpha\beta})_0}\right]_0+\frac{1}{2}(E_{\alpha\beta})_0(E_{\gamma\delta})_0\left[\frac{\partial^2 W}{\partial(E_{\alpha\beta})_0\partial(E_{\gamma\delta})_0}\right]_0+\cdots \tag{2.6.5}$$

由式（2.6.2）可知，电四极矩为

$$\Theta_{\alpha\beta}=-3\frac{W}{\partial(E_{\alpha\beta})_0} \tag{2.6.6}$$

该公式与式（2.6.5）一起，给出静电场梯度存在时分子电四极矩：

$$\Theta_{\alpha\beta}=\Theta_{0_{\alpha\beta}}+C_{\alpha\beta,\gamma\delta}(E_{\gamma\delta})_0+\cdots \tag{2.6.7a}$$

其中，

$$\Theta_{0_{\alpha\beta}}=-3\left[\frac{\partial W}{\partial(E_{\alpha\beta})_0}\right]_0 \tag{2.6.7b}$$

$$C_{\alpha\beta,\gamma\delta}=-3\left[\frac{\partial^2 W}{\partial(E_{\alpha\beta})_0\partial(E_{\gamma\delta})_0}\right]_0 \tag{2.6.7c}$$

分别对应永久电四极矩和电四极极化率。因此，$C_{\alpha\beta,\gamma\delta}$描述了电场梯度导致的分子电荷分布的扭曲。

对于处于均匀定磁场中的分子，

$$W[(B)_0]_0=(W)_0+(B_\alpha)_0\left[\frac{\partial W}{\partial(B_\alpha)_0}\right]_0+\frac{1}{2}(B_\alpha)_0(B_\beta)_0\left[\frac{\partial^2 W}{\partial(B_\alpha)_0\partial(B_\beta)_0}\right]_0+\cdots \tag{2.6.8}$$

利用式（2.5.11）可以得到

$$W=(W)_0-m_\alpha(B)_0-\frac{1}{2}\chi_{\alpha\beta}^{(\mathrm{d})}(B_\alpha)_0(B_\beta)_0+\cdots \tag{2.6.9}$$

给出了包含抗磁性项的磁偶极矩，为

$$m'_\alpha=m_\alpha+\chi_{\alpha\beta}^{(\mathrm{d})}(B_\beta)_0=-\frac{\partial W}{\partial(B_\alpha)_0} \tag{2.6.10}$$

由此，再加上式（2.6.8），我们可以将均匀定磁场中的分子磁偶极矩写成：

$$m'_\alpha=m_{0_\alpha}+\chi_{\alpha\beta}(B_\beta)_0+\cdots \tag{2.6.11a}$$

其中，

$$m_{0_\alpha}=-\left[\frac{\partial W}{\partial(B_\alpha)_0}\right]_0 \tag{2.6.11b}$$

$$\chi_{\alpha\beta}=\chi_{\alpha\beta}^{(\mathrm{p})}+\chi_{\alpha\beta}^{(\mathrm{d})}=-\left[\frac{\partial^2 W}{\partial(B_\alpha)_0\partial(B_\beta)_0}\right]_0 \tag{2.6.11c}$$

分别是永久磁偶极矩和磁化率。$\chi_{\alpha\beta}^{(\mathrm{p})}$是与温度无关的顺磁磁化率，是电极化率$\alpha_{\alpha\beta}$

的磁类似参数，而抗磁性磁化率 $\chi_{\alpha\beta}^{(\mathrm{d})}$ 没有电类似物理量。

引入不含时的微扰理论，给出定态分子性质张量的量子力学形式。我们需要如下不含时薛定谔方程的近似解：

$$H'\psi' = (H+V)\psi' = W'\psi' \tag{2.6.12}$$

其中，H 是未扰动分子哈密顿量（2.5.21），V 与像（2.5.8）或（2.5.11）这样的定态相互作用哈密顿量等价，其效应比 H 小；ψ' 和 W' 分别是微扰分子波函数和能量。微扰理论根据未扰动算符 H 有关的未扰动本征函数 ψ_j 和本征值 W_j，提供了扰动算符 H' 的本征函数 ψ_j' 和本征值 W_j' 的近似表达。关于这些近似表达式的推导，我们参考了像 Davydov（1976）这样的权威著作。

在二级微扰中，与非简并本征函数 ψ_n 对应的微扰能量本征值为

$$W_n' = W_n + \langle n|V|n\rangle + \sum_{j\neq n}\frac{\langle n|V|j\rangle\langle j|V|n\rangle}{W_n - W_j} \tag{2.6.13}$$

其中，加和延伸到除初始态 ψ_n 之外的整个特征函数集合中。由于在微扰中校正到第 $(2m+1)$ 级体系的能量，是由校正到第 m 级的波函数给出的，因此我们只需要将相应的微扰本征函数取到微扰中的第一级：

$$\psi_n' = \psi_n + \sum_{j\neq n}\frac{\langle j|V|n\rangle}{W_n - W_j}\psi_j \tag{2.6.14}$$

如果微扰是由均匀静电场引起的，则 $V = -\mu_\alpha(E_\alpha)_0$。将式（2.6.3）代入式（2.6.13），并将结果与式（2.6.4）进行比较，得到分子处于 ψ_n 态下的永久电偶极矩和极化率的表达式：

$$\mu_{0_\alpha} = \langle n|\mu_\alpha|n\rangle \tag{2.6.15a}$$

$$\alpha_{\alpha\beta} = -2\sum_{j\neq n}\frac{\langle n|\mu_\alpha|j\rangle\langle j|\mu_\beta|n\rangle}{W_n - W_j} = \alpha_{\beta\alpha} \tag{2.6.15b}$$

这些结果也可以通过将电偶极矩算符的期望值与扰动本征函数（2.6.14）进行比较，并将结果与式（2.6.4）进行比较而获得：

$$\mu_\alpha = \langle n'|\mu_\alpha|n'\rangle = \langle n|\mu_\alpha|n\rangle - 2\sum_{j\neq n}\frac{\langle n|\mu_\alpha|j\rangle\langle j|\mu_\beta|n\rangle}{W_n - W_j}(E_\beta)_0 \tag{2.6.16}$$

对于其他定态分子性质张量也可以得到类似的表达式，但这里对于这些表达式不再重复，因为下面只需要动态性质张量，而这些张量将在下面推导出来。Buckingham（1967，1978）已经给出了更高阶的静电分子性质张量的完整说明。

2.6.2　辐射场中的分子

辐射场会诱导分子产生振荡的电多极矩和磁多极矩。这些多极矩通过分

子性质张量与辐射场的电场和磁场分量相关联。而这些性质张量在辐射场下是电磁波频率的函数。由于本征值未在动态场中定义，因此用于获得静态诱导矩和静态极化率[式（2.6.15b）]的第一个步骤（包括能量本征值）在这里是不适用的（Born and Huang，1954）。然而，期望值仍然是确定的，因此为了得到振荡诱导矩，进而得到动态分子性质张量，我们采用第二步，利用辐射场微扰的分子波函数获得多极矩算符的期望值，并识别所得序列中的动态分子性质张量。

周期性微扰分子波函数可以通过解如下含时薛定谔方程得到：

$$\left(\mathrm{i}\hbar\frac{\partial}{\partial t}-H\right)\psi=V\psi \tag{2.6.17}$$

其中，H 是未扰动分子哈密顿量（2.5.21）；V 是像（2.5.26）或（2.5.30）这样的动态相互作用哈密顿量。当不考虑 V 时，式（2.6.17）的通解是如下定态波函数：

$$\psi=\sum_j c_j\psi_j^{(0)}\mathrm{e}^{-\mathrm{i}\omega_j t} \tag{2.6.18}$$

其中，c_j 是不含时展开系数；ψ_j 和 $\hbar\omega_j=W_j$ 分别是 H 的本征函数和本征值。当存在含时微扰 V 时，（2.6.18）的通解不再是定态的，因为展开系数可以是时间的函数。

随后的推导细节与我们对相互作用哈密顿量（2.5.26）和（2.5.30）的选取有关，但是最终的结果应该是相等的。这里，我们用到了多极哈密顿量（2.5.30），因为用它处理起来略微简单。

一种简单的求解方法是假设当未扰动体系的定态非简并本征函数为

$$\psi_n=\psi_n^{(0)}\mathrm{e}^{-\mathrm{i}\omega_n t} \tag{2.6.19}$$

当未扰动体系受到平面波辐射场角频率为 ω 的小谐波微扰时，对应的微扰本征函数可以写成（Placzek，1934；Born and Huang，1954；Davydov，1976）：

$$\begin{aligned}\psi_n'=\Big\{\psi_n^{(0)}+\sum_{j\neq n}\Big[&\tilde{\alpha}_{jn_\beta}(\tilde{E}_\beta)_0+\tilde{b}_{jn_\beta}(\tilde{E}_\beta^*)_0+\tilde{c}_{jn_\beta}(\tilde{B}_\beta)_0+\tilde{d}_{jn_\beta}(\tilde{B}_\beta^*)_0\\&+\tilde{e}_{jn_{\beta\gamma}}(\tilde{E}_{\beta\gamma})_0+\tilde{f}_{jn_{\beta\gamma}}(\tilde{E}_{\beta\gamma}^*)_0+\cdots\Big]\psi_j^{(0)}\Big\}\mathrm{e}^{-\mathrm{i}\omega_n t}\end{aligned} \tag{2.6.20}$$

第一项满足不存在 V 时的式（2.6.17），其他项属于一级谐振微扰项。系数 $\tilde{\alpha}_{jn_\beta}$ 等，通过将微扰本征函数（2.6.20）和多极相互作用哈密顿量（2.5.30）代入含时薛定谔方程（2.6.17）而得到：

$$
\begin{aligned}
&-\hbar\sum_{j\neq n}\Big[(\omega_{jn}-\omega)\tilde{\alpha}_{jn_\beta}(\tilde{E}_\beta)_0+(\omega_{jn}+\omega)\tilde{b}_{jn_\beta}(\tilde{E}_\beta^*)_0+(\omega_{jn}-\omega)\tilde{c}_{jn_\beta}(\tilde{B}_\beta)_0\\
&\qquad+(\omega_{jn}+\omega)\tilde{d}_{jn_\beta}(\tilde{B}_\beta^*)_0+(\omega_{jn}-\omega)\tilde{e}_{jn_{\beta\gamma}}(\tilde{E}_{\beta\gamma})_0\\
&\qquad+(\omega_{jn}+\omega)\tilde{f}_{jn_{\beta\gamma}}(\tilde{E}_{\beta\gamma}^*)_0+\cdots\Big]\psi_j^{(0)}\mathrm{e}^{-\mathrm{i}\omega_n t}\\
&\qquad=-\frac{1}{2}\Big\{\mu_\beta[(\tilde{E}_\beta)_0+(\tilde{E}_\beta^*)_0]+m_\beta[(\tilde{B}_\beta)_0+(\tilde{B}_\beta^*)_0]\\
&\qquad+\frac{1}{3}\Theta_{\beta\gamma}\Big[(\tilde{E}_{\beta\gamma})_0+(\tilde{E}_{\beta\gamma}^*)_0\Big]+\cdots\Big\}\psi_j^{(0)}\mathrm{e}^{-\mathrm{i}\omega_n t}
\end{aligned}
\tag{2.6.21}
$$

其中，$\omega_{jn}=\omega_j-\omega_n$。用$\psi_j^{(0)*}$乘以式（2.6.21）的两边，并且对所有构型空间进行积分，通过将同样的时间指数因子的系数等同起来，得到：

$$\tilde{\alpha}_{jn_\beta}=\langle j|\mu_\beta|n\rangle\big/2\hbar(\omega_{jn}-\omega) \tag{2.6.22a}$$

$$\tilde{b}_{jn_\beta}=\langle j|\mu_\beta|n\rangle\big/2\hbar(\omega_{jn}+\omega) \tag{2.6.22b}$$

$$\tilde{c}_{jn_\beta}=\langle j|m_\beta|n\rangle\big/2\hbar(\omega_{jn}-\omega) \tag{2.6.22c}$$

$$\tilde{d}_{jn_\beta}=\langle j|m_\beta|n\rangle\big/2\hbar(\omega_{jn}+\omega) \tag{2.6.22d}$$

$$\tilde{e}_{jn_{\beta\gamma}}=\langle j|\Theta_{\beta\gamma}|n\rangle\big/6\hbar(\omega_{jn}-\omega) \tag{2.6.22e}$$

$$\tilde{f}_{jn_{\beta\gamma}}=\langle j|\Theta_{\beta\gamma}|n\rangle\big/6\hbar(\omega_{jn}+\omega) \tag{2.6.22f}$$

现在，处于第n个本征态的分子的振动诱导电多极矩和磁多极矩由对应的算符的期望值，通过利用周期微扰本征函数（2.6.20）得到。例如，对诱导电偶极矩有贡献的前几项为

$$
\begin{aligned}
\mu_\alpha&=\langle n'|\mu_\alpha|n'\rangle\\
&=\langle n|\mu_\alpha|n\rangle+\frac{2}{\hbar}\sum_{j\neq n}\frac{\omega_{jn}}{\omega_{jn}^2-\omega^2}\mathrm{Re}\Big(\langle n|\mu_\alpha|j\rangle\langle j|\mu_\beta|n\rangle\Big)(E_\beta)_0\\
&\quad-\frac{2}{\hbar}\sum_{j\neq n}\frac{\omega_{jn}}{\omega_{jn}^2-\omega^2}\mathrm{Im}\Big(\langle n|\mu_\alpha|j\rangle\langle j|\mu_\beta|n\rangle\Big)\frac{1}{\omega}(\dot{E}_\beta)_0+\cdots
\end{aligned}
\tag{2.6.23}
$$

为了得到该结果，我们用到了：

$$\langle n|\mu_\alpha|j\rangle\langle j|\mu_\beta|n\rangle=\langle n|\mu_\beta|j\rangle^*\langle j|\mu_\alpha|n\rangle^* \tag{2.6.24}$$

该关系式由电偶极矩算符的厄米特性导出，并利用了实辐射场分量与复辐射场分量之间的如下关系：

$$(E_\beta)_0=\frac{1}{2}\Big[\big(\tilde{E}_\beta\big)_0+\big(\tilde{E}_\beta^*\big)_0\Big]=\frac{1}{2}\Big[\tilde{E}_\beta^{(0)}\mathrm{e}^{-\mathrm{i}\omega t}+\tilde{E}_\beta^{(0)*}\mathrm{e}^{\mathrm{i}\omega t}\Big] \tag{2.6.25a}$$

$$(\dot{E}_\beta)_0=-\frac{\mathrm{i}\omega}{2}\Big[\tilde{E}_\beta^{(0)}\mathrm{e}^{-\mathrm{i}\omega t}-\tilde{E}_\beta^{(0)*}\mathrm{e}^{\mathrm{i}\omega t}\Big] \tag{2.6.25b}$$

将该步骤推广，得到实振荡感应电、磁多极矩表达式（Buckingham，1967，1978）：

$$\mu_\alpha = \alpha_{\alpha\beta}(E_\beta)_0 + \frac{1}{\omega}\alpha'_{\alpha\beta}(\dot{E}_\beta)_0 + \frac{1}{3}A_{\alpha,\beta\gamma}(E_{\beta\gamma})_0 + \frac{1}{3\omega}A'_{\alpha,\beta\gamma}(\dot{E}_{\beta\gamma})_0 + G_{\alpha\beta}(B_\beta)_0 + \frac{1}{\omega}G'_{\alpha\beta}(\dot{B}_\beta)_0 + \cdots \quad (2.6.26a)$$

$$\Theta_{\alpha\beta} = A_{\gamma,\alpha\beta}(E_\gamma)_0 - \frac{1}{\omega}A'_{\gamma,\alpha\beta}(\dot{E}_\gamma)_0 + C_{\alpha\beta,\gamma\delta}(E_{\gamma\delta})_0 + \frac{1}{\omega}C'_{\alpha\beta,\gamma\delta}(\dot{E}_{\gamma\delta})_0 + D_{\gamma,\alpha\beta}(B_\gamma)_0 - \frac{1}{\omega}D'_{\gamma,\alpha\beta}(\dot{B}_\gamma)_0 + \cdots \quad (2.6.26b)$$

$$m'_\alpha = \chi_{\alpha\beta}(B_\beta)_0 + \frac{1}{\omega}\chi'_{\alpha\beta}\left(\dot{B}_\beta\right)_0 + \frac{1}{3}D_{\alpha,\beta\gamma}(E_{\beta\gamma})_0 + \frac{1}{3\omega}D'_{\alpha,\beta\gamma}\left(\dot{E}_{\beta\gamma}\right)_0 + G_{\beta\alpha}(E_\beta)_0 - \frac{1}{\omega}G'_{\beta\alpha}\left(\dot{E}_\beta\right)_0 + \cdots \quad (2.6.26c)$$

其中，与实辐射场分量相乘的实动态分子性质张量为

$$\alpha_{\alpha\beta} = \frac{2}{\hbar}\sum_{j\neq n}\frac{\omega_{jn}}{\omega_{jn}^2-\omega^2}\mathrm{Re}\left(\langle n|\mu_\alpha|j\rangle\langle j|\mu_\beta|n\rangle\right) = \alpha_{\beta\alpha} \quad (2.6.27a)$$

$$\alpha'_{\alpha\beta} = -\frac{2}{\hbar}\sum_{j\neq n}\frac{\omega}{\omega_{jn}^2-\omega^2}\mathrm{Im}\left(\langle n|\mu_\alpha|j\rangle\langle j|\mu_\beta|n\rangle\right) = -\alpha'_{\beta\alpha} \quad (2.6.27b)$$

$$A_{\alpha,\beta\gamma} = \frac{2}{\hbar}\sum_{j\neq n}\frac{\omega_{jn}}{\omega_{jn}^2-\omega^2}\mathrm{Re}\left(\langle n|\mu_\alpha|j\rangle\langle j|\Theta_{\beta\gamma}|n\rangle\right) = A_{\alpha,\gamma\beta} \quad (2.6.27c)$$

$$A'_{\alpha,\beta\gamma} = \frac{2}{\hbar}\sum_{j\neq n}\frac{\omega}{\omega_{jn}^2-\omega^2}\mathrm{Im}\left(\langle n|\mu_\alpha|j\rangle\langle j|\Theta_{\beta\gamma}|n\rangle\right) = A'_{\alpha,\gamma\beta} \quad (2.6.27d)$$

$$G_{\alpha\beta} = \frac{2}{\hbar}\sum_{j\neq n}\frac{\omega_{jn}}{\omega_{jn}^2-\omega^2}\mathrm{Re}\left(\langle n|\mu_\alpha|j\rangle\langle j|m_\beta|n\rangle\right) \quad (2.6.27e)$$

$$G'_{\alpha\beta} = -\frac{2}{\hbar}\sum_{j\neq n}\frac{\omega}{\omega_{jn}^2-\omega^2}\mathrm{Im}\left(\langle n|\mu_\alpha|j\rangle\langle j|m_\beta|n\rangle\right) \quad (2.6.27f)$$

$$C_{\alpha\beta,\gamma\delta} = \frac{2}{3\hbar}\sum_{j\neq n}\frac{\omega_{jn}}{\omega_{jn}^2-\omega^2}\mathrm{Re}\left(\langle n|\Theta_{\alpha\beta}|j\rangle\langle j|\Theta_{\gamma\delta}|n\rangle\right) = C_{\gamma\delta,\alpha\beta} \quad (2.6.27g)$$

$$C'_{\alpha\beta,\gamma\delta} = -\frac{2}{3\hbar}\sum_{j\neq n}\frac{\omega}{\omega_{jn}^2-\omega^2}\mathrm{Im}\left(\langle n|\Theta_{\alpha\beta}|j\rangle\langle j|\Theta_{\gamma\delta}|n\rangle\right) = -C'_{\gamma\delta,\alpha\beta} \quad (2.6.27h)$$

$$D_{\alpha,\beta\gamma} = \frac{2}{\hbar}\sum_{j\neq n}\frac{\omega_{jn}}{\omega_{jn}^2-\omega^2}\mathrm{Re}\left(\langle n|m_\alpha|j\rangle\langle j|\Theta_{\beta\gamma}|n\rangle\right) = D_{\alpha,\gamma\beta} \quad (2.6.27i)$$

$$D'_{\alpha,\beta\gamma} = -\frac{2}{\hbar}\sum_{j\neq n}\frac{\omega}{\omega_{jn}^2-\omega^2}\mathrm{Im}\left(\langle n|m_\alpha|j\rangle\langle j|\Theta_{\beta\gamma}|n\rangle\right) = D'_{\alpha,\gamma\beta} \quad (2.6.27j)$$

$$\chi_{\alpha\beta}=\frac{2}{\hbar}\sum_{j\neq n}\frac{\omega_{jn}}{\omega_{jn}^2-\omega^2}\mathrm{Re}\left(\langle n|m_\alpha|j\rangle\langle j|m_\beta|n\rangle\right)+\sum_i\frac{e_i^2}{4m_i}\langle n|r_{i_\alpha}r_{i_\beta}-r_i^2\delta_{\alpha\beta}|n\rangle=\chi_{\beta\alpha}$$

（2.6.27k）

$$\chi'_{\alpha\beta}=-\frac{2}{\hbar}\sum_{j\neq n}\frac{\omega}{\omega_{jn}^2-\omega^2}\mathrm{Im}\left(\langle n|m_\alpha|j\rangle\langle j|m_\beta|n\rangle\right)=-\chi'_{\beta\alpha}\tag{2.6.27l}$$

注意，$\alpha_{\alpha\beta}$ 对于张量下角标互换是对称的，而 $\alpha'_{\alpha\beta}$ 是反对称的。这来自式(2.6.24)，使我们能够写成：

$$\mathrm{Re}\left(\langle n|\mu_\alpha|j\rangle\langle j|\mu_\beta|n\rangle\right)=\mathrm{Re}\left(\langle n|\mu_\beta|j\rangle\langle j|\mu_\alpha|n\rangle\right)\tag{2.6.28a}$$

$$\mathrm{Im}\left(\langle n|\mu_\alpha|j\rangle\langle j|\mu_\beta|n\rangle\right)=-\mathrm{Im}\left(\langle n|\mu_\beta|j\rangle\langle j|\mu_\alpha|n\rangle\right)\tag{2.6.28b}$$

对于包含相同多极跃迁矩乘积的其他分子性质张量也是一样的。对于涉及不同多极跃迁矩乘积的性质张量，不存在类似对称和反对称部分的分离。

在这里，引入无量纲物理量 f_{jn}：

$$f_{jn}=\frac{2m\omega_{jn}}{3\hbar}\left|\langle j|r|n\rangle\right|^2\tag{2.6.29}$$

该物理量称为束缚在原子或分子中的单个电子的量子态之间 $j\leftarrow n$ 跃迁的振子强度。该振子强度遵循如下的 Kuhn-Thomas 求和规则：

$$\sum_j f_{jn}=1\tag{2.6.30}$$

该规则可以通过如下推导得到。在坐标和动量之间使用对易关系式（2.5.20），我们会发现，坐标与动量矩阵元之间通过如下速度-偶极变换相关联：

$$\langle j|p'_\alpha|n\rangle=\mathrm{i}m\omega_{jn}\langle j|r_\alpha|n\rangle\tag{2.6.31a}$$

利用该结果，可以将式（2.6.29）写成：

$$\begin{aligned}f_{jn}&=\frac{m}{3\hbar}\left(\omega_{jn}\langle n|r_\alpha|j\rangle\langle j|r_\alpha|n\rangle-\omega_{nj}\langle n|r_\alpha|j\rangle\langle j|r_\alpha|n\rangle\right)\\&=-\frac{\mathrm{i}}{3\hbar}\left(\langle n|r_\alpha|j\rangle\langle j|p'_\alpha|n\rangle-\langle n|p'_\alpha|j\rangle\langle j|r_\alpha|n\rangle\right)\end{aligned}$$

调用闭合理论（$\sum_j|j\rangle\langle j|=1$），需要的求和为

$$\sum_j f_{jn}=-\frac{\mathrm{i}}{3\hbar}\langle n|r_\alpha p'_\alpha-p'_\alpha r_\alpha|n\rangle=-\left(\frac{\mathrm{i}}{3\hbar}\right)(3\mathrm{i}\hbar)=1$$

这适用于单个束缚电子，然而研究体系中的每个电子都有贡献，因此，对于包含 Z 个电子的原子或分子，Kuhn-Thomas 求和规则变成：

$$\sum_j f_{jn}=Z\tag{2.6.32}$$

振子强度及其求和规则可用于将实极化率（2.6.27a）写成其他形式。

用复数形式表示实振荡感应电、磁多极矩（2.6.26）很方便。这有助于将像（2.4.43）这样的表达式应用于振荡复多极矩辐射的场（为了简便起见，2.4.5 节省略了复物理量上的波浪号）。引入复动态分子性质张量：

$$\tilde{\alpha}_{\alpha\beta}=\alpha_{\alpha\beta}-\mathrm{i}\alpha'_{\alpha\beta}=\tilde{\alpha}^{*}_{\beta\alpha} \tag{2.6.33a}$$

$$\tilde{A}_{\alpha,\beta\gamma}=A_{\alpha,\beta\gamma}-\mathrm{i}A'_{\alpha,\beta\gamma}=\tilde{A}_{\alpha,\gamma\beta} \tag{2.6.33b}$$

$$\tilde{G}_{\alpha\beta}=G_{\alpha\beta}-\mathrm{i}G'_{\alpha\beta} \tag{2.6.33c}$$

$$\tilde{C}_{\alpha\beta,\gamma\delta}=C_{\alpha\beta,\gamma\delta}-\mathrm{i}C'_{\alpha\beta,\gamma\delta}=\tilde{C}^{*}_{\gamma\delta,\alpha\beta} \tag{2.6.33d}$$

$$\tilde{D}_{\alpha,\beta\gamma}=D_{\alpha,\beta\gamma}-\mathrm{i}D'_{\alpha,\beta\gamma}=\tilde{D}_{\alpha,\gamma\beta} \tag{2.6.33e}$$

$$\tilde{\chi}_{\alpha\beta}=\chi_{\alpha\beta}-\mathrm{i}\chi'_{\alpha\beta}=\tilde{\chi}^{*}_{\beta\alpha} \tag{2.6.33f}$$

得到如下复振荡感应电、磁多极矩：

$$\begin{aligned}\tilde{\mu}_{\alpha}&=\tilde{\alpha}_{\alpha\beta}(\tilde{E}_{\beta})_{0}+\frac{1}{3}\tilde{A}_{\alpha,\beta\gamma}(\tilde{E}_{\beta\gamma})_{0}+\tilde{G}_{\alpha\beta}(\tilde{B}_{\beta})_{0}+\cdots\\&=\left(\tilde{\alpha}_{\alpha\beta}+\frac{\mathrm{i}\omega}{3c}n_{\gamma}\tilde{A}_{\alpha,\gamma\beta}+\frac{1}{c}\varepsilon_{\delta\gamma\beta}n_{\gamma}\tilde{G}_{\alpha\delta}+\cdots\right)(\tilde{E}_{\beta})_{0}\end{aligned} \tag{2.6.34a}$$

$$\tilde{\Theta}_{\alpha\beta}=\tilde{A}^{*}_{\gamma,\alpha\beta}(\tilde{E}_{\gamma})_{0}+\tilde{D}^{*}_{\gamma,\alpha\beta}(B_{\gamma})_{0}+\tilde{C}_{\alpha\beta,\gamma\delta}(E_{\gamma\delta})_{0}+\cdots \tag{2.6.34b}$$

$$\tilde{m}'_{\alpha}=\tilde{\chi}_{\alpha\beta}(\tilde{B}_{\beta})_{0}+\tilde{G}^{*}_{\beta\alpha}(\tilde{E}_{\beta})_{0}+\frac{1}{3}\tilde{D}_{\alpha,\beta\gamma}(\tilde{E}_{\beta\gamma})_{0}+\cdots \tag{2.6.34c}$$

其中，平面波光束的复场为

$$\tilde{E}_{\alpha}=\tilde{E}^{(0)}_{\alpha}\mathrm{e}^{\mathrm{i}(\kappa_{\beta}r_{\beta}-\omega t)}$$

$$\tilde{B}_{\alpha}=\tilde{B}^{(0)}_{\alpha}\mathrm{e}^{\mathrm{i}(\kappa_{\beta}r_{\beta}-\omega t)}=\frac{1}{c}\varepsilon_{\delta\gamma\beta}n_{\beta}\tilde{E}_{\gamma}$$

复张量（2.6.33）中的负号来自我们对这些复场矢量指数中符号的选择。

当原点从 $\boldsymbol{O}$ 变化成 $\boldsymbol{O}+\boldsymbol{a}$ 时，动态分子性质张量的变化是非常重要的。在中性体系中，电偶极矩、电四极矩和磁偶极矩的变化见 2.4 节，分别为

$$\mu_{\alpha}\to\mu_{\alpha} \tag{2.4.3}$$

$$\Theta_{\alpha\beta}\to\Theta_{\alpha\beta}-\frac{3}{2}\mu_{\alpha}a_{\beta}-\frac{3}{2}\mu_{\beta}a_{\alpha}+\mu_{\gamma}a_{\gamma}\delta_{\alpha\beta} \tag{2.4.9}$$

$$m_{\alpha}\to m_{\alpha}-\frac{1}{2}\varepsilon_{\alpha\beta\gamma}a_{\beta}\dot{\mu}_{\gamma} \tag{2.4.14}$$

如果在性质张量（2.6.27）中使用这些多极矩变化的算符的等价关系，并且使用表达速度-偶极变换（2.6.31a）的另一个版本：

$$\langle j|\dot{\mu}_{\alpha}|n\rangle=\mathrm{i}\omega_{jn}\langle j|\mu_{\alpha}|n\rangle \tag{2.6.31b}$$

则得到（Buckingham and Longuet-Higgins，1968）：

$$\tilde{\alpha}_{\alpha\beta}\to\tilde{\alpha}_{\alpha\beta} \tag{2.6.35a}$$

$$\tilde{A}_{\alpha,\beta\gamma} \to \tilde{A}_{\alpha,\beta\gamma} - \frac{3}{2}a_\beta\tilde{\alpha}_{\alpha\gamma} - \frac{3}{2}a_\gamma\tilde{\alpha}_{\alpha\beta} + a_\delta\tilde{\alpha}_{\alpha\delta}\delta_{\beta\gamma} \tag{2.6.35b}$$

$$\tilde{G}_{\alpha\beta} \to \tilde{G}_{\alpha\beta} - \frac{1}{2}\mathrm{i}\omega\varepsilon_{\beta\gamma\delta}a_\gamma\tilde{\alpha}_{\alpha\delta} \tag{2.6.35c}$$

我们将会在后续章节中详细讨论这些动态分子性质张量对特定光散射现象的贡献。我们将会看到，例如，对称极化率$\alpha_{\alpha\beta}$对光散射和折射的主要贡献；而反对称极化率$\alpha'_{\alpha\beta}$，当磁场“激活”时，会产生法拉第旋光性和磁圆二色性；$G'_{\alpha\beta}$和$A_{\alpha,\beta\gamma}$产生天然旋光性和圆二色性，后者只在定向介质中产生；并且，当被磁场激活后，$G_{\alpha\beta}$和$A'_{\alpha,\beta\gamma}$产生磁手性双折射和磁手性二色性。

2.6.3　处于吸收频率下的辐射场中的分子

迄今为止，分子的电子能级根据不确定原理，已经被看成是完全离散的，这意味着它们有无穷的寿命。结果之一是，前面推导的动态分子性质张量不适用于共振情况。共振情况是指平面波光束的频率ω与分子的固有跃迁频率ω_{jn}一致。共振附近，极化率会显著提高，从而产生分子对光吸收的概率。

为了解释共振现象，有必要考虑分子激发态的有限能量宽度，从而允许有限的寿命。有限寿命导致处于激发态的分子的自发发射。如果跃迁到所有更低态的总概率比较小，则激发态称为准离散态，其振幅随时间呈指数衰减：

$$c(t) = c(0)\mathrm{e}^{-\frac{1}{2}\varGamma t} \tag{2.6.36}$$

其中，$\varGamma$是阻尼因子。$1/\varGamma$有时间的单位，称为激发态寿命。定态：

$$\psi_j = \psi_j^{(0)}\mathrm{e}^{-\mathrm{i}\omega_j t}$$

现在变成准定态：

$$\psi_j = \psi_j^{(0)}\mathrm{e}^{-\mathrm{i}\left(\omega_j - \frac{1}{2}\mathrm{i}\hbar\varGamma_j\right)t/\hbar} \tag{2.6.37}$$

所以，激发态的寿命可以通过将能量进行如下变换而并入我们的数学形式中：

$$W_j \to W_j - \frac{1}{2}\mathrm{i}\hbar\varGamma_j \tag{2.6.38}$$

就本书而言，$\varGamma_j$没必要具有明确的量子力学表达，因为我们仅仅对色散和吸收线形函数的一般形式感兴趣。我们参考 Davydov（1976），他在 Weisskopf 和 Wigner（1930）之后，对激发态的寿命和能级宽度作了更深入的量子力学讨论。

我们通常会考虑初态为基态ψ_n的分子。因为基态是严格离散的，它的寿命是无穷的，从而$\varGamma_n = 0$。因此，在性质张量（2.6.27）中，我们进行如下替换：

$$\omega_{jn} \to \tilde{\omega}_{jn} = \omega_{jn} - \frac{1}{2}\mathrm{i}\varGamma_j \tag{2.6.39}$$

此外，对于靠近共振频率 ω_{jn} 处的频率 ω，仅需要将以上关系用到 $\left(\omega_{jn}^2-\omega^2\right)$ 中，从而通过如下取代关系，性质张量（2.6.27）可以用在吸收区域：

$$\begin{aligned}\frac{1}{\omega_{jn}^2-\omega^2}\rightarrow\frac{1}{(\tilde{\omega}_{jn}-\omega)\left(\tilde{\omega}_{jn}^*+\omega\right)}&=\frac{1}{\left(\omega_{jn}^2-\omega^2\right)-\mathrm{i}\omega\Gamma_j-\frac{1}{4}\Gamma_j^2}\\&\approx\frac{\left(\omega_{jn}^2-\omega^2\right)+\mathrm{i}\omega\Gamma_j}{\left(\omega_{jn}^2-\omega^2\right)^2+\omega^2\Gamma_j^2}\end{aligned}\tag{2.6.40}$$

引入色散线形函数 f 和吸收线形函数 g 会比较方便：

$$\frac{\left(\omega_{jn}^2-\omega^2\right)+\mathrm{i}\omega\Gamma_j}{\left(\omega_{jn}^2-\omega^2\right)^2+\omega^2\Gamma_j^2}=f+\mathrm{i}g\tag{2.6.41a}$$

$$f=\frac{\omega_{jn}^2-\omega^2}{\left(\omega_{jn}^2-\omega^2\right)^2+\omega^2\Gamma_j^2}\tag{2.6.41b}$$

$$g=\frac{\omega\Gamma_j}{\left(\omega_{jn}^2-\omega^2\right)^2+\omega^2\Gamma_j^2}\tag{2.6.41c}$$

这些函数如图 2.4 所示。通过将 $\omega_{jn}\pm\frac{1}{2}\mathrm{i}\Gamma_j$ 代入 f 和 g 的表达式中，并忽略 Γ_j 高于一阶的指数项，可以看到，Γ_j 近似等于 g 带的半峰宽，并且近似为 f 带的最大值和最小值之间的距离。对于从 $j\leftarrow n$ 特定跃迁给出的独立吸收带区域，动态分子性质张量（2.6.27）进行如下取代：

$$\alpha_{\alpha\beta}\rightarrow\alpha_{\alpha\beta}(f)+\mathrm{i}\alpha_{\alpha\beta}(g)\tag{2.6.42a}$$

$$\alpha_{\alpha\beta}(f)=\frac{2}{\hbar}f\omega_{jn}\mathrm{Re}\left(\langle n|\mu_\alpha|j\rangle\langle j|\mu_\beta|n\rangle\right)\tag{2.6.42b}$$

$$\alpha_{\alpha\beta}(g)=\frac{2}{\hbar}g\omega_{jn}\mathrm{Re}\left(\langle n|\mu_\alpha|j\rangle\langle j|\mu_\beta|n\rangle\right)\tag{2.6.42c}$$

$$\alpha'_{\alpha\beta}\rightarrow\alpha'_{\alpha\beta}(f)+\mathrm{i}\alpha'_{\alpha\beta}(g)\tag{2.6.42d}$$

$$\alpha'_{\alpha\beta}(f)=-\frac{2}{\hbar}f\omega\mathrm{Im}\left(\langle n|\mu_\alpha|j\rangle\langle j|\mu_\beta|n\rangle\right)\tag{2.6.42e}$$

$$\alpha'_{\alpha\beta}(g)=-\frac{2}{\hbar}g\omega\mathrm{Im}\left(\langle n|\mu_\alpha|j\rangle\langle j|\mu_\beta|n\rangle\right)\tag{2.6.42f}$$

等等。

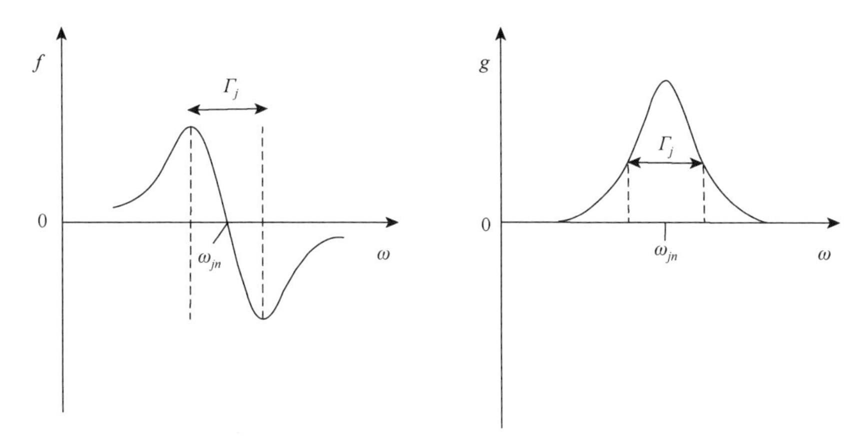

图 2.4　在共振频率 ω_{jn} 区域中的色散和吸收线形函数 f 和 g，Γ_j 近似等于 g 带的半峰宽

现在，复振荡感应电、磁多极矩（2.6.34）的表达需要进行略微修正，因为在那些复共轭被确定的性质张量中，我们不希望复共轭取 $f+\mathrm{i}g$ 。从而，用如下关系式（Buckingham and Raab，1975）代替式（2.6.34）：

$$\tilde{\mu}_\alpha = \tilde{\alpha}_{\alpha\beta}\left(\tilde{E}_\beta\right)_0 + \frac{1}{3}\tilde{A}_{\alpha,\beta\gamma}\left(\tilde{E}_{\beta\gamma}\right)_0 + \tilde{G}_{\alpha\beta}\left(\tilde{B}_\beta\right)_0 + \cdots \tag{2.6.43a}$$

$$\tilde{\Theta}_{\alpha\beta} = \tilde{\mathcal{A}}_{\gamma,\alpha\beta}(\tilde{E}_\gamma)_0 + \tilde{\mathcal{D}}_{\gamma,\alpha\beta}(B_\gamma)_0 + \tilde{C}_{\alpha\beta,\gamma\delta}(E_{\gamma\delta})_0 + \cdots \tag{2.6.43b}$$

$$\tilde{m}'_\alpha = \tilde{\chi}_{\alpha\beta}\left(\tilde{B}_\beta\right)_0 + \tilde{\mathcal{G}}_{\beta\alpha}\left(\tilde{E}_\beta\right)_0 + \frac{1}{3}\tilde{D}_{\alpha,\beta\gamma}\left(\tilde{E}_{\beta\gamma}\right)_0 + \cdots \tag{2.6.43c}$$

其中，

$$\begin{aligned}\tilde{\mathcal{G}}_{\beta\alpha} &= \frac{2}{\hbar}\sum_{j\neq n}\frac{1}{\omega_{jn}^2-\omega^2}\left[\omega_{jn}\mathrm{Re}\left(\langle n|m_\alpha|j\rangle\langle j|\mu_\beta|n\rangle\right)+\mathrm{i}\omega\mathrm{Im}\left(\langle n|m_\alpha|j\rangle\langle j|\mu_\beta|n\rangle\right)\right]\\ &= G_{\beta\alpha}+\mathrm{i}G'_{\beta\alpha}\end{aligned} \tag{2.6.44a}$$

$$\begin{aligned}\tilde{\mathcal{A}}_{\gamma,\alpha\beta} &= \frac{2}{\hbar}\sum_{j\neq n}\frac{1}{\omega_{jn}^2-\omega^2}\left[\omega_{jn}\mathrm{Re}\left(\langle n|\Theta_{\alpha\beta}|j\rangle\langle j|\mu_\gamma|n\rangle\right)+\mathrm{i}\omega\mathrm{Im}\left(\langle n|\Theta_{\alpha\beta}|j\rangle\langle j|\mu_\gamma|n\rangle\right)\right]\\ &= A_{\gamma,\alpha\beta}+\mathrm{i}A'_{\gamma,\alpha\beta}\end{aligned} \tag{2.6.44b}$$

$$\begin{aligned}\tilde{\mathcal{D}}_{\gamma,\alpha\beta} &= \frac{2}{\hbar}\sum_{j\neq n}\frac{1}{\omega_{jn}^2-\omega^2}\left[\omega_{jn}\mathrm{Re}\left(\langle n|\Theta_{\alpha\beta}|j\rangle\langle j|m_\gamma|n\rangle\right)+\mathrm{i}\omega\mathrm{Im}\left(\langle n|\Theta_{\alpha\beta}|j\rangle\langle j|m_\gamma|n\rangle\right)\right]\\ &= D_{\gamma,\alpha\beta}+\mathrm{i}D'_{\gamma,\alpha\beta}\end{aligned} \tag{2.6.44c}$$

现在，已经证明了 g 函数的动态分子性质张量是吸收电磁波的原因。为了简便起见，我们仅仅考虑 $\alpha_{\alpha\beta}(g)$，因为该项对吸收的贡献最大。我们将会在后面证明，由 $\alpha'_{\alpha\beta}(g)$、$G'_{\alpha\beta}(g)$ 和 $A'_{\alpha,\beta\gamma}(g)$ 给出的贡献要小得多，这与入射光偏振态的圆度有关，并最终导致圆二色性。由于电场 $\boldsymbol{E}$ 作用到电荷体系上的力为 $\sum_i e_i \boldsymbol{E}_i$，因此在时间 δt 内，电场对电荷体系做的功为

$$\delta W = \sum_i e_i v_i \cdot \boldsymbol{E}_i \delta t = \dot{\boldsymbol{\mu}} \cdot \boldsymbol{E}_i \delta t \tag{2.6.45}$$

只有 $\dot{\boldsymbol{\mu}}$ 和 $\boldsymbol{E}$ 的实数部分必须用到式（2.6.45）中，由此，根据复电场（2.2.11），实电场为

$$E_\alpha = \frac{1}{2}\left(\tilde{E}_\alpha + \tilde{E}_\alpha^*\right)$$

根据复电偶极矩（2.6.43a），实电偶极矩为

$$\mu_\alpha = \frac{1}{2}\left(\tilde{\mu}_\alpha + \tilde{\mu}_\alpha^*\right) = \frac{1}{2}\left[\tilde{\alpha}_{\alpha\beta}\left(\tilde{E}_\beta\right)_0 + \tilde{\alpha}_{\alpha\beta}^*\left(\tilde{E}_\beta^*\right)_0\right]$$

从而功变成：

$$\begin{aligned}\delta W = -\frac{\mathrm{i}\omega}{4}\Big[&\tilde{\alpha}_{\alpha\beta}\left(\tilde{E}_\alpha\right)_0\left(\tilde{E}_\beta\right)_0 - \tilde{\alpha}_{\alpha\beta}^*\left(\tilde{E}_\alpha^*\right)_0\left(\tilde{E}_\beta^*\right)_0 + \tilde{\alpha}_{\alpha\beta}\left(\tilde{E}_\alpha^*\right)_0\left(\tilde{E}_\beta\right)_0 \\ &-\tilde{\alpha}_{\alpha\beta}^*\left(\tilde{E}_\alpha\right)_0\left(\tilde{E}_\beta^*\right)_0\Big]\delta t\end{aligned} \tag{2.6.46}$$

当对振动周期进行平均时，包含 $\exp(\pm 2\mathrm{i}\omega t)$ 的前两项为零，这样的话，1s 内吸收的平均能量仅仅是对应的平均功：

$$\overline{\Delta W} = \frac{1}{2}\omega E^{(0)^2}\,\mathrm{Im}\left(\tilde{\alpha}_{\alpha\beta}\tilde{\Pi}_\alpha^*\tilde{\Pi}_\beta\right) \tag{2.6.47}$$

如果入射光是线偏振的，介质是各向同性的，且每单位体积含有 N 个分子，那么平均能量为

$$\overline{\Delta W} = \frac{1}{6}N\omega E^{(0)^2}\alpha_{\alpha\beta}(g) \tag{2.6.48}$$

因此，$\alpha_{\alpha\beta}(g)$ 对吸收有贡献。因为 $\alpha_{\alpha\beta}(f) = \alpha_{\beta\alpha}(f)^*$，$\alpha_{\alpha\beta}(g) = \alpha_{\beta\alpha}(g)^*$，所以我们可以说吸收来自一般复对称极化率张量 $\alpha_{\alpha\beta}(f) + \mathrm{i}\alpha_{\alpha\beta}(g)$ 的反厄米部分 $\mathrm{i}\alpha_{\alpha\beta}(g)$。

2.6.4 Kramers-Kronig 关系

以上推导的定态和动态分子性质张量属于一类称为响应函数的函数。这些函数有一些普遍性质。这些性质与所描述体系的任何特定理论模型（如本书中用到的半经典微扰模型）都无关。我们先从对称极化率 $\alpha_{\alpha\beta}$ 开始描述这些性质。

有必要将 $\alpha_{\alpha\beta}$ 表达成色散部分和吸收部分之和，见式（2.6.42a），因为需要跨越整个频率范围的性质。由于色散线形函数 f 和吸收线形函数 g 是 ω 的函数，我们现在可以将复极化率张量写成：

$$\tilde{\alpha}_{\alpha\beta}(\omega) \to \alpha_{\alpha\beta}(f_{\omega}) + \mathrm{i}\alpha_{\alpha\beta}(g_{\omega}) \tag{2.6.49}$$

通过将 ω 看成是复变量，并利用复变量函数的相关理论可以推导任何响应函数的色散部分和吸收部分之间的如下 Kramers-Kronig 关系，这里以 $\tilde{\alpha}_{\alpha\beta}(\omega)$ 为例：

$$\alpha_{\alpha\beta}(f_{\omega}) = \frac{1}{\pi}\mathcal{P}\int_{-\infty}^{\infty}\frac{\alpha_{\alpha\beta}(g_{\xi})}{\xi-\omega}\mathrm{d}\xi \tag{2.6.50a}$$

$$\alpha_{\alpha\beta}(g_{\omega}) = -\frac{1}{\pi}\mathcal{P}\int_{-\infty}^{\infty}\frac{\alpha_{\alpha\beta}(f_{\xi})}{\xi-\omega}\mathrm{d}\xi \tag{2.6.50b}$$

其中，$\mathcal{P}$ 是 Cauchy 主值积分。我们参考了像 Lifshitz 和 Pitaevskii（1980）或 Loudon（1983）的著作，以得到详细推导。

通过使用以下交叉关系，积分范围可以限制在正频率上，这在实验上更有意义：

$$\tilde{\alpha}_{\alpha\beta}(-\omega) = \tilde{\alpha}_{\alpha\beta}^{*}(\omega) \tag{2.6.51a}$$

$$\alpha_{\alpha\beta}(f_{-\omega}) = \alpha_{\alpha\beta}(f_{\omega}) \tag{2.6.51b}$$

$$\alpha_{\alpha\beta}(g_{-\omega}) = -\alpha_{\alpha\beta}(g_{\omega}) \tag{2.6.51c}$$

这些来自诱导实偶极矩所需的如下关系式中的实场：

$$\mu_{\alpha}(\omega) = \tilde{\alpha}_{\alpha\beta}(\omega)[E_{\beta}(\omega)]_0 \tag{2.6.52}$$

因为 $E(-\omega) = E^{*}(\omega)$，然而，它们还直接遵循在式（2.6.41）中线形函数的明确形式。由于 $\alpha_{\alpha\beta}(g_{\xi})$ 是奇函数，因此可以将式（2.6.50a）写成：

$$\alpha_{\alpha\beta}(f_{\omega}) = \frac{1}{\pi}\mathcal{P}\int_{0}^{\infty}\frac{\alpha_{\alpha\beta}(g_{\xi})}{\xi+\omega}\mathrm{d}\xi + \frac{1}{\pi}\mathcal{P}\int_{0}^{\infty}\frac{\alpha_{\alpha\beta}(g_{\xi})}{\xi-\omega}\mathrm{d}\xi = \frac{2}{\pi}\mathcal{P}\int_{0}^{\infty}\frac{\xi\alpha_{\alpha\beta}(g_{\xi})}{\xi^2-\omega^2}\mathrm{d}\xi \tag{2.6.53a}$$

同样，因为 $\alpha_{\alpha\beta}(f_{\xi})$ 为偶函数，则式（2.6.50b）变成：

$$\alpha_{\alpha\beta}(g_{\omega}) = -\frac{2\omega}{\pi}\mathcal{P}\int_{0}^{\infty}\frac{\alpha_{\alpha\beta}(f_{\xi})}{\xi^2-\omega^2}\mathrm{d}\xi \tag{2.6.53b}$$

Kramers-Kronig 关系表明，响应函数的色散部分和吸收部分密切相关。当知道所有正频率的一部分，通过进行式（2.6.53a）或式（2.6.53b）中的积分计算，就会知道所有频率的其他部分。并且，因为：

$$\mathcal{P}\int_{0}^{\infty}\frac{1}{\xi^2-\omega^2}\mathrm{d}\xi = 0 \tag{2.6.54}$$

所以，如果色散部分是常数，响应函数的吸收部分则为零。这就意味着不会从定态外加场吸收能量。

Kramers-Kronig 关系的一个重要应用是对求和规则的推导。对于一些分子，存在某个高频率 $\omega_{\max}$，分子不吸收高于该值的频率。接着，对称极化率的色散部分存在简单的频率相关形式，可以由量子力学表达式（2.6.27a）给出：

$$\alpha_{\alpha\beta}(f_\omega) = -\frac{2}{\hbar\omega^2}\sum_{j\neq n}\omega_{jn}\mathrm{Re}\left(\langle n|\mu_\alpha|j\rangle\langle j|\mu_\beta|n\rangle\right),\ (\omega > \omega_{\max}) \qquad (2.6.55)$$

将 Kuhn-Thomas 求和规则（2.6.30）的推导进行推广，我们得到：

$$\begin{aligned}\sum_{j\neq n}\omega_{jn}\mathrm{Re}\left(\langle n|r_\alpha|j\rangle\langle j|r_\beta|n\rangle\right) &= -\frac{\mathrm{i}}{2m}\sum_{j\neq n}\left(\langle n|r_\alpha|j\rangle\langle j|p_\beta|n\rangle - \langle n|p_\beta|j\rangle\langle j|r_\beta|n\rangle\right) \\ &= -\frac{\mathrm{i}}{2m}\left(\langle n|r_\alpha p_\beta - p_\beta r_\alpha|n\rangle - \langle n|r_\alpha|n\rangle\langle n|p_\beta|n\rangle \right. \\ &\quad \left. + \langle n|p_\beta|n\rangle\langle n|r_\alpha|n\rangle\right) \\ &= \frac{\hbar}{2m}\delta_{\alpha\beta}\end{aligned}$$

因此，对于含 Z 个电子的分子：

$$\alpha_{\alpha\beta}(f_\omega) = -\frac{Ze^2}{m\omega^2}\delta_{\alpha\beta},\ (\omega > \omega_{\max}) \qquad (2.6.56)$$

并且，我们可以将式（2.6.53a）写成：

$$\alpha_{\alpha\beta}(f_\omega) = -\frac{2}{\pi\omega^2}\int_0^\infty \xi\alpha_{\alpha\beta}(g_\xi)\mathrm{d}\xi,\ (\omega > \omega_{\max}) \qquad (2.6.57)$$

与式（2.6.56）进行比较，给出：

$$\int_0^\infty \omega\alpha_{\alpha\beta}(g_\omega)\mathrm{d}\omega = \frac{\pi Ze^2}{2m} \qquad (2.6.58)$$

注意，尽管在推导过程中 ω 为大于 $\omega_{\max}$ 的某个固定值，但是结果（2.6.58）非常普遍，并指的是整个吸收光谱的积分。这可以看作是 Kuhn-Thomas 求和规则的另一种表示。

其他处理与复响应张量的实部和虚部之间的 Kramers-Kronig 关系有关。然而这里，我们谨慎地避免使用该术语，而是指色散部分和吸收部分。这是为了避免与前面引入的像 $\tilde{\alpha}_{\alpha\beta} = \alpha_{\alpha\beta} - \mathrm{i}\alpha'_{\alpha\beta}$ 这样的复动态分子性质张量混淆。$\tilde{\alpha}_{\alpha\beta}$ 即使在透明频率下也可以包含实部和虚部。因此，该物理量的普遍形式为

$$\tilde{\alpha}_{\alpha\beta}(\omega) = \alpha_{\alpha\beta}(f_\omega) + \mathrm{i}\alpha_{\alpha\beta}(g_\omega) - \mathrm{i}\alpha'_{\alpha\beta}(f_\omega) + \alpha'_{\alpha\beta}(g_\omega) \qquad (2.6.59)$$

然而，复响应张量的这种普遍形式要与复场结合使用，而 Kramers-Kronig 适用于为定义实场所涉及的响应张量的实部和虚部。因此，正如利用式（2.6.52）推导对称极化率 $\alpha_{\alpha\beta}$ 的 Kramers-Kronig 关系一样，反对称极化率 $\alpha'_{\alpha\beta}$ 的 Kramers-Kronig 关系通过如下关系推导：

$$\mu_\alpha(\omega) = \frac{1}{\omega}\alpha'_{\alpha\beta}(\omega)\left[\dot{E}_\beta(\omega)\right]_0 \qquad (2.6.60)$$

该关系式来自实场诱导的实电偶极矩的表达式（2.6.26a）。我们现在必须将 $\tilde{R}_{\alpha\beta}(\omega) = \alpha'_{\alpha\beta}(\omega)/\omega$ 看成是响应张量；在这种情况下，由于 $\dot{E}(-\omega) = \dot{E}^*(\omega)$，则得到 $\tilde{R}_{\alpha\beta}(\omega)$ [而不是 $\alpha'_{\alpha\beta}(\omega)$]的交叉关系式（2.6.51）。这就导致了反对称极化率的色

散部分和吸收部分之间的如下关系：

$$\alpha'_{\alpha\beta}(f_\omega)=\frac{2\omega}{\pi}\mathcal{P}\int_0^\infty\frac{\alpha'_{\alpha\beta}(g_\xi)}{(\xi^2-\omega^2)}\mathrm{d}\xi \tag{2.6.61a}$$

$$\alpha'_{\alpha\beta}(g_\omega)=-\frac{2\omega^2}{\pi}\mathcal{P}\int_0^\infty\frac{\alpha'_{\alpha\beta}(f_\xi)}{\xi(\xi^2-\omega^2)}\mathrm{d}\xi \tag{2.6.61b}$$

我们还需要反对称极化率的求和规则，类似于对称极化率的[式（2.6.58）]。从式（2.6.27b）可以看出，对于大于 $\omega_{\max}$ 的频率，$\alpha'_{\alpha\beta}$ 的色散部分变成：

$$\alpha'_{\alpha\beta}(f_\omega)=\frac{2}{\hbar\omega}\sum_{j\neq n}\mathrm{Im}\left(\langle n|\mu_\alpha|j\rangle\langle j|\mu_\beta|n\rangle\right),\ (\omega>\omega_{\max}) \tag{2.6.62}$$

因为 μ_α 和 μ_β 是对易厄米算符，我们可以调用闭合理论（$\sum_j|j\rangle\langle j|=1$），给出：

$$\sum_{j\neq n}\mathrm{Im}\left(\langle n|\mu_\alpha|j\rangle\langle j|\mu_\beta|n\rangle\right)=\mathrm{Im}\langle n|\mu_\alpha\mu_\beta|n\rangle-\mathrm{Im}\langle n|\mu_\alpha|n\rangle\langle n|\mu_\beta|n\rangle=0 \tag{2.6.63}$$

这源于任何两个对易厄米算符的乘积是纯厄米算符，并且厄米算符的期望值是实数。因此：

$$\alpha'_{\alpha\beta}(f_\omega)=0,\ (\omega>\omega_{\max}) \tag{2.6.64}$$

并且，我们可以将式（2.6.61a）近似成：

$$\alpha'_{\alpha\beta}(f_\omega)=\frac{2}{\pi\omega}\int_0^\infty\alpha'_{\alpha\beta}(g_\xi)\mathrm{d}\xi,\ (\omega>\omega_{\max}) \tag{2.6.65}$$

并与式（2.6.64）进行比较，给出：

$$\int_0^\infty\alpha'_{\alpha\beta}(g_\xi)\mathrm{d}\xi=0 \tag{2.6.66}$$

在将这些求和规则推广到式(2.6.27)系列中的其他分子性质张量时需要注意，这是因为在跃迁矩积中确定的一些算符不对易。例如，对于单个电子：

$$[\mu_\alpha,m_\beta]=\frac{\mathrm{i}e\hbar}{2m}\varepsilon_{\alpha\beta\gamma}\mu_\gamma \tag{2.6.67}$$

2.6.5　定态近似下的动态分子性质张量

在动态分子性质张量（2.6.27）中，直接计算所有激发态的和通常比较困难。可以通过调用定态近似避免这种困难。该定态近似在一些情况下是比较有用的。例如，张量 $\alpha_{\alpha\beta}$、$G'_{\alpha\beta}$ 和 $A_{\alpha,\beta\gamma}$ 写成：

$$\alpha_{\alpha\beta}=2\sum_{j\neq n}\frac{1}{W_{jn}}\mathrm{Re}\left(\langle n|\mu_\alpha|j\rangle\langle j|\mu_\beta|n\rangle\right) \tag{2.6.68a}$$

$$G'_{\alpha\beta}=-\frac{2\omega}{\hbar}\sum_{j\neq n}\frac{1}{W_{jn}^2}\mathrm{Im}\left(\langle n|\mu_\alpha|j\rangle\langle j|\mu_\beta|n\rangle\right) \tag{2.6.68b}$$

$$A_{\alpha,\beta\gamma} = 2\sum_{j\neq n}\frac{1}{W_{jn}}\mathrm{Re}\left(\langle n|\mu_\alpha|j\rangle\langle j|\Theta_{\beta\gamma}|n\rangle\right) \tag{2.6.68c}$$

其中，$W_{jn} = W_j - W_n$。这是透明频率处光散射的合理近似，其中，激发频率ω远小于分子的吸收频率ω_{jn}。

首先考虑实极化率张量$\alpha_{\alpha\beta}$。Amos（1982）指出，当“赝”静电场存在时，波函数为

$$\psi_n(E_\beta) = \psi_n^{(0)} + E_\beta\psi_n^{(1)}(E_\beta) + \cdots \tag{2.6.69}$$

其中，从微扰理论结果（2.6.14）：

$$\psi_n^{(1)}(E_\beta) = \sum_{j\neq n}\frac{1}{W_{jn}}\langle j|\mu_\beta|n\rangle|j\rangle \tag{2.6.70}$$

可以将近似极化率（2.6.68a）写成：

$$\alpha_{\alpha\beta} = 2\langle\psi_n^{(0)}|\mu_\alpha|\psi_n^{(1)}(E_\beta)\rangle \tag{2.6.71}$$

根据同样被静电场扰动的分子轨道ϕ_k的波函数，得到最终的计算版本：

$$\alpha_{\alpha\beta} = 4\sum_{k,\mathrm{occ.}}\langle\phi_k^{(0)}|\mu_\alpha|\phi_k^{(1)}(E_\beta)\rangle \tag{2.6.72}$$

其中，对所有分子占据（occupied，在公式中简写成 occ.）轨道求和。实电偶极-电四极光学活性张量$A_{\alpha,\beta\gamma}$用同样的方式进行处理，给出：

$$A_{\alpha,\beta\gamma} = 4\sum_{k,\mathrm{occ.}}\langle\phi_k^{(0)}|\Theta_{\beta\gamma}|\phi_k^{(1)}(E_\alpha)\rangle \tag{2.6.73}$$

我们需要将虚电偶极-磁偶极光学活性张量$G'_{\alpha\beta}$进行更慎重的处理，因为当$\omega\to 0$时该值为零，从而没有定态极限情况（$G'_{\alpha\beta}$是纯动态的，而$\alpha_{\alpha\beta}$和$A_{\alpha,\beta\gamma}$有定态和动态两种形式）。然而，正如由 Amos（1982）指出的那样，$(1/\omega)G'_{\alpha\beta}$确实有定态极限情况，可以将其写成如下形式：

$$\left(\frac{1}{\omega}G'_{\alpha\beta}\right)_{\omega=0} = -2\hbar\mathrm{Im}\left(\langle\psi_n^{(1)}(E_\alpha)|\psi_n^{(1)}(B_\beta)\rangle\right) \tag{2.6.74}$$

其中，$\psi_n^{(1)}(B_\beta)$对应定磁场微扰下的波函数。根据微扰分子轨道：

$$\left(\frac{1}{\omega}G'_{\alpha\beta}\right)_{\omega=0} = -4\hbar\sum_{k,\mathrm{occ.}}\mathrm{Im}\left(\langle\phi_k^{(1)}(E_\alpha)|\phi_k^{(1)}(B_\beta)\rangle\right) \tag{2.6.75}$$

这些结果使极化率和光学活性张量可以从由静电场和定磁场微扰的分子轨道计算中得到。正如将在后面章节中提到的那样，它们对旋光和拉曼光学活性的第一性原理计算是非常有用的。

2.7　当其他微扰存在时辐射场中的分子

为了讨论像法拉第效应这样的场诱导光学活性现象，以及通过分子内非活性

基团之间相互作用产生的光学活性，我们需要给出其他微扰对动态分子性质张量的影响。尽管以像静电场或定磁场这样的外部扰动给出的微扰张量为例，但是对于像自旋-轨道耦合或振动耦合这样的内部扰动也得到了类似表达。

首先，将微扰中的动态分子性质张量写成幂级数；例如，在静电场中，动态极化率变成：

$$\tilde{\alpha}_{\alpha\beta}(\boldsymbol{E}) = \tilde{\alpha}_{\alpha\beta} + \tilde{\alpha}_{\alpha\beta,\gamma}^{(\mu)} E_\gamma + \frac{1}{2}\tilde{\alpha}_{\alpha\beta,\gamma}^{(\mu\mu)} E_{\gamma\delta} E_\delta + \cdots \tag{2.7.1}$$

利用式（2.6.27a）和式（2.6.27b）中的微扰波函数和能量，得到微扰动态极化率的量子力学表达式。在静电相互作用 $-\mu_\gamma E_\gamma$ 中，一级微扰的本征函数 ψ_j' 和能量本征值 W_j' 分别为

$$\psi_j' = \psi_j - \frac{E_\gamma}{\hbar}\sum_{k\neq j}\frac{1}{\omega_{jk}}\langle k|\mu_\gamma|k\rangle\psi_k \tag{2.7.2}$$

$$W_j' = W_j - \langle j|\mu_\gamma|j\rangle E_\gamma \tag{2.7.3}$$

假设在微扰中选择了对角的简并本征函数，即使未扰动本征函数 ψ_j 属于简并集，这些表达也是正确的。因为这样的话，混入的本征函数 ψ_k 不属于包含 ψ_j 的简并集。例如，如果简并集是氢原子的 $n=2$ 能级的本质函数 ψ_{nlm} 的集合，并且微扰来自沿着 z 方向的电场，那么函数 $\left(1/\sqrt{2}\right)(\psi_{200}+\psi_{210})$、$\left(1/\sqrt{2}\right)(\psi_{200}-\psi_{210})$、$\psi_{211}$、$\psi_{21-1}$ 在算符 μ_z 中是对角的。在沿着 z 方向的磁场中，函数必须在 m_z 中是对角的，现在为 ψ_{200}、ψ_{210}、ψ_{211}、ψ_{21-1}。根据式（2.7.3），微扰能级的频率间隔为

$$\omega_{jn}' = \omega_{jn} - (\mu_{j\gamma} - \mu_{n\gamma})\frac{E_\gamma}{\hbar} \tag{2.7.4}$$

其中，$\mu_{j\gamma} = \langle j|\mu_\gamma|j\rangle$，是分子处于未扰动状态 ψ_j 时的电偶极矩。利用：

$$\frac{1}{\omega_{jn}'^2 - \omega^2} \approx \frac{1}{\omega_{jn}^2 - \omega^2}\left[1 + \frac{2\omega_{jn}(\mu_{j\gamma} - \mu_{n\gamma})E_\gamma}{\hbar\left(\omega_{jn}^2 - \omega^2\right)}\right] \tag{2.7.5}$$

并且将式（2.7.2）代入式（2.6.27a）和式（2.6.27b），则微扰动态极化率为

$$\begin{aligned}\alpha_{\alpha\beta,\gamma}^{(\mu)} = \frac{2}{\hbar^2}\sum_{j\neq n}\Bigg\{&\frac{\omega_{jn}^2+\omega^2}{\left(\omega_{jn}^2-\omega^2\right)^2}(\mu_{j\gamma}-\mu_{n\gamma})\mathrm{Re}\Big(\langle n|\mu_\alpha|j\rangle\langle j|\mu_\beta|n\rangle\Big)\\&+\sum_{k\neq n}\frac{\omega_{jn}}{\omega_{kn}\left(\omega_{jn}^2-\omega^2\right)}\mathrm{Re}\Big[\langle k|\mu_\gamma|n\rangle\Big(\langle n|\mu_\alpha|j\rangle\langle j|\mu_\beta|k\rangle + \langle n|\mu_\beta|j\rangle\langle j|\mu_\alpha|k\rangle\Big)\Big]\\&+\sum_{k\neq j}\frac{\omega_{jn}}{\omega_{kj}\left(\omega_{jn}^2-\omega^2\right)}\mathrm{Re}\Big[\langle j|\mu_\gamma|k\rangle\Big(\langle n|\mu_\alpha|j\rangle\langle k|\mu_\beta|n\rangle + \langle n|\mu_\beta|j\rangle\langle k|\mu_\alpha|n\rangle\Big)\Big]\Bigg\}\end{aligned} \tag{2.7.6a}$$

$$\alpha'^{(\mu)}_{\alpha\beta,\gamma} = -\frac{2}{\hbar^2}\sum_{j\neq n}\Bigg\{\frac{2\omega\omega_{jn}}{\left(\omega_{jn}^2-\omega^2\right)^2}(\mu_{j\gamma}-\mu_{n\gamma})\mathrm{Im}\left(\langle n|\mu_\alpha|j\rangle\langle j|\mu_\beta|n\rangle\right)$$

$$+\sum_{k\neq n}\frac{\omega}{\omega_{kn}\left(\omega_{jn}^2-\omega^2\right)}\mathrm{Im}\Big[\langle k|\mu_\gamma|n\rangle\left(\langle n|\mu_\alpha|j\rangle\langle j|\mu_\beta|k\rangle-\langle n|\mu_\beta|j\rangle\langle j|\mu_\alpha|k\rangle\right)\Big]$$

$$+\sum_{k\neq j}\frac{\omega}{\omega_{kj}\left(\omega_{jn}^2-\omega^2\right)}\mathrm{Im}\Big[\langle j|\mu_\gamma|k\rangle\left(\langle n|\mu_\alpha|j\rangle\langle k|\mu_\beta|n\rangle-\langle n|\mu_\beta|j\rangle\langle k|\mu_\alpha|n\rangle\right)\Big]\Bigg\}$$

（2.7.6b）

微扰光学活性张量的表达与上面类似：例如，$G'^{(\mu)}_{\alpha\beta,\gamma}$ 由式（2.7.6b）给出，其中用 m_β 取代 μ_β； $A^{(\mu)}_{\alpha\beta\gamma,\delta}$ 由式（2.7.6a）给出，其中用 $\Theta_{\beta\gamma}$ 代替 μ_β。

接下来，很容易推导出在单个吸收带区域中，这些微扰动态分子性质张量与频率的关系。根据 2.6.3 节中的讨论，我们利用如下取代关系：

$$\frac{1}{\omega_{jn}^2-\omega^2}\to f+\mathrm{i}g \tag{2.7.7a}$$

$$\frac{1}{\left(\omega_{jn}^2-\omega^2\right)^2}\to (f^2-g^2)+2\mathrm{i}fg \tag{2.7.7b}$$

其中，f 和 g 由式（2.6.41）给出，并且：

$$f^2-g^2=\frac{\left(\omega_{jn}^2-\omega^2\right)^2-\omega^2\Gamma_j^2}{\left[\left(\omega_{jn}^2-\omega^2\right)^2+\omega^2\Gamma_j^2\right]^2} \tag{2.7.7c}$$

$$fg=\frac{\left(\omega_{jn}^2-\omega^2\right)^2\omega\Gamma_j}{\left[\left(\omega_{jn}^2-\omega^2\right)^2+\omega^2\Gamma_j^2\right]^2} \tag{2.7.7d}$$

这些函数的示意图见图 2.5。因此，有如下关系式取代微扰极化率（2.7.6）：

$$\alpha^{(\mu)}_{\alpha\beta,\gamma}\to\alpha^{(\mu)}_{\alpha\beta,\gamma}(f)+\mathrm{i}\alpha^{(\mu)}_{\alpha\beta,\gamma}(g) \tag{2.7.8a}$$

$$\alpha^{(\mu)}_{\alpha\beta,\gamma}(f)=\frac{2}{\hbar^2}\Bigg\{(f^2-g^2)\left(\omega_{jn}^2+\omega^2\right)(\mu_{j\gamma}-\mu_{n\gamma})\mathrm{Re}\left(\langle n|\mu_\alpha|j\rangle\langle j|\mu_\beta|n\rangle\right)$$

$$+\sum_{k\neq n}\frac{f\omega_{jn}}{\omega_{kn}}\mathrm{Re}\Big[\langle k|\mu_\gamma|n\rangle\left(\langle n|\mu_\alpha|j\rangle\langle j|\mu_\beta|k\rangle+\langle n|\mu_\beta|j\rangle\langle j|\mu_\alpha|k\rangle\right)\Big]$$

$$+\sum_{k\neq j}\frac{f\omega_{jn}}{\omega_{kj}}\mathrm{Re}\Big[\langle j|\mu_\gamma|k\rangle\left(\langle n|\mu_\alpha|j\rangle\langle k|\mu_\beta|n\rangle+\langle n|\mu_\beta|j\rangle\langle k|\mu_\alpha|n\rangle\right)\Big]\Bigg\}$$

（2.7.8b）

$$\alpha_{\alpha\beta,\gamma}^{(\mu)}(g)=\frac{2}{\hbar^2}\Big\{2fg\left(\omega_{jn}^2+\omega^2\right)(\mu_{j\gamma}-\mu_{n\gamma})\mathrm{Re}\left(\langle n|\mu_\alpha|j\rangle\langle j|\mu_\beta|n\rangle\right)$$
$$+\sum_{k\neq n}\frac{g\omega_{jn}}{\omega_{kn}}\mathrm{Re}\Big[\langle k|\mu_\gamma|n\rangle\left(\langle n|\mu_\alpha|j\rangle\langle j|\mu_\beta|k\rangle+\langle n|\mu_\beta|j\rangle\langle j|\mu_\alpha|k\rangle\right)\Big]$$
$$+\sum_{k\neq j}\frac{g\omega_{jn}}{\omega_{kj}}\mathrm{Re}\Big[\langle j|\mu_\gamma|k\rangle\left(\langle n|\mu_\alpha|j\rangle\langle k|\mu_\beta|n\rangle+\langle n|\mu_\beta|j\rangle\langle k|\mu_\alpha|n\rangle\right)\Big]\Big\}$$
(2.7.8c)

$$\alpha_{\alpha\beta,\gamma}^{\prime(\mu)}\rightarrow\alpha_{\alpha\beta,\gamma}^{\prime(\mu)}(f)+\mathrm{i}\alpha_{\alpha\beta,\gamma}^{\prime(\mu)}(g)\tag{2.7.8d}$$

$$\alpha_{\alpha\beta,\gamma}^{\prime(\mu)}(f)=-\frac{2}{\hbar^2}\Big\{2(f^2-g^2)\omega\omega_{jn}(\mu_{j\gamma}-\mu_{n\gamma})\mathrm{Im}\left(\langle n|\mu_\alpha|j\rangle\langle j|\mu_\beta|n\rangle\right)$$
$$+\sum_{k\neq n}\frac{f\omega}{\omega_{kn}}\mathrm{Im}\Big[\langle k|\mu_\gamma|n\rangle\left(\langle n|\mu_\alpha|j\rangle\langle j|\mu_\alpha|k\rangle+\langle n|\mu_\beta|j\rangle\langle j|\mu_\alpha|k\rangle\right)\Big]$$
$$+\sum_{k\neq j}\frac{f\omega}{\omega_{kj}}\mathrm{Im}\Big[\langle j|\mu_\gamma|k\rangle\left(\langle n|\mu_\alpha|j\rangle\langle k|\mu_\beta|n\rangle-\langle n|\mu_\beta|j\rangle\langle k|\mu_\alpha|n\rangle\right)\Big]\Big\}$$
(2.7.8e)

$$\alpha_{\alpha\beta,\gamma}^{\prime(\mu)}(g)=-\frac{2}{\hbar^2}\Big\{2fg\omega\omega_{jn}(\mu_{j\gamma}-\mu_{n\gamma})\mathrm{Im}\left(\langle n|\mu_\alpha|j\rangle\langle j|\mu_\beta|n\rangle\right)$$
$$+\sum_{k\neq n}\frac{g\omega}{\omega_{kn}}\mathrm{Im}\Big[\langle k|\mu_\gamma|n\rangle\left(\langle n|\mu_\alpha|j\rangle\langle j|\mu_\beta|k\rangle-\langle n|\mu_\beta|j\rangle\langle j|\mu_\alpha|k\rangle\right)\Big]$$
$$+\sum_{k\neq j}\frac{g\omega}{\omega_{kj}}\mathrm{Im}\Big[\langle j|\mu_\gamma|k\rangle\left(\langle n|\mu_\alpha|j\rangle\langle k|\mu_\beta|n\rangle-\langle n|\mu_\beta|j\rangle\langle k|\mu_\alpha|n\rangle\right)\Big]\Big\}$$
(2.7.8f)

当微扰引起的频率移动比吸收带的宽度小很多时，这些结果是适用的；例如，在磁场中这个对应了还未解析的塞曼分量。当频率移动比吸收带的宽度大很多时（如可区分的塞曼分量），整个线形仅仅来自每个波段分量的 f 或 g 线形。我们将在后面的情况中涉及一个重要例子，即在手性二聚体中，通过大的激子分裂产生特征旋光色散和圆二色的线形（见 5.3.3 节）。

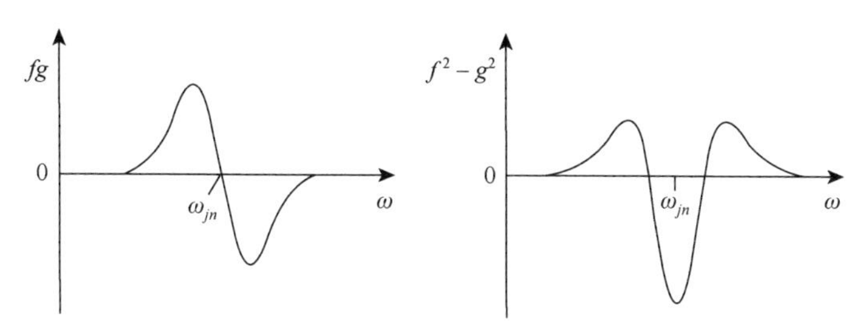

图 2.5　线形函数 fg 和 f^2-g^2 。当微扰诱导的频率比线宽小很多时，这些是正确的

2.8 分子跃迁张量

迄今为止，本书已经推导了与诱导光波相同的振动频率的多极矩，并且该多极矩的相位与诱导的光波有关。从这些矩产生的辐射是瑞利色散的原因。另一方面，散射光的拉曼分量与入射光的频率不同，并且与入射光的相位也无关。通过引入涉及不同分子初态和终态的动态分子跃迁张量，可以将这种非弹性光散射过程并入到当前的半经典公式中。通过用光微扰的分子初态 ψ_n' 和终态 ψ_m' 的跃迁矩代替像式（2.6.23）这样的多极矩算符的期望值，就可以得到这些结果。

2.8.1 拉曼跃迁极化率

通过推导如下的实跃迁电偶极矩（Placzek，1934；Born and Huang，1954），可以得到连续拉曼跃迁极化率：

$$(\mu_\alpha)_{mn} = \langle m'|\mu_\alpha|n'\rangle + \langle m'|\mu_\alpha|n'\ \rangle^* \tag{2.8.1}$$

利用式（2.6.20）形式的微扰波函数，将跃迁电偶极矩（2.8.1）写成如下形式：

$$\begin{aligned}(\mu_\alpha)_{mn} =& \langle m|\mu_\alpha|n\rangle \mathrm{e}^{\mathrm{i}\omega_{mn}t} + \frac{1}{2\hbar}\sum_{j\neq n}\left[\frac{\langle m|\mu_\alpha|j\rangle\langle j|\mu_\beta|n\rangle}{\omega_{jn}-\omega}\tilde{E}_\beta^{(0)}\mathrm{e}^{-\mathrm{i}(\omega-\omega_{mn})t}\right.\\ &\left.+\frac{\langle m|\mu_\alpha|j\rangle\langle j|\mu_\beta|n\rangle}{\omega_{jn}+\omega}\tilde{E}_\beta^{(0)^*}\mathrm{e}^{\mathrm{i}(\omega+\omega_{mn})t}\right] + \frac{1}{2\hbar}\sum_{j\neq m}\left[\frac{\langle m|\mu_\beta|j\rangle\langle j|\mu_\alpha|n\rangle}{\omega_{jm}-\omega}\tilde{E}_\beta^{(0)^*}\mathrm{e}^{\mathrm{i}(\omega+\omega_{mn})t}\right.\\ &\left.+\frac{\langle m|\mu_\beta|j\rangle\langle j|\mu_\alpha|n\rangle}{\omega_{jm}+\omega}\tilde{E}_\beta^{(0)}\mathrm{e}^{-\mathrm{i}(\omega-\omega_{mn})t}\right] + \text{复共轭}\end{aligned} \tag{2.8.2}$$

第一项：

$$\langle m|\mu_\alpha|n\rangle \mathrm{e}^{-\mathrm{i}\omega_{mn}t} + \langle m|\mu_\alpha|n\rangle^* \mathrm{e}^{\mathrm{i}\omega_{mn}t} \tag{2.8.3}$$

描述分子一开始处于 $\omega_n > \omega_m$ 的激发态时，所产生的频率为 ω_{mn} 的自发辐射跃迁矩。剩下的项分成两种类型，其频率分别与 $(\omega-\omega_{mn})$ 或 $(\omega+\omega_{mn})$ 有关；这些仅仅描述了当 $(\omega-\omega_{mn})>0$ 或 $(\omega+\omega_{mn})>0$ 时的光散射。因为 $\omega_{mn}=\omega_m-\omega_n$，第一种类型的条件可以写成 $\omega+\omega_n>\omega_m$，第二种类型的条件可以写成 $\omega_n-\omega<\omega_m$。记住，ω_n 是分子初态的频率，这意味着只有第一种类型描述了常规拉曼散射：也就是斯托克斯散射，这种现象来自从较低的分子能级跃迁到较高的分子能级，从而如果 $\omega_m>\omega_n$，则 $\omega-\omega_{mn}<\omega$；反斯托克斯散射来自从较高的分子能级向较低的分子能级跃迁，从而如果 $\omega_n>\omega_m$，则 $\omega-\omega_{mn}>\omega$。根据 Placzek（1934），第二种类型的项描述了从激发能级频率 ω_n 到频率为 ω_m 的较低能级跃迁的两个量子 $\omega+\omega_{mn}$ 和 ω 的诱导发射；这里不再对这些进行更深入的讨论。

因而，式（2.8.2）的斯托克斯和反斯托克斯拉曼部分为

$$(\mu_\alpha)_{mn}=\frac{1}{2\hbar}\sum_{j\neq n,m}\left[\frac{\langle m|\mu_\alpha|j\rangle\langle j|\mu_\beta|n\rangle}{\omega_{jn}-\omega}+\frac{\langle m|\mu_\beta|j\rangle\langle j|\mu_\alpha|n\rangle}{\omega_{jm}+\omega}\right]\tilde{E}_\beta^{(0)}\mathrm{e}^{-\mathrm{i}(\omega-\omega_{mn})t}+\text{复共轭} \tag{2.8.4}$$

为了简便起见，对于这两项我们已经确定 $j\neq n,m$：对于振动拉曼散射，这是一个比较好的近似，因为去掉的项包含初态和终态的永久电偶极矩的差：$\langle m|\mu_\alpha|m\rangle-\langle n|\mu_\alpha|n\rangle$。利用如下关系：

$$\begin{aligned}&\omega_{jm}\langle m|\mu_\alpha|j\rangle\langle j|\mu_\beta|n\rangle+\omega_{jn}\langle m|\mu_\beta|j\rangle\langle j|\mu_\alpha|n\rangle\\&=\frac{1}{2}(\omega_{jm}+\omega_{jn})\big(\langle m|\mu_\alpha|j\rangle\langle j|\mu_\beta|n\rangle+\langle m|\mu_\beta|j\rangle\langle j|\mu_\alpha|n\rangle\big)\\&\quad+\frac{1}{2}\omega_{nm}\big(\langle m|\mu_\alpha|j\rangle\langle j|\mu_\beta|n\rangle-\langle m|\mu_\beta|j\rangle\langle j|\mu_\alpha|n\rangle\big)\end{aligned} \tag{2.8.5}$$

可以将式（2.8.4）写成如下形式：

$$(\mu_\alpha)_{mn}=(\alpha_{\alpha\beta})_{mn}E_\beta(\omega-\omega_{mn})+\frac{1}{\omega-\omega_{mn}}(\alpha'_{\alpha\beta})_{mn}\dot{E}_\beta(\omega-\omega_{mn}) \tag{2.8.6a}$$

其中，E_β 是拉曼波频率 $(\omega-\omega_{mn})$ 的函数，并且跃迁极化率为

$$\begin{aligned}(\alpha_{\alpha\beta})_{mn}=&\frac{1}{2\hbar}\sum_{j\neq n,m}\frac{1}{(\omega_{jn}-\omega)(\omega_{jm}+\omega)}\\&\times\Big[(\omega_{jn}+\omega_{jm})\mathrm{Re}\big(\langle m|\mu_\alpha|j\rangle\langle j|\mu_\beta|n\rangle+\langle m|\mu_\beta|j\rangle\langle j|\mu_\alpha|n\rangle\big)\\&+(2\omega+\omega_{nm})\mathrm{Re}\big(\langle m|\mu_\alpha|j\rangle\langle j|\mu_\beta|n\rangle-\langle m|\mu_\beta|j\rangle\langle j|\mu_\alpha|n\rangle\big)\Big]\end{aligned} \tag{2.8.6b}$$

$$\begin{aligned}(\alpha'_{\alpha\beta})_{mn}=&-\frac{1}{2\hbar}\sum_{j\neq n,m}\frac{1}{(\omega_{jn}-\omega)(\omega_{jm}+\omega)}\\&\times\Big[(\omega_{jn}+\omega_{jm})\mathrm{Im}\big(\langle m|\mu_\alpha|j\rangle\langle j|\mu_\beta|n\rangle+\langle m|\mu_\beta|j\rangle\langle j|\mu_\alpha|n\rangle\big)\\&+(2\omega+\omega_{nm})\mathrm{Im}\big(\langle m|\mu_\alpha|j\rangle\langle j|\mu_\beta|n\rangle-\langle m|\mu_\beta|j\rangle\langle j|\mu_\alpha|n\rangle\big)\Big]\end{aligned} \tag{2.8.6c}$$

Placzek（1934）推导出了类似的表达式，然而没有将其分解成跃迁矩的实部和虚部。这里明确展现了实部和虚部，因为这促进了拉曼光学活性现象的应用。

注意，$(\alpha_{\alpha\beta})_{mn}$ 和 $(\alpha'_{\alpha\beta})_{mn}$ 的第一项相对于张量下角标 α 和 β 的互换是对称的，第二项是反对称的。这些应该与常规动态极化率（2.6.27a）和（2.6.27b）进行比较，前者是纯对称的，后者是纯反对称的。

根据 Placzek（1934），当入射光的振荡电矢量频率 ω 趋近于零时，得到的定

态跃迁极化率描述了当分子一开始处于 $\omega_n > \omega_m$ 的激发态时，静外电场对自发跃迁振幅的影响。

通过引入复跃迁电偶极矩，我们可以将跃迁极化率（2.8.6）写成复数的形式：

$$(\tilde{\mu}_\alpha)_{mn} = (\tilde{\alpha}_{\alpha\beta})_{mn}\tilde{E}_\beta \tag{2.8.7a}$$

$$(\tilde{\alpha}_{\alpha\beta})_{mn} = (\alpha_{\alpha\beta})_{mn} - \mathrm{i}(\alpha'_{\alpha\beta})_{mn} \tag{2.8.7b}$$

对于跃迁光学活性张量 $(\tilde{G}_{\alpha\beta})_{mn}$ 和 $(\tilde{A}_{\alpha\beta})_{mn}$，分别用 m_β 和 $\Theta_{\beta\gamma}$ 取代 μ_β 会得到类似表达，然而现在，当 $n=m$ 时，将这些张量分成对称部分和反对称部分就没有意义了。

为了便于在后续章节中讨论瑞利散射和拉曼散射中的偏振效应，我们引入上角标“s”和“a”，分别表示跃迁极化率的对称和反对称部分：

$$(\tilde{\alpha}_{\alpha\beta})_{mn} = (\tilde{\alpha}_{\alpha\beta})^{\mathrm{s}}_{mn} + (\tilde{\alpha}_{\alpha\beta})^{\mathrm{a}}_{mn} = (\alpha_{\alpha\beta})^{\mathrm{s}}_{mn} + (\alpha_{\alpha\beta})^{\mathrm{a}}_{mn} - \mathrm{i}(\alpha'_{\alpha\beta})^{\mathrm{s}}_{mn} - \mathrm{i}(\alpha'_{\alpha\beta})^{\mathrm{a}}_{mn} \tag{2.8.8a}$$

$$(\alpha_{\alpha\beta})^{\mathrm{s}}_{mn} = \frac{1}{2\hbar}\sum_{j\neq n,m}\frac{(\omega_{jn}+\omega_{jm})}{(\omega_{jn}-\omega)(\omega_{jm}+\omega)}\times \mathrm{Re}\left(\langle m|\mu_\alpha|j\rangle\langle j|\mu_\beta|n\rangle + \langle m|\mu_\beta|j\rangle\langle j|\mu_\alpha|n\rangle\right) \tag{2.8.8b}$$

$$(\alpha_{\alpha\beta})^{\mathrm{a}}_{mn} = \frac{1}{2\hbar}\sum_{j\neq n,m}\frac{(2\omega+\omega_{nm})}{(\omega_{jn}-\omega)(\omega_{jm}+\omega)}\times \mathrm{Re}\left(\langle m|\mu_\alpha|j\rangle\langle j|\mu_\beta|n\rangle - \langle m|\mu_\beta|j\rangle\langle j|\mu_\alpha|n\rangle\right) \tag{2.8.8c}$$

$$(\alpha'_{\alpha\beta})^{\mathrm{s}}_{mn} = -\frac{1}{2\hbar}\sum_{j\neq n,m}\frac{(\omega_{jn}+\omega_{jm})}{(\omega_{jn}-\omega)(\omega_{jm}+\omega)}\times \mathrm{Im}\left(\langle m|\mu_\alpha|j\rangle\langle j|\mu_\beta|n\rangle + \langle m|\mu_\beta|j\rangle\langle j|\mu_\alpha|n\rangle\right) \tag{2.8.8d}$$

$$(\alpha'_{\alpha\beta})^{\mathrm{a}}_{mn} = -\frac{1}{2\hbar}\sum_{j\neq n,m}\frac{(2\omega+\omega_{nm})}{(\omega_{jn}-\omega)(\omega_{jm}+\omega)}\times \mathrm{Im}\left(\langle m|\mu_\alpha|j\rangle\langle j|\mu_\beta|n\rangle - \langle m|\mu_\beta|j\rangle\langle j|\mu_\alpha|n\rangle\right) \tag{2.8.8e}$$

在这些跃迁极化率中，$n=m$ 的情况对应了瑞利散射，并且正如所需要的，式（2.8.6b）和式（2.8.6c）分别简化成了式（2.6.27a）和式（2.6.27b），其中实部纯对称，虚部纯反对称。然而，$n\neq m$ 也可以描述简并能级不同分量态之间的瑞利散射；接着可能产生有趣的反对称瑞利散射，对此我们将会在后面进行讨论。

我们现在可以知道，反对称瑞利散射仅仅可以由处于简并态的体系产生。正如我们将会在第 4 章中讨论的那样，时间反演使复共轭取代波函数的不含时部分。因为当不存在外磁场时，原子和分子在时间反演下是不变的，从而 ψ 和 ψ^* 描述了具有相同能量的态，因此如果能级不是简并的，则 $\psi=\psi^*$，且是纯实的。极化率（2.6.27b）是反对称瑞利散射的常见来源，因此为零，因为它是纯虚的。我们还从实跃迁极化率（2.8.8c）失去了反瑞利散射的可能性，因为 n 和 m 必须是一样的。然而，对于反对称拉曼散射简并性的要求，似乎没有根本原因。

对于某些应用，引入如下复跃迁电偶极矩（2.8.4）是比较方便的：

$$(\tilde{\mu}_\alpha)_{mn} = (\tilde{\alpha}_{\alpha\beta})_{mn} \tilde{E}_\beta^{(0)} \mathrm{e}^{-\mathrm{i}(\omega-\omega_{mn})t} \tag{2.8.9a}$$

其中，

$$(\tilde{\alpha}_{\alpha\beta})_{mn} = \frac{1}{\hbar} \sum_{j \neq n,m} \left[\frac{\langle m|\mu_\alpha|j\rangle\langle j|\mu_\beta|n\rangle}{\omega_{jn}-\omega} + \frac{\langle m|\mu_\beta|j\rangle\langle j|\mu_\alpha|n\rangle}{\omega_{jm}+\omega} \right] \tag{2.8.9b}$$

是复跃迁极化率。这个可以产生如下复散射算符的矩阵元（Berestetskii et al.，1982）：

$$\tilde{C}_{\alpha\beta} = \frac{1}{\hbar}(b_\beta \mu_\alpha - \mu_\alpha b_\beta) \tag{2.8.10}$$

b_α 为如下关系的极矢量算符：

$$\left(\mathrm{i}\frac{\mathrm{d}}{\mathrm{d}t} + \omega\right) b_\alpha = \mu_\alpha \tag{2.8.11}$$

利用式（2.8.10）的矩阵元，并调用速度-偶极变换（2.6.31b），我们发现：

$$\langle k|\mu_\alpha|j\rangle = (\omega - \omega_{kj})\langle k|b_\alpha|j\rangle \tag{2.8.12}$$

因此，通过：

$$\langle j|b_\alpha|n\rangle = \langle j|\mu_\alpha|n\rangle / (\omega - \omega_{jn})$$

$$\langle m|b_\alpha|j\rangle = \langle m|\mu_\alpha|n\rangle / (\omega + \omega_{jm})$$

产生的复跃迁极化率（2.8.9）如下：

$$\begin{aligned}\langle m|\tilde{C}_{\alpha\beta}|n\rangle &= \frac{1}{\hbar}\langle m|b_\beta\mu_\alpha - \mu_\alpha b_\beta|n\rangle = \frac{1}{\hbar}\sum_j \left(\langle m|b_\beta|j\rangle\langle j|\mu_\alpha|n\rangle - \langle m|\mu_\alpha|j\rangle\langle j|b_\beta|n\rangle\right) \\ &= (\tilde{\alpha}_{\alpha\beta})_{mn}\end{aligned} \tag{2.8.13}$$

散射算符（2.8.10）是精确的；然而我们将引入一个更有用的近似算符，该算符可以分成分别具有更确定的厄米性和时间反演特性的部分。根据 Child 和 Longuet-Higgins（1961），我们引入有效极化率张量算符：

$$\hat{\alpha}_{\alpha\beta} = \hat{\alpha}_{\alpha\beta}^{\mathrm{s}} + \hat{\alpha}_{\alpha\beta}^{\mathrm{a}} \tag{2.8.14a}$$

$$\hat{\alpha}_{\alpha\beta}^{\mathrm{s}} = \frac{1}{2}\left(\mu_\alpha O^{\mathrm{s}} \mu_\beta + \mu_\beta O^{\mathrm{s}} \mu_\alpha\right) \tag{2.8.14b}$$

$$\hat{\alpha}_{\alpha\beta}^{\mathrm{a}} = -\frac{1}{2}\left(\mu_\alpha O^{\mathrm{a}} \mu_\beta - \mu_\beta O^{\mathrm{a}} \mu_\alpha\right) \tag{2.8.14c}$$

其中，

$$O^{\mathrm{s}} = \left(\frac{1}{H - \bar{W} + \hbar\omega} + \frac{1}{H - \bar{W} - \hbar\omega}\right) \tag{2.8.14d}$$

$$O^{\mathrm{a}}=\left(\frac{1}{H-\bar{W}+\hbar\omega}-\frac{1}{H-\bar{W}-\hbar\omega}\right) \tag{2.8.14e}$$

$\bar{W}$ 是初态能量 W_n 和终态能量 W_m 的平均值。通过 O 后面插入的一组完备态 $|j\rangle\langle j|$ 进行求和，并使用 $\omega_{jn}\approx\omega_{jm}$ 的近似，很容易证明 $\langle m|\hat{\alpha}_{\alpha\beta}|n\rangle$ 产生复跃迁极化率（2.8.9）。实跃迁极化率（2.8.8）现在由如下关系式给出：

$$\begin{aligned}
(\alpha_{\alpha\beta})^{\mathrm{s}}_{mn}&=\frac{1}{2}\left(\langle m|\hat{\alpha}^{\mathrm{s}}_{\alpha\beta}|n\rangle+\langle m|\hat{\alpha}^{\mathrm{s}}_{\alpha\beta}|n\rangle^{*}\right)\\
(\alpha_{\alpha\beta})^{\mathrm{a}}_{mn}&=\frac{1}{2}\left(\langle m|\hat{\alpha}^{\mathrm{a}}_{\alpha\beta}|n\rangle+\langle m|\hat{\alpha}^{\mathrm{a}}_{\alpha\beta}|n\rangle^{*}\right)\\
(\alpha'_{\alpha\beta})^{\mathrm{s}}_{mn}&=\frac{1}{2}\mathrm{i}\left(\langle m|\hat{\alpha}^{\mathrm{s}}_{\alpha\beta}|n\rangle-\langle m|\hat{\alpha}^{\mathrm{s}}_{\alpha\beta}|n\rangle^{*}\right)\\
(\alpha'_{\alpha\beta})^{\mathrm{a}}_{mn}&=\frac{1}{2}\mathrm{i}\left(\langle m|\hat{\alpha}^{\mathrm{a}}_{\alpha\beta}|n\rangle-\langle m|\hat{\alpha}^{\mathrm{a}}_{\alpha\beta}|n\rangle^{*}\right)
\end{aligned} \tag{2.8.15}$$

后面会证明（见 4.3.3 节），$\hat{\alpha}^{\mathrm{s}}_{\alpha\beta}$ 是厄米偶时间算符，而 $\hat{\alpha}^{\mathrm{a}}_{\alpha\beta}$ 是反厄米奇时间算符。

注意，当 $\omega=0$ 时，在式（2.8.14e）中的 O^{a} 为零，这立刻解释了为什么没有定态反对称极化率。

我们还引入了有效光学活性算符：

$$\hat{G}_{\alpha\beta}=\hat{G}^{\mathrm{s}}_{\alpha\beta}+\hat{G}^{\mathrm{a}}_{\alpha\beta} \tag{2.8.14f}$$

$$\hat{G}^{\mathrm{s}}_{\alpha\beta}=\frac{1}{2}\left(\mu_\alpha O^{\mathrm{s}}m_\beta+m_\beta O^{\mathrm{s}}\mu_\alpha\right) \tag{2.8.14g}$$

$$\hat{G}^{\mathrm{a}}_{\alpha\beta}=-\frac{1}{2}\left(\mu_\alpha O^{\mathrm{a}}m_\beta-m_\beta O^{\mathrm{a}}\mu_\alpha\right) \tag{2.8.14h}$$

$$\hat{A}_{\alpha,\beta\gamma}=\hat{A}^{\mathrm{s}}_{\alpha,\beta\gamma}+\hat{A}^{\mathrm{a}}_{\alpha,\beta\gamma} \tag{2.8.14i}$$

$$\hat{A}^{\mathrm{s}}_{\alpha,\beta\gamma}=\frac{1}{2}\left(\mu_\alpha O^{\mathrm{s}}\Theta_{\beta\gamma}+\Theta_{\beta\gamma}O^{\mathrm{s}}\mu_\alpha\right) \tag{2.8.14j}$$

$$\hat{A}^{\mathrm{a}}_{\alpha,\beta\gamma}=-\frac{1}{2}\left(\mu_\alpha O^{\mathrm{s}}\Theta_{\beta\gamma}-\Theta_{\beta\gamma}O^{\mathrm{s}}\mu_\alpha\right) \tag{2.8.14k}$$

保留上角标“s”和“a”是为了确定有效极化率张量算符的对应部分，即使不再存在明确定义的置换对称性。后面证明，$\hat{G}^{\mathrm{s}}_{\alpha\beta}$ 是厄米奇时间的，而 $\hat{G}^{\mathrm{a}}_{\alpha\beta}$ 是反厄米偶时间的；$\hat{A}^{\mathrm{s}}_{\alpha,\beta\gamma}$ 满足厄米偶时性，$\hat{A}^{\mathrm{a}}_{\alpha,\beta\gamma}$ 满足反厄米奇时性。

值得记录的是，有效极化率和光学活性算符可以通过线性响应理论推导出来。例如，式（2.8.14h）来自当没有光时电和磁偶极矩算符之间的时间相关性（Harris，1966）。

为了涉及共振现象，复跃迁极化率（2.8.9b）的能量分母中，跃迁频率 ω_{jn} 和 ω_{jm} 可以由式（2.6.39）给出的复跃迁频率取代，以允许激发态具有有限能量宽度。根据 Buckingham 和 Fischer（2000），复跃迁频率及其复共轭应该以如下方式出现：

$$(\tilde{\alpha}_{\alpha\beta})_{mn} = \frac{1}{\hbar}\sum_{j\neq n,m}\left[\frac{\langle m|\mu_\alpha|j\rangle\langle j|\mu_\beta|n\rangle}{\tilde{\omega}_{jn}-\omega}+\frac{\langle m|\mu_\beta|j\rangle\langle j|\mu_\alpha|n\rangle}{\tilde{\omega}^*_{jm}+\omega}\right] \quad (2.8.16a)$$

这导致这两项中阻尼因子的符号相反：

$$(\tilde{\alpha}_{\alpha\beta})_{mn} = \frac{1}{\hbar}\sum_{j\neq n,m}\left[\frac{\langle m|\mu_\alpha|j\rangle\langle j|\mu_\beta|n\rangle}{\omega_{jn}-\omega-\frac{1}{2}\mathrm{i}\Gamma_j}+\frac{\langle m|\mu_\beta|j\rangle\langle j|\mu_\alpha|n\rangle}{\omega_{jm}-\omega+\frac{1}{2}\mathrm{i}\Gamma_j}\right] \quad (2.8.16b)$$

并产生与那些在非线性光学（Bloembergen，1996）中广泛用到的结果一致的结果。阻尼因子这些符号的选择是正确的，这一点可以通过因果关系原理进行证明（Hassing and Nørby Svendsen，2004）。

有效极化率和光学活性算符（2.8.14）在共振频率处会出现奇异性。然而，可以定义这些算符的非奇异情况，该情况与平均能量近似无关，从而对于所有拉曼过程（包括透过和共振）都适用。读者可以参考 Hecht 和 Barron（1993b，c）了解更多相关内容。

2.8.2　绝热近似

大多数分子量子态的研究都是从调用绝热近似（Born and Oppenheimer，1927）开始的。该绝热近似导致电子和核运动的分离。我们首先将完整的分子哈密顿量写成：

$$H = T(r) + T(R) + V(r,R) + V(R) \quad (2.8.17)$$

其中，r和R分别是电子和核的坐标集；$T(r)$和$T(R)$分别是电子和核的动能算符；$V(r,R)$是电子的相互势能及电子相对于原子核的势能；$V(R)$是核的势能。完整分子薛定谔方程，即：

$$H\Psi_{\mathrm{en}}(r,R) = W_{\mathrm{en}}\Psi_{\mathrm{en}}(r,R) \quad (2.8.18)$$

的近似解是通过将实分子波函数$\Psi_{\mathrm{en}}(r,R)$写成如下近似形式而得到解决。

$$\Psi_{\mathrm{en}}(r,R) = \psi_{\mathrm{e}}(r,R)\psi_{\mathrm{en}}(R) \quad (2.8.19)$$

其中，e 和 n 分别确定电子和核的量子态。

电子本征函数$\psi_{\mathrm{e}}(r,R)$是如下薛定谔方程的解：

$$[T(r) + V(r,R)]\psi_{\mathrm{e}}(r,R) = w_{\mathrm{e}}(R)\psi_{\mathrm{e}}(r,R) \quad (2.8.20)$$

该方程描述了受势能$V(r,R)$束缚的电子的运动，其中电子-核部分由固定在特定构型 R 处的核产生。因而，电子的能量本征值$w_{\mathrm{e}}(R)$与作为参数的核坐标有关。结果，$\psi_e(r,R)$ 表征了当核间距的变化无限慢时电子的量子态。我们将电子绕核运动看成是绝热的。在该绝热运动中，电子从一种态转变成另一种态；相反，电子态自身通过核位移逐渐变形。因此，分子在振动或转动的过程中，保持在能量为 $w_e(R)$ 的相同的电子量子态中。

核本征函数 $\psi_{en}(R)$ 是如下薛定谔方程的解：

$$\left[T(r)+w_e(R)-w_e(R_0)+V(R)\right]\psi_{en}(R)=w_{en}\psi_{en}(R) \tag{2.8.21}$$

该方程描述了核的运动受到由核-核相互作用 $V(R)$、在一些普遍核构型中电子能量 $w_e(R)$ 与平衡核构型中电子能量 $w_e(R_0)$ 之间的差值等的有效势所限制，其中，分子处于绝热电子本征态 $\psi_e(r,R)$ 。

如果 $\psi_e(r,R)$ 随 R 的变化足够小，导致 $T(R)\psi_e(r,R)$ 可以忽略的话，那么我们可以用式（2.8.20）和式（2.8.21）将完整的薛定谔方程（2.8.18）写成：

$$\begin{aligned}&\left[T(r)+T(R)+V(r,R)+V(R)\right]\psi_e(r,R)\psi_{en}(R)\\&=\left[T(R)+w_e(R)+V(R)\right]\psi_e(r,R)\psi_{en}(R)\\&=\left[w_e(R_0)+w_{en}\right]\psi_e(r,R)\psi_{en}(R)\end{aligned} \tag{2.8.22}$$

因此，由绝热本征函数（2.8.19）表达的态的能量本征值为

$$W_{en}=w_e(R_0)+w_{en} \tag{2.8.23}$$

这是核平衡构型下的电子能量加上核运动导致的电子能量。绝热近似在这里比较适用的原因是，原子核和电子的质量相差比较大，导致原子核相对于电子的运动速度非常慢，从而核运动构成了电子量子态的绝热微扰。

通常，我们可以将核运动近似独立地分成振动、转动和平动这三种运动。通过在分子坐标系中进行分析可以去掉平动。现在，绝热本征函数和本征值变成：

$$\Psi_{evr}=\psi_e(r,Q)\psi_{ev}(Q)\psi_{evr}(\theta,\phi,\chi) \tag{2.8.24a}$$

$$W_{evr}=w_e(Q_0)+w_{ev}+w_{evr} \tag{2.8.24b}$$

其中，下角标 v 和 r 分别是振动和转动量子态；Q 是正则振动（normal vibrational）坐标的特定内核坐标集；θ,ϕ,χ 是确定分子简正坐标相对于空间坐标的欧拉角。

在右矢量标记中，第 j 个电子-核态在没有调用 Born-Oppenheimer 近似时写成 $|j\rangle=|e_j v_j r_j\rangle$；当调用近似后，如果电子的部分不是轨道简并的，则可以写成 $|e_j\rangle|v_j\rangle|r_j\rangle$。振动部分的完整说明非常混乱，因为有必要确定在每种简正模式中的振荡量子数。由此，第 j 个态的振动部分写成：

$$|v_j\rangle\equiv|n_{1_j},n_{2_j},\cdots n_{p_j},\cdots n_{(3N-6)_j}\rangle$$

其中，n_{p_j} 是与简正坐标 Q_{pj} 相关的正则模态中的振动量子数，非线形分子共有 $3N-6$ 种正则模态。我们将经常使用从特定上下文中看得很清楚的简化符号。例如，$|1_j\rangle$ 用来表示与电子态 $|e_j\rangle$ 有关的振动态，其中的一个正则模态包含一个量子，

而所有其他正则模态则不包含量子。我们不用费心去确定哪个正则模态被激发了，因为这通常比较清楚，如振动跃迁矩$\langle 1_j|Q_0|0\rangle$。在其他地方，$|1_p\rangle$用来标记对应于正则振动坐标Q_p的单激发振动态，并且和基电子态相关联。

只有当电子的函数$\psi_e(r,R)$在R空间中的所有点都是轨道非简并的情况下，基本近似（2.8.19）才是适用的。展开到轨道简并态见2.8.4节，该节给出“粗略的”绝热近似的简化内容。

2.8.3 在Placzek近似中的振动拉曼跃迁张量

绝热近似可以用来简化2.8.1节中推导的拉曼跃迁张量。因为我们只关注振动拉曼散射，所以首先使用绝热波函数和能量（2.8.24）分离（2.8.6）中一般拉曼跃迁张量的振动部分。到目前为止，我们已经用n、j和m分别标记初态、中间态和终态：现在在这些小角标上附加e、υ和r，以指定相应的电子、振动和转动部分。因此，在绝热近似下，一般分子本征态被写成独立的电子、振动和转动部分的乘积：

$$|j\rangle = |e_j\upsilon_j r_j\rangle = |e_j\rangle|\upsilon_j\rangle|r_j\rangle \tag{2.8.25a}$$

第二个等号只有当$|e_j\rangle$不是轨道简并时才成立。一般分子本征态对应的能量为

$$W_{e_j\upsilon_j r_j} = w_{e_j} + w_{\upsilon_j} + w_{r_j} \tag{2.8.25b}$$

这意味着，我们可以将两个一般分子本征态ψ_j和ψ_n频率写成电子、振动和转动频率的和：

$$\omega_{e_j\upsilon_j r_j e_n\upsilon_n r_n} = \omega_{e_j e_n} + \omega_{\upsilon_j\upsilon_n} + \omega_{r_j r_n} \tag{2.8.26}$$

例如，实跃迁极化率（2.8.6b）现在变成：

$$\begin{aligned}(\alpha_{\alpha\beta})_{e_m\upsilon_m r_m e_n\upsilon_n r_n} = &\frac{1}{2\hbar}\sum_{\substack{e_j\upsilon_j r_j\neq \\ e_n\upsilon_n r_n, \\ e_m\upsilon_m r_m}}\frac{1}{(\omega_{e_j\upsilon_j r_j e_n\upsilon_n r_n}-\omega)(\omega_{e_j\upsilon_j r_j e_m\upsilon_m r_m}+\omega)}\\ &\times\Big[(\omega_{e_j\upsilon_j r_j e_n\upsilon_n r_n}+\omega_{e_j\upsilon_j r_j e_m\upsilon_m r_m})\mathrm{Re}\Big(\langle e_m\upsilon_m r_m|\mu_\alpha|e_j\upsilon_j r_j\rangle\langle e_j\upsilon_j r_j|\mu_\beta|e_n\upsilon_n r_n\rangle\\ &+\langle e_m\upsilon_m r_m|\mu_\beta|e_j\upsilon_j r_j\rangle\langle e_j\upsilon_j r_j|\mu_\alpha|e_n\upsilon_n r_n\rangle\Big)\\ &+(2\omega+\omega_{e_n\upsilon_n r_n e_m\upsilon_m r_m})\mathrm{Re}\Big(\langle e_m\upsilon_m r_m|\mu_\alpha|e_j\upsilon_j r_j\rangle\langle e_j\upsilon_j r_j|\mu_\beta|e_n\upsilon_n r_n\rangle\\ &-\langle e_m\upsilon_m r_m|\mu_\beta|e_j\upsilon_j r_j\rangle\langle e_j\upsilon_j r_j|\mu_\alpha|e_n\upsilon_n r_n\rangle\Big)\Big]\end{aligned} \tag{2.8.27}$$

对于透明频率处的入射光，跃迁频率忽略旋转的贡献是一个很好的近似，但 $e_j\upsilon_j = e_n\upsilon_n = 00$ 的项除外。这些项涉及纯旋转虚激发态，仅对微波频率处的入射光有意义。从而，在剩下的项中，我们可以调用与每个电子-振动能级相关的旋转态完整集合的闭合理论：

$$\sum_{r_j} \left| e_j\upsilon_j r_j \right\rangle \left\langle e_j\upsilon_j r_j \right| = \left| e_j\upsilon_j \right\rangle \left\langle e_j\upsilon_j \right| \tag{2.8.28}$$

忽略微波项，可以将跃迁极化率（2.8.27）写成：

$$(\alpha_{\alpha\beta})_{e_m\upsilon_m r_m e_n\upsilon_n r_n} = \left\langle r_m \left| (\alpha_{\alpha\beta})_{e_m\upsilon_m e_n\upsilon_n} \right| r_n \right\rangle \tag{2.8.29}$$

其中，$(\alpha_{\alpha\beta})_{e_m\upsilon_m e_n\upsilon_n}$ 只是去掉所有旋转态和能量的（2.8.27）。如果考虑激发态的寿命，同样的近似在吸收频率处应该也适用。如果我们对旋转拉曼散射感兴趣的话，可以利用像 α 和 α' 坐标之间 $l_{\alpha\alpha'}$ 的方向余弦，将空间坐标 $\alpha,\beta,\cdots$ 和分子坐标 $\alpha',\beta',\cdots$ 相关联，写成：

$$(\alpha_{\alpha\beta})_{e_m\upsilon_m r_m e_n\upsilon_n r_n} = (\alpha_{\alpha'\beta'})_{e_m\upsilon_m e_n\upsilon_n} \left\langle r_m \left| l_{\alpha\alpha'} l_{\beta\beta'} \right| r_n \right\rangle \tag{2.8.30}$$

因为只有方向余弦算符可以影响纯旋转跃迁。然而，我们只关注液体和固体的振动拉曼散射，因此去掉了旋转态。在液体中，用到了强度表达的各向同性平均：这给出的结果和通过保留完整跃迁极化率（2.8.30），并最终对初始和最终旋转态的完整集合强度表达式求和，得到的结果相同（Van Vleck，1932；Bridge and Buckingham，1966）。

在常温下，分子通常处于属于最低电子能级的量子态，这里为 e_n，因此对于振动拉曼散射，我们只需要考虑由如下表达给出的振动跃迁极化率：

$$\begin{aligned}(\alpha_{\alpha\beta})_{e_n\upsilon_m e_n\upsilon_n} &= \frac{1}{2\hbar} \sum_{\substack{e_j\upsilon_j \neq \\ e_n\upsilon_n, \\ e_n\upsilon_m}} \frac{1}{(\omega_{e_j\upsilon_j e_n\upsilon_n} - \omega)(\omega_{e_j\upsilon_j e_n\upsilon_m} + \omega)} \\ &\times \Big[(\omega_{e_j\upsilon_j e_n\upsilon_n} + \omega_{e_j\upsilon_j e_n\upsilon_m}) \mathrm{Re}\Big(\left\langle e_n\upsilon_m \left| \mu_\alpha \right| e_j\upsilon_j \right\rangle \left\langle e_j\upsilon_j \left| \mu_\beta \right| e_n\upsilon_n \right\rangle \\ &+ \left\langle e_n\upsilon_m \left| \mu_\beta \right| e_j\upsilon_j \right\rangle \left\langle e_j\upsilon_j \left| \mu_\alpha \right| e_n\upsilon_n \right\rangle \Big) \\ &+ (2\omega + \omega_{e_n\upsilon_n e_n\upsilon_m}) \mathrm{Re}\Big(\left\langle e_n\upsilon_m \left| \mu_\alpha \right| e_j\upsilon_j \right\rangle \left\langle e_j\upsilon_j \left| \mu_\beta \right| e_n\upsilon_n \right\rangle \\ &- \left\langle e_n\upsilon_m \left| \mu_\beta \right| e_j\upsilon_j \right\rangle \left\langle e_j\upsilon_j \left| \mu_\alpha \right| e_n\upsilon_n \right\rangle \Big) \Big] \end{aligned} \tag{2.8.31}$$

现在，我们将 e_j 的和分成两个部分，分别对应了 $e_j = e_n$ 和 $e_j \neq e_n$ 的两种情况。对于后者，在透明频率处忽略振动的贡献 $\omega_{\upsilon_j\upsilon_n}$ 和 $\omega_{\upsilon_j\upsilon_m}$，将其看成虚跃迁频率 $\omega_{e_j\upsilon_j e_n\upsilon_n}$ 和 $\omega_{e_j\upsilon_j e_n\upsilon_m}$，这是比较好的近似。这样的话，式（2.8.31）就变成：

$$
\begin{aligned}
(\alpha_{\alpha\beta})_{e_n\upsilon_m e_n\upsilon_n} =& \frac{1}{2\hbar}\sum_{\substack{\upsilon_j\neq\\ \upsilon_n,\upsilon_m}}\frac{1}{(\omega_{\upsilon_j\upsilon_n}-\omega)(\omega_{\upsilon_j\upsilon_m}+\omega)} \\
&\times\Big[(\omega_{\upsilon_j\upsilon_n}+\omega_{\upsilon_j\upsilon_m})\mathrm{Re}\Big(\langle e_n\upsilon_m|\mu_\alpha|e_n\upsilon_j\rangle\langle e_n\upsilon_j|\mu_\beta|e_n\upsilon_n\rangle \\
&+\langle e_n\upsilon_m|\mu_\beta|e_n\upsilon_j\rangle\langle e_n\upsilon_j|\mu_\alpha|e_n\upsilon_n\rangle\Big) \\
&+(2\omega+\omega_{\upsilon_n\upsilon_m})\mathrm{Re}\Big(\langle e_n\upsilon_m|\mu_\alpha|e_n\upsilon_j\rangle\langle e_n\upsilon_j|\mu_\beta|e_n\upsilon_n\rangle \\
&-\langle e_n\upsilon_m|\mu_\beta|e_n\upsilon_j\rangle\langle e_n\upsilon_j|\mu_\alpha|e_n\upsilon_n\rangle\Big)\Big] \\
&+\frac{1}{2\hbar}\sum_{e_j\neq e_n}\frac{1}{\left(\omega_{e_je_n}^2-\omega^2\right)}\times\Big[2\omega_{e_je_n}\sum_{\upsilon_j}\mathrm{Re}\Big(\langle e_n\upsilon_m|\mu_\alpha|e_j\upsilon_j\rangle\langle e_j\upsilon_j|\mu_\beta|e_n\upsilon_n\rangle \\
&+\langle e_n\upsilon_m|\mu_\beta|e_j\upsilon_j\rangle\langle e_j\upsilon_j|\mu_\alpha|e_n\upsilon_n\rangle\Big) \\
&+2\omega\sum_{\upsilon_j}\mathrm{Re}\Big(\langle e_n\upsilon_m|\mu_\alpha|e_j\upsilon_j\rangle\langle e_j\upsilon_j|\mu_\beta|e_n\upsilon_n\rangle \\
&-\langle e_n\upsilon_m|\mu_\beta|e_j\upsilon_j\rangle\langle e_j\upsilon_j|\mu_\alpha|e_n\upsilon_n\rangle\Big)\Big]
\end{aligned}
\tag{2.8.32}
$$

其中，第一部分中的 $\omega_{\upsilon_j\upsilon_n}$、$\omega_{\upsilon_j\upsilon_m}$ 和 $\omega_{\upsilon_n\upsilon_m}$ 是属于最低电子能级的振动态之间的跃迁频率。在第二部分的反对称项中，我们忽略了相对于 ω 的振动拉曼跃迁频率 $\omega_{\upsilon_m\upsilon_n}$。

在这些表达中，电偶极矩算符 μ_α 是电子和核坐标的函数；并且，矩阵元将通过式（2.8.25a）的完整绝热波函数给出。为了简化这些表达，我们现在引入分子处于最低电子能级的绝热永久电偶极矩和绝热动态极化率，核固定在构型 Q 中，从而只有电子可以自由运动。这两个物理量很明显是 Q 的函数，从而分别用 $\mu_\alpha(Q)$ 和 $\alpha_{\alpha\beta}(Q)$ 表示。因此，

$$
\mu_\alpha(Q)=\langle\psi_0(r,Q)|\mu_\alpha|\psi_0(r,Q)\rangle \tag{2.8.33}
$$

从式（2.6.27a）得到：

$$
\begin{aligned}
\alpha_{\alpha\beta}(Q)=&\frac{2}{\hbar}\sum_{e_j\neq e_n}\frac{\omega_{e_je_n}}{\omega_{e_je_n}^2-\omega^2}\mathrm{Re}\Big(\langle\psi_0(r,Q)|\mu_\alpha|\psi_{e_j}(r,Q)\rangle \\
&\times\langle\psi_{e_j}(r,Q)|\mu_\beta|\psi_0(r,Q)\rangle\Big)
\end{aligned}
\tag{2.8.34}
$$

该表达式只适用于透明频率。

利用式（2.8.33），振动跃迁极化率（2.8.32）的第一部分变成：

$$
\begin{aligned}
(\alpha_{\alpha\beta})_{\upsilon_m\upsilon_n}^{(\text{离子})} = & \frac{1}{2\hbar}\sum_{\upsilon_j\neq\upsilon_n}\frac{1}{\left(\omega_{\upsilon_j\upsilon_n}-\omega\right)\left(\omega_{\upsilon_j\upsilon_m}+\omega\right)} \\
& \times\Big[\left(\omega_{\upsilon_j\upsilon_n}+\omega_{\upsilon_j\upsilon_m}\right)\mathrm{Re}\Big(\left\langle\upsilon_m\middle|\mu_\alpha(Q)\middle|\upsilon_j\right\rangle\left\langle\upsilon_j\middle|\mu_\beta(Q)\middle|\upsilon_n\right\rangle \\
& +\left\langle\upsilon_m\middle|\mu_\beta(Q)\middle|\upsilon_j\right\rangle\left\langle\upsilon_j\middle|\mu_\alpha(Q)\middle|\upsilon_n\right\rangle\Big) \\
& +\left(2\omega+\omega_{\upsilon_n\upsilon_m}\right)\mathrm{Re}\Big(\left\langle\upsilon_m\middle|\mu_\alpha(Q)\middle|\upsilon_j\right\rangle\left\langle\upsilon_j\middle|\mu_\beta(Q)\middle|\upsilon_n\right\rangle \\
& -\left\langle\upsilon_m\middle|\mu_\beta(Q)\middle|\upsilon_j\right\rangle\left\langle\upsilon_j\middle|\mu_\alpha(Q)\middle|\upsilon_n\right\rangle\Big)\Big]
\end{aligned} \tag{2.8.35}
$$

我们通常将以上关系看成是振动跃迁极化率的离子部分，并描述成只通过虚激发振动态产生的拉曼散射，分子仍然处于基电子态。除非激发光的频率处于近红外区域或者更低，否则可以忽略该项。

在振动跃迁极化率（2.8.32）的第二部分，可以调用关于振动态完备集合的闭合理论，给出：

$$
\begin{aligned}
(\alpha_{\alpha\beta})_{\upsilon_m\upsilon_n}^{(\text{离子})} &= \frac{2}{\hbar}\sum_{e_j\neq e_n}\frac{\omega_{e_je_n}}{\omega_{e_je_n}^2-\omega^2}\left\langle\upsilon_m\middle|\mathrm{Re}\Big(\left\langle e_n\middle|\mu_\alpha\middle|e_j\right\rangle\times\left\langle e_j\middle|\mu_\beta\middle|e_n\right\rangle\Big)\middle|\upsilon_n\right\rangle \\
&= \left\langle\upsilon_m\middle|\alpha_{\alpha\beta}(Q)\middle|\upsilon_n\right\rangle
\end{aligned} \tag{2.8.36}
$$

其中，我们已经假设ψ_{υ_m}和ψ_{υ_n}是实波函数，并且引入了绝热动态极化率（2.8.34）。注意，在该近似中，反对称部分为零（因为一个量的实部减去其复共轭为纯虚部）。虚跃迁极化率的振动部分$\left(\alpha'_{\alpha\beta}\right)_{\upsilon_m\upsilon_n}$可以用类似的方式给出，但由于$\alpha'_{\alpha\beta}$是奇时间的，因此有必要考虑该物理量与正则振动坐标的共轭动量$\dot{Q}$的相关性，而不是Q本身（见 8.2 节）。现在，对称部分为零（因为一个量的虚部加上其复共轭为纯实部）。

本节中的讨论参考了 Born 和 Huang（1954）及 Placzek（1934），并且通常称为 Placzek 近似。因此，当可见或紫外激发光的频率与分子的任何电子吸收频率相差比较大时，通过该近似处理可以将复跃迁极化率（2.8.7b）的实和虚振动部分分别写成：

$$
(\alpha_{\alpha\beta})_{\upsilon_m\upsilon_n} = \left\langle\upsilon_m\middle|\alpha_{\alpha\beta}(Q)\middle|\upsilon_n\right\rangle = (\alpha_{\beta\alpha})_{\upsilon_m\upsilon_n} \tag{2.8.37a}
$$

$$
\left(\alpha'_{\alpha\beta}\right)_{\upsilon_m\upsilon_n} = \left\langle\upsilon_m\middle|\alpha'_{\alpha\beta}(\dot{Q})\middle|\upsilon_n\right\rangle = -\left(\alpha'_{\beta\alpha}\right)_{\upsilon_m\upsilon_n} \tag{2.8.37b}
$$

这两部分分别为纯对称的和纯反对称的。

振动跃迁光学活性张量可以有类似的推导，例如，

$$
\left(G'_{\alpha\beta}\right)_{\upsilon_m\upsilon_n} = \left\langle\upsilon_m\middle|G'_{\alpha\beta}(Q)\middle|\upsilon_n\right\rangle \tag{2.8.38a}
$$

$$(A_{\alpha,\beta\gamma})_{\upsilon_m\upsilon_n} = \left\langle \upsilon_m \left| A_{\alpha,\beta\gamma}(Q) \right| \upsilon_n \right\rangle = (A_{\alpha,\gamma\beta})_{\upsilon_m\upsilon_n} \tag{2.8.38b}$$

与瑞利散射的情况一样，在 Placzek 近似中，将振动跃迁光学活性张量在透明频率处分成对称和反对称部分是没有意义的。

2.8.4　振动相互作用：Herzberg-Teller 近似

通过忽略电子和核运动之间的耦合，我们可以得到绝热波函数和能量（2.8.24）。这种耦合会产生重要结果：这里有关联的是电子-振动耦合，该耦合产生了一些振动拉曼跃迁，并且也产生了电子吸收和圆二色波段的一些振动结构。电子-振动耦合可以用来解释一些综述中提到的各种复杂能级，如 Longuet-Higgins（1961），Englman（1972），Özkan 和 Goodman（1979）及 Ballhausen（1979）。

这里，我们将采用 Herzberg 和 Teller（1933）给出的最粗略的近似。该最粗略的近似通过调用粗略绝热近似开始。在该粗略绝热近似中，我们将完整分子波函数写成：

$$\Psi_{\text{ev}}(r,Q) = \psi_{\text{e}}(r,Q_0)\psi_{\text{ev}}^{(\text{CA})}(Q) \tag{2.8.39}$$

除了对旋转部分的忽略，以及对正则振动坐标的详细说明，这与式（2.8.19）的不同之处在于，电子因子 $\psi_{\text{e}}(r,Q_0)$ 现在适用于平衡核坐标 Q_0。Q 相关性现在只包含在振动函数 $\psi_{\text{ev}}^{(\text{CA})}(Q)$ 中，这与作为如下方程而不是式（2.8.21）的解的 $\psi_{\text{ev}}(Q)$ 非常不同。

$$\begin{aligned}&\left[T(Q) + \left\langle \psi_{\text{e}}(r,Q_0) \middle| H_{\text{e}}(r,Q) \middle| \psi_{\text{e}}(r,Q_0) \right\rangle - w_{\text{e}}(Q_0) + V(Q)\right]\psi_{\text{ev}}^{(\text{CA})}(Q)\\ &= w_{\text{ev}}^{(\text{CA})}\psi_{\text{ev}}^{(\text{CA})}(R)\end{aligned} \tag{2.8.40a}$$

其中，

$$H_{\text{e}}(r,Q) = T(r) + V(r,Q) \tag{2.8.41}$$

是电子哈密顿量，其与 Q 的相关性可以用围绕 Q_0 的核位移展开式表示：

$$H_{\text{e}}(Q) = (H_{\text{e}})_0 + \sum_p \left(\frac{\partial H_{\text{e}}}{\partial Q_p}\right)_0 Q_p + \frac{1}{2}\sum_{p,q}\left(\frac{\partial^2 H_{\text{e}}}{\partial Q_p \partial Q_q}\right)_0 Q_p Q_q + \cdots \tag{2.8.42}$$

注意，因为总振动能量 $W_{\text{ev}} = w_{\text{e}}(Q_0) + w_{\text{ev}}$，所以我们可以将式（2.8.40a）写得更简单些：

$$\begin{aligned}&\left[T(Q) + \left\langle \psi_{\text{e}}(r,Q_0) \middle| H_{\text{e}}(r,Q) \middle| \psi_{\text{e}}(r,Q_0) \right\rangle + V(Q)\right]\psi_{\text{ev}}^{(\text{CA})}(Q)\\ &= W_{\text{ev}}^{(\text{CA})}\psi_{\text{ev}}^{(\text{CA})}(Q)\end{aligned} \tag{2.8.40b}$$

尽管粗略绝热近似的数值部分在定性上并不是完全正确的（Özkan and Goodman，1979），但是我们将继续利用 Herzberg-Teller 方法，因为它提供了一个简单框架，通过该框架可以进行对称性讨论，这才是我们的主要关注点。

将混合电子态的微扰看作在正则坐标系中电子哈密顿量展开式（2.8.42）中的第二项和更高项。将在平衡核构型下电子函数$\psi_{\mathrm{e}}(r,Q_0)$的集合作为电子的基础，电子函数的Q相关性被认为来自混合$\psi_{\mathrm{e}}(r,Q_0)$的振动微扰；也就是：

$$\begin{aligned}\psi_{e_j}(Q)&=\psi'_{e_j}(Q_0)\\&=\psi_{e_j}(Q_0)+\sum_{e_k\neq e_j}\frac{\left\langle\psi_{e_k}(Q_0)\left|\sum_p(\partial H_{\mathrm{e}}/\partial Q_p)_0Q_p\right|\psi_{e_j}(Q_0)\right\rangle}{w_{e_j}-w_{e_k}}\psi_{e_j}(Q_0)+\cdots\end{aligned}\tag{2.8.43}$$

如果核运动混合了轨道简并电子态（Jahn-Teller 效应）或者近简并态（赝 Jahn-Teller 效应），则电子和核运动紧密交织，并且必须重构 Herzberg-Teller 方法。例如，双简并电子态的一般振动波函数会写成：

$$\Psi(r,Q)=\psi_{e_1}(r,Q_0)\psi_{e_1v}^{(\mathrm{CA})}(Q)+\psi_{e_2}\left(r,Q_0\right)\psi_{e_2v}^{(\mathrm{CA})}(Q)\tag{2.8.44}$$

其中，$\psi_{e_1}(r,Q_0)$和$\psi_{e_2}(r,Q_0)$是在某个预先选择的对称构型Q_0处简并的两个电子波函数；$\psi_{e_1v}^{(\mathrm{CA})}(Q)$和$\psi_{e_2v}^{(\mathrm{CA})}(Q)$是与这两个电子态相关的振动波函数或振幅组分。事实上，Q_0没必要是平衡构型，但必须具有足够的对称性，使简并成为非偶然的。因此，式（2.8.44）允许$\psi_{e_1}(r,Q_0)$和$\psi_{e_2}(r,Q_0)$的大量混合，并忽略了与所有其他电子态的混合。

这对简并电子波函数是如下薛定谔方程的解：

$$H_{\mathrm{e}}(r,Q_0)\psi_{\mathrm{e}}(r,Q_0)=w_{\mathrm{e}}(Q_0)\psi_{\mathrm{e}}(r,Q_0)\tag{2.8.45}$$

其中，$H_{\mathrm{e}}(r,Q_0)$是对称构型Q_0处的电子哈密顿量，是展开式（2.8.42）中的第一项。将式（2.8.42）中的第二项和更高项作为混合简并波函数的微扰，则简并微扰理论产生如下的久期行列式：

$$\begin{vmatrix}H_{11}-w_{\mathrm{e}}(Q)&H_{12}\\H_{21}&H_{22}-w_{\mathrm{e}}(Q)\end{vmatrix}=0\tag{2.8.46}$$

其中，$H_{ij}=\left\langle\psi_{e_i}(r,Q_0)\middle|H_{\mathrm{e}}(r,Q)\middle|\psi_{e_j}(r,Q)\right\rangle$。如果$H_{\mathrm{e}}(r,Q)$展开中，对于算符$\sum_p(\partial H_{\mathrm{e}}/\partial Q_p)_0Q_p$，$Q_p$中存在非零非对角线性矩阵元，则破坏了电子简并性，使Q_0不再是平衡构型。决定电子势能面的式（2.8.46）的解构成了 Jahn-Teller 效应的定态方面。在动态方面，振动波函数[这里被看成是在式（2.8.44）中简并电子波函数的振幅]由耦合方程决定：

$$\begin{pmatrix}T(Q)+H_{11}-W_{\mathrm{ev}}^{(\mathrm{CA})}+V(Q)&H_{12}\\H_{21}&T(Q)+H_{22}-W_{\mathrm{ev}}^{(\mathrm{CA})}+V(Q)\end{pmatrix}\begin{pmatrix}\psi_{e_1v}^{(\mathrm{CA})}(Q)\\\psi_{e_2v}^{(\mathrm{CA})}(Q)\end{pmatrix}=0\tag{2.8.47}$$

这可以看成是式（2.8.40b）的普遍形式。

第 3 章　分子的偏振光散射

爱德华七世在皇宫宴会上对瑞利勋爵和奥古斯丁·伯瑞尔说:“啊,瑞利勋爵,是不是发现了些什么?你知道,他总是这样。”

（来自戴安娜自传，记录了和奥古斯丁·伯瑞尔的谈话）

3.1　引　　言

这一章是本书的核心，其中用到了第 2 章给出的理论。这里，我们根据分子性质张量，计算从分子集向各种方向散射的光的偏振和强度的显式表达式。这些表达式将在后面的章节中得到详细应用，由此涉及了要讨论的所有光学活性现象的基本方程。

偏振现象一直是光散射研究的一个重要组成部分。例如，Tyndall 关于气溶胶的早期研究（Tyndall，1869）表明，线偏振是直角光散射的一个重要特征。他指出“天空的蓝色，以及天光的偏振……在我们最杰出的权威人士看来，构成了气象学的两个重大谜题。”[引自 Kerker（1969）]瑞利勋爵解开了这个谜（Rayleigh，1871）。他指出比波长小得多的均匀球产生的光散射强度正比于$1/\lambda^4$，直角处的散射分量在垂直于散射面是完全线偏振的，这表明天光的颜色和偏振来自空气分子对阳光的散射。事实上，在天光呈直角散射的偏振中观测到了缺陷。这些缺陷最初被归因于灰尘和多次散射等因素，但由于在无尘分子气体中也观察到了缺陷，人们从而意识到分子的光学性质偏离球对称性也是其中的一个重要因素。

3.2　分子光散射

当电磁波遇到障碍物时，束缚电荷产生振荡，从而向所有方向产生二次波。在介质中，导致光散射的“障碍物”可以是所有杂质，如晶体中的杂质、大气中的水滴或尘埃、悬浮在液体中的胶体物质等。然而，光散射也会在完全没有污染的透明物中产生，其中的原因来自分子层次的不均匀性。正如前面所指出的那样，频率基本不变的分子光散射称为瑞利散射，而具有特定频移的分子光散射称为拉曼散射。Raman 和 Krishnan 于 1928 年首次观察到散射光中的这些频移，不久，Landsberg 和 Mandelstam（1928）也独立发现了该效应。在俄罗斯文献中，拉曼散射通常称为结合散射（combination scattering）。

我们应该知道，完全透明的均匀介质是不会产生光散射的。现在注意这样一种情况，平面波在介质中传播，且介质的单位体积分子数不随时间的变化而变化。如果每个体积元的尺寸相比于入射光的波长比较小，则任何体积元不同部分的散射波有相同相位。从特定体积元 V 以与入射光传播方向成 ξ 角的散射光具有特定的振幅和相位。由于介质是完全均匀的，沿着入射平面波前的体积 V 距离 l 的体积 V' 会辐射一个具有同样方向的波，该波有同样的振幅，然而相位与 V 相反，相关示意图见图 3.1。相位相反的条件是，两个散射波的路径长度差为 $\lambda/2$，从而：

$$l = \frac{\lambda}{2\sin\xi} \tag{3.2.1}$$

结果，对于除 $\xi = 0$ 以外的任何 ξ，平面波前两个体积的辐射波产生相消干涉，从而在完美均匀介质中没有前散射光。只有存在前散射光，并通过与入射波未散射部分的干涉才会产生折射。

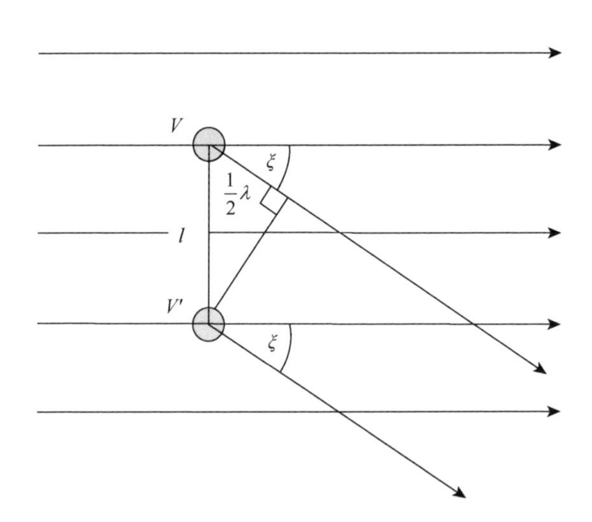

图 3.1　体积基元 V 和 V' 散射波的相消干涉效应

在纯透明样品中也会产生瑞利散射，这是因为没有介质可以是完全均匀的。例如，在稀薄气体的极限情况中，分子产生无序热运动，该热运动的平均自由程长度远大于光的波长。任何两个分子产生的散射波之间的相位差通常可以是正的也可以是负的，从而平均化后，一半时间是相消干涉，一半时间是相长干涉，并且总散射强度是单个散射强度的和。该结论由瑞利勋爵给出。Smoluchowski 和 Einstein 给出了一个更普遍的理论，适用于致密介质，用局部密度涨落产生的光学不均匀性解释光散射的原因：在体积基元 V 中散射体的数目只有在平均的情况下才是常数，从而，与由第二个体积基元 V' 产生的相反相位的波并不是时刻都产生完全相消干涉。Einstein 的散射强度公式简化成理想气体瑞利方程。每个分子的总散射能力随密度的增加而减弱，并且在液体中的散射强度要比气体小一个数量级。该涨落理论由 Cabannes 推广到包含由分子取向不规则性产生的各向异性涨落引起的光散射。对于致密介质中的光散射理论，可以参考 Bhagavantam（1942）、Landau 和 Lifshitz（1960）及 Fabelinskii（1968）的著作。

另一方面，振动拉曼散射是完全不相干的(除了在强激光中的受激拉曼散射)，并且从 N 个分子产生的总振动拉曼散射强度仅仅是在整个样品密度下单个分子产生的 N 倍。这是因为拉曼散射光的相位取决于分子振动的相位，在很好的近似下，分子振动在分子之间任意变化，从而分子为独立的辐射源，与位置之间的相关程度无关。

这里不将光散射的普遍涨落理论纳入到我们的处理中，而是假设总散射强度为每个分子散射强度之和。该简化模式实际上对本书讨论的大多数光学活性现象都提供了正确结果。瑞利散射和拉曼散射偏振特性的表达式包含各向同性和各向异性散射贡献之和的商。瑞利散射的各向同性和各向异性贡献与样品密度的相关性不同（各向同性部分通常比各向异性部分更依赖于样品的密度），从而瑞利散射的偏振结果只适用于理想气体。然而，振动拉曼散射的结果对于所有样品都是正确的，因为各向同性和各向异性振动拉曼散射总是不相干的。

前散射光在所有样品密度处都是完全相干的，并且，从所有散射体产生了完全相长干涉。结果，像旋光这样的双折射效应产生的偏振结果由入射光的前散射部分与未散射部分之间的干涉推导给出，这对于所有样品密度基本上都是正确的。我们仅仅需要用如下关系，通过样品的内部场对光场进行修正：

$$\boldsymbol{E}' = \frac{1}{3}(n^2+2)\boldsymbol{E} \tag{3.2.2}$$

其中，$\frac{1}{3}(n^2+2)$ 是洛伦兹因子。

3.3　分子诱导振荡多极矩辐射

我们认为散射光来自入射光电磁场在分子中诱导的振荡电磁多极矩产生的辐射场。式（2.4.43a）给出比波长大的距离处，含时多极矩辐射的电场。从而，在距离分子原点 R 的波区 d 检测到的散射电场是如下关系的实部：

$$\tilde{E}_\alpha^d = \frac{\omega^2\mu_0}{4\pi R}\mathrm{e}^{\mathrm{i}\omega(R/c-t)}\left[\left(\tilde{\mu}_\alpha^{(0)} - n_\alpha^d n_\beta^d \tilde{\mu}_\beta^{(0)}\right) - \frac{1}{c}\varepsilon_{\alpha\beta\gamma}n_\alpha^d \tilde{m}_\gamma^{(0)} - \frac{\mathrm{i}\omega}{3c}\left(n_\beta^d \tilde{\Theta}_{\alpha\beta}^{(0)} - n_\alpha^d n_\beta^d n_\gamma^d \tilde{\Theta}_{\beta\gamma}^{(0)}\right) + \cdots\right] \tag{3.3.1}$$

其中，$\boldsymbol{n}^d$ 是沿波检测方向的传播矢量。在 $n_\alpha^d n_\beta^d \tilde{\mu}_\beta^{(0)}$ 和 $n_\alpha^d n_\beta^d n_\gamma^d \tilde{\Theta}_{\beta\gamma}^{(0)}$ 中的项确定波是横向的。由于该波在分子间的自由空间中传播，μ和ϵ 为单位物理量，$\boldsymbol{n}^d$ 在这里为单位传播矢量。复诱导矩根据由式（2.6.43）给出的动态分子性质张量表示；这些矩最好根据入射平面波的电矢量表示，从而需要的振幅为

$$\tilde{\mu}_\alpha^{(0)} = \left(\tilde{\alpha}_{\alpha\beta} + \frac{\mathrm{i}\omega}{3c} n_\gamma^{\mathrm{i}} \tilde{A}_{\alpha,\beta\gamma} + \frac{1}{c} \varepsilon_{\gamma\delta\beta} n_\delta^{\mathrm{i}} \tilde{G}_{\alpha\gamma} + \cdots \right) \tilde{E}_\beta^{(0)} \tag{3.3.2a}$$

$$\tilde{\Theta}_{\alpha\beta}^{(0)} = \left(\tilde{\mathcal{A}}_{\gamma,\alpha\beta} + \cdots \right) \tilde{E}_\gamma^{(0)} \tag{3.3.2b}$$

$$\tilde{m}_\alpha^{(0)} = \left(\tilde{\mathcal{G}}_{\alpha\beta} + \cdots \right) \tilde{E}_\beta^{(0)} \tag{3.3.2c}$$

其中，$\boldsymbol{n}^{\mathrm{i}}$ 是入射波的传播矢量。现在可以将方程（3.3.1）写成：

$$\tilde{E}_\alpha^d = \frac{\omega^2 \mu_0}{4\pi R} \mathrm{e}^{\mathrm{i}\omega(R/c-t)} \tilde{a}_{\alpha\beta} \tilde{E}_\beta^{(0)} \tag{3.3.3}$$

其中，$\tilde{a}_{\alpha\beta}$ 是由单位矢量 $\boldsymbol{n}^{\mathrm{i}}$ 和 $\boldsymbol{n}^d$ 给出的特定入射和散射方向的散射张量：

$$\begin{aligned} \tilde{a}_{\alpha\beta} = {} & \tilde{\alpha}_{\alpha\beta} + \frac{\mathrm{i}\omega}{3c}\left(n_\gamma^{\mathrm{i}} \tilde{A}_{\alpha,\gamma\beta} - n_\gamma^d \tilde{\mathcal{A}}_{\beta,\gamma\alpha} \right) + \frac{1}{c}\left(\varepsilon_{\gamma\delta\beta} n_\delta^{\mathrm{i}} \tilde{G}_{\alpha\gamma} + \varepsilon_{\gamma\delta\alpha} n_\delta^d \tilde{\mathcal{G}}_{\gamma\beta} \right) \\ & - n_\alpha^d n_\gamma^d \tilde{\alpha}_{\gamma\beta} - \frac{\mathrm{i}\omega}{3c} n_\alpha^d n_\beta^d \left(n_\delta^{\mathrm{i}} \tilde{A}_{\gamma,\delta\beta} - n_\delta^d \tilde{\mathcal{A}}_{\beta,\delta\gamma} \right) - \frac{1}{c} n_\alpha^d n_\gamma^d \varepsilon_{\epsilon\delta\beta} n_\delta^{\mathrm{i}} \tilde{\mathcal{G}}_{\gamma\epsilon} + \cdots \end{aligned} \tag{3.3.4}$$

最后三项用于计算电场梯度诱导的双折射（3.4.5 节）和相关现象，以及瑞利和拉曼散射现象与有限聚集锥的相关性。

Baranova 和 Zel'dovich（1979b）就该“局域多极”近似对分子光散射的空间色散的适用范围进行了深入讨论。

3.4　透射光中的偏振现象

3.4.1　光散射引起的折射

穿过透明介质后，光束的偏振变化通常用圆双折射和线双折射来解释。圆双折射指的是左右圆偏振光的不同折射率；线双折射指的是在两个垂直方向上线偏振光的不同折射率。在消光介质中会产生额外的偏振变化，通常用圆二色性和线二色性描述，这两种二色性与对应偏振光的消光系数有关。

瑞利指出，光的折射是其散射的结果。相关的现代处理方式见 Van de Hulst（1957）、Newton（1966）、Jenkins 和 White（1976）等的相关著作。单个分子散射一小部分入射光，并且产生的球面波的向前部分与之前的波发生结合和干涉，从而导致了相位的变化，该变化与波速的变化是等价的。我们将该过程称为折射散射（refringent scattering）。如果介质在光学上是均匀的，由于相消干涉，那么非

前散射光实际上从透射波中损失得很少：相反，从介质中任何点向前散射的波是相长干涉的。从而，在不引入折射率的情况下，直接从瑞利散射模型建立“折射偏振效应”的分子理论是很自然的。Kauzmann（1957）第一个给出旋光散射理论，然而这仅限于透明波长处小的旋度上。我们考虑任意偏振角、椭圆度和偏振度的光束入射到可定向、有消光特性的稀分子的无穷小薄层上。根据出射光束的偏振角、椭圆度、偏振度和强度的微小变化，推导出了动态分子性质张量分量的表达式。对有限光程上的这些无穷小变化进行积分，为已知现象中的有限偏振和强度变化提供了标准方程，如天然旋光性和磁旋光性、Kerr 效应和 Cotton-Muon 效应，以及一些新的效应，如磁手性双折射和二色性。

折射偏振效应的传统理论从圆双折射、线双折射、圆二色性和线二色性的描述开始。通过将折射率与介质的整体电子极化率和磁化率相关联，我们将该传统理论推广到分子理论层次，该分子理论反过来与由光诱导的单个分子中电多极矩和磁多极矩的适当总和相关联。尽管已经证明这种折射率的使用在推导折射偏振效应的表达式方面非常重要，但是它会掩盖一些基本过程。无穷小散射理论包含了同时存在的圆双折射、线双折射、圆二色性、线二色性的一般情况，以及偏振度的变化，所有这些都是相互关联的。折射率理论可以适用于 Mueller 或 Jones 矩阵技术的这种一般拼接。Mueller 计算（Mueller，1948）描述了特定光学元件对由四个斯托克斯参数表征的偏振光束的影响：光学元件的特性用一个实 4×4 矩阵表示，其中的元素是折射率分量的函数，该矩阵乘以入射实四斯托克斯矢量；通过相继应用对应于无穷小光学元件的矩阵，可以计算同时展现圆双折射、线双折射、圆二色性和线二色性的效应。Jones 计算（Jones，1948）类似，然而包含对复 Jones 双矢量操作的复 2×2 矩阵。因为 Jones 矢量只能描述纯偏振光束，而斯托克斯矢量可以适用于部分偏振，只有 Mueller 计算能够包含偏振度的变化。对于 Mueller 和 Jones 方法的进一步讨论，我们参考了 Ramachandran 和 Ramaseshan（1961）的著作。

需要提到的是，在本书中用到的基本散射理论和上述折射率理论之间有一个中间过程。线偏振光和圆偏振光的折射率可以用瑞利的散射模型给出，而不是通过块体电极化率和磁极化率进行计算，并将结果用于 Mueller 或 Jones 矩阵。

3.4.2　偏振光的折射散射

如果一束准单色光沿着 z 方向传播，并入射到一个稀释分子介质中的无限宽 xy 平面薄层上，如图 3.2 所示。薄层的厚度相对于光的波长是无穷小的。如果只有小部分波被散射，在到达从距离薄层向前方向的 R_0 处的 f 点的扰动基本上是初波加上薄层中分子散射的小贡献。利用式（3.3.3），薄层中 $(x,y,0)$ 处体积基元 $\mathrm{d}x\mathrm{d}y\mathrm{d}z$ 在点 f 处产生的散射波的电场为

$$\tilde{E}_{\alpha}^{f}=\frac{N\omega^{2}\mu_{0}\mathrm{d}x\mathrm{d}y\mathrm{d}z}{4\pi R}\mathrm{e}^{\mathrm{i}\omega(\boldsymbol{R}/c-t)}\tilde{a}_{\alpha\beta}\tilde{E}_{\beta}^{(0)} \tag{3.4.1}$$

其中，N 是分子数密度。只有尖端在 f 处的尖锥底部的分子才能有效地促进前散射，因为从该区域外分子散射的波倾向于在 f 处产生相消干涉。这意味着，我们可以通过对薄层无穷大的面积进行式（3.4.1）的积分，计算在 f 处的总散射电矢量，因为只有那些靠近锥轴的分子才会产生相干贡献。检测波的传播方向矢量可以写成：

$$\boldsymbol{n}^{d}=(\boldsymbol{n}^{d}\cdot\boldsymbol{i})\boldsymbol{i}+(\boldsymbol{n}^{d}\cdot\boldsymbol{j})\boldsymbol{j}+(\boldsymbol{n}^{d}\cdot\boldsymbol{k})\boldsymbol{k}=-\frac{x}{R}\boldsymbol{i}-\frac{y}{R}\boldsymbol{j}+\frac{R_{0}}{R}\boldsymbol{k} \tag{3.4.2a}$$

当 $R_0\gg x$ 或 y 时，可以近似成：

$$\boldsymbol{n}^{d}\approx-\frac{x}{R_{0}}\boldsymbol{i}-\frac{y}{R_{0}}\boldsymbol{j}+\boldsymbol{k} \tag{3.4.2b}$$

为了简便起见，我们将仅明确考虑与式（3.4.2b）中第三项 $\boldsymbol{k}$ 有关的 $\boldsymbol{n}^d$ 的贡献。设：

$$R=\left[R_{0}^{2}+(x^{2}+y^{2})\right]^{1/2}\approx R_{0}+\frac{1}{2R_{0}}(x^{2}+y^{2})$$

需要的积分为

$$\frac{1}{R_{0}}\int_{-\infty}^{\infty}\int_{-\infty}^{\infty}\mathrm{d}x\mathrm{d}y\mathrm{e}^{\mathrm{i}\omega(x^{2}+y^{2})/2R_{0}c}=\frac{\mathrm{i}2\pi c}{\omega} \tag{3.4.3}$$

在 f 处的总波是初波和由薄层产生的散射波的和：

$$\tilde{E}_{\alpha}^{f}=\left(\delta_{\alpha\beta}+\mathrm{i}M\tilde{a}_{\alpha\beta}^{f}\right)\tilde{E}_{\beta}^{(0)}\mathrm{e}^{\mathrm{i}\omega(\boldsymbol{R}/c-t)} \tag{3.4.4a}$$

其中，

$$M=\frac{1}{2}N\omega\mu_{0}c\mathrm{d}z \tag{3.4.4b}$$

并且，散射张量的向前部分 $\tilde{a}_{\alpha\beta}^{f}$ 由式（3.3.4）给出，其中 $\boldsymbol{n}^d=\boldsymbol{n}^{\mathrm{i}}$。由于入射波和透过波都是横向的，在式（3.4.4a）中张量下角标 α 和 β 只能是 x 或 y，因此在目前的近似中，式（3.4.4）的最后三项为零。与折射散射有关的偏振和强度变化来自式（3.4.4a）中第一项和第二项的叉积。由于第二项中的 i 可以用 $\exp(\mathrm{i}\pi/2)$ 代替，因此式（3.4.4a）表明，通过对薄层中分子散射子波求和，得到向前的净平面波，该平面波在相位上相对于透射波移动了 $\pi/2$。该相位移对于产生下面给出的线双折射、旋光性等的偏振变化特性方面至关重要。

然而，首先从该折射散射的数学形式推导出稀释分子介质的复折射率的表达式 $\tilde{n}=n+\mathrm{i}n'$ 是非常有用的。设薄层的正面 $z=0$，我们可以考虑滞后，该滞后由光波穿过薄层导致。对于线偏振光（如沿着 x 方向），该滞后可以用 f 处的电场表示，其形式为

$$\tilde{E}_{x}^{f}=\tilde{E}_{x}^{(0)}\mathrm{e}^{\mathrm{i}\omega\{[\tilde{n}\mathrm{d}z+(R_{0}-\mathrm{d}z)]/c-t\}}=\tilde{E}_{x}^{(0)}\mathrm{e}^{\mathrm{i}\omega(\tilde{n}-1)\mathrm{d}z/c}\mathrm{e}^{\mathrm{i}\omega(R_{0}/c-t)} \tag{3.4.5}$$

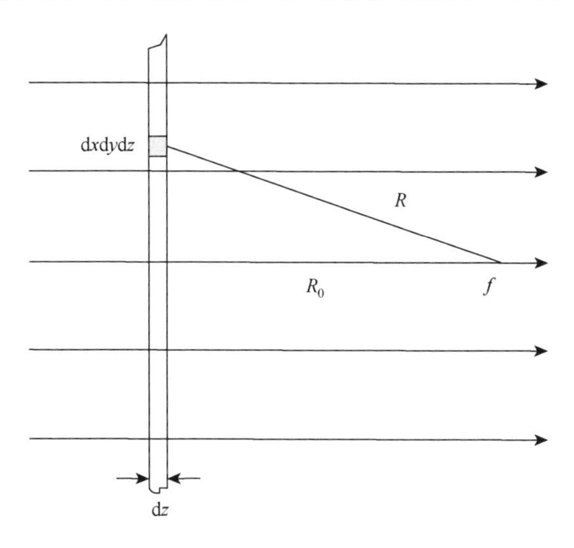

图 3.2　薄层产生的前散射几何结构

由于 $\exp(x)=1+x+\cdots$，式（3.4.4a）可以改写成：

$$\tilde{E}_x^f = \mathrm{e}^{\mathrm{i}M\tilde{a}_{xx}^f}\tilde{E}_x^{(0)}\mathrm{e}^{\mathrm{i}\omega(R_0/c-t)} \tag{3.4.6}$$

将该关系式和式（3.4.5）进行比较，得到复折射率：

$$\tilde{n} \approx 1+\frac{1}{2}N\mu_0 c^2 \tilde{a}_{xx}^f \tag{3.4.7}$$

这样的话，折射率 n 和吸收率 n' 分别通过 $\tilde{a}_{xx}^f$ 内性质张量的色散和吸收部分给出：

$$n \approx 1+\frac{1}{2}N\mu_0 c^2 \tilde{a}_{xx}^f(f) \tag{3.4.8a}$$

$$n' \approx \frac{1}{2}N\mu_0 c^2 \tilde{a}_{xx}^f(g) \tag{3.4.8b}$$

将式（3.4.4）代入式（2.3.6），由散射张量分量和入射波的斯托克斯参数求出透射波的斯托克斯参数。由于几乎不发生散射，即 $Ma \ll 1$，我们可以忽略 M^2a^2 中的项。例如，第一个斯托克斯参数为

$$\begin{aligned}
S_0^f &= \tilde{E}_x^f\tilde{E}_x^{f*} + \tilde{E}_y^f\tilde{E}_y^{f*} \\
&= \left[\left(\delta_{x\beta}+\mathrm{i}M\tilde{a}_{x\beta}^f\right)\left(\delta_{x\gamma}-\mathrm{i}M\tilde{a}_{x\gamma}^{f*}\right)+\left(\delta_{y\beta}+\mathrm{i}M\tilde{a}_{y\beta}^f\right)\left(\delta_{y\gamma}-\mathrm{i}M\tilde{a}_{y\gamma}^{f*}\right)\right]\tilde{E}_\beta\tilde{E}_\gamma^* \\
&\approx \tilde{E}_x\tilde{E}_x^* + \tilde{E}_y\tilde{E}_y^* - 2M\mathrm{Im}\left(\tilde{a}_{xx}^f\tilde{E}_x\tilde{E}_x^* + \tilde{a}_{yy}^f\tilde{E}_y\tilde{E}_y^* + \tilde{a}_{xy}^f\tilde{E}_y\tilde{E}_x^* + \tilde{a}_{yx}^f\tilde{E}_x\tilde{E}_y^*\right) \\
&\approx S_0 - M\mathrm{Im}\left[\left(\tilde{a}_{xx}^f+\tilde{a}_{yy}^f\right)S_0 + \left(\tilde{a}_{xx}^f-\tilde{a}_{yy}^f\right)S_1 - \left(\tilde{a}_{xy}^f+\tilde{a}_{yx}^f\right)S_2 - \mathrm{i}\left(\tilde{a}_{xy}^f-\tilde{a}_{yx}^f\right)S_3\right]
\end{aligned} \tag{3.4.9a}$$

其他斯托克斯参数为

$$S_1^f = \tilde{E}_x^f \tilde{E}_x^{f*} - \tilde{E}_y^f \tilde{E}_y^{f*}$$
$$\approx S_1 - M\mathrm{Im}\left[\left(\tilde{a}_{xx}^f - \tilde{a}_{yy}^f\right)S_0 + \left(\tilde{a}_{xx}^f + \tilde{a}_{yy}^f\right)S_1 - \left(\tilde{a}_{xy}^f - \tilde{a}_{yx}^f\right)S_2 - \mathrm{i}\left(\tilde{a}_{xy}^f + \tilde{a}_{yx}^f\right)S_3\right] \tag{3.4.9b}$$

$$S_2^f = -\left(\tilde{E}_x^f \tilde{E}_x^{f*} + \tilde{E}_y^f \tilde{E}_y^{f*}\right)$$
$$\approx S_2 + M\mathrm{Im}\left[\left(\tilde{a}_{xy}^f + \tilde{a}_{yx}^f\right)S_0 - \left(\tilde{a}_{xy}^f - \tilde{a}_{yx}^f\right)S_1 - \left(\tilde{a}_{xx}^f + \tilde{a}_{yy}^f\right)S_2 + \mathrm{i}\left(\tilde{a}_{xx}^f - \tilde{a}_{yy}^f\right)S_3\right] \tag{3.4.9c}$$

$$S_3^f = -\mathrm{i}\left(\tilde{E}_x^f \tilde{E}_y^{f*} - \tilde{E}_y^f \tilde{E}_x^{f*}\right)$$
$$\approx S_3 + M\mathrm{Im}\left[\left(\tilde{a}_{xy}^f - \tilde{a}_{yx}^f\right)S_0 - \left(\tilde{a}_{xy}^f + \tilde{a}_{yx}^f\right)S_1 - \left(\tilde{a}_{xx}^f - \tilde{a}_{yy}^f\right)S_2 + \mathrm{i}\left(\tilde{a}_{xx}^f + \tilde{a}_{yy}^f\right)S_3\right] \tag{3.4.9d}$$

现在，通过将式（3.4.9）代入式（2.3.9）和式（2.3.18e），可以得到透射光强度、偏振角、椭圆度和偏振度。对应的变化实际上是无穷小的，从而我们可以写成 $I^f - I = \mathrm{d}I$，等等。以入射光的偏振角、椭圆度和偏振度为函数的变化分别为

$$\begin{aligned}\mathrm{d}I \approx IM\Big[&\mathrm{Im}\left(\tilde{a}_{xx}^f + \tilde{a}_{yy}^f\right) + \mathrm{Im}\left(\tilde{a}_{xx}^f - \tilde{a}_{yy}^f\right)P\cos 2\eta\cos 2\theta \\ &- \mathrm{Im}\left(\tilde{a}_{xy}^f + \tilde{a}_{yx}^f\right)P\cos 2\eta\sin 2\theta - \mathrm{Re}\left(\tilde{a}_{xy}^f - \tilde{a}_{yx}^f\right)P\sin 2\eta\Big]\end{aligned} \tag{3.4.10a}$$

$$\begin{aligned}\mathrm{d}\theta \approx \frac{1}{2}M\Big\{&\left[\mathrm{Re}\left(\tilde{a}_{xx}^f - \tilde{a}_{yy}^f\right)\cos 2\theta - \mathrm{Re}\left(\tilde{a}_{xy}^f + \tilde{a}_{yx}^f\right)\sin 2\theta\right]\tan 2\eta \\ &+ \left[\mathrm{Im}\left(\tilde{a}_{xx}^f - \tilde{a}_{yy}^f\right)\sin 2\theta + \mathrm{Im}\left(\tilde{a}_{xy}^f + \tilde{a}_{yx}^f\right)\cos 2\theta\right]/(P\cos 2\eta) \\ &- \mathrm{Im}\left(\tilde{a}_{xy}^f - \tilde{a}_{yx}^f\right)\Big\}\end{aligned} \tag{3.4.10b}$$

$$\begin{aligned}\mathrm{d}\eta \approx \frac{1}{2}M\Big\{&-\mathrm{Re}\left(\tilde{a}_{xx}^f - \tilde{a}_{yy}^f\right)\sin 2\theta - \mathrm{Re}\left(\tilde{a}_{xy}^f + \tilde{a}_{yx}^f\right)\cos 2\theta \\ &+ \left[\mathrm{Im}\left(\tilde{a}_{xx}^f - \tilde{a}_{yy}^f\right)\cos 2\theta - \mathrm{Im}\left(\tilde{a}_{xy}^f + \tilde{a}_{yx}^f\right)\sin 2\theta\right]\sin 2\eta / P \\ &+ \frac{\mathrm{Re}\left(\tilde{a}_{xy}^f - \tilde{a}_{yx}^f\right)\cos 2\eta}{P}\Big\}\end{aligned} \tag{3.4.10c}$$

$$\begin{aligned}\mathrm{d}P \approx M(P^2 - 1)\Big\{&\left[\mathrm{Im}\left(\tilde{a}_{xx}^f - \tilde{a}_{yy}^f\right)\cos 2\theta - \mathrm{Im}\left(\tilde{a}_{xy}^f + \tilde{a}_{yx}^f\right)\sin 2\theta\right]\cos 2\eta \\ &- \mathrm{Re}\left(\tilde{a}_{xy}^f - \tilde{a}_{yx}^f\right)\sin 2\eta\Big\}\end{aligned} \tag{3.4.10d}$$

在推导偏振角和椭圆度方面，我们使用了如下关系：

$$\tan 2\theta^f - \tan 2\theta \approx 2\mathrm{d}\theta / \cos^2 2\theta$$
$$\tan 2\eta^f - \tan 2\eta \approx 2\mathrm{d}\eta / \cos^2 2\eta$$

在根据明确的动态分子性质张量建立折射强度和偏振变化的这些方程时，通常将光学活性张量 $\tilde{G}_{\alpha\beta}$ 和 $\tilde{A}_{\alpha,\beta\gamma}$ 的适当分量组合成单个三阶张量。该三阶张量的定义如下：

$$\tilde{\zeta}_{\alpha\beta\gamma}=\frac{1}{c}\left[\frac{1}{3}\mathrm{i}\omega\left(\tilde{A}_{\alpha,\beta\gamma}-\tilde{\mathcal{A}}_{\beta,\alpha\gamma}\right)+\varepsilon_{\delta\gamma\beta}\tilde{G}_{\alpha\delta}+\varepsilon_{\delta\gamma\alpha}\tilde{\mathcal{G}}_{\delta\beta}\right] \tag{3.4.11}$$

与 $\tilde{\alpha}_{\alpha\beta}$ 一样，$\tilde{\zeta}_{\alpha\beta\gamma}$ 可以根据前两个后缀分解成对称和反对称部分：

$$\tilde{\zeta}_{\alpha\beta\gamma}=\zeta_{\alpha\beta\gamma}-\mathrm{i}\zeta'_{\alpha\beta\gamma} \tag{3.4.12}$$

其中，

$$\zeta_{\alpha\beta\gamma}=\frac{1}{c}\left[\frac{1}{3}\omega\left(A'_{\alpha,\beta\gamma}+A'_{\beta,\alpha\gamma}\right)+\varepsilon_{\delta\gamma\alpha}G_{\beta\delta}+\varepsilon_{\delta\gamma\beta}G_{\alpha\delta}\right] \tag{3.4.13a}$$

$$\zeta'_{\alpha\beta\gamma}=-\frac{1}{c}\left[\frac{1}{3}\omega(A_{\alpha,\beta\gamma}-A_{\beta,\alpha\gamma})+\varepsilon_{\delta\gamma\alpha}G'_{\beta\delta}-\varepsilon_{\delta\gamma\beta}G'_{\alpha\delta}\right] \tag{3.4.13b}$$

现在，在目前的近似处理中，散射张量（3.3.4）向前部分简化为

$$\tilde{a}^{f}_{\alpha\beta}=\tilde{\alpha}_{\alpha\beta}+\tilde{\zeta}_{\alpha\beta\gamma}n_{\gamma}+\cdots \tag{3.4.14}$$

其中，$\boldsymbol{n}$ 是入射光束传播方向的单位矢量。

使用式（2.6.42）将这些性质张量表示为色散和吸收部分，得到：

$$\mathrm{Re}\tilde{a}^{f}_{\alpha\beta}=\alpha_{\alpha\beta}(f)+\zeta_{\alpha\beta\gamma}(f)n_{\gamma}+\alpha'_{\alpha\beta}(g)+\zeta'_{\alpha\beta\gamma}(g)n_{\gamma}+\cdots \tag{3.4.15a}$$

$$\mathrm{Im}\tilde{a}^{f}_{\alpha\beta}=-\alpha'_{\alpha\beta}(f)-\zeta'_{\alpha\beta\gamma}(f)n_{\gamma}+\alpha_{\alpha\beta}(g)+\zeta_{\alpha\beta\gamma}(g)n_{\gamma}+\cdots \tag{3.4.15b}$$

将这些结果代入式（3.4.10），我们最终得到关于准单色光穿过稀光学活性双折射消光介质的强度、偏振角、椭圆度和偏振度等变化率的以下表达式：

$$\begin{aligned}\frac{\mathrm{d}I}{\mathrm{d}z}\approx&-\frac{1}{2}IN\omega\mu_0c\{\alpha_{xx}(g)+\alpha_{yy}(g)+\zeta_{xxz}(g)+\zeta_{yyz}(g)\\&+[(\alpha_{xx}(g)-\alpha_{yy}(g)+\zeta_{xxz}(g)-\zeta_{yyz}(g))\cos2\theta\\&-2(\alpha_{xy}(g)+\zeta_{xyz}(g))\sin2\theta]P\cos2\eta\\&-2(\alpha'_{xy}(g)+\zeta'_{xyz}(g))P\sin2\eta\}\end{aligned} \tag{3.4.16a}$$

$$\begin{aligned}\frac{\mathrm{d}\theta}{\mathrm{d}z}\approx&\frac{1}{4}N\omega\mu_0c\Big\{2\left(\alpha'_{xy}(f)+\zeta'_{xyz}(f)\right)\\&+[(\alpha_{xx}(f)-\alpha_{yy}(f)+\zeta_{xxz}(f)-\zeta_{yyz}(f))\cos2\theta\\&-2(\alpha_{xy}(f)+\zeta_{xyz}(f))\sin2\theta]\tan2\eta\\&+\frac{[(\alpha_{xx}(g)-\alpha_{yy}(g)+\zeta_{xxz}(g)-\zeta_{yyz}(g))\sin2\theta+2(\alpha_{xy}(g)+\zeta_{xyz}(g))\cos2\theta]}{P\cos2\eta}\Big\}\end{aligned} \tag{3.4.16b}$$

$$\frac{\mathrm{d}\eta}{\mathrm{d}z} \approx \frac{1}{4} N\omega\mu_0 c \Big\{ -(\alpha_{xx}(f) - \alpha_{yy}(f) + \zeta_{xxz}(f) - \zeta_{yyz}(f))\sin 2\theta \\ -2(\alpha_{xy}(f) + \zeta_{xyz}(f))\cos 2\theta + 2\big(\alpha'_{xy}(g) + \zeta'_{xyz}(g)\big)\cos 2\eta / P \\ + \big[(\alpha_{xx}(g) - \alpha_{yy}(g) + \zeta_{xxz}(g) - \zeta_{yyz}(g))\cos 2\theta \\ -2(\alpha_{xy}(g) + \zeta_{xyz}(g))\sin 2\theta \big] \sin 2\eta / P \Big\} \tag{3.4.16c}$$

$$\frac{\mathrm{d}P}{\mathrm{d}z} \approx \frac{1}{2} N\omega\mu_0 c(P^2 - 1) \Big\{ \Big[\big(\alpha_{xx}(g) - \alpha_{yy}(g) + \zeta_{xxz}(g) - \zeta_{yyz}(g) \big)\cos 2\theta \\ -2(\alpha_{xy}(g) + \zeta_{xyz}(g))\sin 2\theta \Big] \cos 2\eta - 2\big(\alpha'_{xy}(g) + \zeta'_{xyz}(g) \big)\sin 2\eta \Big\} \tag{3.4.16d}$$

注意，按照规定，关于强度的微分变化方程（3.4.16a）仅包含动态分子性质张量的吸收（或者反厄米）部分。并且，偏振度微分变化方程（3.4.16d）也指出，如果入射光束是完全偏振的，那么在与该模型相关的所有情况下，透射光束也完全偏振：任何变化只能在偏振度增加的方向发生，并且只能在吸收频率处发生。

我们不会将这些方程深入应用到所有它们囊括的每个现象，而是将使用它们得到基本折射光学活性现象的宏观偏振和强度变化，以及其他一些相关效应。关于确定一个特定性质张量的特定组分是否能够对一定的偏振或强度变化有贡献的标准，将在后面章节中进行深入阐述，特别是给出对称性分类的第 4 章。

3.4.3 简单吸收

以上结果最简单的应用是非偏振光束（或者为了简便起见，采用偏振角 $\theta = 0$ 的线偏振光），穿过无序分子体系，这些分子只能够支持实偏振度 $\alpha_{\alpha\beta}$ 的分量。在没有外磁场的情况下，这将在由非手性分子构成的流体中得到。利用单位矢量平均式（4.2.28），我们得到各向同性平均值：

$$\langle \alpha_{xx} \rangle = \alpha_{\alpha\beta} \langle i_\alpha i_\beta \rangle = \frac{1}{3}\alpha_{\alpha\alpha} = \langle \alpha_{yy} \rangle$$

$$\langle \alpha_{xy} \rangle = \alpha_{\alpha\beta} \langle i_\alpha i_\beta \rangle = 0$$

式（3.4.16）可简化成

$$\frac{\mathrm{d}\theta}{\mathrm{d}z} = \frac{\mathrm{d}\eta}{\mathrm{d}z} = \frac{\mathrm{d}P}{\mathrm{d}z} \approx 0 \tag{3.4.17a}$$

$$\frac{\mathrm{d}I}{\mathrm{d}z} \approx -\frac{1}{3} I N\omega\mu_0 c\alpha_{\alpha\alpha}(g) \tag{3.4.17b}$$

从而，唯一的变化是吸收导致的强度降低。该变化是包含吸收线形函数 g 的那部分极化率张量的函数，与 2.6.3 节末尾的结论一致。对有限路径长度 l 进行积分，给出最终衰减强度的如下表达：

$$I_l \approx I_0 \mathrm{e}^{-\frac{1}{3}N\omega\mu_0 cl\alpha_{\alpha\alpha}(g)} \tag{3.4.18}$$

其中，I_0是初始强度。将该结果与式（1.2.12）进行比较，由此得到的吸收率为

$$n' \approx \frac{1}{6}N\mu_0 c^2 \alpha_{\alpha\alpha}(g) \tag{3.4.19}$$

3.4.4　线二色和双折射（Kerr 效应）

如果分子仍然只支持实极化率$\alpha_{\alpha\beta}$的分量，现在完全有序，如在晶体中的分子，或者部分有序，如在静电场中的流体，则可能会导致线二色和双折射展现的偏振变化。当入射光束是偏振角为$\theta = \pi/4$的线偏振光时，式（3.4.16）可以简化为

$$\frac{\mathrm{d}I}{\mathrm{d}z} \approx -\frac{1}{2}IN\omega\mu_0 c(\alpha_{xx}(g) + \alpha_{yy}(g) - 2\alpha_{xy}(g)) \tag{3.4.20a}$$

$$\frac{\mathrm{d}\theta}{\mathrm{d}z} \approx \frac{1}{4}N\omega\mu_0 c(\alpha_{xx}(g) - \alpha_{yy}(g)) \tag{3.4.20b}$$

$$\frac{\mathrm{d}\eta}{\mathrm{d}z} \approx -\frac{1}{4}N\omega\mu_0 c(\alpha_{xx}(f) - \alpha_{yy}(f)) \tag{3.4.20c}$$

$$\frac{\mathrm{d}P}{\mathrm{d}z} \approx 0 \tag{3.4.20d}$$

式（3.4.20a）通过适当的动态极化张量分量的吸收部分来描述吸收；式（3.4.20b）描述了由线二色性引起的偏振角的变化，这是通过对入射光束沿 x 和 y 方向分解的两个线偏振分量的微分吸收而实现的；式（3.4.20c）描述了由线双折射导致的椭圆度的变化；式（3.4.20d）显示光束没有去偏振。

我们现在推导式（3.4.20c），得到在 Kerr 效应中椭圆度变化的表达式。在 Kerr 效应中，施加在流体上的均匀静电场垂直于光的传播方向，并相对于入射线偏振光束呈 45°的偏振角（这里，电场沿 x 方向）。然而，我们首先注意到，由于透明频率处椭圆度的变化与初始椭圆度无关，因此沿有限长度 l(m)的宏观椭圆度(rad)仅仅是

$$\eta \approx -\frac{1}{4}N\omega\mu_0 cl(\alpha_{xx}(f) - \alpha_{yy}(f)) \tag{3.4.21}$$

由于分子永久和诱导电偶极矩的部分定向，电场在流体中产生各向异性特征。根据式（2.6.4a），当定均匀电场存在时，电偶极矩为

$$\mu_\alpha = \mu_{0_\alpha} + \alpha_{\alpha\beta}E_\beta + \cdots$$

其中，$\alpha_{\alpha\beta}$是定态极化率，不需要确定分子原点处的场$(E_\beta)_0$，因为这里的场是均匀的。根据如下的式（2.7.1），对 Kerr 效应的进一步贡献来自电场对动态分子极化率的微扰。

$$\alpha_{\alpha\beta}(\boldsymbol{E})=\alpha_{\alpha\beta}+\alpha_{\alpha\beta,\gamma}^{(\mu)}E_{\gamma}+\frac{1}{2}\alpha_{\alpha\beta,\gamma}^{(\mu\mu)}E_{\gamma}E_{\delta}+\cdots \tag{2.7.1}$$

因此在式（3.4.20c）中，静电场扰动的极化率张量分量必须用权重平均。

出于我们的目的，在温度 T 下，热力学平衡体系适用的经典玻尔兹曼平均为

$$\overline{X(\varOmega)}=\int \mathrm{d}\varOmega X(\varOmega)\mathrm{e}^{-V(\varOmega)/kT}\Big/\int \mathrm{d}\varOmega \mathrm{e}^{-V(\varOmega)/kT} \tag{3.4.22}$$

其中，$X(\varOmega)$ 是当分子在相对于场的某个方向 $\varOmega$ 处，空间坐标中分子性质张量特定分量的值；$V(\varOmega)$ 是分子在场中的相应势能。如果 $V(\varOmega)$ 比 kT 小得多，我们则可以使用如下展开：

$$\begin{aligned}\overline{X(\varOmega)}=&\langle X(\varOmega)\rangle-\frac{1}{kT}\left[\langle X(\varOmega)V(\varOmega)\rangle-\langle X(\varOmega)\rangle\langle V(\varOmega)\rangle\right]\\&+\frac{1}{k^2T^2}\left[\frac{1}{2}\langle X(\varOmega)V(\varOmega)\rangle^2-\frac{1}{2}\langle X(\varOmega)\rangle\langle V(\varOmega)\rangle^2-\langle X(\varOmega)V(\varOmega)\rangle\langle V(\varOmega)\rangle\right]+\cdots\end{aligned} \tag{3.4.23}$$

这里的势能是定场与永久电偶极矩和诱导电偶极矩之间的相互作用，因此从式（2.6.1）和式（2.6.4）得到：

$$V(\varOmega)=-\mu_{0_x}E_x-\frac{1}{2}\alpha_{xx}E_x^2+\cdots \tag{3.4.24}$$

用单位矢量平均（4.2.53），我们得到像如下形式的项：

$$\left\langle(\alpha_{xx}(f)-\alpha_{yy}(f))\alpha_{xx}\right\rangle=\alpha_{\alpha\beta}(f)\alpha_{\gamma\delta}\left\langle i_\alpha i_\beta i_\gamma i_\delta-j_\alpha j_\beta i_\gamma i_\delta\right\rangle=\frac{1}{15}(3\alpha_{\alpha\beta}(f)\alpha_{\alpha\beta}-\alpha_{\alpha\alpha}(f)\alpha_{\beta\beta})$$

椭圆度的完整表达式为（Buckingham and Pople，1955）：

$$\begin{aligned}\eta\approx-\frac{1}{120}\omega\mu_0 clNE_x^2\Big[&3\alpha_{\alpha\beta,\alpha\beta}^{(\mu\mu)}(f)-\alpha_{\alpha\alpha,\beta\beta}^{(\mu\mu)}(f)\\&+\frac{2}{kT}\left(3\alpha_{\alpha\beta,\alpha}^{(\mu)}(f)\mu_{0_\beta}-\alpha_{\alpha\alpha,\beta}^{(\mu)}(f)\mu_{0_\beta}\right)\\&+\frac{1}{kT}\left(3\alpha_{\alpha\beta}(f)\alpha_{\alpha\beta}-\alpha_{\alpha\alpha}(f)\alpha_{\beta\beta}\right)\\&+\frac{1}{k^2T^2}\left(3\alpha_{\alpha\beta}(f)\mu_{0_\alpha}\mu_{0_\beta}-\alpha_{\alpha\alpha}(f)\mu_{0_\beta}\mu_{0_\beta}\right)\Big]\end{aligned} \tag{3.4.25}$$

这里强调一点，宏观椭圆度的这一结果只在透明频率处是完全正确的。为了便于与 Kerr 双折射的标准分子表达进行比较（Buckingham and Pople，1955；Buckingham，1962），注意透射光波沿着 x 和 y 线偏振相位差为

$$\delta=\frac{2\pi l}{\lambda}(n^x-n^y) \tag{3.4.26}$$

并且，椭圆度（用目前的常规符号）等于 $-\tan(\delta/2)$（Fredericq and Houssier，1973），从而，对于小的椭圆度：

$$\eta \approx -\frac{\pi l}{\lambda}(n^x - n^y) \tag{3.4.27}$$

Buckingham（1962）已经讨论了该方程在吸收频率处的详细应用。然而，频率对 Kerr 效应的相关性讨论只适用于椭圆度几乎无穷小变化的情况，因为一旦产生椭圆度，式（3.4.16c）指出，$\alpha_{\alpha\beta}(g)$ 中的项由于与 $\sin 2\eta$ 有关，从而会产生额外变化。此外，如下所述，线二色性的同时存在会导致额外的复杂性。

由 Kerr 线二色性引起吸收频率处偏振角变化的表达式的推导过程有类似形式。然而，对于有限路径长度的积分，推导宏观偏振角变化的表达式不再那么容易解决，因为根据式（3.4.16b），微分偏振角变化与作用在入射到薄层上的光束的椭圆度和偏振角有关。关于这个复杂情况的深入讨论，可以参考 Kuball 和 Singer（1969）的著作。

用定态均匀磁场取代电场，也可以推导出类似的 Cotton-Mouton 效应表达式。

3.4.5　电场梯度诱导双折射：分子电四极矩的测试和原点不变性问题

将前面章节中给出的线双折射的推导扩展到静电场梯度的情况是非常有意义的。这为流体中分子四极矩的实验测定提供了理论基础。尽管略微在光学活性现象的相关研究之外，但该例子揭示了折射散射公式的适用范围和普遍性，并且让我们略微领略到分子光学中的巨大成就之一。Raab 和 de Lange（2003）独立给出了类似的处理方法。

现在，静电场不再是均匀的，其梯度为 $E_{xx} = -E_{yy}$。由该静电场梯度给出的动态分子极化率的微扰为

$$\alpha_{\alpha\beta}(\nabla \boldsymbol{E}) = \frac{1}{3}\alpha^{(\Theta)}_{\alpha\beta,\gamma\delta}E_{\gamma\delta} + \cdots$$

将定场梯度和永久电四极矩之间的相互作用，也就是 $-\frac{1}{3}\left(\Theta_{0_{xx}} - \Theta_{0_{yy}}\right)E_{xx}$，加入到与方向相关的势能（3.4.24）上，从而得到对 Kerr 椭圆度（3.4.25）的附加贡献（Buckingham，1958），其表达式如下：

$$\mu \approx -\frac{1}{30}\omega\mu_0 clNE_{xx}\left(\alpha^{(\Theta)}_{\alpha\beta,\alpha\beta} + \alpha_{\alpha\beta}\Theta_{0_{\alpha\beta}} / kT\right) \tag{3.4.28}$$

敏锐的读者将会在该结果中注意到这样一个问题：如果四极分子也具有永久电偶极矩，那么根据式（2.4.9），电四极矩将会是原点相关的。这种情况并不令人满意，因为它需要与任意分子原点相关的大量可观测量，即电场梯度诱导的双折射率。该问题由 Buckingham 和 Longuet-Higgins（1968）解决了。他们意识到，四极分子在电场驱动下除了会产生部分阵列外，还会产生偶极分子的不均匀分布。该不

均匀分布来自分子的永久电偶极矩与位置相关的电场之间的相互作用。该电场与从磁场为零的 z 轴沿 x 或 y 方向的位移成正比。接着，相应的温度相关双折射来自带有磁偶极阵列的四极分子产生的电偶极散射，加上距离 z 轴略微偏移的局域有序电偶极分子的电四极散射的组合。受位置相关电场扰动的电偶极-磁偶极张量 $G'_{\alpha\beta}$ 和电偶极-电四极张量 $A_{\alpha,\beta\gamma}$ 也给出与温度无关的贡献，这些同样来自略微偏离轴的分子。

为了适应这些特征，必须对 3.4.2 节中的折射散射公式进行扩展：具体而言，散射张量（3.3.4）的最后三项必须与薄层中分子散射的传播矢量（3.4.2b）中沿着 x 和 y 方向的小分量一起保留。目前的处理方法与 Buckingham 和 Longuet-Higgins（1968）的初始处理方法是一样的，他们也利用了分子散射方法。由于额外的复杂性，我们将不直接通过斯托克斯参数计算椭圆度，而是将计算沿 x 和 y 方向线偏振光折射率的差值。从而，我们需要如下所示的散射张量的分量：

$$\begin{aligned}\tilde{a}_{xx} &= \tilde{\alpha}_{xx} + \frac{\mathrm{i}\omega}{3c}\left(\tilde{A}_{x,zx} - \tilde{\mathcal{A}}_{x,zx}\right) + \frac{1}{c}\left(\tilde{G}_{xy} + \tilde{\mathcal{G}}_{yx}\right) + \frac{x}{R_0}\tilde{\alpha}_{zx} \\ &\quad + \frac{\mathrm{i}\omega}{3cR_0}\left(x\tilde{A}_{z,zx} - x\tilde{\mathcal{A}}_{x,zz} + x\tilde{\mathcal{A}}_{x,xx} + y\tilde{\mathcal{A}}_{x,yx}\right) + \frac{1}{cR_0}\left(x\tilde{G}_{yz} + y\tilde{\mathcal{G}}_{zx}\right) + \cdots\end{aligned} \tag{3.4.29a}$$

$$\begin{aligned}\tilde{a}_{yy} &= \tilde{\alpha}_{yy} + \frac{\mathrm{i}\omega}{3c}\left(\tilde{A}_{y,zy} - \tilde{\mathcal{A}}_{y,zy}\right) - \frac{1}{c}\left(\tilde{G}_{yx} + \tilde{\mathcal{G}}_{xy}\right) + \frac{y}{R_0}\tilde{\alpha}_{zy} \\ &\quad + \frac{\mathrm{i}\omega}{3cR_0}\left(y\tilde{A}_{z,zy} - y\tilde{\mathcal{A}}_{y,zz} + y\tilde{\mathcal{A}}_{y,yy} + y\tilde{\mathcal{A}}_{y,xy}\right) - \frac{1}{cR_0}\left(y\tilde{G}_{zx} + x\tilde{\mathcal{G}}_{zy}\right) + \cdots\end{aligned} \tag{3.4.29b}$$

现在，有必要考虑在实验中产生电场梯度的排列。通常，将样品放在长管中，其中有两根非常细的导线平行于管轴。当在管壁与导线之间产生电势差（而导线处于同样的势）时，导线之间就产生了非均匀电场。探测光束沿两根导线之间的管方向。如果 z 轴为管轴，导线沿着直线（$x=a$，$y=0$）和（$x=-a$，$y=0$）方向排列，那么靠近 z 轴的非零电场分量为 $E_x = qx$，$E_y = -qy$，非零电场梯度分量为 $E_{xx} = q$，$E_{yy} = -q$（Buckingham and Longuet-Higgins，1968）。在这些表达中，q 正比于与之相关的线电荷（每单位长度的电荷）。那么，分子在 $(x, y, 0)$ 处的势能为

$$\begin{aligned}V(x,y,0) &= -\mu_{0_\alpha}E_\alpha - \frac{1}{3}\Theta_{0_{\alpha\beta}}E_{\alpha\beta} + \cdots \\ &= -q\left(\mu_{0_x}x - \mu_{0_y}y + \frac{1}{3}\Theta_{0_{xx}} - \frac{1}{3}\Theta_{0_{yy}} + \cdots\right)\end{aligned} \tag{3.4.30}$$

现在，在 f 点探测到的由薄层中分子产生的散射波的表面积分必须涉及在 xy 平面中分子的概率分布。我们人为假设分子处于固定方向：最后将进行旋转平均。这样在场比较小时，处于平衡状态的小基元 $\mathrm{d}x\mathrm{d}y\mathrm{d}z$ 中分子的概率为

$$
\begin{aligned}
P(x,y,z)\mathrm{d}x\mathrm{d}y\mathrm{d}z &= N\mathrm{e}^{-V(x,y,z)/kT}\mathrm{d}x\mathrm{d}y\mathrm{d}z \\
&= N\left[1+\frac{q}{kT}\left(\mu_{0_x}x-\mu_{0_y}y+\frac{1}{3}\Theta_{0_{xx}}-\frac{1}{3}\Theta_{0_{yy}}+\cdots\right)\right]\mathrm{d}x\mathrm{d}y\mathrm{d}z
\end{aligned} \tag{3.4.31}
$$

其中，N 是场不存在时分子数密度。该表达取代式（3.4.1）中的 $N\mathrm{d}x\mathrm{d}y\mathrm{d}z$ 。此时，在 f 处的散射光需要的电场为

$$
\begin{aligned}
\tilde{E}_x^f &= \frac{N\omega^2\mu_0\mathrm{d}x\mathrm{d}y\mathrm{d}z}{4\pi R_0}\left[1+\frac{q}{kT}\left(\mu_{0_x}x-\mu_{0_y}y+\frac{1}{3}\Theta_{0_{xx}}-\frac{1}{3}\Theta_{0_{yy}}+\cdots\right)\right] \\
&\times\left[1+\tilde{\alpha}_{xx}+\frac{\mathrm{i}\omega}{3c}\left(\tilde{A}_{x,zx}-\tilde{\mathcal{A}}_{x,zx}\right)+\frac{1}{c}\left(\tilde{G}_{xy}+\tilde{\mathcal{G}}_{yx}\right)+\frac{x}{R_0}\tilde{\alpha}_{zx}\right. \\
&\left.+\frac{\mathrm{i}\omega}{3cR_0}\left(x\tilde{A}_{z,zx}-x\tilde{\mathcal{A}}_{x,zz}+x\tilde{\mathcal{A}}_{x,xx}+y\tilde{\mathcal{A}}_{x,yx}\right)+\frac{1}{cR_0}\left(x\tilde{G}_{yz}+y\tilde{\mathcal{G}}_{zx}\right)+\cdots\right] \\
&\times\tilde{E}_x^{(0)}\mathrm{e}^{\mathrm{i}\omega(x^2+y^2)/2R_0c}\mathrm{e}^{\mathrm{i}\omega(R_0/c-t)}
\end{aligned} \tag{3.4.32a}
$$

$$
\begin{aligned}
\tilde{E}_y^f &= \frac{N\omega^2\mu_0\mathrm{d}x\mathrm{d}y\mathrm{d}z}{4\pi R_0}\left[1+\frac{q}{kT}\left(\mu_{0_x}x-\mu_{0_y}y+\frac{1}{3}\Theta_{0_{xx}}-\frac{1}{3}\Theta_{0_{yy}}+\cdots\right)\right] \\
&\times\left[1+\tilde{\alpha}_{yy}+\frac{\mathrm{i}\omega}{3c}\left(\tilde{A}_{y,zy}-\tilde{\mathcal{A}}_{y,zy}\right)-\frac{1}{c}\left(\tilde{G}_{yx}+\tilde{\mathcal{G}}_{xy}\right)+\frac{y}{R_0}\tilde{\alpha}_{zy}\right. \\
&\left.+\frac{\mathrm{i}\omega}{3cR_0}\left(y\tilde{A}_{z,zy}-y\tilde{\mathcal{A}}_{y,zz}+y\tilde{\mathcal{A}}_{y,yy}+y\tilde{\mathcal{A}}_{y,xy}\right)-\frac{1}{cR_0}\left(y\tilde{G}_{zx}+x\tilde{\mathcal{G}}_{zy}\right)+\cdots\right] \\
&\times\tilde{E}_y^{(0)}\mathrm{e}^{\mathrm{i}\omega(x^2+y^2)/2R_0c}\mathrm{e}^{\mathrm{i}\omega(R_0/c-t)}
\end{aligned} \tag{3.4.32b}
$$

利用式（3.4.3）和如下积分：

$$
\frac{1}{R_0^2}\int_{-\infty}^{\infty}\int_{-\infty}^{\infty}\mathrm{d}x\mathrm{d}yx^2\mathrm{e}^{\mathrm{i}\omega(x^2+y^2)/2R_0c}=-\frac{2\pi c^2}{\omega^2} \tag{3.4.33}
$$

$\exp(x)=1+x+\cdots$，与式（3.4.5）进行比较，得到温度相关双折射率：

$$
\begin{aligned}
n^x-n^y \approx \frac{1}{2}N\mu_0c^2&\left\{\frac{q}{3kT}\left(\Theta_{0_{xx}}-\Theta_{0_{yy}}\right)\left(\tilde{\alpha}_{xx}-\tilde{\alpha}_{yy}\right)\right. \\
&-\frac{q}{kT}\left[\frac{1}{3}\left(\mu_{0_x}\tilde{A}_{z,zx}-\mu_{0_x}\tilde{\mathcal{A}}_{x,zz}+\mu_{0_x}\tilde{\mathcal{A}}_{x,xx}-\mu_{0_y}\tilde{\mathcal{A}}_{x,yx}+\mu_{0_y}\tilde{A}_{z,zy}\right.\right. \\
&\left.-\mu_{0_y}\tilde{\mathcal{A}}_{y,zz}+\mu_{0_y}\tilde{\mathcal{A}}_{y,yy}-\mu_{0_x}\tilde{\mathcal{A}}_{y,xy}\right) \\
&\left.\left.-\frac{\mathrm{i}}{\omega}\left(\mu_{0_x}\tilde{G}_{zy}-\mu_{0_y}\tilde{\mathcal{G}}_{zx}-\mu_{0_y}\tilde{G}_{zx}+\mu_{0_x}\tilde{\mathcal{G}}_{zy}\right)\right]+\cdots\right\}
\end{aligned} \tag{3.4.34}
$$

其中，我们只保留了对所有分子方向求平均时不为零的项。如第 4 章中展现的那样，当不存在定磁场时，$\tilde{A}_{\alpha,\beta\gamma}=A_{\alpha,\beta\gamma}$，$\tilde{\mathcal{A}}_{\alpha,\beta\gamma}=A_{\alpha,\beta\gamma}$，$\mathrm{i}\tilde{G}_{\alpha\beta}=G'_{\alpha\beta}$，$\mathrm{i}\tilde{\mathcal{G}}_{\alpha\beta}=-G'_{\alpha\beta}$。用单位矢量平均式（4.2.29）和式（4.2.53）进行方向平均，从而得到温度相关双

折射率的如下表达：

$$n^x - n^y \approx \frac{N\mu_0 c^2 q}{15kT}\left[\Theta_{0_{\alpha\beta}}\alpha_{\alpha\beta} - \mu_{0_\alpha}\left(A_{\beta,\alpha\beta} + \frac{5}{\omega}\varepsilon_{\alpha\beta\gamma}G'_{\beta\gamma}\right)\right] \tag{3.4.35}$$

通过考虑动态分子性质张量在由电场和场梯度导致的散射电场(3.4.32)中的扰动：

$$\tilde{\alpha}_{\alpha\beta}(\boldsymbol{E},\nabla\boldsymbol{E}) = \tilde{\alpha}_{\alpha\beta} + \tilde{\alpha}^{(\mu)}_{\alpha\beta,\gamma}\tilde{E}_\gamma + \frac{1}{3}\tilde{\alpha}^{(\Theta)}_{\alpha\beta,\gamma\delta}\tilde{E}_{\gamma\delta} + \cdots \tag{3.4.36a}$$

$$\tilde{A}_{\alpha,\beta\gamma}(\boldsymbol{E}) = \tilde{A}_{\alpha,\beta\gamma} + \tilde{A}^{(\mu)}_{\alpha,\beta\gamma,\delta}\tilde{E}_\delta + \cdots \tag{3.4.36b}$$

$$\tilde{G}_{\alpha\beta}(\boldsymbol{E}) = \tilde{G}_{\alpha\beta} + \tilde{G}^{(\mu)}_{\alpha\beta,\gamma}\tilde{E}_\delta + \cdots \tag{3.4.36c}$$

$\tilde{\mathcal{A}}_{\alpha,\beta\gamma}(\boldsymbol{E})$ 和 $\tilde{\mathcal{G}}_{\alpha\beta}(\boldsymbol{E})$ 类似，产生了与温度无关的贡献。由电场梯度导致的双折射率的最终完整结果为

$$\begin{aligned} n^x - n^y \approx \frac{N\mu_0 c^2 q}{15}\Bigg\{&\alpha^{(\Theta)}_{\alpha\beta,\alpha\beta} - \tilde{A}^{(\mu)}_{\alpha,\beta\alpha,\beta} - \frac{5}{\omega}\varepsilon_{\alpha\beta\gamma}G'^{(\mu)}_{\alpha\beta,\gamma} \\ &+ \frac{1}{kT}\left[\Theta_{0_{\alpha\beta}}\alpha_{\alpha\beta} - \mu_{0_\alpha}\left(A_{\beta,\alpha\beta} + \frac{5}{\omega}\varepsilon_{\alpha\beta\gamma}G'_{\beta\gamma}\right)\right]\Bigg\} \end{aligned} \tag{3.4.37}$$

这等价于 Buckingham 和 Longuet-Higgins（1968）给出的结果。de Lange 和 Raab（2004）目前已经展示，一种基于麦克斯韦宏观方程组的波动方程解的完全不同的理论如何被改进以得到相同的结果，从而解决了一个长期存在的难题。

利用 $\alpha_{\alpha\beta}$、$A_{\alpha,\beta\gamma}$ 和 $G'_{\alpha\beta}$ 的原点相关性方程（2.6.35）很容易证明，正如所需要的那样，分子原点的选择与该表达无关。原点相关矢量满足如下关系：

$$A_{\beta,\alpha\beta} + \frac{5}{\omega}\varepsilon_{\alpha\beta\gamma}G'_{\beta\gamma} = 0 \tag{3.4.38}$$

的点称为有效四极中心。因此，由式（3.4.28）给出的表观电四极矩的原点满足式（3.4.38）。

3.4.6 天然旋光性和圆二色性

为了确定天然光学活性对折射强度和偏振变化的贡献，我们保留 $G'_{\alpha\beta}$ 和 $A_{\beta,\alpha\beta}$ 中的项，因为第 4 章（4.4.4 节）指出，只有手性分子能够在大多数情况下支持合适的分量。这些张量总是有助于反对称组合（3.4.13b）中的折射散射。光沿 z 方向传播需要的分量为

$$\zeta'_{xyz} = -\frac{1}{c}\left[\frac{1}{3}\omega(A_{x,yz} - A_{y,xz}) + G'_{xx} + G'_{yy}\right] \tag{3.4.39}$$

根据式(2.6.35)，$A_{\alpha,\beta\gamma}$ 和 $G'_{\alpha\beta}$ 的普遍分量与原点有关。然而，很容易验证式(3.4.39)中分量的组合使 ζ'_{xyz} 与原点的选择无关，正如对像旋光性和圆二色性这样的观测量有贡献的项所需要的那样。

在各向同性样品中，如流体在没有静态场的情况下，必须采用 ζ'_{xyz} 对所有分子方向的非加权平均。用单位矢量平均（4.2.48）和（4.2.49），我们得到：

$$\left\langle \zeta'_{xyz} \right\rangle = -\frac{1}{c}\left[\frac{1}{3}\omega A_{\alpha,\beta\gamma}\left\langle i_\alpha k_\beta j_\gamma - j_\alpha k_\beta i_\gamma \right\rangle + G'_{\alpha\beta}\left\langle i_\alpha i_\beta + j_\alpha j_\beta \right\rangle\right] = -\frac{2}{3c}G'_{\alpha\alpha} \quad (3.4.40)$$

由于 $A_{\alpha,\beta\gamma} = A_{\alpha,\gamma\beta}$，因此只有电偶极-磁偶极散射对各向同性样品的天然旋光性和圆二色性有关，而电偶极-电四极散射的平均贡献为零。尽管根据式（2.6.35），$G'_{\alpha\beta}$ 的通用分量是原点相关的，但在各向同性样品中，迹与原点无关从而会对旋光性有贡献。

需要提到的是，本节的结果只给出非磁性样品完整偏振变化。该样品在垂直于传播方向的平面上是各向同性的。因此，它们适用于光沿着单轴晶体的光轴传播，并且平均后适用于流体。对于在各向异性介质中的其他传播方向，附加项可以起作用。

因此，式（3.4.16b）表明手性介质产生了偏振角的变化，该变化与色散线形函数 f 有关：

$$\frac{\mathrm{d}\theta}{\mathrm{d}z} \approx \frac{1}{2}\omega\mu_0 cN\zeta'_{xyz}(f) \quad (3.4.41)$$

因为这与入射到薄层 dz 上的光束的偏振性无关，在有序介质中，沿 z 方向有限路径长度 l（单位为 m）的宏观天然旋光度（单位为 rad）可以直接写成（Buckingham and Dunn，1971）：

$$\Delta\theta \approx -\frac{1}{2}\omega\mu_0 lN\left[\frac{1}{3}\omega(A_{x,yz}(f) - A_{y,xz}(f)) + G'_{xx}(f) + G'_{yy}(f)\right] \quad (3.4.42)$$

在各向同性样品中，我们用了平均值（3.4.40），从而重新得到关于天然旋光性方面著名的 Rosenfeld 方程（Rosenfeld，1928）：

$$\Delta\theta \approx -\frac{1}{3}\omega\mu_0 lNG'_{\alpha\alpha}(f) \quad (3.4.43)$$

从式（3.4.16c）我们看到，手性介质产生椭圆度的变化，该变化取决于吸收线形函数 g 及入射到薄层的光束的椭圆度和偏振度：

$$\frac{\mathrm{d}\eta}{\mathrm{d}z} \approx \frac{1}{2}\omega\mu_0 cN\zeta'_{xyz}(g)\frac{1}{P}\cos 2\eta \quad (3.4.44)$$

假设偏振度保持统一，从如下形式的积分得到宏观椭圆度的变化：

$$\int_{\eta_0}^{\eta_l} \sec 2\eta \,\mathrm{d}\eta = C\int_0^l \mathrm{d}z$$

其中，$C = \frac{1}{2}\omega\mu_0 cN\zeta'_{xyz}(g)$；$\eta_0$ 和 η_l 分别是初始的椭圆度和最终的椭圆度。如果

入射光是线偏振的，则 $\eta_0 = 0$，并且：

$$\eta_l = \tan^{-1} e^{2Cl} - \pi/4 = \tan^{-1} \tanh Cl$$

因此，在路径长度 l 的范围内产生的宏观椭圆度为

$$\eta \approx \tan^{-1} \tanh\left(\frac{1}{2}\omega\mu_0 clN\zeta'_{xyz}(g)\right) \tag{3.4.45}$$

对于非常小的椭圆度，可以简化成

$$\eta = \frac{1}{2}\omega\mu_0 clN\zeta'_{xyz}(g) \tag{3.4.46}$$

方程（3.4.16a）指出，手性介质除了由 $\alpha_{\alpha\beta}(g)$ 导致的常规吸收外，还会产生强度的减弱，该减弱与吸收线形函数、入射光的椭圆度和偏振度有关：

$$\frac{\mathrm{d}I}{\mathrm{d}z} \approx -\frac{1}{2}\omega\mu_0 cN\left(\alpha_{xx}(g) + \alpha_{yy}(g) - 2\zeta'_{xyz}(g)P\sin 2\eta\right) \tag{3.4.47}$$

如果偏振度保持统一，则强度的宏观减弱通过如下积分得到：

$$\int_0^l \frac{\mathrm{d}I}{I} = \int_0^l (C' + 2C\sin 2\eta)\mathrm{d}z = \int_0^l [C' + 2C\sin 2(\tan^{-1}\tanh Cz)]\mathrm{d}z$$

其中，$C' = -\frac{1}{2}\omega\mu_0 cN(\alpha_{xx}(g) + \alpha_{yy}(g))$。我们已经假设入射光是线偏振光，并且用到了式（3.4.45）。从而：

$$I_l = I_0 e^{C'l} \cosh 2Cl$$

因此，最终的衰减强度为

$$I_l \approx I_0 e^{-\frac{1}{2}\omega\mu_0 clN(\alpha_{xx}(g) + \alpha_{yy}(g))} \cosh\left(\omega\mu_0 clN\zeta'_{xyz}(g)\right) \tag{3.4.48}$$

该关系式是对线性偏振光束通过吸光手性介质关于有序样品的修正比尔-朗伯定律的推广（Velluz et al.，1965）。如果入射光束是右或左圆偏振的，则式（3.4.44）指出椭圆度不会再产生变化，从而式（3.4.47）给出最终的衰减强度为

$$I^{\mathrm{R}}_{\mathrm{L}\,l} \approx I^{\mathrm{R}}_{\mathrm{L}\,0} e^{-\frac{1}{2}\omega\mu_0 clN\left(\alpha_{xx}(g) + \alpha_{yy}(g) \mp 2\zeta'_{xyz}(g)\right)} \tag{3.4.49}$$

利用式（1.2.11），该最终结果立即提供了 Kuhn 不对称因子（1.2.15）在动态分子性质张量的吸光部分的表达式：

$$g = \frac{\epsilon^{\mathrm{L}} - \epsilon^{\mathrm{R}}}{\frac{1}{2}(\epsilon^{\mathrm{L}} + \epsilon^{\mathrm{R}})} = \frac{4\zeta'_{xyz}(g)}{\alpha_{xx}(g) + \alpha_{yy}(g)} \tag{3.4.50}$$

从式（3.4.16d）我们看到，偏振度在消光手性介质中会增加：

$$\frac{\mathrm{d}P}{\mathrm{d}z} \approx -\omega\mu_0 cN\zeta'_{xyz}(g)(P^2 - 1)\sin 2\eta \tag{3.4.51}$$

偏振度的宏观变化从如下积分得到：

$$\int_{P_0}^{P_l}\frac{\mathrm{d}P}{P^2-1}=-2C\int_0^l \sin 2\eta \mathrm{d}z$$

如果入射光是非偏振的，则可以采用 $\sin 2\eta=\pm 1$（符号用 C 表示），因为式（3.4.44）指出需要的偏振分量为圆偏振的。从而，最终的偏振度为

$$P_l=\left|\tanh\left(\omega\mu_0 clN\zeta'_{xyz}(g)\right)\right| \tag{3.4.52}$$

注意，利用式（3.4.49）直接计算透射光的圆度，得到等价结果：

$$\frac{S_3}{S_0}=\frac{I_{\mathrm{R}_l}-I_{\mathrm{L}_l}}{I_{\mathrm{R}_l}+I_{\mathrm{L}_l}}=\tanh\left(\omega\mu_0 clN\zeta'_{xyz}(g)\right) \tag{3.4.53}$$

在 Cotton 早期关于圆二色的实验中，他实际上发现，在消光手性介质中，非偏振光变成部分圆偏振的（Lowry，1935）。在入射光的偏振情况不好确定时，测试透射光的圆偏振度会比较有用。例如，在寻找星际气体云中的手性分子时，通过在气体云后面的恒星透射的光中，寻找特定分子的特征吸收频率下的圆偏振情况确定该手性分子。当然，也应该深入考虑其他产生圆偏振的源头，如磁场和由尘埃粒子散射的光（Whittet，1992）。

3.4.7　磁旋光性和磁圆二色性

在折射强度和偏振变化的一般表达式（3.4.16）中，我们看到虚动态极化张量分量 α'_{xy} 和天然光学活性张量分量 ζ'_{xyz} 以同样的方式产生影响。然而，正如第 4 章中将讨论的那样，$\alpha'_{\alpha\beta}$ 是奇时间的，从而需要存在其他奇时间物理量的影响，如定磁场，以促进折射散射；尽管它可以产生像在第 8 章中将讨论的非折射反对称散射这样的非相干现象。关于宇称方面的讨论（见 1.9.3 节）指出，法拉第效应需要在沿着光束的传播方向施加磁场，这样的话，例如，液体实际上变成了单轴介质。

因此，如果用 α'_{xy} 取代 ζ'_{xyz}，则前面章节的所有基本结构都适用，从而磁旋光度为

$$\Delta\theta\approx\frac{1}{2}\omega\mu_0 lN\alpha'_{xy}(f) \tag{3.4.54}$$

并且，与圆二色相关的椭圆度为

$$\eta\approx\tan^{-1}\tanh\left(\frac{1}{2}\omega\mu_0 clN\alpha'_{xy}(g)\right) \tag{3.4.55}$$

我们现在必须在这些表达中引入磁场。很明显，我们寻求对 B_z 的线性相关性。这可以通过任何分子永久磁矩的部分排列产生（然而，与 Kerr 效应不同的是，这不是由场引起的磁矩，因为这样的贡献在 B_z 中是二次的），并且也可以通过 α'_{xy} 的线性微扰来实现：

$$\alpha'_{xy}(\boldsymbol{B}) = \alpha'_{xy} + \alpha'^{(m)}_{xy,z} B_z + \cdots \tag{3.4.56}$$

首先考虑流体中的法拉第效应。使用经典的玻尔兹曼平均（3.4.23）和势能：

$$V(\Omega) = -m_{0_z} B_z + \cdots$$

利用单元矢量平均（4.2.49），我们得到：

$$\overline{\alpha'_{xy}} = \left(\alpha'^{(m)}_{\alpha\beta,\gamma} + \alpha'_{\alpha\beta} m_{0_\gamma} / kT\right)\left\langle i_\alpha j_\beta k_\gamma \right\rangle B_z = \frac{1}{6} B_z \varepsilon_{\alpha\beta\gamma}\left(\alpha'^{(m)}_{\alpha\beta,\gamma} + m_{0_\alpha} \alpha'_{\beta\gamma} / kT\right) + \cdots \tag{3.4.57}$$

该关系式指出，只有沿着传播方向的场会在空间平均后产生非零结果，这与宇称的讨论是一致的。现在，将该结果用到式（3.4.54）和式（3.4.55）中，其中，式（3.4.54）将分子的动态性质张量作为色散线 f 的函数，式（3.4.55）将分子的动态性质张量作为吸收线 g 的函数。因此，以法拉第旋光性为例，得到：

$$\Delta\theta \approx \frac{1}{12} \omega\mu_0 clNB_z \varepsilon_{\alpha\beta\gamma}\left(\alpha'^{(m)}_{\alpha\beta,\gamma}(f) + m_{0_\alpha} \alpha'_{\beta\gamma}(f) / kT\right) \tag{3.4.58}$$

如果引入 $\alpha'^{(m)}_{\alpha\beta}$ [式（2.7.8）的磁类似项]和 $\alpha'_{\alpha\beta}$ 的量子力学表达，则可以重新得到流体中法拉第旋光性和圆二色性的标准表达式（Buckingham and Stephens，1966）。我们将会在第 6 章中给出明确的表达式。

不像永久电偶极矩，永久磁偶极矩没必要与分子坐标联系在一起，从而可以在自由原子中存在，如在分子配合物中的原子离子中（氢原子的第一激发态是唯一显示永久电偶极矩的原子体系，这来自相反宇称电子态的近简并性）。结果，均匀定磁场可以诱导晶体中许多粒子或者分子磁矩的各向异性。现在，有必要用量子统计平均取代经典玻尔兹曼平均（3.4.22），因为在磁场方向上，具有非零自旋或轨道角动量投影的量子态的相对布居数决定了诱导磁各向异性。对于一个处于量子态 ψ_n 的分子，其中，n 确定了包含定义任何非零角动量投影的磁量子数的完备集合（从而，ψ_n 可以是简并集的一个分量）。如果体系受到微扰，处于微扰态 ψ'_n 的每单位体积的分子数与未扰动态 ψ_n 的分子数的关系为

$$N'_n = N_n \mathrm{e}^{-(W_{n'} - W_n)/kT}$$

在弱磁场和“高”温的情况下：

$$W_{n'} - W_n = -m_{n_z} B_z \ll kT$$

从而：

$$N'_n = N_n \left(1 + m_{n_z} B_z / kT + \cdots\right) \tag{3.4.59}$$

在法拉第旋光和圆二色的方程式（3.4.54）和式（3.4.55）中，我们用式（3.4.59）取代 N，对于属于量子态 ψ_n 分子的 α'_{xy}，利用在磁场中的展开式（3.4.56）。如果 ψ_n 是简并集的一个本征态分量（component eigenstate），我们则必须对所有这些分量的结果求和。这样的话，法拉第旋光度就变成：

$$\Delta\theta \approx \frac{1}{2}\omega\mu_0 cl\left(\frac{N}{d_n}\right)B_z\sum_n\left(\alpha'^{(m)}_{xy,z}(f)+m_{n_z}\alpha'_{xy}(f)/kT\right) \tag{3.4.60}$$

其中，d_n 为简并度；$N=N_n d_n$，是简并集中单位体积的分子总数。分子本身可以像晶体那样是完全有序的；如果在流体中对所有方向取平均，则产生类似于由在流体中大量经典磁矩导致的表达式（3.4.58），也就是：

$$\Delta\theta \approx \frac{1}{12}\omega\mu_0 cl\left(\frac{N}{d_n}\right)B_z\varepsilon_{\alpha\beta\gamma}\sum_n\left(\alpha'^{(m)}_{\alpha\beta,\gamma}(f)+\frac{m_{n_\alpha}\alpha'_{\beta\gamma}(f)}{kT}\right) \tag{3.4.61}$$

3.4.8　磁手性双折射和二色性

关于一般折射强度和偏振变化的方程式（3.4.16）包含了式（3.4.13a）中定义的对称张量 $\zeta_{\alpha\beta\gamma}$ 分量的贡献。这包括电偶极-电四极动态性质张量的虚部 $A'_{\alpha,\beta\gamma}$ 和电偶极-磁偶极动态性质张量的实部 $G_{\alpha\beta}$。正如我们将在第 4 章中展现的那样，这些张量都是奇时间的，从而 $\zeta_{\alpha\beta\gamma}$ 只能在像磁场这样的奇时间影响存在时才会起作用。本节将会指出，$\zeta_{\alpha\beta\gamma}$ 对于磁手性现象是非常重要的参数。

在沿 z 方向穿过吸光稀分子介质时光强度变化率的表达式（3.4.16a）中，$\zeta_{xxz}(g)+\zeta_{yyz}(g)$ 中的项与入射光束的偏振态完全无关。这些会产生磁手性二色性。如果入射光束是非偏振的，我们假设它在样品路径长度上保持这种状态，那么只有常规的吸收项和磁手性项存在。这样的话，对有限路径长度 l 的积分给出如下最终衰减强度的表达式：

$$I_l \approx I_0 \mathrm{e}^{-\frac{1}{2}\omega\mu_0 clN\left[\alpha_{xx}(g)+\alpha_{yy}(g)+\zeta_{xxz}(g)+\zeta_{yyz}(g)\right]} \tag{3.4.62}$$

将该结果与式（1.2.12）进行比较，得到相关吸收率：

$$n' \approx \frac{1}{4}\mu_0 c^2 N\left[\alpha_{xx}(g)+\alpha_{yy}(g)+\zeta_{xxz}(g)+\zeta_{yyz}(g)\right] \tag{3.4.63}$$

将非线偏振光看成沿 x、y 方向线偏振光的不相干叠加，可以直接由式（3.4.8b）的线偏振光吸收率表达式推导出同样的结果。同样，折射率表达式（3.4.8a）可以被用来推导在非偏振光中相关折射率的如下结果：

$$n \approx 1+\frac{1}{4}\mu_0 c^2 N\left[\alpha_{xx}(f)+\alpha_{yy}(f)+\zeta_{xxz}(f)+\zeta_{yyz}(f)\right] \tag{3.4.64}$$

当不存在定态场时，在像流体这样的各向同性样品中，当对所有方向进行平均时磁手性项 ζ_{xxz} 和 ζ_{yyz} 为零。然而，当存在沿 z 方向的定磁场时，这两项确实给出非零平均值。这可以用式（3.4.13a）由 $G_{\alpha\beta}$ 和 $A_{\alpha,\beta\gamma}$ 的分量给出：

$$\zeta_{xxz} = \frac{2}{c}\left(\frac{1}{3}\omega A'_{x,xz}+G_{xy}\right) \tag{3.4.65a}$$

$$\zeta_{yyz} = \frac{2}{c}\left(\frac{1}{3}\omega A'_{y,yz} - G_{yx}\right) \tag{3.4.65b}$$

考虑 $\boldsymbol{B}$ 的线性微扰：

$$A'_{x,xz}(\boldsymbol{B}) = A'_{x,xz} + A'^{(m)}_{x,xz,z}B_z + \cdots \tag{3.4.66a}$$

$$G_{xy}(\boldsymbol{B}) = G_{xy} + G^{(m)}_{xy,z}B_z + \cdots \tag{3.4.66b}$$

$A'_{y,yz}(\boldsymbol{B})$ 和 $G_{yx}(\boldsymbol{B})$ 有类似表达式。应用含有如下势能的经典玻尔兹曼平均（3.4.22）：

$$V(\Omega) = -m_{0_z}B_z + \cdots$$

并利用单位矢量平均（4.2.49）和（4.2.53），我们发现磁手性项给出如下平均值：

$$\begin{aligned}\bar{\zeta}_{xxz} + \bar{\zeta}_{yyz} = \frac{2}{c}B_z\left\{\frac{1}{45}\omega\left[3A'^{(m)}_{\alpha,\alpha\beta,\beta} - A'^{(m)}_{\alpha,\beta\beta,\alpha} + \left(3A'_{\alpha,\alpha\beta}m_{0_\beta} - A'_{\alpha,\beta\beta}m_{0_\alpha}\right)/kT\right]\right. \\ \left. + \frac{1}{3}\varepsilon_{\alpha\beta\gamma}\left(G^{(m)}_{\alpha\beta,\gamma} + G_{\alpha\beta}m_{0_\gamma}/kT\right) + \cdots\right\}\end{aligned} \tag{3.4.67}$$

如果 $\boldsymbol{B}$ 相对于光束的传播方向反转，则该表达式的符号也会反转。因此，需要的磁手性双折射率（Barron and Vrbancich，1984）为

$$\begin{aligned}n^{\uparrow\uparrow} - n^{\uparrow\downarrow} \approx \mu_0 cNB_z\left\{\frac{1}{45}\omega\left[3A'^{(m)}_{\alpha,\alpha\beta,\beta}(f) - A'^{(m)}_{\alpha,\beta\beta,\alpha}(f)\right.\right. \\ \left. + \left(3A'_{\alpha,\alpha\beta}(f)m_{0_\beta} - A'_{\alpha,\beta\beta}(f)m_{0_\alpha}\right)/kT\right] \\ \left. + \frac{1}{3}\varepsilon_{\alpha\beta\gamma}\left(G^{(m)}_{\alpha\beta,\gamma}(f) + G_{\alpha\beta}(f)m_{0_\gamma}/kT\right) + \cdots\right\}\end{aligned} \tag{3.4.68}$$

其中，正如在 1.7 节中定义的那样，$n^{\uparrow\uparrow}$ 和 $n^{\uparrow\downarrow}$ 分别是传播平行和反平行于定磁场的非偏振光束（或任意偏振光束）的折射率。磁手性二色性 $n'^{\uparrow\uparrow} - n'^{\uparrow\downarrow}$ 有一个类似表达，其中，用吸收谱线函数 g 取代色散谱线函数 f。

在第 1 章中我们已经指出，磁手性双折射和二色性都需要手性物质。在第 6 章中我们将对其进行深入讨论，其中，在式（3.4.68）中确定的 $A'_{\alpha,\beta\gamma}$ 和 $G_{\alpha\beta}$ 的组分只有对手性分子才成立。

利用式（2.6.35）表示 $A'_{\alpha,\beta\gamma}$ 和 $G_{\alpha\beta}$ 的原点相关性可以证明式（3.4.68）与分子原点的选择无关（Coriani et al.，2002）。

3.4.9 单向（回旋）双折射

一般折射强度和偏振变化的方程式（3.4.16）包含由式（3.4.13a）定义的对称张量 $\zeta_{\alpha\beta\gamma}$ 的贡献。它包括电偶极-电四极动态性质张量的虚部 $A'_{\alpha,\beta\gamma}$ 和电偶极-磁偶极动态性质张量的实部 $G_{\alpha\beta}$。如第 4 章所示，这些张量都是奇时间的，从而 $\zeta_{\alpha\beta\gamma}$ 只

有当存在像磁场这样的奇时间影响时才会起作用。

Brown、Shtrikman 和 Treves（1963），以及 Birss 和 Shrubsall（1967）指出，一些磁性晶体会展现出一种称为非互易双折射或者旋转双折射的效应，Hornreich 和 Shtrikman（1968）将其归因于与 $G_{\alpha\beta}$ 和 $A'_{\alpha,\beta\gamma}$ 等价的性质张量。因此，$\zeta_{\alpha\beta\gamma}$产生旋转双折射，并且从式（3.4.16）可以看出，$\zeta_{\alpha\beta\gamma}$ 产生了偏振和强度的变化，其方式与导致常规线双折射的实对称动态极化率 $\alpha_{\alpha\beta}$ 是一样的。从而，与线双折射一样，旋转双折射只能存在于定向的介质中，其偏振变化受 3.4.4 节所述的所有复杂因素的影响。除此之外，由于沿着光束方向必须存在定磁场或存在体磁化的磁性晶体，因此与旋转双折射相关的任何偏振变化都会增加光束穿过样品的反射：这与线双折射相关联的偏振效应形成对比，线双折射抵消了偏振效应。

3.4.10　Jones 双折射

正如在 3.4.1 节中提到的那样，Jones（1948）在推导光学计算时预测了新的线双折射和对应的二色性的存在。这两种新效应来自 Jones 推导的 2×2 矩阵，以确定偏振单色光束以一定方向照射到非去极化介质时产生的效应。Jones 矩阵有四个复元素，通常表示八种不同的光学效应，即折射、吸收、圆双折射和圆二色、相对于一对正交轴的线双折射和线二色，以及相对于平分第一个正交轴的第二对正交轴的线双折射和线二色。

最后两个效应是新的。因为这两个效应被预测会在一些磁性晶体和非磁性晶体中产生，并且在流体中通过同时施加垂直于光束且相互平行的静电场和定磁场而产生（Graham and Raab，1983；Ross et al.，1989）。观察在晶体中的 Jones 双折射时通常会受常规双折射的影响，而在流体中比较容易实现，因为该效应与 EB 有关。对于 Kerr 效应，常规的双折射与 E^2 有关，对于 Cotton-Mouton 效应，常规的双折射与 B^2 有关。Roth 和 Rikken（2000）在顺磁性分子中观察到这种磁电 Jones 双折射，如处于液态的金属有机配合物甲基环戊二烯三羰基锰（$C_9H_7MnO_3$）。

Graham 和 Raab（1983）给出了流体中磁电 Jones 双折射的分子理论。他们指出，该效应与同时被静电场和定磁场微扰的电偶极-磁偶极动态性质张量的实部 $G_{\alpha\beta}$ 和电偶极-电四极动态性质张量的虚部 $A'_{\alpha,\beta\gamma}$ 有关。从而，磁电 Jones 双折射与磁手性双折射和非互易双折射有相似之处，因为在这三种情况中都体现了奇时间的性质张量这一关键参数被奇时间物理量（定磁场）活化。

还有另一种磁电双折射，是由垂直于光束的相互垂直的电场和磁场诱导产生。Roth 和 Rikken（2002）在流体中观察到该效应，并将其与 Jones 磁电双折射进行比较，有同样的数量级，这与预测的一样（Graham and Raab，1984；Ross et al.，1989）。

还存在第三种磁电光学现象（Rikken et al.，2002）：穿过彼此垂直同时存在于光传播方向的电磁场时，非偏振光束产生的折射率具有各向异性的特点。该效应通过狭义相对论与 Cotton-Mouton 效应相关联。

研究表明，描述 Jones 双折射表达式的原点不变性要求在推导 $G_{\alpha\beta}$ 时，保留式（2.5.1）中与定磁场的磁偶极矩相互作用的抗磁贡献（Rizzo and Coriani，2003）。这个可能也是与 $G_{\alpha\beta}$ 有关的其他现象的必要条件，尽管在由式（3.4.68）描述的流体的磁手性双折射中并不是必要条件，因为当对所有方向进行平均时，额外的项为零（Rizzo and Coriani，2003）。

3.4.11 电旋光性和圆二色性

在 1.9.3 节中简单的图形化对称讨论表明，即使是手性分子，在流体中也不存在法拉第效应的直接电类似效应。然而，法拉第效应的电类似效应可以在一些晶体中存在，相关方面的深入讨论见 Buckingham、Graham 和 Raab（1971），Gunning 和 Raab（1997），Kaminsky（2000）。

我们很容易理解线性电旋光产生的原因。在 3.4.7 节中，法拉第效应用根据沿 z 方向磁场对虚动态极化率分量 α'_{xy} 的线性微扰来表示。因而，电类似效应产生的一个原因为，沿着 z 方向的电场在晶体中激活相同的张量分量，它表现出磁电效应，也就是在外电场的方向上产生一个小的磁化。我们可以将该电诱导磁化看成是由反铁磁晶体中等量相反方向的自旋晶格不平衡涨落引起的（Hornreich and Shtrikman，1967）。

现在对流体进行简短说明。很容易观察到，在各向同性分子体系中，当存在相互垂直的电场和磁场，且该电场和磁场与光传播方向垂直时，会产生额外的旋光和圆二色效应。这些效应会随场强呈线性变化（Baranova et al.，1977；Buckingham and Shatwell，1978）。该效应来自电场和磁场对 $\alpha'_{\alpha\beta}$ 的同时微扰。

3.5 瑞利散射光和拉曼散射光的偏振现象

3.5.1 偏振光的非折射散射

我们现在讨论光散射过程中的偏振效应。这里不涉及前散射与未散射成分之间的干涉。这包括任何非向前瑞利散射和拉曼散射，并且包括拉曼前散射，因为处于不同的频率，与未散射波不会发生干涉。

图 3.3 展现了在入射准单色光沿 $\boldsymbol{n}^{\mathrm{i}}=\boldsymbol{k}$ 的方向传播中，右手坐标 x, y, z 的原点 O 与分子在单位矢量 $\boldsymbol{i}, \boldsymbol{j}, \boldsymbol{k}$ 相关联的示意图。我们需要远离向前方向的任意散射角 ξ 的光散射波带的偏振和强度。选择单位矢量 $\boldsymbol{i}, \boldsymbol{j}, \boldsymbol{k}$，从而使散射方向总是在 $\boldsymbol{jk}$

面内。我们将该面称为散射面。如果在检测传播矢量 $\boldsymbol{n}^d$ 的方向指定一个单位矢量 $\boldsymbol{k}^d$ ，则探测平面波在波带内的特征可以用与单位矢量 $\boldsymbol{i}^d,\boldsymbol{j}^d,\boldsymbol{k}^d$ 有关的坐标系 x^d,y^d,z^d 表示。由图 3.3 可知，这两组单位矢量的关系如下：

$$\boldsymbol{i}^d = \boldsymbol{i} \tag{3.5.1a}$$

$$\boldsymbol{j}^d = \boldsymbol{j}\cos\xi - \boldsymbol{k}\sin\xi \tag{3.5.1b}$$

$$\boldsymbol{k}^d = \boldsymbol{k}\cos\xi + \boldsymbol{j}\sin\xi \tag{3.5.1c}$$

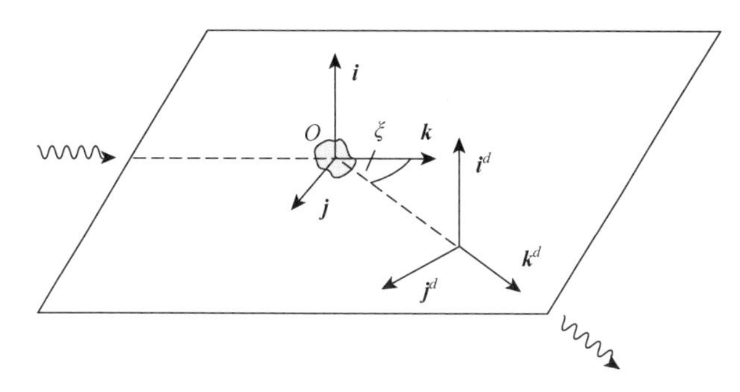

图 3.3　用于描述入射波（$\boldsymbol{i},\boldsymbol{j},\boldsymbol{k}$）和散射波（ $\boldsymbol{i}^d,\boldsymbol{j}^d,\boldsymbol{k}^d$ ）的单位矢量体系。ξ 是散射角

在 x^d,y^d,z^d 体系中，散射电矢量 $\tilde{\boldsymbol{E}}^d$ 的斯托克斯参数为

$$S_0^d = \tilde{E}_{x^d}^d\tilde{E}_{x^d}^{d*} + \tilde{E}_{y^d}^d\tilde{E}_{y^d}^{d*}$$

$$S_1^d = \tilde{E}_{x^d}^d\tilde{E}_{x^d}^{d*} - \tilde{E}_{y^d}^d\tilde{E}_{y^d}^{d*}$$

$$S_2^d = -\left(\tilde{E}_{x^d}^d\tilde{E}_{y^d}^{d*} + \tilde{E}_{y^d}^d\tilde{E}_{x^d}^{d*}\right)$$

$$S_3^d = -\mathrm{i}\left(\tilde{E}_{x^d}^d\tilde{E}_{y^d}^{d*} - \tilde{E}_{y^d}^d\tilde{E}_{x^d}^{d*}\right)$$

我们需要 x,y,z 体系中的这些参数来描述入射波；式（3.5.1）给出，

$$S_0^d = \tilde{E}_x^d\tilde{E}_x^{d*} + \tilde{E}_y^d\tilde{E}_y^{d*}\cos^2\xi + \tilde{E}_z^d\tilde{E}_z^{d*}\sin^2\xi - \left(\tilde{E}_y^d\tilde{E}_z^{d*} + \tilde{E}_z^d\tilde{E}_y^{d*}\right)\cos\xi\sin\xi \tag{3.5.2a}$$

$$S_1^d = \tilde{E}_x^d\tilde{E}_x^{d*} - \tilde{E}_y^d\tilde{E}_y^{d*}\cos^2\xi - \tilde{E}_z^d\tilde{E}_z^{d*}\sin^2\xi + \left(\tilde{E}_y^d\tilde{E}_z^{d*} + \tilde{E}_z^d\tilde{E}_y^{d*}\right)\cos\xi\sin\xi \tag{3.5.2b}$$

$$S_2^d = -\left(\tilde{E}_x^d\tilde{E}_y^{d*}\cos\xi - \tilde{E}_x^d\tilde{E}_z^{d*}\sin\xi + \tilde{E}_y^d\tilde{E}_x^{d*}\cos\xi - \tilde{E}_z^d\tilde{E}_x^{d*}\sin\xi\right) \tag{3.5.2c}$$

$$S_3^d = -\mathrm{i}\left(\tilde{E}_x^d\tilde{E}_y^{d*}\cos\xi - \tilde{E}_x^d\tilde{E}_z^{d*}\sin\xi - \tilde{E}_y^d\tilde{E}_x^{d*}\cos\xi + \tilde{E}_z^d\tilde{E}_x^{d*}\sin\xi\right) \tag{3.5.2d}$$

散射波的电矢量根据散射张量和入射波的电矢量由式（3.3.3）给出，从而有：

$$\tilde{E}_\alpha^d\tilde{E}_\beta^{d*} = \left(\frac{\omega^2\mu_0}{4\pi R}\right)^2 \tilde{a}_{\alpha\gamma}\tilde{a}_{\beta\delta}^*\tilde{E}_\gamma^{(0)}\tilde{E}_\delta^{(0)*}$$

散射波的斯托克斯参数（3.5.2）可以根据散射张量和入射波的斯托克斯参数表达成：

$$
\begin{aligned}
S_0^d = \frac{1}{2}\left(\frac{\omega^2\mu_0}{4\pi R}\right)^2 \Big\{ & \left(\left|\tilde{a}_{xx}\right|^2+\left|\tilde{a}_{xy}\right|^2\right)S_0+\left(\left|\tilde{a}_{xx}\right|^2-\left|\tilde{a}_{xy}\right|^2\right)S_1-2\mathrm{Re}\left(\tilde{a}_{xx}\tilde{a}_{xy}^*\right)S_2-2\mathrm{Im}\left(\tilde{a}_{xx}\tilde{a}_{xy}^*\right)S_3 \\
& +\left[\left(\left|\tilde{a}_{yx}\right|^2+\left|\tilde{a}_{yy}\right|^2\right)S_0+\left(\left|\tilde{a}_{yx}\right|^2-\left|\tilde{a}_{yy}\right|^2\right)S_1-2\mathrm{Re}\left(\tilde{a}_{yx}\tilde{a}_{yy}^*\right)S_2-2\mathrm{Im}\left(\tilde{a}_{yx}\tilde{a}_{yy}^*\right)S_3\right]\cos^2\xi \\
& +\left[\left(\left|\tilde{a}_{zx}\right|^2+\left|\tilde{a}_{zy}\right|^2\right)S_0+\left(\left|\tilde{a}_{zx}\right|^2-\left|\tilde{a}_{zy}\right|^2\right)S_1-2\mathrm{Re}\left(\tilde{a}_{zx}\tilde{a}_{zy}^*\right)S_2-2\mathrm{Im}\left(\tilde{a}_{zx}\tilde{a}_{zy}^*\right)S_3\right]\sin^2\xi \\
& -2\Big[\mathrm{Re}\left(\tilde{a}_{yx}\tilde{a}_{zx}^*+\tilde{a}_{yy}\tilde{a}_{zy}^*\right)S_0+\mathrm{Re}\left(\tilde{a}_{yx}\tilde{a}_{zx}^*-\tilde{a}_{yy}\tilde{a}_{zy}^*\right)S_1-\mathrm{Re}\left(\tilde{a}_{yx}\tilde{a}_{zy}^*+\tilde{a}_{zx}\tilde{a}_{yy}^*\right)S_2 \\
& -\mathrm{Im}\left(\tilde{a}_{yx}\tilde{a}_{zy}^*+\tilde{a}_{zx}\tilde{a}_{yy}^*\right)S_3\Big]\cos\xi\sin\xi\Big\}
\end{aligned}
\tag{3.5.3a}
$$

$$
\begin{aligned}
S_1^d = \frac{1}{2}\left(\frac{\omega^2\mu_0}{4\pi R}\right)^2 \Big\{ & \left(\left|\tilde{a}_{xx}\right|^2+\left|\tilde{a}_{xy}\right|^2\right)S_0+\left(\left|\tilde{a}_{xx}\right|^2-\left|\tilde{a}_{xy}\right|^2\right)S_1-2\mathrm{Re}\left(\tilde{a}_{xx}\tilde{a}_{xy}^*\right)S_2-2\mathrm{Im}\left(\tilde{a}_{xx}\tilde{a}_{xy}^*\right)S_3 \\
& -\left[\left(\left|\tilde{a}_{yx}\right|^2+\left|\tilde{a}_{yy}\right|^2\right)S_0+\left(\left|\tilde{a}_{yx}\right|^2-\left|\tilde{a}_{yy}\right|^2\right)S_1-2\mathrm{Re}\left(\tilde{a}_{yx}\tilde{a}_{yy}^*\right)S_2-2\mathrm{Im}\left(\tilde{a}_{yx}\tilde{a}_{yy}^*\right)S_3\right]\cos^2\xi \\
& -\left[\left(\left|\tilde{a}_{zx}\right|^2+\left|\tilde{a}_{zy}\right|^2\right)S_0+\left(\left|\tilde{a}_{zx}\right|^2-\left|\tilde{a}_{zy}\right|^2\right)S_1-2\mathrm{Re}\left(\tilde{a}_{zx}\tilde{a}_{zy}^*\right)S_2-2\mathrm{Im}\left(\tilde{a}_{zx}\tilde{a}_{zy}^*\right)S_3\right]\sin^2\xi \\
& +2\Big[\mathrm{Re}\left(\tilde{a}_{yx}\tilde{a}_{zx}^*+\tilde{a}_{yy}\tilde{a}_{zy}^*\right)S_0+\mathrm{Re}\left(\tilde{a}_{yx}\tilde{a}_{zx}^*-\tilde{a}_{yy}\tilde{a}_{zy}^*\right)S_1-\mathrm{Re}\left(\tilde{a}_{yx}\tilde{a}_{zy}^*+\tilde{a}_{zx}\tilde{a}_{yy}^*\right)S_2 \\
& -\mathrm{Im}\left(\tilde{a}_{yx}\tilde{a}_{zy}^*+\tilde{a}_{zx}\tilde{a}_{yy}^*\right)S_3\Big]\cos\xi\sin\xi\Big\}
\end{aligned}
\tag{3.5.3b}
$$

$$
\begin{aligned}
S_2^d = -\left(\frac{\omega^2\mu_0}{4\pi R}\right)^2 \Big\{ & \Big[\mathrm{Re}\left(\tilde{a}_{xx}\tilde{a}_{yx}^*+\tilde{a}_{xy}\tilde{a}_{yy}^*\right)S_0+\mathrm{Re}\left(\tilde{a}_{xx}\tilde{a}_{yx}^*-\tilde{a}_{xy}\tilde{a}_{yy}^*\right)S_1 \\
& -\mathrm{Re}\left(\tilde{a}_{xx}\tilde{a}_{yy}^*+\tilde{a}_{yx}\tilde{a}_{xy}^*\right)S_2-\mathrm{Im}\left(\tilde{a}_{xx}\tilde{a}_{yy}^*+\tilde{a}_{yx}\tilde{a}_{xy}^*\right)S_3\Big]\cos\xi \\
& -\Big[\mathrm{Re}\left(\tilde{a}_{xx}\tilde{a}_{zx}^*+\tilde{a}_{xy}\tilde{a}_{zy}^*\right)S_0+\mathrm{Re}\left(\tilde{a}_{xx}\tilde{a}_{zx}^*-\tilde{a}_{xy}\tilde{a}_{zy}^*\right)S_1 \\
& -\mathrm{Re}\left(\tilde{a}_{xx}\tilde{a}_{zy}^*+\tilde{a}_{zx}\tilde{a}_{xy}^*\right)S_2-\mathrm{Im}\left(\tilde{a}_{xx}\tilde{a}_{zy}^*+\tilde{a}_{zx}\tilde{a}_{xy}^*\right)S_3\Big]\sin\xi\Big\}
\end{aligned}
\tag{3.5.3c}
$$

$$
\begin{aligned}
S_3^d = -\left(\frac{\omega^2\mu_0}{4\pi R}\right)^2 \Big\{ & \Big[\mathrm{Im}\left(\tilde{a}_{xx}\tilde{a}_{yx}^*+\tilde{a}_{xy}\tilde{a}_{yy}^*\right)S_0+\mathrm{Im}\left(\tilde{a}_{xx}\tilde{a}_{yx}^*-\tilde{a}_{xy}\tilde{a}_{yy}^*\right)S_1 \\
& -\mathrm{Im}\left(\tilde{a}_{xx}\tilde{a}_{yy}^*-\tilde{a}_{yx}\tilde{a}_{xy}^*\right)S_2+\mathrm{Re}\left(\tilde{a}_{xx}\tilde{a}_{yy}^*-\tilde{a}_{yx}\tilde{a}_{xy}^*\right)S_3\Big]\cos\xi \\
& -\Big[\mathrm{Im}\left(\tilde{a}_{xx}\tilde{a}_{zx}^*+\tilde{a}_{xy}\tilde{a}_{zy}^*\right)S_0+\mathrm{Im}\left(\tilde{a}_{xx}\tilde{a}_{zx}^*-\tilde{a}_{xy}\tilde{a}_{zy}^*\right)S_1 \\
& -\mathrm{Im}\left(\tilde{a}_{xx}\tilde{a}_{zy}^*-\tilde{a}_{zx}\tilde{a}_{xy}^*\right)S_2+\mathrm{Re}\left(\tilde{a}_{xx}\tilde{a}_{zy}^*-\tilde{a}_{zx}\tilde{a}_{xy}^*\right)S_3\Big]\sin\xi\Big\}
\end{aligned}
\tag{3.5.3d}
$$

通过考虑对由式（3.3.4）确定的复散射张量 $\tilde{a}_{\alpha\beta}$ 的各种贡献，这些方程可以用来根据动态分子性质张量，对任意偏振的入射光束通过气体、液体或固体介质产生的向任意方向散射的光的强度和偏振，推导出显式表达式。这些介质可以是透明的或具有消光性，有序的或各向同性的，也可以是具有光学活性的。然而，这些一般表达过于复杂，我们应根据需要提取特定情况的显式表达。注意，式（3.3.4）中的最后三项在这里没有作用，因为散射波是完全横向的，而且我们没有考虑有限锥形区域中的情况。

大多数瑞利散射强度起源于实动态极化率 $\alpha_{\alpha\beta}$，从而将首先讨论由该张量产生的显著的偏振效应。后面将依次讨论由其他张量产生的偏振效应，相关表达必须加入 $\alpha_{\alpha\beta}$ 的表达式中，因为当存在由 $\alpha_{\alpha\beta}$ 给出的显著贡献时，通常需要测试附加效应。这里，我们只考虑没有外场存在的条件下，各向同性流体样品的情况。

如果用对应的跃迁张量取代动态分子性质张量，则同样的表达也适用于拉曼散射，从而在实对称性质张量 $\alpha_{\alpha\beta}$ 和虚反对称性质张量 $\alpha'_{\alpha\beta}$ 中的项，通过由式（2.8.8b）和式（2.8.8e）定义的实对称跃迁张量 $(\alpha_{\alpha\beta})^{\mathrm{s}}_{mn}$ 和虚对称跃迁张量 $(\alpha'_{\alpha\beta})^{\mathrm{a}}_{mn}$，也同样适用于散射。然而，也存在从由式（2.8.8c）和式（2.8.8d）定义的实反对称跃迁张量 $(\alpha_{\alpha\beta})^{\mathrm{a}}_{mn}$ 和虚对称跃迁张量 $(\alpha'_{\alpha\beta})^{\mathrm{s}}_{mn}$ 产生散射的可能性：见第 8 章，这些在振动拉曼散射中可能比较重要。

此外，同样的表达式也适用于在透过和吸收频率处的散射。在前面的情况中，动态分子性质张量或跃迁张量被写成仅是色散线形 f 的函数，而在后面的情况中，必须用到完整的复线形 $f+\mathrm{i}g$ 函数（例如，对于独立跃迁，我们可以写成 $\alpha_{\alpha\beta}G'^{*}_{\alpha\beta}=\alpha^{*}_{\alpha\beta}G'_{\alpha\beta}$）。在电子吸收频率范围内，关于散射强度随入射光频率变化[在共振拉曼散射中称为激发轮廓（excitation profile）]的讨论将会在第 8 章中给出，因为给出散射张量的内分子机制会产生显著影响。

3.5.2　对称散射

最常见的情况是由无序非手性分子，在无外定场存在的情况下，在透过频率处产生的瑞利或拉曼散射。这种散射通常受总是对称的实动态极化率 $\alpha_{\alpha\beta}$ 或实跃迁极化率的对称部分 $(\alpha_{\alpha\beta})^{\mathrm{s}}_{mn}$ 的主导。在散射波的斯托克斯参数方程（3.5.3）中，张量分量乘积必须对分子的所有方向进行平均。用单位矢量平均（4.2.53），以及 $\alpha_{\alpha\beta}=\alpha_{\beta\alpha}$，我们得到如下非零平均关系式：

$$\left\langle \alpha_{xx}\alpha^{*}_{xx}\right\rangle = \alpha_{\alpha\beta}\alpha^{*}_{\gamma\delta}\left\langle i_{\alpha}i_{\beta}i_{\gamma}i_{\delta}\right\rangle = \frac{1}{15}\left(\alpha_{\alpha\alpha}\alpha^{*}_{\beta\beta}+2\alpha_{\alpha\beta}\alpha^{*}_{\alpha\beta}\right) \tag{3.5.4a}$$

$$\left\langle \alpha_{xx}\alpha^{*}_{yy}\right\rangle = \alpha_{\alpha\beta}\alpha^{*}_{\gamma\delta}\left\langle i_{\alpha}i_{\beta}j_{\gamma}j_{\delta}\right\rangle = \frac{1}{15}\left(2\alpha_{\alpha\alpha}\alpha^{*}_{\beta\beta}-\alpha_{\alpha\beta}\alpha^{*}_{\alpha\beta}\right) \tag{3.5.4b}$$

$$\left\langle \alpha_{xy}\alpha_{xy}^{*}\right\rangle = \alpha_{\alpha\gamma}\alpha_{\beta\delta}^{*}\left\langle i_{\alpha}i_{\beta}j_{\gamma}j_{\delta}\right\rangle = \frac{1}{30}\left(3\alpha_{\alpha\beta}\alpha_{\alpha\beta}^{*} - \alpha_{\alpha\alpha}\alpha_{\beta\beta}^{*}\right) \tag{3.5.4c}$$

这样的话，对于瑞利前散射（$\xi = 0°$），斯托克斯参数为

$$S_0^d(0°) = K\left(7\alpha_{\alpha\beta}\alpha_{\alpha\beta}^{*} + \alpha_{\alpha\alpha}\alpha_{\beta\beta}^{*}\right) \tag{3.5.5a}$$

$$S_1^d(0°) = K\left(3\alpha_{\alpha\alpha}\alpha_{\beta\beta}^{*} + \alpha_{\alpha\beta}\alpha_{\alpha\beta}^{*}\right)P\cos 2\eta\cos 2\theta \tag{3.5.5b}$$

$$S_2^d(0°) = K\left(3\alpha_{\alpha\alpha}\alpha_{\beta\beta}^{*} + \alpha_{\alpha\beta}\alpha_{\alpha\beta}^{*}\right)P\cos 2\eta\sin 2\theta \tag{3.5.5c}$$

$$S_3^d\left(0°\right) = 5K\left(\alpha_{\alpha\alpha}\alpha_{\beta\beta}^{*} - \alpha_{\alpha\beta}\alpha_{\alpha\beta}^{*}\right)P\sin 2\eta \tag{3.5.5d}$$

对于直角处的光散射（$\xi = 90°$）：

$$S_0^d(90°) = \frac{1}{2}K\left[\left(13\alpha_{\alpha\beta}\alpha_{\alpha\beta}^{*} - \alpha_{\alpha\alpha}\alpha_{\beta\beta}^{*}\right) + \left(\alpha_{\alpha\beta}\alpha_{\alpha\beta}^{*} + 3\alpha_{\alpha\alpha}\alpha_{\beta\beta}^{*}\right)P\cos 2\eta\cos 2\theta\right] \tag{3.5.6a}$$

$$S_1^d(90°) = \frac{1}{2}K\left[\left(\alpha_{\alpha\beta}\alpha_{\alpha\beta}^{*} + 3\alpha_{\alpha\alpha}\alpha_{\beta\beta}^{*}\right)\left(1 + P\cos 2\eta\cos 2\theta\right)\right] \tag{3.5.6b}$$

$$S_2^d(90°) = 0 \tag{3.5.6c}$$

$$S_3^d(90°) = 0 \tag{3.5.6d}$$

对于背散射（$\xi = 180°$）：

$$S_0^d(180°) = S_0^d(0°) \tag{3.5.7a}$$

$$S_1^d(180°) = S_1^d(0°) \tag{3.5.7b}$$

$$S_2^d(180°) = -S_2^d(0°) \tag{3.5.7c}$$

$$S_3^d(180°) = -S_3^d(0°) \tag{3.5.7d}$$

其中，

$$K = \frac{1}{30}\left(\frac{\omega^2\mu_0 E^{(0)}}{4\pi R}\right)^2 \tag{3.5.8}$$

并且，P、θ 和 η 确定了入射光的偏振情况。

当 $(\alpha_{\alpha\beta})_{mn}^{s}$ 取代 $\alpha_{\alpha\beta}$ 时，同样的斯托克斯参数也适用于拉曼散射。事实上，斯托克斯参数（3.5.5）仅适用于拉曼的情况；瑞利前散射没有意义，因为与入射波具有相同频率的前散射干扰透射波，并产生折射和双折射现象。然而，我们可以讨论近向前瑞利散射。

散射光检测方面的一个重要物理量是退偏振比（depolarization ratio）。该物理量被定义成平行于散射面和垂直于散射面的线偏振强度的比值。对于 90° 散射，

$$\rho = \frac{I_z}{I_x} = \frac{I_{y^d}}{I_{x^d}} = \frac{S_0^d(90°) - S_1^d(90°)}{S_0^d(90°) + S_1^d(90°)}$$
$$= \frac{6\beta(\alpha)^2}{45\alpha^2 + 7\beta(\alpha)^2 + \left[45\alpha^2 + \beta(\alpha)^2\right] P\cos 2\eta \cos 2\theta} \tag{3.5.9}$$

其中，各向同性和各向异性不变量为

$$\alpha^2 = \frac{1}{9}\alpha_{\alpha\alpha}\alpha_{\beta\beta}^* \tag{3.5.10a}$$

$$\beta(\alpha)^2 = \frac{1}{2}\left(3\alpha_{\alpha\beta}\alpha_{\alpha\beta}^* - \alpha_{\alpha\alpha}\alpha_{\beta\beta}^*\right) \tag{3.5.10b}$$

这些将在 4.2.6 节中进行讨论，并且只有 $\alpha_{\alpha\beta}\alpha_{\gamma\delta}^*$ 的分量组合才能导致各向同性样品产生光散射。式（3.5.9）产生具有特定偏振的入射光中的退偏振比（Plackzek，1934）。因此，对于非偏振入射光（$P=0$），以及右圆或左圆偏振入射光（$P=1$，$\eta=\pm\pi/4$）：

$$\rho(n) = \frac{6\beta(\alpha)^2}{45\alpha^2 + 7\beta(\alpha)^2} \tag{3.5.11}$$

对于垂直于散射面（$P=1$，$\eta=0$，$\theta=0$）的线偏振入射光：

$$\rho(x) = \frac{3\beta(\alpha)^2}{45\alpha^2 + 4\beta(\alpha)^2} \tag{3.5.12}$$

对于平行于散射面（$P=1$，$\eta=0$，$\theta=\pi/2$）的线偏振入射光：

$$\rho(y) = 1 \tag{3.5.13}$$

在拉曼散射中，ρ 与分子的有效对称性和分子振动的对称性有关。因此，$\rho(x)$ 会在 0 和 3/4 之间变化。0 对应了各向同性极化率 α 产生的完全对称振动（如在立方点群中），3/4 对应了各向异性极化率 $\beta(\alpha)$ 的非完全对称振动。

另一个有意思的物理量是散射光的圆偏振分量。这个由 S_3^d 给出，并且从式（3.5.3d）可以看到，对于无序非手性分子，如果入射光有圆偏振成分，且散射角不是 90° 时，在散射光中就会有圆偏振成分。由式（3.5.5）给出的在前散射光（或者对于瑞利散射，是近向前）中圆偏振（圆度）占有的分数为

$$\frac{S_3^d(0°)}{S_0^d(0°)} = \frac{5[9\alpha^2 - \beta(\alpha)^2]}{45\alpha^2 + 7\beta(\alpha)^2} P\sin 2\eta \tag{3.5.14}$$

因此，如果入射光束是完全圆偏振的，且分子的极化是各向同性的，则近向前瑞利组分也是完全圆偏振的；极化各向异性降低了圆偏振分量。如果振动是处于 α，从远偏振光束产生的拉曼前散射是完全圆偏振的。如果振动只是处于 $\beta(\alpha)$，则从远偏振光束产生的拉曼前散射是部分圆偏振的（圆度为 5/7）。式（3.5.7）指出，在背散射方向，散射光的圆度与向前的式（3.5.14）是一样的，只是符号相反。

Placzek（1934）讨论了将圆偏振光应用到常规瑞利散射和拉曼散射中的情况。他定义了一个反转系数 R。R 为与入射光束偏振方向相同的圆偏振分量和相反方向的圆偏振分量的强度比。因此，例如，对于右圆偏振入射光导致的背散射：

$$R(180°)=\frac{I_{\mathrm{R}}}{I_{\mathrm{L}}}=\frac{S_0^d(180°)+S_3^d(180°)}{S_0^d(180°)-S_3^d(180°)}=\frac{6\beta(\alpha)^2}{45\alpha^2+\beta(\alpha)^2}=\frac{2\rho(x)}{1-\rho(x)} \quad (3.5.15)$$

其中，I_{R} 和 I_{L} 分别是右圆和左圆偏振散射强度。向前散射为

$$R(0°)=\frac{S_0^d(0°)+S_3^d(0°)}{S_0^d(0°)-S_3^d(0°)}=\frac{1}{R(180°)} \quad (3.5.16)$$

该技术能够使完全对称和非完全对称的拉曼波段非常明显地区分开来，因为二者在 $I_{\mathrm{R}}-I_{\mathrm{L}}$ 光谱中有相反的符号（Clark et al.，1974）。然而，正如我们将在下一节中讨论的那样，当不存在反对称散射时，它所提供的信息并不比退偏振比多。

3.5.3 反对称散射

瑞利散射和拉曼散射也可以通过虚动态极化率 $\alpha'_{\alpha\beta}$（总是反对称的）、虚跃迁极化率的反对称部分$(\alpha'_{\alpha\beta})^{\mathrm{a}}_{mn}$ 和实跃迁极化率的反对称部分 $(\alpha_{\alpha\beta})^{\mathrm{a}}_{mn}$ 产生。因为 $\alpha'_{\alpha\beta}=-\alpha'_{\beta\alpha}$，从而，唯一的非零平均为

$$\langle\alpha'_{xy}\alpha'^{*}_{xy}\rangle=\frac{1}{6}\alpha'_{\alpha\beta}\alpha'^{*}_{\alpha\beta} \quad (3.5.17)$$

代入瑞利斯托克斯参数（3.5.5）～（3.5.7），给出：

$$S_0^d(0°)=5K\alpha'_{\alpha\beta}\alpha'^{*}_{\alpha\beta} \quad (3.5.18a)$$

$$S_1^d(0°)=-5K\alpha'_{\alpha\beta}\alpha'^{*}_{\alpha\beta}P\cos 2\eta\cos 2\theta \quad (3.5.18b)$$

$$S_2^d(0°)=-5K\alpha'_{\alpha\beta}\alpha'^{*}_{\alpha\beta}P\cos 2\eta\sin 2\theta \quad (3.5.18c)$$

$$S_3^d(0°)=5K\alpha'_{\alpha\beta}\alpha'^{*}_{\alpha\beta}P\sin 2\eta \quad (3.5.18d)$$

$$S_0^d(90°)=\frac{5}{2}K\alpha'_{\alpha\beta}\alpha'^{*}_{\alpha\beta}(3-P\cos 2\eta\cos 2\theta) \quad (3.5.19a)$$

$$S_1^d(90°)=-\frac{5}{2}K\alpha'_{\alpha\beta}\alpha'^{*}_{\alpha\beta}(1+P\cos 2\eta\cos 2\theta) \quad (3.5.19b)$$

$$S_2^d(90°)=0 \quad (3.5.19c)$$

$$S_3^d(90°)=0 \quad (3.5.19d)$$

$$S_0^d(180°)=S_0^d(0°) \quad (3.5.20a)$$

$$S_1^d(180°)=S_1^d(0°) \quad (3.5.20b)$$

$$S_2^d(180°)=-S_2^d(0°) \quad (3.5.20c)$$

$$S_3^d(180°)=-S_3^d(0°) \quad (3.5.20d)$$

从而，在 $90°$ 的纯反对称散射的一般退偏振比为

$$\rho = \frac{2}{1 - P\cos 2\eta \cos 2\theta} \tag{3.5.21}$$

由此，如果入射光是非偏振的或者是圆偏振的：

$$\rho(n) = 2 \tag{3.5.22}$$

如果入射光线偏振垂直于散射面：

$$\rho(x) = \infty \tag{3.5.23}$$

如果入射光线偏振平行于散射面：

$$\rho(y) = 1 \tag{3.5.24}$$

由式（3.5.23）描述的现象称为逆极化。该现象由 Placzek（1934）首次预测到。

纯反对称前散射的圆度为

$$\frac{S_3^d(0°)}{S_0^d(0°)} = P\sin 2\eta \tag{3.5.25}$$

在背散射方向，圆度是一样的，然而有相反的符号。因此，对于纯各向同性散射，如果入射光束是完全圆偏振的，由纯反对称散射产生的近向前瑞利分量和向前拉曼分量也具有同样的完全圆偏振。对应的反转系数为

$$R(0°) = \frac{1}{R(180°)} = \infty \tag{3.5.26}$$

事实上，我们通常是以异常偏振（$\infty > \rho(x) > \frac{3}{4}$）的形式看到反对称散射，而不是纯反偏振（$\rho(x) = \infty$）。这是因为对称散射和反对称散射对同样的带有影响。

当入射频率接近电子吸收频率时，处于自旋简并基态的原子（如钠）给出的反对称瑞利散射产生大的光散射“异常”退偏振比。反对称共振瑞利散射和拉曼散射也可以由处于简并态的分子产生；然而，该效应也可以在没有简并度的情况下，通过与作为轴矢量分量变换的振动模式相关的共振拉曼散射产生。这些问题将在第 4 章和第 8 章中详细讨论。

如果拉曼光谱带中同时包含各向同性散射、各向异性散射和反对称散射，为了将其区分开，就需要测试在 $90°$ 处的退偏振比和在 $0°$ 或者 $180°$ 处的散射圆度或者反转系数（Placzek，1934；McClain，1971；Hamaguchi，1985）。退偏振比（入射光线偏振垂直于散射面）及反转系数（背散射）的一般表达式为

$$\rho(x) = \frac{3\beta(\alpha)^2 + 5\beta(\alpha')^2}{45\alpha^2 + 4\beta(\alpha)^2} \tag{3.5.27}$$

$$R(180°) = \frac{6\beta(\alpha)^2}{45\alpha^2 + \beta(\alpha)^2 + 5\beta(\alpha')^2} \tag{3.5.28}$$

其中，α^2 和 $\beta(\alpha)^2$ 分别是各向同性和各向异性不变量（3.5.10），并且：

$$\beta(\alpha')^2 = \frac{3}{2}\alpha'_{\alpha\beta}\alpha'^{*}_{\alpha\beta} \tag{3.5.29}$$

是对应的反对称不变量。

因此，α^2、$\beta(\alpha)^2$ 和 $\beta(\alpha')^2$ 的相对值可以由如下三个强度测试给出的三个独立表达式决定：

（1）当入射光线偏振垂直于散射面时，以90°散射并平行于散射面线偏振光的强度：$[3\beta(\alpha)^2 + 5\beta(\alpha')^2]$。

（2）当入射光线偏振垂直于散射面时，以90°散射并垂直于散射面线偏振光的强度：$[45\alpha^2 + 4\beta(\alpha)^2]$。

（3）与入射光具有相同圆偏振情况的180°散射光分量的强度：$6\beta(\alpha)^2$。

对于以上完整偏振测试，已有研究报道了亚铁细胞色素 c 产生的共振拉曼散射（Pézolet et al.，1973；Nestor and Spiro，1973），并提供了关于血红素基团有效对称的信息。

由于各向同性、各向异性和反对称散射产生的拉曼带的形状各不相同，需要注意的是，可以通过将光谱形状分解成三个特征部分，仅从90°散射就可以确定对特定拉曼带的相对贡献。

3.5.4 天然瑞利和拉曼光学活性

手性样品的瑞利和拉曼散射可以展现额外的偏振效应，即对左右圆偏振光略微不同的响应。“光学活性”瑞利散射主要来自由 $\alpha_{\alpha\beta}$ 产生的波与由 $G'_{\alpha\beta}$ 和 $A_{\alpha,\beta\gamma}$ 产生的波之间的干涉。同样，光学活性拉曼散射主要来自由 $(\alpha_{\alpha\beta})^{s}_{mn}$ 产生的波与由 $(G'_{\alpha\beta})_{mn}$ 加上 $(A_{\alpha,\beta\gamma})_{mn}$ 产生的波的干涉。$\alpha_{\alpha\beta}$ 的组分和 $G'_{\alpha\beta}$ 的组分乘积的所有分子方向的平均值与式(3.5.4)相似。除此之外，我们还必须使用单位矢量平均(4.2.54)，以得到如下形式的非零平均值：

$$\begin{aligned}\left\langle \alpha_{zx}A^{*}_{z,zy}\right\rangle &= \alpha_{\gamma\alpha}A^{*}_{\delta,\epsilon\beta}\left\langle i_\alpha j_\beta k_\gamma k_\delta k_\epsilon\right\rangle \\ &= \frac{1}{30}\left(\varepsilon_{\alpha\beta\gamma}\alpha_{\gamma\alpha}A^{*}_{\delta,\delta\beta} + \varepsilon_{\alpha\beta\delta}\alpha_{\gamma\alpha}A^{*}_{\delta,\gamma\beta} + \varepsilon_{\alpha\beta\epsilon}\alpha_{\gamma\alpha}A^{*}_{\gamma,\epsilon\beta}\right)\end{aligned} \tag{3.5.30}$$

事实上，该表达的第一项和第三项为零，因为 $\alpha_{\alpha\beta} = \alpha_{\beta\alpha}$，$A_{\alpha,\beta\gamma} = A_{\alpha,\gamma\beta}$。

代入瑞利斯托克斯参数（3.5.5）～（3.5.7）的对应项，得到

$$S^{d}_{0}(0°) = \frac{4K}{c}\left(3\alpha_{\alpha\alpha}G'^{*}_{\beta\beta} + \alpha_{\alpha\beta}G'^{*}_{\alpha\beta} - \frac{1}{3}\omega\alpha_{\alpha\beta}\varepsilon_{\alpha\gamma\delta}A^{*}_{\gamma,\delta\beta}\right)P\sin 2\eta \tag{3.5.31a}$$

$$S^{d}_{1}(0°) = 0 \tag{3.5.31b}$$

$$S^{d}_{2}(0°) = 0 \tag{3.5.31c}$$

$$S_3^d(0°)=\frac{4K}{c}\left(3\alpha_{\alpha\alpha}G_{\beta\beta}'^*+\alpha_{\alpha\beta}G_{\alpha\beta}'^*-\frac{1}{3}\omega\alpha_{\alpha\beta}\varepsilon_{\alpha\gamma\delta}A_{\gamma,\delta\beta}^*\right) \tag{3.5.31d}$$

$$S_0^d(90°)=\frac{K}{c}\left(13\alpha_{\alpha\beta}G_{\alpha\beta}'^*-\alpha_{\alpha\alpha}G_{\beta\beta}'^*-\frac{1}{3}\omega\alpha_{\alpha\beta}\varepsilon_{\alpha\gamma\delta}A_{\gamma,\delta\beta}^*\right)P\sin 2\eta \tag{3.5.32a}$$

$$S_1^d(90°)=\frac{K}{c}\left(3\alpha_{\alpha\alpha}G_{\beta\beta}'^*+\alpha_{\alpha\beta}G_{\alpha\beta}'^*+\omega\alpha_{\alpha\beta}\varepsilon_{\alpha\gamma\delta}A_{\gamma,\delta\beta}^*\right)P\sin 2\eta \tag{3.5.32b}$$

$$S_2^d(90°)=0 \tag{3.5.32c}$$

$$\begin{aligned}S_3^d(90°)=\frac{K}{c}\Big[&13\alpha_{\alpha\beta}G_{\alpha\beta}'^*-\alpha_{\alpha\alpha}G_{\beta\beta}'^*-\frac{1}{3}\omega\alpha_{\alpha\beta}\varepsilon_{\alpha\gamma\delta}A_{\gamma,\delta\beta}^*\\&+\left(3\alpha_{\alpha\alpha}G_{\beta\beta}'^*+\alpha_{\alpha\beta}G_{\alpha\beta}'^*+\omega\alpha_{\alpha\beta}\varepsilon_{\alpha\gamma\delta}A_{\gamma,\delta\beta}^*\right)P\cos 2\eta\cos 2\theta\Big]\end{aligned} \tag{3.5.32d}$$

$$S_0^d(180°)=\frac{8K}{c}\left(3\alpha_{\alpha\beta}G_{\alpha\beta}'^*-\alpha_{\alpha\alpha}G_{\beta\beta}'^*+\frac{1}{3}\omega\alpha_{\alpha\beta}\varepsilon_{\alpha\gamma\delta}A_{\gamma,\delta\beta}^*\right)P\sin 2\eta \tag{3.5.33a}$$

$$S_1^d(180°)=0 \tag{3.5.33b}$$

$$S_2^d(180°)=0 \tag{3.5.33c}$$

$$S_3^d(180°)=\frac{8K}{c}\left(3\alpha_{\alpha\beta}G_{\alpha\beta}'^*-\alpha_{\alpha\alpha}G_{\beta\beta}'^*+\frac{1}{3}\omega\alpha_{\alpha\beta}\varepsilon_{\alpha\gamma\delta}A_{\gamma,\delta\beta}^*\right) \tag{3.5.33d}$$

这些方程表明，散射强度的光学活性部分与 $P\sin 2\eta$ 有关（Atkins and Barron，1969），如果入射光是非偏振或者线偏振的，则该值为零。这些方程还指出，光学活性导致散射光的圆偏振部分。注意，在向前和向后方向，偏振角没有变化，并且光在 90° 的散射偏振角总是垂直于散射面（尽管离开光学活性样品的散射光立刻会产生旋光性）。

瑞利和拉曼光学活性的一个合适的实验物理量是无量纲圆偏振光的强度差：

$$\varDelta=\frac{I^{\mathrm{R}}-I^{\mathrm{L}}}{I^{\mathrm{R}}+I^{\mathrm{L}}} \tag{1.4.1}$$

其中，I^{R} 和 I^{L} 分别是右圆和左圆偏振入射光的散射强度。从式（3.5.31）～式（3.5.33）和式（3.5.5）～式（3.5.7），我们得到分别在 0°、180° 和 90° 散射的圆偏振强度差 $\varDelta$（Barron and Buckingham，1971）：

$$\varDelta(0°)=\frac{4\left(3\alpha_{\alpha\alpha}G_{\beta\beta}'^*+\alpha_{\alpha\beta}G_{\alpha\beta}'^*-\frac{1}{3}\omega\alpha_{\alpha\beta}\varepsilon_{\alpha\gamma\delta}A_{\gamma,\delta\beta}^*\right)}{c\left(7\alpha_{\lambda\mu}\alpha_{\lambda\mu}^*+\alpha_{\lambda\lambda}\alpha_{\mu\mu}^*\right)} \tag{3.5.34}$$

$$\varDelta(180°)=\frac{8\left(3\alpha_{\alpha\beta}G_{\alpha\beta}'^*-\alpha_{\alpha\alpha}G_{\beta\beta}'^*+\frac{1}{3}\omega\alpha_{\alpha\beta}\varepsilon_{\alpha\gamma\delta}A_{\gamma,\delta\beta}^*\right)}{c\left(7\alpha_{\lambda\mu}\alpha_{\lambda\mu}^*+\alpha_{\lambda\lambda}\alpha_{\mu\mu}^*\right)} \tag{3.5.35}$$

$$\Delta_x(90^\circ)=\frac{2\left(7\alpha_{\alpha\beta}G'^*_{\alpha\beta}+\alpha_{\alpha\alpha}G'^*_{\beta\beta}+\frac{1}{3}\omega\alpha_{\alpha\beta}\varepsilon_{\alpha\gamma\delta}A^*_{\gamma,\delta\beta}\right)}{c\left(7\alpha_{\lambda\mu}\alpha^*_{\lambda\mu}+\alpha_{\lambda\lambda}\alpha^*_{\mu\mu}\right)} \tag{3.5.36a}$$

$$\Delta_z(90^\circ)=\frac{4\left(3\alpha_{\alpha\beta}G'^*_{\alpha\beta}-\alpha_{\alpha\alpha}G'^*_{\beta\beta}-\frac{1}{3}\omega\alpha_{\alpha\beta}\varepsilon_{\alpha\gamma\delta}A^*_{\gamma,\delta\beta}\right)}{2c\left(3\alpha_{\lambda\mu}\alpha^*_{\lambda\mu}-\alpha_{\lambda\lambda}\alpha^*_{\mu\mu}\right)} \tag{3.5.36b}$$

只有在90°处的散射才对定义偏振垂直和平行于散射面的成分有意义，从而，我们分别将$\Delta_x(90^\circ)$和$\Delta_z(90^\circ)$称为偏振的圆偏振强度差和去偏振的圆偏振强度差；通过将式（3.5.36a）和式（3.5.36b）中的分子和分母相加，得到没有检偏器的圆偏振强度差。注意，散射光的圆度给出与圆偏振强度差等价的信息。例如，如果入射光线偏振垂直于散射面，那么$S_3^d(90^\circ)/S_0^d(90^\circ)$等于式（3.5.36a）；如果入射光线偏振平行于散射面，那么$S_3^d(90^\circ)/S_0^d(90^\circ)$等于式（3.5.36b）。

关于光学活性瑞利散射和拉曼散射的对称性条件，将会在第7章中进行深入讨论。现在，我们注意到只有手性分子能够产生这种散射。这是因为在每个交叉项中指定了二阶极张量$\alpha_{\alpha\beta}$和二阶轴张量$G'_{\alpha\beta}$的相同分量，并且相同阶的极张量和轴张量在手性点群中仅具有相同的变换性质。此外，尽管$A_{\alpha,\beta\gamma}$的变换与$G'_{\alpha\beta}$不一样，但$\alpha_{\alpha\beta}$在交叉项中总是会出现$\varepsilon_{\alpha\gamma\delta}A_{\gamma,\delta\beta}$，从而具有和$G'_{\alpha\beta}$一样的变换性质。注意，尽管$A_{\alpha,\beta\gamma}$只对有序介质中的旋光和圆二色等双折射光学活性现象有贡献，但是，即使是在各向同性介质中，该物理量仍然会对天然瑞利和拉曼光学活性有贡献。该贡献与$G'_{\alpha\beta}$具有相同的数量级。

从G'^2和A^2中的项给出的瑞利散射和拉曼散射的斯托克斯参数的贡献，可由一般方程（3.5.3）计算得到，但这里不明确给出，因为这些项预计约为α^2的10^{-6}，以及$\alpha G'$和αA的10^{-3}。目前，这些值因为太小而很难被检测到。此外，这些项没有描述光学活性散射现象，因为它们不含$\alpha G'$和αA的圆偏振相关项；从而更难把这些项从显著的α^2项中分离出来。除此之外，分子没必要必须是手性以产生这样的散射；然而，如果分子刚好是手性的，外消旋混合物会显示与分离的手性物质同样的G'^2和A^2散射，因为该散射与光学活性张量的符号无关（Pomeau，1973）。相关研究会在关于瞬间手性构型的非手性涨落，而非外消旋体系的问题上再次遇到（Harris，2001）。

尽管以上展现的光学活性散射的结果适用于大多数拉曼散射情况，但是不包括从实反对称跃迁极化率$(\alpha_{\alpha\beta})^{\mathrm{a}}_{mn}$与跃迁光学活性张量$(G'_{\alpha\beta})_{mn}$和$(A_{\alpha,\beta\gamma})_{mn}$之间的交叉项的贡献。这些交叉项在一些共振拉曼散射中会比较重要。此外，$\alpha'_{\alpha\beta}$与$G_{\alpha\beta}$加$A'_{\alpha,\beta\gamma}$之间的交叉项也可能产生光学活性散射。这对于奇电子手性分子给出的共振瑞利和拉曼散射具有重要意义。

3.5.5　磁瑞利和磁拉曼光学活性

就像在平行于入射光方向的定磁场中，所有样品会展现法拉第旋光性和圆二色性那样，在定磁场中的所有样品会展现瑞利和拉曼光学活性。对光学活性磁瑞利散射的所有贡献来自外磁场未扰动的 $\alpha_{\alpha\beta}$ 产生的波与外磁场扰动的一阶 $\alpha'_{\alpha\beta}$ 产生的波之间的干涉；反之亦然。同样，对光学活性磁拉曼散射的类似贡献，来自由外磁场未扰动的 $(\alpha_{\alpha\beta})^{\mathrm{s}}_{mn}$ 产生的波和由外磁场扰动的一阶 $(\alpha'_{\alpha\beta})^{\mathrm{a}}_{mn}$ 产生的波之间的干涉；反之亦然。需要强调的是，微扰必须来自外磁场：尽管分子中的磁微扰会产生非零 $\alpha'_{\alpha\beta}$ 成分，但是在各向同性样品中不会产生光学活性散射。

复动态极化率在外磁场中的幂级数表示为

$$\tilde{\alpha}_{\alpha\beta}(\boldsymbol{B}) = \alpha_{\alpha\beta} - \mathrm{i}\alpha'_{\alpha\beta} + \alpha^{(m)}_{\alpha\beta,\gamma}B_\gamma - \mathrm{i}\alpha'^{(m)}_{\alpha\beta,\gamma}B_\gamma + \cdots \tag{3.5.37}$$

$\alpha^{(m)}_{\alpha\beta,\gamma}$ 和 $\alpha'^{(m)}_{\alpha\beta,\gamma}$ 的量子力学表达式是（2.7.8）的磁类似项。由于本节中一些结果具有高度复杂性，我们将略掉上角标（m）和分隔张量下角标的逗号。此时，利用形式为（3.4.23）的加权玻尔兹曼平均，以及 $V(\Omega) = -m_{n_\gamma}B_\gamma$，得到如下形式的表达：

$$\overline{\tilde{\alpha}_{xx}\tilde{\alpha}^*_{xy}} = \mathrm{i}B_\gamma\left\langle \alpha_{xx}\alpha'^*_{xy\gamma} - \alpha'_{xx}\alpha^*_{xy\gamma} + \alpha_{xx\gamma}\alpha'^*_{xy} - \alpha'_{xx\gamma}\alpha^*_{xy} + \frac{1}{kT}\left(\alpha_{xx}\alpha^*_{xy}m_{n_\gamma} - \alpha'_{xx}\alpha^*_{xy}m_{n_\gamma}\right) + \cdots\right\rangle \tag{3.5.38}$$

这里，只有 $B_\gamma = B_z$ 时才会产生非零项；例如：

$$\left\langle \alpha_{xx}\alpha'^*_{xyz}\right\rangle = \alpha_{\gamma\delta}\alpha'^*_{\epsilon\alpha\beta}\left\langle j_\alpha k_\beta i_\gamma i_\delta i_\epsilon\right\rangle = \frac{1}{30}\left(2\alpha_{\alpha\beta}\varepsilon_{\alpha\gamma\delta}\alpha'^*_{\beta\gamma\delta} + \alpha_{\alpha\alpha}\varepsilon_{\beta\gamma\delta}\alpha'^*_{\gamma\delta\beta}\right) \tag{3.5.39}$$

代入瑞利斯托克斯参数（3.5.5）～（3.5.7），得到

$$\begin{aligned} S^d_0(0^\circ) = -2KB_z\Big[&2\alpha_{\alpha\beta}\varepsilon_{\alpha\gamma\delta}\alpha'^*_{\beta\gamma\delta} + \alpha_{\alpha\alpha}\varepsilon_{\beta\gamma\delta}\alpha'^*_{\gamma\delta\beta} + 2\alpha'_{\alpha\beta}\varepsilon_{\alpha\gamma\delta}\alpha^*_{\gamma\delta\beta} + \alpha'_{\alpha\beta}\varepsilon_{\alpha\beta\gamma}\alpha^*_{\delta\delta\gamma} \\ &+ \frac{1}{kT}\left(2\alpha_{\alpha\beta}\varepsilon_{\alpha\gamma\delta}\alpha'^*_{\beta\gamma}m_{n_\delta} + \alpha_{\alpha\alpha}\varepsilon_{\beta\gamma\delta}\alpha'^*_{\gamma\delta}m_{n_\beta}\right)\Big]P\sin 2\eta \end{aligned} \tag{3.5.40a}$$

$$S^d_1(0^\circ) = 0 \tag{3.5.40b}$$

$$S^d_2(0^\circ) = 0 \tag{3.5.40c}$$

$$S_3^d(0°) = -2KB_z\left[2\alpha_{\alpha\beta}\varepsilon_{\alpha\gamma\delta}\alpha'^*_{\beta\gamma\delta} + \alpha_{\alpha\alpha}\varepsilon_{\beta\gamma\delta}\alpha'^*_{\gamma\delta\beta} + 2\alpha'_{\alpha\beta}\varepsilon_{\alpha\gamma\delta}\alpha^*_{\gamma\delta\beta} + \alpha'_{\alpha\beta}\varepsilon_{\alpha\beta\gamma}\alpha^*_{\delta\delta\gamma}\right.$$
$$\left. + \frac{1}{kT}\left(2\alpha_{\alpha\beta}\varepsilon_{\alpha\gamma\delta}\alpha'^*_{\beta\gamma}m_{n_\delta} + \alpha_{\alpha\alpha}\varepsilon_{\beta\gamma\delta}\alpha'^*_{\gamma\delta}m_{n_\beta}\right)\right] \tag{3.5.40d}$$

$$S_0^d(90°) = -KB_z\left[4\alpha_{\alpha\beta}\varepsilon_{\alpha\gamma\delta}\alpha'^*_{\beta\gamma\delta} + \alpha_{\alpha\alpha}\varepsilon_{\beta\gamma\delta}\alpha'^*_{\gamma\delta\beta} - 2\alpha'_{\alpha\beta}\varepsilon_{\alpha\gamma\delta}\alpha^*_{\gamma\delta\beta}\right.$$
$$+ 4\alpha'_{\alpha\beta}\varepsilon_{\alpha\gamma\delta}\alpha^*_{\beta\gamma\delta} - \alpha'_{\alpha\beta}\varepsilon_{\alpha\gamma\beta}\alpha^*_{\delta\delta\gamma} - 2\alpha'_{\alpha\beta}\varepsilon_{\alpha\beta\gamma}\alpha^*_{\gamma\delta\delta}$$
$$\left. + \frac{1}{kT}\left(4\alpha_{\alpha\beta}\varepsilon_{\alpha\gamma\delta}\alpha'^*_{\beta\gamma}m_{n_\delta} + \alpha_{\alpha\alpha}\varepsilon_{\beta\gamma\delta}\alpha'^*_{\gamma\delta}m_{n_\beta} - 2\alpha_{\alpha\beta}\varepsilon_{\alpha\gamma\delta}\alpha'^*_{\gamma\delta}m_{n_\beta}\right)\right]P\sin 2\eta \tag{3.5.41a}$$

$$S_1^d(90°) = -KB_z\left[\alpha_{\alpha\alpha}\varepsilon_{\beta\gamma\delta}\alpha'^*_{\gamma\delta\beta} + 2\alpha_{\alpha\beta}\varepsilon_{\alpha\gamma\delta}\alpha'^*_{\gamma\delta\beta} - \alpha'_{\alpha\beta}\varepsilon_{\alpha\gamma\beta}\alpha^*_{\delta\delta\gamma} + 2\alpha'_{\alpha\beta}\varepsilon_{\alpha\beta\gamma}\alpha^*_{\gamma\delta\delta}\right.$$
$$\left. + \frac{1}{kT}\left(\alpha_{\alpha\alpha}\varepsilon_{\beta\gamma\delta}\alpha'^*_{\gamma\delta}m_{n_\beta} + 2\alpha_{\alpha\beta}\varepsilon_{\alpha\gamma\delta}\alpha'^*_{\gamma\delta}m_{n_\beta}\right)\right]P\sin 2\eta \tag{3.5.41b}$$

$$S_2^d(90°) = 0 \tag{3.5.41c}$$

$$S_3^d(90°) = 0 \tag{3.5.41d}$$

$$S_0^d(180°) = S_0^d(0°) \tag{3.5.42a}$$

$$S_1^d(180°) = 0 \tag{3.5.42b}$$

$$S_2^d(180°) = 0 \tag{3.5.42c}$$

$$S_3^d(180°) = -S_3^d(0°) \tag{3.5.42d}$$

注意，如果磁场平行于入射光束，磁光学活性不会导致在 90° 处光散射的圆偏振分量；由式（3.5.3d）可知，该分量仅由平行于散射光束的磁场产生。另一方面，如果磁场平行于入射光，则散射光的强度只与入射光的圆度有关（其导致圆偏振强度差的变化）。该现象与天然光学活性不同。对于天然光学活性，光在任何角度的散射同时展现了圆偏振组分和圆偏振强度差。

从这些方程，以及式（3.5.5）～式（3.5.7）和式（3.5.18）～式（3.5.20），我们得到分别在 0°、180° 和 90° 散射的磁圆偏振强度差（Barron and Buckingham，1972）：

$$\Delta(0°) = -2B_z\left[2\alpha_{\alpha\beta}\varepsilon_{\alpha\gamma\delta}\alpha'^{*}_{\beta\gamma\delta} + \alpha_{\alpha\alpha}\varepsilon_{\beta\gamma\delta}\alpha'^{*}_{\gamma\delta\beta} + 2\alpha'_{\alpha\beta}\varepsilon_{\alpha\gamma\delta}\alpha^{*}_{\gamma\beta\delta} + \alpha'_{\alpha\beta}\varepsilon_{\alpha\beta\gamma}\alpha^{*}_{\delta\delta\gamma}\right.$$
$$\left. + \frac{1}{kT}\left(2\alpha_{\alpha\beta}\varepsilon_{\alpha\gamma\delta}\alpha'^{*}_{\beta\gamma}m_{n_\delta} + \alpha_{\alpha\alpha}\varepsilon_{\beta\gamma\delta}\alpha'^{*}_{\gamma\delta}m_{n_\beta}\right)\right]\Big/\left(7\alpha_{\lambda\mu}\alpha^{*}_{\lambda\mu} + \alpha_{\lambda\lambda}\alpha^{*}_{\mu\mu} + 5\alpha'_{\lambda\mu}\alpha^{*}_{\lambda\mu}\right)$$
（3.5.43）

$$\Delta(180°) = \Delta(0°) \tag{3.5.44}$$

$$\Delta_x(90°) = -2B_z\left[2\alpha_{\alpha\beta}\varepsilon_{\alpha\gamma\delta}\alpha'^{*}_{\beta\gamma\delta} + \alpha_{\alpha\alpha}\varepsilon_{\beta\gamma\delta}\alpha'^{*}_{\gamma\delta\beta} + 2\alpha'_{\alpha\beta}\varepsilon_{\alpha\gamma\delta}\alpha^{*}_{\beta\gamma\delta} + \alpha'_{\alpha\beta}\varepsilon_{\alpha\beta\gamma}\alpha^{*}_{\delta\delta\gamma}\right.$$
$$\left. + \frac{1}{kT}\left(2\alpha_{\alpha\beta}\varepsilon_{\alpha\gamma\delta}\alpha'^{*}_{\beta\gamma}m_{n_\delta} + \alpha_{\alpha\alpha}\varepsilon_{\beta\gamma\delta}\alpha'^{*}_{\gamma\delta}m_{n_\beta}\right)\right]\Big/\left(7\alpha_{\lambda\mu}\alpha^{*}_{\lambda\mu} + \alpha_{\lambda\lambda}\alpha^{*}_{\mu\mu} + 5\alpha'_{\lambda\mu}\alpha^{*}_{\lambda\mu}\right)$$
（3.5.45a）

$$\Delta_z(90°) = -2B_z\left[\alpha_{\alpha\beta}\varepsilon_{\alpha\gamma\delta}\alpha'^{*}_{\beta\gamma\delta} - \alpha_{\alpha\beta}\varepsilon_{\alpha\gamma\delta}\alpha'^{*}_{\gamma\delta\beta} + \alpha'_{\alpha\beta}\varepsilon_{\alpha\gamma\delta}\alpha^{*}_{\beta\gamma\delta} - \alpha'_{\alpha\beta}\varepsilon_{\alpha\beta\gamma}\alpha^{*}_{\gamma\delta\delta}\right.$$
$$\left. + \frac{1}{kT}\left(\alpha_{\alpha\beta}\varepsilon_{\alpha\gamma\delta}\alpha'^{*}_{\beta\gamma}m_{n_\delta} - \alpha_{\alpha\beta}\varepsilon_{\alpha\gamma\delta}\alpha'^{*}_{\gamma\delta}m_{n_\beta}\right)\right]\Big/\left(3\alpha_{\lambda\mu}\alpha^{*}_{\lambda\mu} - \alpha_{\lambda\lambda}\alpha^{*}_{\mu\mu} + 5\alpha'_{\lambda\mu}\alpha^{*}_{\lambda\mu}\right)$$
（3.5.45b）

第 8 章将给出关于磁瑞利和磁拉曼光学活性对称性方面的深入讨论。现在我们注意到，所有分子都能产生这种散射，因为在每个与温度无关的项中，确定的未扰动和扰动动态极化率的组分总是具有同样的变换性质。例如，在 $\alpha_{\alpha\beta}\varepsilon_{\alpha\gamma\delta}\alpha'^{*}_{\gamma\delta,\beta}$ 中，$\alpha_{\alpha\beta}$ 和 $\varepsilon_{\alpha\gamma\delta}\alpha'^{*}_{\gamma\delta,\beta}$ 都是对称二阶极张量；在 $\alpha'_{\alpha\beta}\varepsilon_{\alpha\beta\gamma}\alpha^{*}_{\delta\delta,\gamma}$ 中，$\alpha'_{\alpha\beta}$ 和 $\varepsilon_{\alpha\beta\gamma}\alpha^{*}_{\delta\delta,\gamma}$ 都是反对称二阶极张量。

迄今为止，不包括含有实反对称跃迁极化率 $(\alpha_{\alpha\beta})^{\mathrm{a}}_{mn}$ 的交叉项和含有虚对称跃迁张量 $(\alpha'_{\alpha\beta})^{\mathrm{s}}_{mn}$ 的交叉项。这些项在一些共振拉曼散射情况中是比较重要的。因而，斯托克斯参数贡献项（3.5.40）～（3.5.42）被推广为

$$\begin{aligned} S_0^d(0°) = -2KB_z\Big[&4\alpha^{\mathrm{s}}_{\alpha\beta}\varepsilon_{\alpha\gamma\delta}\alpha'^{\mathrm{s}*}_{\beta\gamma\delta} + 2\alpha^{\mathrm{s}}_{\alpha\beta}\varepsilon_{\alpha\gamma\delta}\alpha'^{\mathrm{a}*}_{\beta\gamma\delta} + \alpha^{\mathrm{s}}_{\alpha\alpha}\varepsilon_{\beta\gamma\delta}\alpha'^{\mathrm{a}*}_{\gamma\delta\beta} - 2\alpha^{\mathrm{a}}_{\alpha\beta}\varepsilon_{\alpha\gamma\delta}\alpha'^{\mathrm{s}*}_{\gamma\beta\delta} \\ &- \alpha^{\mathrm{a}}_{\alpha\beta}\varepsilon_{\alpha\beta\gamma}\alpha'^{\mathrm{s}*}_{\delta\delta\gamma} - 4\alpha'^{\mathrm{s}}_{\alpha\beta}\varepsilon_{\alpha\gamma\delta}\alpha^{\mathrm{s}*}_{\beta\gamma\delta} - 2\alpha'^{\mathrm{s}}_{\alpha\beta}\varepsilon_{\alpha\gamma\delta}\alpha^{\mathrm{a}*}_{\beta\gamma\delta} \\ &- \alpha'^{\mathrm{s}}_{\alpha\alpha}\varepsilon_{\beta\gamma\delta}\alpha^{\mathrm{a}*}_{\gamma\delta\beta} + 2\alpha'^{\mathrm{a}}_{\alpha\beta}\varepsilon_{\alpha\gamma\delta}\alpha^{\mathrm{s}*}_{\gamma\beta\delta} + \alpha'^{\mathrm{a}}_{\alpha\beta}\varepsilon_{\alpha\beta\gamma}\alpha^{\mathrm{s}*}_{\delta\delta\gamma} \\ &+ \frac{1}{kT}\Big(4\alpha^{\mathrm{s}}_{\alpha\beta}\varepsilon_{\alpha\gamma\delta}\alpha'^{\mathrm{s}*}_{\beta\gamma}m_{n_\delta} + 2\alpha^{\mathrm{s}}_{\alpha\beta}\varepsilon_{\alpha\gamma\delta}\alpha'^{\mathrm{a}*}_{\beta\gamma}m_{n_\delta} + \alpha^{\mathrm{s}}_{\alpha\alpha}\varepsilon_{\beta\gamma\delta}\alpha'^{\mathrm{a}*}_{\gamma\delta}m_{n_\beta} \\ &-2\alpha'^{\mathrm{s}}_{\alpha\beta}\varepsilon_{\alpha\gamma\delta}\alpha^{\mathrm{a}*}_{\beta\gamma}m_{n_\delta} - \alpha'^{\mathrm{s}}_{\alpha\alpha}\varepsilon_{\beta\gamma\delta}\alpha^{\mathrm{a}*}_{\gamma\delta}m_{n_\beta}\Big)\Big]P\sin 2\eta \end{aligned} \tag{3.5.46a}$$

$$S_1^d(0°) = 0 \tag{3.5.46b}$$

$$S_2^d(0^\circ)=0 \tag{3.5.46c}$$

$$\begin{aligned}S_3^d(0^\circ)=&-2KB_z\Big[-4\alpha^{\mathrm{s}}_{\alpha\beta}\varepsilon_{\alpha\gamma\delta}\alpha'^{\mathrm{s}*}_{\beta\gamma\delta}+2\alpha^{\mathrm{s}}_{\alpha\beta}\varepsilon_{\alpha\gamma\delta}\alpha'^{\mathrm{a}*}_{\beta\gamma\delta}+\alpha^{\mathrm{s}}_{\alpha\alpha}\varepsilon_{\beta\gamma\delta}\alpha'^{\mathrm{a}*}_{\gamma\delta\beta}\\&-2\alpha^{\mathrm{a}}_{\alpha\beta}\varepsilon_{\alpha\gamma\delta}\alpha'^{\mathrm{s}*}_{\gamma\beta\delta}-\alpha^{\mathrm{a}}_{\alpha\beta}\varepsilon_{\alpha\beta\gamma}\alpha'^{\mathrm{s}*}_{\delta\delta\gamma}+4\alpha'^{\mathrm{s}}_{\alpha\beta}\varepsilon_{\alpha\gamma\delta}\alpha^{\mathrm{s}*}_{\beta\gamma\delta}-2\alpha'^{\mathrm{s}}_{\alpha\beta}\varepsilon_{\alpha\gamma\delta}\alpha^{\mathrm{a}*}_{\beta\gamma\delta}\\&-\alpha'^{\mathrm{s}}_{\alpha\alpha}\varepsilon_{\beta\gamma\delta}\alpha^{\mathrm{a}*}_{\gamma\delta\beta}+2\alpha'^{\mathrm{a}}_{\alpha\beta}\varepsilon_{\alpha\gamma\delta}\alpha^{\mathrm{s}*}_{\gamma\beta\delta}+\alpha'^{\mathrm{a}}_{\alpha\beta}\varepsilon_{\alpha\beta\gamma}\alpha^{\mathrm{s}*}_{\delta\delta\gamma}\\&+\frac{1}{kT}\Big(-4\alpha^{\mathrm{s}}_{\alpha\beta}\varepsilon_{\alpha\gamma\delta}\alpha'^{\mathrm{s}*}_{\beta\gamma}m_{n_\delta}+2\alpha^{\mathrm{s}}_{\alpha\beta}\varepsilon_{\alpha\gamma\delta}\alpha'^{\mathrm{a}*}_{\beta\gamma}m_{n_\delta}+\alpha^{\mathrm{s}}_{\alpha\alpha}\varepsilon_{\beta\gamma\delta}\alpha'^{\mathrm{a}*}_{\gamma\delta}m_{n_\beta}\\&-2\alpha'^{\mathrm{s}}_{\alpha\beta}\varepsilon_{\alpha\gamma\delta}\alpha^{\mathrm{a}*}_{\beta\gamma}m_{n_\delta}-\alpha'^{\mathrm{s}}_{\alpha\alpha}\varepsilon_{\beta\gamma\delta}\alpha^{\mathrm{a}*}_{\gamma\delta}m_{n_\beta}\Big)\Big]\end{aligned} \tag{3.5.46d}$$

$$\begin{aligned}S_0^d(90^\circ)=&-KB_z\Big[6\alpha^{\mathrm{s}}_{\alpha\beta}\varepsilon_{\alpha\gamma\delta}\alpha'^{\mathrm{s}*}_{\beta\gamma\delta}+4\alpha^{\mathrm{s}}_{\alpha\beta}\varepsilon_{\alpha\gamma\delta}\alpha'^{\mathrm{a}*}_{\beta\gamma\delta}+\alpha^{\mathrm{s}}_{\alpha\alpha}\varepsilon_{\beta\gamma\delta}\alpha'^{\mathrm{a}*}_{\gamma\delta\beta}-4\alpha^{\mathrm{a}}_{\alpha\beta}\varepsilon_{\alpha\gamma\delta}\alpha'^{\mathrm{s}*}_{\gamma\beta\delta}\\&+\alpha^{\mathrm{a}}_{\alpha\beta}\varepsilon_{\alpha\gamma\beta}\alpha'^{\mathrm{s}*}_{\delta\delta\gamma}+2\alpha^{\mathrm{a}}_{\alpha\beta}\varepsilon_{\alpha\beta\gamma}\alpha'^{\mathrm{a}*}_{\delta\gamma\delta}+2\alpha^{\mathrm{s}}_{\alpha\beta}\varepsilon_{\alpha\beta\gamma}\alpha'^{\mathrm{a}*}_{\delta\gamma\beta}+2\alpha^{\mathrm{a}}_{\alpha\beta}\varepsilon_{\alpha\gamma\delta}\alpha'^{\mathrm{a}*}_{\delta\gamma\beta}\\&-2\alpha^{\mathrm{a}}_{\alpha\beta}\varepsilon_{\alpha\gamma\delta}\alpha'^{\mathrm{a}*}_{\delta\gamma\beta}-2\alpha'^{\mathrm{s}}_{\alpha\beta}\varepsilon_{\alpha\gamma\delta}\alpha'^{\mathrm{a}*}_{\beta\gamma\delta}-6\alpha'^{\mathrm{s}}_{\alpha\beta}\varepsilon_{\alpha\gamma\delta}\alpha^{\mathrm{s}*}_{\beta\gamma\delta}-4\alpha'^{\mathrm{s}}_{\alpha\beta}\varepsilon_{\alpha\gamma\delta}\alpha^{\mathrm{a}*}_{\beta\gamma\delta}\\&-\alpha'^{\mathrm{s}}_{\alpha\alpha}\varepsilon_{\beta\gamma\delta}\alpha^{\mathrm{a}*}_{\gamma\delta\beta}+4\alpha'^{\mathrm{a}}_{\alpha\beta}\varepsilon_{\alpha\gamma\delta}\alpha^{\mathrm{s}*}_{\gamma\beta\delta}-\alpha'^{\mathrm{a}}_{\alpha\beta}\varepsilon_{\alpha\gamma\beta}\alpha^{\mathrm{s}*}_{\delta\delta\gamma}-2\alpha'^{\mathrm{a}}_{\alpha\beta}\varepsilon_{\alpha\beta\gamma}\alpha^{\mathrm{s}*}_{\delta\gamma\delta}\\&-2\alpha'^{\mathrm{a}}_{\alpha\beta}\varepsilon_{\alpha\beta\gamma}\alpha^{\mathrm{a}*}_{\delta\gamma\delta}-2\alpha'^{\mathrm{s}}_{\alpha\beta}\varepsilon_{\alpha\gamma\delta}\alpha^{\mathrm{a}*}_{\delta\gamma\beta}+2\alpha'^{\mathrm{a}}_{\alpha\beta}\varepsilon_{\alpha\gamma\delta}\alpha^{\mathrm{a}*}_{\delta\gamma\beta}+2\alpha'^{\mathrm{a}}_{\alpha\beta}\varepsilon_{\alpha\gamma\delta}\alpha^{\mathrm{a}*}_{\beta\gamma\delta}\\&+\frac{1}{kT}\Big(6\alpha^{\mathrm{s}}_{\alpha\beta}\varepsilon_{\alpha\gamma\delta}\alpha'^{\mathrm{s}*}_{\beta\gamma}m_{n_\delta}+4\alpha^{\mathrm{s}}_{\alpha\beta}\varepsilon_{\alpha\gamma\delta}\alpha'^{\mathrm{a}*}_{\beta\gamma}m_{n_\delta}+\alpha^{\mathrm{s}}_{\alpha\alpha}\varepsilon_{\beta\gamma\delta}\alpha'^{\mathrm{a}*}_{\gamma\delta}m_{n_\beta}\\&-4\alpha'^{\mathrm{s}}_{\alpha\beta}\varepsilon_{\alpha\gamma\delta}\alpha^{\mathrm{a}*}_{\beta\gamma}m_{n_\delta}-\alpha'^{\mathrm{s}}_{\alpha\alpha}\varepsilon_{\beta\gamma\delta}\alpha^{\mathrm{a}*}_{\gamma\delta}m_{n_\beta}+2\alpha^{\mathrm{a}}_{\alpha\beta}\varepsilon_{\alpha\beta\gamma}\alpha'^{\mathrm{s}*}_{\delta\gamma}m_{n_\delta}\\&+2\alpha^{\mathrm{a}}_{\alpha\beta}\varepsilon_{\alpha\beta\gamma}\alpha'^{\mathrm{a}*}_{\delta\gamma}m_{n_\delta}+2\alpha^{\mathrm{s}}_{\alpha\beta}\varepsilon_{\alpha\gamma\delta}\alpha'^{\mathrm{a}*}_{\delta\gamma}m_{n_\beta}-2\alpha^{\mathrm{a}}_{\alpha\beta}\varepsilon_{\alpha\gamma\delta}\alpha'^{\mathrm{a}*}_{\delta\gamma}m_{n_\beta}\\&-2\alpha^{\mathrm{a}}_{\alpha\beta}\varepsilon_{\alpha\gamma\delta}\alpha'^{\mathrm{a}*}_{\beta\gamma}m_{n_\delta}\Big)\Big]P\sin2\eta\end{aligned} \tag{3.5.47a}$$

$$\begin{aligned}S_1^d(90^\circ)=&-KB_z\Big[2\alpha^{\mathrm{s}}_{\alpha\beta}\varepsilon_{\alpha\gamma\delta}\alpha'^{\mathrm{s}*}_{\beta\gamma\delta}+\alpha^{\mathrm{s}}_{\alpha\alpha}\varepsilon_{\beta\gamma\delta}\alpha'^{\mathrm{a}*}_{\gamma\delta\beta}+\alpha^{\mathrm{a}}_{\alpha\beta}\varepsilon_{\alpha\gamma\beta}\alpha'^{\mathrm{s}*}_{\delta\delta\gamma}-2\alpha^{\mathrm{a}}_{\alpha\beta}\varepsilon_{\alpha\beta\gamma}\alpha'^{\mathrm{s}*}_{\delta\gamma\delta}\\&-2\alpha^{\mathrm{a}}_{\alpha\beta}\varepsilon_{\alpha\beta\gamma}\alpha'^{\mathrm{a}*}_{\delta\gamma\delta}-2\alpha^{\mathrm{s}}_{\alpha\beta}\varepsilon_{\alpha\gamma\delta}\alpha'^{\mathrm{a}*}_{\delta\gamma\beta}+2\alpha^{\mathrm{a}}_{\alpha\beta}\varepsilon_{\alpha\gamma\delta}\alpha'^{\mathrm{a}*}_{\delta\gamma\beta}+2\alpha^{\mathrm{a}}_{\alpha\beta}\varepsilon_{\alpha\gamma\delta}\alpha'^{\mathrm{a}*}_{\beta\gamma\delta}\\&-2\alpha'^{\mathrm{s}}_{\alpha\beta}\varepsilon_{\alpha\gamma\delta}\alpha^{\mathrm{s}*}_{\beta\gamma\delta}-\alpha'^{\mathrm{s}}_{\alpha\alpha}\varepsilon_{\beta\gamma\delta}\alpha'^{\mathrm{a}*}_{\gamma\delta\beta}-\alpha^{\mathrm{a}}_{\alpha\beta}\varepsilon_{\alpha\gamma\beta}\alpha^{\mathrm{s}*}_{\delta\delta\gamma}+2\alpha'^{\mathrm{a}}_{\alpha\beta}\varepsilon_{\alpha\beta\gamma}\alpha^{\mathrm{s}*}_{\delta\gamma\delta}\\&+2\alpha'^{\mathrm{a}}_{\alpha\beta}\varepsilon_{\alpha\beta\gamma}\alpha^{\mathrm{a}*}_{\delta\gamma\delta}+2\alpha'^{\mathrm{s}}_{\alpha\beta}\varepsilon_{\alpha\gamma\delta}\alpha^{\mathrm{a}*}_{\delta\gamma\beta}-2\alpha'^{\mathrm{a}}_{\alpha\beta}\varepsilon_{\alpha\gamma\delta}\alpha^{\mathrm{a}*}_{\delta\gamma\beta}-2\alpha'^{\mathrm{a}}_{\alpha\beta}\varepsilon_{\alpha\gamma\delta}\alpha^{\mathrm{a}*}_{\beta\gamma\delta}\\&+\frac{1}{kT}\Big(2\alpha^{\mathrm{s}}_{\alpha\beta}\varepsilon_{\alpha\gamma\delta}\alpha'^{\mathrm{s}*}_{\beta\gamma}m_{n_\delta}+\alpha^{\mathrm{s}}_{\alpha\alpha}\varepsilon_{\beta\gamma\delta}\alpha'^{\mathrm{a}*}_{\gamma\delta}m_{n_\beta}-\alpha'^{\mathrm{s}}_{\alpha\alpha}\varepsilon_{\beta\gamma\delta}\alpha^{\mathrm{a}*}_{\gamma\delta}m_{n_\beta}\\&-2\alpha^{\mathrm{a}}_{\alpha\beta}\varepsilon_{\alpha\beta\gamma}\alpha'^{\mathrm{s}*}_{\delta\gamma}m_{n_\delta}-2\alpha^{\mathrm{a}}_{\alpha\beta}\varepsilon_{\alpha\beta\gamma}\alpha'^{\mathrm{a}*}_{\delta\gamma}m_{n_\delta}-2\alpha^{\mathrm{s}}_{\alpha\beta}\varepsilon_{\alpha\gamma\delta}\alpha'^{\mathrm{a}*}_{\delta\gamma}m_{n_\beta}\\&+2\alpha^{\mathrm{a}}_{\alpha\beta}\varepsilon_{\alpha\gamma\delta}\alpha'^{\mathrm{a}*}_{\delta\gamma}m_{n_\beta}+2\alpha^{\mathrm{a}}_{\alpha\beta}\varepsilon_{\alpha\gamma\delta}\alpha'^{\mathrm{a}*}_{\beta\gamma}m_{n_\delta}\Big)\Big]P\sin2\eta\end{aligned} \tag{3.5.47b}$$

$$S_2^d(90^\circ)=0 \tag{3.5.47c}$$

$$S_3^d(90^\circ)=0 \tag{3.5.47d}$$

$$S_0^d(180^\circ)=S_0^d(0^\circ) \tag{3.5.48a}$$

$$S_1^d(180^\circ)=0 \tag{3.5.48b}$$

$$S_2^d(180°) = 0 \tag{3.5.48c}$$

$$S_3^d(180°) = -S_3^d(0°) \tag{3.5.48d}$$

为了简便起见，我们再次将 $(\alpha_{\alpha\beta})_{mn}^{s}$ 等写成 $\alpha_{\alpha\beta}^{s}$ 等。在 $\alpha_{\alpha\beta\gamma}$ 和 $\alpha'_{\alpha\beta\gamma}$ 中的上角标 s 和 a 指的是前两个张量下标互换的对称性。

广义磁圆偏振强度差随即而来，然而由于公式的复杂性，这里就不具体给出了。我们将在第 8 章中指出广义磁圆偏振强度差，当用于特定情况时会进行大量简化。

3.5.6　电瑞利和电拉曼光学活性

在 1.9.3 节中已经指出，除了在特定磁性晶体中，没有与法拉第效应类似的简单的电效应（由平行于光束的静电场诱导的旋光性和圆二色性），因为这样的效应会违背宇称时间守恒。然而，正如在 1.9.4 节中指出的那样，当静电场垂直于入射光和散射光时，所有分子在 90° 的光散射中产生瑞利和拉曼光学活性。如果电场方向、入射光束的方向或者观察的方向中的任意一项逆向，则圆偏振强度差都会改变符号。对于前散射或者背散射，不存在电瑞利或者电拉曼光学活性。

电瑞利光学活性取决于未扰动的 $\alpha_{\alpha\beta}$ 和由电场导致的 $G'_{\alpha\beta}$ 加 $A_{\alpha,\beta\gamma}$ 的一阶微扰的交叉项，以及电场微扰的一阶 $\alpha_{\alpha\beta}$ 和未扰动的 $G'_{\alpha\beta}$ 加 $A_{\alpha,\beta\gamma}$的交叉项 。该计算与前面讨论的磁效应情况类似。电拉曼光学活性也有类似关系，其中，动态分子性质张量由对应的跃迁张量取代。对斯托克斯参数的贡献比较复杂，这里就不给出了。我们对于一些分子对称性中的电瑞利圆偏振强度差的显式表达，参考了 Buckingham 和 Raab（1975）；尽管这里需要引用在各向同性介质中高极性分子的温度相关表达式，因为这可能是最重要的情况：

$$\varDelta_x(90°) = \frac{2(E_x\mu_\alpha/kT)\left[\begin{array}{c}\varepsilon_{\alpha\beta\gamma}\alpha_{\beta\delta}G'^{*}_{\delta\gamma} - 3\varepsilon_{\beta\gamma\delta}\alpha_{\alpha\beta}G'^{*}_{\gamma\delta} - \varepsilon_{\alpha\beta\gamma}\alpha_{\delta\delta}G'^{*}_{\beta\gamma} \\ +\frac{1}{3}\omega\left(\alpha_{\beta\gamma}A^{*}_{\alpha,\beta\gamma} - \alpha_{\alpha\beta}A^{*}_{\gamma,\beta\gamma} + \alpha_{\beta\gamma}A^{*}_{\beta,\gamma\alpha} - \alpha_{\beta\beta}A^{*}_{\gamma,\gamma\alpha}\right)\end{array}\right]}{c\left(7\alpha_{\lambda\mu}\alpha^{*}_{\lambda\mu} + \alpha_{\lambda\lambda}\alpha^{*}_{\mu\mu}\right)} \tag{3.5.49a}$$

$$\varDelta_z(90°) = \frac{(E_x\mu_\alpha/kT)\left[\varepsilon_{\alpha\beta\gamma}\alpha_{\gamma\delta}G'^{*}_{\beta\delta} - \varepsilon_{\beta\gamma\delta}\alpha_{\alpha\beta}G'^{*}_{\gamma\delta} + \frac{1}{3}\omega\left(2\alpha_{\beta\gamma}A^{*}_{\alpha,\beta\gamma} - 2\alpha_{\alpha\beta}A^{*}_{\gamma,\beta\gamma} - \alpha_{\beta\gamma}A^{*}_{\beta,\gamma\alpha} + \alpha_{\beta\beta}A^{*}_{\gamma,\gamma\alpha}\right)\right]}{c\left(3\alpha_{\lambda\mu}\alpha^{*}_{\lambda\mu} - \alpha_{\lambda\lambda}\alpha^{*}_{\mu\mu}\right)} \tag{3.5.49b}$$

尽管包含了天然光学活性张量 $G'_{\alpha\beta}$ 和 $A_{\alpha,\beta\gamma}$ ，但是需要强调的是，对于电瑞利和电拉曼光学活性，分子不需要具有手性。

de Figueiredo 和 Raab（1981）已经给出了其他一些特异光散射效应的分子理论，这些效应和电瑞利光学活性具有相同的数量级。

第 4 章　对称性与光学活性

物质所在，几何所在。

约翰斯·开普勒

4.1　引　　言

本章有点杂乱无章，汇集了一些相互之间毫无关联的课题，所有这些课题都是将对称性讨论应用到普遍的分子性质及特定的光学活性中。

光学活性在对称性原理的应用方面是非常好的研究对象。除了常规的点群对称性外，空间反演、时间反演，甚至是电荷共轭的基本对称性，都涉及所有层面的光学活性：展现光学活性现象的实验，产生这些现象的物体，以及这些物体必须能够支撑的量子态的特性。还有一些技术上的问题，例如，利用不可约张量方法对矩阵元进行简化和计算，这是磁光学活性的一个重要课题。与其他课题不同的一个课题是分子骨架上配位互换对称性的应用：这产生了一个基于“手性函数”令人印象深刻的代数，该代数给出了分子手性现象的数学观点。

4.2　笛卡儿张量

在本书中，我们使用了大量笛卡儿张量符号，并根据对应于分子性质张量的变换性质，讨论了各种现象的对称性问题。因此，这里需要概括一下笛卡儿张量理论的相关部分。Jeffreys（1931）、Milne（1948）、Temple（1960）、Bourne 和 Kendall（1977）等的著作中都有更完整的描述。这部分内容需要初等矢量代数的相关基础知识。

4.2.1　标量、矢量和张量

标量（scalar），如密度或温度，与方向无关，是一个简单的数值。

矢量（vector），如速度或电场强度，与单个方向有关，由一个标量值和一个方向确定。我们通常将标量解析成沿着由单位矢量定义的三个相互垂直方向的分量。因此，如果 $\boldsymbol{i}$、$\boldsymbol{j}$、$\boldsymbol{k}$ 分别是沿着轴 x、y、z 方向的单位矢量，V_x、V_y、V_z 是矢

量 $\boldsymbol{V}$ 对应的分量，那么，可以将矢量 $\boldsymbol{V}$ 表达成：

$$\boldsymbol{V} = V_x\boldsymbol{i} + V_y\boldsymbol{j} + V_z\boldsymbol{k} \tag{4.2.1}$$

也可以表达成三元素集合：

$$\boldsymbol{V} = (V_x，\ V_y，\ V_z) \tag{4.2.2}$$

以上不表示行矩阵，其列矩阵为

$$\boldsymbol{V} = \begin{pmatrix} V_x \\ V_y \\ V_z \end{pmatrix} \tag{4.2.3a}$$

对应的行矩阵：

$$\boldsymbol{V}^{\mathrm{T}} = (V_x V_y V_z) \tag{4.2.3b}$$

为列矩阵的转置矩阵。因此，在矩阵标记中，两个矢量 $\boldsymbol{V}$ 和 $\boldsymbol{W}$ 的标量积为

$$\boldsymbol{V}\cdot\boldsymbol{W} = \boldsymbol{V}^{\mathrm{T}}\boldsymbol{W} = V_x W_x + V_y W_y + V_z W_z \tag{4.2.4}$$

矢量的值定义为

$$|\boldsymbol{V}| = V = \left(V_x^2 + V_y^2 + V_z^2\right)^{\frac{1}{2}} \tag{4.2.5}$$

与两个或更多个方向相关联的物理量称为张量（tensor）。因此，分子的电极化率 α 是一个张量，因为该物理量将诱导的电偶极矩矢量和外加电矢量通过如下关系相关联：

$$\boldsymbol{\mu} = \alpha\cdot\boldsymbol{E} \tag{4.2.6}$$

由于分子电性质的各向异性，外电场 $\boldsymbol{E}$ 和响应 $\boldsymbol{\mu}$ 的方向没必要是一样的。如果 $\boldsymbol{\mu}$ 和 $\boldsymbol{E}$ 利用式（4.2.1）的形式书写，那么 α 必须写成并矢量：

$$\boldsymbol{\alpha} = \alpha_{xx}\boldsymbol{ii} + \alpha_{xy}\boldsymbol{ij} + \alpha_{xz}\boldsymbol{ik} + \alpha_{yx}\boldsymbol{ji} + \alpha_{yy}\boldsymbol{jj} + \alpha_{yz}\boldsymbol{jk} + \alpha_{zx}\boldsymbol{ki} + \alpha_{zy}\boldsymbol{kj} + \alpha_{zz}\boldsymbol{kk} \tag{4.2.7}$$

如果矢量 $\boldsymbol{\mu}$ 和 $\boldsymbol{E}$ 写成式（4.2.3a）的列矩阵形式，那么 $\boldsymbol{\alpha}$ 必须写成方阵：

$$\boldsymbol{\alpha} = \begin{pmatrix} \alpha_{xx} & \alpha_{xy} & \alpha_{xz} \\ \alpha_{yx} & \alpha_{yy} & \alpha_{yz} \\ \alpha_{zx} & \alpha_{zy} & \alpha_{zz} \end{pmatrix} \tag{4.2.8}$$

无论使用哪种表达形式，如果明确写出式（4.2.6）的分量，则会得到相同结果：

$$\begin{aligned} \mu_x &= \alpha_{xx}E_x + \alpha_{xy}E_y + \alpha_{xz}E_z \\ \mu_y &= \alpha_{yx}E_x + \alpha_{yy}E_y + \alpha_{yz}E_z \\ \mu_z &= \alpha_{zx}E_x + \alpha_{zy}E_y + \alpha_{zz}E_z \end{aligned} \tag{4.2.9}$$

通过使用如下标记，可以对张量操作进行大量简化，即式（4.2.9）可以写成：

$$\mu_\alpha = \sum_{\beta=x,y,z} \alpha_{\alpha\beta}E_\beta，\ \alpha = x, y, z \tag{4.2.10}$$

现在，将求和符号略去，并引入爱因斯坦求和约定：当在同一项中希腊下角标出

现两次后，就默认为是该下角标求和。因此，可以将式（4.2.10）写成：

$$\mu_\alpha = \alpha_{\alpha\beta} E_\beta \tag{4.2.11}$$

在这些方程中，α 称为自由下角标，β 称为哑下角标。μ_α 表示确定矢量 $\boldsymbol{\mu}$ 的 3 个数值的集合，$\alpha_{\alpha\beta}$ 表示确定张量 $\boldsymbol{\alpha}$ 的 9 个数值的集合。在本书中，希腊字母用来表示自由下角标或哑下角标，而罗马字母或数字用来表示特定张量分量的下角标。

尽管“张量”一词通常指与两个或更多个方向相关联的物理量，但是我们将看到，将张量的定义推广到涉及标量和矢量会更周全。因此，标量是阶数为零的张量，由任何轴都无关的数表示。矢量是一阶张量，由 3 个数确定，每个数与一个坐标轴相关。二阶张量由 9 个数确定，每个数与两个坐标轴相关联。更高阶张量可以依此类推：因此，三阶张量由 27 个数给出的集合确定，不是式（4.2.8）中的方阵，而是一个立方阵。注意，除了零阶张量，当坐标轴旋转时，数组中指定张量的数字的实际值会发生变化，因为它们与坐标轴和张量本身都有关，然而整个物理量保持不变，只是轴发生变化。我们将看到，研究在一个坐标系中的张量分量和在另一个坐标系中的张量分量之间的关系，能够给出特定张量的关键特征信息。

由爱因斯坦求和约定给出的操作，也就是将下角标相等的张量的元素求和，被称为收缩，给出新的张量，该张量的阶数比初始张量的阶数降低两个数量级。因此，收缩是与矢量分析中标量积等价的张量。因此，我们可以将两个矢量 $\boldsymbol{V}$ 和 $\boldsymbol{W}$ 的标量积写成：

$$\boldsymbol{V} \cdot \boldsymbol{W} = V_\alpha W_\alpha = V_x W_x + V_y W_y + V_z W_z \tag{4.2.12}$$

因此，二阶张量 $\boldsymbol{VW}$（二元积）的收缩给出零阶张量（一个标量）。

对于所有 α 和 β，满足如下关系的张量被称为是对称的：

$$T_{\alpha\beta} = T_{\beta\alpha} \tag{4.2.13}$$

反之，如果对于所有 α 和 β：

$$T_{\alpha\beta} = -T_{\beta\alpha} \tag{4.2.14}$$

该张量则被称为是反对称的。很明显，二阶反对称张量的对角线元素为零。该定义可以推广到更高阶张量，其中，对称性或反对称性相对于特定下角标对进行定义。注意，任何二阶张量都可以表达成一个对称张量 $T_{\alpha\beta}^{\mathrm{s}}$ 和一个反对称张量 $T_{\alpha\beta}^{\mathrm{a}}$ 的和：

$$T_{\alpha\beta} = T_{\alpha\beta}^{\mathrm{s}} + T_{\alpha\beta}^{\mathrm{a}} \tag{4.2.15a}$$

$$T_{\alpha\beta}^{\mathrm{s}} = \frac{1}{2}(T_{\alpha\beta} + T_{\beta\alpha}) \tag{4.2.15b}$$

$$T_{\alpha\beta}^{\mathrm{a}} = \frac{1}{2}(T_{\alpha\beta} - T_{\beta\alpha}) \tag{4.2.15c}$$

该分解是构建不可约张量集合的一个步骤，我们将会在后面遇到。

4.2.2　轴的旋转

现在，我们考虑有共同原点 O 的两组笛卡儿坐标系 x, y, z 和 x', y', z'。这两组集合的相对方向可以由一组九个方向的余弦 $l_{\lambda'\alpha}$ 确定，例如，$\cos^{-1} l_{x'y}$ 是 x' 轴和 y 轴之间的角度。（尽管求和不会是在像 $l_{\alpha'\alpha}$ 余弦的方向上，因为 α' 和 α 是不同坐标系的分量，为了避免可能的混淆，我们会在撇坐标系中用下角标 $\lambda', \mu', \nu', \cdots$，非撇坐标系中用 $\alpha, \beta, \gamma, \cdots$。）因此，特定轴 z' 相对于 x, y, z 的方向余弦分别为 $l_{z'x}, l_{z'y}, l_{z'z}$（图 4.1）；$z$ 相对于 x', y', z' 的方向余弦分别为 $l_{x'z}, l_{y'z}, l_{z'z}$。

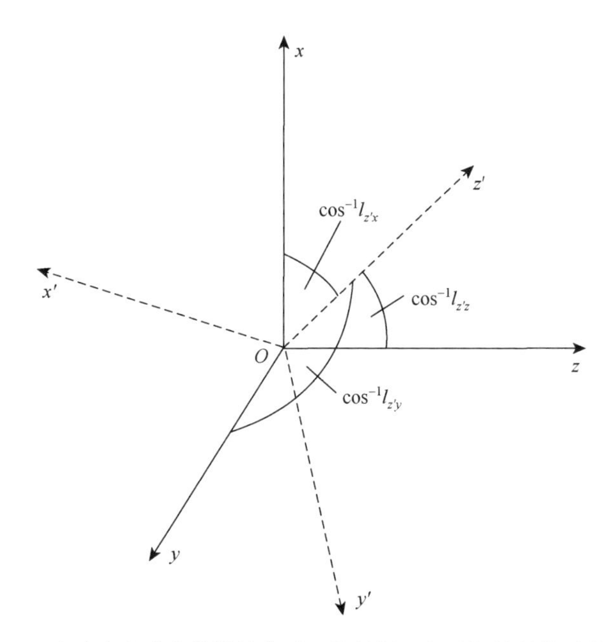

图 4.1　余弦方向确定旋转轴体系（带斜撇）相对初始轴体系的方向

方向余弦之间存在重要关系。考虑由原点确定的位置矢量 $\boldsymbol{r}$ 定义的点 P。用 l, m, n 表示 $\boldsymbol{r}$ 和 x, y, z 之间的方向余弦，可以写成：

$$l = x/r,\ m = y/r,\ n = z/r \tag{4.2.16}$$

因为 $r^2 = x^2 + y^2 + z^2$，从而得到：

$$l^2 + m^2 + n^2 = 1 \tag{4.2.17}$$

我们可以将其看成是归一化关系。现在考虑由位置矢量 $\boldsymbol{r}'$ 确定的第二个点 P'，其方向由方向余弦 l', m', n' 确定，并且与 $\boldsymbol{r}$ 之间的夹角为 θ。应用图 4.2 给出的余弦规则，设 $r = r' = 1$，利用式（4.2.16）和式（4.2.17），得到：

$$
\begin{aligned}
\cos\theta &= \frac{(r^2 + r'^2 - |r' - r|^2)}{2rr'} = 1 - \frac{1}{2}|r' - r|^2 \\
&= 1 - \frac{1}{2}\left[(x' - x)^2 + (y' - y)^2 + (z' - z)^2\right] \\
&= 1 - \frac{1}{2}\left[(l' - l)^2 + (m' - m)^2 + (n' - n)^2\right] \\
&= 1 - \frac{1}{2}\left[(l'^2 + m'^2 + n'^2) + (l^2 + m^2 + n^2) - 2(ll' + mm' + nn')\right] \\
&= ll' + mm' + nn'
\end{aligned} \tag{4.2.18}
$$

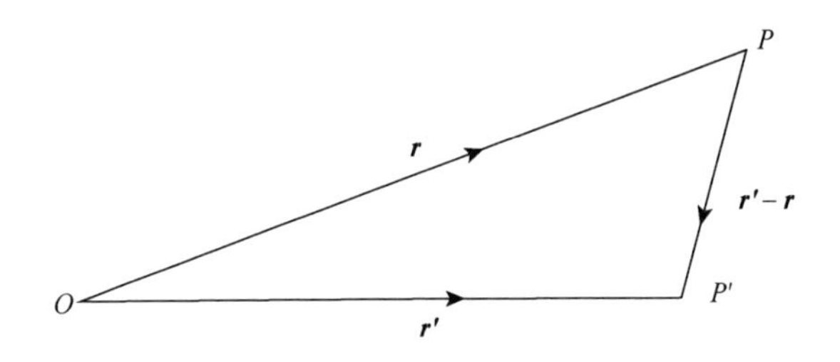

图 4.2　点 P 和 P' 的相对位置

因此，如果 $\boldsymbol{r}$ 和 $\boldsymbol{r}'$ 相互垂直，则得到如下正交关系：

$$
ll' + mm' + nn' = 0 \tag{4.2.19}
$$

我们现在将这些关系应用到确定两组坐标轴 x, y, z 和 x', y', z' 相对方向的方向余弦上。从式（4.2.17）我们得到，在一个坐标系中的一个特定轴相对于另一个坐标系三个轴的方向余弦的平方和为一。因此，聚集到每个轴 x', y', z'，得到：

$$
\begin{aligned}
l_{x'x}^2 + l_{x'y}^2 + l_{x'z}^2 &= 1 \\
l_{y'x}^2 + l_{y'y}^2 + l_{y'z}^2 &= 1 \\
l_{z'x}^2 + l_{z'y}^2 + l_{z'z}^2 &= 1
\end{aligned} \tag{4.2.20}
$$

此外，由于 x', y', z' 是相互垂直的，我们可以使用式（4.2.19）给出：

$$
\begin{aligned}
l_{x'x}l_{y'x} + l_{x'y}l_{y'y} + l_{x'z}l_{y'z} &= 0 \\
l_{y'x}l_{z'x} + l_{y'y}l_{z'y} + l_{y'z}l_{z'z} &= 0 \\
l_{z'x}l_{x'x} + l_{z'y}l_{x'y} + l_{z'z}l_{x'z} &= 0
\end{aligned} \tag{4.2.21}
$$

（4.2.20）和（4.2.21）这六个方程称为正交关系。可以通过聚焦一组 x, y, z 坐标系，得到如下等价正交关系：

$$
\begin{aligned}
l_{x'x}^2 + l_{y'x}^2 + l_{z'x}^2 &= 1 \\
l_{x'y}^2 + l_{y'y}^2 + l_{z'y}^2 &= 1 \\
l_{x'z}^2 + l_{y'z}^2 + l_{z'z}^2 &= 1
\end{aligned} \tag{4.2.22}
$$

$$l_{x'x}l_{x'y}+l_{y'x}l_{y'y}+l_{z'x}l_{z'y}=0$$
$$l_{x'y}l_{x'z}+l_{y'y}l_{y'z}+l_{z'y}l_{z'z}=0 \quad (4.2.23)$$
$$l_{x'z}l_{x'x}+l_{y'z}l_{y'x}+l_{z'z}l_{z'x}=0$$

引入如下定义的克罗内克尔符号：

$$\delta_{\alpha\beta}=\begin{cases}0 & (\alpha\neq\beta)\\ 1 & (\alpha=\beta)\end{cases} \quad (4.2.24)$$

与求和约定一起，正交关系可以体现在单个方程中：

$$l_{\lambda'\alpha}l_{\mu'\alpha}=\delta_{\lambda'\mu'} \quad (4.2.25a)$$

$$l_{\lambda'\alpha}l_{\lambda'\beta}=\delta_{\alpha\beta} \quad (4.2.25b)$$

例如，设 $\lambda'=\mu'=x'$，则式（4.2.25a）变成：

$$l_{x'x}^2+l_{x'y}^2+l_{x'z}^2=1$$

与式（4.2.20）中给出的关系式一样；设 $\lambda'=x'$，$\mu'=y'$，则式（4.2.25a）变成如式（4.2.21）给出的结果：

$$l_{x'x}l_{y'x}+l_{x'y}l_{y'y}+l_{x'z}l_{y'z}=0$$

方向余弦使在新坐标系 x',y',z' 中 $\boldsymbol{V}$ 的分量 $(V_{x'},V_{y'},V_{z'})$ 可以立刻由原坐标系 x,y,z 表达的组分 (V_x,V_y,V_z) 写出。因此，反过来，沿着每个 x',y',z' 分解每个 V_x,V_y,V_z，得到：

$$V_{x'}=l_{x'x}V_x+l_{x'y}V_y+l_{x'z}V_z$$
$$V_{y'}=l_{y'x}V_x+l_{y'y}V_y+l_{y'z}V_z \quad (4.2.26)$$
$$V_{z'}=l_{z'x}V_x+l_{z'y}V_y+l_{z'z}V_z$$

利用求和约定，这些方程可以写成：

$$V_{\lambda'}=l_{\lambda'\alpha}V_\alpha \quad (4.2.27a)$$

对应的逆变换为

$$V_\alpha=l_{\lambda'\alpha}V_{\lambda'} \quad (4.2.27b)$$

这些方程指出了矢量的分量在轴旋转下是如何变换的。

我们现在可以继续，并根据初始坐标系 x,y,z 中的分量，给出新坐标系 x',y',z' 表达的二阶张量的分量。例如，可以在 x',y',z' 坐标系中写出极化率张量的定义方程（4.2.11）：

$$\mu_{\lambda'}=\alpha_{\lambda'\mu'}E_{\mu'} \quad (4.2.28)$$

式（4.2.27a）和式（4.2.27b）的相继应用给出：

$$\mu_{\lambda'} = l_{\lambda'\alpha}\mu_{\alpha} = l_{\lambda'\alpha}\alpha_{\alpha\beta}E_{\beta} = l_{\lambda'\alpha}\alpha_{\alpha\beta}l_{\mu'\beta}E_{\mu'} \tag{4.2.29}$$

并将式（4.2.29）和式（4.2.28）进行比较，给出：

$$\alpha_{\lambda'\mu'} = l_{\lambda'\alpha}l_{\mu'\beta}\alpha_{\alpha\beta} \tag{4.2.30}$$

该结果描述了哑下角标标准的简洁之处，因为单个方程（4.2.30）表示了九个方程，每个方程右边有九项。

不要将方向余弦与二阶张量混淆。尽管$l_{\lambda'\alpha}$和$\alpha_{\alpha\beta}$都是九个数的阵列，但是它们是非常不同的物理量。$l_{\lambda'\alpha}$与两组坐标系相关联，而$\alpha_{\alpha\beta}$表示和一个特定坐标系相关的物理量。将$l_{\lambda'\alpha}$变换到另一组坐标系是无意义的。

矢量分量的变换定律（4.2.27a）和二阶张量分量的变换定律（4.2.30），以及标量在轴旋转下保持不变的事实，一起指出张量可以被定义成根据如下关系进行变换的物理量：

$$T_{\lambda'\mu'\nu'\cdots} = l_{\lambda'\alpha}l_{\mu'\beta}l_{\nu'\gamma}\cdots T_{\alpha\beta\gamma\cdots} \tag{4.2.31}$$

$T_{\alpha\beta\gamma\cdots}$下角标的数目确定了该张量的阶数。这就是我们前面所提到的标量和矢量分别被看成是零阶和一阶张量的原因。这里需要强调的是，尽管根据该定义，在不参考坐标系的情况下我们无法描述张量，但张量自身与其任何一个描述都不同。关于一组特定数值是否构成一个张量的问题是没有任何意义的。只有当我们得到一个在任何其他坐标系对应的数值集合的规则时，才能将该规则与式（4.2.31）进行比较，从而回答该问题。

4.2.3　极张量和轴张量

为了进一步推广变换定律（4.2.31），有必要区分极张量和轴张量。我们在1.9.2节中得知，极矢量（如位置矢量）在空间反演下会改变符号，而轴矢量（如角动量）不会。如果不反演该矢量，而是将坐标轴反演，那么极矢量的分量会改变符号，而轴矢量的分量不会。坐标轴的反演，或者在面中的反映，与改变坐标轴的手性是等价的，其示意图见图4.3。因此，将张量变换定律（4.2.31）推广到任意阶极张量的普遍化表达为

$$P_{\lambda'\mu'\nu'\cdots} = l_{\lambda'\alpha}l_{\mu'\beta}l_{\nu'\gamma}\cdots P_{\alpha\beta\gamma\cdots} \tag{4.2.32a}$$

而任何阶数的轴张量为

$$A_{\lambda'\mu'\nu'\cdots} = (\pm)l_{\lambda'\alpha}l_{\mu'\beta}l_{\nu'\gamma}\cdots A_{\alpha\beta\gamma\cdots} \tag{4.2.32b}$$

在式（4.2.32b）中的负号对应像反映和反演这样的变换，该变换会改变坐标轴的符号[瑕旋转（improper rotations）]，而正号表示不改变坐标轴符号的变换[真旋转（proper rotations）]。

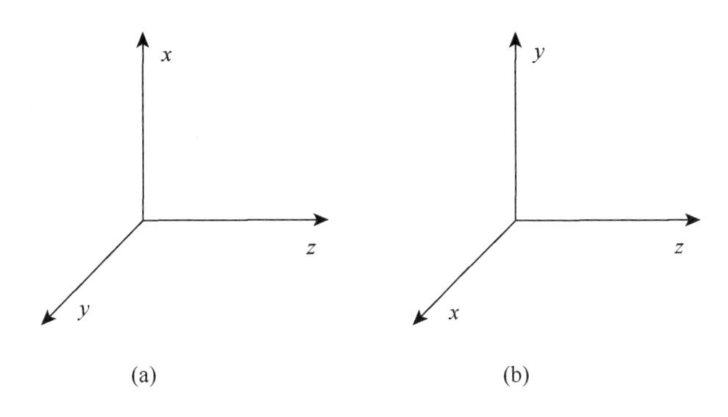

图 4.3 （a）右手坐标系；（b）左手坐标系

举个例子，我们用这些变换定律确定坐标轴对极矢量和轴矢量坐标轴反演的影响。因为新坐标轴 λ' 和旧坐标轴 α 之间的夹角为$180°$，与反演对应的方向余弦 $l_{\lambda'\alpha} = \cos\pi = -1$。因此，利用式（4.2.32a），反演后极矢量的新分量 $P_{\lambda'}$ 与初始分量 P_α 之间的关系为

$$P_{\lambda'} = l_{\lambda'\alpha} P_\alpha = -P_\alpha$$

同理，应用式（4.2.32b），轴矢量的新分量为

$$A_{\lambda'} = -l_{\lambda'\alpha} A_\alpha = A_\alpha$$

两个极矢量的标量积 $P_\alpha P'_\alpha$，或者两个轴矢量的标量积 $A_\alpha A'_\alpha$，显然是一个在反演下不会改变符号的数，即一个标量。然而，一个极矢量和一个轴矢量的标量积 $P_\alpha A_\alpha$ 是在反演下会改变符号的数，并被称为赝标量。

矢量分析定义了两个极矢量 $\boldsymbol{P}$ 和 $\boldsymbol{P}'$ 的矢量积 $\boldsymbol{P}\times\boldsymbol{P}'$，即由两个矢量确定的平行四边形的面积，方向 $\boldsymbol{n}$ 垂直于该平行四边形，同时，$\boldsymbol{P}, \boldsymbol{P}', \boldsymbol{n}$ 为右手集合。因此，如果 $\boldsymbol{i}, \boldsymbol{j}, \boldsymbol{k}$ 是与右手坐标系相关联的单位矢量，矢量积可以解析成：

$$\boldsymbol{P}\times\boldsymbol{P}' = \left(P_y P'_z - P_z P'_y\right)\boldsymbol{i} + \left(P_z P'_x - P_x P'_z\right)\boldsymbol{j} + \left(P_x P'_y - P_y P'_x\right)\boldsymbol{k} \equiv \boldsymbol{A} \tag{4.2.33}$$

该轴矢量 $\boldsymbol{A}$ 的分量等价于二阶反对称极张量的分量：

$$P_{\alpha\beta} = P_\alpha P'_\beta - P_\beta P'_\alpha = -P_{\beta\alpha} \tag{4.2.34}$$

详细的分量为

$$\begin{pmatrix} P_{xx} & P_{xy} & P_{xz} \\ P_{yx} & P_{yy} & P_{yz} \\ P_{zx} & P_{zy} & P_{zz} \end{pmatrix} = \begin{pmatrix} 0 & (P_x P'_y - P_y P'_x) & (P_x P'_z - P_z P'_x) \\ -(P_x P'_y - P_y P'_x) & 0 & (P_y P'_z - P_z P'_y) \\ -(P_x P'_z - P_z P'_x) & -(P_y P'_z - P_z P'_y) & 0 \end{pmatrix}$$
$$= \begin{pmatrix} 0 & A_z & -A_y \\ -A_z & 0 & A_x \\ A_y & -A_x & 0 \end{pmatrix} \tag{4.2.35}$$

总而言之，轴矢量可以用更高阶反对称极张量表达。该张量通常为相应的物理实

体提供了更基本的描述。

矢量积通过交替张量或 Levi-Cività 张量 $\varepsilon_{\alpha\beta\gamma}$ 给出的张量符号进行计算，该物理量是完全反对称三阶单位轴张量。只有当分量的三个下角标都不相等时，$\varepsilon_{\alpha\beta\gamma}$ 才是非零的。我们设 $\varepsilon_{xyz}=1$，且其他非零分量是+1或−1，这与 $\alpha\beta\gamma$ 的顺序是否能够通过循环或者非循环排列转换成 xyz 有关。因此，我们定义：

$$\begin{gathered}\varepsilon_{xyz}=\varepsilon_{zxy}=\varepsilon_{yzx}=1\\ \varepsilon_{xzy}=\varepsilon_{yxz}=\varepsilon_{zyx}=-1\\ \text{所有其他分量为零}\end{gathered}\tag{4.2.36}$$

无论 x, y, z 是右手坐标系还是左手坐标系，该定义都适用，因为奇阶轴矢量的分量在坐标系反演下是不会改变符号的。因此，矢量乘积（4.2.33）的张量公式为

$$A_\alpha=\varepsilon_{\alpha\beta\gamma}P_\beta P'_\gamma \tag{4.2.37}$$

例如，设 $\alpha=x$，对重复的下角标对求和，利用定义（4.2.36），得到：

$$\begin{aligned}A_x&=\varepsilon_{xxx}P_xP'_x+\varepsilon_{xxy}P_xP'_y+\varepsilon_{xxz}P_xP'_z+\varepsilon_{xyx}P_yP'_x+\varepsilon_{xyy}P_yP'_y+\varepsilon_{xyz}P_yP'_z\\ &\quad+\varepsilon_{xzx}P_zP'_x+\varepsilon_{xzy}P_zP'_y+\varepsilon_{xzz}P_zP'_z\\ &=P_yP'_z-P_zP'_y\end{aligned}$$

光学活性理论的一个重要项为 $\varepsilon_{\alpha\gamma\delta}A_{\gamma,\delta\beta}$，其中，$A_{\gamma,\delta\beta}$ 是电偶极-电四极张量（2.6.27c）（不幸的是，我们用同样的符号表达一般的轴张量）。因为 $\varepsilon_{\alpha\gamma\delta}$ 是一个三阶轴张量，$A_{\gamma,\delta\beta}$ 是一个三阶极张量，并且，两对下角标的收缩是确定的，从而完备项像二阶轴张量那样进行变换，就像电偶极-磁偶极张量 $G'_{\alpha\beta}$ 一样[式（2.6.27f）]。

4.2.4 单位张量的一些代数

在式（4.2.24）中定义的克罗内克尔符号 $\delta_{\alpha\beta}$ 是二阶对称单位张量。由式（4.2.36）定义的交替张量 $\varepsilon_{\alpha\beta\gamma}$ 是一个完全反对称的三阶轴张量。我们现在给出 $\delta_{\alpha\beta}$ 和 $\varepsilon_{\alpha\beta\gamma}$ 的几个有用关系。

考虑 δ 张量的两个下角标的第一次收缩：

$$\delta_{\alpha\alpha}=\delta_{xx}+\delta_{yy}+\delta_{zz}=3 \tag{4.2.38}$$

这实际上等价于如下乘积：

$$\delta_{\alpha\beta}\delta_{\alpha\beta}=\delta_{xx}\delta_{xx}+\delta_{xy}\delta_{xy}+\delta_{xz}\delta_{xz}+\delta_{yx}\delta_{yx}+\delta_{yy}\delta_{yy}+\delta_{yz}\delta_{yz}+\delta_{zx}\delta_{zx}+\delta_{zy}\delta_{zy}+\delta_{zz}\delta_{zz}=3 \tag{4.2.39}$$

根据式（4.2.38），

$$\delta_{\alpha\alpha}\delta_{\beta\beta}=9 \tag{4.2.40}$$

因为对于交替张量的分量，当任意两个下角标相等时为零，从而得到：

$$\delta_{\alpha\beta}\varepsilon_{\alpha\beta\gamma}=\varepsilon_{\alpha\alpha\gamma}=0 \tag{4.2.41}$$

交替张量和 δ 张量之间的一个最有用的关系是：

$$\varepsilon_{\alpha\beta\gamma}\varepsilon_{\delta\lambda\gamma}=\delta_{\alpha\delta}\delta_{\beta\lambda}-\delta_{\alpha\lambda}\delta_{\beta\delta} \tag{4.2.42}$$

这可以通过如下方式建立。如果 $\alpha=\beta$ 或者 $\delta=\lambda$，则式（4.2.42）的两边分别为零。我们现在可以选择 $\alpha=x$，$\beta=y$，以保留其普遍性。那么，式（4.2.42）的左边就变成：

$$\varepsilon_{xyx}\varepsilon_{\delta\lambda x}+\varepsilon_{xyy}\varepsilon_{\delta\lambda y}+\varepsilon_{xyz}\varepsilon_{\delta\lambda z}=\varepsilon_{\delta\lambda z}$$

右边变成了：

$$\delta_{x\delta}\delta_{y\lambda}-\delta_{x\lambda}\delta_{y\delta}=\Delta$$

由于 $\delta\neq\lambda$，则仅有如下可能性：当 $\delta=z$ 时，对于所有 λ，$\Delta=0$；当 $\lambda=z$ 时，对于所有 δ，$\Delta=0$；当 $\delta=x$，$\lambda=y$ 时，$\Delta=1$；当 $\delta=y$，$\lambda=x$ 时，$\Delta=1$。因此，$\Delta=\varepsilon_{\delta\lambda z}$，从而证明了等式（4.2.42）。注意，该等式与如下矢量等式表达的张量关系是等价的：

$$(\boldsymbol{T}\times\boldsymbol{U})\cdot(\boldsymbol{V}\times\boldsymbol{W})=(\boldsymbol{T}\cdot\boldsymbol{V})(\boldsymbol{U}\cdot\boldsymbol{W})-(\boldsymbol{T}\cdot\boldsymbol{W})(\boldsymbol{U}\cdot\boldsymbol{V})$$

通过（4.2.42）收缩式，得到：

$$\varepsilon_{\alpha\beta\gamma}\varepsilon_{\delta\beta\gamma}=\delta_{\alpha\delta}\delta_{\beta\beta}-\delta_{\alpha\beta}\delta_{\beta\delta}=3\delta_{\alpha\delta}-\delta_{\alpha\delta}=2\delta_{\alpha\delta} \tag{4.2.43}$$

进一步的收缩计算给出：

$$\varepsilon_{\alpha\beta\gamma}\varepsilon_{\alpha\beta\gamma}=\delta_{\alpha\alpha}\delta_{\beta\beta}-\delta_{\alpha\beta}\delta_{\alpha\beta}=9-3=6 \tag{4.2.44}$$

注意，单位张量 $\delta_{\alpha\beta}$ 和 $\varepsilon_{\alpha\beta\gamma}$ 的分量在所有坐标系中都是相等的。这种张量被称作各向同性张量，或者张量不变量，并在像流体这样的各向同性材料的研究中起到了基本作用。这是因为在自由旋转的分子集合中，可以进行分子坐标轴和空间坐标轴之间的所有适当的变换，从而，通过求平均只有张量不变量保留下来。一般更高阶张量不变量用 $\delta_{\alpha\beta}$ 和 $\varepsilon_{\alpha\beta\gamma}$ 表示：因此，四阶和五阶张量不变量分别是像 $\delta_{\alpha\beta}\delta_{\gamma\delta}$ 和 $\varepsilon_{\alpha\beta\gamma}\delta_{\delta\varepsilon}$ 这种乘积的线性组合。我们将在下节看到，张量分量的各向同性平均总是用各向同性张量表示。

4.2.5　张量分量的各向同性平均

在像流体这样的各向同性分子体系产生的光散射理论中，我们经常会遇到一个问题，即关于张量分量的各向同性平均的计算。该问题简化成计算在分子坐标系和空间坐标系间特定坐标轴对之间的方向余弦积，并且对两个坐标系所有可能的相对方向进行平均。因此，对于可观测量的表达，如偏振变化，首先用空间坐标系确定的分子性质张量分量来表示：因为我们想将该观测量与固有的分子性质相关联，就必须转换到分子坐标系中。这样的话，如果分子是自由运动的，那么必须将该表达式对所有方向进行平均。

如果带撇下角标表示空间坐标，而无撇下角标表示分子坐标，那么从极张量

变换定律（4.2.32a）可知，普遍张量分量的各向同性平均的一般表达式为

$$\left\langle P_{\lambda'\mu'\nu'\cdots}\right\rangle = \left\langle l_{\lambda'\alpha} l_{\mu'\beta} l_{\nu'\gamma\cdots}\right\rangle P_{\alpha\beta\gamma\cdots} \tag{4.2.45}$$

注意，因为不涉及瑕旋转，即使是对轴张量分量进行平均，也不需要调用轴张量变换定律（4.2.32b）。通过简单的三角函数分析可以得到前几个平均值。现在必须考虑明确的张量分量，并且为了得到与本书其余部分使用的符号一致的结果，将用 x, y, z 和 X, Y, Z 分别表示空间坐标系和分子坐标系（我们仍然会用普遍的希腊字母下角标 $\lambda', \mu', \nu', \cdots$ 和 $\alpha, \beta, \gamma, \cdots$ 分别对应前者和后者）。在空间坐标系 x，y，z 和分子坐标系 α 之间的方向余弦，可以用 $i_\alpha = l_{x\alpha}$，$j_\alpha = l_{y\alpha}$，$k_\alpha = l_{z\alpha}$ 取代，其中，$\boldsymbol{i}, \boldsymbol{j}, \boldsymbol{k}$ 通常是分别沿着 x, y, z 方向的单位矢量。因此，像 P_{xyzy} 这样的张量分量的各向同性平均值可以写成：

$$\left\langle P_{xyzy}\right\rangle = \left\langle i_\alpha j_\beta k_\gamma j_\delta\right\rangle P_{\alpha\beta\gamma\delta}$$

从而，问题简化成计算 $\left\langle i_\alpha j_\beta k_\gamma j_\delta\right\rangle$。

首先，要注意球面上某些三角函数平均值的形式。如果我们将空间坐标和分子坐标之间的夹角表示成 θ，并确定 θ 在球坐标中的极角度，同样的方向余弦积的各向同性平均为

$$\left\langle \cos^n\theta\right\rangle = \frac{\int_0^{2\pi}\mathrm{d}\phi\int_0^{\pi}\cos^n\theta\sin\theta\,\mathrm{d}\theta}{\int_0^{2\pi}\mathrm{d}\phi\int_0^{\pi}\sin\theta\,\mathrm{d}\theta}$$

因为在球坐标中的体积元为 $\sin\theta\mathrm{d}\theta\mathrm{d}\phi$，其中，$\phi$ 是方位角。通过积分得到如下普遍结果：

$$\left\langle \cos^n\theta\right\rangle = \begin{cases} \dfrac{1}{2k+1} & n = 2k \\ 0 & n = 2k+1 \end{cases} \quad k = 0, 1, 2, 3, \cdots \tag{4.2.46}$$

首先，考虑单个余弦的各向同性平均，如 i_X。设 x 轴和 X 轴之间的夹角为 θ，得到：

$$\left\langle i_X\right\rangle = \left\langle \cos\theta\right\rangle = 0$$

这是因为根据式（4.2.46），$\cos\theta$ 对球的平均为零。任何单个方向余弦都会得到同样的结果，从而可以写成：

$$\left\langle i_\alpha\right\rangle = \left\langle j_\alpha\right\rangle = \left\langle k_\alpha\right\rangle = 0 \tag{4.2.47}$$

接着，考虑两个方向余弦积的各向同性平均。如果这两个是一样的，如 i_X，则根据式（4.2.46）得到：

$$\left\langle i_X^2\right\rangle = \left\langle \cos^2\theta\right\rangle = \frac{1}{3}$$

任何同一方向余弦对都会得到同样的结果。注意，同样的结果可以通过写出 X, Y, Z

坐标系中的单位矢量与自身在 x, y, z 坐标系中的标量积，并对两边取平均而得到：例如，对于 $i_\alpha i_\alpha = 1$ 可以这样写：

$$\left\langle i_X^2 \right\rangle + \left\langle i_Y^2 \right\rangle + \left\langle i_Z^2 \right\rangle = 1$$

因为这三个平均值都是相等的，所以每个的值都是 $\frac{1}{3}$。任意一对不同方向余弦的各向同性平均值为零。例如，对于 $i_\alpha j_\alpha = 0$ 可以写成：

$$\left\langle i_X j_X \right\rangle + \left\langle i_Y j_Y \right\rangle + \left\langle i_Z j_Z \right\rangle = 0$$

因为这三个平均值都是相等的，所以它们必须分别为零。该分析可以根据二阶张量不变量 $\delta_{\alpha\beta}$ 简洁地总结成：

$$\left\langle i_\alpha i_\beta \right\rangle = \left\langle j_\alpha j_\beta \right\rangle = \left\langle k_\alpha k_\beta \right\rangle = \frac{1}{3}\delta_{\alpha\beta} \tag{4.2.48}$$

所有其他类型的平均值都等于零。

现在考虑三个方向余弦乘积的各向同性平均值。这可以通过考虑像 $(\boldsymbol{i}\times\boldsymbol{j})\cdot\boldsymbol{k} = 1$ 这样的表达推导该值。根据在 X, Y, Z 坐标系中的分量将其写成：

$$(i_Y j_Z - i_Z j_Y)k_X + (i_Z j_X - i_X j_Z)k_Y + (i_X j_Y - i_Y j_X)k_Z = 1$$

对两边求平均，且这三个项的平均值都是相等的，从而给出：

$$\left\langle i_Y j_Z k_X \right\rangle = -\left\langle i_Z j_Y k_X \right\rangle = \left\langle i_Z j_X k_Y \right\rangle = -\left\langle i_X j_Z k_Y \right\rangle = \left\langle i_X j_Y k_Z \right\rangle = -\left\langle i_Y j_X k_Z \right\rangle = \frac{1}{6}$$

通过考虑像 $(\boldsymbol{i}\times\boldsymbol{j})\cdot\boldsymbol{j} = 0$ 这样的表达，可以证明各向同性平均值的所有其他类型都为零。这些结果可以根据三阶张量不变量 $\varepsilon_{\alpha\beta\gamma}$ 总结成：

$$\left\langle i_\alpha j_\beta k_\gamma \right\rangle = \frac{1}{6}\varepsilon_{\alpha\beta\gamma} \tag{4.2.49}$$

而所有其他类型的平均值等于零。

我们现在计算四个方向余弦乘积的各向同性平均值。如果这四个是一样的，如都是 i_X，则根据式（4.2.46）得到如下值：

$$\left\langle i_X^4 \right\rangle = \left\langle \cos^4\theta \right\rangle = \frac{1}{5} \tag{4.2.50}$$

其他四个相同方向余弦的乘积也有同样的结果。我们可以从正交关系（4.2.25）得到相同方向余弦对乘积的各向同性平均值。例如，用如下的特定归一化关系：

$$i_X^2 + i_Y^2 + i_Z^2 = 1$$

对两边进行平方并求平均，给出：

$$3\left\langle i_X^4 \right\rangle + 6\left\langle i_X^2 i_Y^2 \right\rangle = 1$$

因为 $\left\langle i_X^4 \right\rangle = \left\langle i_Y^4 \right\rangle = \left\langle i_Z^4 \right\rangle$，且 $\left\langle i_X^2 i_Y^2 \right\rangle = \left\langle i_X^2 i_Z^2 \right\rangle = \left\langle i_Y^2 i_Z^2 \right\rangle$，接着，利用式（4.2.50）得到如下平均值：

$$\left\langle i_X^2 i_Y^2 \right\rangle = \frac{1}{6}\left(1-\frac{3}{5}\right) = \frac{1}{15} \tag{4.2.51}$$

同样，从：

$$i_X^2 + j_X^2 + k_X^2 = 1$$

开始，得到如下平均值：

$$\left\langle i_X^2 j_X^2 \right\rangle = \frac{1}{15} \tag{4.2.52}$$

接着，对于如下乘积：

$$\left(i_X^2 + j_X^2 + k_X^2\right)\left(i_Y^2 + j_Y^2 + k_Y^2\right) = 1$$

可以写成：

$$3\left\langle i_X^2 i_Y^2 \right\rangle + 6\left\langle i_X^2 j_Y^2 \right\rangle = 1$$

利用式（4.2.51）得到如下平均值：

$$\left\langle i_X^2 j_Y^2 \right\rangle = \frac{1}{6}\left(1-\frac{3}{15}\right) = \frac{2}{15}$$

最后，用如下的特定正交关系：

$$i_X j_X + i_Y j_Y + i_Z j_Z = 0$$

并对两边进行平方，得到：

$$3\left\langle i_X^2 j_X^2 \right\rangle + 6\left\langle i_X j_X i_Y j_Y \right\rangle = 0$$

从而，由式（4.2.52）得到如下平均值：

$$\left\langle i_X j_X i_Y j_Y \right\rangle = \frac{1}{6}\left(-\frac{3}{15}\right) = -\frac{1}{30}$$

所有其他类型的各向同性平均值都为零。这些结果可以由四阶张量不变量 $\delta_{\alpha\beta}\delta_{\gamma\delta}$ 进行总结（Buckingham and Pople，1955；Kielich，1961）：

$$\left\langle i_\alpha i_\beta i_\gamma i_\delta \right\rangle = \left\langle j_\alpha j_\beta j_\gamma j_\delta \right\rangle = \left\langle k_\alpha k_\beta k_\gamma k_\delta \right\rangle = \frac{1}{15}(\delta_{\alpha\beta}\delta_{\gamma\delta} + \delta_{\alpha\gamma}\delta_{\beta\delta} + \delta_{\alpha\delta}\delta_{\beta\gamma}) \tag{4.2.53a}$$

$$\left\langle i_\alpha i_\beta j_\gamma j_\delta \right\rangle = \left\langle j_\alpha j_\beta k_\gamma k_\delta \right\rangle = \left\langle i_\alpha i_\beta k_\gamma k_\delta \right\rangle = \frac{1}{30}(4\delta_{\alpha\beta}\delta_{\gamma\delta} - \delta_{\alpha\gamma}\delta_{\beta\delta} - \delta_{\alpha\delta}\delta_{\beta\gamma}) \tag{4.2.53b}$$

所有其他类型的平均值为零。

本书中会用到的最后一个各向同性平均值是五个方向余弦的乘积，通过考虑如 $(\boldsymbol{i}\times\boldsymbol{j})\cdot\boldsymbol{k}(\boldsymbol{i}\cdot\boldsymbol{i})=1$ 这样的表达得到。然而，这里的三角函数分析变得非常复杂，并且我们仅仅由五阶张量不变量 $\varepsilon_{\alpha\beta\gamma}\delta_{\delta\epsilon}$ 给出普通结果（Kielich，1968/69）：

$$\left\langle i_\alpha j_\beta k_\gamma k_\delta k_\epsilon \right\rangle = \left\langle k_\alpha i_\beta j_\gamma j_\delta j_\epsilon \right\rangle = \left\langle j_\alpha k_\beta i_\gamma i_\delta i_\epsilon \right\rangle = \frac{1}{30}(\varepsilon_{\alpha\beta\gamma}\delta_{\delta\epsilon} + \varepsilon_{\alpha\beta\delta}\delta_{\gamma\epsilon} + \varepsilon_{\alpha\beta\epsilon}\delta_{\gamma\delta}) \tag{4.2.54}$$

所有其他类型的平均值都等于零。Boyle 和 Mattews（1971）已经提供了关于五阶张量不变量和各向同性平均值的一般性讨论。

4.2.6　主轴

在 3.5.2 节中我们已经指出，像$\langle \alpha_{xx}\alpha_{xx}^{*} \rangle$、$\langle \alpha_{xx}\alpha_{yy}^{*} \rangle$和$\langle \alpha_{xy}\alpha_{xy}^{*} \rangle$这样的各向同性平均值会导致流体中的常规光散射，并且式（3.5.4）用$\alpha_{\alpha\alpha}\alpha_{\beta\beta}$和$\alpha_{\alpha\beta}\alpha_{\alpha\beta}$给出了这些平均值。对于所有像退偏振比这种观测量的表达式，可以用α^2和$\beta(\alpha)^2$写出，其中：

$$\alpha^2 = \frac{1}{9}\alpha_{\alpha\alpha}\alpha_{\beta\beta} = \frac{1}{9}(\alpha_{XX} + \alpha_{YY} + \alpha_{ZZ})^2 \tag{4.2.55a}$$

$$\begin{aligned}\beta(\alpha)^2 &= \frac{1}{2}(3\alpha_{\alpha\beta}\alpha_{\alpha\beta} - \alpha_{\alpha\alpha}\alpha_{\beta\beta}) \\ &= \frac{1}{2}\left[(\alpha_{XX} - \alpha_{YY})^2 + (\alpha_{XX} - \alpha_{ZZ})^2 + (\alpha_{YY} - \alpha_{ZZ})^2 + 6\left(\alpha_{XY}^2 + \alpha_{XZ}^2 + \alpha_{YZ}^2\right)\right]\end{aligned} \tag{4.2.55b}$$

这些实际上是四阶张量$\alpha_{\alpha\beta}\alpha_{\gamma\delta}$的不变量，是各向同性介质中唯一的分量组合。平均极化率自身$\alpha = \alpha_{\alpha\alpha}$是二阶张量$\alpha_{\alpha\beta}$的不变量。尽管 X, Y, Z 指的是附着在分子坐标系上的一组特定的坐标轴，但是对于这些轴的旋转，α^2和$\beta(\alpha)^2$的值是不变的。

一个著名的理论（由于证明太冗长，这里就不给出了）是对于任何二阶对称笛卡儿张量，总是可以选择一组称为主轴的轴集合，从而只有对角线分量是非零的（Nye，1985）。这样的话，各向异性不变量可采用如下简单形式：

$$\beta(\alpha)^2 = \frac{1}{2}\left[(\alpha_{XX} - \alpha_{YY})^2 + (\alpha_{XX} - \alpha_{ZZ})^2 + (\alpha_{YY} - \alpha_{ZZ})^2\right] \tag{4.2.56}$$

主轴与分子中存在的任何对称元素有关。因此，一个真旋转轴总是一个主轴，反映面总是包含两个主轴，并且垂直于第三个主轴。

例如，考虑一个轴对称分子。该分子有一个三重或者更高重的真旋转轴（我们将其设为 Z 轴），其物理性质相对于该轴的旋转是各向同性的。如果分子是线形的($C_{\infty v}$或者$D_{\infty h}$)，则垂直于主旋转轴的平面中的各向同性是很明显的，然而对于像 NH_3 这种具有 C_{3v} 对称性的对称尖端分子则不是那么明显。这种情况下的一个简单论点为：反映面总是包含两个主轴，并且与第三个垂直，如果 X 和 Y 可以在垂直于 Z 的面中的任何方向，则相互呈120° 的三个垂直反映面与相互呈 90° 的两个主轴（我们将其设为 X 和 Y）是一致的。

轴对称分子的极化张量可以用与主轴有关的分量给出如下表达：

$$\alpha_{\alpha\beta}=\alpha_{\perp}\delta_{\alpha\beta}+(\alpha_{\parallel}-\alpha_{\perp})K_{\alpha}K_{\beta} \tag{4.2.57}$$

其中，$\alpha_{\perp}=\alpha_{XX}=\alpha_{YY}$和$\alpha_{\parallel}=\alpha_{ZZ}$分别是垂直于和平行于三重轴或者更高旋转轴 Z 的极化率分量；$\boldsymbol{K}$ 是沿着 Z 方向的单位矢量。通常将式（4.2.57）写成如下形式：

$$\alpha_{\alpha\beta}=\alpha(1-\kappa)\delta_{\alpha\beta}+3\alpha\kappa K_{\alpha}K_{\beta} \tag{4.2.58a}$$

其中，

$$\alpha=\frac{1}{3}(2\alpha_{\perp}+\alpha_{\parallel}) \tag{4.2.58b}$$

是通常的平均极化率，并且，

$$\kappa=\frac{\alpha_{\parallel}-\alpha_{\perp}}{3\alpha} \tag{4.2.58c}$$

是无量纲各向异性极化率。我们将会看到，在随后的章节中，写成式（4.2.58）形式的极化率促进了由轴对称键或基团构成的分子中的光学活性、瑞利和拉曼散射理论的发展。

我们也可以在特定的轴对称情况下，写出$G'_{\alpha\beta}$和$A_{\alpha,\beta\gamma}$的有用表达式。例如，对于点群C_{4v}和C_{6v}，本章稍后给出的表 4.2 指出，不为零的组分为$G'_{XY}=-G'_{YX}$，$A_{Z,ZZ}$，以及$A_{Z,XX}=A_{Z,YY}$。设$A_{\parallel}=A_{Z,ZZ}$，$A_{\perp}=A_{Z,XX}$，得到：

$$G'_{\alpha\beta}=G'_{XY}\varepsilon_{\alpha\beta\gamma}K_{\gamma} \tag{4.2.59}$$

$$A_{\alpha,\beta\gamma}=\left(\frac{3}{2}A_{\parallel}-2A_{\perp}\right)K_{\alpha}K_{\beta}K_{\gamma}+A_{\perp}(K_{\beta}\delta_{\alpha\gamma}+K_{\gamma}\delta_{\alpha\beta})-\frac{1}{2}A_{\parallel}K_{\alpha}\delta_{\beta\gamma} \tag{4.2.60}$$

这些结果也适用于线形偶极分子（$C_{\infty v}$），并且由 Buckingham 和 Longuet-Higgins（1968）首次推导。另外，式（4.2.59）也适用于C_{3v}，但式（4.2.60）不适用，因为$A_{\alpha,\beta\gamma}$的其他分量可以是非零的。

4.3 量子力学中的反演对称性

量子态和算符关于空间反演和时间反演的分类是原子和分子物理学的基石。这里，我们回顾一些与光学活性和光散射有关的内容。

4.3.1 空间反演

我们引入宇称算符P，该算符改变了波函数中空间坐标的符号：

$$P\psi(\boldsymbol{r})=\psi(-\boldsymbol{r}) \tag{4.3.1a}$$

P是由如下关系确定的本征值为p的线性幺正算符：

$$P\psi(\boldsymbol{r})=p\psi(\boldsymbol{r}) \tag{4.3.2}$$

由于两次应用该算符会得到如下关系，因此可以推导出本征值：

$$P^2\psi(\boldsymbol{r}) = p^2\psi(\boldsymbol{r}) = \psi(\boldsymbol{r})$$

从而，

$$p^2 = 1,\ p = \pm 1 \tag{4.3.3}$$

当 $p = +1$ 时，波函数（及对应的态）被认为是具有偶宇称；当 $p = -1$ 时，波函数（及对应的态）被认为是具有奇宇称。因此，对应的偶波函数 $\psi(+)$ 和奇波函数 $\psi(-)$ 会存在如下关系：

$$P\psi(+) = \psi(+),\ P(\psi)(-) = -\psi(-) \tag{4.3.4}$$

需要强调的是，P 是空间坐标系的反演操作，并且适用于所有体系。不要将其与相对于体系中的分子坐标系的反演操作相混淆，该体系的中心反演会导致两种态的“g”或“u”分类。

迄今为止，这方面的理论发展与描述粒子运动对称性的轨道宇称有关。然而，为了理解基本粒子的产生和湮灭过程，有必要引入粒子本征宇称或者内宇称的概念（如 Gibson and Pollard，1976；Berestetskii et al.，1982）。这包括在将变换定律（4.3.1a）推广到如下关系中：

$$P\psi(\boldsymbol{r}) = \eta\psi(-\boldsymbol{r}) \tag{4.3.1b}$$

其中，η 是由波函数 $\psi(\boldsymbol{r})$ 描述的粒子的本征宇称。因为两个镜像操作会恢复初始坐标系，并且：

$$P^2\psi(\boldsymbol{r}) = \eta P\psi(-\boldsymbol{r}) = \eta^2\psi(\boldsymbol{r})$$

η^2 极大可能为单位振幅的相因子，并且可以证明，$\eta^2 = +1$ 或者 ± 1，这与粒子的自旋是整数还是半奇整数有关。因此，对于整数自旋的粒子，$\eta = \pm 1$；对于半奇整数自旋的粒子，$\eta = \pm 1$ 或者 $\pm \mathrm{i}$。$\eta = +1$ 和 -1 的粒子分别被认为是标量和赝标量。光子的本征宇称从理论上完全被定义成是负的；而电子和中子的本征宇称是相对的，通常为正（对于反粒子为负宇称）。注意，本征宇称可以归属于粒子波函数，该粒子波函数不是宇称算符的本征函数。

如果两个相反轨道宇称的本征函数 $\psi(+)$ 和 $\psi(-)$ 的能量本征值是简并的或接近简并的，则该体系会存在波函数如下的混合宇称态：

$$\psi_1 = \frac{1}{\sqrt{2}}\left[\psi(+) + \psi(-)\right] \tag{4.3.5a}$$

$$\psi_2 = P\psi_1 = \frac{1}{\sqrt{2}}\left[\psi(+) - \psi(-)\right] \tag{4.3.5b}$$

因为常规哈密顿算符不受坐标反演的影响，从而我们可以写成：

$$H = PHP^{-1} \quad \text{或者} \quad PH - HP = 0 \tag{4.3.6}$$

接着，通过考虑算符的时间导数，得出 P 的期望值在时间上为常数（Landau and Lifshitz，1977）。方程式（4.3.6）表达了宇称守恒定律：如果封闭体系的态有特定宇称，则该宇称守恒。因此，明确的宇称态 $\psi(\pm)$ 是局域恒定能量 $W(\pm)$ 的定态。

所有观测量可以根据其算符在坐标反演下改变符号还是不改变符号分成奇性或偶性。从而，偶算符 $A(+)$ 和奇算符 $A(-)$ 被定义为

$$PA(+)P^{-1} = A(+),\ PA(-)P^{-1} = -A(-) \tag{4.3.7}$$

因为整个空间积分只有对完全对称积分项才是非零的，所以在像式（4.3.5a）这样的态中，这些算符的期望值为

$$\psi_1|A(+)|\psi_1 = \frac{1}{2}\left[\psi(+)|A(+)|\psi(+) + \psi(-)|A(+)|\psi(-)\right] \tag{4.3.8a}$$

$$\psi_1|A(-)|\psi_1 = \frac{1}{2}\left[\psi(+)|A(-)|\psi(-) + \psi(-)|A(-)|\psi(+)\right] \tag{4.3.8b}$$

从而，我们立刻推导出在任何特定宇称的态中，任何奇观测量的期望值为零，也就是说，$\psi(+)$ 或 $\psi(-)$ 为零的态。它还遵循，对于混合宇称态 ψ_1 和 $\psi_2 = P\psi_1$，奇宇称算符的期望值有同样的值，然而符号相反。结果，体系处于明确宇称的态只会有偶宇称的观测量，如电荷、磁偶极矩、电四极矩等；而处于混合宇称态的体系还会有奇宇称的观测量，如线性动量、电偶极矩等（Kaempffer，1965）。体系具有混合宇称态的一个著名粒子为氢原子。这里，特定的动态对称性导致相反宇称的简并本征态：例如，$n=2$，$l=0$ 的态和 $n=2$，$l=1$ 的态是简并的，并且因为球谐函数 Y_{lm} 的宇称为 $(-1)^l$，氢原子的第一激发态具有混合宇称，从而支持永久电偶极矩，这一点已由一级 Stark 效应证实（Buckingham，1972）。事实上，由于小的相对论分裂，这些态并不是完全简并的，并且在非常弱的电场中只观测到了二级 Stark 效应（Woolley，1975b）。

我们在 1.9.2 节中已经看到，天然旋光参数是赝标量，从而具有奇宇称。并且旋光实验宇称守恒，因为如果反转完整实验（光加上活性介质），导致的实验在大自然中也能实现。因此，分散的手性分子存在混合宇称的量子态。

我们可以利用像 NH_3 这样的分子振动波函数（与反演坐标相关），理解关于手性分子混合宇称态的产生。NH_3 被认为在两种等价构型之间进行互换，见图 4.4，尽管事实上该运动并不对应于通过质心的反转（Townes and Schawlow，1955）。如果平面构型是最稳定的，则绝热势能函数会呈现如左图所示的抛物线形式，简谐振动能级等间隔。如果势垒在中间逐渐增加，这两个金字塔构型变成最稳定构型，并且能级成对彼此靠近。对于无穷高势垒，成对能级是完全简并的，见右边的图。中心势垒的产生修正了如图所示的波函数，但不会破坏它们的宇称。偶宇称波函数 $\psi^{(0)}(+)$ 和奇宇称波函数 $\psi^{(0)}(-)$ 描述了所在情况下的稳定态。另一方面，当系统处于最低振动状态并完全局域于左右势阱中时，波函数 ψ_L 和 ψ_R 并不是真正的稳态。这些从奇偶宇称波函数的如下组合得到：

$$\psi_{\mathrm{L}}=\frac{1}{\sqrt{2}}\left[\psi^{(0)}(+)+\psi^{(0)}(-)\right] \quad (4.3.9a)$$

$$\psi_{\mathrm{R}}=\frac{1}{\sqrt{2}}\left[\psi^{(0)}(+)-\psi^{(0)}(-)\right] \quad (4.3.9b)$$

这提供了混合宇称波函数（4.3.5）明确的物理模型。事实上，波函数（4.3.9）是简并二态体系普遍时间相关波函数的特例（见 4.3.4 节）。准确讲，我们假设在 $t=0$ 时体系在左边的势阱中，接着在稍后时间 t 得到：

$$\begin{aligned}\psi(t)&=\frac{1}{\sqrt{2}}\left[\psi^{(0)}(+)\mathrm{e}^{-\mathrm{i}W(+)t/\hbar}+\psi^{(0)}(-)\mathrm{e}^{-\mathrm{i}W(-)t/\hbar}\right]\\&=\frac{1}{\sqrt{2}}\left[\psi^{(0)}(+)+\psi^{(0)}(-)\mathrm{e}^{-\mathrm{i}\omega t}\right]\mathrm{e}^{-\mathrm{i}W(+)t/\hbar}\end{aligned} \quad (4.3.10)$$

其中，$\hbar\omega=W(+)-W(-)$，是相反宇称态的能量差，这里被理解成将两个势阱分离的势垒隧穿产生的分裂能。因此，正如所需要的，在 $t=0$ 时，式（4.3.10）简化成对应于左边势阱分子的式（4.3.9a）；当 $t=\pi/\omega$ 时，该关系式简化成对应于右边势阱分子的式（4.3.9b）。角频率 ω 被理解成一个完整的反转循环。隧穿分裂由势垒的高度和宽度决定，且当势垒无穷大时为零。

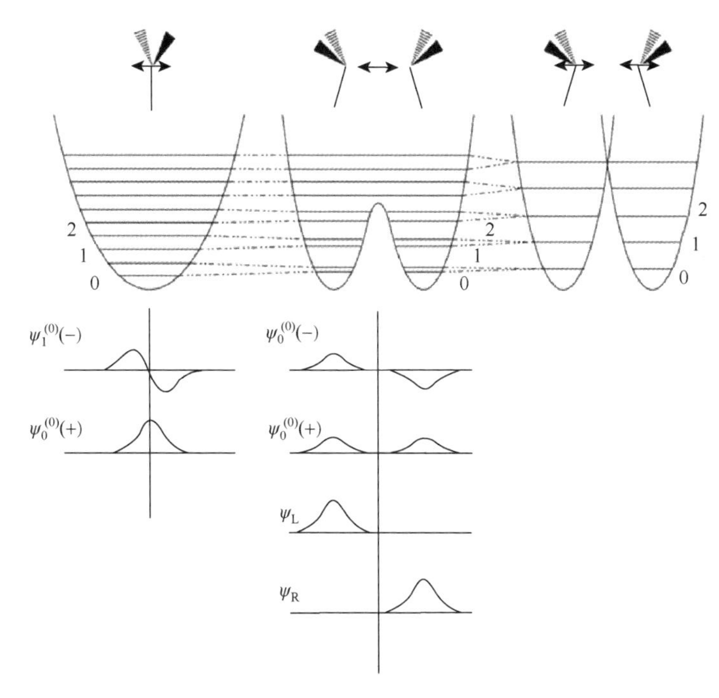

图 4.4　可以在两个等价构型转换的分子振动态。$\psi^{(0)}(+)$ 和 $\psi^{(0)}(-)$ 是两个具有特定宇称的态，关于分子的类型是左边还是右边，是完全不确定的。而 ψ_{L} 和 ψ_{R} 是两个完全确定的混合宇称态，与分子是处于左边势阱还是右边势阱有关

在该模型中，一个容易混淆的源头是，图 4.4 中描述的振动波函数的宇称是根据原子核面的反映来定义的，而宇称算符的基本定义是相对于空间坐标轴的反演。我们现在讨论图 4.4 左边的平面构型。该宇称算符对应了所有粒子位置（原子核加电子）的反演，并且可以通过将整个分子围绕三重轴旋转180°（π），接着在包含核的面进行反映得到。因为旋转不会影响电子波函数和振动波函数，二者的宇称可以从穿过核面反映的性质确定。

因为ψ_L和ψ_R是混合宇称态，所以可分辨的对映异构体的混合宇称态的产生就显得很明显了。因为对于任何可分辨的手性分子，都可以绘制具有非常高的势垒分隔左右势阱的势能图：横轴可以代表高于包含三个不同原子所在平面的一个原子的位置，或者在手性联苯中的螺旋坐标，或者分子的一些更复杂的集合坐标。如果存在这样一个态，然而隧穿分裂是有限的，那么它的能量将是不确定的，因为它是不同能量的两个相反宇称态的叠加。从以上讨论（或者，一般用$\Delta W = \hbar / t$，而t是平均寿命，ΔW是对应于准稳态的能级宽度），两个特定宇称态的劈裂被看成是与左-右转换时间成反比。一个关键点是，光学活性测量的时间尺度与拆分对映体的寿命之间的关系。此时不确定原理的一种表现被简单地陈述为（Barron，1979a）："在测量期间，如果对映体有完全确定性，那么其量子态的宇称则具有完全不确定性；如果对映体具有完全不确定性，那么其量子态的宇称就具有完全确定性。"因此，除非实验的持续时间是无限的，否则对像酒石酸这样的一个对映体，它的寿命可能比宇宙的年龄还大，要通过实验来确定其宇称态是不可能的；而对于一个不可分辨的手性分子，如H_2O_2，在定宇称态之间的光谱跃迁是经常观察到的。

4.3.2　时间反演

尽管我们可以根据在时间反演下是否会改变符号，而将厄米算符分成奇时间和偶时间的，以及对应的奇时间和偶时间观测量，但是与将态分成偶宇称和奇宇称类似，将量子态分成偶可逆性和奇可逆性从某种程度上来讲是比较生涩难懂的。

因为哈密顿量具有偶时性，所以用$-t$取代t的简单时间逆操作，将时间相关薛定谔方程：

$$H\psi(\boldsymbol{r},t) = \mathrm{i}\hbar\frac{\partial}{\partial t}\psi(\boldsymbol{r},t) \tag{4.3.11a}$$

变成：

$$H\psi(\boldsymbol{r},-t) = -\mathrm{i}\hbar\frac{\partial}{\partial t}\psi(\boldsymbol{r},-t) \tag{4.3.11b}$$

该关系并不能让人满意，因为$\psi(\boldsymbol{r},t)$和$\psi(\boldsymbol{r},-t)$不遵循相同的方程。然而，通过将两边进行复共轭，并对实 H 忽略任何自旋变量，我们得到：

$$H\psi^*(\boldsymbol{r},-t)=-\mathrm{i}\hbar\frac{\partial\psi^*}{\partial t}(\boldsymbol{r},-t) \tag{4.3.12}$$

该关系指出，如果 $\psi(\boldsymbol{r},t)$ 是薛定谔方程的一个解，那么 $\psi^*(\boldsymbol{r},-t)$ 也是。例如，定态本征函数：

$$\psi_n(\boldsymbol{r},t)=\psi_n^{(0)}\mathrm{e}^{-\mathrm{i}W_n t/\hbar}$$

利用式（4.3.11a）给出 $H\psi_n^{(0)}=W_n\psi_n^{(0)}$；并且：

$$\psi_n^*(\boldsymbol{r},-t)=\psi_n^{(0)*}\mathrm{e}^{-\mathrm{i}W_n t/\hbar}$$

利用式（4.3.12）得到 $H\psi_n^{(0)*}=W_n\psi_n^{(0)*}$。因此，$\psi_n^{(0)}$ 和 $\psi_n^{(0)*}$ 属于能量本征值为 W_n 的同一能级。

这些导致量子力学中时间反演算符的如下定义：

$$\Theta=UK \tag{4.3.13}$$

其中，U 是幺正算符；K 是复共轭算符（Wigner，1959；Abragam and Bleaney，1970；Sachs，1987）。U 的幺正条件遵循这样的要求，发现一个粒子的概率必须在时间反演下是守恒的，也就是说，$\langle\psi|\psi\rangle=\langle\Theta\psi|\Theta\psi\rangle$。只有 $U^\dagger U=1$ 以下关系才正确：

$$\langle\Theta\psi|\Theta\psi\rangle=\langle UK\psi|UK\psi\rangle=\langle K\psi|U^\dagger U|K\psi\rangle=\langle\psi^*|\psi^*\rangle=\langle\psi|\psi\rangle \tag{4.3.14}$$

对于无自旋粒子，U 是单位算符，从而 Θ 仅是复共轭算符。这可以将 K 应用到薛定谔方程式（4.3.11a）的两边予以证明：

$$K\left[H\psi(\boldsymbol{r},t)\right]=K\left[\mathrm{i}\hbar\frac{\partial}{\partial t}\psi(\boldsymbol{r},t)\right]$$

$$HK\psi(\boldsymbol{r},t)=-\mathrm{i}\hbar\frac{\partial}{\partial t}K\psi(\boldsymbol{r},t)$$

用 $-t$ 取代 t，可以将其改写成：

$$HK\psi(\boldsymbol{r},-t)=-\mathrm{i}\hbar\frac{\partial}{\partial t}K\psi(\boldsymbol{r},-t) \tag{4.3.15}$$

和式（4.3.12）一样。对于具有自旋的粒子的更复杂情况，$U=\mathrm{i}\sigma_y$，其中：

$$\sigma_y=\begin{pmatrix}0 & -\mathrm{i}\\ \mathrm{i} & 0\end{pmatrix}$$

是泡利自旋矩阵之一（Wigner，1959；Abragam and Bleaney，1970；Sachs，1987）。如果自旋态 α 和 β 用列矩阵形式表达自旋量，则与下面的结果（4.3.22）一致。因为 K 是反线性算符，U 是幺正算符，所以 Θ 被称为反幺正算符。

为了方便起见，我们在这里回顾一些定义。如果两个函数彼此成正比，则它们是线性相关的：如果只有当 $c_1=c_2=\cdots=c_n=0$ 时以下等式：

$$c_1\psi_1 + c_2\psi_2 + \cdots + c_n\psi_n = 0$$

才成立，那么这组函数是线性无关的。幺正算符 A 的反演 A^{-1} 等于其厄米共轭 $A^{\dagger}$，后者为转置矩阵的复共轭。线性算符 A 和反线性算符 B 满足如下性质：

$$A(a\psi_1 + b\psi_2) = aA\psi_1 + bA\psi_2 \tag{4.3.16a}$$

$$B(a\psi_1 + b\psi_2) = a^* B\psi_1 + b^* B\psi_2 \tag{4.3.16b}$$

因此，线性幺正算符满足如下关系：

$$\langle A\psi | A\phi \rangle = \langle \psi | A^{\dagger} A | \phi \rangle = \langle \psi | \phi \rangle \tag{4.3.17a}$$

反幺正算符满足如下关系：

$$\langle B\psi | B\phi \rangle = \langle \psi | \phi \rangle^* = \langle \phi | \psi \rangle \tag{4.3.17b}$$

我们将在后面看到，与宇称算符不同，不可能用算符 Θ 的本征值表征量子态。然而，我们可以用线性幺正算符 Θ^2 的本征值表征量子态。这来自这样的物理学必要条件，即算符 Θ 使用两次会导致相同的态（在一个相位因子中）：

$$\Theta^2\psi = \epsilon\psi;\ |\epsilon| = 1 \tag{4.3.18}$$

因为 $K^2 = 1$，可以利用式（4.3.18）给出：

$$\Theta^2 = UKUK = UU^* K^2 = UU^* = \epsilon \tag{4.3.19}$$

并且，因为 U 是幺正的，有

$$U^{-1} = U^{\mathrm{T}*}$$

其中，上角标 T 表示转置，从而式（4.3.19）中的最后一个等式可以写成：

$$U^* = \epsilon U^{\mathrm{T}*}$$

再转置一次，变成：

$$U^{\mathrm{T}*} = \epsilon U^* = \epsilon^2 U^{\mathrm{T}*}$$

只有以下关系成立，上面的等式才正确：

$$\epsilon^2 = 1,\ \epsilon = \pm 1 \tag{4.3.20}$$

从而，Θ^2 可能的本征值为 $+1$ 和 -1。

普遍地[见 Wigner（1959），Heine（1960），Kaempffer（1965），Abragam 和 Bleaney（1970）]，对于包含偶数个电子的体系（或者总角动量量子数 J 为整数的体系），量子态属于 Θ^2 的本征值 $\epsilon = +1$，并且对于奇电子数（或者 J 为奇整数的一半），量子态属于 Θ^2 的本征值 $\epsilon = -1$：

$$\Theta^2\psi = \psi \quad (J\text{为整数}) \tag{4.3.21a}$$

$$\Theta^2\psi = -\psi \quad (J\text{为奇整数的一半}) \tag{4.3.21b}$$

方程式（4.3.21b）引出一个重要定理。考虑一个具有奇数个电子的体系，并假设哈密顿量与 Θ 进行对易（正如当磁场不存在时，在时间反演的条件下，动能和势能，以及自旋-自旋和自旋-轨道相互作用是不变的）。如果 ψ 是能量为 W 的本征态，

则函数 $\phi = \Theta\psi$ 也是能量相同的本征态。因为这要导致去简并性，我们需要证明 ψ 和 ϕ 是线性不相关的。假设：

$$\Theta\psi = \lambda\psi$$

其中，λ 是某个常数。那么：

$$\Theta^2\psi = \Theta\lambda\psi = \lambda^*\Theta\psi = \lambda^*\lambda\psi$$

对于具有奇数个电子的体系，这与式（4.3.21b）相矛盾，因为 $\lambda^*\lambda$ 必须为正。因此，$\Theta\psi \neq \lambda\psi$，从而证明 ψ 和 $\Theta\psi$ 是线性不相关的。由于 $\Theta^2\psi = -\psi$，从而每个能级的简并度为偶。因此，Kramers 定理：当存在电势而无外磁场时，含奇数个电子的体系的每个能级是 m 重简并的，其中，m 是偶数（对于每个能级没必要是一样的）。$\Theta\psi$ 称为 ψ 的 Kramers 共轭。

注意，如果 $\alpha = \left|\frac{1}{2} - \frac{1}{2}\right\rangle$ 和 $\beta = \left|\frac{1}{2} - \frac{1}{2}\right\rangle$ 是单个电子的两个正交自旋态 $|sm_s\rangle$，对于特定相选择的如下陈述与前面的是一致的：

$$\Theta\alpha = \beta,\ \Theta\beta = -\alpha \tag{4.3.22}$$

我们现在进一步对 Θ^2 的本征态进行探讨。首先讨论本征值为 $\epsilon = +1$ 的本征函数 $\psi(+)$：

$$\Theta^2\psi(+) = \psi(+) \tag{4.3.23}$$

首先注意，$\Theta\psi(+)$ 也是 Θ^2 本征值为 $+1$ 的本征函数；因而，如下的函数也是其本征函数：

$$\psi_{偶} = c\left[\psi(+) + \Theta\psi(+)\right] \tag{4.3.24}$$

如果 c 是实数，且 $\Theta\psi(+) \neq -\psi(+)$，有

$$\Theta\psi_{偶} = \psi_{偶} \tag{4.3.25}$$

如果对于特定的态，$\Theta\psi'(+) = -\psi'(+)$，可以选择：

$$\psi_{偶} = \mathrm{i}\psi'(+) \tag{4.3.26}$$

从而，式（4.3.25）再一次是正确的。同样地，我们可以构建：

$$\psi_{奇} = c\left[\psi(+) - \Theta\psi(+)\right] \tag{4.3.27}$$

其中，如果 c 是实数，并且 $\Theta\psi(+) \neq \psi(+)$，则：

$$\Theta\psi_{奇} = -\psi_{奇} \tag{4.3.28}$$

如果 $\Theta\psi'(+) = -\psi'(+)$，可以选择：

$$\psi_{奇} = \mathrm{i}\psi'(+) \tag{4.3.29}$$

这种在时间反演下发现偶态和奇态的概率并不等同于用物理上有意义的量子数（Θ 的特征）标记状态，例如，空间反演 P 情况下的宇称，因为偶态可以转变成奇态，反之亦然，只需要与物理上不可观察的相位因子 i 相乘即可。然而，属于 Θ^2 的特征量子数 ϵ 是不受该相变影响的。

现在，讨论本征值为$\epsilon = -1$的本征函数$\psi(-)$：

$$\Theta^2\psi(-) = \psi(-) \tag{4.3.30}$$

它遵循$\Theta\psi(-)$也是Θ^2本征值$\epsilon = -1$的本征函数。然而，在$\epsilon = +1$情况下不存在的一个特征是，$\Theta\psi(-)$总是与$\psi(-)$正交（就像式（4.3.22）中的α和β一样）。该关系来自：

$$\langle\psi(-)|\Theta\psi(-)\rangle = \langle\Theta^2\psi(-)|\Theta\psi(-)\rangle = -\langle\psi(-)|\Theta\psi(-)\rangle = 0 \tag{4.3.31}$$

其中，式（4.3.17b）提供了第一个等式，式（4.3.30）提供了第二个等式。这与前面关于奇电子体系中一个态和其 Kramers 共轭是线性独立的，从而导致偶重简并的证明是等价的。不像$\epsilon = +1$的情况，它看起来不会构建关于Θ的偶态和奇态。然而，如下所示，可以构建偶时间和奇时间算符的期望值分别为零的态。

根据如下条件（Abragam and Bleaney，1970），可以将算符分成对偶时间或奇时间：

$$\Theta A(+)\Theta^{-1} = A(+)^\dagger,\ \Theta A(-)\Theta^{-1} = -A(-)^\dagger \tag{4.3.32}$$

这来自类似于下文式（4.3.34）的推导。现在，可以对矩阵元进行一些重要的说明。

（1）如果$\epsilon = -1$，则偶时间算符在 Kramers 共轭态之间没有矩阵元：

$$\begin{aligned}\langle\psi|A(+)|\Theta\psi\rangle &= \langle\psi|A(+)\Theta\psi\rangle = \langle\Theta A(+)\Theta\psi|\Theta\psi\rangle = \langle\Theta A(+)\Theta^{-1}\Theta^2\psi|\Theta\psi\rangle \\ &= -\langle A(+)^\dagger\psi|\Theta\psi\rangle = -\langle\psi|A(+)|\Theta\psi\rangle = 0\end{aligned} \tag{4.3.33}$$

如果$\epsilon = +1$，则奇时间算符在 Kramers 共轭态之间没有矩阵元，相关证明与式(4.3.33)类似。

（2）对于$\epsilon = +1$和-1，偶时间算符在两种 Kramers 共轭态中具有相同的期望值：

$$\begin{aligned}\langle\psi|A(+)|\Theta\psi\rangle &= \langle\psi|A(+)\Theta\psi\rangle = \langle\Theta A(+)\Theta\psi|\Theta\psi\rangle = \langle\Theta A(+)\Theta^{-1}\Theta\psi|\Theta\psi\rangle \\ &= \langle A(+)^\dagger\psi|\Theta\psi\rangle = \langle\Theta\psi|A(+)|\Theta\psi\rangle\end{aligned} \tag{4.3.34}$$

（3）对于$\epsilon = +1$和-1，奇时间算符在 Kramers 共轭态中具有相反的期望值，相关证明与式（4.3.34）类似。

我们现在可以看到，当$\epsilon = +1$时，总是可以构建不变态$\psi_{偶}$［式（4.3.24）］和$\psi_{奇}$［式（4.3.27）］，使奇时间算符的期望值为零。对于$\Theta\psi = e^{i\alpha\psi}$，其中$\alpha$有任意值的任何一般不变态，这都是正确的。对于$\epsilon = -1$的情况，不能构建不变态，然而可以构建如下的态：

$$\psi' = c[\psi(-) + i\Theta\psi(-)] \tag{4.3.35a}$$

$$\psi'' = c[\psi(-) - i\Theta\psi(-)] \tag{4.3.35b}$$

其中，厄米奇时间和偶时间算符的期望值分别为零［对于证明，见 Kaempffer（1965）[110]］。

尽管不同能级组态之间的矩阵元的选律无论算符和本征函数的时间反演下的性质如何都是不变的，但对于相同的简并能级组态间的矩阵元，必须对选律进行修正（Griffith，1961；Landau and Lifshitz，1977；Abragam and Bleaney，1970；Stedman and Butler，1980）。我们遵循 Abragam 和 Bleaney（1970），他们讨论了 $\left\langle \Theta\psi_j \middle| V \middle| \psi_k \right\rangle$ 形式的矩阵元，其中，ψ_j 和 ψ_k 是生成不可约表示 Γ 的同一基集的分量本征函数。根据这些作者的研究指出，由于 $\Theta\psi_j$ 形成了和 ψ_k 一样的多重正交函数集合，所有 $\left\langle \Theta\psi_j \middle| V \middle| \psi_k \right\rangle$ 为零，这意味着 $\left\langle \psi_j \middle| V \middle| \psi_k \right\rangle$ 也为零，反之亦然。现在，我们将 $\left\langle \Theta\psi_j \middle| V \middle| \psi_k \right\rangle$ 进行如下变换：

$$\begin{aligned}\left\langle \Theta\psi_j \middle| V \middle| \psi_k \right\rangle &= \left\langle \Theta\psi_j \middle| V\psi_k \right\rangle = \left\langle \Theta V\psi_k \middle| \Theta^2\psi_j \right\rangle \\ &= \left\langle \Theta V\Theta^{-1}\Theta\psi_k \middle| \Theta^2\psi_j \right\rangle = \Theta\left\langle V^{\dagger}\Theta\psi_k \middle| \psi_j \right\rangle = \epsilon\lambda\left\langle \Theta\psi_k \middle| V \middle| \psi_j \right\rangle\end{aligned} \tag{4.3.36}$$

其中，λ 等于 +1 或 −1，这取决于算符 V 是偶时间还是奇时间，并且，Θ^2 的本征值 ϵ 等于 +1 或者 −1，这与电子的数目是偶数还是奇数有关。我们现在可以写成：

$$\left\langle \Theta\psi_j \middle| V \middle| \psi_k \right\rangle = \frac{1}{2}\left(\left\langle \Theta\psi_j \middle| V \middle| \psi_k \right\rangle + \epsilon\lambda\left\langle \Theta\psi_k \middle| V \middle| \psi_j \right\rangle\right) \tag{4.3.37}$$

因此，根据 $\epsilon\lambda$ 的正反性，$\left\langle \psi_j \middle| V \middle| \psi_k \right\rangle$ 分别属于表达 $[\Gamma^2]\times\Gamma_V$ 或者是 $\{\Gamma^2\}\times\Gamma_V$，方括号和花括号分别表示直接积的对称部分和反对称部分。需要强调的是，在电子是奇数的情况下，表达与适当的双值群有关。结果（4.3.37）适用于 V 是厄米、反厄米或者非厄米的情况。

应用广义对称性规则（4.3.37）的一个简单而重要的例子是，在原子和分子中存在永久电偶极矩和磁偶极矩（Landau and Lifshitz，1977）。由于电偶极矩 $\boldsymbol{\mu}$ 是偶时间极矢量，因此，如果 $\left[\Gamma_j^2\right]\times\Gamma_P$ 包含整个对称的不可约表示，则在态 ψ_j 中，具有偶数个电子的体系中可以存在永久电偶极矩；如果 $\left\{\Gamma_j^2\right\}\times\Gamma_P$ 包含整个对称不可约表示，则在含有奇数个电子（或者 J 为奇整数的一半）的体系中可以存在永久偶极矩，其中，Γ_P 是极矢量组分生成的表达。同样，因为磁偶极矩 $\boldsymbol{m}$ 是奇时间轴矢量，如果 $\left\{\Gamma_j^2\right\}\times\Gamma_A$ 包含整个对称不可约表示，则在含有偶数个电子（或者 J 为整数）的体系中存在一个永久磁偶极矩；如果 $\left[\Gamma_j^2\right]\times\Gamma_A$ 包含整个对称不可约表示，则会在含有奇数个电子（或者 J 为奇整数的一半）的体系中存在一个永久磁偶极矩，其中，Γ_A 是轴矢量组分生成的表达。

例如，对于一个八面体分子，如果该分子含有偶数个电子，可以根据单点群 O 对其电子态进行分类。如果该分子含有奇数个电子，可以根据双点群 O^* 对其电子态进行分类。首先，我们讨论偶数个电子的情况。因为 (P_x, P_y, P_z) 和 (A_x, A_y, A_z) 生成 T_1，并且 $[E^2]=A_1+E, \{E^2\}=A_2, \left[T_1^2\right]=A_1+E+T_2$，$\left\{T_1^2\right\}=T_1$，$\left[T_2^2\right]=A_1+E+T_2$，

$\{T_2^2\}=T_1$，我们得出这样的结论：永久电偶极矩不支持任何电子态，但永久磁偶极矩受属于T_1和T_2集合的态的支持。转向奇数个电子情况，因为$[E'^2]=T_1$，$\{E'^2\}=A_1$，$[E''^2]=T_1$，$\{E''^2\}=A_1$，$[U'^2]=A_2+2T_1+T_2$，$\{U'^2\}=A_1+E+T_2$，我们得出结论：任何电子态都不能产生永久电偶极矩，然而，属于E'、E''和U'集合的态会产生永久磁偶极矩。

我们将会证明，在以后的应用中，关于时间反演算符对形式为$|JM\rangle$的普遍原子态的影响方面的表达式是比较有用的。这里的推导是基于 Judd 和 Runciman（1976）给出的理论，我们采用他们对相因子的选择。时间反演对纯自旋和轨道态的影响是直接的。对于自旋本征态$|sm_s\rangle$，使用式（4.3.22）的相选择，得到：

$$\Theta|sm_s\rangle=(-1)^{s-m_s}|s-m_s\rangle \tag{4.3.38}$$

在相因子指数中的$\pm m_s$非常重要；而包含s的部分仅仅是为了避免复相因子。[值得注意的是，Heine（1960）给出了$\Theta\alpha=-\beta$和$\Theta\beta=\alpha$，这意味着$(-1)^{s+m_s}$的相因子，然而这是非常规的。]对于轨道本征态$|lm_l\rangle$，在如下态：

$$\Theta|lm_l\rangle=(-1)^{l-m_l}|l-m_l\rangle \tag{4.3.39}$$

中选择的相因子与式（4.3.38）中的一致。我们现在研究耦合态$|jm\rangle$在时间反演的条件下，通过进行一个非耦合，并且用实矢量耦合系数的如下性质（Edmonds，1960）是如何起作用的：

$$\langle j_1m_1j_2m_2|j_3m_3\rangle=(-1)^{j_1+j_2-j_3}\langle j_1-m_1j_2-m_2|j_3-m_3\rangle \tag{4.3.40}$$

因此，

$$\begin{aligned}\Theta|jm\rangle&=\Theta\sum_{m_s,m_l}\langle sm_slm_l|jm\rangle|sm_s\rangle|lm_l\rangle\\&=\sum_{m_s,m_l}\langle sm_slm_l|jm\rangle(-1)^{s+l-m}|s-m_s\rangle|l-m_l\rangle\\&=\sum_{m_s,m_l}\langle s-m_sl-m_l|j-m\rangle(-1)^{j-m}|s-m_s\rangle|l-m_l\rangle\\&=(-1)^{j-m}|j-m\rangle\end{aligned} \tag{4.3.41}$$

在第二个等号关系中，我们用到了$m=m_s+m_l$。在第三个等号关系中，我们用到了这样的事实，由于相因子是实数，它满足$(-1)^{s+l-m}=(-1)^{-(s+l-m)}$。通过考虑耦合序列，我们得到了关于多电子体系的如下结果，其中，该多电子体系的各种自旋角动量和轨道角动量耦合成J：

$$\Theta|JM\rangle=(-1)^{J-M}|J-M\rangle \tag{4.3.42}$$

该结果假定轨道函数的性质为（4.3.39）。然而，事实上轨道函数用到的常规形式是球谐函数Y_{lm}，遵循 Condon 和 Shortley（1935）的相公约：

$$Y_{l-m}=(-1)^mY_{lm}^* \tag{4.3.43}$$

因为Θ对球谐函数的作用等价于复共轭，从而我们得到：

$$\Theta Y_{lm}=(-1)^{-m}Y_{l-m} \tag{4.3.44}$$

与用来推导式（4.3.42）的式（4.3.39）进行比较，我们会发现在相中有一个丢失的部分$(-1)^{l}$；因此，如果一般原子态$\left|JM\right\rangle$的轨道部分是基于球谐波，则必须将式（4.3.42）变换成：

$$\Theta\left|JM\right\rangle=(-1)^{J-M+p}\left|J-M\right\rangle \tag{4.3.45}$$

其中，p是原子中所有电子单个轨道量子数l的和。

4.3.3　光学活性观测量的宇称时间反演分类

1.9.2 节通过考虑旋光介质中线偏振光电矢量的螺旋模式，推导出旋光观测量为偶时间赝标量。这种分类对于手性分子的天然旋光性似乎是合理的，因为光束的传播方向是不重要的。然而，当我们将其应用到磁旋光性上时，该分类变得不准确了，因为光束的方向相对于磁场的方向是至关重要的。

为了对天然旋光观测量和磁旋光观测量进行适当分类，我们必须避免 1.9.3 节中用到的方法，也就是对整个实验进行空间和时间反演（这是为了证明天然和磁旋光实验都遵守宇称时间守恒定律）。现在，我们先将观测者和线偏振探测光束单独放在一边，仅对样品和任何外加场进行空间反演和时间反演操作。

在空间反演条件下，各向同性的一组手性分子被其对映体分子代替，观测者将测试一个旋光度大小相等而方向相反的旋光性。这表明，可观测量具有奇宇称，并且很容易推断出该物理量是赝标量（而不是如极矢量），因为它对于整个样品空间中的任何真旋转都是不变的。在时间反演操作下，手性分子的各向同性集合是不变的（即使是顺磁性的），从而旋光度也不变。因此，在各向同性样品中的天然旋光观测量是偶时间赝标量。

现在考虑在定态均匀磁场中的一组非手性分子。在空间反演条件下，分子和磁场方向不变，从而可以观察到相同的磁旋光性。这表明可观测量具有偶宇称。我们可以进一步通过注意整个研究体系（包括磁场）围绕垂直于磁场的任何轴旋转 π，会反转磁场和探测光束的相对方向，从而改变可观测量的符号，推断该物理量是轴矢量（而不是标量）。在时间反演条件下，多分子体系可以被看成是不变的，只要在没有场存在时就是各向同性的（即使单个顺磁分子将变成其 Kramers 共轭，但前后的 Kramers 共轭对的数目是相同的），然而磁场和探测光束的相对方向再一次反转，从而旋光效应改变了符号。因此，磁旋光观测量是奇时间轴矢量。

这些结论与第 3 章得到的旋光度的显式表达式一致：

$$\Delta\theta\approx-\frac{1}{3}\omega\mu_0 lNG'_{\alpha\alpha}(f) \tag{3.4.43}$$

$$\Delta\theta_z \approx \frac{1}{2}\omega\mu_0 clN\alpha'_{xy}(f) \tag{3.4.54}$$

因此，式（3.4.43）表明各向同性样品中的天然旋光度正比于 $G'_{\alpha\alpha}$，其转换成偶时间赝标量；并且，式（3.4.54）表明，沿 α 方向传播的光的磁旋光度正比于 $\varepsilon_{\alpha\beta\gamma}\alpha'_{\beta\gamma}$，其转换成奇时间轴矢量（这种张量的分类将在 4.4.1 节讨论）。

可以用类似的讨论证明，磁手性双折射可观测量转换成奇时间极矢量（Barron and Vrbancich，1984）。

为了将量子力学参数应用到天然旋光可观测量和磁旋光可观测量的对称性分类上，有必要明确说明对应的算符。该算符具有通过式（4.3.7）给出的空间反演和用式（4.3.32）给出的时间反演确定的性质。我们已经有了一个良好的开端，即式（2.8.14）中引入有效极化率和光学活性算符。首先，讨论两个非对易厄米算符 A 和 B 的乘积：

$$AB = \frac{1}{2}(AB+BA) + \frac{1}{2}(AB-BA) = p+q \tag{4.3.46}$$

我们知道，厄米算符满足 $A = A^\dagger$；反厄米算符满足 $A = -A^\dagger$；并且 $(AB) = B^\dagger A^\dagger$；很明显，$p = \frac{1}{2}(AB+BA)$ 是厄米算符，$q = \frac{1}{2}(AB-BA)$ 是反厄米算符。将其推广到三个厄米算符的乘积，得到：

$$(AB)C \pm C(BA) = pC + qC \pm Cp \mp Cq \tag{4.3.47}$$

其中，$pC+Cp$ 和 $qC-Cq$ 是厄米的，而 $pC-Cp$ 和 $qC+Cq$ 是反厄米的。由于 μ_α 和 μ_β 是厄米的且具有奇宇称，O^{s} 和 O^{a} 是厄米的且具有偶宇称，因此 $\hat{\alpha}^{\mathrm{s}}_{\alpha\beta}$ 和 $\hat{\alpha}^{\mathrm{a}}_{\alpha\beta}$ 都具有偶宇称，然而，$\hat{\alpha}^{\mathrm{s}}_{\alpha\beta}$ 是厄米的，$\hat{\alpha}^{\mathrm{a}}_{\alpha\beta}$ 是反厄米的。为了确定时间反演下的性质，有必要知道确定可逆性的两个非对易厄米算符 A 和 B 的乘积自身没有明确的可逆性，而是偶时间算符和奇时间算符的和（Abragam and Bleaney，1970）。这可以通过将式（4.3.46）中的 p 和 q 进行如下处理看出：

$$\begin{aligned}\Theta p\Theta^{-1} &= \frac{1}{2}(\Theta A\Theta^{-1}\Theta B\Theta^{-1} + \Theta B\Theta^{-1}\Theta A\Theta^{-1}) = \frac{1}{2}(A^\dagger B^\dagger + B^\dagger A^\dagger)\\ &= \frac{1}{2}(AB+BA)^\dagger = p^\dagger\end{aligned} \tag{4.3.48a}$$

$$\begin{aligned}\Theta q\Theta^{-1} &= \frac{1}{2}(\Theta A\Theta^{-1}\Theta B\Theta^{-1} - \Theta B\Theta^{-1}\Theta A\Theta^{-1}) = \frac{1}{2}(A^\dagger B^\dagger - B^\dagger A^\dagger)\\ &= -\frac{1}{2}(AB-BA)^\dagger = -q^\dagger\end{aligned} \tag{4.3.48b}$$

因此，p 是偶时间算符而 q 是奇时间算符！通过将这些讨论推广到式（4.3.47），并利用 μ_α、μ_β、O^{s} 和 O^{a} 是偶时间的事实，我们推断出 $\hat{\alpha}^{\mathrm{s}}_{\alpha\beta}$ 是偶时间的，$\hat{\alpha}^{\mathrm{a}}_{\alpha\beta}$ 是奇时间的。

接下来考虑式（2.8.14）给出的有效光学活性算符 $\hat{G}_{\alpha\beta}$ 和 $\hat{A}_{\alpha,\beta\gamma}$。重复 $\hat{\alpha}_{\alpha\beta}$ 的推导过程，但现在利用 m_β 是厄米的，具有偶宇称奇时间特性的事实，我们推断 $\hat{G}^{\mathrm{s}}_{\alpha\beta}$ 是厄米的，具有奇宇称奇时间特征；$\hat{G}^{\mathrm{a}}_{\alpha\beta}$ 是反厄米的，具有奇宇称偶时间特征。同样地，因为 $\Theta_{\beta\gamma}$ 是厄米的，具有偶宇称偶时间特征，从而我们推断 $\hat{A}^{\mathrm{s}}_{\alpha,\beta\gamma}$ 是厄米的，具有奇宇称偶时间特征，而 $\hat{A}^{\mathrm{a}}_{\alpha,\beta\gamma}$ 是反厄米的，具有奇宇称奇时间特征。

最后，我们通过取合适算符的对角线矩阵元，给出需要的天然和磁光学活性张量：

$$G'_{\alpha\beta} = \mathrm{i}\left\langle n\middle|\hat{G}^{\mathrm{a}}_{\alpha\beta}\middle|n\right\rangle \tag{4.3.49a}$$

$$\alpha'_{\alpha\beta} = \mathrm{i}\left\langle n\middle|\hat{\alpha}^{\mathrm{a}}_{\alpha\beta}\middle|n\right\rangle \tag{4.3.49b}$$

因为算符是反厄米的，所以期望值是纯虚数（Bohm，1951）。这些结果与前面介绍的对称性分类一致：因此，天然旋光性为偶时间赝标量可观测量，由奇宇称偶时间算符产生；并且，磁旋光性为奇时间轴矢量，由偶宇称奇时间算符产生。此结果也与上一节给出的陈述一致，即对于偶数和奇数电子系统，奇时间算符在 Kramers 共轭态中具有相反的期望值：因此，Kramers 共轭态产生大小相等符号相反的磁旋光性。

在 4.3.1 节中已经证明，由于天然旋光可观测量具有奇宇称，因此单一手性分子必须处于混合宇称态。既然已经证明了磁旋光可观测量具有偶宇称，我们就可以理解为什么像 $|JM\rangle$ 这样具有特定宇称的原子态也可以展现旋光性，只要其 Kramers 共轭态 $\Theta|JM\rangle$ 的简并度被磁场破坏（或者，在分子束中产生一个 $|JM\rangle$ 纯态）。但是注意，像 $|JM\rangle$ 这样的态没有明确的可逆性，因为 $\Theta|JM\rangle$ 是一个与 $|JM\rangle$ 正交的新态。对于偶数电子体系，总是可以用式（4.3.24）和式（4.3.27）将 $|JM\rangle$ 写成具有特定可逆性的态的集合；对于奇数电子体系，这是不可能的，因为不能构建不变态。因此，只有处于不确定空间宇称态的体系才会产生天然旋光性，而只有处于不确定时间宇称态的体系才会产生磁旋光性。

在 4.3.1 节中指出，天然旋光和永久空间固定电偶极矩是奇宇称可观测量，从而需要混合宇称量子态。我们现在能够认识到，时间反演不变性为这两个不同的奇宇称可观测量提供了基本的量子力学区别。我们知道，在基本粒子和粒子物理学中，宇称守恒和时间反演不变性都能独立导致定态永久电偶极矩为零的结果[见 Sandars（1968，2001），或者 Gibsom 和 Pollard（1976）]。以原子为例，这意味着在纯 $|JM\rangle$ 态中，永久电偶极矩的观测会同时违背 P 和 T。

由于 $|JM\rangle$ 是具有特定宇称 $(-1)^p$ 的态，其中，p 是在该原子中所有电子单个轨道量子数 l 的和[用电子自旋态的固有宇称为 +1 的标准公约（Heine，1960）]。来自 4.3.1 节的讨论指出，电偶极矩通过 P 不变性后为零，这给出了任何奇宇称观测量的期望值在任何特定宇称的态中为零。现在，我们可以用：

$$P\left|JM\right\rangle=(-1)^p\left|JM\right\rangle$$

及

$$P\mu_\alpha P^{-1}=-\mu_\alpha$$

和 $P^{-1}P=1$ 、 $P^\dagger P=1$（因为 P 是幺正的）一起，写成：

$$\mu_\alpha=\left\langle JM\left|\mu_\alpha\right|JM\right\rangle=\left\langle JM\left|P^\dagger(P\mu_\alpha P^{-1})P\right|JM\right\rangle=-\left\langle JM\left|\mu_\alpha\right|JM\right\rangle=0 \quad (4.3.50)$$

证明 T 不变性也要求电偶极矩为零的论证不太直接。因为电偶极矩算符是偶时间的：

$$\Theta\mu_\alpha\Theta^{-1}=\mu_\alpha^\dagger=\mu_\alpha$$

从而利用上一节的方法，我们可以将电偶极矩算符相对于时间反演态 $\Theta\left|JM\right\rangle$ 的期望值写成：

$$\begin{aligned}\left\langle \Theta JM\left|\mu_\alpha\right|\Theta JM\right\rangle&=\left\langle \Theta JM\left|\mu_\alpha\Theta JM\right.\right\rangle=\left\langle \Theta\mu_\alpha\Theta JM\left|\Theta^2 JM\right.\right\rangle\\&=\left\langle \Theta\mu_\alpha\Theta^{-1}\Theta^2 JM\left|\Theta^2 JM\right.\right\rangle=\left\langle \mu_\alpha^\dagger JM\left|JM\right.\right\rangle=\left\langle JM\left|\mu_\alpha\right|JM\right\rangle\end{aligned} \quad (4.3.51)$$

现在调用一个幺正算符 R，该算符围绕垂直于量化的 z 轴（如 y 轴）旋转 π 。从而，该操作保持轴体系的手性，其中 $x\to -x$ ， $y\to y$ ， $z\to -z$ ，并且可以使用 Wigner 旋转矩阵（Silver，1976）表明，其对 $\left|JM\right\rangle$ 的效应与时间反演相同，这一点由式（4.3.45）给出（至少在无关紧要的相位因子范围内）。由于围绕 y 轴旋转 π 改变了极矢量算符分量 μ_z 的符号，因此我们可以写成：

$$\left\langle \Theta JM\left|\mu_z\right|\Theta JM\right\rangle=\left\langle RJM\left|\mu_z\right|RJM\right\rangle=\left\langle JM\left|R^{-1}\mu_z R\right|JM\right\rangle=-\left\langle JM\left|\mu_z\right|JM\right\rangle \quad (4.3.52)$$

由于我们可以在没有外场时任意选择 z，从而式(4.3.52)和式(4.3.51)只有在 $\mu_z=0$ 时才会兼容。

在具有各向同性的手性多分子体系中，对天然旋光性起作用的有效光学活性算符 $\hat{G}^{\mathrm{a}}_{\alpha\alpha}$ ，与 μ_α 一样是偶时间，从而原子态期望值的推导可以和式（4.3.51）有相似的表达。然而，因为 $\hat{G}^{\mathrm{a}}_{\alpha\alpha}$ 是赝标量算符而不是极矢量算符，围绕 y 轴旋转 π 是不变的，从而：

$$\left\langle \Theta JM\left|\hat{G}^{\mathrm{a}}_{\alpha\alpha}\right|\Theta JM\right\rangle=\left\langle JM\left|R^{-1}\hat{G}^{\mathrm{a}}_{\alpha\alpha}R\right|JM\right\rangle=\left\langle JM\left|\hat{G}^{\mathrm{a}}_{\alpha\alpha}\right|JM\right\rangle \quad (4.3.53)$$

因此，T 不变性不会阻碍原子中的天然旋光性！Bouchiat 和 Bouchiat（1974）给出了不同的证明。当然，阻碍天然旋光性的是 P 不变性。这证明了在 1.9.6 节中描述的，在自由原子中观察到的微小旋光性是违背 P 的表现，而不是违背 T 的表现。

迄今为止，宇称和时间反演条件的讨论仅限于原子。为了讨论旋转分子上的宇称和时间反演的效应，我们必须确定当空间坐标系变换时分子坐标系的性质。现在讨论线性极化分子（围绕对称轴的角动量为零）的简单情况，并用极张量变换定律（4.2.32a），根据空间坐标系将分子坐标系中电偶极矩写成：

$$\mu_{\lambda'} = l_{\lambda'\alpha}\mu_\alpha$$

其中，带撇和不带撇的分量表示分别在空间坐标系和分子坐标系中。那么，代入式（4.3.50），得到：

$$\mu_{\lambda'} = \langle JMe\upsilon | l_{\lambda'\alpha}\mu_\alpha | JMe\upsilon \rangle = \langle JM | l_{\lambda'\alpha} | JM \rangle (\mu_\alpha)_{e\upsilon}$$

其中，$(\mu_\alpha)_{e\upsilon} = \langle e\upsilon | \mu_\alpha | e\upsilon \rangle$，是分子坐标系中给定内振动-电子态的电偶极矩，从而只有电偶极矩算符的方向余弦部分影响旋转态。我们将内坐标轴设为 X，Y，Z，其中，Z 平行于对称轴并指向电偶极矩的方向。由于反演算符，空间坐标系的方向颠倒，从而改变了手性。体系 X，Y，Z 也必须改变手性，然而，因为 Z 轴与核相关联，保持其之前的方向。因此，X，Y 中任何一个轴的方向必须反转。从而，在分子固定（旋转）的轴中，空间固定轴的反转操作必须伴随着通过分子对称轴所在平面上的反映。关键部分见 Landau 和 Lifshitz（1977）第 307 页，以及 Judd（1975）第 134 页。已经看到，所有 λ' 在反演下改变符号，而 Z 不会，我们现在可以写成：

$$Pl_{\lambda'Z}P^{-1} = l_{-\lambda'Z} = -l_{\lambda'Z}$$

从而：

$$\mu_{\lambda'} = \langle JM | l_{\lambda'Z} | JM \rangle (\mu_Z)_{e\upsilon} = \langle JM | P^\dagger (Pl_{\lambda'Z}P^{-1}) P | JM \rangle (\mu_Z)_{e\upsilon} = \langle JM | l_{\lambda'Z} | JM \rangle (\mu_Z)_{e\upsilon} = 0$$

因此，宇称阻止了处于旋转量子态 $|JM\rangle$ 的偶极分子展现空间坐标系中的电偶极矩。在式（4.3.51）和式（4.3.52）中的讨论可以以类似方式展开，以展现这也被时间反演阻碍了。另一方面，我们可以很容易地看到，在旋转量子态 $|JM\rangle$ 中的分子通过时间反演，如果是手性的也可以通过宇称反演，从而展现天然旋光特性。

这些讨论包含了处于非简并电子态的线顶端和非对称顶端，因为其旋转量子态只与 J 和 M 这两个量子数有关。另一方面，对称顶端有附加的量子态 K，以及围绕分子对称轴角动量为 $\pm K\hbar$ 的简并态。因为对称顶端波函数有如下形式[见 Eyring（1944）]：

$$\Psi_{JKM} = \Theta_{JKM}(\theta)\mathrm{e}^{\mathrm{i}M\phi}\mathrm{e}^{\mathrm{i}K\chi} \tag{4.3.54}$$

其中，θ、ϕ 和 χ 是欧拉角度；Θ_{JKM} 是 θ 的复杂函数（不要和时间反演算符相混淆），遵循时间反演算符将态 $|JKM\rangle$ 转换成不同的态 $|J-K-M\rangle$（乘以一个不重要的相因子）。因为不能通过改变 μ_α 符号的任何空间对称算符产生该态（例如，反演后围绕 y 轴旋转 π，将 $|JKM\rangle$ 转变成 $|J-K-M\rangle$，而不改变 μ_α 的符号），不能用在式（4.3.51）和式（4.3.52）中的讨论，从而时间反演不会禁阻处于对称顶中空间坐标系下的电偶极矩（除非 $K=0$）。宇称算符将 $|JKM\rangle$ 转变成 $|J-KM\rangle$，从而具有混合宇称，因此宇称也不会禁阻空间坐标系下的电偶极矩。因此，只有 $K \neq 0$ 的偶极对称顶才可以展现一级斯托克斯效应：尽管一些非对称顶和某些线性顶具有分子坐标系下的永久电偶极矩，但它们通常不展现一级斯托克斯效应。然而，不应该认为 $|JKM\rangle$ 和 $|J-KM\rangle$ 是对映体的态，因为它们都不会展现天然旋

光特性：这是因为，$|JKM\rangle$ 通过时间反演产生的态和空间反演后再通过 y 轴旋转 π 的操作后得到态，也就是 $|J-K-M\rangle$ 是一样的，然而时间反演不改变 $\hat{G}^{\mathrm{a}}_{\alpha\alpha}$ 的符号，而第二个组合操作会。然而，$|JKM\rangle$ 和 $|J-KM\rangle$ 态将产生同样的磁旋光性，这与 $|JK-M\rangle$ 和 $|J-K-M\rangle$ 态产生的磁旋光性大小相等方向相反。

4.3.4 光学对映异构体、二态体系和宇称破缺

我们在 4.3.1 节中看到，如何用双势阱描述单一手性分子混合宇称态。这方面现在通过考虑简并二态系统的量子力学而得到进一步的发展，以便深入了解光学对映体稳定性的明显矛盾。这一矛盾在量子时代之初被认识到，因为光学对映体的存在很难与基本量子力学协调。在 Hund（1927）的陈述中：

“如果一个分子允许两种互成镜像的不同核构型，那么定态就不会对应于围绕这两种平衡构型中的一种运动。更确切地说，每个定态由等量的左手性构型和右手性构型构成……分子的右手性构型和左手性构型不是一个量子态（哈密顿的本征态），会看起来与光学异构体的存在相矛盾。”

同样地，Rosenfeld（1928）：

“具有尖锐能量的体系（态）是非光学活性的。”

还有 Born 和 Jordan（1930）：

“由于每个分子是由点电荷通过库仑相互作用而组成，能量函数（哈密顿量）对于空间反演总是不变的。因此，不可能存在任何光学活性分子，这与经验相矛盾。”

这些翻译语录来自 Pfeifer（1980）的一篇评论。

Hund 对“悖论”的解决涉及关于在 4.3.1 节中给出的讨论，也就是典型的手性分子有如此高的反转势垒，制备的对映异构体的寿命几乎是无穷的。在本节中，Hund 的方法通过在哈密顿量中引入一个小的宇称破缺项进行修正，这导致两个对映体的态变成真实的定态（Harris and Stodolsky，1978）。

我们首先回顾 Bohm（1951）给出的一个特别合适的处理方法，即对两个相互作用简并态 ψ_1 和 ψ_2 的微扰处理。微扰能量的常规结果为

$$W_{\pm}=W\pm|V_{12}| \tag{4.3.55}$$

其中，W 是 ψ_1 和 ψ_2 的未扰动能量；V 是微扰哈密顿量（为了简便起见，我们假设 $V_{11}=V_{22}=0$）。对应的微扰波函数的振幅可以写成：

$$\psi_{\pm}^{(0)}=\frac{1}{\sqrt{2}}(\psi_1\pm\mathrm{e}^{\mathrm{i}\alpha}\psi_2) \tag{4.3.56}$$

其中，$V_{12}=|V_{12}|\mathrm{e}^{-\mathrm{i}\alpha}$。如果 V_{12} 是正实数，则 $\alpha=0$；如果 V_{12} 是负实数，则 $\alpha=\pi$。这些近似波函数有两个重要性质：它们是正交的，并且 V 在 $\psi_+^{(0)}$ 和 $\psi_-^{(0)}$ 之间的矩阵元为零。[不要混淆下角标±，该符号表示更高的和更低的能量解，而在 4.3.1 节中

用到的符号（±）表示偶宇称和奇宇称波函数。]

我们现在讨论波函数是如何随时间变化的。设 V_{12} 是负实数，则 $\alpha = \pi$。那么，两个微扰波函数的振幅为

$$\psi_{\pm}^{(0)} = \frac{1}{\sqrt{2}}(\psi_1 \mp \psi_2) \tag{4.3.57}$$

$\psi_{\pm}^{(0)}$ 为定态振幅，其时间相关波函数为

$$\psi_{\pm}(t) = \psi_{\pm}^{(0)} \mathrm{e}^{-\mathrm{i}(W \pm |V_{12}|)t/\hbar} \tag{4.3.58}$$

现在，二态体系的一般含时波函数由两个定态波函数的和给出：

$$\psi(t) = \frac{1}{\sqrt{2}}\left(\psi_{+}^{(0)} \mathrm{e}^{-\mathrm{i}|V_{12}|t/\hbar} + \psi_{-}^{(0)} \mathrm{e}^{\mathrm{i}|V_{12}|t/\hbar}\right)\mathrm{e}^{-\mathrm{i}Wt/\hbar} \tag{4.3.59}$$

可以根据 ψ_1 和 ψ_2 将其重写成：

$$\psi(t) = \left[\psi_1 \cos\left(|V_{12}|t/\hbar\right) + \mathrm{i}\psi_2 \sin\left(|V_{12}|t/\hbar\right)\right]\mathrm{e}^{-\mathrm{i}Wt/\hbar} \tag{4.3.60}$$

因此，在 $t=0$ 时，体系完全处于 ψ_1 态，在 $t = \pi\hbar/2|V_{12}|$ 时，体系完全处于 ψ_2 态，其相对于 ψ_1 的相为 $\mathrm{e}^{-\mathrm{i}\pi/2}$。振幅在 ψ_1 和 ψ_2 之间的振荡在形式上类似于两个经典的共振谐振子之间的振荡，如摆，它们存在非常弱的耦合。如果只有一个摆在摆动，能量会在两个摆之间来回传递，其比值正比于耦合力强度。然而，如果两个摆同时以相同能量摆动，会产生两种可能的定态振荡（定态的意思是这两个摆保持恒定的能量），分别对应了同相和异相局域振荡模式。从局域摆坐标系的描述变换到局域坐标系的定态组合，仅仅是振动体系简正坐标的变换：局域坐标系不是“对角线”的，因为它们相互耦合；而在简正坐标系中没有耦合，从而它们彼此独立振荡。同样地，量子态集合 (ψ_1, ψ_2) 相互耦合，而集合 $\left(\psi_{+}^{(0)}, \psi_{-}^{(0)}\right)$ 不会，是真定态。

因此，如果对二态体系不施加外部微扰，则耦合 ψ_1 和 ψ_2 的任何“微扰”都是内部的，并且仅是所选表达的“假象”：(ψ_1, ψ_2) 和 $\left(\psi_{+}^{(0)}, \psi_{-}^{(0)}\right)$ 的哈密顿量是相同的。在一些情况中，如果选择的表达在耦合较弱的意义上是“几乎对角线的”，或确实存在外部微扰，根据微扰理论建立问题是比较合适的，和上面一样。在某些情况下，如果所选择的表达在弱耦合的意义上是“几乎对角”的，或者确实存在外部扰动，则根据如上所述的扰动理论建立问题会比较合适。然而，对于一般二态体系（不一定是简并的），取代式（4.3.55）和式（4.3.56）的精确能量本征值和本征函数为

$$W_{\pm} = \frac{1}{2}(H_{11} + H_{22}) \pm \frac{1}{2}\left[(H_{11} - H_{22})^2 + 4|H_{12}|^2\right]^{\frac{1}{2}} \tag{4.3.61}$$

$$\psi_{+}^{(0)} = \cos\phi\psi_1^{(0)} + \sin\phi\psi_2^{(0)} \tag{4.3.62a}$$

$$\psi_{-}^{(0)} = -\sin\phi\psi_1^{(0)} + \cos\phi\psi_2^{(0)} \tag{4.3.62b}$$

其中，

$$\tan 2\phi = 2|H_{12}|/(H_{11} - H_{22}) \tag{4.3.62c}$$

如果ψ_1和ψ_2刚好是简并的，并且通过哈密顿量的特定对称算符进行互换，则$\psi_+^{(0)}$和$\psi_-^{(0)}$根据构成等式和所讨论算符群的一种或另一种不可约表示进行变换。因此，如果二态体系处于非定态，可以看起来（错误地）受到含时微扰的影响。该微扰缺少体系内哈密顿量的一些基本对称性。

我们现在将手性分子的两个对映体的态ψ_L和ψ_R分别定义为ψ_1和ψ_2。由于这些态通过哈密顿量的反演操作相互转换，它们彼此耦合；而定态$\psi_+^{(0)}$和$\psi_-^{(0)}$根据反演群的一种或多种不可约表示进行变换，$\psi_+^{(0)} \equiv \psi^{(0)}(-)$具有奇宇称且能量$W_+ \equiv W(-)$，而$\psi_-^{(0)} \equiv \psi^{(0)}(+)$具有偶宇称且能量$W_- \equiv W(+)$。该关系使式（4.3.10）由式（4.3.59）重新给出。采用玻恩-奥本海默近似，以通过隧穿双势阱中能垒（图 4.4）导致的ψ_L和ψ_R的叠加设想该耦合。需要强调的是，这样处理比较方便，因为耦合与分子结构的任何模式都无关。因为我们能够区分手性物质的左右手形式，所以可以制备一个处于ψ_L或ψ_R态的手性分子，然而这些不是定态（暂不考虑哈密顿量中小的宇称破缺项）：制备ψ_L或ψ_R后，如果分子不受所有外部影响，根据式（4.3.60），它将在ψ_L和ψ_R之间永远振荡。

由该振荡体系给出的天然光学活性可观测量是随时间变化的，并且对于一般含时波函数（4.3.60），由式（2.8.14）定义的有效光学活性算符$\hat{G}_{\alpha\beta}$和$\hat{A}_{\alpha,\beta\gamma}$的期望值给出。例如，各向同性旋光度正比于以下表达的虚部：

$$\begin{aligned}\left\langle\psi\left|\hat{G}_{\alpha\alpha}^{\mathrm{a}}\right|\psi\right\rangle=&\left\langle\psi_{\mathrm{L}}\left|\hat{G}_{\alpha\alpha}^{\mathrm{a}}\right|\psi_{\mathrm{L}}\right\rangle\cos^2(\delta t/\hbar)+\left\langle\psi_{\mathrm{R}}\left|\hat{G}_{\alpha\alpha}^{\mathrm{a}}\right|\psi_{\mathrm{R}}\right\rangle\sin^2(\delta t/\hbar)\\&+\mathrm{i}\left[\left\langle\psi_{\mathrm{L}}\left|\hat{G}_{\alpha\alpha}^{\mathrm{a}}\right|\psi_{\mathrm{R}}\right\rangle-\left\langle\psi_{\mathrm{R}}\left|\hat{G}_{\alpha\alpha}^{\mathrm{a}}\right|\psi_{\mathrm{L}}\right\rangle\right]\cos(\delta t/\hbar)\sin(\delta t/\hbar)\end{aligned}\tag{4.3.63}$$

其中，$\delta=\left\langle\psi_{\mathrm{L}}\left|H\right|\psi_{\mathrm{R}}\right\rangle$。利用$\hat{G}_{\alpha\beta}^{\mathrm{a}}$的奇宇称性，以及$P^{-1}P=1$和$P^{\dagger}P=1$，我们得到：

$$\left\langle\psi_{\mathrm{L}}\left|\hat{G}_{\alpha\alpha}^{\mathrm{a}}\right|\psi_{\mathrm{L}}\right\rangle=\left\langle\psi_{\mathrm{L}}\left|P^{\dagger}\left(P\hat{G}_{\alpha\alpha}^{\mathrm{a}}P^{-1}\right)P\right|\psi_{\mathrm{L}}\right\rangle=\left\langle P\psi_{\mathrm{L}}\left|P\hat{G}_{\alpha\alpha}^{\mathrm{a}}P^{-1}\right|P\psi_{\mathrm{L}}\right\rangle=-\left\langle\psi_{\mathrm{R}}\left|\tilde{G}_{\alpha\alpha}^{\mathrm{a}}\right|\psi_{\mathrm{R}}\right\rangle\tag{4.3.64a}$$

同样地，

$$\left\langle\psi_{\mathrm{L}}\left|\hat{G}_{\alpha\alpha}^{\mathrm{a}}\right|\psi_{\mathrm{R}}\right\rangle=-\left\langle\psi_{\mathrm{R}}\left|\hat{G}_{\alpha\alpha}^{\mathrm{a}}\right|\psi_{\mathrm{L}}\right\rangle\tag{4.3.64b}$$

然而，因为$\hat{G}_{\alpha\beta}$是反厄米的，也有：

$$\left\langle\psi_{\mathrm{L}}\left|\hat{G}_{\alpha\alpha}^{\mathrm{a}}\right|\psi_{\mathrm{R}}\right\rangle=-\left\langle\psi_{\mathrm{R}}\left|\hat{G}_{\alpha\alpha}^{\mathrm{a}}\right|\psi_{\mathrm{L}}\right\rangle^{*}\tag{4.3.64c}$$

最后两个结果指出，$\left\langle\psi_{\mathrm{L}}\left|\hat{G}_{\alpha\alpha}^{\mathrm{a}}\right|\psi_{\mathrm{R}}\right\rangle$是实值；而在下面 4.4.3 节中讨论的时间反演指出它是虚值（至少对于偶电子体系是这样的）。从而我们得出结论，$\left\langle\psi_{\mathrm{L}}\left|\hat{G}_{\alpha\alpha}^{\mathrm{a}}\right|\psi_{\mathrm{R}}\right\rangle$的实部和虚部都为零。因此，式（4.3.63）变成：

$$\left\langle\psi\left|\hat{G}_{\alpha\alpha}^{\mathrm{a}}\right|\psi\right\rangle=\left\langle\psi_{\mathrm{L}}\left|\hat{G}_{\alpha\alpha}^{\mathrm{a}}\right|\psi_{\mathrm{L}}\right\rangle\cos(2\delta t/\hbar)\tag{4.3.65}$$

从而，时间平均天然旋光度为零。

现在，我们在手性分子的哈密顿量中引入一个小的宇称破缺项。正如 1.9.6 节描述的那样，该项的引入破坏了对映体的简并性。弱中性电流相互作用产生于电子之间，以及电子与核之间的宇称破缺相互作用。后者导致如下电子-核接触相互作用（如果使用原子单位，则在原子和分子中，$\hbar = e = m_e = 1$）（Bouchiat and Bouchiat，1974；Hegstrom et al.，1980）：

$$V_{eN}^{PV} = \frac{G\alpha}{4\sqrt{2}} Q_W \{\sigma_e \cdot \boldsymbol{P}_e,\ \rho_N(\boldsymbol{r}_e)\} \tag{4.3.66}$$

其中，$\{\}$表示反对易式；G 是费米弱耦合常数；α 是精细结构常数；σ_e 和 $\boldsymbol{P}_e$ 分别是电子的泡利自旋算符和线性动量算符；$\rho_N(\boldsymbol{r}_e)$ 是归一化核密度函数，并且：

$$Q_W = Z(1 - 4\sin^2\theta_W) - N$$

是有效弱电荷。该电荷与质子数 Z、中子数 N，以及 Winberg 电弱混合角度 θ_W 有关。θ_W 与弱单位电荷 g 和电磁单位电荷 e 通过 $g\sin\theta_W = e$ 相关联。我们通常会忽略更小的电子-电子相互作用。由于 σ_e 是奇时间轴矢量，$\boldsymbol{P}_e$ 是奇时间极矢量，并且所有其他因子都是偶时间标量，因此正如要求的那样，V_{eN}^{PV} 像偶时间赝标量那样进行变换，从而可以将在核处的偶宇称电子态和奇宇称电子态进行混合。因此：

$$PV_{eN}^{PV}P^{-1} = -V_{eN}^{PV} \tag{4.3.67}$$

从而，宇称不守恒将对映体态的能量向相反方向移动：

$$\left\langle \psi_L \middle| V_{eN}^{PV} \middle| \psi_L \right\rangle = -\left\langle \psi_R \middle| V_{eN}^{PV} \middle| \psi_R \right\rangle = \epsilon \tag{4.3.68}$$

在计算 ϵ 时会遇到如下问题。在式（4.3.66）中 V_{eN}^{PV} 的电子坐标部分对于 $\boldsymbol{P}_e$ 是线性的，从而是纯虚的。因为当没有外磁场时，分子波函数可以总是实值，所以 V_{eN}^{PV} 的期望值为零。并且，σ_e 的存在意味着只有不同自旋态之间的矩阵元存在。因此，有必要引入包含自旋的波函数的磁微扰，如自旋-轨道耦合。这导致了对于对映异构体之间由细小的宇称破缺导致的能量差方面，详细量子化学计算的一个易处理的方法。相关结果由 Quack（2002）和 Wesendrup 等（2003）给出。

由于宇称破缺，手性分子的两个对映体的态不再简并，这两个定态 $\psi_+^{(0)}$ 和 $\psi_-^{(0)}$ 的能量和波函数由一般二态结果式（4.3.61）和式（4.3.62）给出，其中，H 包含 V_{eN}^{PV}，由此得出结论（Harris and Stodolsky，1978；Harris，1980）：

$$W_+ - W_- = 2(\epsilon^2 + \delta^2)^{\frac{1}{2}} \tag{4.3.69a}$$

$$\tan 2\phi = \delta / \epsilon \tag{4.3.69b}$$

正如在 4.3.1 节中讨论的那样，当 $\epsilon = 0$ 时，$W_+ - W_- = 2\delta$，并被理解成特定宇称态 $\psi^{(0)}(-)$ 和 $\psi^{(0)}(+)$ 之间的隧穿分裂能 $W(-) - W(+)$。当 $\epsilon \neq 0$ 时，哈密顿量缺乏反演对称，从而定态 $\psi_+^{(0)}$ 和 $\psi_-^{(0)}$ 可能不再分别等同于特定宇称态 $\psi^{(0)}(-)$ 和 $\psi^{(0)}(+)$。因

此，$\psi_+^{(0)}$ 和 $\psi_-^{(0)}$ 不再等于 ψ_L 和 ψ_R 的组合。如果该体系处于 ψ_L，它将不会完全变成 ψ_R：光学活性不对称振荡。通过对式（4.3.62a）和式（4.3.62b）进行反相，可以明确展现这一点（并将每个定态振幅乘以其指数时间因子）：

$$\psi_\mathrm{L}=\cos\phi\psi_+^{(0)}\mathrm{e}^{-\mathrm{i}W_+t/\hbar}-\sin\phi\psi_-^{(0)}\mathrm{e}^{-\mathrm{i}W_-t/\hbar} \tag{4.3.70a}$$

$$\psi_\mathrm{R}=\cos\phi\psi_-^{(0)}\mathrm{e}^{-\mathrm{i}W_-t/\hbar}+\sin\phi\psi_+^{(0)}\mathrm{e}^{-\mathrm{i}W_+t/\hbar} \tag{4.3.70b}$$

并且计算出合适的期望值。因此，对于处于 ψ_L 的体系，各向同性旋光度随时间的变化正比于如下关系的虚部：

$$\left\langle\psi_\mathrm{L}\left|\hat{G}_{\alpha\alpha}^{\mathrm{a}}\right|\psi_\mathrm{L}\right\rangle=\left\langle\psi_\mathrm{L}^{(0)}\left|\hat{G}_{\alpha\alpha}^{\mathrm{a}}\right|\psi_\mathrm{L}^{(0)}\right\rangle\left\{\frac{\epsilon^2+\delta^2\cos\left[2(\delta^2+\epsilon^2)^{\frac{1}{2}}t/\hbar\right]}{(\delta^2+\epsilon^2)}\right\} \tag{4.3.71}$$

正如在式（4.3.64）后面讨论的，在 $\left\langle\psi_\mathrm{L}^{(0)}\left|\hat{G}_{\alpha\alpha}^{\mathrm{a}}\right|\psi_\mathrm{R}^{(0)}\right\rangle$ 中的项为零，至少对于偶电子系统是这样的。取时间平均，我们可以写成：

$$\frac{\overline{\Delta\theta}}{\Delta\theta_{\max}}=\frac{\epsilon^2}{(\delta^2+\epsilon^2)} \tag{4.3.72}$$

因此，宇称破缺导致时间平均旋光度 $\overline{\Delta\theta}$ 从零产生偏移。

由式（4.3.61）和式（4.3.62）可知，随着 $\delta/\epsilon\to 0$，ψ_L 和 ψ_R 变成真定态。事实上，对于典型的手性分子，δ 对应数量级在数百万年的隧穿时间：Harris 和 Stodolsky（1978）已经计算了 ϵ，对应几秒到几天的时间，从而在低温下（防止热“跳跃”越过势垒）及真空条件（减少与环境的相互作用），单一手性物质将会永远保持手性。这些讨论指出，关于光学活性对映体的稳定性“悖论”的最终答案在于弱相互作用。然而，该情况更复杂，因为还必须考虑环境的影响（Harris and Stodolsky，1981）。

因为任何可观测量都被期望是非常小的，所以检测在手性分子中宇称破缺的表现，以及在对映体之间宇称破缺能量差的测试，对于分子物理学仍然是一个大的挑战。已经有一些可能的实验策略方面的讨论，这些实验策略利用了宇称破缺微扰的二态体系的量子力学的不同方面[见 Quack（2002）和 Harris（2002）]。

4.3.5　对称性破缺和对称性破坏

宇称破坏现象的出现在量子力学中被理解为，与以前假设的相反，由于像弱中性电流相互作用（4.3.66）这样的赝标量项的存在，哈密顿量因此会缺少反演对称性。这意味着 P 和 H 不再对易，从而相关的宇称守恒定律不再成立。这样的对称性破坏（violation）必须和对称性破缺（breaking）区分开来：目前在物理学文献中，当体系展现出比哈密顿量更低的对称性时，就会用到后者（Anderson，1972，1983；Michel，1980；Blaizot and Ripka，1986）。更具体地讲，一个态如果不能根据哈密顿量对称群的不可约表示进行分类，或者，等价地，如果没有哈密顿本征态的量子数，如宇称、角动量等，我们就称该态具有对称性破缺。从而，天然光学活性是一种由对称性破缺产生的现象，正如我们已经看到的，单一手性分子展现出了比其相关的哈密顿量更低的对称性。如果忽略哈密顿量中小的对称性破缺项，则哈密顿量具有而手性分子缺乏的对称性操作就是宇称操作。正是宇称操作将两个对映异构体宇称破缺态进行相互转换。在核物理的背景下，对称性破缺态通常被称为变形态（Blaizot and Ripka，1986）。

对称性破坏通常可以被概念化为关于哈密顿量的一些新的、先前未预料到的更深的对称性操作导致的对称性破坏。例如，我们发现宇称破缺意味着电荷共轭对称性的破缺，同时，结合 *CP* 对称性则整体是守恒的（1.9.6 节）。因此，降低手性分子的 *P* 对映体简并度的 *P* 破缺与 *CP* 的对称性破缺有关，因为 *CP* 产生了一个可区分的体系（由反粒子构成的镜像分子），其能量与初始能量相同。同样地，假设 *CPT* 是守恒的，*CP* 破缺与 *CPT* 的对称性破缺有关，尽管现在的物理解释更微妙。*CP* 破缺的过程，如中性 K 介子的衰变，其中 *CP* 破缺表现为两组 *CP* 对映体态的衰变速率的不对称性（1.9.6 节），在 *CPT* 变换下是不变的。这意味着从初态到终态的速率将等于从终态到初态的逆过程速率，然而现在，*CP* 对映异构体取代了所有粒子。

通常，根据 4.3.1 节中的双势阱模型，宇称破缺对手性分子的稳定性没有影响。只有当观测时间与在对映异构体之间的转换时间相比较短时，才会观测到天然光学活性。该转换时间反比于隧穿分裂。从而，在足够长的观察时间下，这样的宇称破缺光学活性平均值为零。这些考虑导致了一个重要标准，该标准被用来将由宇称破缺导致的天然光学活性，从宇称不守恒产生的天然光学活性区分开来。前者是时间相关的，并且平均值为零，至少是在孤立的手性分子中是这样；而后者在时间上是恒定的（从前面的章节中可知，当 $\delta/\epsilon \to 0$ 时，手性态成为定态）。这完全是由于宇称不守恒，从而由自由原子蒸气展现的天然旋光性在时间上是恒定的。

关于单个手性分子手性度（degree of chirality）的定量测试的发展（Mislow，1999）引起了研究人员的大量兴趣。尽管该测试在定态几何和拓扑的背景下有一定的数学意义，并且会在化学中具有实际意义，但从上面的讨论中我们可以清晰地看出，以一些基本的偶时赝标量形式存在的单个分子结构的手性度类似于说能量（偶时间标量）只是虚幻的（Barron，1996）。这是因为在量子力学的严密推演下，手性度为零：忽略宇称破坏，手性分子不处于哈密顿量的稳态，因此任何赝标量在适当的时间范围内的平均值为零。

在凝聚态物理中，对称性破缺与相变有关，其中，大量粒子协同作用，从而在整个宏观样品的对称态和非对称态之间产生突变，如具有铁磁性的物质。铁晶体的哈密顿量在空间旋转下是不变的。然而，磁化样品的基态（其中，所有微观磁偶极矩在同一方向上阵列）不是不变的：它在空间中区分了一个特定方向，磁化方向。当无外场时，该非零磁化也破坏了时间反演对称性。当温度高于居里温度时，磁化消失，呈现出旋转和时间反演对称性。在铁磁相中仍然存在旋转对称性，因为相对于空间轴的磁化是任意的。这里，温度是一个关键特征，因为反映哈密顿量的整个对称性的特性可以在足够高的温度下恢复。分子的特性完全不同于宏观体系，因为它们在对称态和非对称态之间不会产生急剧的相变（Anderon，1972，1983）。关于手性体系对称性破缺态的微观与宏观关系，已经有一些讨论，如 Wolley（1975b，1982），Quack（1989），Vager（1997）。

“自发对称性破缺”的表达通常被用于宏观体系（在理想条件下有无数个粒子），以描述低对称态的相变（Binney et al.，1992）。该表达是从铁磁性例子中的“自发磁化”推导出来的。在基本粒子的规范理论中也存在类似的自发对称破缺（Gottfried and Weisskopf，1984；Weinberg，1996）。对称破缺相用一个有序参数（order parameter）描述。在铁磁性例子中，有序参数是磁化强度，该参数以奇时间轴矢量的形式变换。宏观体系从非手性（外消旋）态到手性态的相变可以用以偶时间赝标量的形式变换的有序参数变换进行表征。

4.3.6　*CP* 破坏和分子物理学

Heisenberg（1966）曾经指出，基本粒子更像分子，而非原子。该观点来自对中性 K 介子奇性的研究（Gibson and Pollard，1976；Gottfried and Weisskopf，1984；Sachs，1987）。中性 K 介子具有四种不同态；通过 *CP* 互换的粒子态$|\mathrm{K}^0\rangle$和反粒子态$|\mathrm{K}^{0*}\rangle$，这两种态通过弱力耦合而产生不同能量的两种混合态$|\mathrm{K}_1\rangle=\left(|\mathrm{K}^0\rangle+|\mathrm{K}^{0*}\rangle\right)/\sqrt{2}$和$|\mathrm{K}_2\rangle=\left(|\mathrm{K}^0\rangle-|\mathrm{K}^{0*}\rangle\right)/\sqrt{2}$。这意味着$|\mathrm{K}_1\rangle$对于 *CP* 是偶本征态，$|\mathrm{K}_2\rangle$对于 *CP* 是奇本征态，$|\mathrm{K}^0\rangle$和$|\mathrm{K}^{0*}\rangle$对于 *CP* 是混合态（对称性破缺）。从而，Wigner（1965）将中性 K 介子的这四种不同态类比于在真实世界中手性分子的四种可能的态，也就是偶宇称态$\psi(+)$和奇宇称态$\psi(-)$，以及混合宇称的两种手性态ψ_{L}和ψ_{R}。然而，*CP* 本征态$|\mathrm{K}_1\rangle$和$|\mathrm{K}_2\rangle$不是纯宇称态，因为$|\mathrm{K}_2\rangle$相对于 *CP* 是奇的，但偶尔会观察到衰减成偶 *CP* 产物。这意味着，该哈密顿量包含一个小的 *CP* 破缺项，该项将$|\mathrm{K}_1\rangle$和$|\mathrm{K}_2\rangle$混合，这类似于将手性分子特定宇称态混合的 *P* 破缺项。（在 1.9.6 节中提到的长寿命中性 K 介子K_{L}与$|\mathrm{K}_2\rangle$是一样的，其衰减速率不对称性是 *CP* 破缺的另一种表现。）

然而，在手性分子中的 P 破缺和在中性 K 介子体系中的 CP 破缺存在微妙而根本的区别：P 破缺降低了手性分子 P 对映异构体的简并度（左手态和右手态），而 CP 破缺不会降低中性 K 介子（粒子和反粒子态）的 CP 对映异构体的简并度，因为正如已经在 1.9.6 节中提到的那样，CPT 守恒保证了粒子的剩余质量与其反粒子是相等的。同样地，CP 破缺不会破坏手性分子 CP 对映异构体的简并度（正如在图 1.23 中给出的那样，由反粒子构成的分子及其镜像）（Barron，1994）。然而，我们不应该认为，如果反分子是可得的，则在中性 K 介子体系中观察到的 CP 破缺类型也可以在分子体系中观察到，其中，分子-反分子叠加态类似于 $|\mathrm{K}_1\rangle$ 和 $|\mathrm{K}_2\rangle$，并作为中间体将物质世界和反物质世界连接起来。此外，这样的分子-反分子转换需要严重违反重子守恒定律，重子不在中性 K 介子体系中产生，因为介子的重子数为零。

4.4　分子性质张量的对称性分类

在本节中，我们将点群对称参数与时间反演参数结合，建立给定空间对称性和处于给定量子态的分子中，性质张量或跃迁张量分量不为零的准则。在 4.3.2 节中，永久电偶极矩和磁偶极矩的例子初步说明了所涉及的讨论。

4.4.1　极张量和轴张量，偶时张量和奇时张量

我们在 1.9.2 节中看到，可以将物理量根据在空间反演和时间反演下的性质分成标量和矢量。该分类可以通过考虑如下关系，推广到一般的分子性质张量：

$$\mu_\alpha = \alpha_{\alpha\beta} E_\beta$$

其中，两个可测试的物理量通过一个性质张量相关联。因此，如果知道两个可测试物理量的空间反演和时间反演特性，就可以立刻对该性质张量进行分类。在以上关系式中，因为 $\boldsymbol{\mu}$ 和 $\boldsymbol{E}$ 都是极偶时张量，所以 $\alpha_{\alpha\beta}$ 是二阶极偶时张量。通过将这些讨论应用到诱导电多极矩和磁多极矩的一般表达式（2.6.26）上，推导出表 4.1 中给出的特征（Buckingham et al.，1971）。

表 4.1　分子性质张量在空间和时间反演下的性质

分子性质张量	空间反演	时间反演
μ_α	极	偶
m_α	轴	奇
$\alpha_{\alpha\beta}$	极	偶
$\alpha'_{\alpha\beta}$	极	奇

续表

分子性质张量	空间反演	时间反演
$A_{\alpha,\beta\gamma}$	极	偶
$A'_{\alpha,\beta\gamma}$	极	奇
$G_{\alpha\beta}$	轴	奇
$G'_{\alpha\beta}$	轴	偶
$C_{\alpha\beta,\gamma\delta}$	极	偶
$C'_{\alpha\beta,\gamma\delta}$	极	奇
$D_{\alpha,\beta\gamma}$	轴	奇
$D'_{\alpha,\beta\gamma}$	轴	偶
$\chi_{\alpha\beta}$	极	偶
$\chi'_{\alpha\beta}$	极	奇

4.4.2　Neumann 原理

Neumann 原理（Neumann，1885）指出，物理体系的每个物理性质都具有该体系点群所展现的对称类型。体系的物理性质与可测的物理量有关：例如，密度与质量和体积有关；电极化率与诱导的电偶极矩和外加均匀电场有关。因为点群的对称性操作可以定义成，操作前后的体系无法区分，所以对于可测试的物理量，对称性操作也会导致同样的特征，从而在该体系的所有对称性操作下，所讨论的物理性质必须转变成 +1 乘以它自身。因此，在群理论中，我们可以将 Neumann 原理表述成代表体系物理性质的任何张量分量必须作为体系对称群的总对称不可约表示进行变换。Curie（1908）根据不对称性而不是对称性，给出 Neumann 原理如下精辟表述：“C’est la dissymmetrie，qui crée le phenomène”（是不对称创造了这种现象）。因此，在体系中并不总是存在的性质张量中，不会呈现不对称性。Birss（1966）与 Shubnikow 和 Koptsik（1974）已经详细地讨论了 Neumann 原理。读者也可以参考 Zncher 和 Török（1953）与 Altmann（1992）等的相关文献。

如果考虑的物理学性质是定态的，则 Neumann 原理还包含时间反演对称性，然而它不适用于传输特性；换句话讲，它不适用于体系的熵是变化的现象。该群理论方法是基于非磁对称群和磁对称群。这些对称群由经典群通过空间和时间反演相结合产生的新操作而产生（Birss，1966；Joshua，1991）。该方法非常适合解决磁性晶体的相关问题，我们在这里就不详述了。

由于在本书中我们主要对单个原子和分子的量子力学性质感兴趣，所以用另一个基于广义对称性规则（4.3.37）的方法，将时间反演包含在前面的对称性讨论中。这通过指定相应的偶时或奇时算符来考虑物理性质的时间反演特性，以及通过用单点群或双点群处理含有偶数或奇数个电子的分子。对角线元素给出处于特定量子态下对应的性质张量分量，非对角矩阵元给出了对应的跃迁张量。因此，根据式（4.3.37），处于含有磁矩的简并量子态的原子或分子，不会具备时间反演对称性；然而，当不存在奇时间外因素（如破坏简并性的磁场）时，每个原子或分子会处于偶时间叠加态，其中与每个组分态相关联的磁矩相互抵消。

4.4.3　分子的性质张量和跃迁张量的时间反演和置换对称性

已经有人指出，时间反演对称性影响物质张量的固有对称性（Fumi，1952）。这里，我们给出在量子力学中，时间反演的讨论在关于分子性质张量和跃迁张量方面，是如何收集比 4.4.1 节的经典方法更多的信息，特别是当分子处于简并电子态时。在极化的情况下，出现了关于张量置换对称性的有力陈述。尽管对于光学活性张量，类似的陈述是不可能的，但是可以得到其他有用的结果。

很容易证明跃迁 $|1\rangle \to |2\rangle$ 和 $|\Theta 2\rangle \to |\Theta 1\rangle$ 的概率振幅相等（在一个相位因子内），其中 $|1\rangle$ 和 $|2\rangle$ 是任意量子态对，$|\Theta 1\rangle$ 和 $|\Theta 2\rangle$ 是对应的时间反演态。因此，使用 4.3.2 节的方法，我们可以写成：

$$\begin{aligned}\langle \Theta 1|A(\pm)|\Theta 2\rangle &= \langle \Theta 1|A(\pm)\Theta 2\rangle = \langle \Theta A(\pm)\Theta 2|\Theta^2 1\rangle = \langle \Theta A(\pm)\Theta^{-1}\Theta^2 2|\Theta^2 1\rangle \\ &= \langle \pm A(\pm)^{\dagger} 2|1\rangle = \langle \pm 2|A(\pm)|1\rangle\end{aligned} \tag{4.4.1}$$

该结果与 $A(\pm)$ 是厄米的、反厄米的还是非厄米的无关。

为了将式（4.4.1）应用到光散射中，有必要确定在时间反演下特定性质的散射算符。正如在 4.3.3 节中展现的那样，式（2.8.14）中定义的有效极化率算符 $\hat{\alpha}_{\alpha\beta}$ 包括一个 $\hat{\alpha}^{\mathrm{s}}_{\alpha\beta}$ 部分（厄米偶时的）和一个 $\hat{\alpha}^{\mathrm{a}}_{\alpha\beta}$ 部分（反厄米奇时的）。将 $\hat{\alpha}_{\alpha\beta}$ 代入式（4.4.1），并回顾厄米算符满足 $\langle m|V|n\rangle = \langle n|V|m\rangle^*$，反厄米算符满足 $\langle m|V|n\rangle = -\langle n|V|m\rangle^*$，从而我们得到如下复跃迁极化率的基本性质（Barron and Nϕrby Svendsen，1981；Liu，1991）：

$$(\tilde{\alpha}_{\alpha\beta})_{mn} = (\tilde{\alpha}_{\beta\alpha})_{\Theta n\Theta m} = (\tilde{\alpha}_{\alpha\beta})^*_{\Theta m\Theta n} \tag{4.4.2}$$

尽管式（4.4.2）的推导使用了近似处理，对于所有透射拉曼和共振拉曼过程，结果都是正确的（Hecht and Barron，1993c）。

在目前的公式中，如 2.6.3 节中讨论的那样，对吸收频率的推广是通过考虑激发中间态 $|j\rangle$ 的寿命实现的。这导致实色散和吸收线形函数 f 和 g 的引入，并使我

们能够将复跃迁极化率分解成色散部分和吸收部分：

$$(\tilde{\alpha}_{\alpha\beta})_{mn} = (\tilde{\alpha}_{\beta\alpha}(f))_{mn} + \mathrm{i}(\tilde{\alpha}_{\beta\alpha}(g))_{mn} \tag{4.4.3}$$

根据如下复跃迁极化率的色散部分和吸收部分之间的独立关系，可以将基本关系式（4.4.2）推广到共振散射的情况：

$$(\tilde{\alpha}_{\beta\alpha}(f))_{mn} = (\tilde{\alpha}_{\beta\alpha}(f))^{*}_{\Theta m\Theta n} \tag{4.4.4a}$$

$$(\tilde{\alpha}_{\beta\alpha}(g))_{mn} = (\tilde{\alpha}_{\beta\alpha}(g))^{*}_{\Theta m\Theta n} \tag{4.4.4b}$$

首先考虑将式（4.4.2）应用到偶电子体系（J 为整数）。现在，可以将初态和终态选择成相对于时间反演为偶或奇的；也就是式（4.4.24）或式（4.4.27）形式的态。如果我们选择偶态(对于 J 为整数时总是可以这样做)，则 $|\Theta n\rangle = |n\rangle$ 和 $|\Theta m\rangle = |m\rangle$，从而：

$$(\tilde{\alpha}_{\alpha\beta})_{mn} = (\tilde{\alpha}_{\alpha\beta})^{*}_{mn} \tag{4.4.5}$$

该结果指出跃迁极化率是纯实数，即 $(\tilde{\alpha}_{\alpha\beta})_{mn} = (\alpha_{\alpha\beta})_{mn}$，但是没有提到它的置换对称性，这意味着对称性和反对称性部分通过时间反演都是允许的（除非 $m = n$，这时只有对称性部分）。

将式（4.4.2）应用到奇电子体系（J 为半奇整数）会展现额外信息。正如在 4.3.2 节中讨论的那样，现在不可能构建在时间反演为偶或奇的态，因为只应用时间反演算符总是产生与初态正交的态，正如在式（4.3.31）中证明的那样。我们明确考虑了最普遍的情况，即初态和终态是二重 Kramers 简并电子能级的组成部分。从而，这些结论直接适用于原子；对于分子，我们必须考虑当引入了零级玻恩-奥本海默近似时产生的跃迁极化率的纯电子部分，导致仅适用于完全对称振动模式下的瑞利散射和共振拉曼散射，正如后面所讨论的那样（见 8.3 节）。将两个 Kramers 组分分别用 e_n 和 e'_n 表示，有四种可能的散射跃迁：$e_n \leftarrow e_n$、$e'_n \leftarrow e'_n$、$e_n \leftarrow e'_n$ 和 $e'_n \leftarrow e_n$。根据式（4.3.22）可以写 $|\Theta e_n\rangle = |e'_n\rangle$ 和 $|\Theta e'_n\rangle = -|e_n\rangle$，从而，由式（4.4.2）得到：

$$(\tilde{\alpha}_{\alpha\beta})_{e_n e_n} = (\tilde{\alpha}_{\beta\alpha})_{e'_n e'_n} = (\tilde{\alpha}_{\alpha\beta})^{*}_{e'_n e'_n} \tag{4.4.6a}$$

$$(\tilde{\alpha}_{\alpha\beta})_{e'_n e_n} = -(\tilde{\alpha}_{\beta\alpha})_{e'_n e_n} = -(\tilde{\alpha}_{\alpha\beta})^{*}_{e_n e'_n} \tag{4.4.6b}$$

式（4.4.6a）指出，对角跃迁可以产生一个复跃迁极化率，该极化率含有一个实对称部分和一个虚不对称部分，也就是：

$$(\alpha_{\alpha\beta})_{e_n e_n} = (\alpha_{\alpha\beta})_{e'_n e'_n} = (\alpha_{\beta\alpha})_{e_n e_n} = (\alpha_{\beta\alpha})_{e'_n e'_n} \tag{4.4.6c}$$

$$(\alpha'_{\alpha\beta})_{e_n e_n} = -(\alpha'_{\alpha\beta})_{e'_n e'_n} = -(\alpha'_{\beta\alpha})_{e_n e_n} = (\alpha'_{\beta\alpha})_{e'_n e'_n} \tag{4.4.6d}$$

由式（4.4.6b）可知，非对角矩阵元仅能够产生反对称跃迁极化率，然而它可以同时具有实部和虚部：

$$(\alpha_{\alpha\beta})_{e'_n e_n} = -(\alpha_{\beta\alpha})_{e'_n e_n} = -(\alpha_{\alpha\beta})_{e_n e'_n} \tag{4.4.6e}$$

$$(\alpha'_{\alpha\beta})_{e'_n e_n} = -(\alpha'_{\beta\alpha})_{e'_n e_n} = (\alpha'_{\alpha\beta})_{e_n e'_n} \tag{4.4.6f}$$

在 2.8.1 节中我们已经指出，反对称瑞利散射只可能由处于简并态的体系产生。我们现在可以给出更好的证明：已知 $\hat{\alpha}^{a}_{\alpha\beta}$ 是奇时间的，从 4.3.2 节给出的理论可以直接推导出该结果。该理论指出，对于时间反演下不变的态，奇时算符的期望值为零，这对于偶电子体系及由该体系导致的任何非简并态，总是可以构建这样的情况。对于偶电子体系，式（4.4.5）告诉我们，该简并度必须是这样的才能产生实反对称张量的跃迁；而对于奇电子体系，式（4.4.6）告诉我们，简并度导致实反对称张量或者虚反对称张量的跃迁。我们现在建立了一个普遍关系，该关系涉及从原子产生瑞利散射的所有概率。

我们首先将时间反演算符作用到一般原子态$|JM\rangle$的结果(4.3.39)用到式(4.4.2)中，给出：

$$(\tilde{\alpha}_{\alpha\beta})_{J'M',JM} = (-1)^{J+J'-M-M'+p+p'}(\tilde{\alpha}_{\alpha\beta})_{J-M,J'-M'} \tag{4.4.7}$$

因为只考虑简并能级组分之间的散射跃迁，所以可以设$J = J'$和$p = p'$，则式(4.4.7)变成：

$$(\tilde{\alpha}_{\alpha\beta})_{J'M',JM} = (-1)^{2J-M-M'}(\tilde{\alpha}_{\alpha\beta})_{J-M,J-M'} \tag{4.4.8}$$

对于$M' = -M$的非对角跃迁的特殊类型：

$$(\tilde{\alpha}_{\alpha\beta})_{J-M,JM} = (-1)^{2J}(\tilde{\alpha}_{\beta\alpha})_{J-M,JM} = (-1)^{2J}(\tilde{\alpha}_{\alpha\beta})^*_{JM,J-M} \tag{4.4.9}$$

因此，如果J是整数，则复跃迁概率是对称的；如果J是半奇整数，则复跃迁概率是反对称的。在这两种情况中，实部和虚部都是允许的。对于对角跃迁：

$$(\tilde{\alpha}_{\alpha\beta})_{JM,JM} = (-1)^{2(J-M)}(\tilde{\alpha}_{\beta\alpha})_{J-M,J-M} = (-1)^{2(J-M)}(\tilde{\alpha}_{\alpha\beta})^*_{J-M,J-M} \tag{4.4.10}$$

对于整数J和半奇整数J，以及$M \neq 0$，以上关系式使复跃迁极化率具有实对称和虚反对称部分。注意，式（4.4.9）和式（4.4.10）与式（4.4.5）一致。如果$M = 0$，则如下关系只对整数J成立：

$$(\tilde{\alpha}_{\alpha\beta})_{J0,J0} = (-1)^{2J}(\tilde{\alpha}_{\alpha\beta})^*_{J0,J0} \tag{4.4.11}$$

因此，复跃迁极化率是纯实部，因为它是对角的，是对称的。

通过考虑在时间反演下既不是偶也不是奇的复原子波函数，得到前面段落中的结论。如果J是半奇整数，则波函数不能变成偶时或奇时形式，从而前面段落的结论成立。然而，如果J是整数，则我们总是可以将波函数变成是偶时间的形式，从而必须考虑式（4.4.5）给出的结果。该结果规定，复跃迁极化率的所有组分必须是纯实部。通过将其与前面段落中的结论相结合，我们推断如果J是整数，对于对角跃迁及$M' = -M$的非对角跃迁，复跃迁极化率总是实对称的。注意，因为原子是球对称的，所以对称跃迁极化率相对于其空间组分将总是对角的。

最后，我们注意到$M' \neq M$的非对角跃迁还有其他概率。例如，如果J是整数，对于$M + M'$是奇数的跃迁，我们从式（4.4.5）推导出复跃迁极化率为纯实部，并且式（4.4.8）指出反对称部分是允许的。在这些更普遍的情况中，时间反演选律并不像 $M' = \pm M$ 时那么严格，因为式（4.4.8）两边的初态和终态不能相等。限制最少的情况是当 $J \neq J'$ 和 $M \neq M'$ 时。

关于跃迁极化率固有对称性的一般结果，我们将在第 8 章的反对称散射部分给出更详细的阐述。

类似于式（4.4.2）的关系可以给出跃迁光学活性张量，但没有第一个等式，因为实部和虚部不再有明确的置换对称性。利用 4.3.3 节中推导的对应于算符的厄米性和反演性，我们得到：

$$(\tilde{G}_{\alpha\beta})_{mn} = -(\tilde{G}_{\alpha\beta})^*_{\Theta m \Theta n} \tag{4.4.12a}$$

$$(\tilde{A}_{\alpha,\beta\gamma})_{mn} = (\tilde{A}_{\alpha,\beta\gamma})^*_{\Theta m \Theta n} \tag{4.4.12b}$$

对于偶电子体系，式（4.4.12）变成：

$$(\tilde{G}_{\alpha\beta})_{mn} = -(\tilde{G}_{\alpha\beta})^*_{mn} \tag{4.4.13a}$$

$$(\tilde{A}_{\alpha,\beta\gamma})_{mn} = (\tilde{A}_{\alpha,\beta\gamma})^*_{mn} \tag{4.4.13b}$$

该关系指出，$(\tilde{G}_{\alpha\beta})_{mn}$ 是纯虚部，并且 $(\tilde{A}_{\alpha,\beta\gamma})_{mn}$ 是纯实部，即 $(\tilde{G}_{\alpha\beta})_{mn} = -\mathrm{i}(G'_{\alpha\beta})_{mn}$，$(\tilde{A}_{\alpha,\beta\gamma})_{mn} = (A_{\alpha,\beta\gamma})_{mn}$。

对于奇电子体系，其中，初态和终态是一个二重 Kramers 简并电子能级的组分，从式（4.4.12）我们可以写出：

$$(\tilde{G}_{\alpha\beta})_{e_n e_n} = -(\tilde{G}_{\alpha\beta})^*_{e'_n e'_n} \tag{4.4.14a}$$

$$(\tilde{G}_{\alpha\beta})_{e'_n e_n} = (\tilde{G}_{\alpha\beta})^*_{e_n e'_n} \tag{4.4.14b}$$

$$(\tilde{A}_{\alpha,\beta\gamma})_{e_n e_n} = (\tilde{A}_{\alpha,\beta\gamma})^*_{e'_n e'_n} \tag{4.4.14c}$$

$$(\tilde{A}_{\alpha,\beta\gamma})_{e'_n e_n} = -(\tilde{A}_{\alpha,\beta\gamma})^*_{e_n e'_n} \tag{4.4.14d}$$

$(\tilde{A}_{\alpha,\beta\gamma})_{e_n e_n}$ 和 $(\tilde{A}_{\alpha,\beta\gamma})_{e'_n e_n}$ 的实际性质与 $(\tilde{\alpha}_{\alpha\beta})_{e_n e_n}$ 和 $(\tilde{\alpha}_{\alpha\beta})_{e'_n e_n}$ 的相似，这里不再进一步讨论。另一个光学活性张量更有意思：我们由式（4.4.14a）推导出，对角矩阵元可以产生实部和虚部，也就是：

$$(G_{\alpha\beta})_{e_n e_n} = -(G_{\alpha\beta})_{e'_n e'_n} \tag{4.4.15a}$$

$$(G'_{\alpha\beta})_{e_n e_n} = (G'_{\alpha\beta})_{e'_n e'_n} \tag{4.4.15b}$$

并且，由式（4.4.14b）给出的非对角矩阵元也有类似的关系：

$$(G_{\alpha\beta})_{e'_n e_n} = (G_{\alpha\beta})_{e_n e'_n} \tag{4.4.15c}$$

$$(G'_{\alpha\beta})_{e'_n e_n} = -(G'_{\alpha\beta})_{e_n e'_n} \tag{4.4.15d}$$

在讨论处于简并态体系的天然旋光和磁旋光特性（以及任何双折射现象）时，必须记住，只有对角跃迁才有贡献，因为初态和终态的相位必须相同；尽管它们不需要在瑞利散射和拉曼散射中是一样的。式（4.4.6d）指出，尽管处于 Kramers 简并态 $|e'\rangle$ 的奇电子原子或者分子可以满足 $(\alpha'_{xy})_{e_n e_n}$，从而在沿 z 方向传播的光束

中产生法拉第旋光效应，但这被由共轭态 $\left|e'\right\rangle$ 给出的 $(\alpha'_{xy})_{e'_n e'_n}$ 抵消：为了观察法拉第旋光效应，需要一个外奇时间物理量的影响，如沿 z 方向的磁场，破坏了简并性，以防止完全抵消。式（4.4.15b）则表明，奇电子手性分子在处于 Kramers $\left|e\right\rangle$ 简并态产生的天然旋光性的符号和大小与 $\left|e'\right\rangle$ 相同。

实光学活性 $G_{\alpha\beta}$ 具有一些有趣的性质，这是因为它是由奇宇称奇时算符 $\hat{G}^{\mathrm{s}}_{\alpha\beta}$ 产生的，并且从前面内容可以看出，它只能由处于简并态的体系给出。它是磁手性双折射（3.4.8 节）、旋光双折射（3.4.9 节）及 Jones 双折射（3.4.10 节）讨论的特征。从式（4.4.15a）我们可以立刻看出，由该张量产生的任何相干现象都需要磁场（或者一些其他外奇时间影响），因为 Kramers 共轭态产生大小相等方向相反的结果。另一方面，$\hat{G}^{\mathrm{s}}_{\alpha\beta}$ 可以像极化率 $\hat{\alpha}^{\mathrm{a}}_{\alpha\beta}$ 那样产生非相干现象，如瑞利散射和拉曼散射，以及分子间的色散力，这些包含简并态组分之间的对角跃迁和非对角跃迁。然而，与 $\hat{\alpha}^{\mathrm{a}}_{\alpha\beta}$ 由于式（2.8.14e）而在零频率处产生的张量分量为零不同，$\hat{G}^{\mathrm{s}}_{\alpha\beta}$ 由于式（2.8.14d）而产生的张量分量看起来同时描述了定态和动态性质。Buckingham 和 Joslin（1981）已经讨论了由 $\hat{\alpha}^{\mathrm{a}}_{\alpha\beta}$ 产生的自旋相关的分子间色散力，而由 $\hat{G}^{\mathrm{s}}_{\alpha\beta}$ 产生的类似贡献可以给出奇电子手性分子间力的重要区别（Barron and Johnston，1987）。在第 8 章将讨论的例子中，当没有振动耦合时，自旋-轨道耦合在由 $\hat{\alpha}^{\mathrm{a}}_{\alpha\beta}$ 产生的张量分量的体系中是必不可少的要素，并且对于由 $\hat{G}^{\mathrm{s}}_{\alpha\beta}$ 产生的张量分量也有同样的要求。因此，具有大的自旋-轨道耦合的奇电子手性分子构成的晶体和液体，能够很好地展现新奇的性质。

Barron 和 Buckingham（2001）已经回顾了时间反演对称性在与由 $\alpha'_{\alpha\beta}$、$G_{\alpha\beta}$ 和 $A'_{\alpha,\beta\gamma}$ 描述的运动有关的分子性质上的应用。

4.4.4　分子性质张量的空间对称性

我们现在考虑 Neumann 原理的应用，与显式的群理论讨论相结合，在特定的点群中将给定的性质张量简化成最简形式。这需要说明哪些张量分量为零，以及非零分量之间的任何关系。本节是基于 Birss 给出的处理方式（Birss，1966），该处理方式是对 Fumi（1952）和 Fieschi（1957）的推进。

我们在 4.2.3 节中看到，极张量分量根据如下关系进行变换：

$$P_{\lambda'\mu'\nu'\cdots} = l_{\lambda'\alpha} l_{\mu'\beta} l_{\nu'\gamma\cdots} P_{\alpha\beta\gamma\cdots} \tag{4.2.32a}$$

轴张量分量根据如下关系进行变换：

$$A_{\lambda'\mu'\nu'\cdots} = (\pm) l_{\lambda'\alpha} l_{\mu'\beta} l_{\nu'\gamma\cdots} A_{\alpha\beta\gamma\cdots} \tag{4.2.32b}$$

它遵循 Neumann 原理，即如果坐标根据分子点群的一个对称性操作进行变换，则对应的性质张量分量不变。因为自由空间是各向同性的，所以性质张量可以仅与分子和坐标轴的相对方向有关，而与它们在空间中的绝对方向无关。这就意味着，极性质张量的分量必须满足如下方程组：

$$P_{\lambda'\mu'\nu'\cdots} = P_{\lambda\mu\nu\cdots} = \sigma_{\lambda\alpha}\sigma_{\mu\beta}\sigma_{\nu\gamma\cdots}P_{\alpha\beta\gamma\cdots} \tag{4.4.16a}$$

而轴性质张量分量必须满足如下关系：

$$A_{\lambda'\mu'\nu'\cdots} = A_{\lambda\mu\nu\cdots} = (\pm)\sigma_{\lambda\alpha}\sigma_{\mu\beta}\sigma_{\nu\gamma\cdots}A_{\alpha\beta\gamma\cdots} \tag{4.4.16b}$$

其中，$\sigma_{\lambda\alpha}$是对应于特定对称操作的矩阵元，这里的下角标$\lambda\mu\nu\cdots$与$\alpha\beta\gamma\cdots$表示同一坐标系。

在 4.2.2 节中，我们考虑了具有共同原点 O 的两组坐标系 x, y, z 和 x', y', z'，并且通过九个方向余弦 $l_{\lambda'\alpha}$ 确定这两组坐标系的相对位置。对于通过将相对于 x, y, z 的轴旋转 θ 后给出的右手真旋转方向余弦集合的矩阵，用方向余弦 l, m, n 表示为（Jeffreys and Jeffreys，1950）：

$$\left[l_{\lambda'\alpha}\right] = \begin{pmatrix} \cos\theta + l^2(1-\cos\theta) & lm(1-\cos\theta) + n\sin\theta & ln(1-\cos\theta) - m\sin\theta \\ ml(1-\cos\theta) - n\sin\theta & \cos\theta + m^2(1-\cos\theta) & mn(1-\cos\theta) + l\sin\theta \\ nl(1-\cos\theta) + m\sin\theta & nm(1-\cos\theta) - l\sin\theta & \cos\theta + n^2(1-\cos\theta) \end{pmatrix} \tag{4.4.17}$$

对于瑕旋转，我们可以将其考虑成旋转和反演的组合，从而矩阵（4.4.17）的每个元素必须乘以 -1。例如，围绕 z 轴右手旋转 $\theta = 120°$ 的算符 C_3 用如下方向余弦集合表示：

$$\left[l_{\lambda'\alpha}\right] = \begin{pmatrix} \cos 120° & \sin 120° & 0 \\ -\sin 120° & \cos 120° & 0 \\ 0 & 0 & 1 \end{pmatrix} = \begin{pmatrix} -\frac{1}{2} & \frac{1}{2}\sqrt{3} & 0 \\ -\frac{1}{2}\sqrt{3} & -\frac{1}{2} & 0 \\ 0 & 0 & 1 \end{pmatrix} \tag{4.4.18}$$

作为另一个例子，xy 面的反映操作 σ_h 可以被看成是旋转 $180°$，随后通过原点反演，从而表达成：

$$\left[l_{\lambda'\alpha}\right] = \begin{pmatrix} 1 & 0 & 0 \\ 0 & 1 & 0 \\ 0 & 0 & -1 \end{pmatrix} \tag{4.4.19}$$

因此，构建表达任何点群操作集的对称矩阵$\left[\sigma_{\lambda\alpha}\right]$是比较容易的。

我们可以立刻得出一个结论：对于包含反演操作的点群，奇阶极张量和偶阶轴张量为零。因此，将对称矩阵：

$$\left[\sigma_{\lambda\alpha}\right] = \begin{pmatrix} -1 & 0 & 0 \\ 0 & -1 & 0 \\ 0 & 0 & -1 \end{pmatrix} \tag{4.4.20}$$

代入式（4.4.16），对于奇阶极张量，给出：

$$P_{\alpha\beta\gamma\cdots} = -P_{\alpha\beta\gamma\cdots} = 0$$

对于偶阶轴张量，给出：

$$A_{\alpha\beta\gamma\cdots} = -A_{\alpha\beta\gamma\cdots} = 0$$

另一个简单的例子是具有三重真旋转轴的分子的极张量。因此，式（4.4.16a）和式（4.4.18）给出：

$$\alpha_{xz} = \sigma_{x\alpha}\sigma_{z\beta}\sigma_{\alpha\beta} = -\frac{1}{2}\alpha_{xz} + \frac{1}{2}\sqrt{3}\alpha_{yz}$$

$$\alpha_{yz} = \sigma_{y\alpha}\sigma_{z\beta}\sigma_{\alpha\beta} = -\frac{1}{2}\sqrt{3}\alpha_{xz} - \frac{1}{2}\alpha_{yz}$$

只有当 $\alpha_{xz} = \alpha_{yz} = 0$ 时，才能同时满足这两个方程。

总之，通过将合适的对称矩阵集应用到式（4.4.16），对于一个属于特定点群的分子，可以获得任何阶的极张量或轴张量的最大简化形式。事实上，通常没必要用一个点群的每个操作的对称矩阵，因为通常存在一个更小的生成操作集，这些生成操作集通过适当组合可以得到对称性操作的完备集。因此，为了实现张量的最大简化，只需要用生成矩阵集。

表 4.2　（a）

体系	点群的 Schonflies（国际）符号	对称元素的方向	m 偶阶极张量	m 偶阶轴张量	n 奇阶极张量	n 奇阶轴张量
三斜	$C_1(1)$	任何	A_m	A_m	A_n	A_n
	$C_i(\bar{1})$	任何	A_m	—	—	A_n
单斜	$C_2(2)$	$C_2 \parallel z$	B_m	B_m	B_n	B_n
	$C_s(m)$	$\sigma_h \parallel z$	B_m	C_m	C_n	B_n
	$C_{2h}(2/m)$	$C_2 \parallel z$	B_m	—	—	B_n
正交	$D_2(222)$	$C_2 \parallel x, C_2 \parallel y$	D_m	D_m	D_n	D_n
	$C_{2v}(2mm)$	$\sigma_v \perp x, \sigma_v \perp y$	D_m	E_m	E_n	D_n
	$D_{2h}(mmm)$	$C_2 \parallel x, C_2 \parallel y$	D_m	—	—	D_n
四方晶系	$C_4(4)$	$C_4 \parallel z$	F_m	F_m	F_n	F_n
	$S_4(\bar{4})$	$S_4 \parallel z$	F_m	G_m	G_n	F_n
	$C_{4h}(4/m)$	$C_4 \parallel z$	F_m	—	—	F_n
	$D_4(422)$	$C_4 \parallel z, C_2 \parallel y$	H_m	H_m	H_n	H_n

续表

体系	点群的 Schonflies（国际）符号	对称元素的方向	m 偶阶极张量	m 偶阶轴张量	n 奇阶极张量	n 奇阶轴张量
四方晶系	$C_{4v}(4mm)$	$C_4 \parallel z, \sigma_v \perp y$	H_m	I_m	I_n	H_n
	$D_{2d}(\bar{4}2m)$	$S_4 \parallel z, C_2 \parallel y$	H_m	J_m	J_n	H_n
	$D_{4h}(4/mmm)$	$C_4 \parallel z, C_2 \parallel y$	H_m	—	—	H_n
三方晶系	$C_3(3)$	$C_3 \parallel z$	K_m	K_m	K_n	K_n
	$S_6(\bar{3})$	$S_6 \parallel z$	K_m	—	—	K_n
	$D_3(32)$	$C_3 \parallel z, C_2 \parallel y$	L_m	L_m	L_n	L_n
	$C_{3v}(3m)$	$C_3 \parallel z, \sigma_v \perp y$	L_m	M_m	M_n	L_n
	$D_{3d}(\bar{3}m)$	$C_3 \parallel z, C_2 \parallel y$	L_m	—	—	L_n
六方晶系	$C_6(6)$	$C_6 \parallel z$	N_m	N_m	N_n	N_n
	$C_{3h}(\bar{6})$	$C_3 \parallel z$	N_m	O_m	O_n	N_n
	$C_{6h}(6/m)$	$C_6 \parallel z$	N_m	—	—	N_n
	$D_6(622)$	$C_6 \parallel z, C_2 \parallel y$	P_m	P_m	P_n	P_n
	$C_{6v}(6mm)$	$C_6 \parallel z, \sigma_v \perp y$	P_m	Q_m	Q_n	P_n
	$D_{3h}(\bar{6}m2)$	$C_3 \parallel z, \sigma_v \perp y$	P_m	R_m	R_n	P_n
	$D_{6h}(6/mmm)$	$C_6 \parallel z, C_2 \parallel y$	P_m	—	—	P_n
立方晶系	$T(23)$	$C_2 \parallel x, C_2 \parallel y$	S_m	S_m	S_n	S_n
	$T_h(m3)$	$C_2 \parallel x, C_2 \parallel y$	S_m	—	—	S_n
	$O(432)$	$C_4 \parallel x, C_4 y$	T_m	T_m	T_n	T_n
	$T_d(\bar{4}3m)$	$S_4 \parallel x, S_4 \parallel y$	T_m	U_m	U_n	T_n
	$O_h(m3m)$	$C_4 \parallel x, C_4 \parallel y$	T_m	—	—	T_n

表 4.2　(b)

$m=0$	x	$m=0$	x
A_0	x	L_0	x
B_0	x	M_0	0
C_0	0	N_0	x

续表

$m=0$	x	$m=0$	x
D_0	x	O_0	0
E_0	0	P_0	x
F_0	x	Q_0	0
G_0	0	R_0	0
H_0	x	S_0	x
I_0	0	T_0	x
J_0	0	U_0	0
K_0	x		

表 4.2　(c)

$n=1$	x	y	z
A_1	x	y	z
B_1	0	0	z
C_1	x	y	0
D_1	0	0	0
E_1	0	0	z
F_1	0	0	z
G_1	0	0	0
H_1	0	0	0
I_1	0	0	z
J_1	0	0	0
K_1	0	0	z
L_1	0	0	0
M_1	0	0	z
N_1	0	0	z
O_1	0	0	0
P_1	0	0	0
Q_1	0	0	z
R_1	0	0	0
S_1	0	0	0
T_1	0	0	0
U_1	0	0	0

表 4.2 （d）

$m=2$	xx	yy	zz	xy	yx	$xz(2)$	$yz(2)$
A_2	xx	yy	zz	xy	yx	xz	yz
B_2	xx	yy	zz	xy	yx	0	0
C_2	0	0	0	0	0	xz	yz
D_2	xx	yy	zz	0	0	0	0
E_2	0	0	0	xy	yx	0	0
F_2	xx	xx	zz	xy	$-xy$	0	0
G_2	xx	$-xx$	0	xy	xy	0	0
H_2	xx	xx	0	0	0	0	0
I_2	0	0	0	xy	$-xy$	0	0
J_2	xx	$-xx$	0	0	0	0	0
K_2	xx	xx	0	xy	$-xy$	0	0
L_2	xx	xx	0	0	0	0	0
M_2	0	0	0	xy	$-xy$	0	0
N_2	xx	xx	0	xy	$-xy$	0	0
O_2	0	0	0	0	0	0	0
P_2	xx	xx	zz	0	0	0	0
Q_2	0	0	0	xy	$-xy$	0	0
R_2	0	0	0	0	0	0	0
S_2	xx	xx	xx	0	0	0	0
T_2	xx	xx	xx	0	0	0	0
U_2	0	0	0	0	0	0	0

表 4.2 （e）

$n=3$	xxx	yyy	zzz	$xxy(3)$	$yyx(3)$	$xxz(3)$	$yyz(3)$	$zzx(3)$	$zzy(3)$	xyz	xzy	zxy	yxz	yzx	zyx
A_3	xxx	yyy	zzz	xxy	yyx	xxz	yyz	zzx	zzy	xyz	xzy	zxy	yxz	yzx	zyx
B_3	0	0	zzz	0	0	xxz	yyz	0	0	xyz	xzy	zxy	yxz	yzx	zyx
C_3	xxx	yyy	0	xxy	yyx	0	0	zzx	zzy	0	0	0	0	0	0
D_3	0	0	0	0	0	0	0	0	0	xyz	xzy	zxy	yxz	yzx	zyx

续表

$n=3$	xxx	yyy	zzz	xxy(3)	yyx(3)	xxz(3)	yyz(3)	zzx(3)	zzy(3)	xyz	xzy	zxy	yxz	yzx	zyx
E_3	0	0	zzz	0	0	xxz	yyz	0	0	0	0	0	0	0	0
F_3	0	0	zzz	0	0	xxz	xxz	0	0	xyz	xzy	zxy	−xyz	−xzy	−zxy
G_3	0	0	0	0	0	xxz	−xxz	0	0	xyz	xzy	zxy	xyz	xzy	zxy
H_3	0	0	0	0	0	0	0	0	0	xyz	xzy	zxy	−xyz	−xzy	−zxy
I_3	0	0	zzz	0	0	xxz	xxz	0	0	0	0	0	0	0	0
J_3	0	0	0	0	0	0	0	0	0	xyz	xzy	zxy	xyz	xzy	zxy
K_3	xxx	yyy	zzz	−yyy	−xxx	xxz	xxz	0	0	xyz	xzy	zxy	−xyz	−xzy	−zxy
L_3	0	yyy	0	−yyy	0	0	0	0	0	xyz	xzy	zxy	−xyz	−xzy	−zxy
M_3	xxx	0	zzz	0	−xxx	xxz	xxz	0	0	0	0	0	0	0	0
N_3	0	0	zzz	0	0	xxz	xxz	0	0	xyz	xzy	zxy	−xyz	−xzy	−zxy
O_3	xxx	yyy	0	−yyy	−xxx	0	0	0	0	0	0	0	0	0	0
P_3	0	0	0	0	0	0	0	0	0	xyz	xzy	zxy	−xyz	−xzy	−zxy
Q_3	0	0	zzz	0	0	xxz	xxz	0	0	0	0	0	0	0	0
R_3	xxx	0	0	0	−xxx	0	0	0	0	0	0	0	0	0	0
S_3	0	0	0	0	0	0	0	0	0	xyz	xzy	xyz	xzy	xyz	xzy
T_3	0	0	0	0	0	0	0	0	0	xyz	−xyz	xyz	−xyz	xyz	−xzy
U_3	0	0	0	0	0	0	0	0	0	xyz	xyz	xyz	xyz	xyz	xyz

表 4.2　(f)

$m=4$	xxxx	yyyy	zzzz	xxxy	yxxx(x.3)	yyyx	xyyy(y.3)	xxxz(4)
A_4	xxxx	yyyy	zzzz	xxxy	yxxx	yyyx	xyyy	xxxz
B_4	xxxx	yyyy	zzzz	xxxy	yxxx	yyyx	xyyy	0
C_4	0	0	0	0	0	0	0	xxxz
D_4	xxxx	yyyy	zzzz	0	0	0	0	0
E_4	0	0	0	xxxy	yxxx	yyyx	xyyy	0
F_4	xxxx	xxxx	zzzz	xxxy	yxxx	−xxxy	−yxxx	0
G_4	xxxx	−xxxx	0	xxxy	yxxx	xxxy	yxxx	0
H_4	xxxx	xxxx	zzzz	0	0	0	0	0

续表

$m=4$	xxxx	yyyy	zzzz	xxxy	yxxx(x:3)	yyyx	xyyy(y:3)	xxxz(4)
I_4	0	0	0	xxxy	yxxx	−xxxy	−yxxx	0
J_4	xxxx	−xxxx	0	0	0	0	0	0
K_4	yyxx + xyyx +yxyx	xxxx	zzzz	yyxy + xyyy +yxyy	yxxx	−xxxy	−yxxx	xxxz
L_4	yyxx + xyyx +yxyx	xxxx	zzzz	0	0	0	0	xxxz
M_4	0	0	0	yyxy + xyyy +yxyy	yxxx	−xxxy	−yxxx	0
N_4	yyxx + xyyx +yxyx	xxxx	zzzz	yyxy + xyyy + yxyy	yxxx	−xxxy	−yxxx	0
O_4	0	0	0	0	0	0	0	xxxz
P_4	yyxx + xyyx +yxyx	xxxx	zzzz	0	0	0	0	0
Q_4	0	0	0	yyxy + xyyy + yxyy	yxxx	−xxxy	−yxxx	0
R_4	0	0	0	0	0	0	0	0
S_4	xxxx	xxxx	xxxx	0	0	0	0	0
T_4	xxxx	xxxx	xxxx	0	0	0	0	0
U_4	0	0	0	0	0	0	0	0

表 4.2 （f）（续）

$m=4$	yyyz(4)	zzzx(4)	zzzy(4)	xxyy(x:3)	yyxx(y:3)	xxzz(x:3)	zzxx(z:3)	yyzz(y:3)	zzyy(z:3)
A_4	yyyz	zzzx	zzzy	xxyy	yyxx	xxzz	zzxx	yyzz	zzyy
B_4	0	0	0	xxyy	yyxx	xxzz	zzxx	yyzz	zzyy
C_4	yyyz	zzzx	zzzy	0	0	0	0	0	0
D_4	0	0	0	xxyy	yyxx	xxzz	zzxx	yyzz	zzyy
E_4	0	0	0	0	0	0	0	0	0
F_4	0	0	0	xxyy	xxyy	xxzz	zzxx	xxzz	zzxx
G_4	0	0	0	xxyy	−xxyy	xxzz	zzxx	−xxzz	−zzxx
H_4	0	0	0	xxyy	xxyy	xxzz	zzxx	xxzz	zzxx
I_4	0	0	0	0	0	0	0	0	0
J_4	0	0	0	xxyy	−xxyy	xxzz	zzxx	−xxzz	−zzxx

续表

$m=4$	$yyyz(4)$	$zzzx(4)$	$zzzy(4)$	$xxyy(x:3)$	$yyxx(y:3)$	$xxzz(x:3)$	$zzxx(z:3)$	$yyzz(y:3)$	$zzyy(z:3)$
K_4	$yyyz$	0	0	$xxyy$	$xxyy$	$xxzz$	$zzxx$	$xxzz$	$zzxx$
L_4	0	0	0	$xxyy$	$xxyy$	$xxzz$	$zzxx$	$xxzz$	$zzxx$
M_4	$yyyz$	0	0	0	0	0	0	0	0
N_4	0	0	0	$xxyy$	$xxyy$	$xxzz$	$zzxx$	$xxzz$	$zzxx$
O_4	$yyyz$	0	0	0	0	0	0	0	0
P_4	0	0	0	$xxyy$	$xxyy$	$xxzz$	$zzxx$	$xxzz$	$zzxx$
Q_4	0	0	0	0	0	0	0	0	0
R_4	$yyyz$	0	0	0	0	0	0	0	0
S_4	0	0	0	$xxyy$	$yyxx$	$yyxx$	$xxyy$	$xxyy$	$yyxx$
T_4	0	0	0	$xxyy$	$xxyy$	$xxyy$	$xxyy$	$xxyy$	$xxyy$
U_4	0	0	0	$xxyy$	$-xxyy$	$-xxyy$	$xxyy$	$xxyy$	$-xxyy$

表 4.2　(f)(续)

$m=4$	$xxyz(c4)$	$xyxz(c4)$	$yxxz(c4)$	$yyxz(c4)$	$yxyz(c4)$	$xyyz(c4)$	$zzxy(xy:6)$	$zzyx(yx:6)$
A_4	$xxyz$	$xyxz$	$yxxz$	$yyxz$	$yxyz$	$xyyz$	$zzxy$	$zzyx$
B_4	0	0	0	0	0	0	$zzxy$	$zzyx$
C_4	$xxyz$	$xyxz$	$yxxz$	$yyxz$	$yxyz$	$xyyz$	0	0
D_4	0	0	0	0	0	0	0	0
E_4	0	0	0	0	0	0	$zzxy$	$zzyx$
F_4	0	0	0	0	0	0	$zzxy$	$-zzxy$
G_4	0	0	0	0	0	0	$zzxy$	$zzxy$
H_4	0	0	0	0	0	0	0	0
I_4	0	0	0	0	0	0	$zzxy$	$-zzxy$
J_4	0	0	0	0	0	0	0	0
K_4	$-yyyz$	$-yyyz$	$-yyyz$	$-xxxz$	$-xxxz$	$-xxxz$	$zzxy$	$-zzxy$
L_4	0	0	0	$-xxxz$	$-xxxz$	$-xxxz$	0	0
M_4	$-yyyz$	$-yyyz$	$-yyyz$	0	0	0	$zzxy$	$-zzxy$
N_4	0	0	0	0	0	0	$zzxy$	$-zzxy$

续表

$m=4$	$xxyz(c4)$	$xyxz(c4)$	$yxxz(c4)$	$yyxz(c4)$	$yxyz(c4)$	$xyyz(c4)$	$zzxy(xy:6)$	$zzyx(yx:6)$
O_4	$-yyyz$	$-yyyz$	$-yyyz$	$-xxxz$	$-xxxz$	$-xxxz$	0	0
P_4	0	0	0	0	0	0	0	0
Q_4	0	0	0	0	0	0	$zzxy$	$-zzxy$
R_4	$-yyyz$	$-yyyz$	$-yyyz$	0	0	0	0	0
S_4	0	0	0	0	0	0	0	0
T_4	0	0	0	0	0	0	0	0
U_4	0	0	0	0	0	0	0	0

表 4.2 给出了重要分子点群中高达四阶的极张量和轴张量的形式，该表改编自 Birss（1966）。Birss 的表格由以上给出的方法推导而得。处于重要点群的性质张量间的等式见表 4.2（a）。由给定符号表示的张量的实际形式可以从表 4.2（b）～（f）给出的从零阶到四阶的张量得到。每列表示该列顶端张量分量简化成各种点群的分量；因此，每行都是一对分量之间的等式及组分等于零的等式列表。像 $xz(2)$和 $xxy(3)$这样的符号分别表示两个和三个张量分量之间的等式，该等式可以通过指数的非限制置换得到。$yxxx(x:3)$类型的标记表示三个不同分量，它们可以通过将 $yxxx$ 的最后一个指数固定，对其他几个指数进行置换获得。$xxyy(x:3)$类型的标记表示三个不同分量，可以通过将 $xxyy$ 的最后一个指数固定，对其他几个指数进行置换获得。$xxyz(c4)$类型的标记表示四种不同循环置换。$zzxy(xy:6)$类型的标记表示可以从 $zzxy$ 得到六个分量，这些分量可以通过将指数 x 和 y 的阶数保持不变（尽管 x 和 y 不需要是相邻的），对指数进行置换获得。

这些表很容易确定满足分子性质张量 $G'_{\alpha\beta}$（二阶轴张量）和 $A_{\alpha,\beta\gamma}$（三阶极张量）适当分量的分子点群。而这些张量正如式（3.4.42）和式（3.4.43）指出的那样，是天然旋光性的重要影响因素。因此，从表 4.2（a）和（d）我们得到，$G'_{\alpha\alpha}=G'_{xx}+G'_{yy}+G'_{zz}$，该参数是各向同性样品中天然旋光性的重要影响因素。只有属于点群 C_n、D_n、O 和 T（以及在这些表中没有提到的二十面体的对称群 I）且缺少反演中心、反映面和旋转-反映轴的分子才满足该条件。同样，对于沿 z 方向传播的光，在有取向的样品中，旋光性的重要参数 $(G'_{xx}+G'_{yy})$ 和 $(A_{x,yz}-A_{y,xz})$ 也有类似关系。因此，对于各向同性样品，以及光沿着主分子对称轴传播的有取向的样品，只有手性分子才会产生天然旋光效应。然而，正如在 1.9.1 节中提到的那样，在一些有取向的非手性分子中，当在光传播的其他方向缺少反演对称中心时，也可以产生天然旋光现象。

这些表格给出只考虑点群对称性时分子性质张量的简化。然而，其他物理学考虑会产生进一步的简化。时间反演参数在该方面是非常重要的，因为正如我们在前面看到的那样，它们导致张量关于其下角标排列的对称性或反对称性的有利表述。例如，仅仅基于表 4.2（a）和（d），反对称极化率是 xy 分量由属于点群 C_4、S_4、C_{4h}、C_3、S_6、C_6、C_{3h} 和 C_{6h} 的分子给出的论断是不正确的。我们可以得出的所有结论是 $xy-yx$ 贯穿了整个对称不可约表示，但由于有效极化率算符（2.8.14）的反对称部分是奇时间的，从而进一步考虑广义对称性规则（4.3.37）。在我们从式（2.8.14e）知道的情况中，任何反对称极化率必须是动态的，并且，对于偶电子体系，式（4.4.5）会给出进一步信息，而对于奇电子体系，则式（4.4.6）会给出进一步信息。

4.4.5　不可约笛卡儿张量

上一节中概述的简化分子性质张量的步骤，实际上是通过考虑分子点群的对称操作来确定横跨整个对称不可约表示的张量分量。将这种分类推广到所有点群的整个不可约表示是可取的。然而，这是一项艰巨的任务：部分由 McClain（1971），Mortensen 和 Hassing（1979）给出，他们为了讨论常规拉曼散射，只考虑了二阶极张量的分量，我们参考这些作者的结果。然而，需要注意的是，有时可以得到非常简单的特定张量分量的信息：例如，因为一个二阶反对称极张量和轴矢量的变换是一样的，其分量的变换性质可以通过参考标准点群特征表进行推导，给出哪个不可约表示包含在旋转的分量中。然而，再一次必须强调的是，像式（4.3.37）这样的广义选律必须用来推导是否特定性质张量是可观察的，这与算符的奇偶时性及分子的奇偶电子数有关：当然，当考虑不同能阶产生的初态和终态之间的跃迁张量时，仍然可以用到常规选律。

在本节中，我们满足于对整个旋转群 R_3（即球的所有对称操作，包括瑕旋转和真旋转）的不可约表示的分类。事实上，我们用到真旋转群 R_3^+，并且稍后加入下角标 g 或 u，以区分相对于反演是偶或奇的不可约表示。

Fano 和 Racah（1959）的以下表述总结了张量分量简约集的重要性：

“因为物理学定律与坐标系的选择无关，表达物理学定律的任何方程的两边在坐标旋转下必须以同样的方式变换。当然，通常将方程两边写成张量集的形式，从而其变换将是线性的。通过将这些集分成不可约子集，使简化过程推到了极限，因为我们将物理方程分解成最大数目的独立方程。”

我们将 R_3^+ 的不可约表示用 $D^{(j)}$ 表示，其中，j 为整数值 0, 1, 2, ⋯, ∞。两个不可约表示 $D^{(j_1)}$ 和 $D^{(j_2)}$ 的直接积：

$$D^{(j_1)}\times D^{(j_2)}=D^{(j_1+j_2)}+D^{(j_1+j_2-1)}+\cdots+D^{|j_1-j_2|} \tag{4.4.21a}$$

根据对称的（方括号）和反对称的（花括号）直接积，用同一函数集各分量的积构建基集：

$$D^{(j)} \times D^{(j)} = \left[D^{(2j)} + D^{(2j-2)} + \cdots + D^{(0)} \right] + \left\{ D^{(2j-1)} + \cdots + D^{(1)} \right\} \quad (4.4.21b)$$

对于双旋转群，用到同样的公式，但 j 可以取的值为 $0, \frac{1}{2}, 1, \frac{3}{2}, \cdots, \infty$。

标量变换满足 $D^{(0)}$，一阶张量的变换服从 $D^{(1)}$。一般二阶张量分量的变换根据如下关系，像 x_1x_2，x_1y_2，x_1z_2，⋯九个乘积：

$$D^{(1)} \times D^{(1)} = D^{(2)} + D^{(1)} + D^{(0)}$$

如果 1 和 2 与同一基集有关，则只有对称不可约表示 $D^{(2)} + D^{(0)}$ 能够保留下来。表 4.3 给出了六阶以下张量的结果。

表 4.3　一般张量分解成不可约部分的数目

	$D^{(0)}$	$D^{(1)}$	$D^{(2)}$	$D^{(3)}$	$D^{(4)}$	$D^{(5)}$	$D^{(6)}$
$D^{(1)}$	0	1	0	0	0	0	0
$D^{(1)^2}$	1	1	1	0	0	0	0
$D^{(1)^3}$	1	3	2	1	0	0	0
$D^{(1)^4}$	3	6	6	3	1	0	0
$D^{(1)^5}$	6	15	15	10	4	1	0
$D^{(1)^6}$	15	36	40	29	15	5	1

众所周知，一般二阶极张量可以分解成一个标量、一个反对称二阶张量和一个对称无迹二阶张量：

$$P_{\alpha\beta} = P\delta_{\alpha\beta} + P^{\mathrm{a}}_{\alpha\beta} + P^{\mathrm{s}}_{\alpha\beta} \quad (4.4.22a)$$

$$P = \frac{1}{3}P_{\gamma\gamma} \quad (4.4.22b)$$

$$P^{\mathrm{a}}_{\alpha\beta} = \frac{1}{2}(P_{\alpha\beta} - P_{\beta\alpha}) \quad (4.4.22c)$$

$$P^{\mathrm{s}}_{\alpha\beta} = \frac{1}{2}(P_{\alpha\beta} + P_{\beta\alpha}) - P\delta_{\alpha\beta} \quad (4.4.22d)$$

很明显，$P\delta_{\alpha\beta}$、$P^{\mathrm{a}}_{\alpha\beta}$ 和 $P^{\mathrm{s}}_{\alpha\beta}$ 分别对应于 $D^{(0)}$、$D^{(1)}$ 和 $D^{(2)}$ 的不可约表示，从而我们可以将式（4.4.22a）改写成：

$$P_{\alpha\beta} = P^{(0)}_{\alpha\beta} + P^{(1)}_{\alpha\beta} + P^{(2)}_{\alpha\beta} \quad (4.4.22e)$$

回顾二阶张量的并矢形式（4.2.7），用单位矢量的并矢乘积构建的不可约基张量，将 $P_{\alpha\beta}$ 写成如下形式是具有指导意义的（Fano and Racah，1959）：

$$P\delta_{\alpha\beta} = \frac{1}{3}(i_\alpha i_\beta + j_\alpha j_\beta + k_\alpha k_\beta)(P_{xx} + P_{yy} + P_{zz}) \tag{4.4.22f}$$

$$P^{\mathrm{a}}_{\alpha\beta} = \frac{1}{2}\Big[(j_\alpha k_\beta - k_\alpha j_\beta)(P_{yz} - P_{zy}) + (j_\alpha k_\beta - i_\alpha k_\beta)(P_{zx} - P_{xz}) + (i_\alpha j_\beta - j_\alpha i_\beta)(P_{xy} - P_{yx})\Big] \tag{4.4.22g}$$

$$P^{\mathrm{s}}_{\alpha\beta} = \frac{1}{2}\Big[\frac{1}{3}(2k_\alpha k_\beta - i_\alpha i_\beta - j_\alpha j_\beta)(2P_{zz} - P_{xx} - P_{yy}) + (i_\alpha i_\beta - j_\alpha j_\beta)(P_{xx} - P_{yy}) + (j_\alpha k_\beta + k_\alpha j_\beta)(P_{yz} + P_{zy}) + \left(k_\alpha i_\beta + i_\alpha k_\beta\right)\left(P_{zx} + P_{xz}\right) + (i_\alpha j_\beta + j_\alpha i_\beta)(P_{xy} + P_{yx})\Big] \tag{4.4.22h}$$

我们现在可以理解电四极张量选择无迹定义（2.4.5）背后的原因，因为它等价于式（4.4.22d），从而处于不可约形式。

一般二阶极张量的分解关系式（4.4.22）的一个简单而重要的应用是对拉曼散射中角动量选律的推导。该极化率张量简化成$D^{(0)}$、$D^{(1)}$和$D^{(2)}$：如果分子的初态总角动量量子数为j，它生成$D^{(j)}$，那么分子的终态必须转换成$D^{(0)} \times D^{(j)} = D^{(j)}$，$D^{(1)} \times D^{(j)} = D^{(j+1)} + D^{(j)} + D^{(j-1)}$或者$D^{(2)} \times D^{(j)} = D^{(j+2)} + D^{(j+1)} + D^{(j)} + D^{(j-1)} + D^{(j-2)}$中的一个。从而，拉曼散射过程后，分子的总角动量量子数只能取j、$j \pm 1$或者$j \pm 2$。注意，因为$\hat{\alpha}^{\mathrm{a}}_{\alpha\beta}$生成$D^{(1)}$，除4.4.3节中讨论的时间反演的限制外，这些空间对称讨论给出了反对称散射$\Delta j = 0, \pm 1$的限制。

简化任意笛卡儿张量标准而普遍的方法是利用杨氏矩阵（Hamermesh，1962），这里就不作详细描述了。然而，明确给出的不可约三阶笛卡儿张量具有指导意义。幸运的是，这些已经被Andrew和Thirunamachandran（1978）解决了，我们仅仅引用了他们的结果。从表4.3的第三行可以看出，有三个集合生成$D^{(1)}$，两个集合生成$D^{(2)}$：对此，只有这几组集合的和是唯一确定的；分解成独立张量是任意的，并需要一些附加的约束条件。因此：

$$P_{\alpha\beta\gamma} = P^{(0)}_{\alpha\beta\gamma} + \sum_{n=a,b,c} P^{(1n)}_{\alpha\beta\gamma} + \sum_{n=a,b} P^{(2n)}_{\alpha\beta\gamma} + P^{(3)}_{\alpha\beta\gamma} \tag{4.4.23a}$$

$$P^{(0)}_{\alpha\beta\gamma} = \frac{1}{6}\varepsilon_{\alpha\beta\gamma}\varepsilon_{\delta\lambda\mu}P_{\delta\lambda\mu} \tag{4.4.23b}$$

$$\sum_{n=a,b,c} P^{(1n)}_{\alpha\beta\gamma} = \frac{1}{10}\Big[\delta_{\alpha\beta}(4P_{\delta\delta\gamma} - P_{\delta\gamma\delta} - P_{\gamma\delta\delta}) + \delta_{\alpha\gamma}(-P_{\delta\delta\beta} + 4P_{\delta\beta\delta} - P_{\beta\delta\delta}) + \delta_{\beta\gamma}(-P_{\delta\delta\alpha} - P_{\delta\alpha\delta} + 4P_{\alpha\delta\delta})\Big] \tag{4.4.23c}$$

$$\begin{aligned}\sum_{n=a,b} P^{(2n)}_{\alpha\beta\gamma} = &\frac{1}{6}\varepsilon_{\alpha\beta\delta}(2\varepsilon_{\lambda\mu\delta}P_{\lambda\mu\gamma} + 2\varepsilon_{\lambda\mu\gamma}P_{\lambda\mu\delta} + \varepsilon_{\lambda\mu\delta}P_{\gamma\lambda\mu} + \varepsilon_{\lambda\mu\gamma}P_{\delta\lambda\mu} - 2\delta_{\gamma\delta}\varepsilon_{\nu\lambda\mu}P_{\nu\lambda\mu}) \\ &+ \frac{1}{6}\varepsilon_{\beta\gamma\delta}(2\varepsilon_{\lambda\mu\delta}P_{\alpha\lambda\mu} + 2\varepsilon_{\lambda\mu\alpha}P_{\delta\lambda\mu} + \varepsilon_{\lambda\mu\delta}P_{\gamma\mu\alpha} + \varepsilon_{\lambda\mu\delta}P_{\lambda\mu\delta} - 2\delta_{\alpha\delta}\varepsilon_{\nu\lambda\mu}P_{\nu\lambda\mu})\end{aligned} \tag{4.4.23d}$$

$$P_{\alpha\beta\gamma}^{(3)}=\frac{1}{6}(P_{\alpha\beta\gamma}+P_{\alpha\gamma\beta}+P_{\beta\alpha\gamma}+P_{\beta\gamma\alpha}+P_{\gamma\alpha\beta}+P_{\gamma\beta\alpha})$$
$$-\frac{1}{15}\left[\delta_{\alpha\beta}(P_{\delta\delta\gamma}+P_{\delta\gamma\delta}+P_{\gamma\delta\delta})+\delta_{\alpha\gamma}(P_{\delta\delta\beta}+P_{\delta\beta\delta}+P_{\beta\delta\delta})+\delta_{\beta\gamma}(P_{\delta\delta\alpha}+P_{\delta\alpha\delta}+P_{\alpha\delta\delta})\right]$$
（4.4.23e）

在式(4.4.23c)中的三项可以看成是三个线性无关的集合，每个生成$D^{(1)}$。式(4.4.23d)中的两组项也有类似关系。

注意，正如所期望的那样，生成真旋转群R_3^+的整个对称不可约表示$D^{(0)}$的各向同性张量给出在4.2.5节中讨论的张量分量的各向同性平均。然而，在包含反演的全旋转群R_3中，只有标量$P_{\alpha\beta}^{(0)}$包含整个对称不可约表示$D_{\mathrm{g}}^{(0)}$；现在，赝标量$P_{\alpha\beta\gamma}^{(0)}$生成$D_{\mathrm{u}}^{(0)}$，不再是“可观测的”。

我们将一般二阶轴张量$A_{\alpha\beta}$简化成不可约部分，会给出与式（4.4.22）等价的表达，而$P_{\alpha\beta}^{(0)}$、$P_{\alpha\beta}^{(1)}$和$P_{\alpha\beta}^{(2)}$生成R_3中的$D_{\mathrm{g}}^{(0)}$、$D_{\mathrm{g}}^{(1)}$和$D_{\mathrm{g}}^{(2)}$，$A_{\alpha\beta}^{(0)}$、$A_{\alpha\beta}^{(1)}$和$A_{\alpha\beta}^{(2)}$生成R_3中的$D_{\mathrm{u}}^{(0)}$、$D_{\mathrm{u}}^{(1)}$和$D_{\mathrm{u}}^{(2)}$。这强调了下一个更高阶轴张量和极张量的等价性，因为$P_{\alpha\beta\gamma}^{(0)}$、$P_{\alpha\beta\gamma}^{(1)}$和$P_{\alpha\beta\gamma}^{(2)}$也生成$R_3$中的$D_{\mathrm{u}}^{(0)}$、$D_{\mathrm{u}}^{(1)}$和$D_{\mathrm{u}}^{(2)}$。如果$P_{\alpha\beta\gamma}$对于任何一对张量下角标的置换是对称的，那么它的一些不可约部分为零；特别是$D^{(0)}$，它解释了为什么电偶极-电四极张量（2.6.27c）不能在各向同性样品中产生旋光性。注意，由式（3.4.13b）给出的张量$\zeta'_{\alpha\beta\gamma}$将电偶极-电四极和电偶极-磁偶极一起给出天然光学活性。该张量的变换与$P_{\alpha\beta\gamma}^{(0)}$是一样的。

4.4.6 不可约球张量算符的矩阵元

分子量子态中的简并度是天然光学活性和磁光学活性的一个重要来源。为了计算简并能级组态之间算符的矩阵元，有必要根据体系对称群的不可约表示对波函数和算符进行分类，并采用著名的 Wigner-Eckart 定理。

不可约张量算符的概念，以及将这些算符进行公式化，并推广到像原子这样的球形体系的实际应用中的相关工作主要由 Racah 完成。该工作部分基于 Wigner 给出的角动量理论的进展，并与之同时发展。由 Fano 和 Racah（1959）及 Wigner（1959）给出的两部权威著作总结了该工作。Griffith（1962）随后将该理论推广到分子点群。我们这里将不叙述该工作，只简单给出下面章节需要的公式。读者可以从 Silver（1976），Piepho 和 Schatz（1983）得到本书需要的大部分介绍。通过不同情况下，Wigner-Eckart 定理的不同版本，我们遵循各个作者的标记，从而可以直接用他们给出的耦合系数表。

对于根据真旋转群R_3^+分类的波函数和算符，我们用 Wigner-Eckart 定理的如下版本：

$$\left\langle \alpha' j' m' \left| T_q^k \right| \alpha j m \right\rangle = (-1)^{j'-m'} \left\langle \alpha' j' \left\| T_q^k \right\| \alpha j \right\rangle \begin{pmatrix} j' & k & j \\ -m' & q & m \end{pmatrix} \qquad (4.4.24)$$

其中，j 和 m 分别是常规角动量量子数和磁量子数；α 是指定态所需的任何附加量子数；T_q^k 是以不可约球张量形式给出的算符，k 表示对应的不可约表示，q 表示分量。$3j$ 符号：

$$\begin{pmatrix} j' & k & j \\ -m' & q & m \end{pmatrix}$$

表示具有特殊对称性形式的矢量耦合系数；$\left\langle \alpha' j' \left\| T_q^k \right\| \alpha j \right\rangle$ 是约化矩阵元。事实上，Wigner-Eckart 定理将问题的物理部分（约化矩阵元）与几何方面（$3j$ 符号）分离开来。我们利用由 Rotenberg、Bivens、Metropolis 和 Wooten（1959）所列的 $3j$ 符号的数值。约化矩阵元在一些情况中是可以计算的，然而本书的一些应用不需要显式值，因为这里用的是光学活性可观测量的无量纲表达，从而将约化矩阵元抵消了。

电偶极矩算符笛卡儿分量的矩阵元有很多用处，我们现在根据 $3j$ 符号和约化矩阵元将其明确写出。首先，将笛卡儿分量以球坐标的形式表示：

$$\mu_x = -\frac{1}{\sqrt{2}}\left(\mu_1^1 - \mu_{-1}^1\right),\ \mu_y = \frac{\mathrm{i}}{\sqrt{2}}\left(\mu_1^1 + \mu_{-1}^1\right),\ \mu_z = \mu_0^1 \qquad (4.4.25\text{a})$$

这些遵循与 Condon 和 Shortley（1935）给出的球面谐波的相位约定相一致的球面分量的定义：

$$\mu_1^1 = -\frac{1}{\sqrt{2}}(\mu_x + \mathrm{i}\mu_y),\ \mu_0^1 = \mu_z,\ \mu_{-1}^1 = \frac{1}{\sqrt{2}}(\mu_x - \mathrm{i}\mu_y) \qquad (4.4.25\text{b})$$

将式（4.4.25a）应用到式（4.4.24），则需要的矩阵元为

$$\left\langle \alpha' j' m' \left| \mu_x \right| \alpha j m \right\rangle = (-1)^{j'-m'+1} \frac{1}{\sqrt{2}} \left\langle \alpha' j' \left\| \mu \right\| \alpha j \right\rangle \times \left[\begin{pmatrix} j' & 1 & j \\ -m' & 1 & m \end{pmatrix} - \begin{pmatrix} j' & 1 & j \\ -m' & -1 & m \end{pmatrix} \right] \qquad (4.4.26\text{a})$$

$$\left\langle \alpha' j' m' \left| \mu_y \right| \alpha j m \right\rangle = (-1)^{j'-m'} \frac{1}{\sqrt{2}} \left\langle \alpha' j' \left\| \mu \right\| \alpha j \right\rangle \times \left[\begin{pmatrix} j' & 1 & j \\ -m' & 1 & m \end{pmatrix} + \begin{pmatrix} j' & 1 & j \\ -m' & -1 & m \end{pmatrix} \right] \qquad (4.4.26\text{b})$$

$$\left\langle \alpha' j' m' \left| \mu_z \right| \alpha j m \right\rangle = (-1)^{j'-m'} \left\langle \alpha' j' \left\| \mu \right\| \alpha j \right\rangle \times \begin{pmatrix} j' & 1 & j \\ -m' & 0 & m \end{pmatrix} \qquad (4.4.26\text{c})$$

对于 $3j$ 符号的性质，电偶极跃迁的著名选律遵循：对于 z 分量，$\Delta j = 0, \pm 1 (0 \leftrightarrow\!\!\!\!\!\!+\ 0)$，$\Delta m = 0$；对于 x 和 y 分量，$\Delta j = 0, \pm 1 (0 \leftrightarrow\!\!\!\!\!\!+\ 0)$，$\Delta m = \pm 1$（如果 j

是纯轨道角动量，则宇称参数禁止 $\Delta j=0$ ）。它直接由式（4.4.26a）和式（4.4.26b）得出：

$$\langle jm|\mu_x|j+1\,m\pm1\rangle=\mp\mathrm{i}\langle jm|\mu_y|j+1\,m\pm1\rangle \tag{4.4.27}$$

该结果在讨论原子中的磁圆二色性方面是比较有用的。

对于属于有限分子点群体系的类似计算，我们必须使用 Wigner-Eckart 定理的另一种版本（Griffith，1962；Silver，1976）。因此，当可以用实基集，如不存在外磁场的情况时，合适的版本为

$$\langle a\alpha|g_\beta^b|a'\alpha'\rangle=\langle a\|g^b\|a'\rangle V\begin{pmatrix} a & a' & b \\ \alpha & \alpha' & \beta \end{pmatrix} \tag{4.4.28}$$

当用到复基集时，合适的版本为

$$\langle a\alpha|g_\beta^b|a'\alpha'\rangle=[-1]^{a+\alpha}\langle a\|g^b\|a'\rangle V\begin{pmatrix} a & a' & b \\ -\alpha & \alpha' & \beta \end{pmatrix} \tag{4.4.29}$$

态 $|a\alpha\rangle$ 根据不可约表示 a 的 α 分量变换。必须注意，实算符或复算符的合适集合及系数 V 都与选取的版本有关。我们参考了 Griffith（1962）或 Silver（1976）关于因子 $[-1]^{a+\alpha}$ 的定义及系数 V 的性质。为了使用 Griffith 的复 V 系数表，我们必须以复数的形式表示算符 g_β^b，注意使用它的相位约定。该相位约定实际上来自 Fano 和 Racah（1959），而不是在式（4.4.24）中用到的 Condon 和 Shortley 的相位约定。事实上，Fano 和 Racah 相位约定给出的球谐函数，是通过将 Condon 和 Shortley 相位约定给出的球谐函数乘以因子 i^l 给出的。因此，我们通常必须使用如下关系取代电偶极矩算符的笛卡儿分量（4.4.25a）：

$$\mu_X=\frac{\mathrm{i}}{\sqrt{2}}\left(\mu_1^1-\mu_{-1}^1\right),\ \mu_Y=\frac{1}{\sqrt{2}}\left(\mu_1^1+\mu_{-1}^1\right),\ \mu_Z=-\mathrm{i}\mu_0^1 \tag{4.4.30}$$

现在，取代式（4.4.26），矩阵元为

$$\langle a\alpha|\mu_X|a'\alpha'\rangle=[-1]^{a+\alpha}\frac{\mathrm{i}}{\sqrt{2}}\langle a\|\mu\|a'\rangle\times\left[V\begin{pmatrix} a & a' & b \\ -\alpha & \alpha' & 1 \end{pmatrix}-V\begin{pmatrix} a & a' & b \\ -\alpha & \alpha' & -1 \end{pmatrix}\right] \tag{4.4.31a}$$

$$\langle a\alpha|\mu_Y|a'\alpha'\rangle=[-1]^{a+\alpha}\frac{1}{\sqrt{2}}\langle a\|\mu\|a'\rangle\times\left[V\begin{pmatrix} a & a' & b \\ -\alpha & \alpha' & 1 \end{pmatrix}+V\begin{pmatrix} a & a' & b \\ -\alpha & \alpha' & -1 \end{pmatrix}\right] \tag{4.4.31b}$$

$$\langle a\alpha|\mu_Z|a'\alpha'\rangle=[-1]^{a+\alpha}(-\mathrm{i})\langle a\|\mu\|\alpha'\rangle V\begin{pmatrix} a & a' & b \\ -\alpha & \alpha' & 0 \end{pmatrix} \tag{4.4.31c}$$

然而，在二面体群 $D_n(n>2)$ 中，Griffith（1962）对 A_1、A_2、B_1 和 B_2 表使用实函

数，对 E 表使用复函数：换句话讲，复 V 系数对应的表要与如下形式的 E 复算符一起使用：

$$\mu_X = \frac{\mathrm{i}}{\sqrt{2}}\left(\mu_1^1 - \mu_{-1}^1\right),\ \mu_Y = \frac{1}{\sqrt{2}}\left(\mu_1^1 + \mu_{-1}^1\right)$$

然而，对于 A_2、μ_Z 不变。因此，对于 $D_n(n>2)$，式（4.4.31a）和式（4.4.31b）仍然适用，然而式（4.4.31c）被如下关系取代：

$$\left\langle a\alpha\left|\mu_Z\right|a'\alpha'\right\rangle = [-1]^{a+\alpha}(-\mathrm{i})\left\langle a\|\mu\|\alpha\right\rangle V\begin{pmatrix} a & a' & b \\ -\alpha & \alpha' & 0 \end{pmatrix} \tag{4.4.31d}$$

在 V 系数中引入 b，与由特定点群中 μ 的分量产生的不可约表示有关。因此，在 O 中，(μ_X,μ_Y,μ_Z) 产生 T_1，从而 $b=T_1$；而在 D_4 中，(μ_X,μ_Y) 产生 E，μ_Z 产生 A_2，从而在式（4.4.31a）和式（4.4.31b）中 $b=E$，在式（4.4.31d）中 $b=A_2$。在应用式（4.4.31）时，O 中的系数 V 采用 Griffith（1962）的表 C2.3，而 D_4 采用了表 D3.2（复数）。

最后，对于含有奇数个电子的分子的某些计算，我们需要将 Griffith 方法推广到双点群。Harnung（1973）已经提供了一个合适的扩展[还可以参考 Dobosh（1972），以及 Piepho 和 Schatz（1983）]，并且对于八面体双群 O^*，给出如下版本的 Wigner-Eckart 定理：

$$\left\langle \Gamma\gamma\left|\mathcal{D}_\kappa^K\right|\Gamma'\gamma'\right\rangle = \sum_\epsilon (-1)^{u(\Gamma-\gamma)}\left\langle \Gamma\left\|\epsilon\mathcal{D}^K\right\|\Gamma'\right\rangle \begin{pmatrix} \Gamma & K & \Gamma' \\ -\gamma & \kappa & \gamma' \end{pmatrix}_\epsilon \tag{4.4.32}$$

其中，对参数 ϵ 的求和是因为 O^* 并不仅仅是可约的；也就是说，一些不可约表示的直积包含重复表示。我们参考了 Harnung（1973）关于因子 $(-1)^{u(\Gamma-\gamma)}$ 的定义、3Γ 符号的性质和 3Γ 符号的表格。再次使用 Fano 和 Racah 的相位约定，并利用式（4.4.30）形式的算符，我们得到类似于式（4.4.31）形式的电偶极矩算符笛卡儿分量的矩阵元表达式：

$$\left\langle \Gamma\gamma\left|\mu_X\right|\Gamma'\gamma'\right\rangle = (-1)^{u(\Gamma-\gamma)}\frac{\mathrm{i}}{\sqrt{2}}\left\langle \Gamma\|\mu\|\Gamma'\right\rangle \times \left[\begin{pmatrix} \Gamma & T_1 & \Gamma' \\ -\gamma & 1 & \gamma' \end{pmatrix} - \begin{pmatrix} \Gamma & T_1 & \Gamma' \\ -\gamma & -1 & \gamma' \end{pmatrix}\right] \tag{4.4.33a}$$

$$\left\langle \Gamma\gamma\left|\mu_Y\right|\Gamma'\gamma'\right\rangle = (-1)^{u(\Gamma-\gamma)}\frac{1}{\sqrt{2}}\left\langle \Gamma\|\mu\|\Gamma'\right\rangle \times \left[\begin{pmatrix} \Gamma & T_1 & \Gamma' \\ -\gamma & 1 & \gamma' \end{pmatrix} + \begin{pmatrix} \Gamma & T_1 & \Gamma' \\ -\gamma & -1 & \gamma' \end{pmatrix}\right] \tag{4.4.33b}$$

$$\left\langle \Gamma\gamma\left|\mu_Z\right|\Gamma'\gamma'\right\rangle = (-1)^{u(\Gamma-\gamma)}(-\mathrm{i})\left\langle \Gamma\|\mu\|\Gamma'\right\rangle \begin{pmatrix} \Gamma & T_1 & \Gamma' \\ -\gamma & 0 & \gamma' \end{pmatrix} \tag{4.4.33c}$$

这些 3Γ 符号明显适用于 O^*，并在 Harnung（1973）的表 5 中给出。

4.5　置换对称性和手性

我们现在转向讨论分子性质中对称性的一个截然不同的方面，也就是基于分子骨架上配体位置排列的手性代数分析。该分析不仅给出分子手性现象的观点，还提供了严格的代数准则，可以用于评定（至少在原理上）任何光学活性的分子理论。本节的大部分内容是基于 Ruch（1972）和 Mead（1974）给出的综述，我们参考了这些内容，对于进一步的描述参考了由 King（1991）给出的综述。

4.5.1　手性函数

我们可以将分子看成是配体连接到一个骨架上的结构。如果骨架是非手性的，任何分子的手性必须来自不同的配体。以一个碳原子和四个四面体定向键组成的甲烷骨架为例，我们知道，只有这四个配体都不同时该分子才具有手性。这使 Crum Brown（1890）和 Guye（1890）提出光学活性旋转正比于如下形式的“不对称积”：

$$\alpha=(a-b)(b-c)(c-d)(a-c)(a-d)(b-d) \tag{4.5.1}$$

其中，a、b、c、d 为配体的一些性质（Crum Brown 和 Guye 将其看成是质量）。很明显，如果 a、b、c、d 中的任意两个相等，则 $\alpha=0$；如果任意两个互换，则 α 改变符号。因此，式（4.5.1）具有表达赝标量可观测量 α 的正确形式，并被称为手性函数。Boys 的分子理论（Boys，1934）包含与式（4.5.1）相同的因子，然而其中的物理量 a、b、c、d 为配体的半径。

尽管手性函数式（4.5.1）具有描述赝标量旋光参数所必需的对称性，但是它并不是唯一的方式。Ruch、Schönhofer 和 Ugi（1967）对普遍分子骨架的手性函数进行了系统的群论研究，而 Ruch 和 Schönhofer（1970）给出了明确的形式。

Ruch 提出如下重要问题，他认为令人满意的手性函数理论应该能够回答该问题：是否能够将手性分子分成两类，一类是左手性的，另一类是右手性的？他引入如下类比（Ruch，1972）：

“如果把左脚的鞋子放进一个盒子里，右脚的鞋子放进另一个盒子里，我们能够很容易就完成该任务，尽管右脚穿的鞋子对于不同的人，在颜色、形状和尺寸上非常不同，并且，可能这对鞋子彼此也不是精确镜像的。如果用马铃薯解决同样的问题，我们肯定束手无策。当然，我们可能会偶尔找到略微镜像的两个。那么很明显，我们必须将其分开，然而对于其他在形状上不同的马铃薯，我们每次都会产生不同的决定。这样的话，任何分类会变得非常人为化了。”

我们将会看到（4.5.6 节），任何手性分子的骨架都可以归为两类之一。一类是“类鞋子”的，因为可以将其分成右手分子和左手分子；另一类是“类马铃薯”

的，因为无法对其进行以上区分，从而导致分类变得比较随意。对于骨架属于第一类的不同手性分子对，Ruch 提出同手性的术语，表示都是左手性的或者都是右手性的（像同一只脚对应的不同鞋子），以及异手性的术语，表示不同手性的分子（如两只脚对应的两只不同质地的鞋子）。

对于分子，我们通常用骨架和每个位点处配体的性质（可能是取向）进行描述。因此，一个特定骨架可以被认为是定义了一类分子，其中的分子由每个位置处的配体进行区别。一个给定的分子可以属于多种不同类别，这与哪部分为骨架，哪部分为配体有关：例如，乙烷可以被看成是六位乙烷骨架，其中的六个氢原子为配体；或者作为四位甲烷骨架，其中含有一个甲基和三个氢原子配体。

这里，我们将讨论限制在满足以下条件的配体：如果所有配体都相同，则分子具有骨架的对称性。这意味着，配体必须具备足够的对称性，以满足当分子的取向发生变化时，所有性质都是不变的（因而，配体必须具有三重或者更高的纯旋转轴，该旋转轴与将配体连接到骨架上的键重合）；它还排除了固有手性配体。如果骨架是非手性的，那么只含有一种配体的分子就是非手性的。

我们现在考虑由骨架指定的手性类别。对于这类分子，只有当所有配体各不相同时，分子才具有手性。相关骨架支持这样的配体，其位置在规则体端点处（图 4.5）。例如，具有 T_d 对称性的规则体的角对应了连接到甲烷骨架的配体位置[图 4.5（a）]。假定配体可以用与单个标量参数 λ 有关的物理学性质进行表征，如球形配体的半径。

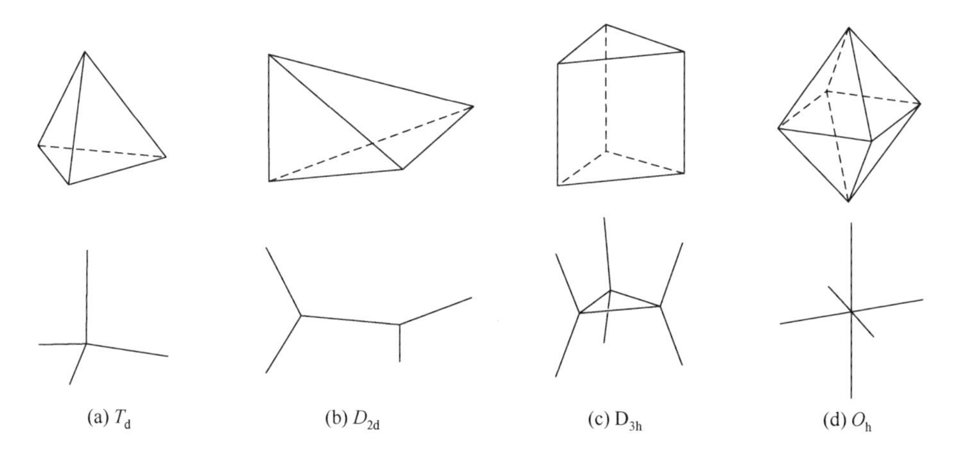

图 4.5　典型的非手性骨架：（a）甲烷；（b）丙二烯；（c）环丙烷；（d）SF_6

以如图 4.6 所示的带标记的丙二烯骨架为例，很容易证明：

$$\chi_1 = (\lambda_1 - \lambda_2)(\lambda_3 - \lambda_4) \tag{4.5.2a}$$

$$\chi_2 = (\lambda_1 - \lambda_2)(\lambda_1 - \lambda_3)(\lambda_1 - \lambda_4)(\lambda_2 - \lambda_3)(\lambda_2 - \lambda_4)(\lambda_3 - \lambda_4) \tag{4.5.2b}$$

对于丙二烯骨架都是手性函数，因为它们在适当操作下以上方程不变，并在 D_{2d} 骨架的瑕操作下会改变符号。

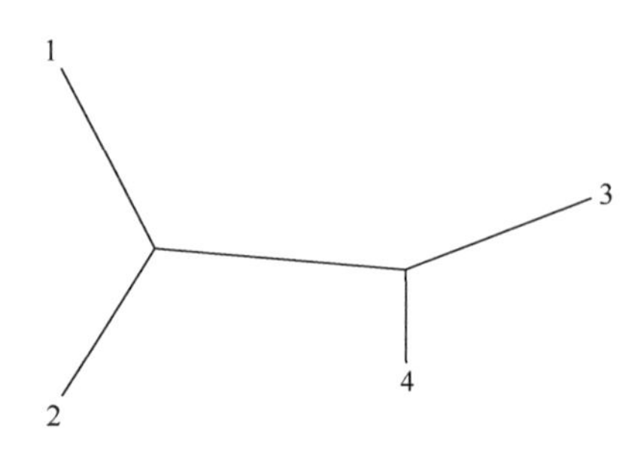

图 4.6　丙二烯骨架

然而，这些手性函数在使用时都会遇到一些问题。例如，考虑图 4.7（a）中的同分异构体Ⅰ、Ⅱ、Ⅲ的等浓度混合物。该混合物的第一个手性函数 χ_1 为零：

$$\chi_1 = \frac{1}{3}\left[\chi_1(\mathrm{I}) + \chi_1(\mathrm{II}) + \chi_1(\mathrm{III})\right]$$

$$= \frac{1}{3}\left[(\lambda_a - \lambda_d)(\lambda_b - \lambda_c) + (\lambda_a - \lambda_c)(\lambda_d - \lambda_b) + (\lambda_a - \lambda_b)(\lambda_c - \lambda_d)\right] = 0$$

而第二个手性函数 χ_2 不为零。另一方面，对于图 4.7（b）所示的手性分子，以及在图 4.7（c）中的非外消旋同分异构体的等量混合物，χ_2 为零，而 χ_1 不为零。因此，χ_1 和 χ_2 都不足以给出手性的全面描述，因为当对称性不满足对应的条件时都会为零。这时，$\chi_1 + \chi_2$ 更合适。通常，我们必须要求不存在手性函数为零的非外消旋异构体混合物。这种类型的手性函数称为定性完备函数。

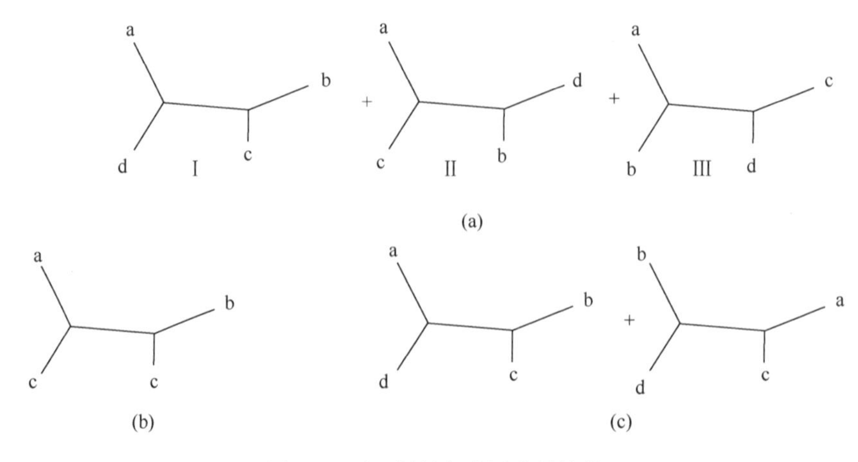

图 4.7　丙二烯的各种同分异构体

4.5.2　置换群和对称群

下面，我们需要从置换群的理论得出一些结果。该群是标记为 1, 2, ⋯, n 的所有排列的集合，用 $\mathcal{T}_n$ 表示。我们可以从 Hamermesh（1962）、Chisholm（1976）和 Mead（1974）的文献中得到更完备的描述。

考虑数值为 $\underline{12\cdots n}$ 的有序集合，以及 $\mathcal{T}_n$ 的置换算符 P，其用 p_1 代替 1，p_2 代替 2，p_n 代替 n，也就是

$$P\underline{12\cdots n} = \underline{p_1 p_2 \cdots p_n} \tag{4.5.3}$$

其中，$\underline{p_1 p_2 \cdots p_n}$ 是数字 $\underline{12\cdots n}$ 集合的另一种顺序。该置换用如下符号表示：

$$P = \begin{pmatrix} 1 & 2 & \cdots & n \\ p_1 & p_2 & \cdots & p_n \end{pmatrix} \tag{4.5.4}$$

循环互换 m 个标记的置换操作称为 m 循环，并被表示成：

$$\begin{pmatrix} 1 & 2 & \cdots & m-1 & m \\ 2 & 3 & \cdots & m & 1 \end{pmatrix} \equiv (12\cdots m) \tag{4.5.5}$$

例如，将 $\underline{123}$ 变成 $\underline{231}$ 的置换写成：

$$\begin{pmatrix} 1 & 2 & 3 \\ 2 & 3 & 1 \end{pmatrix}\underline{123} \equiv (123)\underline{123} \equiv \underline{231}$$

2 循环被称为转置。

可以证明，每个置换可以写成作用在相互独立的标记上的循环的乘积。例如，

$$\begin{pmatrix} 1 & 2 & 3 & 4 & 5 & 6 \\ 2 & 4 & 5 & 1 & 3 & 6 \end{pmatrix} = (124)(35)(6) \tag{4.5.6}$$

并且，每个置换可以用转置的乘积表示，例如，$(123) = (13)(12)$。特别是，可以证明，$(n-1)$ 个转置 $(12),(13),\cdots,(1n)$ 构成群 $\mathcal{T}_n$ 的一个产生算符集；也就是说，$\mathcal{T}_n$ 的每个元素可以写成这些转置的适当乘积。

定义置换算符对 n 个自变量 $x_1, x_2, \cdots, x_n$ 的函数的影响是非常重要的。其中，该函数的形式为

$$f(x_1, x_2, \cdots, x_n) = (x_1 - x_2)(x_1 - x_3)\cdots(x_1 - x_n)(x_2 - x_3)\cdots(x_2 - x_n)(x_{n-1} - x_n) \tag{4.5.7}$$

如果 P 是 $\mathcal{T}_n$ 的一个元素，很明显：

$$Pf = \varepsilon_P f \tag{4.5.8}$$

其中，$\varepsilon_P = \pm 1$。如果 $\varepsilon_P = +1$，置换被认为是偶，如果 $\varepsilon_P = -1$，置换被认为是奇。很明显，偶置换包含偶数个转置，奇置换包含奇数个转置。并且，两个偶置换的乘积或者两个奇置换的乘积都为偶，而一个偶置换和一个奇置换的乘积为奇。

我们现在转向字称和共轭类的问题上。如果 P 和 Q 是 $\mathcal{T}_n$ 的元素，并且存在一个元素 T，其满足如下关系：

$$Q = TPT^{-1} \tag{4.5.9}$$

那么，Q 和 P 属于同一类。

假设将 P 分解成循环数，从而产生 v_1（1 循环），v_2（2 循环），…，v_n（n 循环）。这样的话，P 被认为具有如下循环结构：

$$(v) \equiv (1^{v_1} 2^{v_2} \cdots n^{v_n}) \tag{4.5.10}$$

用 c_i 表示循环，我们得到：

$$P = c_1 c_2 \cdots c_h \tag{4.5.11}$$

其中，$h = v_1 + v_2 + \cdots + v_n$。因为集合中有 n 个数，它遵循：

$$v_1 + 2v_2 + \cdots + nv_n = n \tag{4.5.12}$$

现在，共轭元素 Q 为

$$Q = (Tc_1T^{-1})(Tc_2T^{-1})\cdots(Tc_nT^{-1}) \tag{4.5.13}$$

由此可知，Q 具有与 P 一样的循环结构。因此，给定共轭类中的所有元素有同样的循环结构。它们遵循式（4.5.12）在非负整数 $v_1, v_2, \cdots, v_n$ 中的每个解确定了一个循环结构，从而是共轭类。因此，在 $\mathcal{T}_n$ 中类的数目由式（4.5.13）的解的数目给出，写成：

$$\begin{aligned} v_1 + v_2 + \cdots + v_n &= \delta_1 \\ v_2 + \cdots + v_n &= \delta_2 \\ &\vdots \\ v_n &= \delta_n \end{aligned} \tag{4.5.14a}$$

即：

$$\delta_1 + \delta_2 + \cdots + \delta_n = n \tag{4.5.14b}$$

其中，

$$\delta_1 \geqslant \delta_2 \geqslant \cdots \geqslant \delta_n \geqslant 0 \tag{4.5.14c}$$

我们看到，式（4.5.14b）是 n 的一种分区，并且可以用 $[\delta] \equiv [\delta_1 \delta_2 \cdots \delta_n]$ 进行标记。在 n 的分区和式（4.5.12）的解之间存在一一对应的关系，因为从式（4.5.14a）可以得到：

$$\begin{aligned} v_1 &= \delta_1 - \delta_2 \\ v_2 &= \delta_2 - \delta_3 \\ &\vdots \\ v_n &= \delta_n \end{aligned} \tag{4.5.14d}$$

结果，在 $\mathcal{T}_n$ 中类的数目由 n 的分区数目给出。

可以看到，在具有循环结构 $(1^{\nu_1}2^{\nu_2}\cdots n^{\nu_n})$ 的共轭类中，元素的数目为

$$g=\frac{n!}{(1^{\nu_1}\nu_1!)(2^{\nu_2}\nu_2!)\cdots(n^{\nu_n}\nu_n!)} \tag{4.5.15}$$

以 $\mathcal{T}_4$ 为例。4 可以分成 $[4],[3\,1],[2\,2]\equiv[2^2]$, $[2\,1\,1]\equiv[2\,1^2]$ 和 $[1\,1\,1\,1]\equiv[1^4]$。因此，在 $\mathcal{T}_4$ 中有 5 个共轭类。利用式（4.5.14d）和式（4.5.12）可以得到表 4.4。

表 4.4　4 的分区

分区	循环结构	类中元素的数目	举例
[4]	(1^4)	1	(1)(2)(3)(4)
$[1^4]$	(4^1)	6	(1432)
$[2^2]$	(2^2)	3	(14)(23)
$[2\,1^2]$	$(1^1\,3^1)$	8	(132)(4)
[3 1]	$(1^2\,2^1)$	6	(12)(3)(4)

因为在 $\mathcal{T}_n$ 中共轭类的数目由 n 的分区数目决定，所以 $\mathcal{T}_n$ 的不可约表示的数目也由 n 的分区数目给出。因此，n 的每个分区对应了 $\mathcal{T}_n$ 的一个不可约表示。这导致了一个标记不可约表示的非常方便的方法。根据每个分区 $[\delta]\equiv[\delta_1\delta_2\cdots\delta_n]$，我们可以画一个杨氏图 $\gamma^{[\delta]}$。该图的第一行包含 δ_1 个单元格，第二行包含 δ_2 个单元格，以此类推。越往下，行越短。如果将数值 $1,2,\cdots,n$ 插入单元格，我们就得到一个杨氏矩阵。如果插入单元的数值是沿着一列向下增加，并从左到右增加，那么就得到一个标准的杨氏图 $T^{[s]}$。以下理论［见 Hamermesh（1962）］是非常重要的：分区 $[\delta]$ 标记的不可约表示的维数 d 由标准杨氏图 $T_1^{[\delta]},\cdots,T_d^{[\delta]}$ 的数目给出，其可由杨氏图 $T^{[s]}$ 构建。将该理论应用到 $\mathcal{T}_4$ 的结果见表 4.5。我们看到，对于每个不可约表示 $[\delta]$，存在一个不可约表示 $[\tilde{\delta}]$，其中行和列已互换。$[\tilde{\delta}]$ 称为 $[\delta]$ 的对偶。我们已经看到，$[2^2]$ 是自对偶的，并且对偶不可约表示有相同维数。

表 4.5　$\mathcal{T}_4$ 的不可约表示

不可约表示	标准杨氏矩阵	维数
[4]	1 2 3 4	1
$[1^4]$	1 2 3 4	1
$[2^2]$	1 2 3 4　　1 3 2 4	2

续表

不可约表示	标准杨氏矩阵	维数
[3 1]	1 2 3 4 1 2 4 3 1 3 4 2	3
$[2\ 1^2]$	1 4 2 3 1 3 2 4 1 2 3 4	3

正如 $\mathcal{T}_4$ 有两个一维不可约表示[4]和$[1^4]$一样，$\mathcal{T}_n$ 一般也有两个一维不可约表示$[n]$和$[1^n]$。因为$[n]$是完全对称的，它必须由一个任何转置都是对称的基函数 $\psi^{\mathrm{s}}(1,2,\cdots,n)$ 生成。例如，在任何转置 $(1i)$ 下，其中，$i=2,3,\cdots,n$，我们一定得到：

$$(1i)\psi^{\mathrm{s}}(1,2,\cdots,n)=\psi^{\mathrm{s}}(1,2,\cdots,n)$$

另一个一维不可约表示$[1^n]$在偶置换下是对称的，在奇置换下是反对称的（即分别有 $+1$ 和 -1 的特征值）。因此，由于转置 $(1i)$ 都是奇，生成$[1^n]$的任何函数 $\psi^{\mathrm{a}}(1,2,\cdots,n)$ 必须满足：

$$(1i)\psi^{\mathrm{a}}(1,2,\cdots,n)=-\psi^{\mathrm{a}}(1,2,\cdots,n)$$

我们现在将使对称算符：

$$S=\sum_P P \tag{4.5.16}$$

与标准杨氏矩阵：

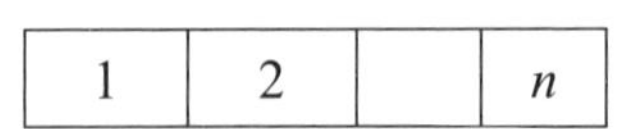

相关联。其中，对 $\mathcal{T}_n$ 的所有置换算符进行求和。这样的话，如果 $\psi(1,2,\cdots,n)$ 是一个任意函数，那么函数 $S\psi$ 是$[n]$的一个对称性匹配基。同样地，我们将反对称算符：

$$A=\sum_P \varepsilon_p P \tag{4.5.17}$$

与如下标准杨氏矩阵相关联：

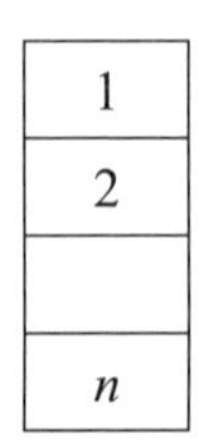

这样，函数 $A\psi$ 是$[1^n]$的一个对称性匹配基。

这些观点可以推广到高于一维的不可约表示。我们这里给出两类置换的定义：水平置换，只互换标准杨氏矩阵的同一行中的符号；垂直置换，只互换标准杨氏矩阵同一列中的符号。现在，将如下杨氏算符与标准杨氏矩阵 $T_i^{[\delta]}$ 相关联：

$$Y_i^{[\delta]} = AS \tag{4.5.18}$$

其中，S 只影响水平置换，A 只影响垂直置换。

例如，$\mathcal{T}_3$ 的二维不可约表示[2 1]与如下标准杨氏矩阵相关联：

$$T_1^{[21]} = \begin{array}{|c|c|}\hline 1 & 2 \\ \hline 3 & \\ \cline{1-1}\end{array}\ ,\quad T_2^{[21]} = \begin{array}{|c|c|}\hline 1 & 3 \\ \hline 2 & \\ \cline{1-1}\end{array}$$

对应的杨氏算符为

$$Y_1^{[21]} = [I-(13)][I+(12)] \tag{4.5.19a}$$

$$Y_2^{[21]} = [I-(12)][I+(13)] \tag{4.5.19b}$$

其中，$I=(1)(2)(3)$ 是恒等操作（identity operation）。

4.5.3　手性函数：定性完备性

我们现在用置换群公式给出 4.5.1 节中引入的定性完备性概念的数学结构。

群 $\mathcal{T}_n$ 产生了一个分子 M 的所有可能的同分异构体，这个分子 M 包含一个具有 n 个位点的骨架。$\mathcal{T}_n$ 含有由这些配体置换构成的子群 $\mathcal{G}$。我们可以将该置换理解成点群的对称性操作。$\mathcal{G}$ 通常是与骨架的点群同构，然而并不总是这样。例如，对于丙二烯骨架（图 4.6）上 4 个配体的所有可能置换，总共产生包含 24 个元素的置换群 $\mathcal{T}_4$：其中，只有 8 个元素与丙二烯骨架的 D_{2d} 点群，也就是(1)(2)(3)(4)的恒等操作，是等价的；真旋转(12)(34)，(13)(24)和(14)(23)（等价于三个不同的 C_2 操作）；瑕旋转(1)(2)(34)，(12)(3)(4)（等价于两个不同的σ_d 操作），(1324)和(1423)（等价于两个不同的 S_4 操作）。手性函数通过定义必须属于子群 $\mathcal{G}$ 的手性（或者赝标量）表达 Γ_λ。对于真旋转，其特征值为 + 1，对于瑕旋转，其特征值为−1。现在给出的是，骨架点群中手性函数的转换性质是如何与配体位点全置换群的性质相关联的。

这里引入由置换操作 $\mathcal{T}_n$ 的线性组合构成的系统算符（ensemble operator），当应用到任何分子上时，通过将骨架上 n 个位点处 n 个配体互换位置，产生混合的对映异构体：

$$a = \sum_P a(P)P \tag{4.5.20}$$

$a(P)$ 是根据浓度理解的正实系数。在所有配体都不相同的一般情况下，我们根据导致的对映异构体混合物是非外消旋的还是外消旋的，将系统算符说成是手性的或是非手性的。

对于有 n 个位点的骨架，我们可以通过将 n 个配体（所有配体各不相同）随意分布在每个位置上，形成分子 M。手性函数 χ(M) 对于该分子将有一个特定的

值。对于混合物$(a\mathrm{M})$，对应的手性函数为

$$\chi(a\mathrm{M})=\sum_{P}a(P)\chi(P\mathrm{M}) \tag{4.5.21}$$

定性完备性意味着，如果a不是外消旋混合物的算符，那么$\chi(a\mathrm{M})$不为零。我们现在引入如下定理：χ的定性完备性的充分必要条件是，χ包含根据$\mathcal{T}_n$的每个不可约表示Γ_r变换的z_r个独立分量，其中，z_r是Γ_χ被$\mathcal{G}$中Γ_r分导次数；并且，从$\mathcal{G}$的Γ_χ诱导$\mathcal{T}_n$是常用的方式。我们参考了 Mead（1974）对该定理的证明，以及关于分导表示和诱导表示。

下面，通过讨论丙二烯骨架，我们能够更清晰地理解该定理的意义。$\mathcal{T}_4$的特征表见表 4.6。$\mathcal{T}_4$的所需子群为$D_{2\mathrm{d}}$，表 4.7 给出该子群的类、各类元素的数目、所属$\mathcal{T}_4$的类，以及$D_{2\mathrm{d}}$的手性表达$\Gamma_\chi(\equiv B_1)$的每个特征值。

表 4.6　$\mathcal{T}_4$的特征表

不可约表示 Γ_r	杨氏矩阵	(1^4) 1	$(1^2 2^1)$ 6	$(1^1 3^1)$ 8	(2^2) 3	(4^1) 6
Γ_1	[4]	1	1	1	1	1
Γ_2	[3 1]	3	1	0	–1	–1
Γ_3	$[2^2]$	2	0	–1	2	0
Γ_4	[2 1]	3	–1	0	–1	1
Γ_5	$[1^4]$	1	–1	1	1	–1

表 4.7　在$D_{2\mathrm{d}}$中类的一些性质

	I	C_2	$2C_2'$	$2\sigma_\mathrm{d}$	$2S_4$
$\mathcal{T}_4$ 中的类	(1^4)	(2^2)	(2^2)	$(1^2 2^1)$	(4^1)
在 $\Gamma_\chi(\equiv B_1)$ 中的特征值	1	1	1	–1	–1

为了得到由$\mathcal{T}_4$的一个给定表示分导的$D_{2\mathrm{d}}$表示的特征值，我们只需要写下$\mathcal{T}_4$中也处于$D_{2\mathrm{d}}$的基元的表示的特征值，这在表 4.8 中完成。将表 4.7 和表 4.8 进行比较，并且利用通过特征值得到表示的不可约部分的标准公式，我们发现，只有用Γ_3和Γ_5分导的表示包含Γ_χ，并且这样的话每个只有一次。因此，在这种情况中，$z_1=z_2=z_4=0$，$z_3=z_5=1$。这还意味着，从$D_{2\mathrm{d}}$的Γ_χ常规推导$\mathcal{T}_4$，给出分别包含Γ_3和Γ_5的表示，而完全不包含其他表示。因此，丙二烯的一个定性完备手性函数必须有两个独立组分：一个标记为$\chi^{(\Gamma_3)}$，根据$\mathcal{T}_4$的Γ_3进行变换；另一个标记为$\chi^{(\Gamma_5)}$，根据$\mathcal{T}_4$的Γ_5进行变换。

表 4.8　同样属于 D_{2d} 的 $\mathcal{T}_4$ 操作的不可约表示的特征值

	I	C_2	$2C_2'$	$2\sigma_d$	$2S_4$
Γ_1	1	1	1	1	1
Γ_2	3	−1	−1	1	−1
Γ_3	2	2	2	0	0
Γ_4	3	−1	−1	−1	1
Γ_5	1	1	1	−1	−1

留给读者证明：四位甲烷骨架的定性完备手性函数只有一个根据 $\mathcal{T}_4$ 的 Γ_5 进行变换的组分，因为从 T_d 的 $\Gamma_\chi(\equiv A_2)$ 常规推导 $\mathcal{T}_4$ 只给出 Γ_5。

4.5.4　手性函数：显式形式

在上一节中我们指出，定性完备手性函数 χ 包含 $\sum_r z_r$ 个组分，从而 χ 的显式构建简化成其组分的构建。

构建属于 $\mathcal{T}_n$ 的特定不可约表示 Γ_r 的手性函数的常规步骤如下。式（4.5.18）定义的杨氏操作 $Y^{(\Gamma_r)}$ 应用到任意函数 $\psi(1,2,\cdots,n)$ 上。如果结果不为零，则该函数将会属于 Γ_r，但不一定是手性函数。接着，应用对应于 $\mathcal{G}$ 的手性不可约表示的投影算符 $C^{(\Gamma_\chi)}$，如果结果仍然不为零，则该函数将会是一个具有所需性质的手性函数。因此，

$$\chi^{(\Gamma_r)} = C^{(\Gamma_\chi)}Y^{(\Gamma_r)}\psi(1,2,\cdots,n) \tag{4.5.22}$$

如果 $z_r>1$，有必要以这种方式构建 z_r 个独立函数。原则上，起始函数 $\psi(1,2,\cdots,n)$ 是任意的，并可能具有无数个属于同一表示的函数。但实际上，选择这些函数是为了与正在构建特定光学活性理论所依据的模型相对应。我们考虑两种特别有用的函数类型：第一种步骤产生最小阶多项式，第二种步骤产生配体尽可能少的函数。

对于第一种步骤，在一个或多个配体参数中生成最低阶手性函数。式（4.5.2）的两个函数提供了一个简单的示例。因为我们现在只考虑非手性配体，所以可以对其使用单个标量参数 λ 进行表征。在式（4.5.22）中的起始函数 $\psi(1,2,\cdots,n)$ 被选成最低阶单项式，它不会被式（4.5.22）的操作湮灭。在式（4.5.22）中的杨氏算符 $Y^{(\Gamma_r)}$ 对其表中同一列的位点置换是反对称的。因此，对于同一列中的任何两个位点，我们的单项式不能对称。也就是说，对于任何两个这样的位点，它不可能包含具有相同指数的 λ。从而，在给定列中，位点的 λ 指数必须都不相同，并且

对于长度为 n 的列，最低可能的选择为 $0,1,2,\cdots,n$ 。因此，总阶数为

$$h=\sum_{j}(j-1)\delta_j \tag{4.5.23}$$

其中，δ_j 是在第 j 行中位点的数目。

通过再次考虑丙二烯骨架的简单例子，我们对此将会有很清楚的了解。根据4.5.3节的结果，一个定性完备 χ 必须包含两个组分：一个属于 Γ_3，另一个属于 Γ_5。对于不可约表达 Γ_3，杨氏图是表4.5中的[2^2]，从而，由式（4.5.23）得出 $h=2$。我们选择 $\psi(1,2,\cdots,n)=\lambda_2\lambda_4$，以及杨氏矩阵：

$$T_2^{[2^2]}=\begin{array}{|c|c|}\hline 1 & 3 \\ \hline 2 & 4 \\ \hline\end{array}$$

利用式（4.5.18），对应的杨氏算符为

$$Y_2^{(\Gamma_3)}=[I-(12)][I-(34)][I+(13)][I+(24)] \tag{4.5.24}$$

将该关系式应用到 $\psi(1,2,\cdots,n)$，得到

$$Y_2^{(\Gamma_3)}\lambda_2\lambda_4=2(\lambda_2-\lambda_1)(\lambda_4-\lambda_3) \tag{4.5.25}$$

对于投影算符 $C^{(\Gamma_\chi)}$，有

$$C^{(\Gamma_\chi)}=I+(12)(34)+(13)(24)+(14)(23)-(1)(2)(34)-(12)(3)(4)-(1324)-(1423) \tag{4.5.26}$$

很容易证明，应用到 $Y_2^{(\Gamma_3)}\lambda_2\lambda_4$ 上的 $C^{(\Gamma_\chi)}$ 只乘以一个常数。去掉所乘常数，需要的函数为

$$\chi^{(\Gamma_3)}=(\lambda_2-\lambda_1)(\lambda_4-\lambda_3) \tag{4.5.27}$$

与式（4.5.2a）相同。通过类似的方式，我们发现 $\chi^{(\Gamma_5)}$ 和式（4.5.2b）相同。

现在考虑第二种步骤，即产生了与最少配体相关的手性函数。现在，起始函数 $\psi(1,2,\cdots,n)$ 不需要是单项式，而只需要与尽可能少的配体相关，否则为任意的。如果 $\psi(1,2,\cdots,n)$ 只依赖于 b 个配体，它必须在另外的 $(n-b)$ 个配体的置换和反映下是完全对称的。因此，这些 $(n-b)$ 个位点中任何两个都不会处于杨氏算符 $Y^{(\Gamma_r)}$ 表的同一列。从而，$(n-b)$ 不可能大于列数，该列数和杨氏矩阵中第一行的长度是一样的。由此可见，b 的最小值为 $(n-\delta_1)$。

比较简单的例子还是产生 Γ_3 的丙二烯 D_{2d} 骨架。我们选择 $\psi=f(2,4)$，其中，f 是任意函数，再次使用算符（4.5.24）和（4.5.26），结果为

$$\chi^{(\Gamma_3)'}=g(2,4)-g(1,4)-g(2,3)+g(1,3) \tag{4.5.28}$$

其中，$g(i,j)=f(i,j)+f(j,i)$，是相对于配体 i 和 j 互换的完全对称函数。

以上给出的产生显式手性函数的两种步骤可以应用到任何一类骨架上，只是难度不同。Mead（1974）已经给出一些重要骨架关于这两种手性函数的广泛列表。

4.5.5　活性配体和非活性配体的划分：手性数

我们现在转向如下问题：n 个配体沿着一个特定骨架的位点分布，如果一些配体刚好相等，哪些定性完备手性函数的组分（如果有）将为零呢？可以直接推导丙二烯骨架的相关情况，因为如果两个配体相同，由式（4.5.2b）给出的 $\chi^{(\Gamma_5)}$ 为零；而由式（4.5.2a）给出的 $\chi^{(\Gamma_3)}$ 可以当两个配体相同，另外两个不同，或者两对配体相同时不为零。我们现在用一般化的方式表述该问题。

可以将各种配体与杨氏图相关联。配体分区被定义成具有相等配体的 δ_1、δ_2 等的列表。因此，一个分区对应了 δ_1 个相同的配体，和前面列出的 δ_1 不同的 δ_2 个相同配体，等等；所有 δ 的和必须等于 n。分区图 $\gamma^{[\delta]}$ 必须是杨氏图，其行长度为 δ_1，δ_2 等。图 4.8 展现了三个不同的四位点骨架的四阶分区图：甲烷 T_d 骨架、丙

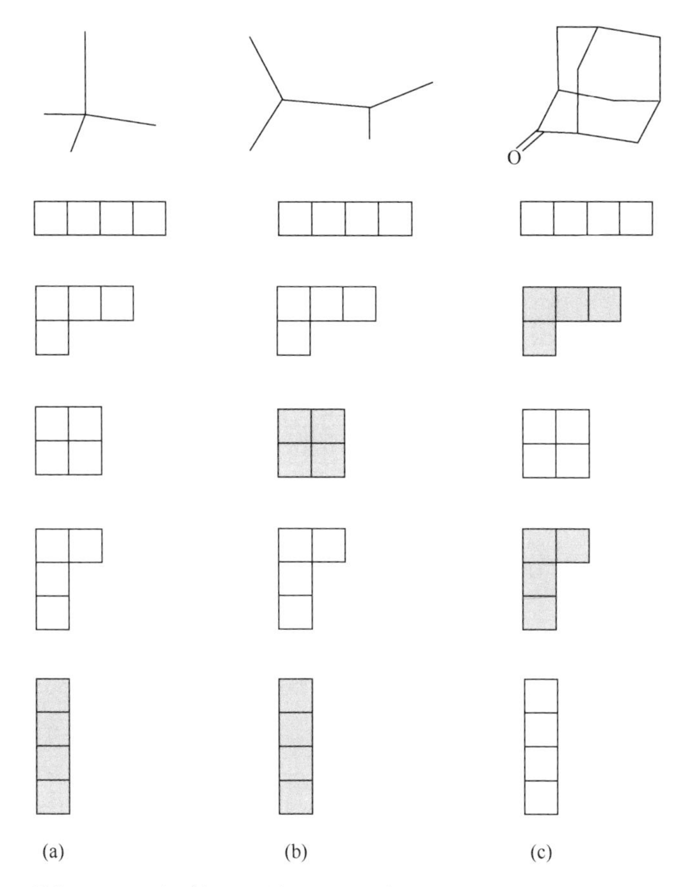

图 4.8　甲烷 T_d 骨架（a）、丙二烯 D_{2d} 骨架（b）和金刚烷酮 C_{2v} 骨架（c）的分区图，阴影分区指 $z_r \neq 0$ 的不可约表示

二烯 D_{2d} 骨架和金刚烷酮 C_{2v} 骨架。阴影部分属于 $z_r \neq 0$ 的不可约表示。如果一个手性分子可以通过适当分布在骨架位点上的配体来构建，那么该配体分区就被称为活性配体分区（并不是活性分区确定的每个配体互换都能产生手性分子）。

我们可以证明，用阴影图表示的所有配体分区都是活性的，然而从丙二烯的例子推断，可以存在进一步的活性分区，因为除了 Γ_3 和 Γ_5，很容易看到 Γ_4 也是活性的。这是因为由两个相同配体和两个不同配体修饰的丙二烯骨架具有手性。一种得到所有活性分区的方法使用了如下定义［见 Ruch（1972）］：如果杨氏图 γ 可以通过将另一个杨氏图 γ' 中上一行的方格移动到下一行的方式构建，而不用在任何位置产生不是杨氏图的新方格，那么，我们就称 γ 比 γ' 小（$\gamma \subset \gamma'$）。需要补充的是，对于每个杨氏图 γ，$\gamma \subset \gamma$。该定义还有另一种形式，即用前 i 行的长度为 δ_i 的分区和 o_i：$o_1 = \delta_1$，$o_2 = \delta_1 + \delta_2$，$o_3 = \delta_1 + \delta_2 + \delta_3$，等等。那么，对于所有 i，只有当 $o_1 \leqslant o_i'$ 时，$\gamma \subset \gamma'$。可以证明，所有比任何阴影分区都要小的分区才对分子是有活性的；并且，只有比给定的阴影分区更小的分区对于对应的手性完备算符才有活性。活性分区用手性杨氏图（或者 $\mathcal{T}_n$ 的手性不可约表示）进行表示。

现在，活性分区有了更精确的定义。已知 $z_r \neq 0$ 情况下 $\mathcal{T}_n$ 的表示 Γ_r，如果存在某个分子属于分区 $[\delta]$，且其中至少有一个组分 $\chi_j^{(\Gamma_r)}$ 不为零，则 $[\delta]$ 对于 Γ_r 是有活性的。如果一个分区对于任何 $z_r \neq 0$ 的 Γ_r 是 Γ_r 活性的，则该分区仅仅被称为活性分区。本节一开始提出的问题现在可以给出精确表述：已知 $[\delta]$ 和 Γ_r，我们如何确定是否 $[\delta]$ 是 Γ_r 活性的？可以证明［如见 Mead（1974）］Γ_r 活性的必要条件是

$$\gamma^{(\Gamma_r)} \supset \gamma^{[\delta]} \tag{4.5.29}$$

换句话讲，配体分区 $[\delta]$ 的杨氏图必须小于对应的 Γ_r 的阴影图。因此，以丙二烯为例，从图 4.8 我们看到，式（4.5.29）给出与本节一开始推导出的相同的结果。

给定骨架的活性分区集（或者手性杨氏图）产生一组表征骨架手性的数字。由本节讨论的结果可知，相对于一个给定的图，不存在第一行较长或第一行较短的更小的图。这就意味着，在所有阴影图的集合中，我们可以指定四个数字来表征给定骨架类型的手性性质：它们是所有阴影图中最长和最短的第一行和第一列。前两个最重要的数字是手性阶数（chirality order）o，定义为所有阴影图中最长的第一行；手性指数（chirality index）u，定义为所有阴影图中最短的第一列。因此，手性阶数决定了相同配体的最大数目，手性指数决定了不同配体的最小数目，这些配体可以出现在属于特定骨架类型的手性分子中。

在 4.5.1 节中，我们介绍了一种手性骨架，该骨架产生了非手性配体的手性分子。对于这类分子，Ruch 和 Schönhofer（1970）证明：$n-3 \leqslant o \leqslant n$ 和 $1 \leqslant u \leqslant 4$。我们可以将该类型分成五种情况，每种情况都需要一种不同的理论来描述光学活性的产生：

$o=n$。这定义了能够支持所有同类型配体的手性分子骨架。该骨架必须是固有手性的，因此，光学活性的任何理论必须用手性骨架的方式进行考虑。

$o=(n-1)$。这定义了只有一个配体不同，所有其他配体相同的手性分子骨架。因此，光学活性产生于通过一个配体产生的微扰，其产生四分和八分的扇形规则，如对金刚烷酮衍生物光学活性的分析。

$o=(n-2)$。对于这种骨架，两个配体必须不同，并且两个配体同时微扰产生光学活性，如丙二烯衍生物。

$o=(n-3)$。这种类型的骨架需要三种不同配体产生手性分子，并且由这三种配体相互作用产生光学活性，如甲烷衍生物。

$o=0$。根据定义，这类骨架是非手性的，因为即使所有配体都不相同，该分子也不是手性的，如苯骨架。

4.5.6　同手性

令人满意的手性函数的一个重要性质是，对于鞋类骨架，它们容纳 4.5.1 节中引入的同手性和异手性的概念。手性关联性，即属于特定骨架分子的手性相似性，必须建立在配体相似的基础之上。由于我们正通过单一标量参数 λ 指定非手性配体，从而分子通过骨架中 n 个位置上每个的 λ 说明；也就是说，一个特定分子对应了 n 维 λ 空间中的一个点。通过连续变换 λ 次，我们将该类型中的任何分子连续变化成该类中的任何其他分子。因而，鞋类分子必须使用连续赝标量函数进行描述。这些函数对于同手性对有相同符号，对于异手性对有相反的符号，并且只有非手性零，也就是说只有对非手性分子才为零。马铃薯类分子用定义不太明确的手性函数来描述：区别于鞋类分子手性函数的一个特征是，它们具有手性零，也就是说对一些手性分子为零。

因此，左手性分子和右手性分子的一个可接受的分类意味着，将 λ 空间分成两个区域，如 R 和 L，也就是说：①每个手性分子要么是 R 的要么是 L 的，并且不在它们之间的边界上；②如果一个给定的分子处于 R，其镜像处于 L，反之亦然；③非手性分子既不是 R 的，也不是 L 的，而是在它们的边界上。因此，R 和 L 之间的区间必须是非手性分子的子空间；由于 n 维空间的两个区间之间的边界必须有$(n-1)$维，因此非手性分子的子集对应了$(n-1)$维超曲面集。

非手性分子通过骨架点群的瑕旋转不变。在 4.5.2 节中我们提到，每个置换都可以写成如式（4.5.6）所示的，彼此独立标记的循环乘积。因此，通过将对应于特定瑕旋转的置换算符 P 写成循环的形式：

$$P=(1,2,\cdots,s)(s+1,s+2,\cdots,s+t)(s+t,\cdots)\cdots \tag{4.5.30}$$

我们看到，只有当相同循环中的位点被相同配体占据时，分子才会在 P 操作下不变。也就是说，如果：

$$\lambda_1 = \lambda_2 = \cdots = \lambda_s,$$
$$\lambda_{s+1} = \lambda_{s+2} = \cdots = \lambda_{s+t}, \tag{4.5.31}$$
$$\cdots\cdots$$

如果 P 包含 h 个循环，则满足式（4.5.31）的子空间是 h 维的。只有当 h 由 1 个 2-循环和 $(n-2)$ 个 1-循环组成时，维数 h 才会等于 $(n-1)$；也就是说，P 必须是单转置的。

$\mathcal{H}$ 表示所有位置对(i, j)的集合，从而转置(ij)对应了一个瑕旋转。对于 $\mathcal{H}$ 中包含的每对 (jk)，由

$$\lambda_j = \lambda_k \tag{4.5.32}$$

确定的 $(n-1)$ 维超曲面集为对应于非手性分子的子空间。如果由式（4.5.32）确定的超曲面包含所有非手性分子，则非手性分子的子基实际上将是一组 $(n-1)$ 维超曲面。只有当式（4.5.31）所确定的子空间都是由式（4.5.32）确定的子空间时，这才会是正确的；也就是说，如果满足如下关系：对应于骨架点群瑕旋转的每个置换 P 的每次循环必须至少包含两个位点 j、k，使 (jk) 包含在 $\mathcal{H}$ 中；或者相当于，该类的每个非手性分子必须至少有一个对称操作，该对称操作在置换形式上对应了一个转置。

如果满足该条件，我们可以选择曲面（4.5.32）作为 R 和 L 之间的界限，从而满足标准条件①和③。事实上也满足标准条件②，因为如果 $\mathcal{H}$ 包含 (ij)，则镜像分子对应了 λ_j和λ_k 的互换值。因此，鞋类骨架满足以上条件，可以分成 R 和 L；而马铃薯类骨架不满足以上条件，从而不可能直接分成 R 和 L。

值得强调的是，对于鞋类骨架，对两个相反手性区域 R 和 L 的命名是任意的。并且，通过改变配体参数 λ 的定义，一开始命名为 R 的分子可能会是 L 的。

丙二烯（图 4.6）给出鞋类骨架的一个常规例子。由瑕旋转(12)和(34)确定的曲面为 $\lambda_1 = \lambda_2$ 和 $\lambda_3 = \lambda_4$。瑕旋转(1324)和(1423)都确定了一维空间 $\lambda_1 = \lambda_2 = \lambda_3 = \lambda_4$，是上述的一个子空间。

马铃薯类骨架的一个简单例子为如图 4.9 所示的 $C_{4\mathrm{v}}$ 对称的四位点骨架。瑕旋转(24)和(13)确定了 $(n-1) =$ 三维超曲面 $\lambda_1 = \lambda_3$ 和 $\lambda_2 = \lambda_4$。另一方面，瑕旋转(12)(34)和(14)(23)确定了二维超曲面 $\lambda_1 = \lambda_2$，$\lambda_4 = \lambda_3$，以及 $\lambda_1 = \lambda_4$，$\lambda_2 = \lambda_3$，这些不是上述的子空间。

以上给出的关于鞋类骨架的同手性和异手性精确分类，可以用一种更容易应用于给定骨架的形式来表达。当且仅当骨架只有两个配体位点，或者位点数 n 更大，但骨架的对称性包含镜面，且每个镜面包含 $(n-2)$ 个位点时，骨架是鞋类的。其他骨架都是马铃薯类的。除了以上讨论的丙二烯和四位点 $C_{4\mathrm{v}}$ 骨架，另一对具有指导意义的例子是如图 4.10 所示的鞋类三角双锥和马铃薯类四方双锥。

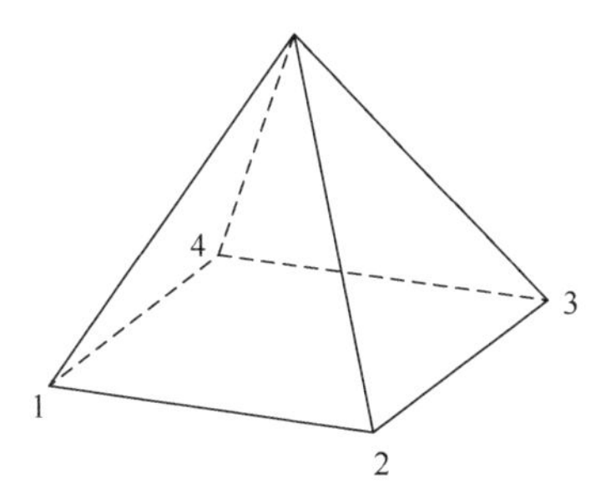

图 4.9　C_{4v} 对称的马铃薯类骨架

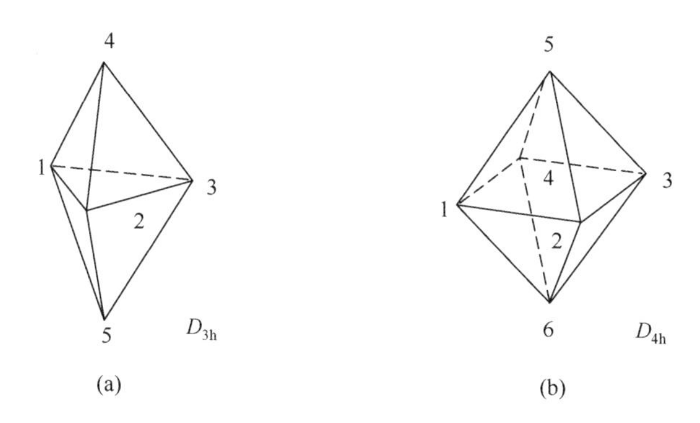

图 4.10　（a）“鞋类”骨架；（b）“马铃薯类”骨架

可以用四方双锥说明马铃薯类骨架缺乏同手性概念。参考图 4.10（b），我们可以设想连续改变位点 1 和 2 处的配体，以便完成对初始位点的互换。因为在任何时间都不会遇到非手性情况，我们可以将路径上遇到的任何一对相邻的分子都分配到同一个对映异构体子类中，从而，在该路径上产生的所有分子都属于同一个子类。随后，我们对位点 3 和 4 处的配体进行同样的变化，并且用同样的讨论。然而，配体 1 和 2 互换、配体 3 和 4 互换的最终分子是初始分子的对映异构体。因此，邻近分子之间的手性关联性必须在从初始分子到其对映异构体的过程中中断；但由于找不到特殊的地方，我们得出结论，即不存在同手性概念。

4.5.7　手性函数：结束语

我们已经深入探讨了 Ruch 关于置换对称性和手性的观点，因为它看起来在光学活性理论中具有重要意义，尽管目前它在立体化学中的应用还很有限：实际上，我们在后面章节中很少用到这些。关于其目前形式的有限适用性的一个原因是，对由单个标量参数表征导致配体必须是有效球形的限制，尽管 Mead（1974）已经将该理论扩展到手性配体（仍然是球形的）；而在后面章节给出的手性分子的光学活性理论中，我们发现，各向异性配体的矢量和张量性质的引入通常会给出更易处理的表达式。然而，上述基于标量配体的结果有时可以应用到各向异性配体上：例如，在 4.5.5 节中，手性阶数 $o=(n-2)$ 的分子中旋光性的产生被说成是需要从各向同性配体对产生的同时贡献；然而，可以将其重新解释成来自单个各向异性配体产生的贡献，因为例如，一对相互作用的原子相当于一个各向异性基团。

关于置换对称方法在批判光学活性理论方面所体现的价值，我们可以从一个简单例子看出，即对丙二烯 D_{2d} 骨架和甲烷 T_d 骨架的比较。从 4.5.3 节中的讨论我们知道，一个具有旋光性的定性完备手性函数，如丙二烯衍生物，将包含两个独立的 $\chi^{(\Gamma_3)}$ 和 $\chi^{(\Gamma_5)}$ 贡献，可能形式为式（4.5.2a）和式（4.5.2b），并根据 T_4 的 Γ_3 和 Γ_5 进行变换；而甲烷衍生物仅包含一个项 $\chi^{(\Gamma_5)}$，可能具有式（4.5.2b）的形式，并根据 Γ_5 进行变换。$\chi^{(\Gamma_1)}$ 和 $\chi^{(\Gamma_5)}$ 的相对权重可以通过测试手性丙二烯同分异构体的各种非外消旋混合物的旋光性来确定。该相对权重告诉我们，在多大程度上可以认为手性丙二烯衍生物具有规则四面体的近似对称性。此外，如果手性甲烷衍生物的骨架偏离 T_d 对称性，则我们必须包含另一种具有 $\chi^{(\Gamma_3)}$ 形式的贡献。

King（1991）已经基于旋光测试，评论了由手性代数确定的手性函数的实验测试。似乎它们的成功显著取决于骨架的复杂性，特别是根据位点和手性配体分区的数目。手性函数为鞋类骨架（如甲烷和丙二烯）的手性衍生物，提供了相当好的旋光数据近似值。然而，对于具有多个手性配体分区的更复杂的鞋类骨架或马铃薯类骨架的手性衍生物，该近似会变差。

手性函数的常规发展仅仅基于一个赝标量可观测量，即透明波长处的旋光参数。只有根据该可观测量，4.5.1 节中关于定性完备性的讨论看起来才是正确的，因为同分异构体的每个非外消旋混合物的每个组分协同给出净的观测旋光性。从而，该数学形式描述似乎并不直接适用于由非相干散射过程产生的赝标量可观测量，如瑞利和拉曼光学活性。这在拉曼光学活性例子中直接看到，因为非对映异构体在不同频率处产生拉曼线。在瑞利光学活性例子中，所有异构体产生的散射频率是一样的，但复杂的是，各向同性和各向异性散射对样品密度的依赖性是完全不同的，并且不同异构体的各向同性和各向异性散射的相对量也将不同。然而，在理想透明气体的极限条件下，定性完备的概念可能也适用于瑞利光学活性情况，因为观测到的总圆偏振强度差 $I^{\mathrm{R}}-I^{\mathrm{L}}$ 将仅仅是从样品中每个分子独立贡献的简单加和。另一方面，在非相干过程的情况下，可能只有对异构体的非外消旋混合物手性函数不为零的定性完备性的解释是存疑的，并且在 4.5.3 节中的定性完备性群理论分析仍然普遍正确。在任何情况下，在尝试将其应用于瑞利和拉曼光学活性之前，整个手性函数的数学形式都需要进行仔细的再评估，并可能需要重新制定。

第5章　天然电子光学活性

理论要么是正确的要么是错误的。然而，一个模型有第三种可能性：它可以是正确的，但却是不相关的。

曼韦雷德·艾根

5.1　引　　言

本章讨论在没有像定磁场这样的外部环境影响的情况下，可见光和近紫外光范围内的旋光性和圆二色性；也就是电子光谱中的天然光学活性。天然光学活性由分子性质张量 $G'_{\alpha\beta}$ 和 $A_{\alpha,\beta\gamma}$ 的合适分量产生。这两个张量分别包含电子跃迁偶极矩与磁跃迁偶极矩或电子跃迁四极矩之间的干扰。光在一般各向异性介质中，沿任意方向传播的光学活性是比较复杂的，这里不作考虑。我们只考虑分子光学中最重要的情况，即完全各向同性情况，如在液体或溶液中，在垂直于传播方向的平面上是各向同性的。在晶体光学的语言中，后者被指定为光沿单轴介质的光轴传播：它还对应了光沿着适用于各向同性介质的定态场的方向传播。正如在4.4.4节中讨论的那样，在这些情况中，只有手性分子满足 $G'_{\alpha\beta}$ 和 $A_{\alpha,\beta\gamma}$ 的适当分量。

5.2　天然旋光性和圆二色性的普遍特性

5.2.1　基本方程

第3章利用折射散射方法推导了天然旋光度和圆二色性的表达式。因此，从3.4.6节中我们可以给出有序样品中，沿 z 方向传播的光束所产生的旋光度和圆二色性的如下表达式：

$$\Delta\theta \approx -\frac{1}{2}\omega\mu_0 lN\left[\frac{1}{3}\omega(A_{x,yz}(f)-A_{y,xz}(f))+G'_{xx}(f)+G'_{yy}(f)\right] \quad (5.2.1a)$$

$$\eta \approx -\frac{1}{2}\omega\mu_0 lN\left[\frac{1}{3}\omega(A_{x,yz}(g)-A_{y,xz}(g))+G'_{xx}(g)+G'_{yy}(g)\right] \quad (5.2.1b)$$

旋光性与色散线形函数 f 有关，而圆二色性和吸收线形函数 g 有关。方程（5.2.1b）

适用于在初始线偏振光束中产生的小椭圆度；关于更普遍观测量的表达式见 3.4.6 节。

在各向同性样品中，对所有方向进行平均，给出：

$$\Delta\theta \approx -\frac{1}{3}\omega\mu_0 lNG'_{\alpha\alpha}(f) \tag{5.2.2a}$$

$$\eta \approx -\frac{1}{3}\omega\mu_0 lNG'_{\alpha\alpha}(g) \tag{5.2.2b}$$

第一个为 Rosenfeld 方程。电偶极-电四极平均贡献为零。

根据式（2.6.35），$G'_{\alpha\beta}$ 和 $A_{\alpha,\beta\gamma}$ 的通用分量是与原点位置相关的。然而，很容易证明，式（5.2.1）中确定的分量组合与分子原点的选择无关，这一点适用于一个可观测的物理量的表达式（Buckingham and Dunn，1971）。值得强调的是，独立的电偶极-磁偶极和电偶极-电四极贡献，在一个有取向的样品中是与原点位置有关的：移动原点时一个贡献的变化被另一个贡献的变化所抵消。结果，如果只考虑电偶极-磁偶极的贡献，在有取向体系的旋光或圆二色数据分析方面会导致非常错误的判断。

5.2.2　基于圆差折射的旋光性和圆二色性

尽管折射散射方法给予了旋光性和圆二色性最基本而完备的描述，但它不像圆差折射的描述那样为人所熟知。为了便于比较，现在用更常规的方法推导这些基本方程。该推导是基于由 Buckingham 和 Dunn（1971）给出的步骤。

由 1.2 节可知，旋光度和圆二色性可以分别根据右/左圆偏振光的折射率 n^{R} 和 n^{L} 及吸收率 n'^{R} 和 n'^{L} 进行表示：

$$\Delta\theta = \frac{\omega l}{2c}(n^{\mathrm{L}} - n^{\mathrm{R}}) \tag{5.2.3a}$$

$$\eta = \frac{\omega l}{2c}(n'^{\mathrm{L}} - n'^{\mathrm{R}}) \tag{5.2.3b}$$

折射率和吸收率最好参考介质中平面波光束的复电矢量（2.2.11）的指数：

$$\tilde{E}_\alpha = \tilde{E}_\alpha^{(0)}\exp\left[\mathrm{i}\left(\frac{\omega}{c}\tilde{n}_\beta r_\beta - \omega t\right)\right] \tag{5.2.4}$$

其中，$\tilde{\boldsymbol{n}}$ 是复传播矢量，即：

$$\tilde{\boldsymbol{n}} = \boldsymbol{n} + \mathrm{i}\boldsymbol{n}' \tag{5.2.5}$$

$n = |\boldsymbol{n}|$ 是折射率，$n' = |\boldsymbol{n}'|$ 是吸收率。很明显，n' 的存在导致了波的衰减。如果介质不导电，则该平面波的麦克斯韦方程组（2.2.3c）和（2.2.3d）变成：

$$\frac{1}{c}\tilde{n}_\beta \varepsilon_{\alpha\beta\gamma}\tilde{E}_\gamma = \tilde{B}_\alpha \tag{5.2.6a}$$

$$\frac{1}{c}\tilde{n}_\beta \varepsilon_{\alpha\beta\gamma}\tilde{H}_\gamma = -\tilde{D}_\alpha \tag{5.2.6b}$$

在晶体光学理论中，与材料相关的式（2.2.2）被推广为

$$\tilde{D}_\alpha = \tilde{\epsilon}_{\alpha\beta}\epsilon_0\tilde{E}_\beta \tag{5.2.7a}$$

$$\tilde{B}_\alpha = \tilde{\mu}_{\alpha\beta}\mu_0\tilde{H}_\beta \tag{5.2.7b}$$

其中，这里的介电常数和磁导率是复张量。$\tilde{\boldsymbol{D}}$ 和 $\tilde{\boldsymbol{H}}$ 也可以根据在介质中给出的块体的极化强度 $\tilde{\boldsymbol{P}}$ 、四极极化强度 $\tilde{\boldsymbol{Q}}$ 和磁极化强度 $\tilde{\boldsymbol{M}}$ 进行表示（Rosenfeld，1951）：

$$\tilde{D}_\alpha = \epsilon_0\tilde{E}_\alpha + \tilde{P}_\alpha - \frac{1}{3}\nabla_\beta\tilde{Q}_{\alpha\beta} \tag{5.2.8a}$$

$$\tilde{H}_\alpha = \frac{1}{\mu_0}\tilde{B}_\alpha - \tilde{M}_\alpha \tag{5.2.8b}$$

$\tilde{\boldsymbol{D}}$ 的这个定义与引入四极项的宏观麦克斯韦理论中普遍用到的定义不同；还存在我们没有考虑到的更高的多极极化会对 $\tilde{\boldsymbol{D}}$ 和 $\tilde{\boldsymbol{H}}$ 有影响。体多极极化可以通过如下关系，与组成分子的多极矩相关联：

$$\tilde{P}_\alpha = N\overline{\tilde{\mu}}_\alpha \tag{5.2.9a}$$

$$\tilde{Q}_{\alpha\beta} = N\overline{\tilde{\Theta}}_{\alpha\beta} \tag{5.2.9b}$$

$$\tilde{M}_\alpha = N\overline{\tilde{m}}_\alpha \tag{5.2.9c}$$

其中，N 是分子的数量密度，横线表示适用于特定介质的统计平均值。

如果我们写成：

$$\tilde{H}_\gamma = \frac{1}{\mu_0}\tilde{B}_\gamma - \frac{1}{\mu_0}\tilde{B}_\gamma + \tilde{H}_\gamma$$

麦克斯韦方程组（5.2.6）可以合并成一个方程：

$$\tilde{n}_\alpha\tilde{n}_\beta\tilde{E}_\beta - \tilde{n}^2\tilde{E}_\alpha + \mu_0 c^2\tilde{D}'_\alpha = 0 \tag{5.2.10}$$

其中，

$$\tilde{D}'_\alpha = \tilde{D}_\alpha - \frac{1}{c}\tilde{n}_\beta\varepsilon_{\alpha\beta\gamma}\left(\frac{1}{\mu_0}\tilde{B}_\gamma - \tilde{H}_\gamma\right) \tag{5.2.11}$$

如果磁导率是各向同性和统一的，则 $\tilde{\boldsymbol{B}} = \mu_0\tilde{\boldsymbol{H}}$ ，$\tilde{\boldsymbol{D}}'$ 简化成 $\tilde{\boldsymbol{D}}$，并且式（5.2.10）变成光在介电晶体中传播理论中使用的基本方程。现在，将式（5.2.8）和式（5.2.9）代入式（5.2.11）：

$$\begin{aligned}\tilde{D}'_\alpha &= \epsilon_0\tilde{E}_\alpha + \tilde{P}_\alpha - \frac{1}{3}\nabla_\beta\tilde{Q}_{\alpha\beta} - \frac{1}{c}\tilde{n}_\beta\varepsilon_{\alpha\beta\gamma}\tilde{M}_\gamma \\ &= \epsilon_0\tilde{E}_\alpha + N\left(\tilde{\mu}_\alpha - \frac{1}{3}\nabla_\beta\tilde{\Theta}_{\alpha\beta} - \frac{1}{c}\tilde{n}_\beta\varepsilon_{\alpha\beta\gamma}\tilde{m}_\gamma + \cdots\right)\end{aligned} \tag{5.2.12}$$

其中，为了简便起见，我们已经略去了表示统计平均的横线。如果外光波引起分

子多极矩，可以用式（2.6.43）引入分子极化张量：

$$\tilde{D}'_{\alpha}=\epsilon_0\tilde{E}_{\alpha}+N\left[\tilde{\alpha}_{\alpha\beta}+\frac{\mathrm{i}\omega}{3c}\tilde{n}_{\gamma}(\tilde{A}_{\alpha,\beta\gamma}-\tilde{\mathcal{A}}_{\alpha,\beta\gamma})+\frac{\tilde{n}_{\gamma}}{c}(\varepsilon_{\delta\gamma\beta}\tilde{G}_{\alpha\delta}+\varepsilon_{\delta\gamma\alpha}\tilde{\mathcal{G}}_{\alpha\beta})+\cdots\right]\tilde{E}_{\beta} \quad (5.2.13)$$

其中，我们假设分子处的“有效场”是自由空间中的光波场。现在，将式（3.4.11）中定义的张量 $\tilde{\zeta}_{\alpha\beta\gamma}$ 引入式（5.2.13），为

$$\tilde{D}'_{\alpha}=\epsilon_0\tilde{E}_{\alpha}+N(\tilde{\alpha}_{\alpha\beta}+\tilde{n}_{\gamma}\tilde{\zeta}_{\alpha\beta\gamma}+\cdots)\tilde{E}_{\beta} \quad (5.2.14)$$

在完全各向同性的例子中，平面中的各向同性垂直于传播方向，$\tilde{\boldsymbol{n}}\cdot\tilde{\boldsymbol{E}}=0$，基本方程（5.2.10）变成：

$$\left[(\tilde{n}^2-1)\delta_{\alpha\beta}-\mu_0c^2N(\tilde{\alpha}_{\alpha\beta}+\tilde{n}_{\gamma}\tilde{\zeta}_{\alpha\beta\gamma}+\cdots)\right]\tilde{E}_{\beta}=0 \quad (5.2.15)$$

由式（2.3.2）可知，右或左圆偏振光的复电矢量为

$$\tilde{E}_{\substack{\mathrm{R}\\ \mathrm{L}}\alpha}=\frac{1}{\sqrt{2}}E^{(0)}(i_{\alpha}\mp ij_{\alpha})\exp\left[\mathrm{i}\left(\frac{\omega}{c}\tilde{n}_{\beta}^{\overset{\mathrm{L}}{\mathrm{R}}}r_{\beta}-\omega t\right)\right]$$

因此，对于圆偏振光，式（5.2.15）给出两个方程：

$$\left(\tilde{n}^{\overset{\mathrm{L}}{\mathrm{R}}2}-1\right)-\mu_0c^2N[\tilde{\alpha}_{xx}+\tilde{\zeta}_{xxz}\mp\mathrm{i}(\tilde{\alpha}_{xx}+\tilde{\zeta}_{xxz})+\cdots]=0 \quad (5.2.16a)$$

$$\left(\tilde{n}^{\overset{\mathrm{L}}{\mathrm{R}}2}-1\right)-\mu_0c^2N[\tilde{\alpha}_{yy}+\tilde{\zeta}_{yyz}\pm\mathrm{i}(\tilde{\alpha}_{yx}+\tilde{\zeta}_{yxz})+\cdots]=0 \quad (5.2.16b)$$

其中，z 为传播方向。可以将这些结合成

$$\left(\tilde{n}^{\overset{\mathrm{L}}{\mathrm{R}}2}-1\right)-\frac{1}{2}\mu_0c^2N[\tilde{\alpha}_{xx}+\tilde{\alpha}_{yy}+\tilde{\zeta}_{xxz}+\tilde{\zeta}_{yyz}\mp\mathrm{i}(\tilde{\alpha}_{xy}-\tilde{\alpha}_{yx})\mp\mathrm{i}(\tilde{\zeta}_{xyz}-\tilde{\zeta}_{yxz})+\cdots]=0 \quad (5.2.16c)$$

如果分子介质是稀释的，则第二项非常小，因此我们可以写成：

$$\tilde{n}^{\overset{\mathrm{L}}{\mathrm{R}}}\approx 1+\frac{1}{4}\mu_0c^2N[\tilde{\alpha}_{xx}+\tilde{\alpha}_{yy}+\tilde{\zeta}_{xxz}+\tilde{\zeta}_{yyz}\mp\mathrm{i}(\tilde{\alpha}_{xy}-\tilde{\alpha}_{yx})\mp\mathrm{i}(\tilde{\zeta}_{xyz}-\tilde{\zeta}_{yxz})+\cdots] \quad (5.2.17)$$

这些复圆折射率的实部和虚部分别为

$$n^{\overset{\mathrm{L}}{\mathrm{R}}}\approx 1+\frac{1}{4}\mu_0c^2N\left[\alpha_{xx}(f)+\alpha_{yy}(f)+\zeta_{xxz}(f)+\zeta_{yyz}(f)\mp 2\left(\alpha'_{xy}(f)-\zeta'_{xyz}(f)\right)+\cdots\right] \quad (5.2.18a)$$

$$n'^{\overset{\mathrm{L}}{\mathrm{R}}}\approx \frac{1}{4}\mu_0c^2N\left[\alpha_{xx}(g)+\alpha_{yy}(g)+\zeta_{xxz}(g)+\zeta_{yyz}(g)\mp 2\left(\alpha'_{xy}(g)+\zeta'_{xyz}(g)\right)+\cdots\right] \quad (5.2.18b)$$

其中，我们引入了色散线形函数 f 和吸收线形函数 g。

将式（5.2.18）代入式（5.2.3），得到旋光度和圆二色性：

$$\Delta\theta \approx -\frac{1}{2}\omega\mu_0 lN\left[-c\alpha'_{xy}(f)+\frac{1}{3}\omega(A_{x,yz}(f)-A_{y,xz}(f))+G'_{xx}(f)+G'_{yy}(f)\right] \tag{5.2.19a}$$

$$\eta \approx -\frac{1}{2}\omega\mu_0 lN\left[-c\alpha'_{xy}(g)+\frac{1}{3}\omega(A_{x,yz}(g)-A_{y,xz}(g))+G'_{xx}(g)+G'_{yy}(g)\right] \tag{5.2.19b}$$

反对称极化率 $\alpha'_{\alpha\beta}$ 导致磁光学活性，从而在本章的后续部分不作考虑。

揭示修正的电位移矢量（5.2.14）与晶体光学理论推导的等效表达式之间的联系，以解释光学活性，这是具有指导意义的。如果介质是透明而非磁性的，则式（5.2.14）变成：

$$D'_\alpha = \epsilon_0 E_\alpha + N[\alpha_{\alpha\beta}(f) - \mathrm{i}n_\gamma \zeta'_{\alpha\beta\gamma}(f)+\cdots]E_\beta$$

如果将介电张量等于如下关系：

$$\epsilon_{\alpha\beta} = \epsilon_0\delta_{\alpha\beta} + N\alpha_{\alpha\beta}(f) \tag{5.2.20}$$

并通过如下关系引入旋转矢量（gyration vector）$\boldsymbol{g}$:

$$Nn_\gamma\zeta'_{\alpha\beta\gamma}(f) = \varepsilon_{\alpha\beta\gamma}g_\gamma \tag{5.2.21}$$

则 $\boldsymbol{D}'$ 和 $\boldsymbol{E}$ 之间的关系为

$$D'_\alpha \approx \epsilon_{\alpha\beta}E_\beta - \mathrm{i}\varepsilon_{\alpha\beta\gamma}E_\beta g_\gamma \tag{5.2.22}$$

这与 Landau 和 Lifshitz（1960）的方程（82.7a），以及 Born 和 Huang（1954）的方程（Ⅸ.2）相似。定义为

$$g_\alpha = g_{\alpha\beta}n_\beta \tag{5.2.23}$$

的对称旋转张量也被用于晶体光学，特别是在天然光学活性的晶体对称性条件的讨论中（Nye，1985）。很明显：

$$N\zeta'_{\alpha\beta\gamma}(f) = \varepsilon_{\alpha\beta\delta}g_{\delta\gamma} \tag{5.2.24}$$

通过使用式（4.2.42）和式（4.2.38），我们可以将其重新写成如下形式：

$$g_{\alpha\beta} = \frac{1}{2}N\varepsilon_{\alpha\gamma\delta}\zeta'_{\gamma\delta\beta}(f) \tag{5.2.25}$$

张量 $g_{\alpha\beta}$ 通常不是对称的，然而因为只有对称部分对旋光有贡献，所以旋光的晶体对称性条件可以只根据对称性部分进行讨论（Landau and Lifshitz，1960）。

关于手性介质中天然旋光性和圆二色性的圆差折射方法的进一步讨论和发展，可以参考 Raab 和 Cloete（1994），Theron 和 Cloete（1996），以及 Kaminsky（2000）。

5.2.3　实验物理量

旋光度[式（5.2.2a）]以弧度为单位，其路径长度 l 的单位为米，这是因为采用了 SI 单位制。为了应用，我们需要将其转换成实验单位。实验结果通常被报道成比旋光度，其定义如下[见式（1.2.9）]:

$$[\Delta\theta] = \frac{每分米旋光度}{光学活性物质的密度(克每立方厘米)}$$

对于各向同性样品，每分米的旋光度由式（5.2.2a）乘以$18/\pi l$给出。因为N是每立方米（由 SI 单位给出的单位体积）分子的数目，每立方厘米光学活性材料的克数为$NM/10^6 N_0$，其中，M是分子量，N_0是阿伏伽德罗常数（6.023×10^{23}）。从而，比旋光度为

$$[\Delta\theta] \approx -6\times10^6 \left(\frac{\omega\mu_0 N_0}{\pi M}\right)\left(\frac{n^2+2}{3}\right) G'_{\alpha\alpha} \tag{5.2.26}$$

其中，已经包含了洛伦兹因子$(n^2+2)/3$，以近似考虑介质折射率n的影响。

圆二色与吸光度之比给出的不对称因子，由分子性质张量（3.4.50）给出。将其对所有方向进行平均，并使用式（2.6.42），则各向同性样品的不对称因子可以根据分子跃迁矩表示为

$$g(j\leftarrow n) = \frac{4R(j\leftarrow n)}{cD(j\leftarrow n)} \tag{5.2.27}$$

其中，

$$R(j\leftarrow n) = \mathrm{Im}\left(\langle n|\boldsymbol{\mu}|j\rangle\langle j|\boldsymbol{m}|n\rangle\right) \tag{5.2.28a}$$

$$D(j\leftarrow n) = \mathrm{Re}\left(\langle n|\boldsymbol{\mu}|j\rangle\langle j|\boldsymbol{m}|n\rangle\right) \tag{5.2.28b}$$

分别为$j\leftarrow n$跃迁的旋光强度和偶极强度。不对称因子（5.2.27）与之前文献中遇到的相差$1/c$，这是因为我们这里采用的是 SI 单位制。

对于光在有取向的样品中沿z方向传播，如果现在将旋光强度和偶极强度推广到如下表达：

$$\begin{aligned} R_z(j\leftarrow n) = -\Big\{ & \frac{1}{3}\omega_{jn}\left[\mathrm{Re}\left(\langle n|\mu_x|j\rangle\langle j|\Theta_{yz}|n\rangle\right) - \mathrm{Re}\left(\langle n|\mu_y|j\rangle\langle j|\Theta_{xz}|n\rangle\right)\right] \\ & -\mathrm{Im}\left(\langle n|\mu_x|j\rangle\langle j|m_x|n\rangle\right) - \mathrm{Im}\left(\langle n|\mu_y|j\rangle\langle j|m_y|n\rangle\right)\Big\} \end{aligned} \tag{5.2.29a}$$

$$D_z(j\leftarrow n) = \mathrm{Re}\left(\langle n|\mu_x|j\rangle\langle j|\mu_x|n\rangle\right) + \mathrm{Re}\left(\langle n|\mu_y|j\rangle\langle j|\mu_y|n\rangle\right) \tag{5.2.29b}$$

则仍然可以使用同样的不对称因子（5.2.27）。用原点相关的电偶极、电四极和磁偶极算符的表达[式（2.4.3）、式（2.4.9）和式（2.4.14）]，加上速度-偶极变换[式（2.6.3b）]，很容易证明广义旋光强度[式（5.2.29a）]与分子原点的选择无关。

由于极矢量和轴矢量只有在真旋转下具有相同的变换，则极电偶极矢量$\boldsymbol{\mu}$和轴磁偶极矢量$\boldsymbol{m}$的相同分量仅产生同样的不可约表示，因此能够将缺少中心反演、反映面和旋转-反映轴的体系中同样的态$|n\rangle$和$|j\rangle$相关联。因此，各向同性旋光强

度（5.2.28a）仅对只有真旋转轴（即 C_n、D_n、O、T 和 I）点群的分子才是非零的。如前面 1.9.1 节和 4.4.4 节所述，这些是手性点群。对于广义旋光强度（5.2.29a）中的电偶极-电四极项，这类论点并不简单，但从与 4.4.4 节中使用的考虑类似的角度出发，得出了相同的结论。

5.2.4　求和规则

对于各向同性旋光强度（5.2.28a），Condon（1937）首先提出了一个重要的求和规则。对除初始态 n 的所有态 j 进行求和：

$$\begin{aligned}\sum_{j\neq n}R(j\leftarrow n)&=\sum_{j\neq n}\mathrm{Im}\left(\langle n|\mu_\alpha|j\rangle\langle j|\mu_\alpha|n\rangle\right)\\&=\mathrm{Im}\langle n|\mu_\alpha m_\alpha|j\rangle-\mathrm{Im}\left(\langle n|\mu_\alpha|n\rangle\langle n|m_\alpha|n\rangle\right)=0\end{aligned}\qquad(5.2.30)$$

其中，我们用到了这样一个事实，根据式（2.6.67）厄米电偶极矩算符和磁偶极矩算符的相同分量对易，导致 $\mu_\alpha m_\alpha$ 也是纯厄米算符，从而只具有纯实期望值（分别对应 μ_α 和 m_α）。需要强调的是，对所有分子态求和，而不仅仅是电子态，因此还包含振动和转动分量。

还可以看出，有序样品的旋光强度也存在一个类似的求和规则，即

$$\sum_{j\neq n}R(j\leftarrow n)=0\qquad(5.2.31)$$

由于上述原因，电偶极-磁偶极项的和为零，并且电偶极-电四极项可以通过用如下关系证明其和也为零：

$$\mathrm{i}m\omega_{jn}\langle j|r_\alpha r_\beta|n\rangle=\langle j|r_\alpha p_\beta+r_\beta p_\alpha-\mathrm{i}\hbar\delta_{\alpha\beta}|n\rangle\qquad(5.2.32)$$

它由换易关系（2.5.22）得出。

我们现在可以看到，在各向同性和有取向的样品中，旋光性在非常低和非常高的频率下趋近于零。该低频率性质直接遵循式（5.2.1）和式（5.2.2）。该高频率性质遵循式（5.2.30）和式（5.2.31）给出的求和规则。例如：

$$G'_{\alpha\alpha}=\frac{2}{\hbar\omega}\sum_{j\neq n}\mathrm{Im}\left(\langle n|\mu_\alpha|j\rangle\langle j|m_\alpha|n\rangle\right)=0\quad(\omega>\omega_{\max})\qquad(5.2.33)$$

注意，Condon 求和规则（5.2.30）的另一个版本遵循 2.6.4 节中给出的 Kramers-Kronig 关系。因此：

$$\int_0^\infty G'_{\alpha\alpha}(g_\xi)\mathrm{d}\xi=0\qquad(5.2.34)$$

此外，因为旋光性和圆二色性分别由光学活性张量的色散和吸收部分决定，在其他所有因素相同的情况下，我们可以直接写出旋光性和圆二色性的 Kramers-Kronig 关系。根据式（2.6.61）：

$$\Delta\theta(f_\omega)=\frac{2\omega^2}{\pi}\mathcal{P}\int_0^\infty\frac{\Delta\eta(g_\xi)\mathrm{d}\xi}{\xi(\xi^2-\omega^2)} \tag{5.2.35a}$$

$$\Delta\eta(g_\omega)=-\frac{2\omega^3}{\pi}\mathcal{P}\int_0^\infty\frac{\Delta\theta(f_\xi)\mathrm{d}\xi}{\xi^2(\xi^2-\omega^2)} \tag{5.2.35b}$$

因此，当我们知道分子完备的旋光光谱，可以直接得到其圆二色光谱，反之亦然。关于 Kramers-Kronig 关系在旋光和圆二色方面的应用，Moscowitz（1962）给出了详细的描述。

5.3　分子中天然光学活性的产生

任何天然光学活性源的本质特征都是受到分子内相互干扰的振荡电偶极矩、磁偶极矩和电四极矩所产生的光波的刺激。该光学活性可以用量子力学中跃迁矩项 $\mathrm{Im}\left(\langle n|\mu_\alpha|j\rangle\langle j|m_\alpha|n\rangle\right)$ 和 $\mathrm{Re}\left(\langle n|\mu_\alpha|j\rangle\langle j|\Theta_{\beta\gamma}|n\rangle\right)$ 进行表达，这些出现在 $G'_{\alpha\beta}$ 和 $A_{\alpha,\beta\gamma}$，以及相关的旋光强度中。天然光学活性可观测量的量子化学计算需要知道基态和激发态波函数。关于大型手性分子波函数的精确计算仍然是一个比较困难的问题，我们参考了 Koslowski、Sreerama 和 Woody（2000）对这种计算的解释。然而，从头算在这方面展现出了巨大的成功，通过式（5.2.26）给出小手性分子在透明波长处的比旋光度。该计算用电偶极-磁偶极光学活性张量的定态近似（2.6.75）计算 $G'_{\alpha\alpha}$。这些由 Polavarapu（1997）最早给出，他提供了一种在分配绝对构型方面简单而可靠的方法（Konndru et al.，1998；Stephens et al.，2002；Polavarapu，2002b）。强调本书分子光散射统一主题的历史注释是，通过 $G'_{\alpha\alpha}$ 进行比旋光度的第一性原理计算的观点起源于 20 世纪 80 年代末。当时，拉曼光学活性的计算需要计算 $G'_{\alpha\beta}$ 和 $A_{\alpha,\beta\gamma}$ 的通用分量（见 7.3.1 节）。

我们将不再详细阐述相关的量子化学计算，而是集中于耦合模型（coupling models），这些模型与本书的半经典光散射形式一致，并为手性分子结构如何产生天然电子光学活性提供了物理学见解。耦合模型适用于分子中的所有基团都是固有非手性的，并且它们之间不存在电子互换。因此，电子被局域在对称基团上，任何光学活性都被认为是由手性分子内环境对固有基团电子态的扰动引起的。此外，这些模型作为点群对称性讨论的框架，从而提供了将旋光色散和圆二色带的符号和值与立体化学和结构特征联系起来的规则。此外，还有一种相反的情况，称为固有手性生色团模型（Caldwell and Eyring，1971；Charney，1979）。该模型适用于在手性核框架上显著离域的情况，这里不作进一步讨论。模型有时会给出有用的定量结果，例如，对六螺烯的耦合处理提供了比旋光度的正确符号，且其值与目前的第一性原理计算给出的准确性差不多（见 5.4.3 节）。

我们可以将耦合模型分成两类。Condon、Altar 和 Eyring（1937）的定态耦合或单电子理论，强调了由其他基团的静电场引起的微扰。由 Born（1915）和 Oseen（1915）独立提出的动态耦合或者耦合振子模型，以及随后由 Kuhn（1930）、Boys（1934）和 Kirkwood（1937）进一步完善的模型。该模型强调了在光波的影响下，其他基团辐射的电动力场引起的微扰。Lowry（1935）很好地阐述了动态耦合模型的一般性假设：

“分子被看成是离散的单元体系，彼此有一定的刚性。每个单元具有在外电场的作用下产生诱导极化的特性。当一束平面偏振光照射到这样的分子上时，组分在光波电矢量的作用下被极化。接着，每个极化单元产生一个力场，反过来对其他单元进行作用。每个单元的最终极化情况由外加场和分子中所有其他单元产生的场的共同影响决定。因此，一个分子的一个单元状态受到同一分子其他单元状态的影响的现象，被描述成耦合。”

定态和动态耦合模型可以在同一分子中产生类似的贡献，并且可能存在同时涉及静态和动态扰动的更高阶项。当两个或多个动态耦合基团相同时，需要一种激子或简并耦合振子处理，其中在这些基团之间“共享”电子激发。

这些模型通常被用来解释在各向同性分子聚集体中的旋光性和圆二色性，即产生 $G'_{\alpha\alpha}$（光学活性张量的迹）和各向同性旋光强度[式（5.2.28a）]。为了产生有序分子的旋光强度[式（5.2.29a）]，并处理后面的圆差散射，我们将这些模型推广到光学活性张量 $G'_{\alpha\beta}$ 和 $A_{\alpha,\beta\gamma}$ 的其他分量。

虽然耦合模型可以应用于透明频率下的旋光性，以及任何手性分子中吸收频率下的 Cotton 效应，但它们最成功的情况是通过手性分子内扰动，在单个固有非手性生色团（如羰基）的电子跃迁中诱导出 Cotton 效应。在这种情况下，生色团处的显著定态和动态手性扰动场通常起源于分子中其他几个基团中的一个，从而可以将问题简化成一个简单的手性双基团结构，其中包含一个生色团和一个扰动基团。这种双基团模型将在本章后面进行大篇幅介绍：这些模型可以通过对分子中构成手性对的所有基团求和进行推广，尽管这种基团对的选择通常是相当随意的。

在将耦合模型明确应用于特定结构时，通常需要知道在未扰动基团点群的不可约表示中，局域基团张量 $\alpha_{\alpha\beta}$、$G'_{\alpha\beta}$ 和 $A_{\alpha,\beta\gamma}$ 分量的分布情况，可以使用 4.4.4 节中给出的通用方法。然而，在单个生色团特定跃迁中诱导的光学活性情况下，我们可以只用电偶极矩算符、磁偶极矩算符和电四极矩算符分量产生的不可约表示的分类。该不可约表示的分类可以直接从特征表中读取。

例如，在各向同性旋光强度（5.2.28a）的例子中，生色团中的电子跃迁总是属于以下情况之一：

（1）电偶极允许，磁偶极禁阻；或者反之亦然。点群为 C_i、C_{nh}、D_{nd}（$n \neq 2$）、S_{2n}（n 为奇数）、O_h、T_d、I_h。

（2）电偶极和磁偶极都允许且相互垂直。点群为 C_s、C_{nv}、D_{2d}、S_{2n}（n 为偶数）。

（3）电偶极和磁偶极都允许且相互平行。点群为C_n、D_n、O、T、I。

当然，第三类包含手性点群，并且对应一个固有的手性生色团。第二类的一个例子是羰基生色团的$\pi^* \leftarrow$n 跃迁：在该情况中，定态或者动态手性微扰诱导了一个平行于只允许磁跃迁偶极矩的电偶极跃迁矩。

我们很少使用手性函数的代数来批判这些模型，原因在 4.5.7 节中给出，即它目前的形式仅限于以单个标量参数为特征的配体，而下面给出的大多数耦合理论结果都指定了各向异性基团的特性。

这里给出的处理方法受到如下文章的显著影响：Moscowitz（1962）、Tinoco（1962）、Schellman（1968）、Höhn 和 Weigang（1968）及 Buckingham 和 Stiles（1974）。另见 Rodger 和 Norden（1997）对于简并耦合振子模型及其在一些典型手性分子上的应用给出了详细描述。

5.3.1 定态耦合模型

我们首先考虑由两个基团 1 和 2 产生的光学活性，二者一起构成了一个手性结构单元。这两个基团本质上是非手性的，从而$G'_{1_{\alpha\alpha}}$和$G'_{2_{\alpha\alpha}}$为零，尽管每个基团可能会具有$G'_{\alpha\beta}$和$A_{\alpha,\beta\gamma}$的一些分量。在定态耦合模型中，假设光学活性是由其他基团的定态场对该基团光学活性张量的扰动引起的。静电场中 i 基团的扰动光学活性张量（原点在 i 基团上），以及由基团 j 产生的场梯度类似于式（2.7.1）：

$$A_{i_{\alpha,\beta\gamma}}(\boldsymbol{E}_i,\nabla\boldsymbol{E}_i)=A_{i_{\alpha,\beta\gamma}}+A^{(\mu)}_{i_{\alpha,\beta\gamma,\delta}}E_{i_\delta}+\frac{1}{3}A^{(\Theta)}_{i_{\alpha,\beta\gamma,\delta\epsilon}}E_{i_{\delta\epsilon}}+\cdots \tag{5.3.1a}$$

$$G'_{i_{\alpha\beta}}(\boldsymbol{E}_i,\nabla\boldsymbol{E}_i)=G'_{i_{\alpha\beta}}+G'^{(\mu)}_{i_{\alpha\beta,\gamma}}E_{i_\gamma}+\frac{1}{3}G'^{(\Theta)}_{i_{\alpha\beta,\gamma\delta}}E_{i_{\gamma\delta}}+\cdots \tag{5.3.1b}$$

其中，在透明频率处，扰动张量有类似于式（2.7.6）的量子力学形式，在吸收频率处有类似于式（2.7.8）的量子力学形式。由基团 j 产生的基团 i 处的静电场由式（2.4.25）给出，为

$$E_{i_\alpha}=\frac{1}{4\pi\epsilon_0}\left(-T_{ij_\alpha}q_j+T_{ij_{\alpha\beta}}\mu_{j_\beta}-\frac{1}{3}T_{ij_{\alpha\beta\gamma}}\Theta_{j_{\beta\gamma}}+\cdots\right) \tag{5.3.2a}$$

并且，对应的场梯度为

$$E_{i_{\alpha\beta}}=\frac{1}{4\pi\epsilon_0}(-T_{ij_{\alpha\beta}}q_j+T_{ij_{\alpha\beta\gamma}}\mu_{j_\gamma}+\cdots) \tag{5.3.2b}$$

其中，q_j、μ_{j_α}和$\Theta_{j_{\alpha\beta}}$分别是 j 的永久电荷、电偶极矩和电四极矩。$\boldsymbol{T}$ 张量的下角标 ij 表示它们是从 j 到原点 i 的矢量$\boldsymbol{R}_{ij}=\boldsymbol{R}_i-\boldsymbol{R}_j$的函数。

如果基团 1（而非基团 2）是激发光频率下的生色团，则定态耦合对双基团结构光学活性的贡献取决于 1 的适当初电子态和终电子态之间的生色团跃迁，该生

色团跃迁受到来自 2 的定态场的扰动。因此，由式(5.2.28a)、式(5.3.1)和式(5.3.2)[或仅使用旋光强度的扰动本征态（2.6.14）]给出的 $j_1 \leftarrow n_1$ 生色团跃迁的各向同性旋光强度为

$$
\begin{aligned}
R(j\leftarrow n)=&\left\{\sum_{k_1\neq n_1}\frac{1}{\hbar\omega_{k_1n_1}}\mathrm{Im}\left[\langle k_1|\mu_{1_\beta}|n_1\rangle\left(\langle n_1|\mu_{1_\alpha}|j_1\rangle\langle j_1|m_{1_\alpha}|k_1\rangle-\langle n_1|m_{1_\alpha}|j_1\rangle\langle j_1|\mu_{1_\alpha}|k_1\rangle\right)\right]\right.\\
&\left.+\sum_{k_1\neq j_1}\frac{1}{\hbar\omega_{k_1j_1}}\mathrm{Im}\left[\langle j_1|\mu_{1_\beta}|k_1\rangle\left(\langle n_1|\mu_{1_\alpha}|j_1\rangle\langle k_1|m_{1_\alpha}|n_1\rangle-\langle n_1|m_{1_\alpha}|j_1\rangle\langle k|\mu_{1_\alpha}|n_1\rangle\right)\right]\right\}\\
&\times\frac{1}{4\pi\epsilon_0}\left(-T_{12_\beta}q_2+T_{12_{\beta\gamma}}\mu_{2_\gamma}-\frac{1}{3}T_{12_{\beta\gamma\delta}}\Theta_{2_{\gamma\delta}}+\cdots\right)\\
&+\left\{\text{在同样的表达中用}\Theta_{\beta\gamma}\text{取代}\mu_\beta\right\}\\
&\times\frac{1}{4\pi\epsilon_0}(-T_{12_{\beta\gamma}}q_2+T_{12_{\beta\gamma\delta}}\mu_{2_\delta}+\cdots)\\
&+\cdots
\end{aligned}
\tag{5.3.3}
$$

由于基团 1 本质上是非手性的，所以没有一项类似于式（2.7.6b）中的第一项，因为 $\mathrm{Im}\left(\langle n_1|\mu_{1_\alpha}|j_1\rangle\langle j_1|m_{1_\alpha}|n_1\rangle\right)$ 为零。如果需要的话，可以很容易给出有序分子的普遍旋光强度（5.2.29a）的一个类似表达式。

如果我们允许扰动基团 2 只具有各向同性的性质，则只有包含电荷 q_2 的第一项保留。正如在 4.5.5 节中讨论的那样，这意味着为了展现光学活性，满足基团 1 和 2 的骨架必须用手性阶数 $o=(n-1)$ 确定。如果基团 1 和 2 连接的骨架具有 $C_{2\mathrm{v}}$ 对称性，与在金刚烷酮衍生物中的一样，则以上是可以实现的。

在包含多于两个基团的分子中，我们将单个基团与生色团的相互作用进行求和。在像 CHFClBr 这样的手性甲烷衍生物中，由定态耦合模型给出的光学活性通过原子与至少三个其他原子的静电场同时相互作用而诱导，这与甲烷骨架的手性阶数 $o=(n-3)$ 一致。因为自由原子不带电且是非偶极的，分子中的任何相关场都会由短距离核电荷不完全屏蔽，以及其他原子诱导的偶极矩等效应产生。这些效应通常非常小，并且这类分子的光学活性可能很大程度上取决于动态耦合。这一点在后面的章节中将进行讨论。

5.3.2　动态耦合模型

这里，我们将分子分成任意选择的一组原子或基团，如一个手性碳原子和与之相关联的四个基团。在分子中诱导的振荡多极矩是在局域基团原点处单个基团中诱导的矩的总和，以及分子中心附近原点相关矩产生的额外贡献。诱导矩既可

由单个基团辐射场对单个基团的直接影响产生，也可由其他基团振动多极矩的二级场产生。分子结构单元产生的光学活性张量的表达式根据总诱导磁偶极矩和电四极矩，通过如下关系得到：

$$G'_{\alpha\beta} = -\omega\left[\frac{\partial m'_\beta}{\partial(\dot{E}_\alpha)_0}\right]_{(\dot{E}_\alpha)_0=0} \tag{5.3.4a}$$

$$A_{\alpha,\beta\gamma} = \left[\frac{\partial \Theta_{\beta\gamma}}{\partial(E_\alpha)_0}\right]_{(E_\alpha)_0=0} \tag{5.3.4b}$$

该关系式由式(2.6.26)推导出来。光学活性张量也可以通过诱导的电偶极矩得到，然而相关计算较复杂。

我们首先讨论由两个中性基团 1 和 2 产生的光学活性。这两个基团构成了一个手性结构单元。当利用式（5.3.4）计算光学活性张量时，对在固定分子原点处计算的场进行微分。所有基团多极矩必须与这个原点有关。为了方便起见，我们通常会将原点定在 1 处。随后得到的可观察值的所有表达都与原点的这一选择无关。

这样的话，根据式（2.4.3）、式（2.4.9）和式（2.4.14），得到的双基团结构的总多极矩为

$$\mu_\alpha = \mu_{1_\alpha} + \mu_{2_\alpha} \tag{5.3.5a}$$

$$\Theta_{\alpha\beta} = \Theta_{1_{\alpha\beta}} + \Theta_{2_{\alpha\beta}} - \frac{3}{2}R_{12_\alpha}\mu_{2_\beta} - \frac{3}{2}R_{12_\beta}\mu_{2_\alpha} + R_{12_\gamma}\mu_{2_\gamma}\delta_{\alpha\beta} \tag{5.3.5b}$$

$$m_\alpha = m_{1_\alpha} + m_{2_\alpha} - \frac{1}{2}\varepsilon_{\alpha\beta\gamma}R_{12_\beta}\dot{\mu}_{2_\gamma} \tag{5.3.5c}$$

每个 i 基团的多极矩，根据在 i 的原点处由光波产生的动态场 $(E_\alpha)_i$、$(B_\alpha)_i$ 和 $(E_{\alpha\beta})_i$，以及其他基团由光波诱导的振动多极矩辐射在 i 处的动态场 $(E'_\alpha)_i$、$(B'_\alpha)_i$ 和 $(E'_{\alpha\beta})_i$ 耦合的动态基团性质张量给出：

$$\mu_{i_\alpha} = \alpha_{i_{\alpha\beta}}\left[(E_\beta)_i + (E'_\beta)_i\right] + \frac{1}{3}A_{i_{\alpha,\beta\gamma}}\left[(E_{\beta\gamma})_i + (E'_{\beta\gamma})_i\right] + \frac{1}{\omega}G'_{i_{\alpha\beta}}\left[(\dot{B}_\beta)_i + (\dot{B}'_\beta)_i\right] + \cdots \tag{5.3.6a}$$

$$\Theta_{i_{\alpha\beta}} = A_{i_{\gamma,\alpha\beta}}\left[(E_\gamma)_i + (E'_\gamma)_i\right] + C_{i_{\alpha\beta,\gamma\delta}}\left[(E_{\gamma\delta})_i + (E'_{\gamma\delta})_i\right] - \frac{1}{\omega}D'_{i_{\gamma,\alpha\beta}}\left[(\dot{B}_\gamma)_i + (\dot{B}'_\gamma)_i\right] + \cdots \tag{5.3.6b}$$

$$m'_{i_\alpha} = \chi_{i_{\alpha\beta}}\left[(B_\beta)_i + (B'_\beta)_i\right] + \frac{1}{3\omega}D'_{i_{\alpha,\beta\gamma}}\left[(\dot{E}_{\beta\gamma})_i + (\dot{E}'_{\beta\gamma})_i\right] - \frac{1}{\omega}G'_{i_{\beta\alpha}}\left[(\dot{E}_\beta)_i + (\dot{E}'_\beta)_i\right] + \cdots \tag{5.3.6c}$$

忽略张量 $\alpha'_{\alpha\beta}$、$A'_{\alpha,\beta\gamma}$、$G_{\alpha\beta}$、$C'_{\alpha\beta,\gamma\delta}$、$D_{\alpha,\beta\gamma}$ 和 $\chi'_{\alpha\beta}$，我们假设基团有偶数个电子，并且不存在定磁场。在 2.4.5 节中推导了由振动多极矩产生的电场和磁场给出的三种不同的表达式，这取决于距离是远远小于波长、相当于波长还是远远大于波长。我们假设这里得到第一种情况，从而由式（2.4.44）得到由第 j 个基团辐射导致的

第 i 个基团处的电场、电场梯度和磁场分别为

$$(E'_{\alpha})_i = \frac{1}{4\pi\epsilon_0}\left(T_{ij_{\alpha\beta}}\mu_{j_\beta} - \frac{1}{3}T_{ij_{\alpha\beta\gamma}}\Theta_{j_{\beta\gamma}} + \cdots\right) \tag{5.3.7a}$$

$$(E'_{\alpha\beta})_i = \frac{1}{4\pi\epsilon_0}(T_{ij_{\alpha\beta\gamma}}\mu_{j_\gamma} + \cdots) \tag{5.3.7b}$$

$$(B'_{\alpha})_i = \frac{\mu_0}{4\pi}(T_{ij_{\alpha\beta}}m_{j_\beta} + \cdots) \tag{5.3.7c}$$

其中，多极矩包含了时间相关性。在该近似下，磁偶极矩对辐射电场没有贡献，也没有从电偶极矩产生的辐射磁场。将式（5.3.7）应用到基团之间的动态耦合的一个难题是，该距离必须大于辐射基团中电荷间的距离（然而仍然比波长要小），而对于紧密分子中的基团则不满足该条件。

在利用这些结果写下光学活性张量的普遍动态耦合表达式之前，给出推导 Kirkwood 项的步骤是非常有用的。该项是对光学活性张量迹有贡献的最简单的动态耦合。这是从式（5.3.5c）中的项 $-\frac{1}{2}\varepsilon_{\alpha\beta\gamma}R_{12_\beta}\dot{\mu}_{2_\gamma}$ 得到的，其中，μ_{2_γ} 是在基团 2 中当被外光激发时通过由基团 1 辐射的电场诱导的电偶极矩。根据式（5.3.6a）和式（5.3.7a）：

$$\dot{\mu}_{2_\gamma} = \alpha_{2_{\gamma\delta}}(\dot{E}'_{\delta})_2 = \frac{1}{4\pi\epsilon_0}\alpha_{2_{\gamma\delta}}T_{21_{\delta\epsilon}}\dot{\mu}_{1_\epsilon} = \frac{1}{4\pi\epsilon_0}\alpha_{2_{\gamma\delta}}T_{21_{\delta\epsilon}}\alpha_{1_{\epsilon\lambda}}(\dot{E}_{\lambda})_1 \tag{5.3.8}$$

因为 $(E_{\lambda})_1$ 是在基团 1 原点处的光波场，这也是我们所选择的分子原点，即 $(E_{\lambda})_1 \equiv (E_{\lambda})_0$，从而由式（5.3.4a）给出的光学活性张量的各向同性部分为

$$G'_{\alpha\alpha} = -\omega\frac{\partial}{\partial(\dot{E}_{\alpha})_0}\left(-\frac{1}{2}\varepsilon_{\alpha\beta\gamma}R_{12_\beta}\dot{\mu}_{2_\gamma}\right) = \frac{\omega}{8\pi\epsilon_0}\varepsilon_{\alpha\beta\gamma}R_{12_\beta}\alpha_{2_{\gamma\delta}}T_{21_{\delta\epsilon}}\alpha_{1_{\epsilon\alpha}} \tag{5.3.9}$$

Kirkwood（1937）最初是通过将电偶极矩和磁偶极矩[式（5.3.5）]的等效算符代入 $G'_{\alpha\alpha}$ 量子力学表达的跃迁矩阵元，推导出该项的。他引入动态偶极-偶极耦合作为两个基团电子波函数的扰动，并通过一系列变换能够将结果表示为基团的极化率，如上所述。

重要的是，Kirkwood 项式（5.3.9）与这两个基团中局域原点的选择有关。如果我们还包含由在式（5.3.5c）中固有基团磁矩产生的项，就可以解决该问题。从式（5.3.6c）和式（5.3.7a）：

$$\begin{aligned} m_{1_\alpha} + m_{2_\alpha} &= -\frac{1}{\omega}\left[G'_{1_{\beta\alpha}}(\dot{E}'_{\beta})_1 + G'_{2_{\beta\alpha}}(\dot{E}'_{\beta})_2\right] \\ &= -\frac{1}{4\pi\epsilon_0\omega}\left(G'_{1_{\beta\alpha}}T_{12_{\beta\gamma}}\dot{\mu}_{2_\gamma} + G'_{2_{\beta\alpha}}T_{21_{\beta\gamma}}\dot{\mu}_{1_\gamma}\right) \\ &= -\frac{1}{4\pi\epsilon_0\omega}\left(G'_{1_{\beta\alpha}}T_{12_{\beta\gamma}}\alpha_{2_{\gamma\delta}} + G'_{2_{\beta\alpha}}T_{21_{\beta\gamma}}\alpha_{1_{\gamma\delta}}\right)(\dot{E}_{\delta})_1 \end{aligned} \tag{5.3.10}$$

可以得到对 $G'_{\alpha\alpha}$ 的如下附加贡献：

$$\frac{1}{4\pi\epsilon_0\omega}(G'_{1_{\beta\alpha}}T_{12_{\beta\gamma}}\alpha_{2_{\gamma\alpha}}+G'_{2_{\beta\alpha}}T_{21_{\beta\gamma}}\alpha_{1_{\gamma\alpha}})$$

组合：

$$G'_{\alpha\alpha}=\frac{1}{4\pi\epsilon_0}\left(\frac{1}{2}\omega\varepsilon_{\alpha\beta\gamma}R_{12_\beta}\alpha_{2_{\gamma\delta}}T_{21_{\delta\epsilon}}\alpha_{1_{\epsilon\alpha}}+G'_{1_{\beta\alpha}}T_{12_{\beta\gamma}}\alpha_{2_{\gamma\delta}}+G'_{2_{\beta\alpha}}T_{21_{\beta\gamma}}\alpha_{1_{\gamma\delta}}\right)\quad(5.3.11)$$

与局域基团原点的选择无关，这一点可以通过如下取代进行证明：

$$R_{i_\alpha}\to R_{i_\alpha}+\Delta r_{i_\alpha}\quad(5.3.12a)$$

$$R_{ij_\alpha}\to R_{ij_\alpha}+\Delta r_{i_\alpha}-\Delta r_{j_\alpha}\quad(5.3.12b)$$

$$G'_{i_{\alpha\beta}}\to G'_{i_{\alpha\beta}}+\frac{1}{2}\omega\varepsilon_{\beta\gamma\delta}\Delta r_{i_\gamma}\alpha_{i_{\delta\alpha}}\quad(5.3.12c)$$

其中，$\Delta\boldsymbol{r}_i$ 是基团 i 的局域原点的偏移量，最后的结果由式（2.6.35c）得出。

由式（5.3.4）和式（5.3.7）可以得出对双基团结构的完整光学活性张量的普遍动态耦合贡献：

$$\begin{aligned}G'_{\alpha\beta}&=G'_{1_{\alpha\beta}}+G'_{2_{\alpha\beta}}+\frac{1}{2}\omega\varepsilon_{\beta\gamma\delta}R_{12_\gamma}\alpha_{2_{\delta\alpha}}+\frac{1}{4\pi\epsilon_0}\Bigg[\frac{1}{2}\omega\varepsilon_{\beta\gamma\delta}R_{12_\gamma}\alpha_{2_{\delta\epsilon}}T_{12_{\epsilon\lambda}}\alpha_{1_{\lambda\alpha}}\\&\quad+\left(G'_{1_{\gamma\beta}}T_{12_{\gamma\delta}}\alpha_{2_{\delta\alpha}}+G'_{2_{\gamma\beta}}T_{12_{\gamma\delta}}\alpha_{1_{\delta\alpha}}\right)-\frac{1}{3}\left(D'_{1_{\beta,\gamma\delta}}T_{12_{\gamma\delta\epsilon}}\alpha_{2_{\epsilon\alpha}}+D'_{2_{\beta,\gamma\delta}}T_{12_{\gamma\delta\epsilon}}\alpha_{1_{\epsilon\alpha}}\right)\\&\quad+\frac{1}{6}\omega\varepsilon_{\beta\gamma\delta}R_{12_\gamma}(\alpha_{1_{\alpha\mu}}T_{12_{\epsilon\lambda\mu}}A_{2_{\delta,\epsilon\lambda}}-\alpha_{2_{\delta\epsilon}}T_{12_{\epsilon\lambda\mu}}A_{1_{\alpha,\lambda\mu}})\Bigg]+\cdots\end{aligned}\quad(5.3.13a)$$

$$\begin{aligned}A_{\alpha,\beta\gamma}&=A_{1_{\alpha,\beta\gamma}}+A_{2_{\alpha,\beta\gamma}}-\frac{3}{2}R_{12_\beta}\alpha_{2_{\gamma\alpha}}-\frac{3}{2}R_{12_\gamma}\alpha_{2_{\beta\alpha}}+R_{12_\delta}\alpha_{2_{\delta\alpha}}\delta_{\beta\gamma}\\&\quad+\frac{1}{4\pi\epsilon_0}\Bigg[-\left(\frac{3}{2}R_{12_\beta}\alpha_{2_{\gamma\delta}}T_{12_{\delta\epsilon}}\alpha_{1_{\epsilon\alpha}}+\frac{3}{2}R_{12_\gamma}\alpha_{2_{\beta\delta}}T_{12_{\delta\epsilon}}\alpha_{1_{\epsilon\alpha}}-R_{12_\mu}\alpha_{2_{\mu\delta}}T_{12_{\delta\epsilon}}\alpha_{1_{\epsilon\alpha}}\delta_{\beta\gamma}\right)\\&\quad+(A_{1_{\delta,\beta\gamma}}T_{12_{\delta\epsilon}}\alpha_{2_{\epsilon\alpha}}+A_{2_{\delta,\beta\gamma}}T_{12_{\delta\epsilon}}\alpha_{1_{\epsilon\alpha}})+(C_{1_{\beta\gamma,\delta\epsilon}}T_{12_{\delta\epsilon\lambda}}\alpha_{2_{\lambda\alpha}}-C_{2_{\beta\gamma,\delta\epsilon}}T_{12_{\delta\epsilon\lambda}}\alpha_{1_{\lambda\alpha}})\\&\quad+\frac{1}{2}R_{12_\beta}(\alpha_{2_{\gamma\delta}}T_{12_{\delta\epsilon\lambda}}A_{1_{\alpha,\epsilon\lambda}}-A_{2_{\gamma,\delta\epsilon}}T_{12_{\delta\epsilon\lambda}}\alpha_{1_{\lambda\alpha}})+\frac{1}{2}R_{12_\gamma}(\alpha_{2_{\beta\delta}}T_{12_{\delta\epsilon\lambda}}A_{1_{\alpha,\epsilon\lambda}}-A_{2_{\beta,\delta\epsilon}}T_{12_{\delta\epsilon\lambda}}\alpha_{1_{\lambda\alpha}})\\&\quad-\frac{1}{6}R_{12_\mu}(\alpha_{2_{\mu\delta}}T_{12_{\delta\epsilon\lambda}}A_{1_{\alpha,\epsilon\lambda}}-A_{2_{\mu,\delta\epsilon}}T_{12_{\delta\epsilon\lambda}}\alpha_{1_{\lambda\alpha}})\delta_{\beta\gamma}\Bigg]+\cdots\end{aligned}$$

（5.3.13b）

尽管这些广义光学活性张量与局域基团原点的选择有关，但是当在可观测量的表达中用到特定分量时，结果与原点无关。我们通过写下光在有序介质 z 方向传播

时对旋光的 Kirkwood 贡献描述这一点。相关张量分量为

$$\begin{aligned}G'_{xx}+G'_{yy}=\frac{1}{4\pi\epsilon_0}\Big[&\frac{1}{2}\omega(R_{12_y}\alpha_{2_{z\alpha}}T_{12_{\alpha\beta}}\alpha_{1_{\beta x}}-R_{12_z}\alpha_{2_{y\alpha}}T_{12_{\alpha\beta}}\alpha_{1_{\beta x}}\\&+R_{12_z}\alpha_{2_{x\alpha}}T_{12_{\alpha\beta}}\alpha_{1_{\beta y}}-R_{12_x}\alpha_{2_{z\alpha}}T_{12_{\alpha\beta}}\alpha_{1_{\beta y}})+G'_{1_{\alpha x}}T_{12_{\alpha\beta}}\alpha_{2_{\beta x}}\\&+G'_{2_{\alpha x}}T_{12_{\alpha\beta}}\alpha_{1_{\beta x}}+G'_{1_{\alpha y}}T_{12_{\alpha\beta}}\alpha_{2_{\beta y}}+G'_{2_{\alpha y}}T_{12_{\alpha\beta}}\alpha_{1_{\beta y}}\Big]\end{aligned}\tag{5.3.14a}$$

$$\begin{aligned}\frac{1}{3}\omega(A_{x,yz}-A_{y,xz})=\frac{1}{4\pi\epsilon_0}\Big[&\frac{1}{2}\omega(-R_{12_z}\alpha_{2_{y\alpha}}T_{12_{\alpha\beta}}\alpha_{1_{\beta x}}-R_{12_y}\alpha_{2_{z\alpha}}T_{12_{\alpha\beta}}\alpha_{1_{\beta x}}\\&+R_{12_z}\alpha_{2_{x\alpha}}T_{12_{\alpha\beta}}\alpha_{1_{\beta y}}+R_{12_x}\alpha_{2_{z\alpha}}T_{12_{\alpha\beta}}\alpha_{1_{\beta y}})\\&+A_{1_{\alpha,zy}}T_{12_{\alpha\beta}}\alpha_{2_{\beta x}}+A_{2_{\alpha,zy}}T_{12_{\alpha\beta}}\alpha_{1_{\beta x}}-A_{1_{\alpha,zx}}T_{12_{\alpha\beta}}\alpha_{2_{\beta y}}-A_{2_{\alpha,zx}}T_{12_{\alpha\beta}}\alpha_{1_{\beta y}}\Big]\end{aligned}\tag{5.3.14b}$$

因此，由式（5.2.1a）可知，旋光度为（Barron，1975b）：

$$\begin{aligned}\Delta\theta\approx\frac{\omega^2\mu_0 lN}{8\pi\epsilon_0}\Big[&R_{12_z}(\alpha_{2_{y\alpha}}T_{12_{\alpha\beta}}\alpha_{1_{\beta x}}-\alpha_{2_{x\alpha}}T_{12_{\alpha\beta}}\alpha_{1_{\beta y}})+G'_{1_{\alpha x}}T_{12_{\alpha\beta}}\alpha_{2_{\beta x}}\\&+G'_{2_{\alpha x}}T_{12_{\alpha\beta}}\alpha_{1_{\beta x}}+G'_{1_{\alpha y}}T_{12_{\alpha\beta}}\alpha_{2_{\beta y}}+G'_{2_{\alpha y}}T_{12_{\alpha\beta}}\alpha_{1_{\beta y}}\\&+A_{1_{\alpha,zy}}T_{12_{\alpha\beta}}\alpha_{2_{\beta x}}+A_{2_{\alpha,zy}}T_{12_{\alpha\beta}}\alpha_{1_{\beta x}}-A_{1_{\alpha,zx}}T_{12_{\alpha\beta}}\alpha_{2_{\beta y}}-A_{2_{\alpha,zx}}T_{12_{\alpha\beta}}\alpha_{1_{\beta y}}\Big]\end{aligned}\tag{5.3.15}$$

因此，Kirkwood 对电偶极-磁偶极和电偶极-电四极旋光机制的贡献，有彼此抵消的等量相反的项和增强的相同项。该方程对局域基团原点选择的不变性，可以通过用式（5.3.12a）～式（5.3.12c）取代及如下取代进行证明。

$$A_{i_{\alpha,\beta\gamma}}\to A_{i_{\alpha,\beta\gamma}}-\frac{3}{2}\Delta r_{i_\beta}\alpha_{i_{\alpha\gamma}}-\frac{3}{2}\Delta r_{i_\gamma}\alpha_{i_{\alpha\beta}}+\Delta r_{i_\delta}\alpha_{i_{\alpha\delta}}\delta_{\beta\gamma}\tag{5.3.12d}$$

Kruchek（1973）也从 Buckingham-Dunn 方程（5.2.1a）开始推导了一个对应的旋光强度。

如果两个动态耦合基团有三重或更高的真旋转轴，那么 Kirkwood 项可以有一个更易处理的形式。如果单位矢量 $\boldsymbol{s}_i$、$\boldsymbol{t}_i$、$\boldsymbol{u}_i$ 定义了第 i 个基团的主轴，其中，$\boldsymbol{u}_i$ 沿着对称轴，那么根据式（4.2.58）其极化张量可以写成：

$$\alpha_{i_{\alpha\beta}}=\alpha_i(1-\kappa_i)\delta_{\alpha\beta}+3\alpha_i\kappa_i u_{i_\alpha}u_{i_\beta}\tag{5.3.16a}$$

其中，

$$\alpha_i=\frac{1}{3}(2\alpha_{i\perp}+\alpha_{i\parallel})\tag{5.3.16b}$$

$$\kappa_i = (\alpha_{i\parallel} + \alpha_{i\perp}) / 3\alpha_i \tag{5.3.16c}$$

分别为平均极化率和无量纲各向异性极化率。现在，Kirkwood 对光学活性张量的各向同性部分贡献（5.3.11）的第一部分变成：

$$G'_{\alpha\alpha} = \frac{9\omega}{8\pi\epsilon_0}(\alpha_1\alpha_2\kappa_1\kappa_2)\varepsilon_{\alpha\beta\gamma}R_{12_\beta}(u_{2_\gamma}u_{2_\delta}T_{12_{\delta\epsilon}}u_{1_\epsilon}u_{1_\alpha}) \tag{5.3.17}$$

式（5.3.11）的第二部分取决于基团的精确对称性，这是原点不变性所必需的。在 $C_{nv}(n>2)$ 的情况中，$G'_{\alpha\beta}$ 的唯一非零分量为 $G'_{xy} = -G'_{yx}$（设 z 为 C_n 旋转轴），这一点可以从表 4.2 中得到验证。如果我们选择基团原点在沿着基团对称轴方向的任意位置，则像 $G'_{i_{\beta\alpha}}T_{ij_{\beta\gamma}}\alpha_{j_{\gamma\alpha}}$ 这样的项为零。因此，在该类结构的各向同性聚集体中，旋光度仅为

$$\Delta\theta \approx -\frac{3\omega^2\mu_0 lN}{8\pi\epsilon_0}(\alpha_1\alpha_2\kappa_1\kappa_2)\varepsilon_{\alpha\beta\gamma}R_{12_\beta}(u_{2_\gamma}u_{2_\delta}T_{12_{\delta\epsilon}}u_{1_\epsilon}u_{1_\alpha}) \tag{5.3.18}$$

在有序样品中，相应的旋光 Kirkwood 贡献为

$$\begin{aligned}\Delta\theta \approx \frac{3\omega^2\mu_0 lN}{8\pi\epsilon_0}\alpha_1\alpha_2R_{12_z}\Big[&\kappa_1(1-\kappa_2)(u_{1_\alpha}u_{1_x}T_{12_{y\alpha}} - u_{1_\alpha}u_{1_y}T_{12_{x\alpha}})\\&+\kappa_2(1-\kappa_1)(u_{2_y}u_{2_\alpha}T_{12_{\alpha x}} - u_{2_x}u_{2_\alpha}T_{12_{\alpha y}})\\&+3\kappa_1\kappa_2(u_{2_y}u_{2_\alpha}T_{12_{\alpha\beta}}u_{1_\beta}u_{1_x} - u_{2_x}u_{2_\alpha}T_{12_{\alpha\beta}}u_{1_\beta}u_{1_y})\Big]\end{aligned} \tag{5.3.19}$$

我们从式（5.3.18）看到，如果这两个基团中的一个是极化各向同性的，则 Kirkwood 项对各向同性样品中的旋光度没有贡献；同样地，如果这两个基团的对称轴在同一平面上，则 Kirkwood 项对其旋光度也没有贡献：当然，这两种情况对应了非手性结构。可以通过将所有基团对相互作用进行求和，将这些动态耦合结果推广到包含多于两个基团的分子上。如果一个分子含有三个基团，至少其中的一个必须是极化各向异性的，因为 Kirkwood 机制只对各向同性样品的旋光有贡献。事实上，当动态耦合扩展到包含至少四个基团的手性排列时，Kirkwood 机制只能对含有极化各向同性基团的各向同性分子聚集体有贡献：这就是 Born-Boys 模型，接下来，我们对其进行详细说明。

在 Born-Boys 模型中，电子的激发从第一个被光波照射的基团相继传递到另外三个基团。整个体系的诱导磁偶极矩可以写成每个基团的诱导磁偶极矩之和，其中，该诱导磁偶极矩受到来自其他三个基团光散射的影响。设分子原点在基团 1 处，我们仅保留基团中与该原点有关的部分磁偶极矩，即 $m_{i_\alpha} = -\frac{1}{2}\varepsilon_{\alpha\beta\gamma}R_{1i_\beta}\dot{\mu}_{i_\gamma}$。那么，分子的总磁偶极矩为

$$m_\beta = \sum_{i=1}^{4} m_{i_\beta} = -\frac{1}{2}\varepsilon_{\beta\gamma\delta}\sum_{i=2}^{4} R_{1i_\gamma}\dot{\mu}_{i_\delta} = -\frac{1}{2}\varepsilon_{\beta\gamma\delta}\sum_{i=2}^{4} R_{1i_\gamma}\alpha_{i_{\delta\epsilon}}\left[(\dot{E}_\epsilon)_i + (\dot{E}'_\epsilon)_i\right]$$

$$= -\frac{1}{2}\varepsilon_{\beta\gamma\delta}\sum_{i=2}^{4} R_{1i_\gamma}\alpha_{i_{\delta\epsilon}}\left\{(\dot{E}_\epsilon)_i + \frac{1}{4\pi\epsilon_0}\sum_{j\neq i} T_{ij_{\epsilon\lambda}}\alpha_{j_{\lambda\mu}} \times \left[\ (\dot{E}_\mu)_j \right.\right. \tag{5.3.20}$$

$$\left.\left. + \frac{1}{4\pi\epsilon_0}\sum_{k\neq j} T_{jk_{\mu\nu}}\alpha_{k_{\nu\theta}}\left((\dot{E}_\theta)_k + \frac{1}{4\pi\epsilon_0}\sum_{l\neq k} T_{kl_{\theta\phi}}\alpha_{l_{\phi\alpha}}(\dot{E}_\alpha)_l\right)\right]\right\}$$

当只包含每个基团极化张量的各向同性部分，即 $\alpha_{\alpha\beta} = \alpha\delta_{\alpha\beta}$，则由式（5.3.4）得到：

$$G'_{\alpha\beta} = \frac{\omega}{2}\varepsilon_{\beta\gamma\alpha}\sum_{i=2}^{4}\alpha_i R_{1i_\gamma} + \frac{\omega}{2}\left(\frac{1}{4\pi\epsilon_0}\right)\varepsilon_{\beta\gamma\delta}\sum_{i=2}^{4}\sum_{j\neq i}\alpha_i\alpha_j R_{1i_\gamma} T_{ij_{\delta\alpha}}$$
$$+ \frac{\omega}{2}\left(\frac{1}{4\pi\epsilon_0}\right)^2 \varepsilon_{\beta\gamma\delta}\sum_{i=2}^{4}\sum_{j\neq i}\sum_{k\neq j}\alpha_i\alpha_j\alpha_k R_{1i_\gamma} T_{ij_{\delta\epsilon}} T_{jk_{\epsilon\alpha}} \tag{5.3.21}$$
$$+ \frac{\omega}{2}\left(\frac{1}{4\pi\epsilon_0}\right)^3 \varepsilon_{\beta\gamma\delta}\sum_{i=2}^{4}\sum_{j\neq i}\sum_{k\neq j}\sum_{l\neq k}\alpha_i\alpha_j\alpha_k\alpha_l R_{1i_\gamma} T_{ij_{\delta\epsilon}} T_{jk_{\epsilon\lambda}} T_{kl_{\lambda\alpha}}$$

以上表达与 $A_{\alpha,\beta\gamma}$ 的类似。现在可以立刻写出 Born-Boys 模型给出的光在有序样品中传播时旋光性的张量分量。然而，我们只想得到各向同性样品中旋光的部分：

$$G'_{\alpha\alpha} = \frac{\omega}{2}\left(\frac{1}{4\pi\epsilon_0}\right)^3 \alpha_1\alpha_2\alpha_3\alpha_4\varepsilon_{\alpha\gamma\delta}\sum_{i=2}^{4}\sum_{j\neq i}\sum_{\substack{k\neq j\\ \neq i}}\sum_{\substack{l\neq k\\ \neq j\\ \neq i}} R_{1i_\gamma} T_{ij_{\delta\epsilon}} T_{jk_{\epsilon\lambda}} T_{kl_{\lambda\alpha}} \tag{5.3.22}$$

如果每个动态耦合的原子对都被看成是一个极化各向异性基团，所有其他项对应了“极化各向异性基团”对之间的动态耦合，而它们的对称轴在同一平面中，则很容易看出这些是仅有的非零项。因此，式（5.3.22）明确证明了动态耦合必须扩展到所有四个原子上才能在各向同性样品中产生旋光性。

事实上，Born-Boys 模型不会对像 CHFClBr 这样的简单手性分子的旋光性提供最低阶贡献，因为 C—X 键构成极化各向异性基团。因此，可以通过键合一对动态耦合原子之间的动态耦合产生旋光性。读者可以进一步参考 Applequist（1973）对于旋光的经典动态耦合模型的批判性讨论，以及利用数值计算处理各种耦合阶数的复杂通用公式的相关细节。

动态耦合机制见图 5.1。回顾 3.4 节，透射光中的偏振效应来自前散射波和未散射波之间的干涉。动态耦合机制可以根据未散射光子与在向前方向出现之前从一个基团转到另一个基团以携带分子手性信息后的光子的相互干涉，以强调测试的方式进行可视化。能够产生旋光的最低阶动态耦合机制是在分子内为光子产生“手性路径”时，涉及最少转移数目的机制。该图过于简单，因为从大量分子散射的波必须首先结合成向前移动的净平面波，然后才能与未散射的波相干涉。这些图形成了用电动力学处理光学活性的基础（Atkins and Woolley，1970）。

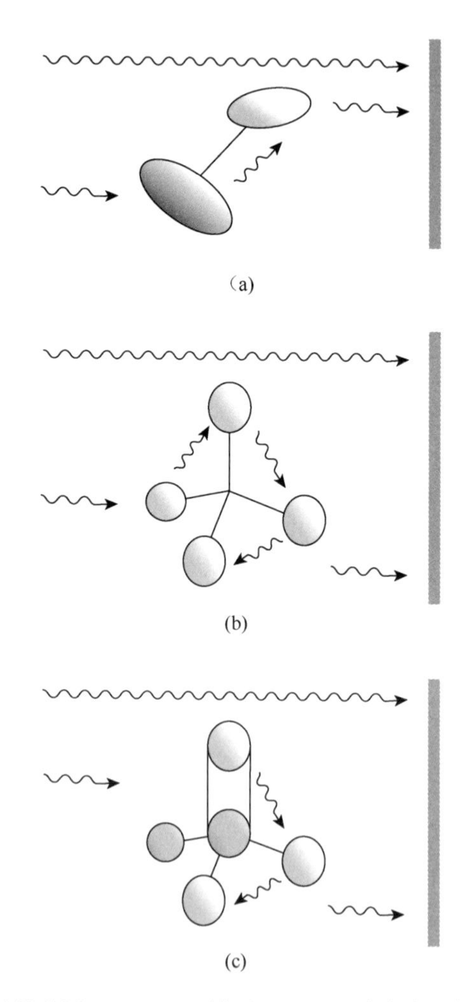

图 5.1　通过两个各向异性基团（Kirkwood 模型）(a)、四个各向同性基团（Born-Boys 模型）(b) 及一个键和两个各向同性基团（c）之间的动态耦合产生的旋光性

如果将每个基团的极化张量写成$(f+\mathrm{i}g)$的函数，则其中的实部和虚部就分别对应了光学活性张量的色散和吸收部分。因此，如果我们考虑在每个基团的单个跃迁，其色散和吸收线形函数分别为f_1、f_2和g_1、g_2，则 Kirkwood 贡献（5.3.11）的色散和吸收部分为

$$
\begin{aligned}
G'_{\alpha\alpha}(f^2-g^2)=\frac{1}{4\pi\epsilon_0}\Big\{&\frac{1}{2}\omega\varepsilon_{\alpha\beta\gamma}R_{12_\beta}\left[\alpha(f_2)T_{21_{\delta\epsilon}}\alpha_{1_{\epsilon\alpha}}(f_1)-\alpha_{2_{\gamma\delta}}(g_2)T_{21_{\delta\epsilon}}\alpha_{1_{\epsilon\alpha}}(g_1)\right]\\
&+G'_{1_{\beta\alpha}}(f_1)T_{12_{\beta\gamma}}\alpha_{2_{\gamma\alpha}}(f_2)-G'_{1_{\beta\alpha}}(g_1)T_{12_{\beta\gamma}}\alpha_{2_{\gamma\alpha}}(g_2)\\
&+G'_{2_{\beta\alpha}}(f_2)T_{21_{\beta\gamma}}\alpha_{1_{\gamma\alpha}}(f_1)-G'_{2_{\beta\alpha}}(g_2)T_{21_{\beta\gamma}}\alpha_{1_{\gamma\alpha}}(g_1)\Big\}
\end{aligned}
\tag{5.3.23a}
$$

$$
\begin{aligned}
G'_{\alpha\alpha}(fg)=\frac{1}{4\pi\epsilon_0}\Big\{&\frac{1}{2}\omega\varepsilon_{\alpha\beta\gamma}R_{12_\beta}\left[\alpha_{2_{\gamma\delta}}(f_2)T_{21_{\delta\epsilon}}\alpha_{1_{\epsilon\alpha}}(g_1)+\alpha_{2_{\gamma\delta}}(g_2)T_{21_{\delta\epsilon}}\alpha_{1_{\epsilon\alpha}}(f_1)\right]\\
&+G'_{1_{\beta\alpha}}(f_1)T_{12_{\beta\gamma}}\alpha_{2_{\gamma\alpha}}(g_2)+G'_{1_{\beta\alpha}}(g_1)T_{12_{\beta\gamma}}\alpha_{2_{\gamma\alpha}}(f_2)\\
&+G'_{2_{\beta\alpha}}(f_2)T_{21_{\beta\gamma}}\alpha_{1_{\gamma\alpha}}(g_1)+G'_{2_{\beta\alpha}}(g_2)T_{21_{\beta\gamma}}\alpha_{1_{\gamma\alpha}}(f_1)\Big\}
\end{aligned}
\tag{5.3.23b}
$$

如果这两个基团不同，我们对基团 1 的电子吸收比较感兴趣，那么 $\alpha_{2_{\alpha\beta}}(g_2)$ 为零，并且式(5.3.23)仅描述了由基团 2 的手性动电场对 1 生色团的扰动。因此，$j_1\leftarrow n_1$ 跃迁的旋光强度可以写成：

$$
\begin{aligned}
R(j_1\leftarrow n_1)=-\frac{1}{4\pi\epsilon_0}\Big\{&\frac{1}{2}\omega\varepsilon_{\alpha\beta\gamma}R_{12_\beta}\alpha_{2_{\gamma\delta}}T_{21_{\delta\epsilon}}\mathrm{Re}\left(\langle n_1|\mu_{1_\epsilon}|j_1\rangle\langle j_1|\mu_{1_\alpha}|n_1\rangle\right)\\
&-\alpha_{2_{\gamma\alpha}}T_{12_{\beta\gamma}}\mathrm{Im}\left(\langle n_1|\mu_{1_\beta}|j_1\rangle\langle j_1|m_{1_\alpha}|n_1\rangle\right)\\
&+G'_{2_{\beta\alpha}}T_{12_{\beta\gamma}}\mathrm{Re}\left(\langle n_1|\mu_{1_\gamma}|j_1\rangle\langle j_1|\mu_{1_\alpha}|n_1\rangle\right)\\
&+\frac{1}{3}\Big[\alpha_{2_{\delta\alpha}}T_{12_{\beta\gamma\delta}}\mathrm{Im}\left(\langle n_1|m_{1_\alpha}|j_1\rangle\langle j_1|\Theta_{1_{\beta\gamma}}|n_1\rangle\right)\\
&-D'_{2_{\alpha\beta\gamma}}T_{12_{\beta\gamma\delta}}\mathrm{Re}\left(\langle n_1|\mu_{1_\delta}|j_1\rangle\langle j_1|\mu_{1_\alpha}|n_1\rangle\right)\Big]\\
&-\frac{1}{6}\omega\varepsilon_{\alpha\beta\gamma}R_{12_\beta}\Big[\alpha_{2_{\gamma\delta}}T_{12_{\delta\epsilon\lambda}}\mathrm{Re}\left(\langle n_1|\mu_{1_\alpha}|j_1\rangle\langle j_1|\Theta_{1_{\epsilon\lambda}}|n_1\rangle\right)\\
&-A_{2_{\gamma,\delta\epsilon}}T_{12_{\delta\epsilon\lambda}}\mathrm{Re}\left(\langle n_1|\mu_{1_\alpha}|j_1\rangle\langle j_1|\mu_{1_\lambda}|n_1\rangle\right)\Big]+\cdots\Big\}
\end{aligned}
\tag{5.3.24}
$$

其中，我们已经引入了比 Kirkwood 更高阶的项，因为当 Kirkwood 贡献是对称性禁阻时，这些项会起主要作用。

动态耦合机制有时被称为色散机制，因为它与分子间的色散力有些类似。因此，给出各向同性光学活性的式（5.3.9）包含这两个基团的极化率，并且这些极化率仍然是有限的，即使是在零频率处（尽管光学活性自身变成零，因为它依赖 ω）。然而，在红外频率处，定态部分给出的极化率是显著的。因此，在可见和紫外频率处，该贡献最好看成是动态耦合机制，然而在近红外频率处，最好看成是色散机制。

5.3.3　激子耦合（简并耦合振子模型）

到目前为止，我们已经使用了局域在手性结构的一个或两个独立基团的波函数。当基团不同且其能级不重叠时，这是可接受的，然而当基团相同时，就需要更仔细地定义波函数了。二聚体的基态波函数可以写成单个基团的基态波函数的直接积：

$$|n\rangle = |n_1 n_2\rangle \tag{5.3.25}$$

因为该二聚体的波函数必须反映这样的事实，即光波对每个生色团激发的概率相同，由此对应于基团 i 向特定激发态 $|j_i\rangle$ 跃迁的二聚体波函数为

$$|j_\pm\rangle = \frac{1}{\sqrt{2}}\left(|n_1 j_2\rangle \pm \mathrm{e}^{\mathrm{i}\alpha}|j_1 n_2\rangle\right) \tag{5.3.26}$$

其中，我们已经用到了式（4.3.56）的表达。这也反映了二聚体有一个 C_2 对称轴的事实，从而具有特定能量的真正的分子波函数，必须关于 C_2 旋转要么是对称的要么是反对称的。根据式（4.3.55），两个单激发局域基团态之间的相互作用导致态 $|j_\pm\rangle$ 简并度的激子分裂（Craig and Thirunamachandran，1984）：

$$W_{j+} - W_{j-} = 2\left|\langle n_1 j_2|V|j_1 n_2\rangle\right| \tag{5.3.27}$$

相互作用哈密顿量被用来等价于两个电荷分布之间的相互作用能(2.5.15)的算符。因为这两个基团是中性的，所以偶极-偶极耦合首先起作用：

$$V = -\frac{1}{4\pi\epsilon_0} T_{12_{\alpha\beta}} \mu_{1_\alpha} \mu_{2_\beta} \tag{5.3.28}$$

因此，如果 $T_{12_{\alpha\beta}}\langle n_1|\mu_{1_\alpha}|j_1\rangle\langle j_2|\mu_{2_\beta}|n_2\rangle$ 是负实数，则相互作用能自身将是正实数，从而 $\mathrm{e}^{\mathrm{i}\alpha} = +1$，对称态有较高的能量。（下面要记住的是，在 $|j_\pm\rangle$ 和 $\omega_\pm$ 中的下角标 $\pm$ 指的是高能态和低能态，而不是对称态和反对称态。）

二聚体从基态到前两个激发态的跃迁频率为

$$\omega_\pm = \omega_{j\pm} - \omega_n = \omega_{j_1 n_1} \pm \frac{1}{4\pi\epsilon_0\hbar}\left|T_{12_{\alpha\beta}}\langle n_1|\mu_{1_\alpha}|j_1\rangle\langle j_2|\mu_{2_\beta}|n_2\rangle\right| \tag{5.3.29}$$

如果这两个激子能级彼此足够远，并且远离二聚体的其他电子能级，则每个激子能级产生独立的光学活性，从而光学活性张量的各向同性部分为

$$G'_{\alpha\alpha} = G'^{+}_{\alpha\alpha} + G'^{-}_{\alpha\alpha} = -\frac{2}{\hbar}\left\{\frac{\omega}{\omega_+^2 - \omega^2}\mathrm{Im}\langle n|\mu_\alpha|j_+\rangle\langle j_+|m_\alpha|n\rangle + \frac{\omega}{\omega_-^2 - \omega^2}\mathrm{Im}\langle n|\mu_\alpha|j_-\rangle\langle j_-|m_\alpha|n\rangle\right\} \tag{5.3.30}$$

将二聚体的电偶极矩算符和磁偶极矩算符写成式（5.3.5a）和式（5.3.5c）的形式，并利用波函数（5.3.26）得到：

$$G'_{\alpha\alpha}=-\frac{\mathrm{e}^{\mathrm{i}\alpha}}{\hbar}\left\{\frac{\omega}{\omega_+^2-\omega^2}\left[-\frac{1}{2}\omega_{j_in_i}\varepsilon_{\alpha\beta\gamma}R_{12_\beta}\mathrm{Re}\left(\langle n_1|\mu_{1_\alpha}|j_1\rangle\langle j_2|\mu_{2_\gamma}|n_2\rangle\right)\right.\right.$$
$$\left.+\mathrm{Im}\left(\langle n_2|\mu_{2_\alpha}|j_2\rangle\langle j_1|m_{1_\alpha}|n_1\rangle\right)+\mathrm{Im}\left(\langle n_1|\mu_{1_\alpha}|j_1\rangle\langle j_2|m_{2_\alpha}|n_2\rangle\right)\right]$$
$$+\frac{\omega}{\omega_-^2-\omega^2}\left[\frac{1}{2}\omega_{j_in_i}\varepsilon_{\alpha\beta\gamma}R_{12_\beta}\mathrm{Re}\left(\langle n_1|\mu_{1_\alpha}|j_1\rangle\langle j_2|\mu_{2_\gamma}|n_2\rangle\right)\right.$$
$$\left.\left.-\mathrm{Im}\left(\langle n_2|\mu_{2_\alpha}|j_2\rangle\langle j_1|m_{1_\alpha}|n_1\rangle\right)-\mathrm{Im}\left(\langle n_1|\mu_{1_\alpha}|j_1\rangle\langle j_2|m_{2_\alpha}|n_2\rangle\right)\right]\right\} \tag{5.3.31}$$

注意，在 $\mathrm{Im}\left(\langle n_i|\mu_{i_\alpha}|j_i\rangle\langle j_j|m_{j_\alpha}|n_j\rangle\right)$ 中的项保证了式（5.3.31）在局域原点中移动的不变性。我们已经去掉了对应于这两个基团固有旋光强度的项。

对应的激子旋光强度为

$$R(j_\pm\leftarrow n)=\mp\frac{\mathrm{e}^{\mathrm{i}\alpha}}{4}\omega_{j_in_i}\varepsilon_{\alpha\beta\gamma}R_{12_\beta}\mathrm{Re}\left(\langle n_1|\mu_{1_\alpha}|j_1\rangle\langle j_2|\mu_{2_\gamma}|n_2\rangle\right)$$
$$\pm\frac{1}{2}\left[\mathrm{Im}\left(\langle n_2|\mu_{2_\alpha}|j_2\rangle\langle j_1|m_{1_\alpha}|n_1\rangle\right)+\mathrm{Im}\left(\langle n_1|\mu_{1_\alpha}|j_1\rangle\langle j_2|m_{2_\alpha}|n_2\rangle\right)\right] \tag{5.3.32}$$

可以将色散或者吸收线形函数引入式（5.3.31）。式（5.3.31）中的 $j_+\leftarrow n$ 和 $j_-\leftarrow n$ 跃迁共同产生简并耦合生色团的圆二色和旋光色散线形特征。这些见图 5.2，其中激子分裂大于线宽。当手性因子：

$$\varepsilon_{\alpha\beta\gamma}R_{12_\beta}\mathrm{Re}\left(\langle n_1|\mu_{1_\alpha}|j_1\rangle\langle j_2|\mu_{2_\gamma}|n_2\rangle\right)$$

和耦合因子：

$$T_{12_{\alpha\beta}}\mathrm{Re}\left(\langle n_1|\mu_{1_\alpha}|j_1\rangle\langle j_2|\mu_{2_\beta}|n_2\rangle\right)$$

有相反的符号，并且在：

$$\mathrm{Im}\left(\langle n_i|\mu_{i_\alpha}|j_i\rangle\langle j_j|m_{j_\alpha}|n_j\rangle\right)$$

中的附加项要么是零，要么可以忽略时，则会得到图 5.2 中所展现的高和低频率带的绝对符号。当手性因子和耦合因子有同样的绝对符号时会得到与图 5.2 所示相反的绝对符号。

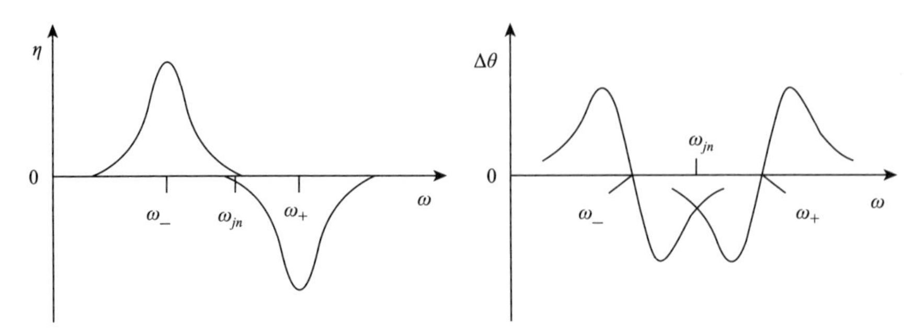

图 5.2　激子分裂大于线宽的简并耦合生色团对的圆二色 η 和旋转色散 $\Delta\theta$ 曲线，当手性因子 $\varepsilon_{\alpha\beta\gamma}R_{12_\beta}\mathrm{Re}\left(\langle n_1|\mu_{1_\alpha}|j_1\rangle\langle j_2|\mu_{2_\gamma}|n_2\rangle\right)$ 和耦合因子 $T_{12_{\alpha\beta}}\mathrm{Re}\left(\langle n_1|\mu_{1_\alpha}|j_1\rangle\langle j_2|\mu_{2_\beta}|n_2\rangle\right)$ 具有相反的符号时，得到如图所示的绝对符号

激子处理属于动态耦合模型，因为激子分裂来自由光激发的单体态电偶极之间的相互作用：在没有光的情况下，该相互作用不存在。在频移大于线宽的极限情况下，激子处理是最合适的。对于另一种频移远小于线宽的极限情况，最好利用动态耦合表达式（5.3.23）进行描述。对于两个相同单体的 $j \leftarrow n$ 跃迁，$G'_{\alpha\alpha}$ 的色散和吸收部分分别由式（2.7.7）给出的函数 f^2-g^2 和 fg 决定。现在，圆二色和旋光色散线形具有如图 5.3 所示的形式，这与由激子模型给出的线形相似。然而，这里的拐点相对于带中心的位移由 Γ_j 决定，而不是激子分裂。带结构的绝对符号由如下符号决定：

$$\varepsilon_{\alpha\beta\gamma}R_{12_\beta}\alpha_{2_{\gamma\delta}}T_{21_{\delta\epsilon}}\alpha_{1_{\epsilon\alpha}}$$

实际上，这是手性因子和耦合因子的“混合物”。

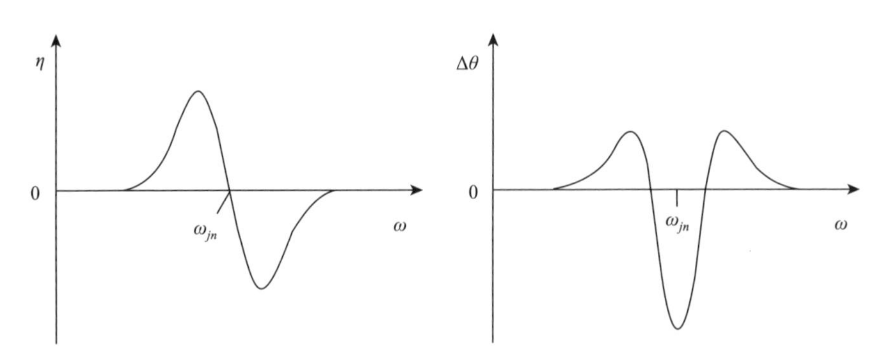

图 5.3　一对简并耦合生色团的圆二色 η 和旋转色散 $\Delta\theta$ 曲线，其中激子分裂远小于线宽

详细比较动态耦合结果和激子结果，这对于在包含两个 $C_{nv}(n>2)$ 对称性和具有平行平面对称轴（图 5.4）的基团构成的简单手性结构中的应用是有启发意义的。

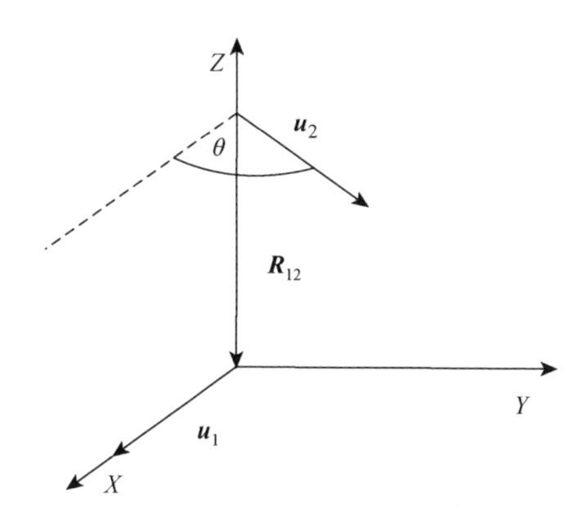

图 5.4　定义简单手性双基团几何结构的矢量

这种结果的各向同性聚集体的旋光性可以由式（5.3.18）推导出来。对于这种特定对称性的基态，如果局域原点沿着基团对称轴的任何位置，则 $G'_{i_{\alpha\beta}} T_{ij_{\beta\gamma}} \alpha_{j_{\gamma\alpha}}$ 类型的项没有贡献。图 5.4 所示的结构是比较便于分析的。$T_{12_{\alpha\beta}}$ 中唯一起作用的部分为 $-\delta_{\alpha\beta} / R_{12}^3$，从而，净几何因子为

$$\varepsilon_{\alpha\beta\gamma} R_{12_\beta} (u_{2_\gamma} u_{2_\delta} T_{12_{\gamma\epsilon}} u_{1_\epsilon} u_{1_\alpha}) = -\frac{\sin 2\theta}{2R_{12}^2} \tag{5.3.33}$$

将基团对称轴的其他位置设为原点不会影响该结果：可以通过式（5.3.33）左边的 $R_{12_\beta} \to R_{12_\beta} + \Delta r_1 u_{1_\beta} - \Delta r_2 u_{2_\beta}$ 取代证明这一点。接着，旋光度仅仅是

$$\Delta\theta \approx \frac{3\omega^2 \mu_0 l N}{16\pi \epsilon_0 R_{12}^2} (\alpha_1 \alpha_2 \kappa_1 \kappa_2) \sin 2\theta \tag{5.3.34}$$

由此可见，当 $\theta = 45°$ 时旋光度最大，并且在更长的波长区域两个极化率都为正，右手螺旋构型（沿着 $\boldsymbol{R}_{12}$ 看）导致正的旋光度（当向着光源看时是顺时针）。

这种结构的有序聚集体的旋光性可由式（5.3.19）推导出来。因此，对于这种特定几何结构，当光垂直于 $\boldsymbol{R}_{12}$ 传播时没有旋光性。对于平行于或者反平行于 $\boldsymbol{R}_{12}$ 传播的光，我们得到如下旋光度：

$$\Delta\theta \approx \frac{9\omega^2 \mu_0 l N}{16\pi \epsilon_0 R_{12}^2} (\alpha_1 \alpha_2 \kappa_1 \kappa_2) \sin 2\theta \tag{5.3.35}$$

如果对所有方向进行平均，则恢复了各向同性的结果（5.3.34）。

当利用激子模型时，得到了类似的结果。如果这两个基团相同，并具有电偶极跃迁矩沿 $\boldsymbol{u}_1$ 和 $\boldsymbol{u}_2$ 方向的跃迁电偶极矩，对于如图 5.4 所示的绝对构型，则对应于激子能级的圆二色和旋光色散谱带有如图 5.2 所示的符号。这是因为手性因子简化成：

$$\varepsilon_{\alpha\beta\gamma} R_{12_\beta} \mathrm{Re}\left(\langle n_1 | \mu_{1_\alpha} | j_1 \rangle \langle j_2 | \mu_{2_\gamma} | n_2 \rangle\right) = R_{12} \mathrm{Re}\left(\langle n_1 | \mu_1 | j_1 \rangle \langle j_2 | \mu_2 | n_2 \rangle\right) \sin\theta$$

并且，耦合因子简化为

$$T_{12_{\alpha\beta}}\mathrm{Re}\left(\langle n_1|\mu_{1_\alpha}|j_1\rangle\langle j_2|\mu_{2_\beta}|n_2\rangle\right)=-\frac{1}{R_{12}^3}\mathrm{Re}\left(\langle n_1|\mu_1|j_1\rangle\langle j_2|\mu_2|n_2\rangle\right)\cos\theta$$

因此，对于θ的值，当$\sin\theta$和$\cos\theta$具有相同的符号（$0<\theta<\pi/2$，$\pi<\theta<3\pi/2$）时，手性因子和耦合因子符号相反。从而，当两个跃迁偶极矩平行时，手性因子为零；当相互垂直时，手性因子有最大值。耦合因子对于平行构型为最大值，对于垂直构型为零。因此，激子圆二色和旋光色散曲线的振幅取决于激子分裂的大小，以及每个独立的$j_+\leftarrow n$和$j_-\leftarrow n$跃迁的固有旋光强度值（如果没有分裂的话，大的固有旋光强度并不好），这两个条件导致了激子圆二色和旋光色散值对$\sin 2\theta$的整个依赖性。在分裂远小于线宽的极限情况下，可以明确看到这一点，从而得到如图 5.3 所示的圆二色和旋转色散曲线。现在，因子：

$$\varepsilon_{\alpha\beta\gamma}R_{12_\beta}\alpha_{2_{\gamma\delta}}T_{21_{\delta\epsilon}}\alpha_{1_{\epsilon\alpha}}$$

自动给出$\sin 2\theta$的相关性。

5.4　举 例 说 明

5.4.1　羰基生色团和八区规则

有机分子在可见或近紫外光谱区域中的弱电子吸收带，通常是杂原子上的孤对电子跃迁到局域在生色团上的反键π或σ轨道而产生的。以下是含有杂原子的典型生色团：

$$>\!\mathrm{C{=}O}\quad >\!\mathrm{C{=}S}\quad -\mathrm{N{=}O}\quad -\mathrm{NO_2}\quad -\mathrm{O{-}N{=}O}$$

羰基生色团在电子光学活性中是非常重要的，因为在 250～350nm 处有一个可观测到的弱电子吸收带，从而在测试上需要有充足的透射光，然而与之相关联的 Cotton 效应会比较大。因此，存在着大量的实验数据，根据这些数据可以推导出对称规则，这使我们能够评估定态和动态耦合机制的相对重要性。

羰基生色团的局域原子和分子轨道及电子跃迁见图 5.5。对称类根据局域C_{2v}对称性进行分类。碳和氧的原子轨道的同相和异相结合形成了σ和σ^*分子轨道；原子轨道为氧$2p_Z$和碳sp^2杂化的$(2s+\lambda 2p_Z)$。氧和碳$2p_X$轨道的同相和异相结合给出π和π^*分子轨道。非键 n 轨道为氧$2p_Y$。基态的电子构型为$\sigma^2\pi^2n^2\left({}^1A_1\right)$，是单线态。最低激发态来自$\pi^*\leftarrow n$电子跃迁；其构型$\sigma^2\pi^2n\pi^*\left({}^{1,3}A_2\right)$

既产生单线态又产生三线态。通常在 250～350nm 区域观察到的弱吸收来自 $\pi^* \leftarrow n$ 单线态-单线态跃迁 $\left({}^1A_2 \leftarrow {}^1A_1\right)$。在 150～250nm 区域观察到的两个强吸收来自 $\sigma^* \leftarrow n\left({}^1B_2 \leftarrow {}^1A_1\right)$ 和 $\pi^* \leftarrow \pi\left({}^1A_1 \leftarrow {}^1A_1\right)$ 跃迁。

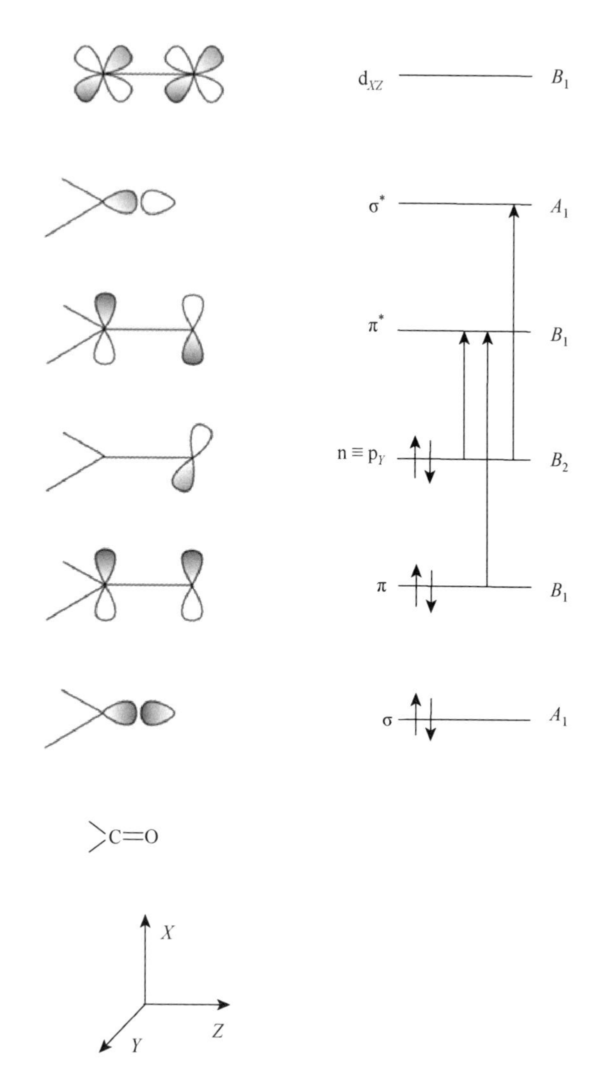

图 5.5　羰基生色团的轨道和电子跃迁（能量不成比例），坐标原点在 CO 键的中心点

对 C_{2v} 特征表的粗略查看指出，$\pi^* \leftarrow n$ 跃迁是电偶极禁阻，而磁偶极和电四极允许的。尽管相对弱，但强度仍然高于磁偶极和电四极机制给出的强度：该强度主要来自 ${}^1B_2 \leftarrow {}^1A_1$ 和 ${}^1B_1 \leftarrow {}^1A_1$ 电偶极允许跃迁与对称类 B_1 的面外弯曲振动和对

称类 B_2 的面内弯曲振动的耦合[如见 King（1964）]。对 $\pi^* \leftarrow \mathrm{n}$ 羰基跃迁有贡献的另一个更小的“禁阻”电偶极存在于光学活性分子中，它源于手性分子内环境导致的 C_{2v} 对称性的降低，并且是产生与 $\pi^* \leftarrow \mathrm{n}$ 跃迁相关的各向同性光学活性的主要原因。${}^1B_1, {}^1B_2 \leftarrow {}^1A_1$ 振动跃迁可以在未扰动生色团中产生非对角光学活性张量分量（特别是 G'_{XZ} 和 G'_{YZ}）；并且，当生色团受到手性分子内环境的扰动时，可以产生各向同性的光学活性：这些机制导致 $\pi^* \leftarrow \mathrm{n}$ Cotton 效应曲线的一些振动结构。在 5.5.3 节中我们看到，与振动跃迁有关的旋光强度可能需要不同的对称性规则，从而从基电子态的基振动态到激发电子态的基振动态的跃迁，给出的旋光强度具有不同的符号。

$\sigma^* \leftarrow \mathrm{n}$ 跃迁是电偶极、磁偶极和电四极都允许的，尽管这些成分没有产生各向同性旋光性。这同样需要手性分子内环境。同样地，$\pi^* \leftarrow \pi$ 跃迁是电偶极和电四极允许，磁偶极禁阻的。

我们现在将定态耦合的式（5.3.3）和动态耦合的式（5.3.24）用在诱导羰基中 $\pi^* \leftarrow \mathrm{n}$ 跃迁的各向同性旋光强度上。

微扰基团的电荷 q_2 通过定态耦合对研究对象的旋光强度产生影响。该电荷会在带电原子或基团中产生，或者通过中性原子或基团中核电荷的不完全屏蔽产生。对于 $\pi^* \leftarrow \mathrm{p}_Y\left({}^1A_2 \leftarrow {}^1A_1\right)$ 羰基跃迁，n_1 和 j_1 分别对应了构型 $\sigma^2\pi^2\mathrm{p}_Y^2\left({}^1A_1\right)$ 和 $\sigma^2\pi^2\mathrm{p}_Y\pi^*\left({}^1A_2\right)$（我们现在用 p_Y 表示氧的孤对电子，以避免与普遍初始态符号 n 混淆）。那么，对于可能的多极 $j_1 \leftarrow n_1$ 跃迁矩，只有 $\langle n_1|m_{1_Z}|j_1\rangle$ 是对称允许的，从而各向同性旋光强度的定态耦合表达式（5.3.3）简化成：

$$R(j_1 \leftarrow n_1) = \frac{3q_2 R_{12_Z} R_{12_Y}}{2\pi\epsilon_0 R^5}\left\{\sum_{k_1 \neq n_1}\frac{1}{\hbar\omega_{k_1 n_1}}\mathrm{Im}\left(\langle k_1|\Theta_{1_{XY}}|n_1\rangle\langle n_1|m_{1_Z}|j_1\rangle\langle j_1|\mu_{1_Z}|k_1\rangle\right)\right.$$
$$\left.+\sum_{k_1 \neq j_1}\frac{1}{\hbar\omega_{k_1 j_1}}\mathrm{Im}\left(\langle j_1|\Theta_{1_{XY}}|k_1\rangle\langle n_1|m_{1_Z}|j_1\rangle\langle k_1|\mu_{1_Z}|n_1\rangle\right)\right\}+\cdots \tag{5.4.1}$$

在每项中，定态扰动算符必须转换成 A_2，Θ_{XY} 和 $\Theta_{YX}(=\Theta_{XY})$ 为最低阶备选项。$\langle k|\mu_Z|n\rangle$ 和 $\langle j|\Theta_{XY}|k\rangle$ 对称允许的第一激发态 k 具有 $\sigma^2\pi^2\mathrm{p}_Y^2\pi^*$ 构型，其中，$\langle j|\mu_Z|k\rangle$ 和 $\langle k|\Theta_{XY}|n\rangle$ 分别影响 $\pi^* \leftarrow \pi$ 和 $\pi \leftarrow \mathrm{p}_Y$ 单电子跃迁。$\langle j|\mu_Z|k\rangle$ 和 $\langle k|\Theta_{XY}|n\rangle$ 对称允许的第一激发态 k 为 $\sigma^2\pi^2\mathrm{p}_Y\mathrm{d}_{XZ}$，其中，$\mathrm{d}_{XZ}$ 与碳和氧的 d_{XZ} 轨道的某种结合有关。在这种情况下，$\langle j|\mu_Z|k\rangle$ 和 $\langle k|\Theta_{XY}|n\rangle$ 分别影响 $\pi^* \leftarrow \mathrm{d}_{XZ}$ 和 $\mathrm{d}_{XZ} \leftarrow \mathrm{p}_Y$ 单轨道跃迁。相应的电荷诱导对 $\pi^* \leftarrow \mathrm{p}_Y\left({}^1A_2 \leftarrow {}^1A_1\right)$ 各向同性旋光强度的影响，现在简化成如下轨道跃迁矩的乘积：

$$R(\pi^*\leftarrow p_Y)=\frac{3qR_{12_Z}R_{12_Y}}{2\pi\epsilon_0R^5}\left\{\frac{1}{\hbar\omega_{d_{XZ}p_Y}}\mathrm{Im}\left(\left\langle d_{XZ}\left|\Theta_{XY}\right|p_Y\right\rangle\left\langle p_Y\left|m_Z\right|\pi^*\right\rangle\left\langle\pi^*\left|\mu_Z\right|d_{XZ}\right\rangle\right)\right.$$
$$\left.+\frac{1}{\hbar\omega_{p_Y\pi}}\mathrm{Im}\left(\left\langle\pi\left|\Theta_{XY}\right|p_Y\right\rangle\left\langle p_Y\left|m_Z\right|\pi^*\right\rangle\left\langle\pi^*\left|\mu_Z\right|\pi\right\rangle\right)\right\}\tag{5.4.2}$$

在该表达式中的两项可以看成是电荷的螺旋位移：$\left\langle p_Y\left|m_Z\right|\pi^*\right\rangle$描述电荷沿 Z 轴旋转，而$\left\langle\pi^*\left|\mu_Z\right|d_{XZ}\right\rangle\left\langle d_{XZ}\left|\Theta_{XY}\right|p_Y\right\rangle$和$\left\langle\pi^*\left|\mu_Z\right|\pi\right\rangle\left\langle\pi\left|\Theta_{XY}\right|p_Y\right\rangle$描述了分量沿 Z 轴的电荷的线性移动；连续旋转和线性移动等价于螺旋路径。一些其他激发态可以对该旋光强度有贡献，但却很难评价它们的相对重要性。然而，所有这些贡献的显著特征是，它们依赖于$R_{12_X}R_{12_Y}$，因为这导致一个四区规则。羰基生色团的两个对称面将周围的空间分成四份：将扰动电荷 q 从一个四分之一区域移动到另一个具有同样符号的四分之一区域时，$R_{12_X}R_{12_Y}$ 的符号不变，而移动 q 到具有相反符号的四分之一区域会改变$R_{12_X}R_{12_Y}$ 的符号[图 5.6（a）]。八区规则，即一个附加的界面平分 C═O 键[图 5.6（b）]，和微扰电荷与八极跃迁矩的更高阶相互作用有关。

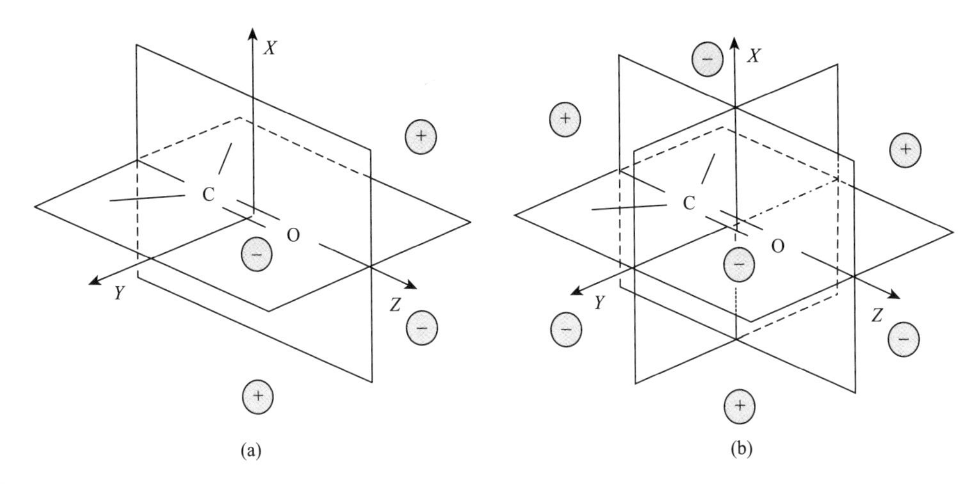

图 5.6　在羰基基团中由微扰基团诱导的$\pi^*\leftarrow n$跃迁的旋光强度符号的四区规则（a）和八区规则（b）

如果微扰是中性球形，没有电多极矩，如基态氢原子，则只有动态耦合会产生旋光强度。对于球形微扰，$\alpha_{2_{\alpha\beta}}=\alpha_2\delta_{\alpha\beta}$，各向同性旋光强度（5.3.24）简化成：

$$R(\pi^*\leftarrow p_Y)=\frac{5\alpha_2R_{12_X}R_{12_Y}R_{12_Z}}{2\pi\epsilon_0R^7}\mathrm{Im}\left(\left\langle p_Y\left|m_Z\right|\pi^*\right\rangle\left\langle\pi^*\left|\Theta_{XY}\right|p_Y\right\rangle\right)\tag{5.4.3}$$

当 $j_1 \leftarrow n_1$ 是 $\pi^* \leftarrow p_Y\left({}^1A_2 \leftarrow {}^1A_1\right)$ 跃迁时，以上关系是最低阶的对称性允许项。这服从八区规则[图 5.6（b）]。在 $\pi^* \leftarrow p_Y\left({}^1B_2 \leftarrow {}^1A_1\right)$ 振动跃迁中，$\langle n|\mu_Y|j\rangle\langle j|m_X|n\rangle$ 是对称允许的，且遵循四区规则；另外，$\langle n|m_X|j\rangle\langle j|\Theta_{YZ}|n\rangle$ 也是对称允许的，服从八区规则。

如果扰动是轴对称偶极的，定态和动态耦合都对旋光强度有贡献。这样的扰动会是围绕轴自由旋转的键、基团或原子上的孤对电子（如氮原子）。对于 $\pi^* \leftarrow p_Y\left({}^1A_2 \leftarrow {}^1A_1\right)$ 跃迁，各向同性旋光强度（5.3.3）和（5.3.24）的一级对称允许贡献为

$$
\begin{aligned}
R(\pi^* \leftarrow p_Y) = \frac{3\mu_Z}{2\pi\epsilon_0 R^7}\Bigg[&\frac{1}{\hbar\omega_{d_{XZ}p_Y}}\mathrm{Im}\left(\langle d_{XZ}|\Theta_{XY}|p_Y\rangle\langle p_Y|m_Z|\pi^*\rangle\langle\pi^*|\mu_Z|d_{XZ}\rangle\right)\\
&+\frac{1}{\hbar\omega_{p_Y\pi}}\mathrm{Im}\left(\langle\pi|\Theta_{XY}|p_Y\rangle\langle p_Y|m_Z|\pi^*\rangle\langle\pi^*|\mu_Z|\pi\rangle\right)\Bigg]\\
&\times\left[5R_{12_X}R_{12_Y}R_{12_Z}u_{2_Z}+R_{12_X}(5R_{12_Y}R_{12_Y}-R^2)u_{2_Y}+R_{12_Y}(5R_{12_X}R_{12_X}-R^2)u_{2_X}\right]\\
&+\frac{1}{2\pi\epsilon_0 R^7}\mathrm{Im}\left(\langle p_Y|m_Z|\pi^*\rangle\langle\pi^*|\Theta_{XY}|p_Y\rangle\right)\\
&\times\Big\{5\left[\alpha_1(1-\kappa_2)+3\alpha_2\kappa_2 u_{2_Z}u_{2_Z}\right]R_{12_X}R_{12_Y}R_{12_Z}\\
&+3\alpha_2\kappa_2\left[R_{12_Y}\left(5R_{12_X}^2-R^2\right)u_{2_X}u_{2_Z}+R_{12_X}\left(R_{12_Y}^2-R^2\right)u_{2_Y}u_{2_Z}\right]\Big\}
\end{aligned}
\tag{5.4.4}
$$

其中，u_{2_α} 是扰动基团 $\boldsymbol{u}_2$ 对称轴和羰基基团 α 轴之间的方向余弦。注意，从中心球形微扰的贡献（5.4.3）服从八区规则，是该更普遍表达的一部分。所有其他项都需要偶极各向异性微扰的取向信息，并且一些会导致偏离简单的八区规则的性质。在 $\pi^* \leftarrow p_Y\left({}^1B_2 \leftarrow {}^1A_1\right)$ 振动跃迁中，$\langle n|\mu_Y|j\rangle\langle j|m_X|n\rangle$ 是对称允许的，并且服从四区规则；$\langle n|m_X|j\rangle\langle j|\Theta_{YZ}|n\rangle$ 也是对称允许的，服从八区规则。

各项的绝对符号取决于跃迁矩的符号和极化各向异性等因素。对于该模型中绝对符号的深入讨论，读者可以参考 Höhn 和 Weigang（1968）及 Buckingham 和 Stiles（1974）。

我们已经看到，在羰基生色团中，许多对光学活性的诱导作用给出了相互矛盾的对称性规则。选择在特定分子中比较显著的项，从而预测其对称性规则通常是比较困难的；甚至继续从主要项推导出绝对构型就更困难了。如果存在相反符号的振动结构分量，则这些问题就会复杂化。然而，除了几个反常现象，对于 $\pi^* \leftarrow p_Y\left({}^1A_2 \leftarrow {}^1A_1\right)$ 羰基跃迁，大量实验证据证明其服从同样绝对符号的八区规

则。从而，由中性各向同性极化扰动导致的动态耦合项（5.4.3）可能在大多数分子中是影响显著的。当微扰体是氟时，导致了一个显著异常的反八区规则（即有相反符号的八区规则）。氟的可极化性比常规微扰体（烷基、氢和其他卤素原子等）小得多，而且由于 C—F 键与较大的偶极矩有关，从而式（5.4.4）中包含微扰的偶极矩 μ_2 起主导作用并产生反八区规则的性质。有关八区规则的深入讨论，读者可以参考 Rodger 和 Norden（1997）及 Lightner（2000）的相关文献。

通过对不同微扰下的跃迁和微扰矩阵元的深入思考，推导出的旋光强度表达式与表 4.2 中列出的一致。该表给出重要点群中极张量和轴张量的允许分量。例如，表 4.2 指出，对于像羰基这种具有 C_{2v} 对称性的基团，均匀电场微扰下光学活性张量各向同性部分的所有 $G'^{(\mu)}_{\alpha\alpha,\beta}$ 分量都为零；而由电场梯度微扰下对应的张量分量 $G'^{(\Theta)}_{\alpha\alpha,XY}$ 不为零，与式（5.4.1）一致。同样，表 4.2 指出，只有磁偶极-电四极张量（2.6.27j）的唯一 $D'_{Z,XY}$ 分量不为零，这与式（5.4.3）一致。

5.4.2　Co^{3+}生色团：可见、近紫外和 X 射线圆二色性

在过渡金属配合物中，配体的手性排列可以诱导中心金属离子产生电子光学活性。相关方面的一个比较经典的例子是具有 C_3 对称性的三（乙二胺）钴(III)离子［$Co(en)_3^{3+}$，图 5.7］。在圆二色测试中，当光沿含有该离子的单轴晶体的光轴（对应于离子的 C_3 轴）传播时，有孤立的光学活性张量分量（McCaffery and Mason，1963），并给出第一个关于电偶极-电四极光学活性的明确例子（Barron，1971）。由于深入的电子机制非常复杂，我们这里只给出一个概论。

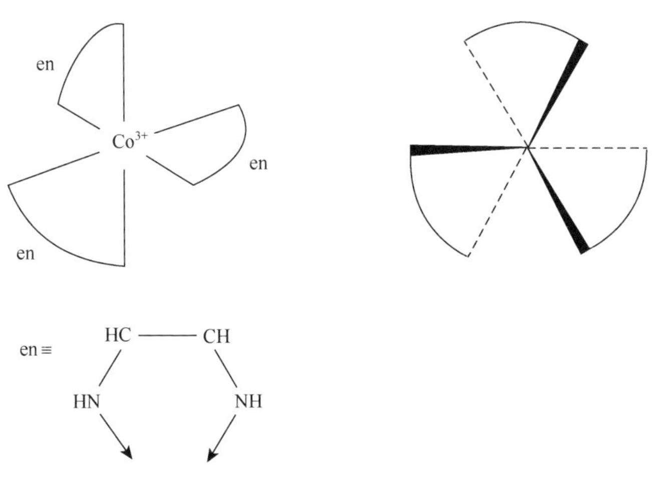

图 5.7　(+)-$Co(en)_3^{3+}$ 例子和沿 C_3 轴的视图

$Co(en)_3$ 的电子吸收光谱与具有 O_h 对称性的 $Co(NH_3)_6^{3+}$ 配合物的电子吸收光谱相似，从而在 D_3 配合物中电子跃迁的选律被认为主要来自母体的 O_h 配合物。我们这里只考虑金属离子中的电子跃迁。在 $Co(NH_3)_6^{3+}$ 中，金属 d 轨道简并性因八面体晶体场而降低：对应于整个旋转基团的不可约表示 $D^{(2)}$ 与对称性下降到 O_h 时的不可约表示 $E_g + T_{2g}$ 相关。从而，d 的五个简并轨道变成两个双重简并 e_g 轨道和三个三重简并 t_{2g} 轨道，并且 Co^{3+} 的电子构型 d^6 变成在“强场”配合物 $Co(NH_3)_6^{3+}$ 中的 t_{2g}^6，其产生一个单电子态 ${}^1A_{1g}$。当电子跃迁到 e_g 轨道时产生 $t_{2g}^5e_g$ 构型，对应的电子态为 ${}^{1,3}T_{1g}$ 和 ${}^{1,3}T_{2g}$。

$Co(NH_3)_6^{3+}$ 中弱电子吸收带的最大值约为 476nm 和 342nm，分别属于 ${}^1T_{1g} \leftarrow {}^1A_{1g}$ 和 ${}^1T_{2g} \leftarrow {}^1A_{1g}$ 跃迁。这两个跃迁都是电偶极禁阻的，前者是磁偶极允许的，后者是电四极允许的，尽管大多数观察到的强度通过允许的振动电偶极跃迁而产生。与羰基一样，当生色团处于手性环境时，这样的振动跃迁产生圆二色带的振动结构。总旋光强度由手性环境诱导处于基振动态的电子态之间允许的磁偶极和电四极跃迁矩，以及小的电偶极跃迁矩所决定。当对称性下降到 D_3 时，O_h 的表示 T_{1g} 和 T_{2g} 分别与 $A_2 + E_a$ 和 $A_1 + E_b$ 有关。$Co(en)_3^{3+}$ 在 469nm 和 340nm 处的弱电子吸收带分别归属于 ${}^1A_2, {}^1E_a \leftarrow {}^1A_1$ 跃迁和 ${}^1A_1, {}^1E_b \leftarrow {}^1A_1$ 跃迁。

因此，我们估测 469nm 处的吸收带与强磁偶极-弱电偶极圆二色性有关，而 340nm 处的吸收带与强电四极-弱电偶极圆二色性有关。并且，从由 $\boldsymbol{\mu}$、$\boldsymbol{m}$ 和 Θ 的特定分量产生的 D_3 的不可约表示，结合表 4.2，我们推导出 ${}^1A_1 \leftarrow {}^1A_1$ 跃迁不产生光学活性张量分量；${}^1A_2 \leftarrow {}^1A_1$ 产生 G'_{ZZ}；${}^1E_a \leftarrow {}^1A_1$ 产生 $G'_{XX} = G'_{YY}$；并且 ${}^1E_b \leftarrow {}^1A_1$ 产生 $A_{X,YZ} = -A_{Y,XZ}$。除了使用表 4.2，还可以仅用 4.4.6 节中给出的不可约张量的方法给出跃迁矩阵元，从而得到这些结论。因此，垂直于 $Co(en)_3^{3+}$ C_3 轴（Z）的光通过 ${}^1A_2 \leftarrow {}^1A_1$ 跃迁会展现电偶极-磁偶极圆二色性；而沿着 C_3 轴传播的光会展现 ${}^1E_a \leftarrow {}^1A_1$ 跃迁的电偶极-磁偶极圆二色性，以及通过 ${}^1E_b \leftarrow {}^1A_1$ 跃迁的电偶极-电四极圆二色性。因为螺旋 D_3 离子的手性对于光平行于 C_3 轴和垂直于 C_3 轴是相反的，从而 ${}^1A_2 \leftarrow {}^1A_1$ 和 ${}^1E_a \leftarrow {}^1A_1$ 圆二色性应该具有相反的符号（这一点可以通过使用不可约张量方法得到合适的电子跃迁矩明确给出）。

McCaffery 和 Mason（1963）通过检测给出这些期望值，具体见图 5.8。在水溶液中，光学活性是各向同性的，469nm 吸收带中的 ${}^1A_2 \leftarrow {}^1A_1$ 和 ${}^1E_a \leftarrow {}^1A_1$ 圆二色性趋于抵消，而沿光轴的晶体测试则将 ${}^1E_a \leftarrow {}^1A_1$ 圆二色性分离出来，从而将其值增加了一个数量级。在 340nm 处的 ${}^1E_b \leftarrow {}^1A_1$ 圆二色性只在晶体测试中观察到，因为电偶极-电四极光学活性在各向同性样品中“洗掉”了。相关的溶液圆二色性在略微更长的波长处，并且对于禁阻的 ${}^1A_1 \leftarrow {}^1A_1$ 跃迁，会产生振动的贡献，其会产生 G'_{ZZ}，从而不会出现在沿光轴的晶体圆二色性中。

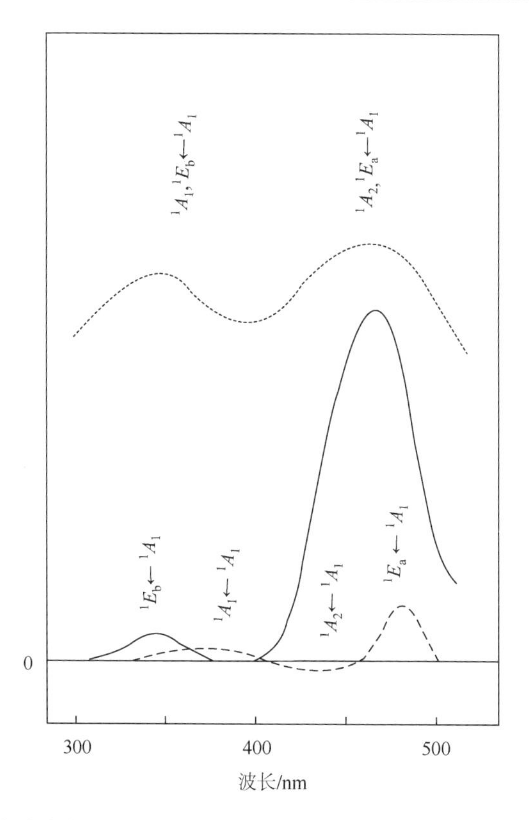

图 5.8　(+)-$Co(en)_3^{3+}$ 水溶液的吸收光谱（虚横线）和圆二色光谱（虚点线），以及光沿着光轴（任意单元）传播时 $\{(+)\text{-}[Co(en)_3]Cl_3\}_2 \cdot NaCl \cdot 6H_2O$ 晶体的圆二色光谱（实线）的示意图（McCaffery and Mason，1963）

电四极光学活性随着中心金属离子半径的增加而增加。因此，$Rh(Ox)_3^{3-}$ 和 $Co(Ox)_3^{3-}$ 的 $^1E_a \leftarrow ^1A_1$ 旋光强度类似，而 Rh 配合物中 $^1E_b \leftarrow ^1A_1$ 的旋光强度非常大（McCaffery et al.，1965）。Rh 和 Co 在 4d 和 3d 跃迁序列中是等价的，主要的不同是 4d 原子的半径要比等价的 3d 原子半径大很多。磁偶极跃迁矩和主量子数 n 无关，而电四极跃迁矩大致上随着 n^4 / Z_{eff}^2 的增加而增加。

对称性规则是通过将式（5.3.3）和式（5.3.24）应用到由母体 O_h 生色团周围基团的手性排列产生的定态和动态微扰下，导致该生色团旋光强度的产生而给出的。这些基团同时是带电、多极和各向异性极化的。第一对称性允许对旋光强度的贡献是相当高的，这里不作详细描述。读者可以参考 Mason（1973）对这些对称性规则做的进一步讨论；以及 Mason（1979）和 Richardson（1979）对过渡金属配合物电子光学活性理论的回顾。

$Co(en)_3^{3+}$ 体系除了作为手性过渡金属配合物近紫外和可见圆二色光谱的范例

外，还可以作为 X 射线圆二色性的有启发性的例子。Stewar 等（1999）在解析 $\{(+)\text{-}[Co(en)_3]Cl_3\}_2 \cdot NaCl \cdot 6H_2O$ 单晶时，通过沿光轴方向的射线观察到 7690～7770eV 范围内的 X 射线圆二色性。Co^{3+} 在约 7790eV 处有一个可清晰分辨的边前带，为 $3d \leftarrow 1s$ 电四极允许跃迁，这对于由 $np \leftarrow 1s$ 跃迁到低于电离阈值的 Rydberg 态，以及从 $\varepsilon p \leftarrow 1s$ 跃迁到连续介质中的态导致的电偶极允许 K 边吸收的低能跃迁约为 18eV。由于手性环境对附近的 εp，$np \leftarrow 1s$ 电偶极允许跃迁的贡献很小，则该 $3d \leftarrow 1s$ 边前带给出由电偶极-电四极机制作用的强 X 射线圆二色性。电偶极-磁偶极机制对该 X 射线圆二色性的贡献可以忽略不计，因为磁偶极跃迁的 $\Delta n = 0$ 选律（来自这样的事实，$\boldsymbol{m}$ 是纯空间角动量算符，从而不能与径向正交的态相关联）指出内壳层磁偶极跃迁是禁阻的。从头算证明了电偶极-电四极原理对 $3d \leftarrow 1s$ 跃迁旋光强度的显著贡献，并且也支持前面讨论的在 340nm 吸收带处，近紫外圆二色性早期属于该机制的分析（Peacock and Stewart，2001）。

5.4.3　有限螺旋：六螺烯

非常拥挤的碳氢六螺烯（图 5.9）提供了一个有趣的模型，用以讨论具有有限螺旋结构的分子中天然光学活性的产生机制。在分子一端 a，b 区域和另一端 c，d 区域之间的空间位阻，使该分子具有右手（P）或左手（M）螺旋构象。利用反常 X 射线散射晶体学技术（Lightner et al.，1972），P 和 M 绝对构型分别给出正的（+）和负的（–）比旋光度。因为 π 电子在整个苯环之间都是可完备互换的，所以我们可以将整个分子看成是一个生色团，所有跃迁都是电偶极、磁偶极和电四极允许的。

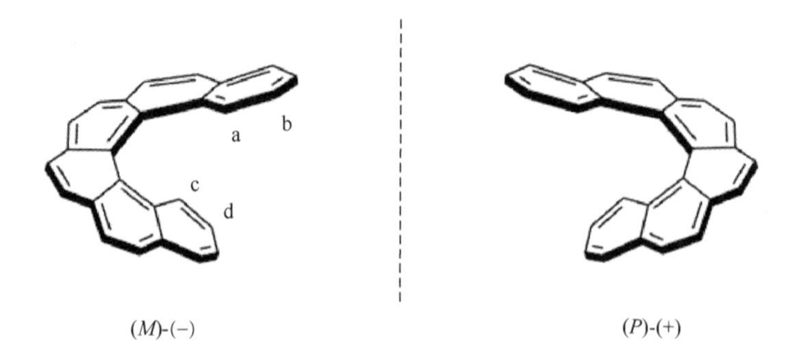

图 5.9　六螺烯的两个对映异构体

我们将通过考虑 15 对苯环之间的动态耦合，计算透明波长区域的旋光性，而不是考虑六螺烯光学活性固有手性生色团的复杂性。实际上，动态耦合理论在这里并不是严格适用的，因为它假设电子跃迁被局域在基团中。然而，对于比旋光度该理论则提供了一个较好的解释，并推导出了正确的绝对构型。结果，通过将合适的权重价键结构的贡献进行求和，可以将电子离域并入到动态耦合方法中：这会使六螺烯旋光度更高，但不影响符号。

如果我们假设苯环的对称性为 D_{6h}，可以将适用于光在有序样品中传播的旋光特性的简化动态耦合模型（5.3.19），用来计算在有序六螺烯分子中，光沿图 5.10 定义的 X、Y、Z 三个非等价方向传播的旋光分量（Barron，1975b）。因此，当光沿 Z 方向传播时，对所有苯环对进行求和：

$$\begin{aligned}\Delta\theta_Z \approx \frac{3\omega^2\mu_0 lN}{8\pi\epsilon_0}\sum_{i>j=1}^{6}\alpha_i\alpha_j R_{ij_Z}\Big[&\kappa_i(1-\kappa_j)(u_{i_\alpha}u_{i_X}T_{ij_{Y\alpha}}-u_{i_\alpha}u_{i_Y}T_{ij_{X\alpha}})\\&+\kappa_j(1-\kappa_i)(u_{j_\alpha}u_{j_Y}T_{ij_{X\alpha}}-u_{j_\alpha}u_{j_X}T_{ij_{Y\alpha}})\\&+3\kappa_i\kappa_j(u_{j_Y}u_{j_\alpha}T_{ij_{\alpha\beta}}u_{i_\beta}u_{i_X}-u_{j_X}u_{j_\alpha}T_{ij_{\alpha\beta}}u_{i_\beta}u_{i_Y})\Big]\end{aligned} \tag{5.4.5}$$

六个苯环的中心在右手圆柱螺旋上，具体位置为 $X=a\cos\theta$，$Y=a\sin\theta$，$Z=b\theta$，其中，$\theta=30°$、$90°$、$150°$、$210°$、$270°$ 和 $330°$。第 i 个苯环中心的半径矢量为

$$R_{i_\alpha}=I_\alpha a\cos\theta_i+J_\alpha a\sin\theta_i+K_\alpha b\theta_i \tag{5.4.6}$$

其中，$\boldsymbol{I}$、$\boldsymbol{J}$、$\boldsymbol{K}$ 分别是沿着六螺烯分子内轴 X、Y、Z 的单位矢量。螺旋在 $\boldsymbol{R}_i$ 处的单位切线与苯环的一个主轴（标记成 $\boldsymbol{t}_i$）重叠，并且为

$$t_{i_\alpha}=(a^2+b^2)^{-1/2}(-I_\alpha a\sin\theta_i+J_\alpha a\cos\theta_i+K_\alpha b) \tag{5.4.7}$$

沿第 i 个苯环主轴的单位矢量 $\boldsymbol{u}_i$ 垂直于 $\boldsymbol{t}_i$ 及如下半径矢量：

$$a_{i_\alpha}=I_\alpha a\cos\theta_i+J_\alpha a\sin\theta_i \tag{5.4.8}$$

该半径矢量垂直于 Z 轴：

$$u_{i_\alpha}=-\frac{1}{a}\varepsilon_{\alpha\beta\gamma}t_{i_\beta}a_{i_\gamma}=(a^2+b^2)^{-1/2}(I_\alpha b\sin\theta_i-J_\alpha b\cos\theta_i+K_\alpha a) \tag{5.4.9}$$

将式（5.4.9）和式（5.4.6）代入式（5.4.5）我们会发现，导致的三角函数组合只是 $\theta_{ij}=\theta_i-\theta_j$ 的函数。由式（5.2.26）定义的相应比旋光度为

$$[\Delta\theta_Z]\approx\frac{27\times10^6 N_0(n^2+2)\alpha^2\kappa^2\gamma}{\epsilon_0^2\lambda^2 Ma^2(1+\gamma^2)^2}\sum_{i>j=1}^{6}f(\theta_{ij})_Z \tag{5.4.10a}$$

其中，$\gamma=b/a$，并且：

$$f(\theta_{ij})_Z=\frac{\gamma^2\theta_{ij}}{\left[2(1-\cos\theta_{ij})+\gamma^2\theta_{ij}^2\right]^{3/2}}\left\{\sin\theta_{ij}(1+\gamma^2\cos\theta_{ij})+\frac{(\theta_{ij}-\sin\theta_{ij})\left[2(1+\gamma^2)(1/\kappa-1)(1-\cos\theta_{ij})-3\gamma^2\sin\theta_{ij}(\theta_{ij}-\sin\theta_{ij})\right]}{2(1-\cos\theta_{ij})+\gamma^2\theta_{ij}^2}\right\}$$

同样地，光沿垂直于螺旋轴的两个非等价方向 X 和 Y 传播的比旋光度分别为

$$[\Delta\theta_X]=\frac{27\times10^6 N_0(n^2+2)\alpha^2\kappa^2\gamma}{\epsilon_0^2\lambda^2 Ma^2(1+\gamma^2)^2}\sum_{i>j=1}^{6}f(\theta_{ij})_X \tag{5.4.10b}$$

$$[\Delta\theta_Y]=\frac{27\times10^6 N_0(n^2+2)\alpha^2\kappa^2\gamma}{\epsilon_0^2\lambda^2 Ma^2(1+\gamma^2)^2}\sum_{i>j=1}^{6}f(\theta_{ij})_Y \tag{5.4.10c}$$

其中，

$$f(\theta_{ij})_X=\frac{(\cos\theta_i-\cos\theta_j)^2}{\left[2(1-\cos\theta_{ij})+\gamma^2\theta_{ij}^2\right]^{3/2}}\left\{(1+\gamma^2\cos\theta_{ij})-\frac{\gamma^2(\theta_{ij}-\sin\theta_{ij})\left[(1+\gamma^2)(1/\kappa-1)\theta_{ij}+3(\theta_{ij}-\sin\theta_{ij})\right]}{2(1-\cos\theta_{ij})+\gamma^2\theta_{ij}^2}\right\}$$

$$f(\theta_{ij})_Y=\frac{(\sin\theta_i-\sin\theta_j)^2}{\left[2(1-\cos\theta_{ij})+\gamma^2\theta_{ij}^2\right]^{3/2}}\left\{(1+\gamma^2\cos\theta_{ij})-\frac{\gamma^2(\theta_{ij}-\sin\theta_{ij})\left[(1+\gamma^2)(1/\kappa-1)\theta_{ij}+3(\theta_{ij}-\sin\theta_{ij})\right]}{2(1-\cos\theta_{ij})+\gamma^2\theta_{ij}^2}\right\}$$

各向同性样品的比旋光度为

$$[\Delta\theta]=\frac{1}{3}\left([\Delta\theta_X]+[\Delta\theta_Y]+[\Delta\theta_Z]\right)=\frac{9\times10^6 N_0(n^2+2)\alpha^2\kappa^2\gamma}{\epsilon_0^2\lambda^2 Ma^2(1+\gamma^2)^2}\sum_{i>j=1}^{6}f(\theta_{ij}) \tag{5.4.11}$$

其中，

$$f(\theta_{ij})=\frac{2(1-\cos\theta_{ij})+\gamma^2\theta_{ij}\sin\theta_{ij}}{\left[2(1-\cos\theta_{ij})+\gamma^2\theta_{ij}^2\right]^{3/2}}\left[(1+\gamma^2\cos\theta_{ij})-\frac{3\gamma^2(\theta_{ij}-\sin\theta_{ij})^2}{2(1-\cos\theta_{ij})+\gamma^2\theta_{ij}^2}\right]$$

方程（5.4.11）由 Fitts 和 Kirkwood（1955）首次推导出来。使用如下 SI 值：$a=2.42\times10^{-10}\,\mathrm{m}$（假设键长为 1.40Å）；$b=0.486\times10^{-10}\,\mathrm{m}$（X 射线数据）；$n=1.45$（纯氯仿的折射率）；$M=328.4$；$N_0=6.023\times10^{23}$；$\lambda=5.893\times10^{-7}\,\mathrm{m}$（钠线）；$\alpha=10.4\times4\pi\epsilon_0 10^{-30}\,\mathrm{m}^3$，$|\kappa|=0.18$［苯的光散射数据，来自 Bridge 和 Buckingham（1966）］。对于右手螺旋，计算的比旋光度为

$$[\Delta\theta_X]=+3880°,\ [\Delta\theta_Y]=+753°,\ [\Delta\theta_X]=+3300°,\ [\Delta\theta]=+2650°$$

在氯仿中观察到的右手螺旋的比旋光度为+3640°（Newman and Lednicer，1956），因此，考虑到其复杂性，计算的各向同性比旋光度已经非常好了，并且在准确性上与目前的从头算差不多（Grimme et al.，2002；Autschbach et al.，2002）。有趣的是，这三个比旋光度有相同符号：螺旋的光学活性，至少在圆二色性的形式中，

对于垂直于螺旋轴和平行于螺旋轴的光，通常会给出相反的符号。不幸的是，这三个分量还没在实验上分离出来。

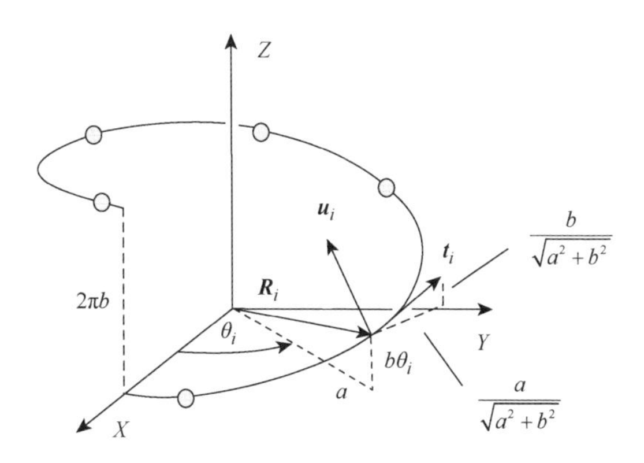

图 5.10　右手螺旋的几何形状。a 是穿过苯环中心的螺旋半径，$2\pi b$ 是螺距，$\boldsymbol{R}_i$ 是第 i 个苯环中心的半径矢量，$\boldsymbol{t}_i$ 和 $\boldsymbol{u}_i$ 分别是切向和法向的单位矢量

5.5　圆二色光谱中的振动结构

5.5.1　概述

迄今为止，关于手性分子中产生天然电子光学活性的讨论主要涉及旋光强度的“允许”贡献。这取决于电子手性，其中，原子核处于基电子态的平衡位置，并反映了分子手性，其会通过对称性规则与旋光强度的符号和值相关联。

然而，旋光强度的另一个贡献是由于原子核振动时电子手性的变化，而“禁阻”贡献可以归因于分子的每种振动模式。这些振动对旋光强度的符号和值的影响是间接的。在圆二色性中，由于分子的低对称性，以及具有较大不对称因子的跃迁（如羰基中的 $\pi^* \leftarrow n$ 跃迁）通常是完全磁偶极允许但电偶极禁阻的，从而常规吸收通常是由振动跃迁产生的，因此振动效应在圆二色中非常重要。

我们将参考 Weigang（1965）给出的处理方法，通过考虑各向同性旋光强度的量子力学表达式中振动对电子基态和激发态的微扰来研究该情况。

5.5.2　振动微扰旋光强度

利用在 2.8.4 节中给出的 Herzberg-Teller 方法，给出的微扰下的电偶极和磁偶极跃迁矩分别为

$$\langle n'|\mu_\alpha|j'\rangle=\langle e_n|\mu_\alpha|e_j\rangle\langle \nu_n|\nu_j\rangle+\sum_p C_{\alpha_p}\langle \nu_n|Q_p|\nu_j\rangle \tag{5.5.1a}$$

$$\langle j'|m_\alpha|n'\rangle=\langle e_j|m_\alpha|e_n\rangle\langle \nu_j|\nu_n\rangle+\sum_q B_{\alpha_q}\langle \nu_j|Q_q|\nu_n\rangle \tag{5.5.1b}$$

其中，

$$C_{\alpha_p}=\sum_{e_k\neq e_n}\frac{\langle e_n|(\partial H_\mathrm{e}/\partial Q_p)_0|e_k\rangle}{\hbar\omega_{e_ne_k}}\langle e_k|\mu_\alpha|e_j\rangle+\sum_{e_k\neq e_j}\frac{\langle e_k|(\partial H_\mathrm{e}/\partial Q_p)_0|e_j\rangle}{\hbar\omega_{e_je_k}}\langle e_n|\mu_\alpha|e_k\rangle \tag{5.5.1c}$$

$$B_{\alpha_q}=\sum_{e_k\neq e_n}\frac{\langle e_k|(\partial H_\mathrm{e}/\partial Q_q)_0|e_n\rangle}{\hbar\omega_{e_ne_k}}\langle e_j|m_\alpha|e_k\rangle+\sum_{e_k\neq e_j}\frac{\langle e_j|(\partial H_\mathrm{e}/\partial Q_q)_0|e_k\rangle}{\hbar\omega_{e_je_k}}\langle e_k|m_\alpha|e_n\rangle \tag{5.5.1d}$$

现在，可以将特定电子跃迁的振动分量的旋光强度写成：

$$\begin{aligned}R(e_j\nu_j\leftarrow e_n\nu_n)=\mathrm{Im}\Big[&\langle e_n|\mu_\alpha|e_j\rangle\langle e_j|m_\alpha|e_n\rangle\langle \nu_n|\nu_j\rangle\langle \nu_j|\nu_n\rangle\\&+\Big(\sum_q B_{\alpha_q}\langle e_n|\mu_\alpha|e_j\rangle\langle \nu_n|\nu_j\rangle\langle \nu_j|Q_q|\nu_n\rangle\\&+\sum_p C_{\alpha_p}\langle e_j|m_\alpha|e_n\rangle\langle \nu_n|Q_p|\nu_j\rangle\langle \nu_j|\nu_n\rangle\Big)\\&+\sum_p\sum_q C_{\alpha_p}B_{\alpha_q}\langle \nu_n|Q_p|\nu_j\rangle\langle \nu_j|Q_q|\nu_n\rangle+\dots\Big]\end{aligned} \tag{5.5.2}$$

我们首先讨论这样的近似，即基态和激发态的势能面非常相似，以至于不同电子流形中的振动态是标准正交的（“垂直”于势能面）：

$$\langle \nu_j|\nu_n\rangle=\delta_{\nu_j\nu_n} \tag{5.5.3}$$

那么，对于与电子从基电子态的基振动态到激发电子态的基振动态跃迁（0-0 跃迁）对应的振动带，旋光强度完全由式（5.5.2）的第一项决定：

$$R(e_j0_j\leftarrow e_n0_n)=\mathrm{Im}\left(\langle e_n|\mu_\alpha|e_j\rangle\langle e_j|m_\alpha|e_n\rangle\right) \tag{5.5.4}$$

对于与电子从基电子态的基振动态到激发电子态的一级激发振动态跃迁（0-1 跃迁）对应的振动带，旋光强度完全由式（5.5.2）的第三项决定：

$$R(e_j1_j\leftarrow e_n0_n)=\mathrm{Im}\left(C_{\alpha_p}B_{\alpha_q}\langle \nu_n|Q_p|\nu_j\rangle\langle \nu_j|Q_p|\nu_n\rangle\right) \tag{5.5.5}$$

谐波（overtone）和组合跃迁的所有项都为零。从而，给出的圆二色光谱由一个 0-0 带和一系列单量子振动带组成，每个单量子振动带代表一个正则模态，该正则

模态通过它们各自的基频与 0-0 带分开。每个振动旋光强度由 $\mathrm{Im}\left(C_{\alpha_p}B_{\alpha_q}\right)$ 的符号和值及 $\langle\nu_n|Q_p|\nu_j\rangle\langle\nu_j|Q_p|\nu_n\rangle$ 的值决定。如果 $\langle e_n|\mu_\alpha|e_j\rangle$ 和 $\langle e_j|m_\alpha|e_n\rangle$ 都是禁阻的，则非完全对称模式被认为将主导这种振动耦合机制。最后一种说法适用于局域于本征非手性生色团上的跃迁矩和内部振动坐标：当离域到整个完全不对称结构（而不是对于保留真旋转轴的手性结构）时，所有跃迁矩都是完全允许的，所有正则模态都是完全对称的。

事实上，电子基态和激发态的势能面通常是不同的，平衡点不再垂直分布（“不垂直”于势能面）。不同电子流形中振动态的标准正交条件（5.5.3）不再成立：$\langle\nu_j|\nu_n\rangle$ 现在是 Franck-Condon 叠加积分，并且当 $\nu_j\neq\nu_n$ 时不一定为零。因此，现在可以用描述第一组电子态跃迁的式（5.5.4）和式（5.5.5）给出阶跃和组合振动带。然而，除此之外，一般振动转动强度（5.5.2）的第二项对这种情况也有贡献。$\langle\nu_j|\nu_n\rangle$ 的存在意味着，第一项和第二项现在只有对于激发电子态中完全对称振动态才是非零的：这既可以来自含有偶量子数或奇量子数的激发态的单个完全对称模式，也可以来自仅含有偶量子数的激发态的单个非完全对称模式。在含有奇量子数的激发态下，只有式（5.5.2）的第三项会对单个非完全对称模式下，振动跃迁的旋光强度有贡献。最后一项也可以对具有奇量子数的非完全对称模式及具有奇量子数和偶量子数的完全对称模式的组合有贡献：这样的组合通常被看成是单个量子，该量子是具有伴随完全对称阶跃的非完全对称模式。

利用振动波函数空间的闭合理论，从式（5.5.2）我们得到圆二色带的所有振动分量的旋光强度之和为

$$\sum_{\nu_j}R(e_j\nu_j\leftarrow e_n\nu_n)=\mathrm{Im}\left\{\langle e_n|\mu_\alpha|e_j\rangle\langle e_j|m_\alpha|e_n\rangle+0+\sum_{p,\ q}C_{\alpha_p}B_{\alpha_q}\langle\nu_n|Q_pQ_q|\nu_n\rangle+\cdots\right\}\tag{5.5.6}$$

这里忽略了处于基电子态的振动激发分子的贡献。第一项表明，在与“允许的”电偶极和磁偶极跃迁相关的圆二色带的阶跃中，单个振动旋光强度的和等于 0-0 跃迁的旋光强度。求和时第二项为零，这表明对于整个旋光强度该项没有净贡献，并且它对于特定振动旋光强度的贡献可以是正，也可以是负，这与零级旋光强度的符号无关。第三项来自两个振动混合因子的乘积，当对所有振动态求和时不为零，并且可以产生正的和负的振动圆二色带，这与 $\mathrm{Im}\left(\langle e_n|\mu_\alpha|e_k\rangle\langle e_k|m_\alpha|e_n\rangle\right)$ 的符号有关。

5.5.3　羰基生色团

我们现在通过对羰基生色团的一些一般性陈述，对这些概念进行描述。在极

性溶剂中，手性酮类的$\pi^* \leftarrow n$跃迁通常展现了简单的高斯圆二色带。然而在非极性溶剂中，通常会观测到精细结构，子能级的间距对应了振动能级的间距。我们特别考虑了式（5.5.2）中第三项的应用，以描述由非完全对称模式诱导的振动圆二色的产生。

与包含激发态与其他激发态的混合项相比，包含基电子态与激发电子态的振动混合项通常可以忽略。在这种情况下，式（5.5.2）的第三项简化成：

$$R(e_j 1_j \leftarrow e_n 0_n) = \mathrm{Im}\left[\langle e_n|\mu_\alpha|e_k\rangle\langle e_k|m_\alpha|e_n\rangle \times \frac{1}{\hbar^2\omega_{e_j e_k}^2}\left|\langle e_k|(\partial H_e/\partial Q_p)_0|e_j\rangle\right|^2\left|\langle 0_n|Q_p|1_j\rangle\right|^2\right] \tag{5.5.7}$$

其中，我们假设振动电子态e_j和另一个特定的激发态e_k的混合起主要作用。对应的振动圆二色带的符号是“允许”旋光强度$\mathrm{Im}\langle e_n|\mu_\alpha|e_k\rangle\langle e_k|m_\alpha|e_n\rangle$的符号。为了与5.4.1节相关联，其中推导了手性分子内环境耦合导致羰基生色团光学活性的对称规则，我们应明确写出式（5.5.7）通过与中性球形微扰体的动态耦合，在特定振动跃迁中产生的转光强度。因此，从式（5.3.24）我们发现，对于与对称类B_2的面内弯曲振动关联的振动激发态跃迁$\pi^* \leftarrow p_Y\left({}^1B_1 \leftarrow {}^1A_1\right)$，遵循四区规则的贡献预计为

$$R\left[\pi^* \leftarrow p_Y\left({}^1B_1 \leftarrow {}^1A_1\right)\right] = \frac{3\alpha_2 R_X R_Y}{4\pi\epsilon_0 R^5}\mathrm{Im}\Big\{\langle p_Y|\mu_X|d_{XZ}\rangle\langle d_{XZ}|m_Y|p_Y\rangle \times \frac{1}{\hbar^2\omega_{p_Y d_{XZ}}^2}\left|\langle d_{XZ}|(\partial H_e/\partial Q_{B_2})_0|\pi^*\rangle\right|^2\left|\langle 0_n|Q_{B_2}|1_{\pi^*}\rangle\right|^2\Big\} \tag{5.5.8}$$

其中，我们设e_k为电子从p_Y轨道到d_{XZ}轨道跃迁产生的态，对应了$\sigma^2\pi^2 p_Y d_{XZ}$构型，因为这是适当振动混合对称允许的最低激发态。此外，例如，$|1_{\pi^*}\rangle$表示与$\pi^* \leftarrow p_Y$跃迁产生的激发电子态e_j相关的振动态，其中，处于正则模态的量子对应了Q_{B_2}。同样，对于与对称类B_1的面外弯曲振动相关的振动激发态跃迁$\pi^* \leftarrow p_Y\left({}^1B_2 \leftarrow {}^1A_1\right)$：

$$R\left[\pi^* \leftarrow p_Y\left({}^1B_2 \leftarrow {}^1A_1\right)\right] = \frac{3\alpha_2 R_X R_Y}{4\pi\epsilon_0 R^5}\mathrm{Im}\Big\{\langle p_Y|\mu_X|\sigma^*\rangle\langle \sigma^*|m_X|p_Y\rangle \times \frac{1}{\hbar^2\omega_{p_Y\sigma^*}^2}\left|\langle \sigma^*|(\partial H_e/\partial Q_{B_2})_0|\pi^*\rangle\right|^2\left|\langle 0_{p_Y}|Q_{B_1}|1_{\pi^*}\rangle\right|^2\Big\} \tag{5.5.9}$$

只是现在对应了$\sigma^2\pi^2 p_Y\sigma^*$构型的激发态$e_k$是最低激发态，其中，适当的振动混合

是对称允许的。回顾一下，对应了 0-0 旋光强度的方程（5.4.3）预测了八区规则。

因为圆二色谱带的振动结构对溶剂介质非常敏感，所以这些表达式在特定分子中的详细应用是复杂的，这里就不作尝试性讲解了。图 5.11 是在非极性溶剂中，许多有机羰基化合物 $\pi^* \leftarrow n$ 跃迁的圆二色谱带的广义振动模式。处于激发电子态的约 $1200cm^{-1}$ 羰基伸缩模式的负“允许”阶跃，由基于同样的 $1200cm^{-1}$ 完全对称阶跃的正“禁阻”带体系和单个约 $900cm^{-1}$ 非完全对称模式（面内或面外变形）给予补充。“允许的”和“禁阻的”圆二色阶跃没必要在理论上具有相反的符号，然而为了清晰起见，图 5.11 中假设二者具有相反的符号。如果羰基圆二色光谱在非极性溶剂中具有图 5.11 所示的偶联现象，则在极性溶剂中时通常会变成单符号曲线。对此的一种解释是，极性溶剂增强了电子激发态羰基伸缩模式的阶跃，而非极性溶剂增强了弯曲模式的阶跃（Klingbiel and Eyring，1970）。

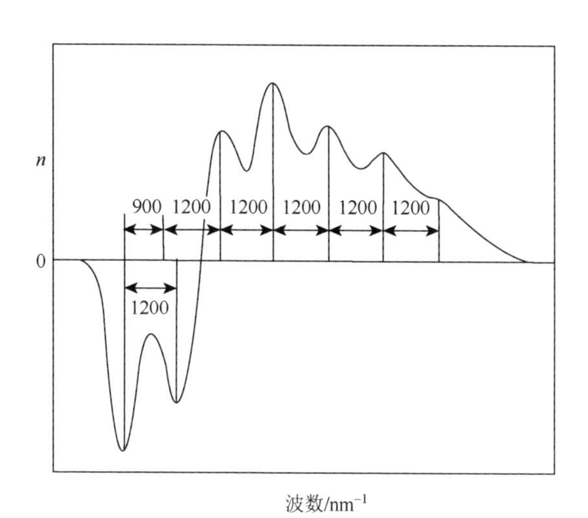

图 5.11　羰基 $\pi^* \leftarrow n$ 圆二色（任意单位）的典型振动结构（Weigand，1965）

第 6 章　磁电子光学活性

我已经成功地使一束光磁化和电化，并照亮了一条磁线。

迈克尔·法拉第

6.1 引　　言

本章主要考虑定磁场下所有分子在近紫外和可见波段处的旋光性和圆二色性。磁光学活性由复动态极化张量的虚部 $\alpha'_{\alpha\beta}$ 的适当分量产生。正如在第 4 章中讨论的那样，$\alpha'_{\alpha\beta}$ 是奇时参数，只有当存在外奇时影响时才会产生双折射现象。本章主要讨论定磁场中的液体或溶液样品，这构成了光沿磁场方向传播的单轴介质。

下面给出的磁旋光和圆二色公式是基于 Buckingham 和 Stephens（1966）的文章，而这篇文章本身也是基于 Stephens 的论文（Stephens，1964）。尽管 Serber（1932）在更早的时候就已经给出了正确的量子力学描述，但是 Buckingham-Stephens 的工作至少是在化学领域，开辟了磁光学活性的新纪元。

由于磁手性双折射和二色性是由奇时分子性质张量 $G_{\alpha\beta}$ 和 $A'_{\alpha,\beta\gamma}$ 的适当分量，在与光束的传播方向共线的定磁场下产生，类似于通过 $\alpha'_{\alpha\beta}$ 产生的磁光学活性，因而这些效应的量子力学理论也会在本章中给出。然而，一个重要的区别是，磁手性效应仅由手性分子产生。

6.2 磁旋光性和圆二色性的普遍特性

6.2.1 基本方程

在第 3 章中，我们利用折射散射法推导了磁光学活性和圆二色性的表达式。而第 5 章中又详细阐述了常规圆二色折射差法在天然旋光性和圆二色性方面可以给出相同结果：只需考虑在式（5.2.19a）和式（5.2.19b）中 α'_{xy} 的相关项。因此，根据 3.4.7 节我们可以将沿有序样品的 z 方向，并平行于磁场方向的光导致的磁旋光性和圆二色性写成：

$$\Delta\theta \approx \frac{1}{2}\omega\mu_0 cl\left(\frac{N}{d_n}\right)B_z\sum_n\left(\alpha'^{(m)}_{xy,z}(f)+m_{n_z}\alpha'_{xy}(f)/kT\right) \tag{6.2.1a}$$

$$\eta \approx \frac{1}{2}\omega\mu_0 cl\left(\frac{N}{d_n}\right)B_z\sum_n\left(\alpha'^{(m)}_{xy,z}(g)+m_{n_z}\alpha'_{xy}(g)/kT\right) \tag{6.2.1b}$$

方程（6.2.1b）适用于初始线偏振光产生的小的椭圆度；如果需要的话，可以根据 3.4 节的结果立刻写出更普遍的磁圆二色性观测量的表达式。回顾一下，N 是一组简并初始态（分别标记为ψ_n）中每单位体积的分子总数，d_n 是简并度，对简并集的所有分量求和。并且，$\alpha'^{(m)}_{\alpha,\beta\gamma}$ 是磁场中一级微扰的反对称极化率：式（2.7.8e）和式（2.7.8f）给出了色散和吸收部分，其中，m_γ 取代了 μ_γ。

对于 $j\leftarrow n$ 跃迁，磁旋光性和圆二色性通常写成如下形式：

$$\Delta\theta \approx -\frac{\mu_0 clNB_z}{3\hbar}\left[\frac{2\omega_{jn}\omega^2}{\hbar}(f^2-g^2)A+\omega^2 f\left(B+\frac{C}{kT}\right)\right] \tag{6.2.2a}$$

$$\Delta\eta \approx -\frac{\mu_0 clNB_z}{3\hbar}\left[\frac{4\omega_{jn}\omega^2}{\hbar}(fg)A+\omega^2 g\left(B+\frac{C}{kT}\right)\right] \tag{6.2.2b}$$

其中，Serber（1932）首次给出法拉第 A 项、B 项和 C 项，分别为

$$A=\frac{3}{d_n}\sum_n\left(m_{j_z}-m_{n_z}\right)\mathrm{Im}\left(\langle n|\mu_x|j\rangle\langle j|\mu_y|n\rangle\right) \tag{6.2.2c}$$

$$\begin{aligned}B=\frac{3}{d_n}\sum_n\mathrm{Im}\Bigg[&\sum_{k\neq n}\frac{\langle k|m_z|n\rangle}{\hbar\omega_{kn}}\left(\langle n|\mu_x|j\rangle\langle j|\mu_y|k\rangle-\langle n|\mu_y|j\rangle\langle j|\mu_x|k\rangle\right)\\&+\sum_{k\neq j}\frac{\langle j|m_z|k\rangle}{\hbar\omega_{kj}}\left(\langle n|\mu_x|j\rangle\langle k|\mu_y|n\rangle-\langle n|\mu_y|j\rangle\langle k|\mu_x|n\rangle\right)\Bigg]\end{aligned} \tag{6.2.2d}$$

$$C=\frac{3}{d_n}\sum_n m_{n_z}\mathrm{Im}\left(\langle n|\mu_x|j\rangle\langle j|\mu_y|n\rangle\right) \tag{6.2.2e}$$

如果激发态ψ_j是简并集的一个分量，则这些表达式必须对磁场不存在时简并的所有 $j\leftarrow n$ 跃迁求和。如果当磁场不存在时，样品是各向同性流体，则用单位矢量平均（4.2.49）得到相关磁旋光性和圆二色性：仍然得到基本表达式（6.2.2a）和（6.2.2b），然而，法拉第 A 项、B 项和 C 项将变成：

$$A=\frac{1}{2}\varepsilon_{\alpha\beta\gamma}\frac{1}{d_n}\sum_n\left(m_{j_\alpha}-m_{n_\alpha}\right)\mathrm{Im}\left(\langle n|\mu_\beta|j\rangle\langle j|\mu_\gamma|n\rangle\right) \tag{6.2.3a}$$

$$B=\varepsilon_{\alpha\beta\gamma}\frac{1}{d_n}\sum_n\mathrm{Im}\left[\sum_{k\neq n}\frac{\langle k|m_\alpha|n\rangle}{\hbar\omega_{kn}}\langle n|\mu_\beta|j\rangle\langle j|\mu_\gamma|k\rangle+\sum_{k\neq j}\frac{\langle j|m_\alpha|k\rangle}{\hbar\omega_{kj}}\langle n|\mu_\beta|j\rangle\langle k|\mu_\gamma|n\rangle\right] \tag{6.2.3b}$$

$$C=\frac{1}{2}\varepsilon_{\alpha\beta\gamma}\frac{1}{d_n}\sum_n m_{n_\alpha}\mathrm{Im}\left(\langle n|\mu_\beta|j\rangle\langle j|\mu_\gamma|n\rangle\right) \tag{6.2.3c}$$

注意，尽管存在宇称参数，但只有磁场在光束方向上的分量会产生非零空间平均值。磁旋光线形 f^2-g^2（与 A 相关）和 f（与 B 和 C 相关），以及磁圆二色线形 fg（与 A 相关）和 g（与 B 和 C 相关）已经在图 2.4 和图 2.5 中给出。

简并态的情况在磁光学活性中具有重要意义，并自动包含在以上方程中，因为这些方程确定了从简并集的组分态到特定激发态 ψ_j（其自身可以是简并集的一个组分）的跃迁的和。然而，只有当由磁场降低的简并度产生的塞曼组分在光谱上无法分辨时，以上方程组才正确。利用未解析的 $j\leftarrow n$ 吸收带的中心频率 ω_{jn} 和半宽度 Γ_j，计算线形函数 f、g、f^2-g^2 和 fg。在另一种由磁场引起的频移大于线宽，从而能够清晰分辨出塞曼分量的极限情况下，磁旋光或圆二色线形仅是每个分量带线形的和，每个特定的塞曼跃迁由 $\alpha'_{xy}(f)$ 或 $\alpha'_{xy}(g)$ 给出（图 1.7）。在 Buckingham 和 Stephens（1966），以及 Stephens（1970）中能够找到关于磁旋光性和圆二色性中线形问题更详细的讨论。

我们遵循当前的惯例，给出了 A、B 和 C 的定义，这些定义比 Buckingham 和 Stephens（1966）给出的大三倍。

通常会讨论 A/D、B/D 和 C/D 的比值，其中 D 是适当的偶极强度分量。这是因为简化的电偶极矩矩阵元（以及我们在这里没有提到的某些修正因子）被抵消，留下了简单的因子，可以与从测得的圆二色光谱和吸收光谱中提取的比值进行比较。对于流体，使用各向同性偶极强度（5.2.28b），但在必要时对简并初始态集进行求和：

$$D=\frac{1}{d_n}\sum_n \mathrm{Re}\left(\langle n|\mu_\alpha|j\rangle\langle j|\mu_\alpha|n\rangle\right) \tag{6.2.3d}$$

6.2.2　法拉第 *A* 项、*B* 项和 *C* 项的说明

如 1.3 节所述，塞曼效应和法拉第效应是密切相关的。事实上，A 项来自谱线的塞曼分裂成左右圆偏振分量；B 项源于磁场作用下能级的混合；C 项源于分裂基态电子数目的变化。只有当基态或激发态属于简并集时，A 项才非零，因为只有这样磁偶极矩算符的矩阵元才能是对角的，从而产生一阶塞曼效应。只有当基态属于简并集时，C 项才非零。结果，只有分子中存在三重或更高重旋转轴时，A 项和 C 项才可能通过轨道简并产生（因为只有在轴对称体系或者球对称体系中才会产生轨道简并）；然而，由基态轨道简并产生的 C 项通常因为 Jahn-Teller 效应而变得复杂。实际上，基电子态简并通常是 Kramers 简并，从而 C 项在具有奇

数个电子的分子中比较显著。B 项仅涉及磁偶极矩算符的非对角线矩阵元，所以所有分子都会有该项。

A 项和 C 项的产生在原子 ${}^1S\leftarrow{}^1P$ 跃迁的情况下得到了很好说明（Buckingham and Stephens，1966）。磁场提高了 ${}^1P$ 能级 $M=-1,0,+1$ 的三重简并度；一级微扰能量为

$$W'({}^1P_M)=W({}^1P_M)-\left\langle {}^1P_M\left|m_z\right|{}^1P_M\right\rangle B_z=W({}^1P_M)+\mu_{\mathrm{B}}MB_z \qquad (6.2.4)$$

其中，μ_{B} 是玻尔磁子。因此，${}^1S\leftarrow{}^1P$ 跃迁产生三个电偶极允许的塞曼跃迁。利用 4.4.6 节中描述的不可约张量法，特别是结果（4.4.27），我们可以写出：

$$\left\langle {}^1S\left|\mu_x\right|{}^1P_{\mp1}\right\rangle=\pm\mathrm{i}\left\langle {}^1S\left|\mu_y\right|{}^1P_{\mp1}\right\rangle \qquad (6.2.5)$$

实际上这意味着在垂直于光束传播方向的面中，特定 ${}^1S\leftarrow{}^1P_M$ 跃迁的两个相互正交的电偶极分量大小相等并具有 $\pi/2$ 的相位差，从而它们一起产生了电荷的圆周运动。在未扰动张量 α'_{xy} 中，${}^1S\leftarrow{}^1P_{-1}$ 和 ${}^1S\leftarrow{}^1P_{+1}$ 跃迁对旋光和圆二色的贡献，分别是大小相等方向相反的，当没有磁场时则被抵消。然而，由磁场诱导的频移导致了不完全抵消，从而产生特有的旋光和圆二色线形（图 6.1）。对于小的频移，这些对应了由微扰计算给出的与式（6.2.2a）和式（6.2.2b）中 A 项相关的线形函数 f^2-g^2 和 fg。此外，根据 Boltzmann 定律，${}^1P_M$ 态的数目在弱场中是不同的。$M=-1$ 态比 $M=+1$ 态有更低的能量，电子数更多，从而 ${}^1S\leftarrow{}^1P_{-1}$ 跃迁的强度比 ${}^1S\leftarrow{}^1P_{+1}$ 跃迁更强，再一次导致对应了如图 6.2 所示的磁旋光和圆二色线形的不完全抵消。这些对应了由微扰计算给出的与 C 项相关的线形函数 f 和 g。

我们关于 ${}^1S\leftarrow{}^1P$ 跃迁的例子不能用来说明普遍存在的 B 项的产生，因为 S 和 P 态不是通过磁场产生耦合的。但是我们可以注意到，在 A 项和 C 项中，涉及两

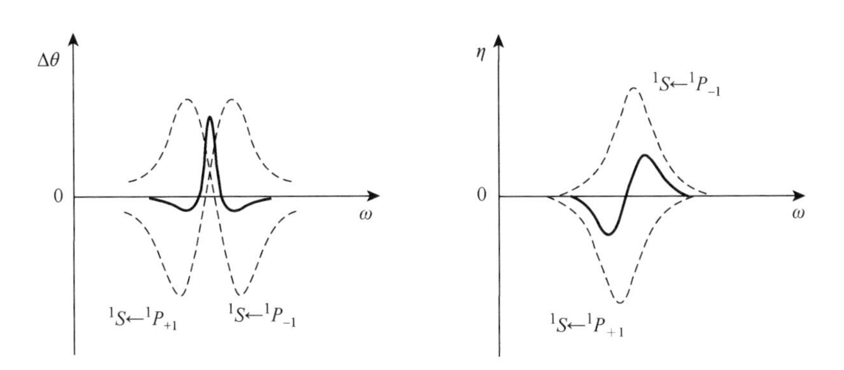

图 6.1　由磁场产生的 ${}^1S\leftarrow{}^1P$ 跃迁组分分裂产生的旋光度 $\Delta\theta$ 和圆二色 η 线形。这些与法拉第 A 项有关（Buckingham and Stephens，1966）

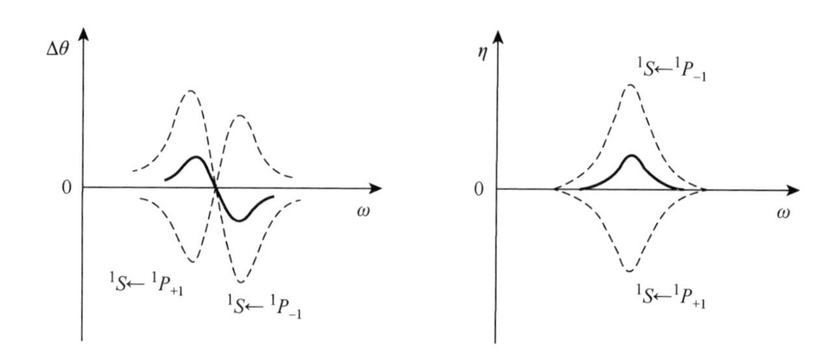

图 6.2　由磁场产生的 $^1S\leftarrow{}^1P$ 跃迁组分中不同电子数目导致的旋光度 $\Delta\theta$ 和圆二色 η 线形。这些与法拉第 C 项有关（Buckingham and Stephens，1966）

个电偶极跃迁矩和一个磁偶极跃迁矩的相互正交分量。产生 A 项和 C 项中磁矩所需的复简并态自动满足相同基态和激发态之间相互正交的电偶极跃迁矩；但在 B 项中，相互正交的电偶极跃迁矩只有一个共同态，这两个不同态是由磁偶极相互作用关联起来的。在无简并态的低对称分子中，B 是唯一存在的项。由磁场耦合的态，正如我们将在无金属卟啉的情况中看到的那样，通常可以与具有较高对称性的等价分子中简并态集的组分相关联。

因此，A 项出于历史原因，体现了抗磁样品的磁旋光和圆二色曲线（见 1.3 节）。预测由 $^1S\leftarrow{}^1P_M$ 跃迁产生的磁光学活性的绝对符号，与通常观察到的电子吸收带以外波长的负磁旋光度一致；当激发态简并时（如 $^1P_M\leftarrow{}^1S$跃迁 ）也会有相同的符号，并且这种情况可能相当普遍。C 项只能存在于顺磁性样品中，因为它需要一个基态磁矩，产生了与顺磁性样品相关的磁旋光和圆二色曲线，包括与抗磁性样品符号相反的长波长旋光性。

6.3　举 例 说 明

6.3.1　卟啉

卟啉为法拉第 A 项和 B 项的产生提供了很好的例子。卟啉的生色团是共轭环；忽略骨架畸变和外取代基（通常不会产生可观察到的光谱分裂，但会影响能带强度），生色团的有效对称在金属卟啉 I 中为 D_{4h}，在游离碱卟啉 II 中为 D_{2h}。近紫外-可见吸收光谱是由环系 π 电子态在分子平面上极化跃迁引起的。关于电子从最高占据分子轨道跃迁到最低未占据分子轨道的简单处理，为我们提供了所需的描述。

I　　　　II

在 D_{4h} 卟啉生色团中，两个最高占据分子轨道具有 A_{2u} 和 A_{1u} 对称性（A_{2u} 具有更高的能量），而最低未占据分子轨道具有 E_g 对称性[见 Gouterman（1961）中，对卟啉光谱的回顾]。在 13 个最低能量的分子轨道上有 26 个 π 电子，其中最高能量的 A_{2u} 是非成键轨道。因此基态为 A_{1g}，由单电子跃迁 $e_g \leftarrow a_{2u}$ 和 $e_g \leftarrow a_{1u}$ 引起的第一和第二激发态为 E_u，我们将其分别命名为 E_{u_a} 和 E_{u_b}。为了解释观测到的相对光谱强度，假设这两个未扰动激发态 E_{u_a} 和 E_{u_b} 非常接近；然后组态相互作用将它们分离（图 6.3）。

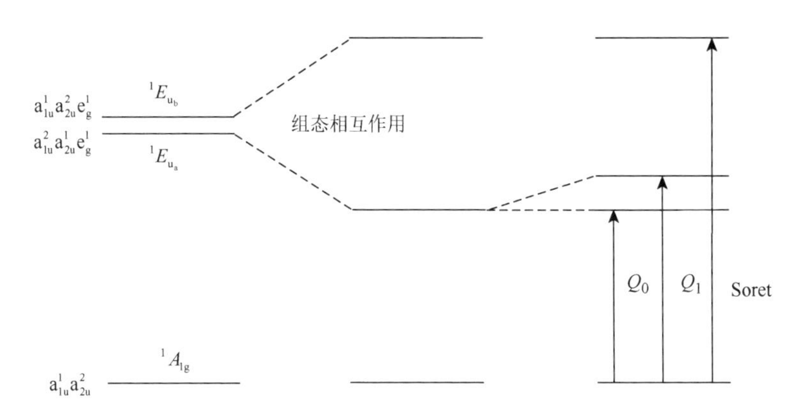

图 6.3　金属卟啉的近紫外-可见吸收光谱中单电子跃迁所涉及的分子能级

较高的能量跃迁 $^1E_{u_b} \leftarrow {}^1A_{1g}$ 属于非常强的吸收带，称为 Soret 带，所有金属卟啉都会在约 400nm 处呈现该信号。较低的能量跃迁 $^1E_{u_a} \leftarrow {}^1A_{1g}$ 为约 570nm 的波段（命名为 Q_0），比 Soret 波段弱一个数量级。还有一个波段，指定为 $^1E_{u_a} \leftarrow {}^1A_{1g}$ 跃迁的振动谐波（命名为 Q_1），在约 540nm 处。如图 6.4 所示，三个波段均表现出具有 A 项特征的磁圆二色线形，这有力地证明了生色团的有效对称性确实是 D_{4h}，并且这三个带与 ^1E_u 对称性的简并激发态跃迁有关。

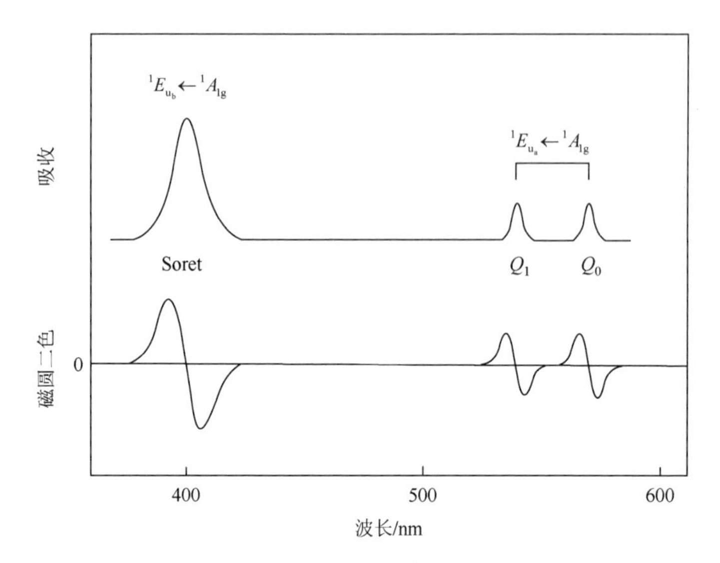

图 6.4　D_{4h} 金属卟啉溶液典型的吸收光谱和磁圆二色光谱。为了简便起见，未显示 Q_1 中常见的振动结构

在这一点上深入解析 A 项是有指导意义的。将四重旋转轴设为分子坐标系的 Z 轴，并且对构成每个带的两个简并跃迁进行求和，则式（6.2.3a）可以写成：

$$\begin{aligned}A=&\langle{}^1E|m_Z|{}^1E1\rangle\operatorname{Im}\left(\langle{}^1A_1|\mu_X|{}^1E1\rangle\langle{}^1E1|\mu_Y|{}^1A_1\rangle\right)\\&+\langle{}^1E-1|m_Z|{}^1E-1\rangle\operatorname{Im}\left(\langle{}^1A_1|\mu_X|{}^1E-1\rangle\langle{}^1E-1|\mu_Y|{}^1A_1\rangle\right)\end{aligned}\tag{6.3.1}$$

其中，$|E1\rangle$ 和 $|E-1\rangle$ 是简并激发态的两个分量，将其写成复数的形式，从而给出含有 m_Z 的对角矩阵元。利用 4.4.6 节中给出的（特别是方程 4.4.31），点群的不可约张量算符矩阵元的 Griffith 公式，其转变成简化矩阵元的简单乘积：

$$A=-\frac{\mathrm{i}}{2\sqrt{2}}\langle{}^1E\|m\|{}^1E\rangle\left|\langle{}^1A_1\|\mu\|{}^1E\rangle\right|^2\tag{6.3.2}$$

接着，特征 A 项圆二色线形通过函数 fg 得到。对应的各向同性偶极强度，对这两个简并跃迁求和，为

$$D=\left|\langle{}^1A_1\|\mu\|{}^1E\rangle\right|^2\tag{6.3.3}$$

从而，我们得到如下比值关系：

$$\frac{A}{D}=-\frac{\mathrm{i}}{2\sqrt{2}}\langle{}^1E\|m\|{}^1E\rangle\tag{6.3.4}$$

这里就不进一步试图计算简化的磁偶极矩元素了。

在 D_{2h} 卟啉生色团中，X 和 Y 方向不再等价，导致第一激发态去简并。电偶极跃迁对 Soret 带有贡献，每个 Q_0 和 Q_1 带沿着 X 和 Y 方向分裂成两个。通常，这

种分裂只能在 Q_0 和 Q_1 带中看到，如图 6.5 所示，这四个带具有 B 项的磁圆二色线形特征。尽管 Soret 带的劈裂在吸收光谱中不明显，但在磁圆二色光谱中却非常明显；特别是，A 项的线形特征由更复杂的结构所代替，而这些结构暗示了几个相邻的 B 项。

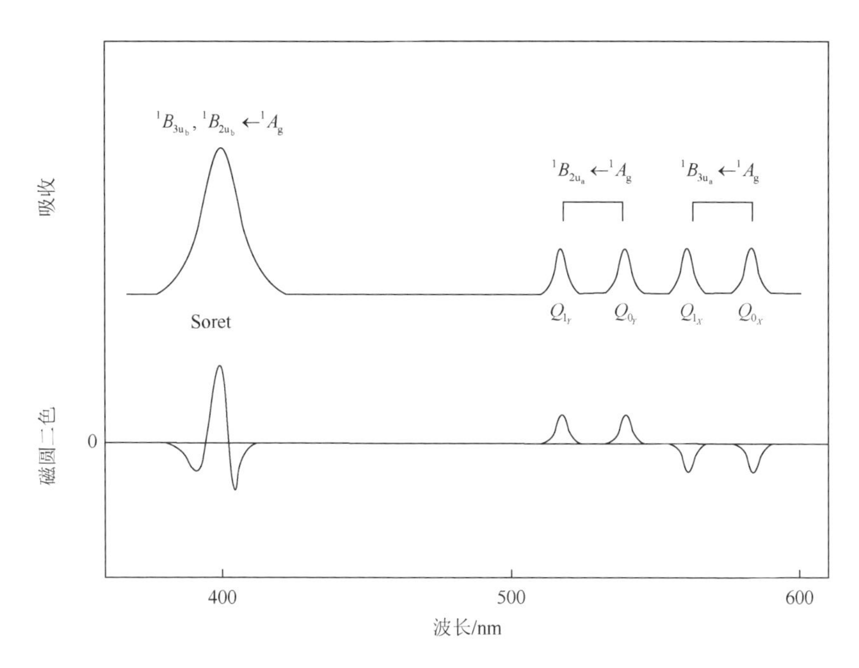

图 6.5　D_{2h} 游离卟啉溶液典型的吸收光谱和磁圆二色光谱

具体来讲，在 D_{4h} 中的 ^1E_u 激发态变成在 D_{2h} 中的 $^1B_{2u} + {}^1B_{3u}$；接着，Q_{0_X} 和 Q_{0_Y} 带由 $^1B_{3u_a} \leftarrow {}^1A_g$ 和 $^1B_{2u_a} \leftarrow {}^1A_g$ 跃迁产生。应用式（6.2.3b），这些跃迁对 B 项的唯一对称允许的贡献为

$$B(Q_{0_X}) = \mathrm{Im}\left[\frac{\langle {}^1B_{3u_a}|m_Z|{}^1B_{2u_a}\rangle}{\hbar\left(\omega_{B_{2u_a}} - \omega_{B_{3u_a}}\right)}\langle {}^1A_g|\mu_X|{}^1B_{3u_a}\rangle\langle {}^1B_{2u_a}|\mu_Y|{}^1A_g\rangle\right] \tag{6.3.5a}$$

$$B(Q_{0_Y}) = -\mathrm{Im}\left[\frac{\langle {}^1B_{2u_a}|m_Z|{}^1B_{3u_a}\rangle}{\hbar\left(\omega_{B_{3u_a}} - \omega_{B_{2u_a}}\right)}\langle {}^1A_g|\mu_Y|{}^1B_{2u_a}\rangle\langle {}^1B_{3u_a}|\mu_X|{}^1A_g\rangle\right] \tag{6.3.5b}$$

这些方程预测了在等价的更高对称性 D_{4h} 结构中，$^1E_{u_a}$ 给出的混合态产生大小相等方向相反的 B 项；这是一个与简并态分裂相关的普遍特征。

关于卟啉法拉第效应更详细的理论分析，读者可以参考 Stephens、Suëtaka 和 Schatz（1966），McHugh、Gouterman 和 Weiss（1972）。

6.3.2 在 $Fe(CN)_6^{3-}$ 中的电荷转移跃迁

低自旋 d^5 八面体配合物 $Fe(CN)_6^{3-}$ 的近紫外-可见吸收光谱中的电荷转移跃迁，为法拉第 *C* 项的产生提供了很好的例子。这里提供的解释来自 Schatz 等（1966）的论文。该论文很好地说明了使用磁圆二色测试得到明确的电子吸收带的归属。

用八面体配合物中著名的键合分子轨道描述（Ballhausen，1962），适当的配体价轨道结合成关于 O_h 的不可约表示的对称性适用的线性组合：这些线性组合与金属价轨道的相互作用提供了所需的分子轨道。图 6.6 展现了简化的分子轨道能级图。用 γ 标记长方形区域的轨道，其主要为配体轨道。用 e_g 和 t_{2g} 标记的轨道主要是金属轨道。在低自旋 d^5 配合物的基态中，γ_u，γ_g 能级是完全占据的，而 t_{2g} 能级包含五个电子。在可测的光谱区域中，电偶极允许跃迁被认为来自单电子跃迁 $t_{2g}\leftarrow\gamma_u$，$e_g\leftarrow\gamma_u$ 和 $\gamma_u^*\leftarrow t_{2g}$。因为 γ 主要由配体轨道给出，而 e_g 和 t_{2g} 主要由金属给出，从而所有这些跃迁被看成是电荷转移的。

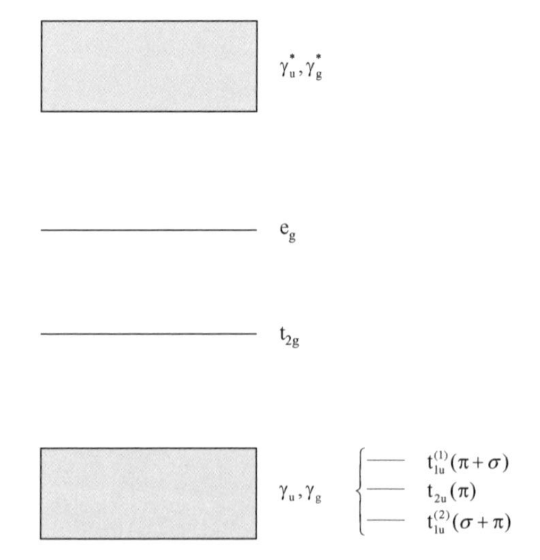

图 6.6　八面体 MX_6 配合物的简化分子轨道能级图。γ 主要是配体轨道，e_g 和 t_{2g} 主要是金属轨道，右边显示了 X 是氰根时的最高 γ_u 轨道

我们对 $t_{2g}\leftarrow\gamma_u$ 跃迁比较感兴趣。对于氰根，期望的最高 γ_u 轨道为 $t_{1u}^{(1)}(\pi+\sigma)$、$t_{2u}(\pi)$ 和 $t_{1u}^{(2)}(\sigma+\pi)$。由 $\gamma_u^n t_{2g}^5$ 和 $\gamma_u^{n-1}t_{2g}^6$ 构型产生的态见图 6.7。图 6.8 所示的 $Fe(CN)_6^{3-}$ 的吸收光谱和磁圆二色光谱无法解析出自旋-轨道分量，从而不能引起 $^2T_{2g}$、$^2T_{1u}$ 和 $^2T_{2u}$ 态的自旋-轨道劈裂。

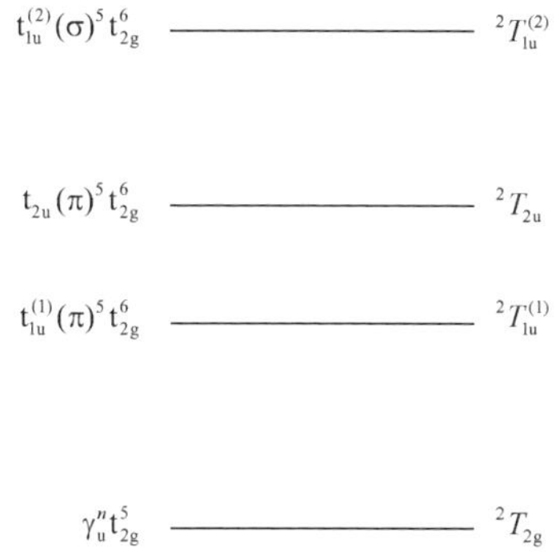

$t_{1u}^{(2)}(\sigma)^5 t_{2g}^6$
$^2T_{1u}^{(2)}$
$t_{2u}(\pi)^5 t_{2g}^6$
$^2T_{2u}$
$t_{1u}^{(1)}(\pi)^5 t_{2g}^6$
$^2T_{1u}^{(1)}$
$\gamma_u^n t_{2g}^5$
$^2T_{2g}$

图 6.7　$Fe(CN)_6^{3-}$ 中 $\gamma_u^n t_{2g}^5$ 和 $\gamma_u^{n-1} t_{2g}^6$ 构型产生的态。这里未显示自旋-轨道劈裂

$^2T_{2u}\leftarrow{}^2T_{2g}$
$^2T_{1u}^{(2)}\leftarrow{}^2T_{2g}$
$^2T_{1u}^{(1)}\leftarrow{}^2T_{2g}$
吸收
磁圆二色
0
200
300
400
波长/nm

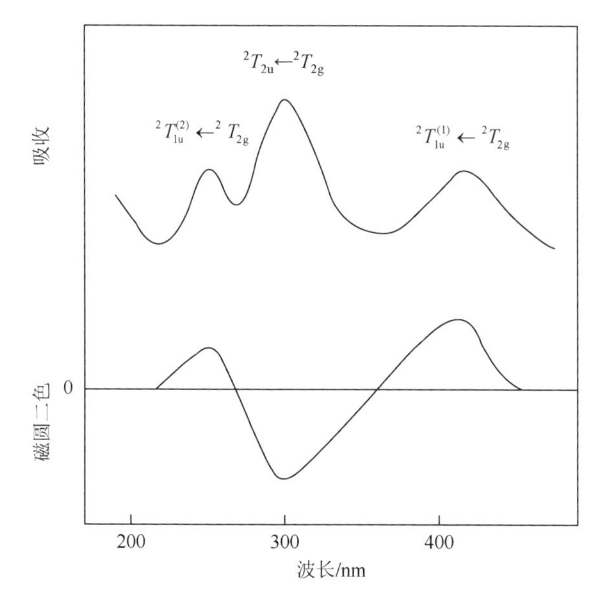

图 6.8　$K_3Fe(CN)_6^{3-}$ 在水溶液中的吸收光谱和磁圆二色光谱示意图（任意单位）（Schatz et al.，1966）

在具有 O_h 对称性的分子中，X、Y 和 Z 方向是等价的，因此各向同性法拉第 C 项（6.2.3c）变成：

$$C=\frac{3}{d_n}\sum_n m_{n_Z}\operatorname{Im}\left(\langle n|\mu_X|j\rangle\langle j|\mu_Y|n\rangle\right) \qquad (6.3.6a)$$

各向同性偶极强度（6.2.3d）变成：

$$D=\frac{3}{d_n}\sum_n\left|\langle n|\mu_X|j\rangle\right|^2 \qquad (6.3.6b)$$

根据 Schatz 等的文献（Schatz et al.，1966），在 C 项的计算中我们忽略了自旋-轨

道耦合，这导致了磁偶极矩算符自旋部分的效应为零的简化。这是因为电偶极矩算符与自旋无关，从而在式（6.3.6）中的 n 态和 j 态必须有相同的自旋量子数：由于自旋简并态的自旋磁偶极矩之和为零，因此基态自旋磁偶极矩对 C 项的贡献为零。从而，去掉态中的自旋量子数，我们仅计算轨道对基态磁矩的贡献。实际上，当基态自旋-轨道劈裂远低于 kT 时，这是一个有效的高温近似，正如室温下的 $Fe(CN)_6^{3-}$。

利用配合物轨道函数给出含有 m_Z 的对角线矩阵元。C 项（6.3.6a）可以明确写成对构成特定带的简并跃迁的和。因此，对于 $^2T_{1u}\leftarrow{}^2T_{2g}$ 跃迁，有：

$$
\begin{aligned}
C=&\left\langle {}^2T_{2g}0\middle|m_Z\middle|{}^2T_{2g}0\right\rangle \mathrm{Im}\Big(\left\langle {}^2T_{2g}0\middle|\mu_X\middle|{}^2T_{1u}^{(1)}0\right\rangle\left\langle {}^2T_{1u}^{(1)}0\middle|\mu_Y\middle|{}^2T_{2g}0\right\rangle\\
&+\left\langle {}^2T_{2g}0\middle|\mu_X\middle|{}^2T_{1u}^{(1)}1\right\rangle\left\langle {}^2T_{1u}^{(1)}1\middle|\mu_Y\middle|{}^2T_{2g}0\right\rangle\\
&+\left\langle {}^2T_{2g}0\middle|\mu_X\middle|{}^2T_{1u}^{(1)}-1\right\rangle\left\langle {}^2T_{1u}^{(1)}-1\middle|\mu_Y\middle|{}^2T_{2g}0\right\rangle\Big)\\
&+\left\langle {}^2T_{2g}0\middle|m_Z\middle|{}^2T_{2g}1\right\rangle \mathrm{Im}\Big(\left\langle {}^2T_{2g}1\middle|\mu_X\middle|{}^2T_{1u}^{(1)}0\right\rangle\left\langle {}^2T_{1u}^{(1)}0\middle|\mu_Y\middle|{}^2T_{2g}1\right\rangle\\
&+\left\langle {}^2T_{2g}1\middle|\mu_X\middle|{}^2T_{1u}^{(1)}1\right\rangle\left\langle {}^2T_{1u}^{(1)}1\middle|\mu_Y\middle|{}^2T_{2g}1\right\rangle\\
&+\left\langle {}^2T_{2g}1\middle|\mu_X\middle|{}^2T_{1u}^{(1)}-1\right\rangle\left\langle {}^2T_{1u}^{(1)}-1\middle|\mu_Y\middle|{}^2T_{2g}1\right\rangle\Big)\\
&+\left\langle {}^2T_{2g}-1\middle|m_Z\middle|{}^2T_{2g}-1\right\rangle \mathrm{Im}\Big(\left\langle {}^2T_{2g}-1\middle|\mu_X\middle|{}^2T_{1u}^{(1)}0\right\rangle\left\langle {}^2T_{1u}^{(1)}0\middle|\mu_Y\middle|{}^2T_{2g}-1\right\rangle\\
&+\left\langle {}^2T_{2g}-1\middle|\mu_X\middle|{}^2T_{1u}^{(1)}1\right\rangle\left\langle {}^2T_{1u}^{(1)}1\middle|\mu_Y\middle|{}^2T_{2g}-1\right\rangle\\
&+\left\langle {}^2T_{2g}-1\middle|\mu_X\middle|{}^2T_{1u}^{(1)}-1\right\rangle\left\langle {}^2T_{1u}^{(1)}-1\middle|\mu_Y\middle|{}^2T_{2g}-1\right\rangle\Big)
\end{aligned}
\tag{6.3.7}
$$

利用方程组（4.4.31），将其简化成如下简化矩阵元的乘积：

$$
C=-\frac{\mathrm{i}}{6\sqrt{6}}\left\langle {}^2T_{2g}\|\mu\|{}^2T_{2g}\right\rangle\left|\left\langle {}^2T_{2g}\|\mu\|{}^2T_{1u}^{(1)}\right\rangle\right|^2 \tag{6.3.8}
$$

对应的各向同性偶极强度（6.3.6b），对相同的简并跃迁集求和，为

$$
D=\frac{1}{3}\left|\left\langle {}^2T_{2g}\|\mu\|{}^2T_{1u}^{(1)}\right\rangle\right|^2 \tag{6.3.9}
$$

我们最终得到如下比值：

$$
\frac{C\left({}^2T_{1u}\leftarrow{}^2T_{2g}\right)}{D\left({}^2T_{1u}\leftarrow{}^2T_{2g}\right)}=\frac{\mathrm{i}}{2\sqrt{6}}\left\langle {}^2T_{2g}\|\mu\|{}^2T_{2g}\right\rangle=-\frac{1}{2}\mu_B \tag{6.3.10}
$$

其中，μ_B 是玻尔磁子。我们用了 Griffith（1962）[23] 中对于轨道角动量算符的约化矩阵，得到所需磁偶极矩阵元的值 $\mathrm{i}\sqrt{6}\mu_B$。

同理，$^2T_{2u}\leftarrow{}^2T_{2g}$ 跃迁的对应比值为

$$
\frac{C\left({}^2T_{2u}\leftarrow{}^2T_{2g}\right)}{D\left({}^2T_{2u}\leftarrow{}^2T_{2g}\right)}=\frac{1}{2}\mu_B \tag{6.3.11}
$$

需要注意的是，计算出的 C/D 的符号与激发态对称性有关，这能够使磁圆二色对跃迁进行定性解析。在 $Fe(CN)_6^{3-}$ 中观测到的值接近以上给出的计算值，并且，观测的符号实际上被用来推导图 6.8 中能带的归属问题。

相反，对于接近低温极限的体系，其中基态自旋-轨道分裂远大于 kT，以上用到的不考虑自旋量子数的近似必须去掉，从而计算的 C/D 值是对自旋-轨道态之间的每个跃迁。这种体系的重要例子是六卤代铱，我们参考了 Henning 等（1968）的相关磁圆二色分析。读者还可以参考 Dobosh（1974）及 Piepho 和 Schatz（1983）的相关文献。

6.3.3 分子内扰动对磁光学活性的影响：羰基生色团

产生法拉第 A 项和 C 项的理论通常比较简单，因为有效生色团的对称性必须足够高，才能产生关键的简并度。然而，通常 B 项的产生更微妙，这是非常不好的，因为大多数有机分子是由对称性较低的结构单元组成的。该低对称性不利于 A 项和 C 项的产生，从而其磁光学活性通常完全归因于 B 项。

由于分子内所有基团都会展现本征磁光学活性，因此其他基团的定态和动态微扰预计要比对天然光学活性的影响小得多，而天然光学活性通常几乎完全取决于这种微扰。因此，我们会期望有机分子的磁光学活性由单个结构单元的 B 项之和决定。然而，有一个显著的例外：与所有组分都是电偶极禁阻的电子跃迁相关的磁光学活性。羰基生色团的 $\pi^*\leftarrow n$ 跃迁再一次被看成是一个经典的例子。如 5.4.1 节中讨论的那样，该跃迁的所有组分都是电偶极禁阻的，然而可以通过振动和结构微扰得到相关强度。

法拉第 B 项包含两个正交的电偶极矩，尽管只有一个涉及对应于特定吸收的 $j\leftarrow n$ 跃迁，但可以普遍证明，对于电偶极禁阻跃迁，在任何能够诱导电偶极强度的微扰中，对 B 项的第一个非零贡献是二级的（Seamans and Moscowitz，1972）。这是由与 $\pi^*\leftarrow n$ 羰基跃迁相关的非常低的磁旋光强度产生的，其结构、符号和值对分子内环境非常敏感。

因为需要二级微扰，所以由定态和动态耦合诱导的 $\pi^*\leftarrow n$ 羰基跃迁的磁光学活性的表达式非常复杂，这里就不作详细讨论了。事实上，天然光学活性对应的表达仅是一级微扰，不容易处理。天然光学活性中不存在的动态耦合机制的另一个复杂之处是，磁微扰不需要“停留”在生色团上：磁微扰基团和未微扰生色团之间的动态耦合，可以产生生色团跃迁的磁光学活性。该贡献与从未微扰基团和磁微扰生色团之间的动态耦合给出的贡献差不多。

下面我们详细讨论简单的情况，其中 B 项完全由振动微扰产生。该情况可以在羰基对称性完全是 C_{2v} 的分子中得到，如甲醛。这里，$\pi^*\leftarrow n$ 吸收的 X 和 Y 组

分分别由 B_2 对称性和 B_1 对称性的两种不同弯曲振动之一的振动微扰导致的，$^1B_1 \leftarrow {}^1A_1$ 和 $^1B_2 \leftarrow {}^1A_1$ 电偶极允许跃迁到 $^1A_2$ 激发电子态。应用式（6.2.3b），由 $\pi^*b_2 \leftarrow p_Y$ 和 $\pi^*b_1 \leftarrow p_Y$ 振动跃迁对法拉第 B 项的唯一允许贡献为

$$B(\pi^*b_2 \leftarrow p_Y) = \frac{1}{3}\mathrm{Im}\left\{\frac{\langle \pi^*b_2|m_Z|\pi^*b_1\rangle}{\hbar\left(\omega_{\pi^*b_1} - \omega_{\pi^*b_2}\right)}\langle p_Y|\mu_X|\pi^*b_2\rangle\langle \pi^*b_1|\mu_Y|p_Y\rangle\right\} \tag{6.3.12a}$$

$$B(\pi^*b_1 \leftarrow p_Y) = \frac{1}{3}\mathrm{Im}\left\{\frac{\langle \pi^*b_1|m_Z|\pi^*b_2\rangle}{\hbar\left(\omega_{\pi^*b_2} - \omega_{\pi^*b_1}\right)}\langle p_Y|\mu_Y|\pi^*b_1\rangle\langle \pi^*b_2|\mu_Y|p_X\rangle\right\} \tag{6.3.12b}$$

其中，小写字母表示该对称性的振动态。因此，振动跃迁的两种类型产生了符号相反的磁圆二色性（每个具有 g 线形），并且，因为频率略微不同，产生了 s 曲线。事实上，相关阶跃可以提供相当大的振动结构，读者可以参考 Seamans 等（1972）的文献获得更深入的讨论。由于很难预测绝对符号，在甲醛中观察的符号被看成是分析其他羰基体系磁圆二色光谱的基础。因此，负磁圆二色带与基于 B_1 模式的阶跃相关，而正磁圆二色带与基于 B_2 模式的阶跃有关。然而，值得一提的是，除甲醛以外的酮具有 A_2 振动模式：已经推断出，相关的磁圆二色带是负的，尽管在一些例子中可以忽略 A_2 模式对磁圆二色光谱的影响。

从而，C_{2v} 酮类的磁圆二色光谱至少由三个谱带叠加而成，其中两个谱带来自基于 B_2 振动微扰的阶跃，一个来自基于 B_1 振动微扰的阶跃。图 6.9 给出两个光谱，很好地描述了这些振动机制。图 6.9 中（a）关于金刚烷酮，只展现了正带，

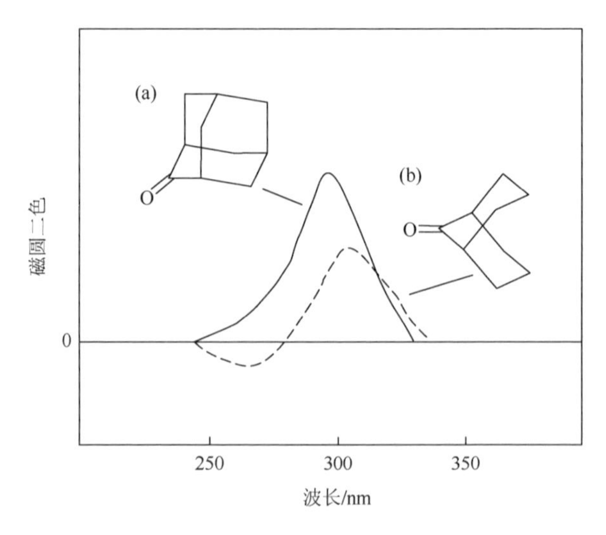

图 6.9 在环己烷溶液中金刚烷酮（a）和双环-3, 3, 1-壬-9-酮（b）磁圆二色光谱的示意图（任意单位）（Seamans et al.，1972）

这表明相对于 B_2 振动，B_1 振动受到了抑制（我们这里忽略了由 A_2 振动给出的贡献）。这与由金刚烷酮骨架的刚性导致的 B_1 面外弯曲振动的阻尼一致。另一方面，双环-3, 3, 1-壬-9-酮的光谱[图 6.9 中（b）]展现了两个符号相反的谱带，正谱带比负谱带更强：由于该结构比金刚烷酮的刚性更弱，B_1 振动没有被完全抑制，从而产生弱的负谱带。

当羰基生色团的对称性低于 C_{2v} 时，$\pi^* \leftarrow n$ 跃迁由于与分子其余部分的耦合作用而变成电偶极允许跃迁。这些结构微扰与以上讨论的振动微扰是类似的，因此解析变得非常复杂。然而，需要记住的是，只有通过结构微扰分析才能从观测到的磁圆二色光谱推导出立体化学信息。读者可以参考 Seamans 等（1977）和 Linder 等（1977）的相关文献以获得更多细节。

6.4　磁手性双折射和磁手性二色性

下面我们将讨论与磁手性双折射和磁手性二色性有关的量子力学表达。由此得到的表达式清楚地揭示了手性和磁的相互作用是如何产生这些微妙的现象的，这一点在 1.7 节中给出。我们首先重写磁手性双折射的经典表达式（3.4.68），用量子统计平均推导的形式取代经典玻尔兹曼平均。利用类似于 3.4.7 节提出的式（3.4.61）的法拉第旋光度的推导，我们发现，对于像流体这种当没有磁场时是各向同性的样品：

$$
\begin{aligned}
n^{\uparrow\uparrow} - n^{\uparrow\downarrow} \approx \mu_0 c\left(\frac{N}{d_n}\right) B_z \sum_n \Big\{ \frac{1}{45}\omega\Big[& 3A'^{(m)}_{\alpha,\alpha\beta,\beta}(f) - A'^{(m)}_{\alpha,\beta\beta,\alpha}(f) \\
& + \left(3A'_{\alpha,\alpha\beta}(f) m_{n_\beta} - A'_{\alpha,\beta\beta}(f) m_{n_\alpha}\right)/kT \Big] \\
& + \frac{1}{3}\varepsilon_{\alpha\beta\gamma}\left(G^{(m)}_{\alpha\beta,\gamma}(f) + G_{\alpha\beta}(f) m_{n_\gamma}/kT\right)\Big\}
\end{aligned} \tag{6.4.1}
$$

和前面一样，N 是在简并初态 ψ_n 集合中每单位体积的分子总数，d_n 是简并度，并对简并集的所有组分求和。对于磁手性二色性 $n'^{\uparrow\uparrow} - n'^{\uparrow\downarrow}$，可以写出一个类似的表达式，其中，用吸收线形函数 g 代替色散线形函数 f。

现在，我们的推导沿着由 6.2.1 节给出的，处理法拉第效应的思路进行。对于磁微扰的分子性质张量 $G^{(m)}_{\alpha\beta,\gamma}$ 的色散和吸收部分，我们采用式（2.7.8b）和式（2.7.8c），用 m_β 和 m_γ 分别取代 μ_β 和 μ_γ；并且，对于 $A'^{(m)}_{\alpha,\alpha\gamma,\delta}$ 的色散和吸收部分，我们采用式（2.7.8e）和式（2.7.8f），用 $\Theta_{\beta\gamma}$ 和 m_δ 分别取代 μ_β 和 μ_γ。这使磁手性双折射和磁手性二色性写成如下形式（Barron and Vrbancich，1984）：

$$n^{\uparrow\uparrow}-n^{\uparrow\downarrow}\approx\frac{2\mu_0cNB_z}{3\hbar}\left[\frac{\left(\omega_{jn}^2+\omega^2\right)}{\hbar}(f^2-g^2)A(G)-\frac{2\omega_{jn}\omega}{\hbar}(f^2-g^2)A(A')\right.$$
$$\left.+\omega_{jn}f\left(B(G)+\frac{C(G)}{kT}\right)-\omega f\left(B(A')+\frac{C(A')}{kT}\right)\right]\tag{6.4.2a}$$

$$n'^{\uparrow\uparrow}-n'^{\uparrow\downarrow}\approx\frac{2\mu_0cNB_z}{3\hbar}\left[\frac{2\left(\omega_{jn}^2+\omega^2\right)}{\hbar}fgA(G)-\frac{4\omega_{jn}\omega}{\hbar}fgA(A')\right.$$
$$\left.+\omega_{jn}g\left(B(G)+\frac{C(G)}{kT}\right)-\omega g\left(B(A')+\frac{C(A')}{kT}\right)\right]\tag{6.4.2b}$$

其中，法拉第A项、B项和C项[式（6.2.3）]的磁手性类似项为

$$A(G)=\varepsilon_{\alpha\beta\gamma}\frac{1}{d_n}\sum_n\left(m_{j_\gamma}-m_{n_\gamma}\right)\mathrm{Re}\left(\langle n|\mu_\alpha|j\rangle\langle j|m_\beta|n\rangle\right)\tag{6.4.2c}$$

$$B(G)=\varepsilon_{\alpha\beta\gamma}\frac{1}{d_n}\sum_n\mathrm{Re}\left[\sum_{k\neq n}\frac{\langle k|m_\gamma|n\rangle}{\hbar\omega_{kn}}\left(\langle n|\mu_\alpha|j\rangle\langle j|m_\beta|k\rangle+\langle n|m_\beta|j\rangle\langle j|\mu_\alpha|k\rangle\right)\right.$$
$$\left.+\sum_{k\neq j}\frac{\langle j|m_\gamma|k\rangle}{\hbar\omega_{kj}}\left(\langle n|\mu_\alpha|j\rangle\langle k|m_\beta|n\rangle+\langle n|m_\beta|j\rangle\langle k|\mu_\alpha|n\rangle\right)\right]\tag{6.4.2d}$$

$$C(G)=\varepsilon_{\alpha\beta\gamma}\frac{1}{d_n}\sum_n m_{n_\gamma}\mathrm{Re}\left(\langle n|\mu_\alpha|j\rangle\langle j|m_\beta|n\rangle\right)\tag{6.4.2e}$$

$$A(A')=\frac{\omega}{15d_n}\sum_n\left(m_{j_\beta}-m_{n_\beta}\right)\mathrm{Im}\left(3\langle n|\mu_\alpha|j\rangle\langle j|\Theta_{\alpha\beta}|n\rangle-\langle n|\mu_\beta|j\rangle\langle j|\Theta_{\alpha\alpha}|n\rangle\right)\tag{6.4.2f}$$

$$B(A')=\frac{\omega}{15d_n}\sum_n\mathrm{Im}\left\{\sum_{k\neq n}\frac{\langle k|m_\beta|n\rangle}{\hbar\omega_{kn}}\left[3\left(\langle n|\mu_\alpha|j\rangle\langle j|\Theta_{\alpha\beta}|k\rangle-\langle n|\Theta_{\alpha\beta}|j\rangle\langle j|\mu_\alpha|k\rangle\right)\right.\right.$$
$$\left.-\left(\langle n|\mu_\beta|j\rangle\langle j|\Theta_{\alpha\alpha}|k\rangle-\langle n|\Theta_{\alpha\alpha}|j\rangle\langle j|\mu_\beta|k\rangle\right)\right]$$
$$+\sum_{k\neq j}\frac{\langle j|m_\beta|k\rangle}{\hbar\omega_{kj}}\left[3\left(\langle n|\mu_\alpha|j\rangle\langle k|\Theta_{\alpha\beta}|n\rangle-\langle n|\Theta_{\alpha\beta}|j\rangle\langle k|\mu_\alpha|n\rangle\right)\right.$$
$$\left.\left.-\left(\langle n|\mu_\beta|j\rangle\langle k|\Theta_{\alpha\alpha}|n\rangle-\langle n|\Theta_{\alpha\alpha}|j\rangle\langle k|\mu_\beta|n\rangle\right)\right]\right\}\tag{6.4.2g}$$

$$C(A')=\frac{\omega}{15d_n}\sum_n m_{n_\beta}\mathrm{Im}\left(3\langle n|\mu_\alpha|j\rangle\langle j|\Theta_{\alpha\beta}|n\rangle-\langle n|\mu_\beta|j\rangle\langle j|\Theta_{\alpha\alpha}|n\rangle\right)\tag{6.4.2h}$$

将对称性参数应用于式（6.4.1）中指定的张量分量，表明磁手性效应仅由手性分子给出。考虑乘积$\varepsilon_{\alpha\beta\gamma}G_{\alpha\beta}m_\gamma$。因为$G_{\alpha\beta}$以二阶轴张量的形式进行变换，反对称组合$\varepsilon_{\alpha\beta\gamma}G_{\alpha\beta}$以极矢量的$\gamma$分量的形式变换，从而分子的特定量子态$\psi_n$必须能够满足该极矢量和轴矢量$m_\gamma$的相同分量，其仅可能处于手性点群$C_n$、$D_n$、$O$、$T$和$I$。对于其他给定张量分量的讨论可以得到相同结论。

对于法拉第效应，磁手性 A 项来自光谱线塞曼分裂成左右圆偏振分量；B 项来自由磁场导致的能级混合；C 项来自分裂的基态能级组分之间的电子态数目的不同。因此，磁手性 A 项来自手性分子，其中基态或激发态来自简并集，因为只有这样才能使磁偶极矩算符的矩阵元为对角的，并产生一级塞曼效应。因为轨道简并态只可能处于轴对称体系或球对称体系，通过激发态轨道简并度的 A 项只可能产生于三重或更高重的真旋转轴。B 项仅包含磁偶极矩算符的非对角矩阵元，从而由所有手性分子给出。C 项只有当基态能级是简并时才是非零的，并且因为基态简并度通常是 Kramers 简并，所以 C 项在包含奇数个电子的手性分子中比较重要。

迄今为止，关于磁手性双折射和二色性的实验文献很少，也没有明确的模型例子说明这些效应是如何产生的。然而，当考虑如第 5 章中给出的天然光学活性的产生时，也将需要同时考虑其磁结构。正如在 5.4.2 节中讨论的，手性过渡金属配合物中的 d-d 跃迁是磁偶极和电四极完全允许的，然而具有由手性排列的配体诱导的弱电偶极特征。该类配合物展现了大的圆二色不对称因子，对于观察的磁手性 A 项和 C 项是潜在的比较合适的研究对象（Barron and Vrbancich，1984）。在 α-$NiSO_4 \cdot 6H_2O$ 手性晶体的 d-d 跃迁中，观察到了磁手性二色性（Rikken and Raupach，1998）；并且，在 1.7 节中提到，由 Rikken 和 Raupach（2000）给出的磁手性对映选择光化学的证明，是基于三草酸镉（III）配合物 d-d 跃迁的磁手性二色性。由 Rikken 和 Raupach（1997）首次测试的磁手性二色性（以荧光各向异性的形式）涉及手性铕（III）配合物的 f-f 跃迁。已经预测到（Barron and Vrbancich，1984），最大的磁手性 A 项和 C 项不对称因子会存在于特定手性镧系和锕系配合物的 f-f 吸收带中，因为这些通常展现出比手性过渡金属配合物的 d-d 跃迁更大的天然圆二色不对称因子。这是因为像 d-d 跃迁一样，f-f 跃迁是磁偶极和电四极完全允许的，但在这些手性配合物中，配体诱导的电偶极特征会非常弱。目前，已经报道的有机分子（如香芹酮、柠檬烯和脯氨酸等）的磁手性双折射用本节中推导的从头算方法（Coriani et al.，2002），然而出于不清楚的原因，计算的值要比实验值小好几个数量级。

第 7 章　天然振动光学活性

什么在发光，快速振动，并闪烁着光芒？

亨利·沃恩（午夜，来自《矽土的火花》）

7.1　引　　言

现在，我们从已经确立的电子光学活性的主题，转向由手性分子振动能级间跃迁产生的光学活性的新主题。红外辐射吸收和可见光拉曼散射为获得振动光谱提供了两种不同方法。我们将同时考虑在红外和拉曼光谱中振动光学活性的表达。如 1.5 节所述，它们的形式为红外辐射的旋光和圆二色，以及左右圆偏振入射光中的拉曼散射强度差，或者相当于用特定偏振的入射光给出的散射光的圆偏振成分。

天然振动光学活性和圆二色性的基本描述与电子的情况相似，与张量 $G'_{\alpha\beta}$ 和 $A_{\alpha,\beta\gamma}$ 的分量呈线性关系，只是这里的分子仍然处于基电子态，而激发态通过振动微扰混入基态。另一方面，天然振动拉曼光学活性的描述涉及张量 $\alpha_{\alpha\beta}$ 的分量与 $G'_{\alpha\beta}$ 和 $A_{\alpha,\beta\gamma}$ 分量之间的交叉项，激发态提供了可见光散射的路径。正是这些张量随振动的正则振动坐标的变化，产生了振动拉曼跃迁。

这里没有给出分子振动理论的说明，因为这在许多书籍中都有涉及，从而在处理振动光学活性时不用再次陈述，至少是对在此用到的半经典分子光学方法是这样的。我们特别参考了 Wilson、Decius 和 Cross（1955），以及 Califano（1976）的工作。

在写本书第一版时，红外和拉曼振动光学活性的理论都处于变动中，在此期间取得了很大进展。特别是，振动圆二色精确从头算框架的发展是量子化学的一大胜利。关于振动光学活性理论的普遍调研，可以参考 Polavarapu（1998）的著作，以及由 Buckingham（1994）及 Nafie 和 Freedman（2000）给出的评述。

7.2　天然振动旋光性和圆二色性

7.2.1　基本公式

天然振动旋光性和圆二色性的普遍特性，与由 5.2 节给出的电子情况相同。

因此，式（5.2.1）同样适用于有序样品中，沿 z 方向传播的红外光束产生的旋光和圆二色；式（5.2.2）对各向同性样品也适用。对于像比旋光度[式（5.2.26）]、不对称因子[式（5.2.27）]、各向同性旋光强度和偶极强度[式（5.2.28）]，以及定向旋光强度和偶极强度[式（5.2.29）]这样的实验量也一样。

为了描述振动光学活性，对于处于电子态 e_n 的手性分子，$\upsilon_j \leftarrow \upsilon_n$ 振动跃迁的各向同性旋光强度和偶极强度[式（5.2.28）]为

$$R(\upsilon_j \leftarrow \upsilon_n) = \mathrm{Im}\left(\left\langle e_n\upsilon_n \middle| \boldsymbol{\mu} \middle| e_n\upsilon_j \right\rangle \cdot \left\langle e_n\upsilon_j \middle| \boldsymbol{m} \middle| e_n\upsilon_n \right\rangle\right) \tag{7.2.1a}$$

$$D(\upsilon_j \leftarrow \upsilon_n) = \mathrm{Re}\left(\left\langle e_n\upsilon_n \middle| \boldsymbol{\mu} \middle| e_n\upsilon_j \right\rangle \cdot \left\langle e_n\upsilon_j \middle| \boldsymbol{m} \middle| e_n\upsilon_n \right\rangle\right) \tag{7.2.1b}$$

这些表达可以用几种不同方式推导（Polavarapu，1998；Nafie and Freedman，2000），我们将给出如下三种。在固定部分电荷（fixed partial charge）模式中，忽略电子态的量子特性，给出振动光学活性如何产生一个简单而有指导意义的图像，然而却丢掉了计算的准确性。对电子量子态的明确考虑揭露了一个微妙问题，该问题来自这样一个事实：具有奇时间的磁偶极矩算符，在非简并电子态中的期望值为零（4.3.2 节）。正如我们将看到的那样，可以通过超越绝热近似（玻恩-奥本海默近似），并考虑电子波函数对核速度和核位置的依赖性克服该问题（Nafie，1983；Buckingham et al.，1987）。这为键偶极模型和微扰理论提供了基础。键偶极模型为特定手性分子结构给出的振动光学活性提供了物理学见解，但却不能提供有用的定量结构。微扰理论为高精度的从头算提供了基础。

确定测试红外振动光学活性可行性的实验量，是专门用于振动跃迁的不对称因子（5.2.27）：

$$g(\upsilon_j \leftarrow \upsilon_n) = \frac{4R(\upsilon_j \leftarrow \upsilon_n)}{cD(\upsilon_j \leftarrow \upsilon_n)} \tag{7.2.2}$$

我们将看到，固定部分电荷模式和键偶极模型都提供了 g 与振动跃迁频率呈线性关系的表达式。在电子光学活性的例子中，g 的表达式与光学跃迁的频率呈线性关系。因为这两种情况的几何因子相似，所以红外振动光学活性观测量可能比紫外可见光区的电子光学活性的值小几个数量级。

7.2.2　固定部分电荷模式

在红外振动光学活性的固定部分电荷模式中（Deutsche and Moscowitz，1968，1970；Schellman，1973），原子为由分子的平衡电子分布决定的剩余电荷的最终粒子。这意味着在振动旋光强度（7.2.1a）中，电子态的量子方面被抑制，表示成：

$$\mu_\alpha = \sum_i e_i r_{i_\alpha} \tag{7.2.3a}$$

$$m_\alpha = \sum_i \frac{e_i}{2m_i} \varepsilon_{\alpha\beta\gamma} r_{i_\beta} p_{i_\gamma} \tag{7.2.3b}$$

其中，e_i、m_i、$\boldsymbol{r}_i$、$\boldsymbol{p}_i$ 分别是第 i 个原子的电荷、质量、位置和动量。

固定部分电荷模式通常用一组原子位移坐标的和来表示正则振动坐标。从而，原子位置矢量 $\boldsymbol{r}_i$ 的分量为

$$r_{i_\alpha} = R_{i_\alpha} + \Delta r_{i_\alpha} \tag{7.2.4}$$

其中，$\boldsymbol{R}_i$ 是原子 i 的平衡位置；$\Delta \boldsymbol{r}_i$ 是其偏移平衡位置的瞬时位移。可以将原子笛卡儿位移写成正则振动坐标 Q_p 集合的和，从而对于谐振：

$$\Delta r_{i_\alpha} = \sum_{p=1}^{3N} t_{i_\alpha p} Q_p \tag{7.2.5}$$

注意，是对 $3N$ 个正则振动坐标求和，而不是 $3N$–6 个：这是因为原子位移坐标也包含整个分子的旋转和平移。$\boldsymbol{t}$ 矩阵既完成了坐标的质量加权，又完成了从正则振动坐标到笛卡儿坐标的变换。

正则振动坐标算符的矩阵元具有如下形式（Wilson et al.，1955；Califano，1976）：

$$\langle \upsilon | Q | \upsilon+1 \rangle = \left[\frac{\hbar(\upsilon+1)}{2\omega}\right]^{\frac{1}{2}} \tag{7.2.6a}$$

$$\langle \upsilon | Q | \upsilon-1 \rangle = \left[\frac{\hbar\upsilon}{2\omega}\right]^{\frac{1}{2}} \tag{7.2.6b}$$

$$\langle \upsilon | Q | \upsilon' \rangle = 0 \quad （如果 \upsilon' \neq \upsilon \pm 1） \tag{7.2.6c}$$

结合式（7.2.3a）、式（7.2.4）和式（7.2.5），我们可以将与正则振动坐标 Q_p 相关的基本跃迁 $1_p \leftarrow 0$ 的电偶极矩算符的振动矩阵元写成：

$$\langle 0 | \mu_\alpha | 1_p \rangle = \left(\frac{\hbar}{2\omega_p}\right)^{\frac{1}{2}} \sum_i e_i t_{i_\alpha p} \tag{7.2.7}$$

其中，ω_p 是与 Q_p 相关的角频率。

在推导磁偶极矩算符的振动矩阵元之前，可以根据正则振动坐标表示第 i 个动量。因此，利用式（7.2.5），我们写成：

$$p_{i_\alpha} = m_i \dot{r}_{i_\alpha} = m_i \sum_{p=1}^{3N} t_{i_\alpha p} \dot{Q}_p = m_i \sum_{p=1}^{3N} t_{i_\alpha p} P_p \tag{7.2.8}$$

因为 $P_p = \dot{Q}_p$ 是与正则振动坐标 Q_p 共轭的动量。振动动量算符的矩阵元具有如下形式（Wilson et al.，1955；Califano，1976）：

$$\langle \upsilon | P | \upsilon+1 \rangle = -\mathrm{i}\left[\frac{\hbar\omega(\upsilon+1)}{2}\right]^{\frac{1}{2}} \tag{7.2.9a}$$

$$\langle \upsilon | P | \upsilon-1 \rangle = \mathrm{i}\left(\frac{\hbar\omega\upsilon}{2}\right)^{\frac{1}{2}} \tag{7.2.9b}$$

$$\langle \upsilon | P | \upsilon' \rangle = 0 \quad (\text{如果}\ \upsilon' \neq \upsilon \pm 1) \tag{7.2.9c}$$

将这些与式（7.2.6）比较，我们得到速度-偶极变换（2.6.31）的振动版本：

$$\langle \upsilon | P | \upsilon+1 \rangle = -\mathrm{i}\omega\langle \upsilon | Q | \upsilon+1 \rangle \tag{7.2.10a}$$

$$\langle \upsilon | P | \upsilon-1 \rangle = \mathrm{i}\omega\langle \upsilon | Q | \upsilon-1 \rangle \tag{7.2.10b}$$

利用式（7.2.5）可以将磁偶极矩算符写成：

$$\begin{aligned} m_\alpha &= \sum_i \frac{e_i}{2}\varepsilon_{\alpha\beta\gamma}\left(R_{i_\beta} + \sum_{p=1}^{3N} t_{i_\beta p} Q_p\right)\sum_{q=1}^{3N} t_{i_\gamma q} P_q \\ &= \sum_i \sum_{q=1}^{3N} \frac{e_i}{2}\varepsilon_{\alpha\beta\gamma} R_{i_\beta} t_{i_\gamma q} P_q + \sum_i \sum_{p,q=1}^{3N} \frac{e_i}{2}\varepsilon_{\alpha\beta\gamma} t_{i_\beta p} t_{i_\gamma q} Q_p P_q \end{aligned} \tag{7.2.11}$$

根据 Faulkner 等（1977），式（7.2.11）的第一项可以解释为磁偶极矩算符的贡献，来自部分带电原子绕整个分子坐标原点旋转对应的振动分量。第二项可以解释为在力臂 $t_{i_\beta p} Q_p$ 上的每个带部分电荷的原子，相对于原子平衡位置处的原点，以动量 $t_{i_\gamma q} P_q$ 运动所产生的贡献。第二项通常在基本的跃迁计算中被忽略，然而，在谐波或者组合跃迁中会比较重要，因为算符 QP 影响了具有 $\Delta\upsilon = 0, \pm 2$ 的跃迁。因此，从式（7.2.9b）和式（7.2.11）的第一项得到所需的磁偶极矩阵元为

$$\langle 1_p | m_\alpha | 0 \rangle \approx \frac{\mathrm{i}}{2}\left(\frac{\hbar\omega_p}{2}\right)^{\frac{1}{2}} \sum_i e_i \varepsilon_{\alpha\beta\gamma} R_{i_\beta t_\gamma p} \tag{7.2.12}$$

将式（7.2.7）与式（7.2.12）结合，则与正则振动坐标 Q_p 相关的基本振动跃迁的各向同性旋光强度为

$$R(1_p \leftarrow 0) \approx \frac{\hbar}{4}\sum_{i<j} e_i e_j R_{ji_\alpha} \varepsilon_{\alpha\beta\gamma} t_{i_\beta p} t_{i_\gamma p} \tag{7.2.13a}$$

其中，$\boldsymbol{R}_{ji} = \boldsymbol{R}_j - \boldsymbol{R}_i$，是在平衡核构型下从原子 i 到原子 j 的矢量。对应的偶极强度为

$$D(1_p \leftarrow 0) \approx \frac{\hbar}{2\omega_p}\sum_{i,j} e_i e_j t_{i_\alpha p} t_{j_\alpha p} \tag{7.2.13b}$$

这些固定部分电荷表达式的应用，需要对分子进行正则振动坐标分析。还需要一组固定部分电荷，这通常由实验偶极矩数据进行计算。对于其中的一个例子，我们可以参考 Keiderling 和 Stephens（1979）的相关文献。在该近似水

平上，固定部分电荷模式始终比实际观察到的值小一个数量级，有时会给出错误符号。对此，一种改进方法是在振动偏离平衡构型时，允许电荷重新分配（Polavarapu，1998）。

7.2.3　键偶极模型

在红外振动光学活性的键偶极模型中，分子被分解成便于排列的键或基团。这些键或基团能够满足像局部键伸缩和角度弯曲这样的内部振动坐标 s_q。这些内部振动坐标可以写成正则振动坐标集的和（Wilson et al.，1955；Califano，1976）：

$$s_q = \sum_{p=1}^{3N-6} L_{qp} Q_p \tag{7.2.14}$$

注意，不像式（7.2.5），这里是对 3N–6 个正则振动坐标求和，因为内部振动坐标的选择自动去除了旋转和平移。$\boldsymbol{L}$ 矩阵由正则振动坐标解析决定。

在键偶极模型中，红外强度通过绝热近似的方式进行计算（2.8.2 节）。如式（2.8.33）所示，在固定核构型 Q 下，基电子态 $\psi_0(r,Q)$ 的绝热永久电偶极矩写成：

$$\mu_\alpha(Q) = \langle \psi_0(r,Q) | \mu_\alpha | \psi_0(r,Q) \rangle \tag{7.2.15}$$

其中，算符 μ_α 是电子坐标和核坐标的函数。接着，由 $\mu_\alpha(Q)$ 围绕核平衡构型的核位移，通过泰勒级数展开得到电偶极振动跃迁矩：

$$\begin{aligned} \langle \upsilon_j | \mu_\alpha(Q) | \upsilon_n \rangle = (\mu_\alpha)_0 \delta_{\upsilon_j \upsilon_n} + \sum_p \left(\frac{\partial \mu_\alpha}{\partial Q_p} \right)_0 \langle \upsilon_j | Q_p | \upsilon_n \rangle \\ + \frac{1}{2} \sum_{p,q} \left(\frac{\partial^2 \mu_\alpha}{\partial Q_p \partial Q_q} \right)_0 \langle \upsilon_j | Q_p Q_q | \upsilon_n \rangle + \cdots \end{aligned} \tag{7.2.16}$$

其中，$(\mu_\alpha)_0$ 是分子在基电子态核平衡构型下的永久电偶极矩。作为 Q_p 的线性项，第二项描述了基本振动跃迁；而第三项是 Q_pQ_q 的函数，描述了一级谐波和组合跃迁。

关于红外强度的键偶极理论的详细描述，读者可以参考 Sverdlov、Kovner 和 Krainov（1974）的相关著作。基本上，计算转移到 $(\partial\mu_\alpha / \partial Q_p)_0$，由分子偶极矩随局域内坐标的变化给出：

$$\left(\frac{\partial \mu_\alpha}{\partial Q_p} \right)_0 = \sum_q \left(\frac{\partial \mu_\alpha}{\partial s_p} \frac{\partial s_p}{\partial Q_p} \right)_0 = \sum_q \left(\frac{\partial \mu_\alpha}{\partial s_p} \right)_0 L_{qp} \tag{7.2.17}$$

最后一步遵循式（7.2.14）。分子的总电偶极矩算符写成由该分子所分成的所有键或基团电偶极矩算符 $\boldsymbol{\mu}_i$ 的和：

$$\mu_\alpha = \sum_i \mu_{i_\alpha} \tag{7.2.18}$$

键矩的分量仍然是 Q 的函数，因为它们仍然在分子坐标系中，从而在振动偏移的过程中会发生改变。利用矩阵元（7.2.6）和泰勒展开（7.2.16），我们得到与正则振动坐标 Q_p 相关的基频跃迁的电偶极矩算符振动矩阵元的如下表达：

$$\left\langle 1_p \left| \mu_\alpha(Q) \right| 0 \right\rangle = \left(\frac{\hbar}{2\omega_p} \right)^{\frac{1}{2}} \sum_i \sum_q \left(\frac{\partial \mu_{i_\alpha}}{\partial s_p} \right)_0 L_{qp} \tag{7.2.19}$$

由于磁偶极矩算符是奇时间，在非简并电子态下有零期望值，因此在给出磁偶极振动跃迁矩时必须更加谨慎。有必要超越玻恩-奥本海默近似，将基电子态的磁偶极矩写成核速度和核位置的函数：

$$m_\alpha(\dot{Q}) = \left\langle \psi_0(r, Q, \dot{Q}) \right| m_\alpha \left| \psi_0(r, Q, \dot{Q}) \right\rangle \tag{7.2.20}$$

接着，磁偶极振动跃迁矩由 $m_\alpha(\dot{Q})$ 对核速度进行泰勒展开得到：

$$\left\langle \upsilon_j \left| m_\alpha(\dot{Q}) \right| \upsilon_n \right\rangle = \sum_p \left(\frac{\partial m_\alpha}{\partial \dot{Q}_p} \right)_0 \left\langle \upsilon_j \left| \dot{Q}_p \right| \upsilon_n \right\rangle + \cdots \tag{7.2.21}$$

只有 $\dot{Q}_p$ 的奇次幂项非零，因为像 $(\partial m_\alpha / \partial \dot{Q}_p)_0$ 这种与电子相关的性质是偶时间的，从而会在非简并电子态中是非零的。初始磁偶极矩算符的奇时间特征现在包含在算符 $\dot{Q}_p$ 中，它会在非简并振动态之间产生 $\Delta\upsilon = \pm 1$ 跃迁，即使 $\dot{Q}_p$ 的期望值为零。

在红外振动光学活性的键偶极理论的推导中，一个重要步骤是将每个键或基团磁偶极矩的初始相关部分包含在内。根据式（2.4.14），当原点从 $\boldsymbol{O}$ 移动到 $\boldsymbol{O}+\boldsymbol{a}$ 时，磁偶极矩有如下变化：

$$m_\alpha \to m_\alpha - \frac{1}{2} \varepsilon_{\alpha\beta\gamma} a_\beta \dot{\mu}_\gamma \tag{7.2.22}$$

然而在目前的情况中，因为分子振动，将分子原点和局域键或基团原点分离的矢量是含时的。因此，当键 i 的局域原点移动到分子原点时，磁偶极矩变成：

$$m_{i_\alpha} \to m_{i_\alpha} + \frac{1}{2} \varepsilon_{\alpha\beta\gamma} \left(r_{i_\beta} \dot{\mu}_{i_\gamma} + \mu_{i_\beta} \dot{r}_{i_\gamma} \right) \tag{7.2.23}$$

其中，$\boldsymbol{\mu}_i$ 和 $\boldsymbol{m}_i$ 分别是局域原点在 i 处键 i 的电偶极矩和磁偶极矩；$\boldsymbol{r}_i$ 是从分子原点到键原点的矢量，并且我们已经假设键是中性的。从而，分子的总磁偶极矩可以写成：

$$m_\alpha = \sum_i \left[m_{i_\alpha} + \frac{1}{2} \varepsilon_{\alpha\beta\gamma} \left(r_{i_\beta} \dot{\mu}_{i_\gamma} + \mu_{i_\beta} \dot{r}_{i_\gamma} \right) \right] \tag{7.2.24}$$

将该表达式代入式（7.2.21），并应用 $\dot{X} = (\partial X / \partial Q_p) \dot{Q}_p$ 和式（7.2.9b），则磁偶极跃迁矩为

$$\langle 1_p | m_\alpha(\dot{Q}) | 0 \rangle = \mathrm{i}\left(\frac{\hbar\omega_p}{2}\right)^{\frac{1}{2}} \sum_i \left\{ \left(\frac{\partial m_{i_\alpha}}{\partial \dot{Q}_p}\right)_0 + \frac{1}{2}\varepsilon_{\alpha\beta\gamma}\left[\left(r_{i_\beta}\right)_0 \left(\frac{\partial \mu_{i_\gamma}}{\partial Q_p}\right)_0 + \left(\mu_{i_\beta}\right)_0 \left(\frac{\partial r_{i_\gamma}}{\partial Q_p}\right)_0 \right] \right\} \tag{7.2.25}$$

利用式（7.2.17），该表达可以根据内坐标写成：

$$\begin{aligned} \langle 1_p | m_\alpha(\dot{Q}) | 0 \rangle = \mathrm{i}\left(\frac{\hbar\omega_p}{2}\right)^{\frac{1}{2}} \sum_i \sum_q \Bigg\{ & \left(\frac{\partial m_{i_\alpha}}{\partial \dot{s}_p}\right)_0 L_{qp} \\ & + \frac{1}{2}\varepsilon_{\alpha\beta\gamma}\left[\left(r_{i_\beta}\right)_0 \left(\frac{\partial \mu_{i_\gamma}}{\partial s_p}\right)_0 L_{qp} + \left(\mu_{i_\beta}\right)_0 \left(\frac{\partial r_{i_\gamma}}{\partial s_p}\right)_0 L_{qp} \right] \Bigg\} \end{aligned} \tag{7.2.26}$$

由式（7.2.26）和式（7.2.19）可以得到与正则振动坐标 Q_p 相关联的基本振动跃迁的各向同性偶极和旋光强度：

$$D(1_p \leftarrow 0) = \frac{\hbar}{2\omega_p}\left[\sum_i \sum_q \left(\frac{\partial \mu_{i_\alpha}}{\partial s_p}\right)_0 L_{qp} \right] \left[\sum_j \sum_r \left(\frac{\partial \mu_{j_\alpha}}{\partial s_r}\right)_0 L_{rp} \right] \tag{7.2.27a}$$

$$\begin{aligned} R(1_p \leftarrow 0) = \frac{\hbar}{4}\varepsilon_{\alpha\beta\gamma} \Bigg\{ & \sum_{i<j} R_{ji_\beta} \left[\sum_q \left(\frac{\partial \mu_{i_\alpha}}{\partial s_p}\right)_0 L_{qp} \right] \left[\sum_r \left(\frac{\partial \mu_{i_\gamma}}{\partial s_r}\right)_0 L_{rp} \right] \\ & + \left[\sum_i \sum_q \left(\frac{\partial \mu_{i_\alpha}}{\partial s_q}\right)_0 L_{qp} \right] \left[\sum_j \left(\mu_{j\gamma}\right)_0 \sum_r \left(\frac{\partial r_{j_\beta}}{\partial s_r}\right)_0 L_{rp} \right] \Bigg\} \\ & + \frac{\hbar}{2}\mathrm{Im}\left\{ \left[\sum_i \sum_q \left(\frac{\partial \mu_{i_\alpha}}{\partial s_q}\right)_0 L_{qp} \right] \left[\sum_j \sum_r \left(\frac{\partial m_{j_\alpha}}{\partial \dot{s}_r}\right)_0 L_{rp} \right] \right\} \end{aligned} \tag{7.2.27b}$$

其中，$\boldsymbol{R}_{ji} = \boldsymbol{R}_j - \boldsymbol{R}_i$，是在核构型平衡下从基团 i 原点到基团 j 原点的矢量。

振动旋光强度（7.2.27b）的第一项是对构成手性结构的所有基团对求和，从而代表了广义双基团项。第二项涉及基团 j 的位置矢量 $\boldsymbol{r}_j$ 相对于分子原点的变化：由 $\boldsymbol{r}_j$ 的长度或方向（或同时包含这两个参数）变化影响的正则振动坐标将激活该项。我们将其称为惯性偶极项，因为在 $\boldsymbol{r}_j$ 方向的变化会在扭曲模式中产生重要贡献。最后一项涉及固有基团的电偶极矩和磁偶极矩导数的乘积。前两个贡献的简单例子稍后将给出。

在应用振动旋光强度（7.2.27b）时，出现了基团中原点的实际选择问题，因为可能认为这会影响相关结果。首先需要意识到，完整表达式对于分子原点和局部基团原点的选择都是不变的：前两项由分子的总磁偶极矩（7.2.24）的原点相关部分产生，从而前两项中由于分子原点和局部基团原点的相对配置的变化而引起的任何变化，都可以通过第三项中的变化进行补偿。选择一个基团原点沿对应的偶极轴是很自然的，这将与基团的主真旋转轴重合[可以通过观测表 4.2（c）看出，该表给出相对于对称性元素的非零极矢量分量]。接着，双基团和惯性偶极项一起，对于基团原点沿偶极轴的任何移动都是不变的。事实上，惯性偶极项中的交叉项（$i \neq j$）补偿了双基团项；固有基团惯性偶极项（$i = j$）对于原点沿电偶极轴的移动是不变的。作为练习，读者可以明确证明原点沿基团极轴的移动会导致双基团项的变化，而该变化被惯性偶极项的变化所抵消。

键偶极公式的价值在于，因为这是基于内振动坐标而不是原子笛卡儿位移，可立即为结构模型和大分子中的结构单元原型生成简单的几何表达式，从而允许进行基团光学活性近似。红外振动光学活性的键偶极理论已有计算版本（Escribano and Barron，1988），但已被从头算所取代。

7.2.4　振动圆二色的微扰理论

微扰理论在精确计算振动圆二色方面非常成功。这里，我们根据 Buckingham、Fowler 和 Galwas（1987）的处理方法，给出电和磁偶极振动跃迁矩的表达式，其中，电子对振动跃迁矩的贡献用 2.8.4 节中描述的振动耦合形式给出。我们使用由 $|j\rangle = |e_j \upsilon_j\rangle = |e_j\rangle|\upsilon_j\rangle$ 表达的式（2.8.39）形式的粗略绝热振动态。电子部分为含有 $\sum\limits_p (\partial H_{\mathrm{e}} / \partial Q_p)_0 Q_p$ 的一级微扰，从而写成式（2.8.43）的形式。那么，电子态 $|e_j\rangle$ 的电子算符 A 的一般非对角振动矩阵元可以写成：

$$\langle e_n \upsilon_j | A | e_n \upsilon_n \rangle = \sum_{\substack{e_k \neq e_n \\ p}} \left[\frac{\langle e_n | A | e_k \rangle \langle e_k | (\partial H_{\mathrm{e}} / \partial Q_p)_0 | e_n \rangle \langle \upsilon_j | Q_p | \upsilon_n \rangle}{\hbar \left(\omega_{e_n e_k} + \omega_{\upsilon_n \upsilon_j} \right)} + \frac{\langle e_k | A | e_n \rangle \langle e_n | (\partial H_{\mathrm{e}} / \partial Q_p)_0 | e_k \rangle \langle \upsilon_j | Q_p | \upsilon_n \rangle}{\hbar \left(\omega_{e_n e_k} - \omega_{\upsilon_n \upsilon_j} \right)} \right] \tag{7.2.28}$$

其中，我们用到了振动波函数的正交性。因为电子能量间隔通常比振动量子大得多，并且假设算符 A 和 $\sum\limits_p (\partial H_{\mathrm{e}} / \partial Q_p)_0 Q_p$ 是厄米的，从而可以将其重新排列，给出：

$$\langle e_n \upsilon_j | A | e_n \upsilon_n \rangle = \sum_{\substack{e_k \neq e_n \\ p}} 2 \langle \upsilon_j | Q_p | \upsilon_n \rangle \left\{ \frac{1}{\hbar \omega_{e_n e_k}} \mathrm{Re} \left[\langle e_n | A | e_k \rangle \langle e_k | (\partial H_{\mathrm{e}} / \partial Q_p)_0 | e_n \rangle \right] - \mathrm{i} \left(\frac{\omega_{\upsilon_n \upsilon_j}}{\hbar \omega_{e_n e_k}^2} \right) \mathrm{Im} \left[\langle e_n | A | e_k \rangle \langle e_k | (\partial H_{\mathrm{e}} / \partial Q_p)_0 | e_n \rangle \right] \right\} \tag{7.2.29}$$

我们认为波函数是实函数，就像在没有定磁场的情况下非简并电子态一样。那么，

如果算符 A 是实算符，如电偶极矩算符，则只有第一项非零；然而，如果它是虚算符，如磁偶极矩算符，则只有第二项非零。

设 A 为电偶极矩算符的电子部分，根据式（7.2.29）的第一项，我们可以写成：

$$\left\langle e_n \upsilon_j \middle| \mu_\alpha^{\mathrm{el}} \middle| e_n \upsilon_j \right\rangle = 2\sum_p \left\langle \upsilon_j \middle| Q_p \middle| \upsilon_n \right\rangle \mathrm{Re}\left(\left\langle \psi_n^{(0)} \middle| \mu_\alpha \middle| \partial\psi_n / \partial Q_p \right\rangle\right) \tag{7.2.30a}$$

其中，

$$\frac{\partial \psi_n}{\partial Q_p} = \sum_{k \neq n} \frac{1}{\hbar\omega_{nk}} \psi_k^{(0)} \left\langle \psi_k^{(0)} \middle| (\partial H_{\mathrm{e}} / \partial Q_p)_0 \middle| \psi_n^{(0)} \right\rangle \tag{7.2.30b}$$

与泰勒展开（7.2.16）进行比较，得到：

$$\left(\frac{\partial \mu_\alpha}{\partial Q_p}\right)_0 = 2\mathrm{Re}\left(\left\langle \psi_n^{(0)} \middle| \mu_\alpha \middle| \partial\psi_n / \partial Q_p \right\rangle\right) \tag{7.2.31}$$

设 A 为磁偶极矩算符的电子部分，利用式（7.2.10b），我们可以由式（7.2.29）的第二项给出：

$$\left\langle e_n \upsilon_j \middle| m_\alpha^{\mathrm{el}} \middle| e_n \upsilon_n \right\rangle = -2\hbar\sum_p \left\langle \upsilon_j \middle| \dot{Q}_p \middle| \upsilon_n \right\rangle \mathrm{Im}\left(\left\langle \partial\psi_n(B_\alpha) / \partial B_\alpha \middle| \partial\psi_n / \partial Q_p \right\rangle\right) \tag{7.2.32a}$$

其中，$\psi_n(B_\alpha)$ 是“赝”定磁场存在下的电子波函数，从而：

$$\frac{\partial \psi_n(B_\alpha)}{\partial B_\alpha} = -\sum_{k \neq n} \frac{1}{\hbar\omega_{nk}} \psi_k^{(0)} \left\langle \psi_k^{(0)} \middle| m_\alpha \middle| \psi_n^{(0)} \right\rangle \tag{7.2.32b}$$

是由算符 $-m_\alpha B_\alpha$ 微扰的电子波函数对应的一级修正。与泰勒展开（7.2.21）比较，我们得到：

$$\left(\frac{\partial m_\alpha}{\partial \dot{Q}_p}\right)_0 = -2\hbar\mathrm{Im}\left(\left\langle \partial\psi_n(B_\alpha) / \partial B_\alpha \middle| \partial\psi_n / \partial Q_p \right\rangle\right) \tag{7.2.33}$$

对于计算，用笛卡儿位移坐标 Δr_{i_α} 代替正则振动坐标 Q_p 会更方便。根据式（7.2.5）我们可以写成：

$$\frac{\partial \psi_n}{\partial Q_p} = \sum_i \frac{\partial \psi_n}{\partial \Delta r_{i_\beta}} \frac{\partial \Delta r_{i_\beta}}{\partial Q_p} = \sum_i \frac{\partial \psi_n}{\partial \Delta r_{i_\beta}} t_{i_\alpha p} \tag{7.2.34}$$

核运动对振动跃迁矩也有贡献，这可以直接从固定部分电荷结果（7.2.7）和（7.2.12）得到，其中，e_i 为核 i 的电荷，而不是原子 i 的固定部分电荷。那么，$1_p \leftarrow 0$ 基本跃迁的完备电偶极振动跃迁矩和磁偶极振动跃迁矩为（Buckingham et al.，1987；Buckingham，1994）：

$$\left\langle 1_p \middle| \mu_\alpha \middle| 0 \right\rangle = \left(\frac{\hbar}{2\omega_p}\right)^{\frac{1}{2}} \sum_i \left[Z_i e \delta_{\alpha\beta} + 2\mathrm{Re}\left(\left\langle \psi_n^{(0)} \middle| \mu_\alpha \middle| \partial\psi_n / \partial \Delta r_{i_\beta} \right\rangle\right) \right] t_{i_\beta p} \tag{7.2.35a}$$

$$\left\langle 1_p \middle| m_\alpha \middle| 0 \right\rangle = \mathrm{i}\left(\frac{\hbar\omega_p}{2}\right)^{\frac{1}{2}} \times \sum_i \left[\frac{1}{2} Z_i e \varepsilon_{\alpha\beta\gamma} R_{i_\beta} - 2\hbar \mathrm{Im}\left(\left\langle \partial\psi_n(B_\alpha)/\partial B_\alpha \middle| \partial\psi_n/\partial\Delta r_{i_\beta}\right\rangle\right)\right] t_{i_\beta p}$$

（7.2.35b）

其中，$Z_i e$ 是核 i 的电荷。类似的表达由 Stephens（1985）推导给出。观测到的与计算得到的振动圆二色光谱非常一致，这证明了该公式的正确性（Stephens and Devlin，2000；Nafie and Freedman，2000）。

7.3　天然振动拉曼光学活性

7.3.1　基本公式

瑞利和拉曼光学活性中的观测量是散射光中小的圆偏振分量，并且对于左右圆偏振入射光存在小的散射强度差。关于手性分子瑞利光学活性观测量的一般表达式，在第 3 章中根据分子性质张量推导出。因此，无量纲圆偏振强度差：

$$\Delta = \frac{I^{\mathrm{R}} - I^{\mathrm{L}}}{I^{\mathrm{R}} + I^{\mathrm{L}}} \tag{1.4.1}$$

由式（3.5.34）～式（3.5.36）给出。然而，为了便于读者了解详细的推导过程，我们现在直接计算 90°瑞利圆偏振强度差（Barron and Buckingham，1971）。

接下来，我们探讨在入射面波光束 x, y, z 坐标系原点 $\boldsymbol{O}$ 处的分子（图 7.1）。该光的电矢量为

$$\tilde{E}_\alpha = \tilde{E}_\alpha^{(0)} \mathrm{e}^{\mathrm{i}\omega(z/c-t)} \tag{7.3.1}$$

沿着 z 方向传播。这种波在分子中诱导出振荡的电和磁多极矩，这是散射光源。对于 90°方向的散射，我们需要在距离原点远大于波长的地方，关于 y 方向辐射的复电矢量的表达式：

$$\tilde{E}_\alpha^d = \frac{\omega^2\mu_0}{4\pi y}\left[\tilde{\mu}_\alpha^{(0)} - j_\alpha \tilde{\mu}_y^{(0)} - \frac{1}{c}\varepsilon_{\alpha y\beta}\tilde{m}_\beta^{(0)} - \frac{\mathrm{i}\omega}{3c}\left(\tilde{\Theta}_{\alpha y}^{(0)} - j_\alpha \tilde{\Theta}_{yy}^{(0)} + \cdots\right)\right]\mathrm{e}^{\mathrm{i}\omega(y/c-t)} \tag{7.3.2}$$

这是式（3.3.1）的特化。复多极矩振幅是式（3.3.2）的特化：

$$\tilde{\mu}_\alpha^{(0)} = \left(\tilde{\alpha}_{\alpha\beta} + \frac{\mathrm{i}\omega}{3c}\tilde{A}_{\alpha,z\beta} + \frac{1}{c}\varepsilon_{\gamma z\beta}\tilde{G}_{\alpha\gamma} + \cdots\right)\tilde{E}_\beta^{(0)} \tag{7.3.3a}$$

$$\tilde{\Theta}_{\alpha\beta}^{(0)} = \left(\tilde{\mathcal{A}}_{\gamma,\alpha\beta} + \cdots\right)\tilde{E}_\gamma^{(0)} \tag{7.3.3b}$$

$$\tilde{m}_\alpha^{(0)} = \left(\tilde{\mathcal{G}}_{\alpha\beta} + \cdots\right)\tilde{E}_\beta^{(0)} \tag{7.3.3c}$$

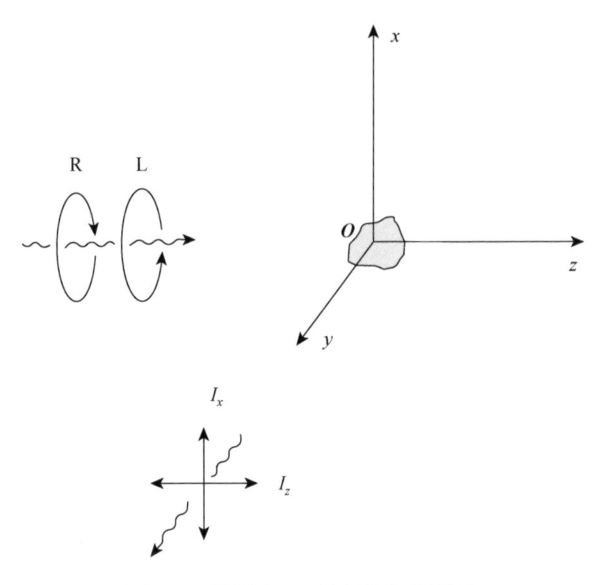

图 7.1　偏振光 90°散射的几何结构

散射波（7.3.2）偏振垂直于散射面 yz 的分量（I_x）和平行于散射面 yz 的分量（I_z）的强度分别为

$$I_x^d = \frac{1}{2\mu_0 c}\tilde{E}_x^d \tilde{E}_x^{d*} \tag{7.3.4a}$$

$$I_z^d = \frac{1}{2\mu_0 c}\tilde{E}_z^d \tilde{E}_z^{d*} \tag{7.3.4b}$$

如果入射光是左或右圆偏振的，则由式（2.3.2）给出的电矢量振幅为

$$\tilde{E}^{(0)}_{\substack{\mathrm{R}\\ \mathrm{L}}\alpha} = \frac{1}{\sqrt{2}}\tilde{E}^{(0)}\left(i_\alpha \mp \mathrm{i}j_\alpha\right) \tag{7.3.5}$$

将式（7.3.2）代入式（7.3.5），需要散射强度分量的左右圆偏振入射光的和与差分别为

$$I_x^{d^\mathrm{R}} + I_x^{d^\mathrm{L}} = \frac{\omega^4 \mu_0 E^{(0)^2}}{32\pi^2 c y^2}\left(\tilde{\alpha}_{xx}\tilde{\alpha}_{xx}^* + \tilde{\alpha}_{xy}\tilde{\alpha}_{xy}^* + \cdots\right) \tag{7.3.6a}$$

$$I_z^{d^\mathrm{R}} + I_z^{d^\mathrm{L}} = \frac{\omega^4 \mu_0 E^{(0)^2}}{32\pi^2 c y^2}\left(\tilde{\alpha}_{zx}\tilde{\alpha}_{zx}^* + \tilde{\alpha}_{zy}\tilde{\alpha}_{zy}^* + \cdots\right) \tag{7.3.6b}$$

$$\begin{aligned} I_x^{d^\mathrm{R}} - I_x^{d^\mathrm{L}} = \frac{\omega^4 \mu_0 E^{(0)^2}}{16\pi^2 c^2 y^2}\Big[& \mathrm{Im}\left(c\tilde{\alpha}_{xy}\tilde{\alpha}_{xx}^* + \tilde{\alpha}_{xy}\tilde{G}_{xy}^* + \tilde{\alpha}_{xx}\tilde{G}_{xx}^* - \tilde{\alpha}_{xy}\tilde{\mathcal{G}}_{zx}^* + \tilde{\alpha}_{xx}\tilde{\mathcal{G}}_{zy}^*\right) \\ & + \frac{1}{3}\omega\mathrm{Re}\left(\tilde{\alpha}_{xx}\tilde{A}_{x,zy}^* - \tilde{\alpha}_{xy}\tilde{A}_{x,zx}^* + \tilde{\alpha}_{xy}\tilde{\mathcal{A}}_{x,xy}^* - \tilde{\alpha}_{xy}\tilde{\mathcal{A}}_{y,xy}^*\right) + \cdots\Big] \end{aligned} \tag{7.3.6c}$$

$$
\begin{aligned}
I_z^{d^{\mathrm{R}}} - I_z^{d^{\mathrm{L}}} = \frac{\omega^4 \mu_0 E^{(0)^2}}{16\pi^2 c^2 y^2} \Big[& \mathrm{Im}\left(c\tilde{\alpha}_{zy}\tilde{\alpha}_{zx}^* + \tilde{\alpha}_{zy}\tilde{G}_{zy}^* + \tilde{\alpha}_{zx}\tilde{G}_{zx}^* + \tilde{\alpha}_{zy}\tilde{\mathcal{G}}_{xx}^* - \tilde{\alpha}_{zx}\tilde{\mathcal{G}}_{xy}^* \right) \\
& + \frac{1}{3}\omega \mathrm{Re}\left(\tilde{\alpha}_{zx}\tilde{A}_{z,zy}^* - \tilde{\alpha}_{zy}\tilde{A}_{z,zx}^* + \tilde{\alpha}_{zy}\tilde{\mathcal{A}}_{x,zy}^* - \tilde{\alpha}_{zy}\tilde{\mathcal{A}}_{y,zy}^* \right) + \cdots \Big]
\end{aligned}
\tag{7.3.6d}
$$

如果分子是手性的，并处于非简并基态，且不存在外定磁场时，我们只需要保留式（7.3.6）中含有 $\alpha G'$ 和 αA 的项。对于流体散射，有必要利用单位矢量平均（4.2.53）和（4.2.54），对分子所有方向的这些表达式进行平均。我们最终得到了第 3 章中的圆偏振强度差分量：

$$
\Delta_x(90°) = \frac{2\left(7\alpha_{\alpha\beta}G'^*_{\alpha\beta} + \alpha_{\alpha\alpha}G'^*_{\beta\beta} + \frac{1}{3}\omega\alpha_{\alpha\beta}\varepsilon_{\alpha\gamma\delta}A^*_{\gamma,\delta\beta} \right)}{c\left(7\alpha_{\lambda\mu}\alpha^*_{\lambda\mu} + \alpha_{\lambda\lambda}\alpha^*_{\mu\mu} \right)} \tag{3.5.36a}
$$

$$
\Delta_z(90°) = \frac{4\left(3\alpha_{\alpha\beta}G'^*_{\alpha\beta} - \alpha_{\alpha\alpha}G'^*_{\beta\beta} - \frac{1}{3}\omega\alpha_{\alpha\beta}\varepsilon_{\alpha\gamma\delta}A^*_{\gamma,\delta\beta} \right)}{2c\left(3\alpha_{\lambda\mu}\alpha^*_{\lambda\mu} - \alpha_{\lambda\lambda}\alpha^*_{\mu\mu} \right)} \tag{3.5.36b}
$$

如果性质张量由对应的振动拉曼跃迁张量所取代，则可以用同样的表达式计算拉曼光学活性。在 2.8.3 节中讨论的 Placzek 近似中，对于透明频率处的散射，相应的替换为

$$
\alpha_{\alpha\beta} \to (\alpha_{\alpha\beta})_{\upsilon_m\upsilon_n} = \left\langle \upsilon_m \middle| \alpha_{\alpha\beta}(Q) \middle| \upsilon_n \right\rangle \tag{7.3.7a}
$$

$$
G'_{\alpha\beta} \to (G'_{\alpha\beta})_{\upsilon_m\upsilon_n} = \left\langle \upsilon_m \middle| G'_{\alpha\beta}(Q) \middle| \upsilon_n \right\rangle \tag{7.3.7b}
$$

$$
A_{\alpha,\beta\gamma} \to (A_{\alpha,\beta\gamma})_{\upsilon_m\upsilon_n} = \left\langle \upsilon_m \middle| A_{\alpha,\beta\gamma}(Q) \middle| \upsilon_n \right\rangle \tag{7.3.7c}
$$

我们现在可以推导天然瑞利和拉曼光学活性的基本对称性条件。对于天然瑞利光学活性，$\alpha_{\alpha\beta}$ 和 $G'_{\alpha\beta}$ 的相同组分必须包含完全对称表示；并且，对于天然振动拉曼光学活性，$\alpha_{\alpha\beta}$ 和 $G'_{\alpha\beta}$ 的相同组分必须涵盖特定的正则振动坐标的不可约表示。这只能在手性点群 C_n、D_n、O、T、I（其缺少瑕旋转元素）中产生，其中，同阶极张量和轴张量，如 $\alpha_{\alpha\beta}$ 和 $G'_{\alpha\beta}$，具有相同的变换性质。此外，尽管 $A_{\alpha,\beta\gamma}$ 不像 $G'_{\alpha\beta}$ 那样变换，但在光学活性散射表达中，与 $\alpha_{\alpha\beta}$ 结合的二阶轴张量 $\varepsilon_{\alpha\gamma\delta}A_{\gamma,\delta\beta}$ 有与 $G'_{\alpha\beta}$ 相同的变换性质。因此，手性分子中的所有拉曼活性振动都应该展现拉曼光学活性。

拉曼光学活性表达的进一步推导可以通过几种不同方式进行（Polavarapu，1998；Nafie and Freedman，2000）。拉曼光学活性的两种模式，与红外振动光学活性的固定部分电荷模式和键偶极模型相似，也就是原子偶极相互作用模型（atom dipole interaction model）（Prasad and Nafie，1979）和键极化模型（bond polarizability model）（Barron，1979b；Escribano and Barron，1988），它们将分子

分成原子或键。我们将重点强调键极化模型，因为它更符合第 5 章中用到的电子光学活性法，该方法基于键或基团性质，以及手性分子中键或基团的几何分布。

因为与拉曼光学活性有关的性质张量 $G'_{\alpha\beta}$ 和 $A_{\alpha,\beta\gamma}$ 为偶时间，所以由于磁偶极矩算符的奇时间特性，拉曼光学活性理论中不存在类似于振动旋光和圆二色理论中出现的基本问题。因此，拉曼光学活性的从头算比第一个这样的振动圆二色计算早好几年：基于定态近似的 $\alpha_{\alpha\beta}$、$G'_{\alpha\beta}$ 和 $A_{\alpha,\beta\gamma}$ 的计算（2.6.5 节），以及这些性质张量是如何随正则振动坐标变换的从头算法，是由 Polavarapu 在二十世纪八十年代后期开发的（Bose et al.，1989；Polavarapu，1990）。尽管关于拉曼光学活性光谱的从头算的第一部分没有达到现在计算振动圆二色光谱的高精度，但是事实证明它们是有价值的。例如，通过比较实验和从头算拉曼光学活性光谱，CHFClBr 的绝对构型被明确分成 $(S)+(+)$ 或 $(S)+(-)$（Costante et al.，1997；Polavarapu，2002b）。对该分子进行类似的振动圆二色研究是不适用的，因为振动的基本正则模态的大多数频率太低，从而实验上不容易得到，而在拉曼光学活性光谱中都可以获得。但是，通过包含氢原子合适的扩散 p 型轨道的纯基组，得到了与红外圆二色拉曼光学类似的，高质量拉曼光学活性从头算结果（Zuber and Hug，2004）。更普遍地，Hug 及其同事最近的工作（Hug，2001；Hug et al.，2001；Hug，2002）为拉曼光学活性理论提供了一种新方法。该方法为准确计算拉曼光学活性观测量，以及更好地理解该现象的潜在机制提供了坚实的基础。

下面将详细讨论透明拉曼散射中的天然光学活性。尽管本节第一部分的基本结果，以及普遍斯托克斯参数（3.5.3）可以应用于共振情况，但与可见激发波段的透明拉曼光学活性相比，该课题仍处于初级阶段。可见激发波段的透明拉曼光学活性在撰写本书时已经比较完善，是能够提供丰富信息的手性光学技术。尽管如此，已经发展出令人满意的天然共振拉曼光学活性理论（Nafie，1996），并且已经报道了第一个实验现象（Vargek et al.，1998）。共振散射可能呈现出透明散射中不存在的各种新型拉曼光学活性现象，并且在紫外区对生物分子的研究方面特别有价值。

7.3.2　实验量

在大多数光散射文献中，由于重要因素标准化的问题测不出绝对强度。相反，像退偏振比（3.5.9）及瑞利和拉曼光学活性的圆偏振强度差（1.4.1）这样的无量纲量，通常由在相同的认定尺度上测量的强度得出。

根据如下张量不变性（4.2.6 节），重写圆偏振强度差表达式（3.5.34）～式（3.5.36）是比较有用的：

$$\alpha = \frac{1}{3}\alpha_{\alpha\alpha} = \frac{1}{3}(\alpha_{XX} + \alpha_{YY} + \alpha_{ZZ}) \tag{7.3.8a}$$

$$\begin{aligned}\beta(\alpha)^2 &= \frac{1}{2}(3\alpha_{\alpha\beta}\alpha_{\alpha\beta} - \alpha_{\alpha\alpha}\alpha_{\beta\beta}) \\ &= \frac{1}{2}\left[(\alpha_{XX} - \alpha_{YY})^2 + (\alpha_{XX} - \alpha_{ZZ})^2 + (\alpha_{YY} - \alpha_{ZZ})^2 + 6\left(\alpha_{XY}^2 + \alpha_{XZ}^2 + \alpha_{YZ}^2\right)\right]\end{aligned} \tag{7.3.8b}$$

$$G' = \frac{1}{3}G'_{\alpha\alpha} = \frac{1}{3}\left(G'_{XX} + G'_{YY} + G'_{ZZ}\right) \tag{7.3.8c}$$

$$\begin{aligned}\beta(G')^2 &= \frac{1}{2}\left(3\alpha_{\alpha\beta}G'_{\alpha\beta} - \alpha_{\alpha\alpha}G'_{\beta\beta}\right) \\ &= \frac{1}{2}\left\{(\alpha_{XX} - \alpha_{YY})\left(G'_{XX} - G'_{YY}\right) + (\alpha_{XX} - \alpha_{ZZ})\left(G'_{XX} - G'_{ZZ}\right) + (\alpha_{YY} - \alpha_{ZZ})\left(G'_{YY} - G'_{ZZ}\right)\right. \\ &\quad \left. + 3\left[\alpha_{XY}\left(G'_{XY} + G'_{YX}\right) + \alpha_{XZ}\left(G'_{XZ} + G'_{ZX}\right) + \alpha_{YZ}\left(G'_{YZ} + G'_{ZY}\right)\right]\right\}\end{aligned} \tag{7.3.8d}$$

$$\begin{aligned}\beta(A)^2 &= \frac{1}{2}\omega\alpha_{\alpha\beta}\varepsilon_{\alpha\gamma\delta}A_{\gamma,\delta\beta} \\ &= \frac{1}{2}\omega\left[(\alpha_{YY} - \alpha_{XX})A_{Z,XY} + (\alpha_{XX} - \alpha_{ZZ})A_{Y,ZX} + (\alpha_{ZZ} - \alpha_{YY})A_{X,YZ}\right. \\ &\quad + \alpha_{XY}(A_{YYZ} - A_{ZYY} + A_{ZXX} - A_{XXZ}) + \alpha_{XZ}(A_{YZZ} - A_{ZZY} + A_{XXY} - A_{YXX}) \\ &\quad \left. + \alpha_{YZ}(A_{ZZX} - A_{XZZ} + A_{XYY} - A_{YYX})\right]\end{aligned} \tag{7.3.8e}$$

注意，因为$\varepsilon_{\alpha\gamma\delta}A_{\gamma,\delta\beta}$是无迹的，所以没有对应的类似于$\alpha$和$G'$的各向同性张量。在对角化$\alpha_{\alpha\beta}$主轴体系中，式（7.3.8）中涉及$\alpha_{\alpha\beta}$的非对角分量的项为零。现在，圆偏振强度差表达式（3.5.34）～式（3.5.36）为

$$\Delta(0^\circ) = \frac{4\left[45\alpha G' + \beta(G')^2 - \beta(A)^2\right]}{c\left[45\alpha^2 + 7\beta(\alpha)^2\right]} \tag{7.3.9a}$$

$$\Delta(180^\circ) = \frac{24\left[\beta(G')^2 + \dfrac{1}{3}\beta(A)^2\right]}{c\left[45\alpha^2 + 7\beta(\alpha)^2\right]} \tag{7.3.9b}$$

$$\Delta_x(90^\circ) = \frac{2\left[45\alpha G' + 7\beta(G')^2 + \beta(A)^2\right]}{c\left[45\alpha^2 + 7\beta(\alpha)^2\right]} \tag{7.3.9c}$$

$$\Delta_z(90^\circ) = \frac{2\left[\beta(G')^2 - \dfrac{1}{3}\beta(A)^2\right]}{6c\beta(\alpha)^2} \tag{7.3.9d}$$

这些圆偏振强度差的分子和分母中的公因数没有被抵消，从而可以直接比较相对的和与差强度。对于圆偏振强度差分量对散射角度和张量不变性的相关性的深入

讨论，读者可以参考 Andrews（1980）及 Hecht 和 Barron（1990）的著作。

还有一个有趣的圆偏振强度差测量的附加实验配置。利用 Mueller 矩阵形式下瑞利和拉曼散射的普遍斯托克斯参数（3.5.3），可以证明，通过将线偏振分析仪的透射轴设置在散射面 yz 的魔角为 $\pm\sin^{-1}\sqrt{(2/3)} \approx \pm 54.74°$ 的 90° 处散射的光束中，电偶极-电四极拉曼光学活性机制给出的贡献为零，从而可以测量纯电偶极-磁偶极拉曼光学活性光谱（Hecht and Barron，1989）。相关的魔角圆偏振强度差为

$$\Delta_*(90°) = \frac{(20/3)\left[9\alpha G' + 2\beta(G')^2\right]}{(10/3)\left[9\alpha^2 + 2\beta(\alpha)^2\right]} \tag{7.3.10}$$

Hug（2001，2002）发现，在式（7.3.10）的分子和分母中，张量乘积的不变组合是对所有方向散射截面积分的结果，并指出这让人联想到电偶极-电四极平均也为零的各向同性样品的天然旋光和圆二色情况。

3.5.4 节提到，散射光的圆度给出与圆偏振强度差等价的信息。这两个实验策略分别称为散射圆偏振和入射圆偏振拉曼光学活性测试。入射和散射圆偏振拉曼光学活性的同时测试，称为双圆偏振拉曼光学活性测试，会比较有用（Nafie and Freedman，1989；Hecht and Barron，1990；Nafie and Che，1994），然而，我们这里将不给出详细分析。

事实上，入射和散射圆偏振拉曼光学活性将只能给出与瑞利散射相同的信息。对于振动拉曼散射，该信息与透明波长处的散射大致相同；然而，在吸收入射波长的共振散射情况中，出现了一个有意思的斯托克斯-反斯托克斯不对称现象（Barron and Escribano，1985）。这可以从散射光的普遍斯托克斯参数（3.5.3）给出，这里使用散射张量的一般表达式（3.3.4），并保留光学活性张量的斜体和手写体。该光学活性张量为不同初态 m 和终态 n 之间的拉曼跃迁张量。我们需要如下关系：

$$\left(\tilde{G}_{\alpha\beta}\right)_{mn} = -\left(\tilde{\mathcal{G}}_{\beta\alpha}\right)_{mn} = -\left(\tilde{G}_{\alpha\beta}\right)_{mn}^* \tag{7.3.11a}$$

$$\left(\tilde{A}_{\alpha,\beta\gamma}\right)_{mn} = \left(\tilde{\mathcal{A}}_{\alpha,\beta\gamma}\right)_{mn} = \left(\tilde{A}_{\alpha,\beta\gamma}\right)_{mn}^* \tag{7.3.11b}$$

通过调用算符 $\boldsymbol{\mu}$、$\boldsymbol{m}$ 和 $\boldsymbol{\Theta}$ 的厄米性，并写出 $\omega_{jn} \approx \omega_{jm}$，或者从广义时间反演参数获得振动拉曼散射（Hecht and Barron，1993c）。接着发现，当入射光线偏振垂直于散射面时，在斯托克斯拉曼 $m \leftarrow n$ 跃迁中观察到圆偏振度 $S_3^d(90°)/S_0^d(90°)$，这近似等于反斯托克斯拉曼 $n \leftarrow m$ 跃迁的圆偏振强度差（7.3.9c），反之亦然。对于斯托克斯/反斯托克斯倒易对，该等式是正确的（Hecht and Barron，1993c），这意味着如果斯托克斯过程的入射频率为 ω，则相关的反斯托克斯过程必须为 $\omega - \omega_{mn}$（Hecht and Barron，1993a）。另一方面，圆偏振斯托克斯度和反斯托克斯度普遍不同，斯托克斯和反斯托克斯圆偏振强度差也将不同。

另一种光学活性现象称为线偏振拉曼光学活性，可以在90°散射的共振条件下产生（Hecht and Nafie，1990；Hecht and Barron，1993b，1993c）。这涉及与入射或散射光或二者同时存在的散射面呈 ±45° 的，与正交线偏振态相关的拉曼散射光中的强度差。

很明显，在拉曼散射中的振动光学活性可以通过大量不同的实验策略进行研究，其中，每个都有特定的优势（或劣势），并揭示了该现象的不同方面。然而，幸运的是，对于化学和生物化学中的大多数实际应用，拉曼光学活性的简单入射或散射圆偏振形式的测量提供了所有必要的信息。正如在 7.3.6 节中讨论的那样，键极化模型显示，对于大多数拉曼光学活性的常规应用，背散射是最优实验几何结构，因为这提供了最优信噪比。该发现非常有价值，因为对于将拉曼光学活性测试推广到液体中的生物分子，这是非常重要的步骤。

7.3.3　透射光和散射光下的光学活性

在继续进行详细的理论推导之前，我们将暂停一下，并仔细思考常规旋光性和圆二色性的基本散射机制与瑞利和拉曼光学活性之间的关系。

对于瑞利光学活性，必须计算电子光学活性张量 $G'_{\alpha\beta}$ 和 $A_{\alpha,\beta\gamma}$ 的通用分量；对于拉曼光学活性，这些张量必须为正则振动坐标的函数进行计算。我们在第 5 章中看到，从耦合模型得到了对常规旋光和圆二色有用的物理学见解。然而，在将这些模型推广到瑞利和拉曼光学活性时，必须包含 $G'_{\alpha\beta}$ 和 $A_{\alpha,\beta\gamma}$ 的原点相关部分，因为这些产生的机制在旋光性和圆二色性方面没有对应的机制（Barron and Buckingham，1974）。后者是双折射现象，从而产生于透射波和前散射波之间的干涉。因此，在 Kirkwood 模式中[图 5.1（a）]，由两个非手性基团的手性结构产生的旋光性包含动态耦合：只有从一个基团偏移到另一个基态的前散射波才具有手性，并在与透射波结合时可以产生旋光性。然而，透射波在瑞利散射中并不重要，从而在与这两个基团无关的两个散射波之间的干涉提供手性信息[图 7.2（a）]。动态耦合不是必需的，尽管它可以产生更高阶的影响。

我们可以将该示意图推广到像 CHFClBr 这样的手性四面体结构。因为一对动态耦合的球形原子构成了单个各向异性极化基团，因此仅考虑四个配位原子旋光性的 Born-Boys 模型，这里需要对这四个原子进行动态耦合[图 5.1(b)]；然而，瑞利光学活性需要两对动态耦合原子独立散射波间的干涉[图 7.2（b）]，或者从一个原子和另外三个动态耦合的原子独立散射波之间的干涉。如果包含中心碳原子，碳-配体键含有各向异性基团，从而需要更少的动态耦合[图 7.2（c）]。每个图只表示一种可能的散射序列：任何显式计算会对所有排列进行求和。

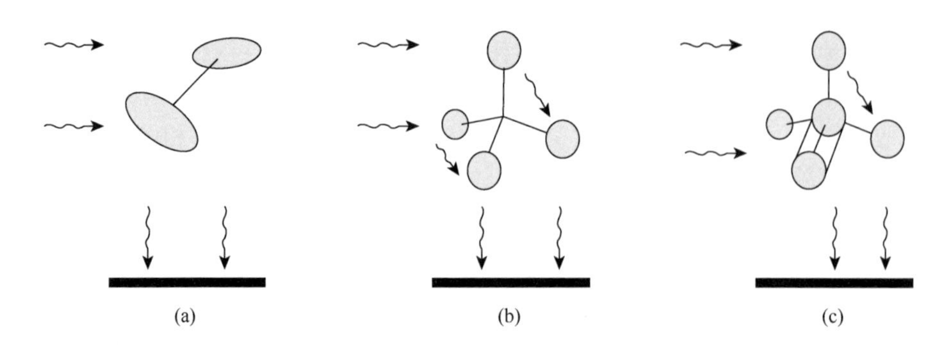

图 7.2　由两个各向异性基团（a），四个各向同性基团（b）及一个键和两个各向同性基团（c）产生的瑞利光学活性

刚刚描述的机制同样适用于与键伸缩振动相关的拉曼光学活性。我们很快就会看到，对于某些振动模式下的拉曼光学活性，特别是形变和扭转，会有不同的机制起主导作用。

7.3.4　瑞利光学活性的双基团模型

接下来，我们将详细讨论由两个中性非手性基团 1 和 2 构成的手性分子产生的瑞利光学活性。除了给出图 7.2（a）所示的散射机制的数学表达式外，这也为研究拉曼光学活性提供了有用背景。

我们假设基团之间没有电子互换，并且将分子的极性和光学活性张量写成相应基团张量的和。基团张量必须与分子坐标系的原点有关，我们将该原点定为基团 1 上的局域原点。对于张量的原点相关性，利用式（2.6.35）得到：

$$\alpha_{\alpha\beta} = \alpha_{1_{\alpha\beta}} + \alpha_{2_{\alpha\beta}} + \text{耦合项} \qquad (7.3.12\text{a})$$

$$G'_{\alpha\beta} = G'_{1_{\alpha\beta}} + G'_{2_{\alpha\beta}} - \frac{1}{2}\omega\varepsilon_{\beta\gamma\delta}R_{21_\gamma}\alpha_{2_{\alpha\delta}} + \text{耦合项} \qquad (7.3.12\text{b})$$

$$A_{\alpha,\beta\gamma} = A_{1_{\alpha,\beta\gamma}} + A_{2_{\alpha,\beta\gamma}} + \frac{3}{2}R_{21_\beta}\alpha_{2_{\alpha\gamma}} + \frac{3}{2}R_{21_\gamma}\alpha_{2_{\alpha\beta}} - R_{21_\delta}\alpha_{2_{\alpha\delta}}\delta_{\beta\gamma} + \text{耦合项} \qquad (7.3.12\text{c})$$

其中，$\alpha_{i_{\alpha\beta}}$、$G'_{i_{\alpha\beta}}$ 和 $A_{i_{\alpha,\beta\gamma}}$ 是与基团 i 处原点有关的张量；$\boldsymbol{R}_{21} = \boldsymbol{R}_2 - \boldsymbol{R}_1$，是从 1 处原点到 2 处原点的矢量。如果需要，使用第 5 章的方程可以给出耦合项。即使 $G'_{i_{\alpha\beta}}$ 和 $A_{i_{\alpha,\beta\gamma}}$ 的所有分量可能为零，但与原点有关的部分可能不为零。此外，尽管假设这些基团通常是非手性的，但对于某些对称性，如 $C_{2\text{v}}$（见表 4.2），存在光学活性张量的非零分量，该张量会对瑞利光学活性产生影响。利用式（7.3.12），在圆偏振强度差分量（3.5.36）中的相关极化率-光学活性张量乘积可以近似为

$$\alpha_{\alpha\beta}G'_{\alpha\beta} = -\frac{1}{2}\omega\varepsilon_{\beta\gamma\delta}R_{21_\gamma}\alpha_{1_{\alpha\beta}}\alpha_{2_{\delta\alpha}} + \alpha_{1_{\alpha\beta}}G'_{2_{\alpha\beta}} + \alpha_{2_{\alpha\beta}}G'_{1_{\alpha\beta}} \qquad (7.3.13\text{a})$$

$$\frac{1}{3}\omega\alpha_{\alpha\beta}\varepsilon_{\alpha\gamma\delta}A_{\gamma,\delta\beta}=-\frac{1}{2}\omega\varepsilon_{\beta\gamma\delta}R_{21_\gamma}\alpha_{1_{\alpha\beta}}\alpha_{2_{\delta\alpha}}+\frac{1}{3}\omega\alpha_{1_{\alpha\beta}}\varepsilon_{\alpha\gamma\delta}A_{2_{\gamma,\delta\beta}}+\frac{1}{3}\omega\alpha_{2_{\alpha\beta}}\varepsilon_{\alpha\gamma\delta}A_{1_{\gamma,\delta\beta}} \tag{7.3.13b}$$

$$\alpha_{\alpha\alpha}G'_{\beta\beta}=0 \tag{7.3.13c}$$

其中，忽略了耦合项。

如果这两个基团有三重或更高重真旋转轴，则式（7.3.13）可以给出一个易处理的形式。如果这些基团是非手性的，则它们就不属于真旋转点群，并对于其余轴对称点群，可以从表 4.2 推导二阶轴张量 $G'_{\alpha\beta}$ 和 $\varepsilon_{\alpha\gamma\delta}A_{\gamma,\delta\beta}$ 的分量要么为零，要么具有 $G'_{xy}=-G'_{yx}$，以及 $\varepsilon_{x\gamma\delta}A_{\gamma,\delta y}=-\varepsilon_{y\gamma\delta}A_{\gamma,\delta x}$。那么，在式（7.3.13）中的 $\alpha_{i_{\alpha\beta}}G'_{j_{\alpha\beta}}$ 和 $\alpha_{i_{\alpha\beta}}\varepsilon_{\alpha\gamma\delta}A_{j_{\gamma,\delta\beta}}$ 为零，因为 $\alpha_{\alpha\beta}=\alpha_{\beta\alpha}$。通过调用式（4.2.59）可以更容易得到该结论。如果单位矢量 $\boldsymbol{s}_i$、$\boldsymbol{t}_i$、$\boldsymbol{u}_i$ 定义了基团 i 的主轴，其中 $\boldsymbol{u}_i$ 沿着对称轴，根据式（4.2.58）可以将其极化张量写成：

$$\alpha_{i_{\alpha\beta}}=\alpha_i(1-\kappa_i)\delta_{\alpha\beta}+3\alpha_i\kappa_i u_{i_\alpha}u_{i_\beta} \tag{7.3.14}$$

其中，α_i 和 κ_i 分别是平均极化率和无量纲各向异性极化率。那么：

$$\varepsilon_{\beta\gamma\delta}R_{21_\gamma}\alpha_{1_{\alpha\beta}}\alpha_{2_{\delta\alpha}}=9\varepsilon_{\beta\gamma\delta}R_{21_\gamma}\alpha_1\alpha_2\kappa_1\kappa_2u_{1_\alpha}u_{2_\alpha}u_{1_\beta}u_{2_\delta} \tag{7.3.15}$$

对于最简单的手性对，这两个基团的主轴在平行面中（图 5.4），这变成：

$$\varepsilon_{\beta\gamma\delta}R_{21_\gamma}\alpha_{1_{\alpha\beta}}\alpha_{2_{\delta\alpha}}=-\frac{9}{2}R_{21}\alpha_1\alpha_2\kappa_1\kappa_2\sin 2\theta \tag{7.3.16}$$

将式（7.3.16）代入式（7.3.13），圆偏振强度差分量（3.5.36）中所需的极化率-光学活性张量乘积项为

$$3\alpha_{\alpha\beta}G'_{\alpha\beta}-\alpha_{\alpha\alpha}G'_{\beta\beta}-\frac{1}{3}\omega\alpha_{\alpha\beta}\varepsilon_{\alpha\gamma\delta}A_{\gamma,\delta\beta}=\frac{9}{2}\omega R_{21}\alpha_1\alpha_2\kappa_1\kappa_2\sin 2\theta \tag{7.3.17a}$$

$$7\alpha_{\alpha\beta}G'_{\alpha\beta}+\alpha_{\alpha\alpha}G'_{\beta\beta}+\frac{1}{3}\omega\alpha_{\alpha\beta}\varepsilon_{\alpha\gamma\delta}A_{\gamma,\delta\beta}=18\omega R_{21}\alpha_1\alpha_2\kappa_1\kappa_2\sin 2\theta \tag{7.3.17b}$$

我们还需要极化率-极化率乘积。首先，利用式（7.3.12a），写成：

$$\alpha_{\alpha\beta}\alpha_{\alpha\beta}=\alpha_{1_{\alpha\beta}}\alpha_{1_{\alpha\beta}}+\alpha_{2_{\alpha\beta}}\alpha_{2_{\alpha\beta}}+2\alpha_{1_{\alpha\beta}}\alpha_{2_{\alpha\beta}} \tag{7.3.18}$$

对于轴对称基团，利用式（7.3.14）可以将其写成：

$$\alpha_{i_{\alpha\beta}}\alpha_{j_{\alpha\beta}}=3\alpha_i\alpha_j+3\alpha_i\alpha_j\kappa_i\kappa_j(3u_{i_\alpha}u_{j_\alpha}u_{i_\beta}u_{j_\beta}-1) \tag{7.3.19a}$$

$$=3\alpha_i\alpha_j+\frac{3}{2}\alpha_i\alpha_j\kappa_i\kappa_j(1+3\cos 2\theta_{ij}) \tag{7.3.19b}$$

$$\alpha_{i_{\alpha\alpha}}\alpha_{j_{\beta\beta}}=9\alpha_i\alpha_j \tag{7.3.19c}$$

结果，

$$3\alpha_{i_{\alpha\beta}}\alpha_{j_{\alpha\beta}}-\alpha_{i_{\alpha\alpha}}\alpha_{j_{\beta\beta}}=\frac{9}{2}\alpha_i\alpha_j\kappa_i\kappa_j(1+3\cos 2\theta_{ij}) \tag{7.3.20a}$$

$$7\alpha_{i_{\alpha\beta}}\alpha_{j_{\alpha\beta}}+\alpha_{i_{\alpha\alpha}}\alpha_{j_{\beta\beta}}=30\alpha_i\alpha_j+\frac{21}{2}\alpha_i\alpha_j\kappa_i\kappa_j(1+3\cos 2\theta_{ij}) \tag{7.3.20b}$$

将式（7.3.20）代入式（7.3.18），得到需要的表达式：

$$3\alpha_{\alpha\beta}\alpha_{\alpha\beta}-\alpha_{\alpha\alpha}\alpha_{\beta\beta}=18\left(\alpha_1^2\kappa_1^2+\alpha_2^2\kappa_2^2\right)+9\alpha_1\alpha_2\kappa_1\kappa_2(1+3\cos 2\theta) \tag{7.3.21a}$$

$$7\alpha_{\alpha\beta}\alpha_{\alpha\beta}+\alpha_{\alpha\alpha}\alpha_{\beta\beta}=30\left(\alpha_1^2+\alpha_2^2+2\alpha_1\alpha_2\right)+42\left(\alpha_1^2\kappa_1^2+\alpha_2^2\kappa_2^2\right)+21\alpha_1\alpha_2\kappa_1\kappa_2(1+3\cos 2\theta) \tag{7.3.21b}$$

如果基团 1 和 2 是一样的，则这些结果给出如下瑞利圆偏振强度差分量（Barron and Buckingham，1974）：

$$\varDelta_x(90°)=\frac{24\pi R_{21}\kappa^2\sin 2\theta}{\lambda\left[40+7\kappa^2(5+3\cos 2\theta)\right]} \tag{7.3.22a}$$

$$\varDelta_z(90°)=\frac{2\pi R_{21}\sin 2\theta}{\lambda(5+3\cos 2\theta)} \tag{7.3.22b}$$

其中，κ 是基团极化各向异性。图 5.4 的绝对构型获得正值。注意，如果 $\lambda \gg R_{21}$，则瑞利光学活性随两个基团间距的增加而增加。相反，由式（5.3.34）给出的对应的 Kirkwood 旋光度随这两个基团间距的增加而减小，因为它受动态耦合的影响。计算 $\varDelta_z(90°)$ 时，不需要知道这两个基团的极化率。

扭曲的联苯提供了一个简单的手性双基团结构的例子，其中的两个基团的对称轴在平行面上。对称轴 $\boldsymbol{u}_1$ 和 $\boldsymbol{u}_2$ 沿着芳香环的六重旋转轴（为了简便起见，我们忽略这样的事实，即将联苯束缚成手性构象的环取代基破坏了芳香环的轴对称性）。当 $R_{21}\approx 5\times10^{-10}\text{m}$，$\theta=45°$，$\lambda=500\text{nm}$ 时，式（7.3.22b）给出 $\varDelta_z(90°)\approx1.3\times10^{-3}$。对于苯，取 $|\kappa|=0.18$（从光散射得到的数据），$\varDelta_x(90°)\approx0.6\times10^{-4}$。因此，去极化瑞利圆偏振强度差至少比极化的值高出一个数量级。这些计算只适用于气体样品。在液体中，瑞利散射由于干涉的存在而显著减弱，各向同性贡献要比各向异性贡献被抑制得更多。

对于推广到更普遍的双基团结构的计算，我们可以参考 Stone（1975，1977）。

只有当入射光的波长比分子大得多时，基本的圆偏振强度差方程（3.5.36）才是正确的，从而以上推导的双基团结构只有当 $R_{21}\ll\lambda$ 时才是正确的。在可见光区，除了长链聚合物，大多数分子都满足该条件。实际上，不必从基本方程（3.5.36）开始，就可以通过直接说明 7.3.3 节中概述的物理图像的方式，推导出双基团圆偏振强度差，而根本不用调用光学活性张量 $G'_{\alpha\beta}$ 和 $A_{\alpha,\beta\gamma}$：同时，消除了小分子尺寸的限制。我们只计算由入射光在两个基团中诱导的振动电偶极矩独立辐射的波在检测器处产生的强度分量。从而，为了便于理解处理的基本简单性，我们忽略从两个基团固有光学活性张量产生的贡献：基于上述原因，如果这两个基团是固有非手性的，并且有三重或更高重的真旋转轴，则该结果是正确的。

图 7.3 展现了与空间坐标轴 x，y，z 呈任意方向的手性双基团结构，其原点位于连接键的中点。入射平面波光束的复电矢量由式（7.3.1）给出。假设入射平面波前足够宽，电场振幅（而不是相位）在这两个基团处相同，则式（7.3.3a）给出的这两个基团中诱导的复振动电偶极矩的振幅为

$$\tilde{\mu}_{1_\alpha}^{(0)} = \tilde{\alpha}_{1_{\alpha\beta}} \tilde{E}_\beta^{(0)} \mathrm{e}^{-\mathrm{i}\omega R_{21_z}/2c} \tag{7.3.23a}$$

$$\tilde{\mu}_{2_\alpha}^{(0)} = \tilde{\alpha}_{2_{\alpha\beta}} \tilde{E}_\beta^{(0)} \mathrm{e}^{\mathrm{i}\omega R_{21_z}/2c} \tag{7.3.23b}$$

其中，光波的电场处于合适的局域基团原点处。由式（7.3.2）可知，波场区 y 轴点 d 处对应的辐射场为

$$\tilde{E}_{1_\alpha} = \frac{\omega^2 \mu_0}{4\pi r_1} \tilde{\mu}_{1_\alpha}^{(0)} \mathrm{e}^{-\mathrm{i}\omega(t - r_1/c)} \tag{7.3.24a}$$

$$\tilde{E}_{2_\alpha} = \frac{\omega^2 \mu_0}{4\pi r_1} \tilde{\mu}_{2_\alpha}^{(0)} \mathrm{e}^{-\mathrm{i}\omega(t - r_2/c)} \tag{7.3.24b}$$

结合式（7.3.23）和式（7.3.24），这两个基团辐射的波对整个结构在 90° 处散射光的电矢量有如下贡献：

$$\tilde{E}_{1_\alpha} = \frac{\omega^2 \mu_0}{4\pi\left(y - \frac{1}{2}R_{21_y}\right)} \tilde{\alpha}_{1_{\alpha\beta}} \tilde{E}_\beta^{(0)} \mathrm{e}^{-\mathrm{i}\omega\left[t - \left(y - \frac{1}{2}R_{21_y} - \frac{1}{2}R_{21_z}\right)/c\right]} \tag{7.3.25a}$$

$$\tilde{E}_{2_\alpha} = \frac{\omega^2 \mu_0}{4\pi\left(y + \frac{1}{2}R_{21_y}\right)} \tilde{\alpha}_{2_{\alpha\beta}} \tilde{E}_\beta^{(0)} \mathrm{e}^{-\mathrm{i}\omega\left[t - \left(y + \frac{1}{2}R_{21_y} + \frac{1}{2}R_{21_z}\right)/c\right]} \tag{7.3.25b}$$

其中，因为 $y \gg R_{21}$，我们设：

$$r_1 \approx y - \frac{1}{2}R_{21_y}, \quad r_2 \approx y + \frac{1}{2}R_{21_y}$$

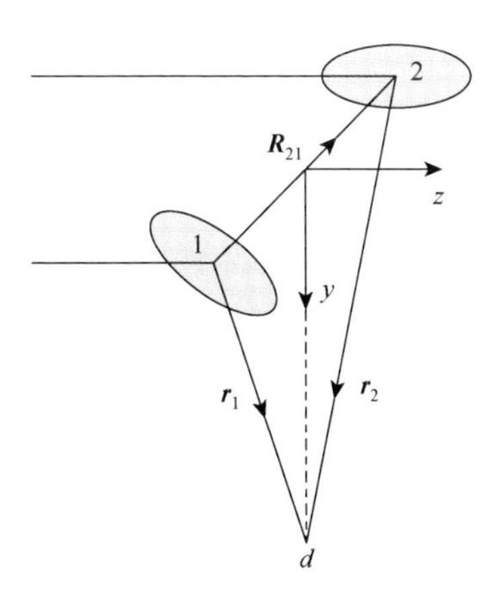

图 7.3　手性双基团分子在 90° 散射的几何示意图。x 方向为垂直于纸面朝外

现在，从如下关系得到圆偏振强度差分量：

$$\varDelta_x(90°)=\frac{\left(\tilde{E}_x\tilde{E}_x^*\right)^{\mathrm{R}}-\left(\tilde{E}_x\tilde{E}_x^*\right)^{\mathrm{L}}}{\left(\tilde{E}_x\tilde{E}_x^*\right)^{\mathrm{R}}+\left(\tilde{E}_x\tilde{E}_x^*\right)^{\mathrm{L}}}$$

$$\varDelta_z(90°)=\frac{\left(\tilde{E}_z\tilde{E}_z^*\right)^{\mathrm{R}}-\left(\tilde{E}_z\tilde{E}_z^*\right)^{\mathrm{L}}}{\left(\tilde{E}_z\tilde{E}_z^*\right)^{\mathrm{R}}+\left(\tilde{E}_z\tilde{E}_z^*\right)^{\mathrm{L}}}$$

其中，$E_\alpha=E_{1_\alpha}+E_{2_\alpha}$，是在 d 处测得的总电场。将左右圆偏振入射电矢量（7.3.5）代入式（7.3.25），我们发现在没有定磁场的情况下，对于透明频率：

$$\left\langle\left(\tilde{E}_x\tilde{E}_x^*\right)^{\mathrm{R}}-\left(\tilde{E}_x\tilde{E}_x^*\right)^{\mathrm{L}}\right\rangle=\left(\frac{\omega^2\mu_0E^{(0)}}{4\pi y}\right)^2\times\left\langle 2\left(\alpha_{1_{xx}}\alpha_{2_{xy}}-\alpha_{1_{xy}}\alpha_{2_{xx}}\right)\sin\left[\frac{\omega}{c}\left(R_{21_z}+R_{21_y}\right)\right]+\cdots\right\rangle \tag{7.3.26a}$$

$$\begin{aligned}\left\langle\left(\tilde{E}_x\tilde{E}_x^*\right)^{\mathrm{R}}+\left(\tilde{E}_x\tilde{E}_x^*\right)^{\mathrm{L}}\right\rangle=\left(\frac{\omega^2\mu_0E^{(0)}}{4\pi y}\right)^2\times\Big\langle&\alpha_{1_{xx}}^2+\alpha_{2_{xx}}^2+\alpha_{1_{xy}}^2+\alpha_{2_{xy}}^2\\&+2\left(\alpha_{1_{xx}}\alpha_{2_{xx}}+\alpha_{1_{xy}}\alpha_{2_{xy}}\right)\cos\left[\frac{\omega}{c}\left(R_{21_z}+R_{21_y}\right)\right]+\cdots\Big\rangle\end{aligned} \tag{7.3.26b}$$

$$\left\langle\left(\tilde{E}_z\tilde{E}_z^*\right)^{\mathrm{R}}-\left(\tilde{E}_z\tilde{E}_z^*\right)^{\mathrm{L}}\right\rangle=\left(\frac{\omega^2\mu_0E^{(0)}}{4\pi y}\right)^2\times\left\langle 2\left(\alpha_{1_{zx}}\alpha_{2_{zy}}-\alpha_{1_{zy}}\alpha_{2_{zx}}\right)\sin\left[\frac{\omega}{c}\left(R_{21_z}+R_{21_y}\right)\right]+\cdots\right\rangle \tag{7.3.26c}$$

$$\begin{aligned}\left\langle\left(\tilde{E}_z\tilde{E}_z^*\right)^{\mathrm{R}}+\left(\tilde{E}_z\tilde{E}_z^*\right)^{\mathrm{L}}\right\rangle=\left(\frac{\omega^2\mu_0E^{(0)}}{4\pi y}\right)^2\times\Big\langle&\alpha_{1_{zx}}^2+\alpha_{2_{zx}}^2+\alpha_{1_{zy}}^2+\alpha_{2_{zy}}^2\\&+2\left(\alpha_{1_{zx}}\alpha_{2_{zx}}+\alpha_{1_{zy}}\alpha_{2_{zy}}\right)\cos\left[\frac{\omega}{c}\left(R_{21_z}+R_{21_y}\right)\right]+\cdots\Big\rangle\end{aligned} \tag{7.3.26d}$$

其中，我们只显示了对各向同性平均值有贡献的项。对于 $R_{21_z}+R_{21_y}$ 的普遍值，能否得到式（7.3.26）的平均值并不明显，但如果将三角函数进行展开，则可以求出 $2\pi(R_{21_z}+R_{21_y})/\lambda$ 幂连续项的平均值。在 $\lambda\gg R_{21_z}+R_{21_y}$ 的最简单情况中，我们可以用平均值（4.2.53）和（4.2.54）恢复这两个基团圆偏振强度差分量（7.3.22），该值是通过考虑光学活性张量的原点相关性而得到。在没有得到 $R_{21_z}+R_{21_y}$ 普遍值的各向同性平均值的情况下，我们仍然能够推导出基团间距在 λ 范围内瑞利光学活性的性质，因为这由 $2\pi(R_{21_z}+R_{21_y})/\lambda$ 决定。对于一个特定方向，当 $R_{21_z}+R_{21_y}=\lambda/4,3\lambda/4,5\lambda/4,\cdots$ 时，瑞利光学活性为最大值（有交替符号），当 $R_{21_z}+R_{21_y}=0,\lambda/2,\lambda,\cdots$ 时，该值为零。

注意，处于近向前方向的双基团模型没有产生瑞利光学活性，因为从这两个基团产生的前散射光之间没有相位差。然而，因为两个背散射光之间存在 $4\pi R_{21_z}/\lambda$ 的相位差，因此在背散射处产生了瑞利光学活性。在背散射方向，瑞利圆偏振强度差仅是极化双基团 90° 散射圆偏振强度差（7.3.22a）的两倍。这两个基团之间的动态耦合就像旋光的 Kirkwood 模型，需要产生近向前瑞利光学活性。

Andrews 和 Thirunamachandran（1977a，1977b）已经详细讨论了双基团模型，包括普遍基团间距的各向同性平均问题。Andrews（1994）重新审视了双基团模型，并从量子电动力学的角度给出了关键评价。

7.3.5　拉曼光学活性的键极化模型

拉曼强度和光学活性键极化模型（实际上是原子偶极相互作用模型）的出发点，是在 2.8.3 节中讨论的关于透明频率处振动跃迁极化率的 Placzek 近似。将有效极化率算符 $\alpha_{\alpha\beta}(Q)$ 在正则振动坐标中展开，则跃迁极化率变成：

$$\begin{aligned}\left\langle \upsilon_m \middle| \alpha_{\alpha\beta}(Q) \middle| \upsilon_n \right\rangle &= (\alpha_{\alpha\beta})_0 \delta_{\upsilon_m\upsilon_n} + \sum_p \left(\frac{\partial \alpha_{\alpha\beta}}{\partial Q_p}\right)_0 \left\langle \upsilon_m \middle| Q_p \middle| \upsilon_n \right\rangle \\ &+ \sum_{p,q} \left(\frac{\partial^2 \alpha_{\alpha\beta}}{\partial Q_p \partial Q_q}\right)_0 \left\langle \upsilon_m \middle| Q_p Q_q \middle| \upsilon_n \right\rangle + \cdots\end{aligned} \tag{7.3.27}$$

其中，$(\alpha_{\alpha\beta})_0$ 是分子处于基电子态的平衡核构型的极化率。第二项描述了基本振动拉曼跃迁，第三项描述了第一谐波及组合跃迁。

从而，拉曼强度由具有正则振动坐标的分子极化率张量的变化所决定，并通过张量随局域内坐标的变化进行计算。我们使用式（7.2.14）：

$$\left(\frac{\partial \alpha_{\alpha\beta}}{\partial Q_p}\right)_0 = \sum_q \left(\frac{\partial \alpha_{\alpha\beta}}{\partial s_q}\frac{\partial s_q}{\partial Q_p}\right)_0 = \sum_q \left(\frac{\partial \alpha_{\alpha\beta}}{\partial s_q}\right)_0 L_{qp} \tag{7.3.28}$$

并且将总分子极化率算符写成局部键或基团极化率算符的和：

$$\alpha_{\alpha\beta}(Q) = \sum_i \alpha_{i_{\alpha\beta}}(Q) \tag{7.3.29}$$

由矩阵元（7.2.6），以及式（7.3.27）和式（7.3.28），我们得到与正则振动坐标 Q_p 相关的基本跃迁的极化率算符振动矩阵元的如下表达式：

$$\left\langle 1_p \middle| \alpha_{\alpha\beta}(Q) \middle| 0 \right\rangle = \left(\frac{\hbar}{2\omega_p}\right)^{\frac{1}{2}} \sum_i \sum_q \left(\frac{\partial \alpha_{i_{\alpha\beta}}}{\partial s_q}\right)_0 L_{qp} \tag{7.3.30}$$

拉曼光学活性的扩展涉及将光学活性张量写成相应的键张量之和，注意包含原点相关部分。因此，推广（7.3.12b），我们得到：

$$G'_{\alpha\beta}(Q)=\sum_i G'_{i_{\alpha\beta}}(Q)-\frac{\omega}{2}\varepsilon_{\beta\gamma\delta}\sum_i r_{i_\gamma}(Q)\alpha_{i_{\alpha\beta}}(Q) \tag{7.3.31}$$

其中，$\boldsymbol{r}_i(Q)$ 是从分子原点到第 i 个基团原点的矢量。将每项在正则振动坐标中展开，并利用式（7.2.6）和式（7.3.28），我们得到如下振动矩阵元：

$$\begin{aligned}\left\langle 1_p\left|G'_{\alpha\beta}(Q)\right|0\right\rangle=&\left(\frac{\hbar}{2\omega_p}\right)^{\frac{1}{2}}\sum_i\sum_q\left(\frac{\partial G'_{i_{\alpha\beta}}}{\partial s_q}\right)_0 L_{qp}\\&-\frac{\omega}{2}\left(\frac{\hbar}{2\omega_p}\right)^{\frac{1}{2}}\varepsilon_{\beta\gamma\delta}\sum_i\left[R_{i_\gamma}\sum_q\left(\frac{\partial\alpha_{i_{\alpha\delta}}}{\partial s_q}\right)_0 L_{qp}+\left(\alpha_{i_{\alpha\delta}}\right)_0\sum_q\left(\frac{\partial r_{i_\gamma}}{\partial s_q}\right)_0 L_{qp}\right]\end{aligned} \tag{7.3.32a}$$

$\left\langle \upsilon_m\left|A_{\alpha,\beta\gamma}(Q)\right|\upsilon_n\right\rangle$ 也有类似推导，导致：

$$\begin{aligned}\left\langle 1_p\left|A_{\alpha,\beta\gamma}(Q)\right|0\right\rangle=&\left(\frac{\hbar}{2\omega_p}\right)^{\frac{1}{2}}\sum_i\sum_q\left(\frac{\partial A_{i_{\alpha,\beta\gamma}}}{\partial s_q}\right)_0 L_{qp}+\left(\frac{\hbar}{2\omega_p}\right)^{\frac{1}{2}}\sum_i\left[\frac{3}{2}R_{i_\beta}\sum_q\left(\frac{\partial\alpha_{i_{\alpha\gamma}}}{\partial s_q}\right)_0 L_{qp}\right.\\&+\frac{3}{2}\left(\alpha_{i_{\alpha\gamma}}\right)_0\sum_q\left(\frac{\partial r_{i_\beta}}{\partial s_q}\right)_0 L_{qp}+\frac{3}{2}R_{i_\gamma}\sum_q\left(\frac{\partial\alpha_{i_{\alpha\beta}}}{\partial s_q}\right)_0 L_{qp}+\frac{3}{2}\left(\alpha_{i_{\alpha\beta}}\right)_0\sum_q\left(\frac{\partial r_{i_\beta}}{\partial s_q}\right)_0 L_{qp}\\&\left.-R_{i_\delta}\sum_q\left(\frac{\partial\alpha_{i_{\alpha\delta}}}{\partial s_q}\right)_0 L_{qp}\delta_{\beta\gamma}-\left(\alpha_{i_{\alpha\gamma}}\right)_0\sum_q\left(\frac{\partial r_{i_\delta}}{\partial s_q}\right)_0 L_{qp}\delta_{\beta\gamma}\right]\end{aligned} \tag{7.3.32b}$$

最后，利用式（7.3.30）和式（7.3.32），则与正则振动坐标 Q_p 相关的基本跃迁中各向同性拉曼强度和光学活性为（Barron and Clark，1982）

$$\left\langle 0\left|\alpha_{\alpha\beta}\right|1_p\right\rangle\left\langle 1_p\left|\alpha_{\alpha\beta}\right|0\right\rangle=\frac{\hbar}{2\omega_p}\left[\sum_i\sum_q\left(\frac{\partial\alpha_{i_{\alpha\beta}}}{\partial s_q}\right)_0 L_{qp}\right]\left[\sum_j\sum_r\left(\frac{\partial\alpha_{j_{\alpha\beta}}}{\partial s_r}\right)_0 L_{rp}\right] \tag{7.3.33a}$$

$$\begin{aligned}\left\langle 0\left|\alpha_{\alpha\beta}\right|1_p\right\rangle\left\langle 1_p\left|G'_{\alpha\beta}\right|0\right\rangle=&-\frac{\hbar\omega}{4\omega_p}\varepsilon_{\beta\gamma\delta}\left\{\sum_{i<j}R_{ji_\gamma}\left[\sum_q\left(\frac{\partial\alpha_{i_{\alpha\beta}}}{\partial s_q}\right)_0 L_{qp}\right]\left[\sum_r\left(\frac{\partial\alpha_{j_{\delta\alpha}}}{\partial s_r}\right)_0 L_{rp}\right]\right.\\&\left.+\left[\sum_i\sum_q\left(\frac{\partial\alpha_{i_{\alpha\beta}}}{\partial s_q}\right)_0 L_{qp}\right]\left[\sum_j\left(\alpha_{j_{\delta\alpha}}\right)_0\sum_r\left(\frac{\partial r_{j_\gamma}}{\partial s_r}\right)_0 L_{rp}\right]\right\}\\&+\frac{\hbar}{2\omega_p}\left[\sum_i\sum_q\left(\frac{\partial\alpha_{i_{\alpha\beta}}}{\partial s_q}\right)_0 L_{qp}\right]\left[\sum_j\sum_r\left(\frac{\partial G'_{j_{\alpha\beta}}}{\partial s_r}\right)_0 L_{rp}\right]\end{aligned} \tag{7.3.33b}$$

$$\frac{1}{3}\omega\langle 0|\alpha_{\alpha\beta}|1_p\rangle\langle 1_p|\varepsilon_{\beta\gamma\delta}A_{\gamma,\delta\beta}|0\rangle=-\frac{\hbar\omega}{4\omega_p}\varepsilon_{\beta\gamma\delta}\left\{\sum_{i<j}R_{ji_\gamma}\left[\sum_q\left(\frac{\partial\alpha_{i_{\alpha\beta}}}{\partial s_q}\right)_0L_{qp}\right]\left[\sum_r\left(\frac{\partial\alpha_{j_{\delta\alpha}}}{\partial s_r}\right)_0L_{rp}\right]\right.$$
$$\left.+\left[\sum_i\sum_q\left(\frac{\partial\alpha_{i_{\alpha\beta}}}{\partial s_q}\right)_0L_{qp}\right]\left[\sum_j(\alpha_{j_{\delta\alpha}})_0\sum_q\left(\frac{\partial r_{j_\gamma}}{\partial s_r}\right)_0L_{rp}\right]\right\}$$
$$+\frac{\hbar}{6\omega_p}\left[\sum_i\sum_q\left(\frac{\partial\alpha_{i_{\alpha\beta}}}{\partial s_q}\right)_0L_{qp}\right]\left[\varepsilon_{\alpha\gamma\delta}\sum_j\sum_r\left(\frac{\partial A_{j_{\gamma,\delta\beta}}}{\partial s_r}\right)_0L_{rp}\right] \tag{7.3.33c}$$

我们还需要乘积：

$$\langle 0|\alpha_{\alpha\alpha}|1_p\rangle\langle 1_p|\alpha_{\beta\beta}|0\rangle=\frac{\hbar}{2\omega_p}\left[\sum_i\sum_q\left(\frac{\partial\alpha_{i_{\alpha\alpha}}}{\partial s_q}\right)_0L_{qp}\right]\left[\sum_j\sum_r\left(\frac{\partial\alpha_{j_{\beta\beta}}}{\partial s_r}\right)_0L_{rp}\right] \tag{7.3.33d}$$

$$\langle 0|\alpha_{\alpha\alpha}|1_p\rangle\langle 1_p|G'_{\beta\beta}|0\rangle=\frac{\hbar}{2\omega_p}\left[\sum_i\sum_q\left(\frac{\partial\alpha_{i_{\alpha\alpha}}}{\partial s_q}\right)_0L_{qp}\right]\left[\sum_j\sum_r\left(\frac{\partial G'_{j_{\beta\beta}}}{\partial s_r}\right)_0L_{rp}\right] \tag{7.3.33e}$$

这些键极化拉曼光学活性表达式中的项，与键偶极红外旋光强度（7.2.27b）中的一些项具有类似的理解。因此，在式（7.3.33b）和式（7.3.33c）中的第一项是对构成手性结构的所有基团对求和，根据图 7.2（a）描述的双基团机制，$\boldsymbol{R}_{ji}$ 为核构型平衡条件下从基团 i 原点到基团 j 原点的矢量。第二项涉及基团相对于分子原点的位置矢量 $\boldsymbol{r}_j$ 的变化：包含由 $\boldsymbol{r}_j$ 的长度、其方向的一个，或二者都变化所贡献的正则振动坐标将激活该项。我们将其称为惯性项（inertial term）。最后一项包含固有基团极化和光学活性张量的乘积。我们这里简要给出这些不同贡献的简单例子。

当应用这些拉曼光学活性表达式时，就像在红外情况下一样，出现了基团或键中原点的实际选择问题。同样，完整表达式对分子原点和局域基团原点的选择都是不变的：在式（7.3.33b）和式（7.3.33c）中的前两项由分子的总 $G'_{\alpha\beta}$ 和 $A_{\alpha,\beta\gamma}$ 张量的原点相关部分产生，从而由分子原点和局域基团原点的相对位置变化而引起的前两项的任何变化，都会由第三项中的变化所补偿。

对于局域原点位于对称轴的非手性轴对称基团，7.3.4 节中指出，涉及 $\alpha_{i_{\alpha\beta}}G'_{j_{\alpha\beta}}$ 和 $\alpha_{i_{\alpha\beta}}\varepsilon_{\alpha\gamma\delta}A_{j_{\gamma,\delta\beta}}$ 的项对瑞利光学活性没有贡献。通过将参数推广到振动跃迁张量，式（7.3.33b）和式（7.3.33c）中对应的项对于所有正则模态也可以证明为零。论证如下。键极化模型是基于 Placzek 近似，从而跃迁极化率可写成如下形式：

$$\left\langle \upsilon_m\left|\sum_i\alpha_{i_{\alpha\beta}}(Q)\right|\upsilon_n\right\rangle$$

其中，对分子被分成的所有基团或键求和。在 4.4.3 节中的时间反演讨论告诉我们，实极化率及其给出的有效算符 $\sum_i \alpha_{i_{\alpha\beta}}(Q)$ 总是纯对称的，并且这对单个键极化率 $\alpha_{i_{\alpha\beta}}(Q)$ 也是正确的。因此，键极化理论自动隐含了纯对称跃迁极化率。必须使用不同的理论来处理那些可能导致反对称跃迁极化率的特殊情况。尽管 $G'_{\alpha\beta}$ 和 $A_{\alpha,\beta\gamma}$ 对于所有点群没有明确定义的置换对称性，从而一般性陈述不能用到跃迁光学活性上，但对于轴对称性，可以用一些有用的陈述。对于非手性轴对称，$G'_{\alpha\beta}$ 要么是反对称的，要么为零（表 4.2），这使我们能够在第 4 章中写成：

$$G'_{\alpha\beta} = G'\varepsilon_{\alpha\gamma\delta}K_\gamma \tag{4.2.59}$$

在 Placzek 近似中，对应的跃迁光学活性写成式（7.3.32a），从而对于由非手性轴对称基团构成的手性结构，固有基团贡献：

$$\left\langle \upsilon_m \left| \sum_i G'_{i_{\alpha\beta}}(Q) \right| \upsilon_n \right\rangle$$

为纯反对称的，假设局域基团原点沿基团对称轴，并且在正则模态偏移过程中保持单个基团的对称性。当然，跃迁光学活性（7.3.32a）的原点相关部分没有特定的置换对称性（事实上，如果它们对于 α ，β 是反对称的，则整个结构不可能具有手性）。从而，对于任何轴对称基团对 i 和 j，$\left(\partial\alpha_{i_{\alpha\beta}} / \partial Q\right)_0$ 是纯对称的，$\left(\partial G'_{j_{\alpha\beta}} / \partial Q\right)_0$ 是纯反对称的，它们的乘积为零。以下也有类似特点：

$$\left(\partial\alpha_{i_{\alpha\beta}} / \partial Q\right)_0 \varepsilon_{\alpha\gamma\delta} \left(\partial A_{j_{\gamma,\delta\beta}} / \partial Q\right)_0$$

因此，对于非手性轴对称基团，其原点位于对称轴上，所有拉曼光学活性由在式（7.3.33b）和式（7.3.33c）中的双基团和惯性项产生。这两项加在一起，对于局域基团原点沿对称轴的位移是不变的；因为很容易通过对每个基团调用式（7.3.14）证明这一点，即一项的变化由另一项中等价相反的变化所补偿。注意，只有 $i \neq j$ 的惯性项中的变化才能补偿双基团项中的变化：本征基团惯性项对应于 $i = j$，对于原点沿对称轴的任何位置都是不变的。

对于非轴对称基团，键极化率表达式的应用要更为复杂，因为式（7.3.33b）和式（7.3.33c）涉及固有基团光学活性张量的最后一项，现在预计会做出与双基团和惯性项相当的贡献。为了保证结果对分子原点和局域基团原点的选择都是不变的，必须对所有这些都进行计算。

7.3.6　前散射、背散射和 90°散射的键极化模型

瑞利光学活性的双基团模型的一个重要特征遵循式（7.3.13），也就是，对于一对理想轴对称非手性基团或键，各向同性贡献为零，并且磁偶极和电四极

机制有同等贡献：

$$\alpha G' = 0, \quad \beta(G')^2 = \beta(A)^2 \tag{7.3.34}$$

由式（7.3.33）可知，对于完全由理想轴对称非手性基团或键构成的分子，在拉曼光学活性的键极化模型中可以得到等价结果。这导致了对常规拉曼光学活性表达式的一些有价值的简化。

首先考虑分别由式（7.3.9c）和式（7.3.9d）给出的极化和消偏 90°散射的圆偏振强度差。使用式（7.3.34），这些简化成：

$$\Delta_x(90°) = \frac{16\beta(G')^2}{c\left[45\alpha^2 + 7\beta(\alpha)^2\right]} \tag{7.3.35a}$$

$$\Delta_z(90°) = \frac{8\beta(G')^2}{6c\beta(\alpha)^2} \tag{7.3.35b}$$

从而，极化与消偏拉曼光学活性之比变为（Barron et al.，1986）：

$$\left(I_x^{\mathrm{R}} - I_x^{\mathrm{L}}\right) / \left(I_z^{\mathrm{R}} - I_z^{\mathrm{L}}\right) = 2 \tag{7.3.36}$$

该偏离因子 2 提供了一种测量键极化率模型的方法，并可以洞察拉曼光学活性机制。

利用式（7.3.34），分别由式（7.3.9a）和式（7.3.9b）给出的前散射和背散射的圆偏振强度差简化成：

$$\Delta(0°) = 0 \tag{7.3.37a}$$

$$\Delta(180°) = \frac{64\beta(G')^2}{2c\left[45\alpha^2 + 7\beta(\alpha)^2\right]} \tag{7.3.37b}$$

因此，在键极化模型中我们得到显著结果，也就是，前散射拉曼光学活性为零，而背散射有最大值。正如在 7.3.4 节中最后提到的，通过考虑一个简单的手性双基团结构，很容易理解为什么前散射中没有产生瑞利或拉曼光学活性，因为从这两个基团独立散射的波具有相同光程，从而具有相同相位。与 90°极化散射相比，背散射拉曼光学活性强度增加了 4 倍，相关的常规拉曼强度增加了 2 倍。这表示在同样的测试时间下，拉曼光学活性的信噪比增加了 $2\sqrt{2}$ 倍，从而达到给定信噪比的速度提高了 8 倍（Hecht et al.，1989）。

7.4　键偶极和键极化模型在简单手性结构中的应用

红外振动光学活性的键极化模型和拉曼光学活性的键极化模型，都是基于将分子分成满足局部内振动坐标的键或基团。原理上，给定一个正则振动坐标及一组偶极和键极化参数，与手性分子的每个正则振动模型相关的红外和拉曼光学活性可以根据式（7.2.27）和式（7.3.33）进行计算，或者最好由 Escribano 和 Barron

（1998）给出的更精练的计算表达式给出。然而，由于这些模型中固有的近似处理，这些计算根本无法与实验数据相吻合：正如前面所提到的，振动圆二色和拉曼振动的从头算要更有优势，并且更容易实现。尽管如此，这两种模型确实为红外和拉曼振动光学活性的产生提供了有价值的见解，我们在本节中通过将其应用到一些简单手性分子结构中，其中只含有一个或两个内坐标的理想正则模态，来说明这一点。

然而，首先比较对应的拉曼和红外光学活性观测量是有意义的，即无量纲拉曼圆偏振强度差 Δ 和红外不对称因子 g。红外偶极强度（7.2.27a）和拉曼强度（7.3.33a）都取决于$1/\omega_p$，因此，在其他条件相同的条件下，二者都随振动频率的降低而增加。然而，拉曼光学活性（7.3.33b）和（7.3.33c）中的双基团和惯性项取决于激发可见频率与振动频率的比值ω/ω_p；而红外旋光强度（7.2.27b）中的相应项没有这样的因子，因为现在红外激发频率等于振动频率。结果，拉曼 $I^{\mathrm{R}}-I^{\mathrm{L}}$ 值倾向于随振动频率的降低而增大，而红外 $\varepsilon^{\mathrm{L}}-\varepsilon^{\mathrm{R}}$ 值在高频和低频处差不多。从而，拉曼 Δ 值比红外 g 值大 $\omega/\omega_p(=\lambda_p/\lambda)$，即激发可见频率与振动频率的比值。因此，拉曼方法使用可见激发光，所以比红外方法具有本质上的优势。例如，设 $\lambda_p=500\text{nm}$ 和 $\lambda_p=50000\text{nm}$（对应 $\omega_p=200\text{cm}^{-1}$），拉曼实验在光源的波长上要小 10^2 量级。

7.4.1　简单的双基团结构

我们首先考虑图 5.4 展现的简单双基团结构，其中，两个中性等价基团的主轴处于平行的面上。因为该结构具有一个二重真旋转轴，从而与这两个基团相关的等价内坐标对，如局部键弯曲或角度变形，对于正则模态在对称和反对称组合中具有同等贡献。仅包含局域在基团 1 和 2 上的两个等价内坐标的对称和反对称组合的理想正则振动坐标为

$$Q_+=N_+(s_1+s_2) \tag{7.4.1a}$$

$$Q_-=N_-(s_1-s_2) \tag{7.4.1b}$$

其中，$N_+=N_-=N$ 为常数。内坐标为

$$s_1=\frac{1}{2N}(Q_++Q_-) \tag{7.4.1c}$$

$$s_2=\frac{1}{2N}(Q_+-Q_-) \tag{7.4.1d}$$

从而，在式（7.2.15）中定义的 $\boldsymbol{L}$ 矩阵元为 $L_{1+}=L_{1-}=L_{2+}=1/2N$，$L_{2-}=-1/2N$。

我们将只给出红外旋光强度（7.2.27b）及拉曼光学活性（7.3.33b）和（7.3.33c）中的双基团项。这意味着当两个基团是轴对称时（此时，固有基团的光学活性项

为零)，结果也适用；除此之外，连接键是刚性的（内坐标完全局域在这两个基团上)。在这种情况下，如果我们将局域基团原点选在连接键上，则惯性项为零，这样 $(\partial r_{j_\gamma}/\partial s_r)_0 = 0$ 。

首先讨论红外的情况，偶极和旋光强度（7.2.27）变成：

$$D(1_\pm \leftarrow 0) = \left(\frac{\hbar}{2\omega_\pm}\right)\left(\frac{1}{4N^2}\right)\left[\left(\frac{\partial \mu_{1_\alpha}}{\partial s_1}\right)_0\left(\frac{\partial \mu_{1_\alpha}}{\partial s_1}\right)_0 + \left(\frac{\partial \mu_{2_\alpha}}{\partial s_2}\right)_0\left(\frac{\partial \mu_{2_\alpha}}{\partial s_2}\right)_0 \pm 2\left(\frac{\partial \mu_{1_\alpha}}{\partial s_1}\right)_0\left(\frac{\partial \mu_{2_\alpha}}{\partial s_2}\right)_0\right] \tag{7.4.2a}$$

$$R(1_\pm \leftarrow 0) = \pm\left(\frac{\hbar}{4}\right)\left(\frac{1}{4N^2}\right)\varepsilon_{\alpha\beta\gamma}R_{21_\beta}\left(\frac{\partial \mu_{1_\alpha}}{\partial s_1}\right)_0\left(\frac{\partial \mu_{2_\gamma}}{\partial s_2}\right)_0 \tag{7.4.2b}$$

对于完全对称的局域基团内坐标（这两个基团的相对方向不变)，我们可以将在振动偏移过程中沿键轴的任何时刻单位矢量写成：

$$u_{1_\alpha} = I_\alpha \tag{7.4.3a}$$

$$u_{2_\alpha} = I_\alpha \cos\theta + J_\alpha \sin\theta \tag{7.4.3b}$$

其中，$\boldsymbol{I}$、$\boldsymbol{J}$、$\boldsymbol{K}$ 是图 5.4 中沿分子内轴 X、Y、Z 方向的单位矢量。因为 $\mu_{i_\alpha} = \mu_i u_{i_\alpha}$，其中，$\mu_i$ 是第 i 个键电偶极矩的幅值，有

$$\left(\frac{\partial \mu_{1_\alpha}}{\partial s_1}\right)_0 = \left(\frac{\partial \mu_1}{\partial s_1}\right)_0 I_\alpha \tag{7.4.4a}$$

$$\left(\frac{\partial \mu_{2_\alpha}}{\partial s_2}\right)_0 = \left(\frac{\partial \mu_2}{\partial s_2}\right)_0 (I_\alpha \cos\theta + J_\alpha \sin\theta) \tag{7.4.4b}$$

通过少许三角函数处理后，获得的这两个正则模态的红外不对称因子（5.2.27）为

$$g(1_+ \leftarrow 0) = -\frac{2\pi R_{21}\sin\theta}{\lambda_+(1+\cos\theta)} \tag{7.4.5a}$$

$$g(1_- \leftarrow 0) = -\frac{2\pi R_{21}\sin\theta}{\lambda_-(1-\cos\theta)} \tag{7.4.5b}$$

这些表达式非常令人满意，因为它们仅涉及双基团的几何结构。尽管不对称因子对于对称和反对称波段具有不同的值和相反的符号，但对于这两个波段，处于分子部分的 $\varepsilon^{\mathrm{L}} - \varepsilon^{\mathrm{R}}$ 大小相等方向相反：这对红外圆二色光谱的解释有一定的判断价值。

现在转向对应的拉曼光学活性，式（7.3.33）中的相关乘积变成：

$$\begin{aligned}\langle 0|\alpha_{\alpha\beta}|1_\pm\rangle\langle 1_\pm|\alpha_{\alpha\beta}|0\rangle = \left(\frac{\hbar}{2\omega_\pm}\right)\left(\frac{1}{4N^2}\right)&\left[\left(\frac{\partial \alpha_{1_{\alpha\beta}}}{\partial s_1}\right)_0\left(\frac{\partial \alpha_{1_{\alpha\beta}}}{\partial s_1}\right)_0\right.\\ &\left.+\left(\frac{\partial \alpha_{2_{\alpha\beta}}}{\partial s_2}\right)_0\left(\frac{\partial \alpha_{2_{\alpha\beta}}}{\partial s_2}\right)_0 \pm 2\left(\frac{\partial \alpha_{1_{\alpha\beta}}}{\partial s_1}\right)_0\left(\frac{\partial \alpha_{2_{\alpha\beta}}}{\partial s_2}\right)_0\right]\end{aligned} \tag{7.4.6a}$$

$$\langle 0|\alpha_{\alpha\beta}|1_\pm\rangle\langle 1_\pm|G'_{\alpha\beta}|0\rangle=\frac{1}{3}\omega\langle 0|\alpha_{\alpha\beta}|1_\pm\rangle\langle 1_\pm|\varepsilon_{\beta\gamma\delta}A_{\gamma,\delta\beta}|0\rangle$$

$$=\mp\left(\frac{\hbar\omega}{4\omega_\pm}\right)\left(\frac{1}{4N^2}\right)\varepsilon_{\beta\gamma\delta}R_{21_\gamma}\left(\frac{\partial\alpha_{1_{\alpha\beta}}}{\partial s_1}\right)_0\left(\frac{\partial\alpha_{2_{\alpha\beta}}}{\partial s_2}\right)_0 \tag{7.4.6b}$$

$$\langle 0|\alpha_{\alpha\alpha}|1_\pm\rangle\langle 1_\pm|G'_{\beta\beta}|0\rangle=0 \tag{7.4.6c}$$

将式（7.4.3）的单位矢量代入轴对称基团的极化率张量表达式（7.3.14）中，我们从式（3.5.36）得到如下 90°散射极化和消偏拉曼圆偏振强度差分量：

$$\varDelta_x(1_+\leftarrow 0)=\frac{24\pi R_{21}\left[\partial(\alpha_i\kappa_i)/\partial s_i\right]_0^2\sin 2\theta}{\lambda\left\{40(\partial\alpha_i/\partial s_i)_0^2+7\left[\partial(\alpha_i\kappa_i)/\partial s_i\right]_0^2(5+3\cos 2\theta)\right\}} \tag{7.4.7a}$$

$$\varDelta_x(1_-\leftarrow 0)=-\frac{8\pi R_{21}\sin 2\theta}{7\lambda(1-\cos 2\theta)} \tag{7.4.7b}$$

$$\varDelta_z(1_+\leftarrow 0)=\frac{2\pi R_{21}\sin 2\theta}{\lambda(5+3\cos 2\theta)} \tag{7.4.7c}$$

$$\varDelta_z(1_-\leftarrow 0)=-\frac{2\pi R_{21}\sin 2\theta}{3\lambda(1-\cos 2\theta)} \tag{7.4.7d}$$

注意，只有 $\varDelta_x(1_+\leftarrow 0)$ 与基团极化张量分量对基团内坐标的导数有关。这些导数通常很难计算，从而经常使用能够从一个分子旋转到另一个分子的实验值。尽管对称和反对称波段的圆偏振强度差具有不同振幅和相反的符号，但这两个波段的分子项 $I_z^{\mathrm{R}}-I_z^{\mathrm{L}}$ 振幅相等，符号相反。

接着考虑理想正则振动坐标，该坐标仅包含双基团结构中基团 1 和基团 2 之间扭力 s_{t} 的内坐标：

$$Q_{\mathrm{t}}=N_{\mathrm{t}}s_{\mathrm{t}} \tag{7.4.8}$$

设 θ 为扭转角的平衡值（见图 5.4），我们可以将扭转振动过程中某一瞬间的扭转角普遍写成 $\theta+\Delta\theta$，从而将 s_{t} 与 $\Delta\theta$ 相关联。如果 $\boldsymbol{I}$、$\boldsymbol{J}$、$\boldsymbol{K}$ 分别为沿分子内坐标 X、Y、Z 的单位矢量，那么在特定时刻，沿两个基团主轴的单位矢量可以写成含有一般扭转角的函数：

$$u_{1_\alpha}=I_\alpha\cos\left(\frac{1}{2}\Delta\theta\right)-J_\alpha\sin\left(\frac{1}{2}\Delta\theta\right) \tag{7.4.9a}$$

$$u_{2_\alpha}=I_\alpha\cos\left(\theta+\frac{1}{2}\Delta\theta\right)+J_\alpha\sin\left(\theta+\frac{1}{2}\Delta\theta\right) \tag{7.4.9b}$$

同样，设基团 1 和基团 2 具有轴对称性，且连接键是刚性的，并取局域基团的原点为连接键的连接点。这里，我们只需要计算双基团项。

为了计算拉曼光学活性，我们需要将单位极化张量（7.4.9）代入式（7.3.14）

给出的基团极化张量中。这导致以下形式的微分关系：

$$\left(\frac{\partial\alpha_{1_{\alpha\beta}}}{\partial\Delta\theta}\right)_0=-\frac{3}{2}\alpha_1\kappa_1(I_\alpha J_\beta+J_\alpha I_\beta)\tag{7.4.10a}$$

$$\left(\frac{\partial\alpha_{2_{\alpha\beta}}}{\partial\Delta\theta}\right)_0=-\frac{3}{2}\alpha_2\kappa_2\left[(I_\alpha J_\beta-J_\alpha I_\beta)\sin 2\theta-(I_\alpha J_\beta+J_\alpha I_\beta)\cos 2\theta\right]\tag{7.4.10b}$$

这给出如下结果：

$$\left(\frac{\partial\alpha_{i_{\alpha\beta}}}{\partial\Delta\theta}\right)_0\left(\frac{\partial\alpha_{i_{\alpha\beta}}}{\partial\Delta\theta}\right)_0=\frac{9}{2}\alpha_i^2\kappa_i^2\tag{7.4.11a}$$

$$\left(\frac{\partial\alpha_{1_{\alpha\beta}}}{\partial\Delta\theta}\right)_0\left(\frac{\partial\alpha_{2_{\alpha\beta}}}{\partial\Delta\theta}\right)_0=-\frac{9}{2}\alpha_1\alpha_2\kappa_1\kappa_2\cos 2\theta\tag{7.4.11b}$$

$$\left(\frac{\partial\alpha_{1_{\alpha\beta}}}{\partial\Delta\theta}\right)_0\varepsilon_{\beta\gamma\delta}R_{21_\gamma}\left(\frac{\partial\alpha_{2_{\delta\alpha}}}{\partial\Delta\theta}\right)_0=\frac{9}{2}\alpha_1\alpha_2\kappa_1\kappa_2R_{21}\sin 2\theta\tag{7.4.11c}$$

$$\left(\frac{\partial\alpha_{1_{\alpha\alpha}}}{\partial\Delta\theta}\right)_0\left(\frac{\partial\alpha_{2_{\beta\beta}}}{\partial\Delta\theta}\right)_0=0\tag{7.4.11d}$$

当代入式（7.3.33）和式（3.5.36）时，对于 90°散射，这导致如下形式的拉曼圆偏振强度差分量：

$$\varDelta_x(1_t\leftarrow 0)=\frac{8\pi R_{21}\sin 2\theta}{7\lambda(1-\cos 2\theta)}\tag{7.4.12a}$$

$$\varDelta_z(1_t\leftarrow 0)=-\frac{2\pi R_{21}\sin 2\theta}{3\lambda(1-\cos 2\theta)}\tag{7.4.12b}$$

利用式（7.2.23）中的双基团项，通过类似推导产生如下红外不对称因子：

$$g(1_t\leftarrow 0)=\frac{2\pi R_{21}\sin\theta}{\lambda_t(1-\cos\theta)}\tag{7.4.13}$$

因为相关因子被抵消，g 和 $\varDelta$ 未能直接明确指出的一个关键点是，在扭曲模式中，红外光学活性需要这两个基团具有永久电偶极矩，这比对应的拉曼条件（这两个基团具有极化率各向异性）有更严格的限制。

对于简单的双基团结构，还可能存在两种更理想的模式：等价内坐标的对称和反对称组合，对应于基团轴和连接键之间 ϕ_1 和 ϕ_2 角变形。在这两种振动过程中，相同时刻的一般键角为 $\phi_1+\Delta\phi_1$ 和 $\phi_2+\Delta\phi_2$。因为在我们的特定结构中，$\phi_1=\phi_2=90°$，特定时刻下，沿这两个基团主轴的单位矢量为

$$u_{1_\alpha}=I_\alpha\cos\Delta\phi_1-K_\alpha\sin\Delta\phi_1\tag{7.4.14a}$$

$$u_{2_\alpha}=I_\alpha\cos\theta\cos\Delta\phi_2+J_\alpha\sin\theta\cos\Delta\phi_2+K_\alpha\sin\Delta\phi_2\tag{7.4.14b}$$

对以上扭曲的例子进行类似处理，很容易证明，由这两种正则模态导致的 90°拉曼圆偏振强度差为

$$\Delta_x(1_+ \leftarrow 0) = -\frac{4\pi R_{21}\sin\theta}{7\lambda(1-\cos\theta)} \tag{7.4.15a}$$

$$\Delta_x(1_- \leftarrow 0) = \frac{4\pi R_{21}\sin\theta}{7\lambda(1+\cos\theta)} \tag{7.4.15b}$$

$$\Delta_z(1_+ \leftarrow 0) = -\frac{\pi R_{21}\sin\theta}{3\lambda(1-\cos\theta)} \tag{7.4.15c}$$

$$\Delta_z(1_- \leftarrow 0) = \frac{\pi R_{21}\sin\theta}{3\lambda(1+\cos\theta)} \tag{7.4.15d}$$

与这两种理想形变正则振动坐标相关的红外光学活性为零，至少是在近似条件 $(\partial\mu_i / \partial\Delta\phi_i)_0 = 0$ 下是这样的。

7.4.2 受阻单叶螺旋桨中的甲基扭转

我们接下来考虑惯性对红外和拉曼光学活性的影响；特别是固有基团惯性项（$i = j$）。甲基扭转提供了一个很好的例子：包含甲基的手性有机分子通常在低波数（100～300cm^{-1}）时表现出较高的拉曼光学活性，其中一些可能来自甲基的扭转振动（Barron，1975c；Barron and Buckingham，1979）。

由于具有三重或更高重真旋转轴的物体的一阶和二阶张量性质不受绕该轴旋转的影响（见 4.2.6 节），所以甲基的电偶极矩、极性和光学活性在扭曲振动过程中不变。从而，必须在分子的其余部分寻找任何红外或拉曼强度和光学活性的来源。对此可以采用两种不同机制：一种是双基团机制，涉及甲基扭转坐标与分子其余部分的其他低频坐标耦合，使真正的正则振动坐标涉及一个手性结构单元，其中包含部分骨架和甲基；另一种是惯性机制，其中辐射场与分子剩余部分的相互作用，通过分子剩余部分固有的电偶极矩矢量、极化张量或光学活性张量，随着骨架在空间中的扭转而变换，以补偿甲基的扭转，从而扭转振动产生的总角动量为零（也就是本末倒置!）。这里只考虑惯性机制。

如果甲基扭转轴是分子的主惯性轴，那么固有基团惯性项的计算就会显著简化。因此，我们的基本模型由各向异性、固有非手性基团 i 构成。该基团的极化主轴沿单位矢量 $\boldsymbol{u}_i$，而该单位矢量相对于甲基的三重轴定向，从而各向异性基团和三重轴构成了一个手性结构。基团 i 利用球形基团进行动态平衡，假设存在阻碍势，则围绕甲基的三重轴会发生扭转振动（图 7.4）。如果基团 i 是一个 $\boldsymbol{u}_i$ 沿六重轴的未取代芳香环，则该结构会看起来像单叶螺旋桨。

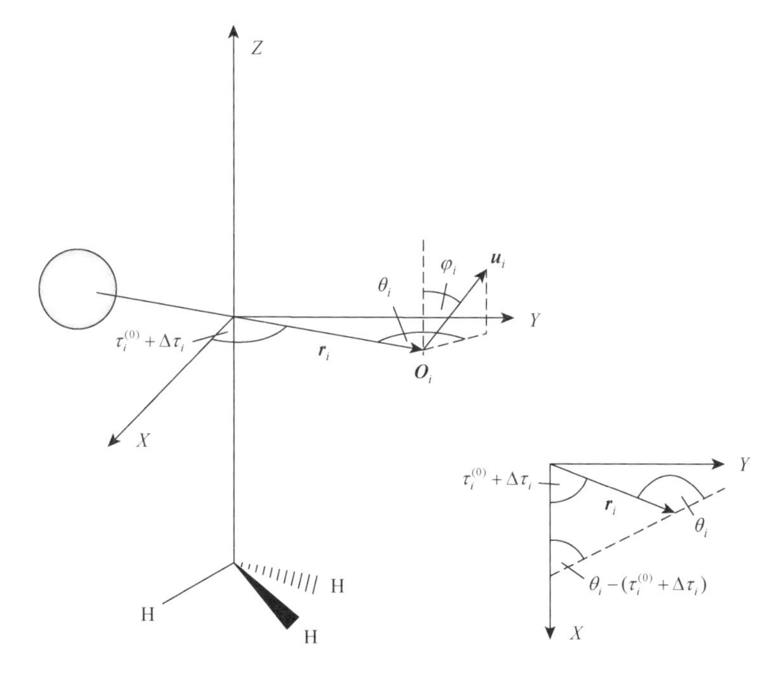

图 7.4　基于受阻单叶螺旋桨的甲基扭转模型

两种不同分子轴体系被用于解决内旋转问题（Lister et al.，1978）。主轴法是利用分子的三个主惯性轴，其中，内旋转轴为顶端的对称轴，该轴通常不与任何主惯性轴重叠。而内轴法是将分子的一个轴与顶端的对称轴平行。在我们的单叶螺旋桨模型中，顶端的对称轴被人为设定为主惯性轴，从而这两个不同的轴体系合并在一起，可以称为主内轴体系。

我们首先将整个分子围绕扭转轴旋转的动能与振动的内扭转模式产生的动能分开。如果 χ_i 和 χ_{Me} 分别是分子这两个部分相对于垂直于扭转轴的非旋转轴的瞬时方向的角度，那么围绕扭转轴旋转的总动能为

$$T=\frac{1}{2}I_i\dot{\chi}_i^2+\frac{1}{2}I_{\mathrm{Me}}\dot{\chi}_{\mathrm{Me}}^2 \tag{7.4.16}$$

其中，I_i 和 I_{Me} 是这两个基团围绕扭转轴的惯性矩（I_i 与基团 i 及其平衡球有关）。如果新变量：

$$\chi=(I_i\chi_i+I_{\mathrm{Me}}\chi_{\mathrm{Me}})/I \tag{7.4.17a}$$

和

$$\tau=\chi_i-\chi_{\mathrm{Me}} \tag{7.4.17b}$$

是确定的，其中，$I=I_i+I_{\mathrm{Me}}$，则动能（7.4.16）变成（Townes and Schawlow，1955）：

$$T=\frac{1}{2}I\dot{\chi}^2+\frac{1}{2}I_iI_{\mathrm{Me}}\dot{\tau}^2/I \tag{7.4.18}$$

第一项给出了在内旋转固定的情况下整个分子旋转产生的动能，第二项给出了由扭转振动产生的动能。因为$I\dot{\chi}=I_i\dot{\chi}_i+I_{\mathrm{Me}}\dot{\chi}_{\mathrm{Me}}$，所以围绕扭转轴的所有角动量与外坐标轴$\chi$中的变化有关；没有一个与决定两个基团相对方位的内部扭转角τ的变化有关。围绕扭转轴旋转的完整哈密顿量，是通过将与阻碍自由旋转的势垒有关的势能项加到式（7.4.18）得到。对于单叶螺旋桨，这会是由如下关系确定的对称函数：

$$V=\frac{1}{2}V_3(1-\cos 3\tau) \tag{7.4.19}$$

描述了具有高度为V_3的间隔势垒的三个最小势能值。

在扭转振动过程中，内扭转角偏移其平衡值$\tau^{(0)}$的位移用内坐标$\Delta\tau$标记，从而，$\tau=\tau^{(0)}+\Delta\tau$。我们可以将$\Delta\tau$写成这两个基团中的每个“固有”位移的和：

$$\Delta\tau=\Delta\tau_i-\Delta\tau_{\mathrm{Me}} \tag{7.4.20a}$$

假设这两个位移满足：

$$I_i\Delta\tau_i=-I_{\mathrm{Me}}\Delta\tau_{\mathrm{Me}} \tag{7.4.20b}$$

最后一个条件是，扭转振动对分子围绕扭转轴的角动量的贡献为零[这等价于第二个 Sayvetz 条件，见 Califano（1976）]：

$$I_i\dot{\tau}_i=-I_{\mathrm{Me}}\dot{\tau}_{\mathrm{Me}} \tag{7.4.20c}$$

其中，$\tau_i=\tau_i^{(0)}+\Delta\tau_i$，$\tau_{\mathrm{Me}}=\tau_{\mathrm{Me}}^{(0)}+\Delta\tau_{\mathrm{Me}}$，是这两个基团相对于内主轴的瞬时方向。该内主轴垂直于扭转轴。该扭转轴在扭转振动的过程中保持静止。$\tau_i^{(0)}$和$\tau_{\mathrm{Me}}^{(0)}$是对应的平衡方向。在图 7.4 中，该内主轴为X轴。

对于仅包含张量$\Delta\tau$的内坐标的理想正则振动坐标：

$$Q_{\mathrm{t}}=N_{\mathrm{t}}\Delta\tau \tag{7.4.21}$$

并且，我们可以利用式（7.4.20）将其写成：

$$Q_{\mathrm{t}}=N_{\mathrm{t}}\left(\frac{I}{I_{\mathrm{Me}}}\right)\Delta\tau_i=-N_{\mathrm{t}}\left(\frac{I}{I_{\mathrm{i}}}\right)\Delta\tau_{\mathrm{Me}} \tag{7.4.22}$$

其中，$L_{it}=(I_{\mathrm{Me}}/IN_{\mathrm{t}})$，$L_{\mathrm{Met}}=-(I_i/IN_{\mathrm{t}})$。将分子的电偶极矩和极化率写成基团$i$和甲基固有的偶极矩和极化率的和，这些$\boldsymbol{L}$矩阵元乘以式（7.2.27b）惯性项中的$\left(\partial\mu_{i_\alpha}/\partial\Delta\tau_i\right)_0$和$\left(\partial\mu_{\mathrm{Me}_\alpha}/\partial\Delta\tau_{\mathrm{Me}}\right)_0$，以及式（7.3.33）惯性项中的$\left(\partial\alpha_{i_{\alpha\beta}}/\partial\Delta\tau_i\right)_0$和$\left(\partial\alpha_{\mathrm{Me}_{\alpha\beta}}/\partial\Delta\tau_{\mathrm{Me}}\right)_0$。事实上，由于甲基的轴对称性：

$$\left(\frac{\partial\mu_{\mathrm{Me}_\alpha}}{\partial\Delta\tau_{\mathrm{Me}}}\right)_0=\left(\frac{\partial\alpha_{\mathrm{Me}_{\alpha\beta}}}{\partial\Delta\tau_{\mathrm{Me}}}\right)_0=0 \tag{7.4.23}$$

这也意味着在受阻单叶螺旋桨中，双基团对红外和拉曼甲基扭转没有贡献。

我们将只展现计算拉曼光学活性的细节。相应的红外计算类似，但更简单。由图 7.4 可知，在扭转振动的过程中，某时刻沿基团 i 的对称轴的单位矢量，可以根据沿内主轴 X、Y、Z 方向的单位矢量 $\boldsymbol{I}$、$\boldsymbol{J}$、$\boldsymbol{K}$ 表示成：

$$u_{i_\alpha} = -I_\alpha \sin\phi_i \cos\left[\theta_i - \left(\tau_i^{(0)} + \Delta\tau_i\right)\right] + J_\alpha \sin\phi_i \sin\left[\theta_i - \left(\tau_i^{(0)} + \Delta\tau_i\right)\right] + K_\alpha \cos\phi_i \tag{7.4.24}$$

如果基团 i 是轴对称的，那么我们可以将其极化张量写成式（7.3.16）的形式，并且利用式（7.4.24）可以得到：

$$\begin{aligned}\alpha_{i_{\alpha\beta}} = {} & \alpha_i(1-\kappa_i)\delta_{\alpha\beta} + 3\alpha_i\kappa_i \Big\{ I_\alpha I_\beta \sin^2\phi_i \cos^2\left[\theta_i - \left(\tau_i^{(0)} + \Delta\tau_i\right)\right] \\ & + J_\alpha J_\beta \sin^2\phi_i \sin^2\left[\theta_i - \left(\tau_i^{(0)} + \Delta\tau_i\right)\right] + K_\alpha K_\beta \cos^2\phi_i \\ & - \frac{1}{2}(I_\alpha J_\beta + J_\alpha I_\beta)\sin^2\phi_i \sin 2\left[\theta_i - \left(\tau_i^{(0)} + \Delta\tau_i\right)\right] \\ & - \frac{1}{2}(I_\alpha K_\beta + K_\alpha I_\beta)\sin 2\phi_i \cos\left[\theta_i - \left(\tau_i^{(0)} + \Delta\tau_i\right)\right] \\ & + \frac{1}{2}(J_\alpha K_\beta + K_\alpha J_\beta)\sin 2\phi_i \sin\left[\theta_i - \left(\tau_i^{(0)} + \Delta\tau_i\right)\right]\end{aligned} \tag{7.4.25}$$

我们还需要：

$$\gamma_{i_\gamma} = \gamma_i\left[I_\gamma \cos\left(\tau_i^{(0)} + \Delta\tau_i\right) + J_\gamma \sin\left(\tau_i^{(0)} + \Delta\tau_i\right)\right] \tag{7.4.26}$$

接着，得到如下偏微分关系：

$$\begin{aligned}\left(\frac{\partial\alpha_{i_{\alpha\beta}}}{\partial\Delta\tau_i}\right)_0 = {} & 3\alpha_i\kappa_i\Big[(I_\alpha I_\beta - J_\alpha J_\beta)\sin^2\phi_i \sin 2\left(\theta_i - \tau_i^{(0)}\right) \\ & + (I_\alpha J_\beta + J_\alpha I_\beta)\sin^2\phi_i \sin 2\left(\theta_i - \tau_i^{(0)}\right) \\ & - \frac{1}{2}(I_\alpha K_\beta + K_\alpha I_\beta)\sin 2\phi_i \sin\left(\theta_i - \tau_i^{(0)}\right) \\ & - \frac{1}{2}(J_\alpha K_\beta + K_\alpha J_\beta)\sin 2\phi_i \cos\left(\theta_i - \tau_i^{(0)}\right)\Big]\end{aligned} \tag{7.4.27a}$$

$$\left(\frac{\partial r_{i_\gamma}}{\partial\Delta\tau_i}\right)_0 = R_i\left(-I_\gamma \sin\tau_i^{(0)} + J_\gamma \cos\tau_i^{(0)}\right) \tag{7.4.27b}$$

这些给出如下结果：

$$\left(\frac{\partial\alpha_{i_{\alpha\beta}}}{\partial\Delta\tau_i}\right)_0 \left(\frac{\partial\alpha_{i_{\alpha\beta}}}{\partial\Delta\tau_i}\right)_0 = 9\alpha_i^2\kappa_i^2(1-\cos 2\phi_i) \tag{7.4.28a}$$

$$\left(\frac{\partial\alpha_{i_{\alpha\alpha}}}{\partial\Delta\tau_i}\right)_0\left(\frac{\partial\alpha_{i_{\beta\beta}}}{\partial\Delta\tau_i}\right)_0=0 \tag{7.4.28b}$$

$$\left(\frac{\partial\alpha_{i_{\alpha\beta}}}{\partial\Delta\tau_i}\right)_0\varepsilon_{\beta\gamma\delta}\left(\alpha_{i_{\delta\alpha}}\right)_0\left(\frac{\partial r_{i_\gamma}}{\partial\Delta\tau_i}\right)_0=-\frac{9}{2}R_i\alpha_i^2\kappa_i^2\sin 2\phi_i\sin\theta_i \tag{7.4.28c}$$

当将合适的 $\boldsymbol{L}$ 矩阵元用到式（7.3.33）中，由式（3.5.36）产生如下 90°散射拉曼圆偏振强度差分量：

$$\varDelta_x(1_t\leftarrow 0)=\frac{8\pi R_i\sin 2\phi_i\sin\theta_i}{7\lambda_t(1-\cos 2\phi_i)} \tag{7.4.29a}$$

$$\varDelta_z(1_t\leftarrow 0)=\frac{2\pi R_i\sin 2\phi_i\sin\theta_i}{3\lambda_t(1-\cos 2\phi_i)} \tag{7.4.29b}$$

如果 $\theta_i=0°$ 或 $180°$，或者如果 $\phi_i=0°$ 或 $90°$，则以上分式中的分子简化成零。

假设基团 i 是中性的，则从式（7.2.27）中的惯性偶极项产生的类似过程给出如下红外不对称因子：

$$g(1_t\leftarrow 0)=-\frac{4\pi R_i\sin 2\phi_i\sin\theta_i}{\lambda_t(1-\cos 2\phi_i)} \tag{7.4.30}$$

除了相反的符号（这完全是惯例），该红外不对称因子与分子几何结构的相关性与拉曼圆偏振强度差分量（7.4.29）相同。然而，这两种测试甲基扭转光学活性的方法具有显著不同。甲基扭转产生于远红外，远高于目前可用的红外圆二色设备的测试范围。此外，基团 i 需要具有永久电偶极矩，以使甲基扭转具有红外光学活性，这比拉曼光学活性对应的要求，也就是极化各向异性，更具限制性。

注意，这些光学活性并不只适用于甲基：任何单叶螺旋桨的振动都能得到同样的结果。但实际上，这样明确的效应只可能在甲基的扭转中观察到。因为对应的频率刚好落到拉曼光谱的测试范围内。其他具有三重对称的基团，如—CF_3，由于质量较大，通常会在低于 $100cm^{-1}$ 处产生拉曼振动信号。对于像—OH 和—NH_2 这样的基团，在可测的频率处具有扭转振动，但由于其低对称性，上述处理需要扩展以适应它们。

遗憾的是，具有单个三重轴沿主惯性轴的甲基的手性分子非常少。但对于更常见的情况，还有一个有趣的扩展。含有两个相邻甲基基团的分子具有包含这两个甲基扭转的对称和反对称组合的正则振动坐标。这些组合会导致分子的剩余部分围绕主惯性轴振动：例如，在邻二甲苯（非手性）中，由于芳香环大的极化各向异性，对称组合会产生一个绕二重真旋转轴的扭转，该扭转导致约 $180cm^{-1}$

处的强拉曼带。如图 7.5 所示的桥接联苯提供了一个有意思的手性例子：这两个甲基扭转的对称性组合在空间中产生了分子剩余部分围绕 C_2 轴的振动（具有双叶螺旋桨的外观），并且相关的光学活性很容易计算（Barron and Buckingham，1979）。研究早期，已经对该桥接联苯的拉曼光学活性光谱进行了测试（Barron，1975c），并且确实在适合于甲基扭转的区域展现了强的信号，但还没有做出明确归属。一个稍微简单的例子是反-2, 3-环氧丁烷，其中两个甲基扭转的对称组合产生分子其余部分围绕 C_2 轴的振动。对此，类似的计算与实验拉曼光学活性数据非常吻合（Barron and Vrbancich，1983；Barron et al.，1992）。

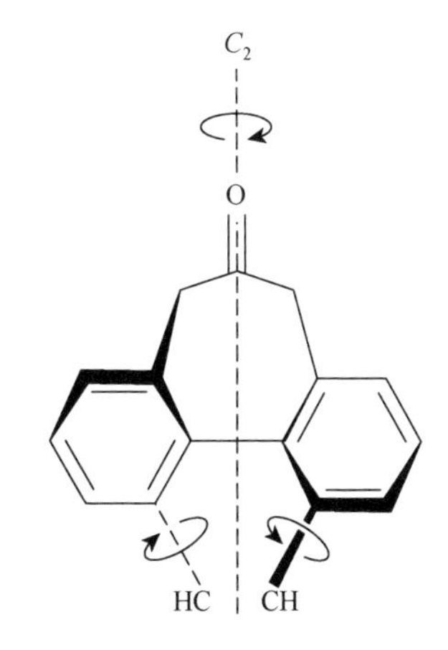

图 7.5　(*R*)-(+)-二甲基二苯并-1, 3-环庚二烯-6-酮。这两个甲基扭转的对称组合导致了双叶螺旋桨围绕分子 C_2 轴的振动

将甲基扭转理论推广到完全不对称分子是非常复杂的，因为甲基的三重轴不再是主惯性轴，有必要解析沿所有三个主轴的甲基扭转角动量（Barron and Buckingham，1979）。在完全不对称的大分子中，甲基扭转很可能与其他低波数模式大量混合，从而不能将谱带归属为纯甲基扭转。在完全不对称手性分子的拉曼光谱中，已经发现了几个可能含有甲基扭转谱带的例子（Barron and Bukingham，1979），如(*R*)-(+)-3-甲基环己酮展现出的低于 300cm^{-1} 的三个谱带（图 7.6）。

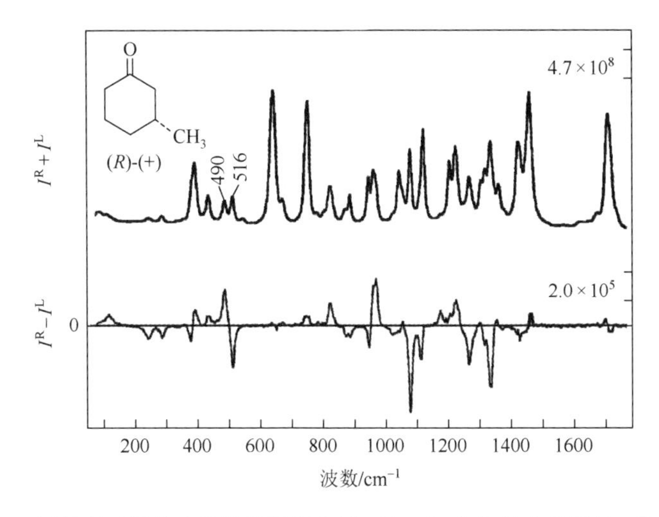

图 7.6　(*R*)-(+)-3-甲基环己酮纯液体的背散射拉曼 (I^R+I^L) 和拉曼光学活性 (I^R-I^L) 光谱。由本书作者实验室提供。未确定绝对强度，然而相对拉曼强度和拉曼光学活性强度比较显著

7.4.3 固有基团光学活性张量

最后，我们考虑红外旋光强度（7.2.27b）中的 $\mu_i m_j$ 项，以及拉曼光学活性（7.3.33b）和（7.3.33c）中 $\alpha_i G'_j$ 和 $\alpha_i A_j$ 项。红外中的 $\mu_i m_j$ 项不可能比较显著，除非基团有简并基电子态，否则固有基团磁矩 $\boldsymbol{m}_j$ 的所有分量都为零，我们将不再进一步考虑这些项。然而，对称性低于轴向的非手性基团可能具有光学活性张量的非零分量，这些会对拉曼光学活性产生重要影响。

考虑包含两个内坐标的对称和反对称组合的两个理想正则模态，它们通常是不等价的：

$$Q_+ = N_1 s_1 + N_2 s_2 \tag{7.4.31a}$$

$$Q_- = N_2 s_1 - N_1 s_2 \tag{7.4.31b}$$

逆表达式为

$$s_1 = \frac{1}{N_1^2 + N_2^2}(N_1 Q_+ + N_2 Q_-) \tag{7.4.32a}$$

$$s_2 = \frac{1}{N_1^2 + N_2^2}(N_2 Q_+ - N_1 Q_-) \tag{7.4.32b}$$

从而，$\boldsymbol{L}$ 矩阵元为 $L_{1+} = N_1 / \left(N_1^2 + N_2^2\right)$，$L_{1-} = N_2 / \left(N_1^2 + N_2^2\right)$，$L_{2+} = N_2 / \left(N_1^2 + N_2^2\right)$ 和 $L_{2-} = -N_1 / \left(N_1^2 + N_2^2\right)$。

如果 s_1 和 s_2 局域都在基团 i 上，则式（7.3.33b）需要的贡献为

$$\langle 0|\alpha_{\alpha\beta}|1_\pm\rangle\langle 1_\pm|G'_{\alpha\beta}|0\rangle = \pm\left(\frac{\hbar\omega}{2\omega_\pm}\right)\left[\frac{N_1 N_2}{\left(N_1^2+N_2^2\right)^2}\right]\left[\left(\frac{\partial\alpha_{i_{\alpha\beta}}}{\partial s_1}\right)_0\left(\frac{\partial G'_{i_{\alpha\beta}}}{\partial s_2}\right)_0 + \left(\frac{\partial\alpha_{i_{\alpha\beta}}}{\partial s_2}\right)_0\left(\frac{\partial G'_{i_{\alpha\beta}}}{\partial s_1}\right)_0\right] \tag{7.4.33}$$

其对式（7.3.33c）有类似贡献。在

$$\left(\partial\alpha_{i_{\alpha\beta}} / \partial s_q\right)_0 \left(\partial G'_{i_{\alpha\beta}} / \partial s_q\right)_0$$

中的项为零，因为基团 i 被假定为固有非手性的。一个可能的例子是分子中的羰基，如 3-甲基环己酮（Barron et al.，1982）。面内和面外形变坐标属于局域 C_{2v} 对称中的对称类 B_2 和 B_1：B_2 包含 α_{YZ}、G'_{XY} 和 G'_{ZX}；B_1 包含 α_{XZ}、G'_{YY} 和 G'_{ZY}。骨架手性将导致包含这两个局域正交形变的对称和反对称组合的正则振动模式。该局域正则形变产生大小相等方向相反的拉曼光学活性。绝对符号与由正则振动坐标解析给出的 N_1 和 N_2 有关，并且依赖于：

$$\left(\frac{\partial\alpha_{\alpha\beta}}{\partial s_{B_1}}\right)_0\left(\frac{\partial G'_{\alpha\beta}}{\partial s_{B_2}}\right)_0 + \left(\frac{\partial\alpha_{\alpha\beta}}{\partial s_{B_2}}\right)_0\left(\frac{\partial G'_{\alpha\beta}}{\partial s_{B_1}}\right)_0$$

这是羰基基团的固有性质。现在，该项通过考虑羰基形变的理想模式而得到了进一步完善。

现在考虑一个羰基，其 X、Y、Z 轴如图 5.6 所示，这里将原点固定在碳原子上。我们假设碳原子在整个形变过程中固定不变，并借助 X'、Y'、Z' 轴描述形变，该轴与羰基一起，相对于在羰基平衡位置方向保持不变的 X、Y、Z 轴移动。内坐标 s_{B_2} 和 s_{B_1} 分别对应了面内和面外形变，由图 7.7 所描述的位移角 $\Delta\theta$ 和 $\Delta\phi$ 确定。结合与 X、Y、Z 轴相关的单位矢量 $\boldsymbol{I}$、$\boldsymbol{J}$、$\boldsymbol{K}$，以及与 X'、Y'、Z' 轴相关的 $\boldsymbol{I}'$、$\boldsymbol{J}'$、$\boldsymbol{K}'$，对于面内形变我们得到：

$$I'_\alpha = I_\alpha \tag{7.4.34a}$$

$$J'_\alpha = J_\alpha \cos\Delta\theta + K_\alpha \sin\Delta\theta \tag{7.4.34b}$$

$$K'_\alpha = K_\alpha \cos\Delta\theta - J_\alpha \sin\Delta\theta \tag{7.4.34c}$$

对于面外形变：

$$I'_\alpha = I_\alpha \cos\Delta\phi - K_\alpha \sin\Delta\phi \tag{7.4.35a}$$

$$J'_\alpha = J_\alpha \tag{7.4.35b}$$

$$K'_\alpha = K_\alpha \cos\Delta\phi + I_\alpha \sin\Delta\phi \tag{7.4.35c}$$

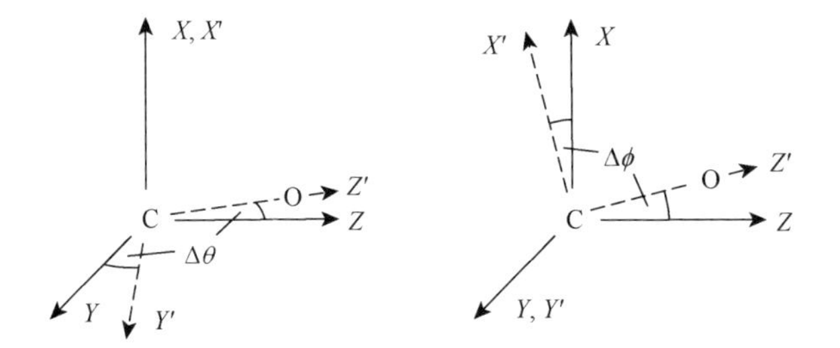

图 7.7　表征面内（B_2）和面外（B_1）羰基形变的位移角 $\Delta\theta$ 和 $\Delta\phi$ 的定义

假设羰基保持固有 C_{2v} 对称性，由表 4.2 可知，$G'_{\alpha\beta}$ 仅有的非零分量为 $G'_{XY} \neq G'_{YX}$。从而，对于形变过程羰基的一般取向，其本征 $\boldsymbol{G}'$ 张量可以写成：

$$G'_{\alpha\beta} = G'_{XY} I'_\alpha J'_\beta + G'_{YX} I'_\alpha J_\beta \tag{7.4.36}$$

利用式（7.4.34），则对于面内形变：

$$\left(\frac{\partial G'_{\alpha\beta}}{\partial \Delta\theta}\right)_0 = G'_{XY} I_\alpha K_\beta + G'_{YX} K_\alpha I_\beta \tag{7.4.37a}$$

同样利用式（7.4.35），对于面外形变：

$$\left(\frac{\partial G'_{\alpha\beta}}{\partial \Delta\phi}\right)_0 = -\left(G'_{XY} K_\alpha J_\beta + G'_{YX} J_\alpha K_\beta\right) \tag{7.4.37b}$$

在 C_{2v} 中，$\alpha_{\alpha\beta}$ 的唯一非零分量为 $\alpha_{XX} \neq \alpha_{YY} \neq \alpha_{ZZ}$，从而羰基的本征极化张量可以写成如下形式：

$$\alpha_{\alpha\beta} = \alpha_{XX} I'_\alpha I'_\beta + \alpha_{YY} J'_\alpha J'_\beta + \alpha_{ZZ} K'_\alpha K'_\beta \tag{7.4.38}$$

再次利用式（7.4.34）和式（7.4.35），需要的导数为

$$\left(\frac{\partial \alpha_{\alpha\beta}}{\partial \Delta\theta}\right)_0 = (\alpha_{YY} - \alpha_{ZZ})(J_\alpha K_\beta + K_\alpha J_\beta) \tag{7.4.39a}$$

$$\left(\frac{\partial \alpha_{\alpha\beta}}{\partial \Delta\phi}\right)_0 = (\alpha_{ZZ} - \alpha_{XX})(I_\alpha K_\beta + K_\alpha I_\beta) \tag{7.4.39b}$$

对于式（7.4.33），我们最终得到：

$$\langle 0|\alpha_{\alpha\beta}|1_\pm\rangle\langle 1_\pm|G'_{\alpha\beta}|0\rangle = \pm\left(\frac{\hbar\omega}{2\omega_\pm}\right)\frac{N_1 N_2}{\left(N_1^2+N_2^2\right)^2}(2\alpha_{ZZ} - \alpha_{XX} - \alpha_{YY})(G'_{XY} + G'_{YX}) \tag{7.4.40a}$$

同样，

$$\langle 0|\alpha_{\alpha\beta}|1_\pm\rangle\langle 1_\pm|\varepsilon_{\alpha\gamma\delta}A_{\gamma,\delta\beta}|0\rangle = \pm\left(\frac{\hbar\omega}{2\omega_\pm}\right)\frac{N_1 N_2}{\left(N_1^2+N_2^2\right)^2}(2\alpha_{ZZ} - \alpha_{XX} - \alpha_{YY}) \times (A_{Y,ZY} - A_{X,ZX} - A_{Z,YY} + A_{Z,XX}) \tag{7.4.40b}$$

还需要对应的强度，为

$$\langle 0|\alpha_{\alpha\beta}|1_+\rangle\langle 1_+|\alpha_{\alpha\beta}|0\rangle = \left(\frac{\hbar\omega}{2\omega_+}\right)\frac{2}{\left(N_1^2+N_2^2\right)^2}\left[N_2^2(\alpha_{ZZ} - \alpha_{XX})^2 + N_1^2(\alpha_{YY} - \alpha_{ZZ})^2\right] \tag{7.4.40c}$$

$$\langle 0|\alpha_{\alpha\beta}|1_-\rangle\langle 1_-|\alpha_{\alpha\beta}|0\rangle = \left(\frac{\hbar\omega}{2\omega_-}\right)\frac{2}{\left(N_1^2+N_2^2\right)^2}\left[N_1^2(\alpha_{ZZ} - \alpha_{XX})^2 + N_2^2(\alpha_{YY} - \alpha_{ZZ})^2\right] \tag{7.4.40d}$$

如果能够计算指定的张量分量，或者以某种方式从实验数据提取，并且从正则振动坐标解析知道 N_1 和 N_2，就可以计算拉曼圆偏振强度差了。由式（7.4.40a）可以直接得出一个轴对称基团的类似形变不会产生对应的拉曼光学活性，因为这里 $G'_{XY} = -G'_{YX}$。

如果在式（7.4.33）中的 s_1 和 s_2 分别局域在构成手性结构的两个不同的非手性基团上，则会产生对拉曼光学活性的另一个重要贡献，然而我们这里将不详细给出该贡献项的推导，因为需要深入考虑这两个基团的相对位置。

我们接下来试着解释，如图 7.6 所示的(*R*)-(+)-3-甲基环己酮的拉曼光学活性光谱中 490cm^{-1} 和 516cm^{-1} 处的拉曼带。该区域展现了高度对称的耦合光学活性，其中低波数为正，高波数为负。该耦合光学活性与上述的面内和面外羰基形变耦

合机制有关。然而，由于正则振动模式的复杂性，以及可能存在多个构象异构体，目前的从头算能够给出像这样的手性分子的拉曼（及红外）光学活性光谱的正确归属及定量分析（Devlin and Stephens，1999）。

涉及本征基团光学活性张量的类似机制会以局域简并的模式产生正-负光学活性偶联。该模式被分子其余部分的手性环境所劈裂。一个很好的例子是甲基：该基团具有 C_{3v} 对称性，并且可以满足三组不同的双简并振动，即反对称 C—H 拉伸振动、反对称 H—C—H 形变及正交 H—C—C 摆动。我们可以参考 Nafie、Polavarapu 和 Diem（1980）通过微扰简并模型给出振动光学活性的深入研究。

基团本征光学活性张量产生的拉曼光学活性的另一个例子是 β-蒎烯（Barron et al.，1990）。我们从图 7.8 可以看出存在一个大的偶联，在低波数处为负，高波数处为正，(1*S*, 5*S*)-对映异构体在前散射的拉曼光学活性而不是背散射的拉曼光学活性的光谱，与拉曼光谱中 716cm^{-1} 和 765cm^{-1} 处的谱带相关联。该偶联也出现在 90°极化拉曼光学活性光谱，而不是去极化拉曼光学活性光谱。从式（7.3.9a）～式（7.3.9d）可以得出，只有当这种对偶产生于纯各向同性散射时，这些观测才可能保持一致。我们可以通过考虑烯烃 C═CH$_2$ 固有光学活性张量的对称性，定性地理解这种各向同性拉曼光学活性是如何产生的。烯亚甲基扭曲产生 716cm^{-1} 处拉曼带，而 765cm^{-1} 处拉曼带来自蒎烷类骨架振动，所以这个大的拉曼光学活性

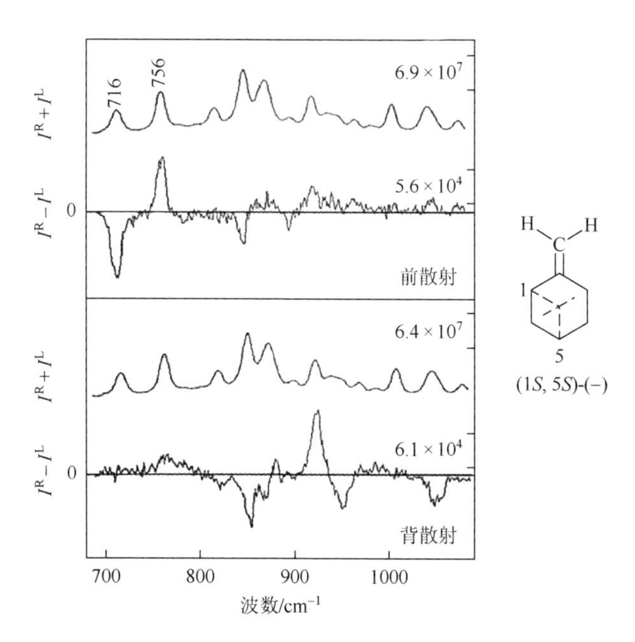

图 7.8　(1*S*, 5*S*)-(−)-β-蒎烯纯液体的前散射（上半部分）和背散射（下半部分）的拉曼（$I^R + I^L$）和拉曼光学活性（$I^R + I^L$）光谱。改编自 Barron 等（1990）。绝对强度还不确定，然而相对拉曼强度和拉曼光学活性强度比较显著

偶联似乎起源于这两种模式之间的耦合。亚甲基弯曲变形，像乙烯自身 D_{2h} 点群中的 A_u，以及在 C_{2v} 对称性结构中的 A_2，这两个不可约表示都是由张量分量 G'_{XX}、G'_{YY} 和 G'_{ZZ} 产生的。因此，与亚甲基扭曲相关的基本振动拉曼散射跃迁对于 G'（轴电偶极-磁偶极光学活性张量的各向同性部分）是允许的，即使是在最高对称性（D_{2h}）的主结构中。如果烯烃基团的有效对称性降低到如 β-蒎烯这样的手性点群，其中，α（轴极化率张量的各向同性部分）也可以对亚甲基扭曲的拉曼散射产生贡献，从而可能展现显著的各向同性拉曼光学活性。另外，从 α 产生的主要贡献可能通过亚甲基扭曲耦合的蒎烷类型骨架模式产生。

7.5　耦 合 模 型

迄今为止讨论的红外和拉曼光学活性模型，没有调用第 5 章给出的天然电子光学活性理论中用到的耦合机制。原子、键或基团的电偶极矩和磁偶极矩，以及极化率张量和光学活性张量，适用于与分子其余部分的非键相互作用未扰动的原子、键或基团。我们现在简要讨论这种与分子其余部分的相互作用（电子的和振动的）是如何有助于振动光学活性的。在某些情况下，这种耦合也可以对决定正则振动模态的力常数集产生重要贡献。

当基团的频率近似适用时，正则模态由局域在固有非手性基团上的内坐标所支配（因此在正则模态中有很小的固有手性），并且当在有利的相对方向附近有大的高极化基团时，电子耦合机制都有望发挥重要作用。该机制的一个可能的例子由 Barnett、Drake 和 Mason（1980）给出，他们针对手性联萘中连接在芳香环上的—NH_2 对称 N—H 伸缩振动红外圆二色光谱探究了该机制。这种情况可以用式（5.3.24）的第一项描述，其中，$j_1 \leftarrow n_1$ 跃迁对应于振动吸收，而不是电子吸收：

$$R(1_p \leftarrow 0) = -\left(\frac{1}{4\pi\epsilon_0}\right)\left(\frac{\omega_p}{2}\right)\varepsilon_{\alpha\beta\gamma}R_{12_\beta}\alpha_{2_{\gamma\delta}}T_{21_{\delta\epsilon}}\mathrm{Re}\left(\langle 0|\mu_{1_\epsilon}|1_p\rangle\langle 1_p|\mu_{1_\alpha}|0\rangle\right) \tag{7.5.1}$$

基团 1 和基团 2 分别是—NH_2 和微扰萘基。注意，萘基的极化率张量可以看成是相应的静态极化率，因为在红外频率下可以忽略与频率相关的贡献。

在红外振动光学活性的键偶极模型中，电子耦合可以通过分子内其他基团的静态和动态场诱导的每一项贡献中，加入基团或键电偶极矩或磁偶极矩来实现。这些诱导矩会是基团或者键内坐标的函数，并且会在正则模态偏移过程中发生变化。同样，在拉曼光学活性的键极化模型中，将定态耦合和动态耦合诱导的基团或键极化率和光学活性张量的贡献加到每一项中。给出这些诱导键矩和张量的显式表达的机制见第 5 章。鉴于其复杂性，我们将不写出这些广义键偶极和键偏振光学活性表达式。

振动耦合的一个重要例子是多肽和蛋白质的酰胺 I 振动。酰胺 I 模式主要由 C═O 伸缩坐标组成，而 C—N 伸缩振动和 N—H 形变坐标给出了较小的贡献。相对强的电偶极振动跃迁矩，与在像 α -螺旋和 β -折叠这样的二级结构中明确的几何结构一并，导致了 C═O 基团之间的强偶极耦合相互作用。此外，该耦合表现为简并（或近简并）激发态振动波函数的混合，形成离域激发振动态，类似于由 5.3.4 节中描述的激发电子态形成的激子态。对于 n 个相互作用的羰基跃迁，将会产生 n 个耦合振动激发态，伴随着由偶极-偶极相互作用势（5.3.28）决定的劈裂。Krimm 首次将偶极-偶极相互作用合并到多肽正则振动模式的计算中[见综述（Krimm and Bandekar，1986）]。他将该偶极相互作用处理成一组附加的力常数，以修正振动力场，以及由此导致的对频率和强度的修正。Diem（1993）已经开发出“简并扩展偶极振子”模型，以处理由基于偶极-偶极耦合的 n 个相互作用偶极产生的振动圆二色性，并且将其应用到多肽和核酸上。

7.6　生物分子的拉曼光学活性

最后，这里简单介绍一下拉曼光学活性在生物分子科学领域的应用前景。拉曼光学活性由于对手性的灵敏性，在生物分子的研究中比传统的振动、红外或拉曼光谱更灵敏。利用背散射几何结构使信号最大化（7.3.6 节），可以对生命核心分子（蛋白质、糖类、核酸和病毒）在宽谱范围内进行常规拉曼光学活性测试；所有这些都在水溶液中进行，以反映它们的自然生物环境（Barron et al.，2000，2003）。尽管以上描述的模型理论和目前的从头算不适用于像生物分子这样大尺寸高分子拉曼光学活性的计算，但是其实验拉曼光学活性光谱被证明能够提供丰富而明显的结构和性质方面有价值的信息。

生物分子的正则振动模式会非常复杂，包含骨架和侧链振动坐标的贡献。拉曼光学活性能够解决对应的振动光谱的复杂性，因为最强的信号通常与确定样品的最刚性和手性部分的振动坐标有关。这些通常在骨架中，并且通常会产生含有骨架构象信息的拉曼光学活性带。在天然蛋白质的二级结构（α-螺旋和 β-折叠）、环状和旋转结构中出现的特征 Ramachandran ϕ、ψ 角度定义的标准构象多肽（Creighton，1993），在这方面是特别有利的，因为图 7.9 所示的肽主链信号通常主导拉曼光学活性光谱。不像传统的拉曼光谱，其中氨基酸侧链的谱带经常掩盖肽的主链谱带。碳水化合物的拉曼光学活性光谱同样是由骨架振动信号占主导位置，在这种情况下，集中在糖环和连接的糖苷链上。尽管核酸的主拉曼光谱主要由本征碱基振动的谱带组成，但其拉曼光学活性光谱主要由碱基相对于彼此、糖环的立体化学位置，以及由糖-磷酸盐骨架的信号组成。

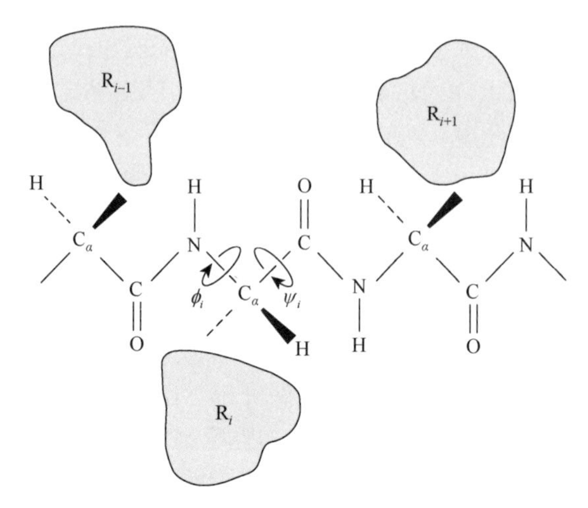

图 7.9　蛋白质多肽骨架示意图，描述了 Ramachandran ϕ ，ψ角度，以及氨基酸侧链 R

自从 M. F. Perutz 和 J. C. Kendrew 在二十世纪五十年代后期，通过 X 射线晶体学确定第一个蛋白质结构开始，蛋白质的结构和性质的确定一直处于生物分子科学的前沿。在后基因组时代，该研究显得尤为重要。尽管单个蛋白质的拉曼光学活性带可能归属为像螺旋和折叠这样的二级结构，但与二级结构元素相关的环和匝给出的明显带给出了蛋白质三维结构（或折叠）的整体拉曼光学活性带模式的特征。因此，不像主拉曼带模式，每种折叠模式的拉曼光学活性带是非常不同的。从而，通过将未知结构的蛋白质的拉曼光学活性光谱与已知结构的蛋白质的光谱进行比较，可以很容易确定结构信息。实际上，在蛋白质拉曼光学活性光谱中，大量的结构敏感带使它们成为自动确定结构相似性的理想方式（Barron et al.，2003；McColl et al.，2003）。因此，尽管目前的理论在计算蛋白质和其他生物大分子方面还有些不足，但从实验拉曼光学活性数据中仍然可以得到一些有价值的结构信息。

多肽和蛋白质的酰胺III扩展光谱区[其中 N—H 和C_α—H的耦合形变对振动的一些正则模态产生了巨大贡献（Diem，1993）]通常展现大量信息丰富的拉曼光学活性，但只给出弱的振动圆二色。对这一现象的定性解释会由 7.4.1 节的结果给出。该节证明，由简单双基团结构的形变产生的键极化拉曼光学活性会比较大，而对应的红外拉曼光学活性为零。从另一个角度，Zuber 和 Hug（2004）发现（见 7.3.1 节），氢原子适度扩散的 p 型轨道对从头算计算的拉曼光学活性强度会产生显著贡献。该研究成果对多肽和蛋白质的酰胺III扩展光谱区中观察到的大拉曼光学活性提供了更深入的见解。

为了说明拉曼光学活性在生物分子科学的巨大潜力，我们最后给出一个大的生物分子聚集体，即豇豆花叶病毒，在水溶液中的背散射光谱，见图 7.10

（Blanch et al.，2002）。该病毒属于植物病毒科的豇豆花叶病毒组。它含有包括两个不同 RNA 分子（RNA-1 和 RNA-2）构成的核酸基因组。这两种分子分别被包裹在相同的二十面体蛋白质壳中，也就是衣壳。该衣壳的结构由 X 射线晶体学分析得到（Lin et al.，1999）。图 7.10（a）描述了二十面体衣壳如何由 60 个不对称单元

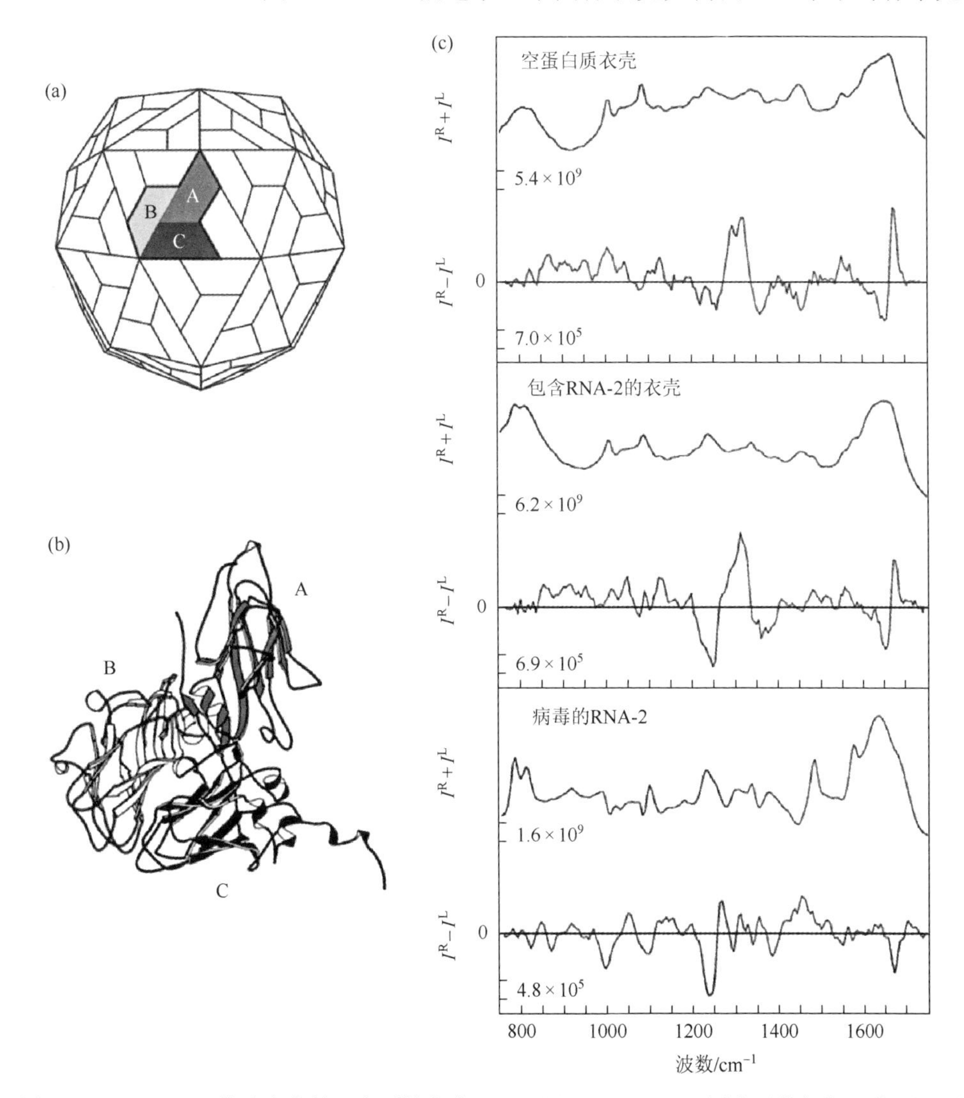

图 7.10　（a）豇豆花叶病毒的二十面体衣壳；（b）用 MOLSCRIPT 图表示的包括三个不同蛋白质结构域的不对称单元，其中，每个结构域都具有相同的果冻卷 β-三明治折叠结构（Kraulis，1991）；（c）一些生物大分子水溶液的反散射拉曼（I^R+I^L）和拉曼光学活性（I^R-I^L）光谱，上图为空蛋白质衣壳，中图为包含 RNA-2 的完整衣壳，下图为将中图所示光谱减去上图所示光谱得到的病毒的 RNA-2 的相关光谱。由本书作者实验室提供。这里没有确定绝对强度，但相对拉曼强度和拉曼光学活性比较显著

构成，其中，每个单元由三个不同的蛋白质结构域 A、B 和 C 构成。如图 7.10（b）中描述的，每个蛋白质结构域在都有的果冻卷 β-三明治折叠结构中具有类似的富含 β-折叠结构。病毒制剂可分为空蛋白质衣壳、含有 RNA-1 的衣壳和含有 RNA-2 的衣壳。图 7.10（c）的上图展现了空蛋白质衣壳的拉曼光谱和拉曼光学活性光谱，带模式为单个蛋白质结构域的果冻卷 β-三明治折叠的特征。中图展现了包含 RNA-2 的完整衣壳的光谱，现在除了蛋白质的谱带，核酸的谱带也很明显。下图光谱由中图所示光谱减去上图所示光谱给出。不同的拉曼光学活性光谱看起来与合成和天然 RNA 分子的光谱非常相似，从而被认为主要来自病毒 RNA：光谱的细节反映了包裹在核心的 RNA-2 的单链 A 型螺旋构象，以及其与外壳蛋白的相互作用，这些信息无法从 X 射线晶体学中获得，因为这种病毒中的核酸过于无序，无法提供有用的衍射数据。因此，拉曼光学活性光谱能够给出构成完整病毒的蛋白质和核酸，以及它们之间相互作用的信息！

第 8 章　反对称散射和磁拉曼光学活性

如果你认为我在这里掌握了什么请不要告诉别人。我可不想让某个讨厌的英国人窃取我的想法。这需要很长时间才能成形。

弗里德里希·恩格斯（在给马克斯的信中）

8.1 引　　言

多年来，反对称物质张量在线性磁光现象（如法拉第效应）方面一直很重要。然而，直到最近，光通过反对称张量的瑞利和拉曼散射仍未引起广泛兴趣，唯一的例子是像处于自旋简并基态的钠这样的原子蒸气产生的瑞利散射（Placzek，1934；Penney，1969；Tam and Au，1976；Hamaguchi et al.，1980）。正如在 3.5.3 节中讨论的那样，纯反对称瑞利和拉曼散射具有反极化特征，通常通过退偏振比中的“异常”进行测试：在特定带中的对称和反对称散射的相对贡献需要一组完备的极化测试，该测试包含圆二色偏振光背散射的反转系数。

随着 Spiro 和 Strekas（1972）在血红素蛋白的共振拉曼光谱中的许多振动带中观察到几乎纯的反极化现象，反对称散射变得突出，科学家还发现反对称散射在许多金属卟啉的共振拉曼光谱中占主导地位，至少当入射光处于可见波长时是这样的。随后，在六卤化铱（Ⅳ）的共振拉曼光谱中观察到反对称散射（Hamaguchi et al.，1975；Hamaguchi and Shimanouchi，1976）。接着，在一些奇电子过渡金属配合物中也观测到了反对称散射。在观测到这些反对称振动拉曼散射之前，Koningstein 和 Mortensen（1968）已经在 Eu^{3+} 掺杂钇铝石榴石中观察到了反对称电子拉曼散射。现在，科学家已经知道了许多其他关于反对称散射的例子。

如 1.4 节所述，磁瑞利光学活性和拉曼光学活性会被看成是，当样品放在与入射光束平行的磁场中时，左右圆偏振入射光中散射强度的微小差异，或当磁场平行于散射光束时散射光中小的圆偏振分量。这些观测量的符号当颠倒磁场方向时会反转。在 3.5.5 节中我们已经指出，磁瑞利和拉曼光学活性是由极化率或跃迁极化率与定磁场下一级微扰的同样张量之间的交叉项产生的。因为反对称散射在磁瑞利和拉曼光学活性中比较重要，本章将对这两个课题一并讨论。我们将看到，磁瑞利和拉曼光学活性会提供对反对称散射的灵敏测试，并且也可以具有“拉曼电子顺磁共振”的作用，因为可以用来检测电子基态塞曼分裂，以及当分子处于激发振动态时这些分裂是如何变化的。磁共振瑞利光学活性的最早报道可以追溯到20世纪70年代（Barron，1975a；Barron and Meehan，1979），在20世纪80年代初，科学家对分子稀溶液进行了相关现象的探索[对于该工作的综述，见Barron和Vrbancich（1985）]，只是在FeF_2反铁磁晶体的磁拉曼光学活性有过相关报道，随后该课题逐渐衰落（Hoffman et al.，1990；Lockwood et al.，2002）。希望本章的叙述将重新点燃科研人员对磁拉曼光学活性的兴趣，从而为金属配合物、生物分子和磁性固体的研究提供许多新的应用前景。

8.2　对称性讨论

众所周知，处于非简并态的原子或分子产生的瑞利散射是纯对称的。这源于哈密顿量关于时间反转的对称性，如2.8.1节所示。因此，处于基态的体系的反对称瑞利散射需要基态简并。这可以是电子自旋简并或者轨道简并，或者都有（尽管Jahn-Teller效应去掉了非线形分子中的轨道简并度）。并且，正如Baranova和Zel'dovich（1978）已经指出的那样，如果考虑作用在电子上的Coriolis力，则处于非简并电子态的分子转动态的简并性也会产生反对称瑞利散射。因为基振动态总是完全对称的，所以振动简并性只能从处于激发振动态的分子产生反对称瑞利散射。

另一方面，简并性不是反对称拉曼散射的先决条件。然而，如下所示，在完全对称模式和不生成反对称不可约表示的非完全对称模式中，对于振动拉曼散射的反对称贡献的生成，初态的电子简并性通常是必要的，但对于生成反对称不可约表示的模式，电子简并性不是必要条件。一个明显的例子是，在不存在简并性的D_{2h}对称轮烯中，观察到B_{1g}振动模式的反对称共振拉曼散射（Fujimoto et al.，1980）。尽管在D_{4h}对称卟啉的中间激发电子态中存在简并性，正如在8.4.5节中讨论的那样，它支持A_{2g}振动模式产生的反对称散射，但简并性不是必要的。

正如4.4.3节中讨论的那样，关键问题是决定任何反对称散射张量的空间对称性方面的有效复算符是反厄米和奇时间的。这种认知使我们产生如下关于复跃迁极化率的基本关系：

$$(\tilde{\alpha}_{\alpha\beta})_{mn} = (\tilde{\alpha}_{\beta\alpha})_{\Theta n\Theta m} = (\tilde{\alpha}_{\alpha\beta})^*_{\Theta m\Theta n} \qquad (4.4.2)$$

这被推广到在式（4.4.4）中共振散射的情况。我们将在本章广泛使用该关系。

将时间反演对称和空间对称参数结合到广义矩阵元选律（4.3.37）中，我们现在将其应用到阐述分子处于简并电子态时产生的反对称散射的概率上。设V为有效极化率算符$\hat{\alpha}_{\alpha\beta}$[式（2.8.14a）]。因为反对称部分$\hat{\alpha}^{a}_{\alpha\beta}$具有奇时性，利用零级Herzberg-Teller近似，我们得到处于振动的总对称模式关于反对称瑞利和共振拉曼散射的如下标准（在下面的章节中将给出该适用领域的理由）。如果Γ_e是由简并电子态产生的不可约表示，Γ_{A} 是反对称张量（或轴矢量）分量产生的不可约表示，那么对于偶电子体系 $\{\Gamma_{\mathrm{e}}^{2}\}\times\Gamma_{\mathrm{A}}$ 及奇电子体系 $[\Gamma_{\mathrm{e}}^{2}]\times\Gamma_{\mathrm{A}}$，必须包含完全对称的不可约表示。记住，对于奇电子体系，不可约表示指的是合适的双基团。

如果不调用零级 Herzberg-Teller 近似，那么通过考虑不同能级的电子态之间的振动耦合，或者属于同样简并能级的电子态之间的振动耦合，有可能给出明确的机制（见下一节），后者产生 Jahn-Teller 效应。对于这些一般情况，我们得到如下处于对称类 Γ_{v} 的振动模式的反对称拉曼散射准则。对于偶电子体系 $\{\Gamma_{\mathrm{e}}^{2}\}\times\Gamma_{\mathrm{A}}$ 及奇电子体系 $[\Gamma_{\mathrm{e}}^{2}]\times\Gamma_{\mathrm{A}}$，必须包含 Γ_{v}。当然，如果 Γ_{v} 产生 Γ_{A}，则这些广义对称选律是多余的，因为不再需要电子简并性。这些由 Child 和 Longuet-Higgins（1961）及 Child（1962）首次推导的广义对称选律，只有当不存在外磁场时才有效。

另一个相关信息由 4.4.5 节中推导给出，为旋转基团中空间对称参数导致了反对称散射 $\Delta J=0$，±1 的角动量选律。

尽管本章主要集中在共振散射上，这是迄今为止观测到的反对称散射和磁拉曼光学活性的唯一情况，但值得一提的是，原则上反对称散射对于反对称振动模式中透明波长处的拉曼散射是可能的（Buckingham，1988；Liu，1991）。这可以通过调用 Placzek 近似去理解（见 2.8.3 节），该近似适用于透明波长处的拉曼散射。在该近似中，处于基电子态的反对称极化率 $\alpha_{\alpha\beta}'$ 现在作为产生振动跃迁的有效算符。然而，因为 $\alpha_{\alpha\beta}'$ 具有奇时性，必须以正则振动坐标的共轭动量 $\dot{Q}$ 展开，而不是坐标自身，与在振动圆二色理论（7.2.3 节）中磁偶极矩算符的推导类似。这种反对称散射预计非常弱。

本章中讨论的反对称张量，当不存在外奇时影响时，对折射散射现象没有贡献。尽管 α_{xy}' 对光沿着式（3.4.16b）中 z 方向传播的旋光性有贡献，并导致沿 z 方向定磁场的法拉第效应，但当不存在磁场时贡献为零。虽然式（4.4.6）指出，处于 Kramers 简并态的原子或分子会满足这样的张量分量，但 Kramers 简并集的各分量间的所有散射跃迁之和为零。需要一个外奇时影响以降低该简并度，并防止完全抵消。另一方面，非折射散射是非相干的，每个跃迁张量分别以 $\left|(\tilde{\alpha}_{\alpha\beta})_{mn}\right|^{2}$ 的形式贡献散射强度，从而反对称瑞利和拉曼散射在没有外场的情况下是可能的。

8.3　振动拉曼跃迁张量的振动扩展

目前，只有当入射频率在原子或分子的电子吸收频率附近时，才会观察到反对称散射及磁瑞利和拉曼光学活性。这样散射强度会给出巨大的共振增强。因此，我们需要将振动拉曼跃迁张量构建成一种适用于共振散射的形式。

振动拉曼散射可以用两种不同方式表示：在 2.8.3 节中给出的 Placzek 极化率理论。该理论考虑了基态电子极化率对正则振动坐标的依赖性，并详细考虑了电子运动和振动耦合的振动理论。尽管 Placzek 理论对透明频率下的振动拉曼跃迁张量提供了令人满意的处理，但像所有基态理论一样，它与所有激发态的形式和有关，从而不适用于共振情况。这里，我们利用 Herzberg-Teller 近似发展了振动拉曼跃迁张量：这为讨论共振拉曼散射对称性提供了一个方便的框架，然而这不是一个定量理论。

一种方法是将 2.7 节给出的跃迁极化率的方法，推广到在振动-电子相互作用中一级微扰的跃迁极化率上。如果激发电子态是轨道非简并的，这是令人满意的。尽管在原理上，简并态可以用 2.7 节的公式，通过在微扰中选择简并集的对角分量来处理，但是该步骤在粗略的绝热近似方面还不是很明确：例如，在式（2.8.43）中：

$$\sum_p \left(\partial H_{\mathrm{e}} / \partial Q_p\right)_0 Q_p$$

为只有粗略绝热振动态的电子部分的微扰。在共振激发态的电子部分是轨道简并的情况下，我们可以回到未扰动跃迁张量，并且在开始时对 $|j\rangle$ 用适当的 Jahn-Teller 态，以及处于 ω_{jn} 的 Jahn-Teller 能量：理论上，当 Jahn-Teller 劈裂大于吸收带宽时，这是有效的，这样就可以很好地解析单个 Jahn-Teller 态的共振。然而，这里将不明确给出简并的情况，因为我们主要关注问题的对称性方面：正如后面所讨论的，结果表明，即使是对轨道简并激发电子态共振，也可以从本质上的“非简并”展开中获得跃迁张量分量的正确相对值。

我们发展了跃迁极化率的明确对称和反对称部分（2.8.8）。如果态 $|n\rangle$ 和 $|j\rangle$ 的电子部分是轨道非简并的，我们可以使用式（2.8.29）形式的粗略绝热振动态，将该形式用 $|j\rangle=|e_j\upsilon_j\rangle=|e_j\rangle|\upsilon_j\rangle$ 表示。一级微扰形式的电子部分为

$$\sum_p \left(\partial H_{\mathrm{e}} / \partial Q_p\right)_0 Q_p$$

从而写成式（2.8.43）的形式。尽管在原理上，单个振动频率应该写成对应微扰能级的独立频率 ω'_{jn}，与式（2.7.4）类似，但我们不用担心这样做，因为当没有轨道电子简并性时，在

$$\sum_p \left(\partial H_{\mathrm{e}} / \partial Q_p\right)_0 Q_p$$

中的线性贡献为零。考虑到激发态的寿命，对于具有第 j 激发态的微扰跃迁极化率，我们得到：

$$(\alpha_{\alpha\beta})^{\mathrm{s}}_{mn} = \frac{\omega_{jn}}{\hbar}(f+\mathrm{i}g)\left(X^{\mathrm{s}}_{\alpha\beta}+Z^{\mathrm{s}}_{\alpha\beta}\right) \tag{8.3.1a}$$

$$(\alpha_{\alpha\beta})^{\mathrm{a}}_{mn} = \frac{\omega}{\hbar}(f + \mathrm{i}g)\left(X^{\mathrm{a}}_{\alpha\beta} + Z^{\mathrm{a}}_{\alpha\beta}\right) \tag{8.3.1b}$$

$$(\alpha'_{\alpha\beta})^{\mathrm{s}}_{mn} = -\frac{\omega_{jn}}{\hbar}(f + \mathrm{i}g)\left(X'^{\mathrm{s}}_{\alpha\beta} + Z'^{\mathrm{s}}_{\alpha\beta}\right) \tag{8.3.1c}$$

$$(\alpha'_{\alpha\beta})^{\mathrm{a}}_{mn} = -\frac{\omega}{\hbar}(f + \mathrm{i}g)\left(X'^{\mathrm{a}}_{\alpha\beta} + Z'^{\mathrm{a}}_{\alpha\beta}\right) \tag{8.3.1d}$$

其中，$\boldsymbol{X}$ 张量和 $\boldsymbol{Z}$ 张量的各个部分为

$$X^{\mathrm{s}}_{\mathrm{a}\,\alpha\beta} = \mathrm{Re}\left[\left(\langle e_m|\mu_\alpha|e_j\rangle\langle e_j|\mu_\beta|e_n\rangle \pm \langle e_m|\mu_\beta|e_j\rangle\langle e_j|\mu_\alpha|e_n\rangle\right)\langle \upsilon_m|\upsilon_j\rangle\langle \upsilon_j|\upsilon_n\rangle\right] \tag{8.3.1e}$$

$$\begin{aligned}
Z^{\mathrm{s}}_{\mathrm{a}\,\alpha\beta} = \mathrm{Re}\Bigg\{ & \sum_{e_k \neq e_n} \frac{\left\langle e_k\left|\sum_p (\partial H_{\mathrm{e}}/\partial Q_p)_0\right|e_n\right\rangle}{\hbar\omega_{e_n e_k}} \\
& \times\left(\langle e_m|\mu_\alpha|e_j\rangle\langle e_j|\mu_\beta|e_n\rangle \pm \langle e_m|\mu_\beta|e_j\rangle\langle e_j|\mu_\alpha|e_n\rangle\right)\langle \upsilon_m|\upsilon_j\rangle\langle \upsilon_j|Q_p|\upsilon_n\rangle \\
& + \sum_{e_k \neq e_m} \frac{\left\langle e_k\left|\sum_p (\partial H_{\mathrm{e}}/\partial Q_p)_0\right|e_m\right\rangle^*}{\hbar\omega_{e_m e_k}} \\
& \times\left(\langle e_k|\mu_\alpha|e_j\rangle\langle e_j|\mu_\beta|e_n\rangle \pm \langle e_k|\mu_\beta|e_j\rangle\langle e_j|\mu_\alpha|e_n\rangle\right)\langle \upsilon_m|Q_p^*|\upsilon_j\rangle\langle \upsilon_j|\upsilon_n\rangle \\
& + \sum_{e_k \neq e_j} \Bigg[\frac{\left\langle e_k\left|\sum_p (\partial H_{\mathrm{e}}/\partial Q_p)_0\right|e_j\right\rangle^*}{\hbar\omega_{e_j e_k}} \\
& \times\left(\langle e_m|\mu_\alpha|e_j\rangle\langle e_k|\mu_\beta|e_n\rangle \pm \langle e_m|\mu_\beta|e_j\rangle\langle e_k|\mu_\alpha|e_n\rangle\right)\langle \upsilon_m|\upsilon_j\rangle\langle \upsilon_j|Q_p^*|\upsilon_n\rangle \\
& + \frac{\left\langle e_k\left|\sum_p (\partial H_{\mathrm{e}}/\partial Q_p)_0\right|e_j\right\rangle}{\hbar\omega_{e_j e_k}} \\
& \times\left(\langle e_m|\mu_\alpha|e_k\rangle\langle e_j|\mu_\beta|e_n\rangle \pm \langle e_m|\mu_\beta|e_k\rangle\langle e_j|\mu_\alpha|e_n\rangle\right)\langle \upsilon_m|Q_p|\upsilon_j\rangle\langle \upsilon_j|\upsilon_n\rangle \Bigg]\Bigg\}
\end{aligned} \tag{8.3.1f}$$

上角标 $^{\mathrm{s}}_{\mathrm{a}}$ 中的上下字母分别对应了表达式中 ± 的上下符号。对应的撇张量由式（8.3.1e）和式（8.3.1f）给出，其中用虚部取代实部。这些 $\boldsymbol{X}$ 张量和 $\boldsymbol{Z}$ 张量类似于由 Albrecht 引入的 A 项和 B 项（Albrecht，1961）。

在讨论共振散射之前，将这些结果应用到透明频率处的散射是具有指导意义的。为此，我们必须首先用式（8.3.1）对所有激发态 $|j\rangle$ 求和。引入这样的近似，即基电子态和激发电子态的势能面足够相似，从而不同电子流形中的振动态是标准正交的，也就是

$$\langle \upsilon_j | \upsilon_n \rangle = \delta_{\upsilon_j \upsilon_n} \tag{8.3.2}$$

在式（8.3.1）中的振动频率因子 ω_{jn} 可以用纯电子因子 $\omega_{e_j e_n}$ 代替（Albrecht，1961）。接着，可以调用振动波函数空间中的闭合理论：

$$\sum_{\upsilon_j} \langle \upsilon_m | \upsilon_j \rangle \langle \upsilon_j | \upsilon_n \rangle = \langle \upsilon_m | \upsilon_n \rangle = \delta_{\upsilon_m \upsilon_n} \tag{8.3.3}$$

同样的讨论导致在式（8.3.1f）中，用 $\langle \upsilon_m | Q_p | \upsilon_n \rangle$ 取代

$$\langle \upsilon_m | \upsilon_j \rangle \langle \upsilon_j | Q_p | \upsilon_n \rangle$$

和

$$\langle \upsilon_m | Q_p | \upsilon_j \rangle \langle \upsilon_j | \upsilon_n \rangle$$

因此，在透明频率处，$\boldsymbol{X}$ 张量只对瑞利散射有贡献。从而，在该近似中，透明频率处的拉曼散射由振动耦合引起，并且由 $\boldsymbol{Z}$ 张量的适当部分决定。尽管这里不涉及电子拉曼散射，但是我们允许初电子态 $|e_n\rangle$ 和终电子态 $|e_m\rangle$ 是不同的，以允许简并基态不同组分间的跃迁。因为正如在 4.4.3 节中讨论的那样，这对于反对称散射具有重要意义。然而，如果初电子态和终电子态不是简并的，那么所有虚张量为零（当没有外定磁场时），实张量的反对称部分也是如此。因此，在非简并体系中，只有透明频率处的实对称部分非零。

我们现在将跃迁张量（8.3.1）应用到共振散射上。首先应该意识到，$\boldsymbol{X}$ 张量和 $\boldsymbol{Z}$ 张量现在都可以促进振动拉曼散射，而在透明情况下，$\boldsymbol{X}$ 张量只能产生瑞利散射。这是因为 $\omega_{e_j \upsilon_j e_n \upsilon_n}$ 的精确值现在是临界值，并且 Franck-Condon 叠加积分的小而有限的值（在透明频率处为零）会导致显著影响，从而用纯电子因子取代振动频率因子不再合理。因子 $\langle \upsilon_m | \upsilon_j \rangle \langle \upsilon_j | \upsilon_n \rangle$ 用 Franck-Condon 叠加积分 $\langle \upsilon_m | \upsilon_j \rangle$ 和 $\langle \upsilon_j | \upsilon_n \rangle$（通常对于总对称振动值最大）中的一个值决定，这与是否 $\upsilon_j = \upsilon_n$ 或 υ_m 有关。当 $\upsilon_m = \upsilon_j$，并且 υ_j 是第一电子激发态中的第一振动激发态时，因子

$$\langle \upsilon_m | \upsilon_j \rangle \langle \upsilon_j | Q_p | \upsilon_n \rangle$$

最大。当 $\upsilon_j = \upsilon_n$，并且 υ_j 处于电子激发态中的基振动态时，因子

$$\langle \upsilon_m | Q_p | \upsilon_j \rangle \langle \upsilon_j | \upsilon_n \rangle$$

有最大值。在这两种情况中，终振动态 υ_m 是一样的，对应于基电子态中与 Q_p 相关的第一激发振动态，并且可以是完全对称的或非完全对称的。因此，与完全对称振动相关的共振拉曼带由 $\boldsymbol{X}$ 张量和 $\boldsymbol{Z}$ 张量的合适部分产生，尽管从 $\boldsymbol{X}$ 张量给出的贡献被期望是最大的。与非完全对称振动相关的共振拉曼带由 $\boldsymbol{Z}$ 张量的合适部分产生。

注意，对于非完全对称振动的共振增强，有两种情况：①入射频率与从基电

子态中的基振动态跃迁到激发电子态中的基振动态的（0-0 跃迁）频率重叠，这增加了依赖于

$$\langle \upsilon_m | Q_p | \upsilon_j \rangle \langle \upsilon_j | \upsilon_n \rangle$$

项的贡献。②入射频率与从基电子态中的基振动态跃迁到激发电子态中的第一激发振动态的（0-1 跃迁）频率重叠，这增加了依赖于

$$\langle \upsilon_m | \upsilon_j \rangle \langle \upsilon_j | Q_p | \upsilon_n \rangle$$

项的贡献。

虽然这本质上是一个非简并理论，但其结果仍然适用于由简并共振激发电子态与其他激发态简并集的电子态耦合而产生的共振拉曼散射：在这种情况下，粗略绝热态$|e_j\rangle|\upsilon_j\rangle$被认为是像式（2.8.44）这样的普遍振动态的一个分量。对于同一电子态简并集组分的耦合（Jahn-Teller 效应），对定量考虑需要一种不同的数学表达；然而，除了由广义对称性规则（4.3.37）强加的额外限制，对于电子态的不同简并集组分间的耦合，对称性是一样的，从而即使是对于 Jahn-Teller 机制，我们也可以推导出跃迁张量分量的正确相对值（Hamaguchi，1977；Spiro and Stein，1978）。

8.4　反对称散射

8.4.1　零级 Herzberg-Teller 近似中的反对称跃迁张量

在零级 Herzberg-Teller 近似中，跃迁极化率（2.8.8）产生了式（8.3.1）中给出的 ***X*** 张量，从而可以用来描述瑞利散射（透明波段和共振波段），以及完全对称模式的共振拉曼散射。回顾一下在 4.4.3 节中的讨论，我们可以写出振动拉曼$\upsilon_m \leftarrow \upsilon_n$跃迁的复跃迁极化率中唯一允许的反对称部分，当体系回到初电子态时，或者如果初电子态是简并能级的一部分时，则最多回到该能级内的其他简并电子态。

因此，对于奇电子体系中简并电子能级的对角跃迁：

$$(\alpha'_{\alpha\beta})^{\mathrm{a}}_{e_n\upsilon_m e_n\upsilon_n} = -\frac{2}{\hbar}\sum_{\substack{e_j \neq e_n \\ \upsilon_j}} \omega(f+\mathrm{i}g) \times \mathrm{Im}\left(\langle e_n | \mu_\alpha | e_j \rangle \langle e_j | \mu_\beta | e_n \rangle\right) \langle \upsilon_m | \upsilon_j \rangle \langle \upsilon_j | \upsilon_n \rangle \tag{8.4.1a}$$

对于偶电子体系和奇电子体系的非对角跃迁：

$$\begin{aligned}(\alpha'_{\alpha\beta})^{\mathrm{a}}_{e'_n\upsilon_m e_n\upsilon_n} = &\frac{1}{\hbar}\sum_{\substack{e_j \neq e_n \\ \upsilon_j}} \omega(f+\mathrm{i}g) \\ &\times \mathrm{Re}\left(\langle e'_n | \mu_\alpha | e_j \rangle \langle e_j | \mu_\beta | e_n \rangle - \langle e'_n | \mu_\beta | e_j \rangle \langle e_j | \mu_\alpha | e_n \rangle\right) \langle \upsilon_m | \upsilon_j \rangle \langle \upsilon_j | \upsilon_n \rangle\end{aligned} \tag{8.4.1b}$$

并且，对于奇电子体系的非对角跃迁：

$$(\alpha'_{\alpha\beta})^{\mathrm{a}}_{e'_n\upsilon_m e_n\upsilon_n} = -\frac{1}{\hbar}\sum_{\substack{e_j\neq e_n\\ \upsilon_j}}\omega(f+\mathrm{i}g)\times\mathrm{Im}\left(\langle e'_n|\mu_\alpha|e_j\rangle\langle e_j|\mu_\beta|e_n\rangle-\langle e'_n|\mu_\beta|e_j\rangle\langle e_j|\mu_\alpha|e_n\rangle\right)$$
$$\langle\upsilon_m|\upsilon_j\rangle\langle\upsilon_j|\upsilon_n\rangle \tag{8.4.1c}$$

现在，将这些表达式用到一些简单的例子上，其中入射频率与激发的自旋-轨道态的跃迁一致，而该态与其他自旋-轨道态无叠加。值得一提的是，如果自旋-轨道态有重叠，就需要用到类似于在法拉第效应中用到的微扰处理。其中，自旋-轨道相互作用取代了外磁场下的相互作用，那么得到了类似于法拉第 A 项和 B 项的自旋-轨道微扰跃迁极化率。关于该自旋-轨道机制的细节，可以参考 Barron 和 Nørby Svendsen（1981）。

尽管由于其他电子跃迁的贡献具有相反符号，使反对称瑞利散射远离共振时变得非常小，但它仍然具有有限值，且只有在非常高和非常低的频率下才趋向于零（如天然和磁光学活性）。另一方面，在完全对称振动模式中的反对称拉曼散射，当远离激发带闭合区域时下降非常快，因为除了其他电子跃迁的抵消之外，可以调用与激发电子态相关的振动波函数空间中的闭合理论，从而使跃迁极化率（8.4.1）由于振动初态和终态的正交性而为零。

8.4.2 钠原子共振瑞利散射

也许产生反对称张量的最简单的情况是钠原子蒸气中的共振瑞利散射。该情况的关键特征由 Placzek 早在 1934 年就讨论过。钠的基态具有双重 Kramers 简并度，我们将看到，在与黄色双线的一个或另一个成分共振时，通过 Kramers 组分之间的对角线和非对角线跃迁产生反对称散射。黄色双线产生于激发态 $^2P_{\frac{1}{2}}$ 和 $^2P_{\frac{3}{2}}$ 的自旋-轨道劈裂，二者通过 $3\mathrm{p}\leftarrow 3\mathrm{s}$ 电子跃迁产生。

相关原子态用 Russell-Saunders 耦合示意图中的 $|l\ s\ J\ M\rangle$ 确定，如图 8.1 所示。我们利用由 Wigner-Eckart 定理推导出的结果（4.4.26），解决原子态间电偶极矩算符的笛卡儿分量的矩阵元。在这种情况下，不可约球张量算符的矩阵元有如下形式：

$$\langle l'\ s'J'M'|T^k_q|l\ s\ J\ M\rangle = (-1)^{J'-M'}\langle l'\ s'J'\|T^k\|lsJ\rangle\begin{pmatrix} J' & k & J\\ -M' & q & M\end{pmatrix} \tag{8.4.2a}$$

其中，包含耦合自旋和轨道角动量态的约化矩阵元可以进一步分解成仅包含轨道部分的约化矩阵元：

$$\left\langle l\,s\,J\left\|T^k\right\|l'\,s'\,J'\right\rangle=(-1)^{l+s+J'+k}\left[(2J'+1)(2J+1)\right]^{\frac{1}{2}}\times\left\langle l\left\|T^k\right\|J'\right\rangle\begin{Bmatrix} l & J & s \\ J' & l' & k \end{Bmatrix}\quad(8.4.2\text{b})$$

其中，在花括号中的是 6*j* 符号，与三个角动量的耦合有关，具有特定的对称性。对于式（8.4.2b）的背景细节，我们参考了 Silver（1976），并使用由 Rotenberg 等（1959）给出的关于 6*j* 符号的数值表格。现在，我们能够根据同样的约化矩阵元 $\langle l\|\mu\|l'\rangle$，很容易得到在 $P\leftarrow S$ 流形中所有允许的跃迁矩。

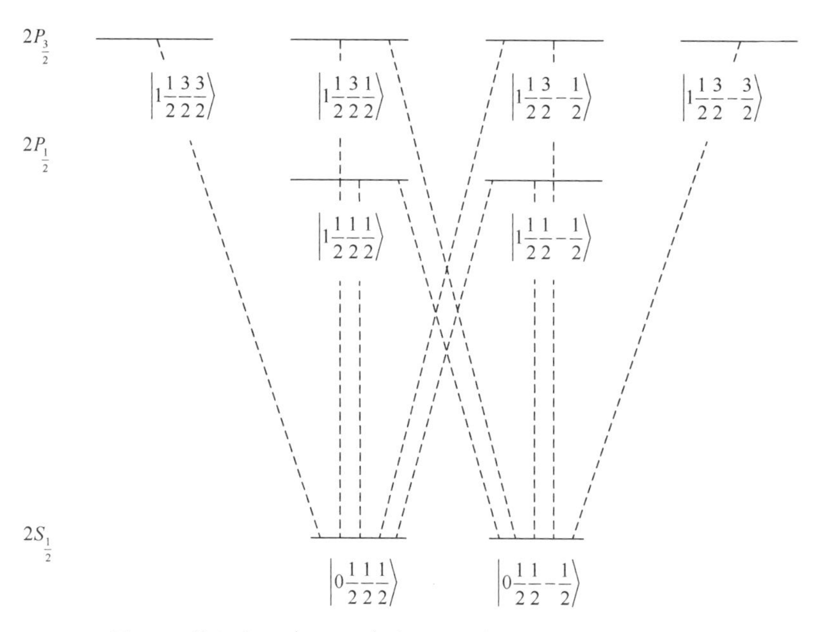

图 8.1　前几个 Na$|l\,s\,J\,M\rangle$ 态。展现的跃迁是电偶极允许的

首先考虑跃迁极化率的 *xy* 分量。因为根据式（4.4.26a）和式（4.4.26b），算符 μ_x、μ_y 只能与具有 $\Delta M=\pm1$ 的态相关联，所以我们期望 *xy* 分量只能通过式（8.4.1a）产生对角散射跃迁。将式（8.4.2）代入式（4.4.26），得到如下关系：

$$\begin{aligned}
&\left\langle 0\frac{1}{2}\frac{1}{2}\frac{1}{2}\right|\mu_x\left|1\frac{1}{2}\frac{1}{2}-\frac{1}{2}\right\rangle\left\langle 1\frac{1}{2}\frac{1}{2}-\frac{1}{2}\right|\mu_y\left|0\frac{1}{2}\frac{1}{2}\frac{1}{2}\right\rangle\\
&=\left\langle -0\frac{1}{2}\frac{1}{2}-\frac{1}{2}\right|\mu_x\left|1\frac{1}{2}\frac{1}{2}\frac{1}{2}\right\rangle\left\langle 1\frac{1}{2}\frac{1}{2}\frac{1}{2}\right|\mu_y\left|0\frac{1}{2}\frac{1}{2}-\frac{1}{2}\right\rangle\\
&=2\left\langle 0\frac{1}{2}\frac{1}{2}\frac{1}{2}\right|\mu_x\left|1\frac{1}{2}\frac{3}{2}-\frac{1}{2}\right\rangle\left\langle 1\frac{1}{2}\frac{3}{2}-\frac{1}{2}\right|\mu_y\left|0\frac{1}{2}\frac{1}{2}\frac{1}{2}\right\rangle\\
&=-2\left\langle 0\frac{1}{2}\frac{1}{2}-\frac{1}{2}\right|\mu_x\left|1\frac{1}{2}\frac{3}{2}\frac{1}{2}\right\rangle\left\langle 1\frac{1}{2}\frac{3}{2}\frac{1}{2}\right|\mu_y\left|0\frac{1}{2}\frac{1}{2}-\frac{1}{2}\right\rangle
\end{aligned}$$

$$
\begin{aligned}
&= -\frac{2}{3}\left\langle 0\frac{1}{2}\frac{1}{2}\frac{1}{2}\right|\mu_x\left|1\frac{1}{2}\frac{3}{2}\frac{3}{2}\right\rangle\left\langle 1\frac{1}{2}\frac{3}{2}\frac{3}{2}\right|\mu_y\left|0\frac{1}{2}\frac{1}{2}\frac{1}{2}\right\rangle \\
&= \frac{2}{3}\left\langle 0\frac{1}{2}\frac{1}{2}-\frac{1}{2}\right|\mu_x\left|1\frac{1}{2}\frac{3}{2}-\frac{3}{2}\right\rangle\left\langle 1\frac{1}{2}\frac{3}{2}-\frac{3}{2}\right|\mu_y\left|0\frac{1}{2}\frac{1}{2}-\frac{1}{2}\right\rangle \qquad (8.4.3) \\
&= -\frac{1}{9}\mathrm{i}\left|\langle 0\|\mu\|1\rangle\right|^2
\end{aligned}
$$

其中，$\langle 0\|\mu\|1\rangle$ 是 $p \leftarrow s$ 跃迁的约化矩阵元。因此，用 $(\alpha'_{\alpha\beta})^{\mathrm{a}}_{\frac{1}{2}\frac{1}{2}}$ 和 $(\alpha'_{\alpha\beta})^{\mathrm{a}}_{-\frac{1}{2}-\frac{1}{2}}$ 分别表示处于“自旋向上”和“自旋向下”基态的反对称对角极化率，我们通过对激发能级组分态的所有允许跃迁求和，得到

$$
(\alpha'_{xy})^{\mathrm{a}}_{\frac{1}{2}\frac{1}{2}} = \frac{2\omega}{9\hbar}\left|\langle 0\|\mu\|1\rangle\right|^2\left[\left(f_{\frac{1}{2}}+\mathrm{i}g_{\frac{1}{2}}\right)-\left(f_{\frac{3}{2}}+\mathrm{i}g_{\frac{3}{2}}\right)\right] = -(\alpha'_{xy})^{\mathrm{a}}_{-\frac{1}{2}-\frac{1}{2}} \qquad (8.4.4)
$$

其中，$f_{\frac{1}{2}}$ 和 $g_{\frac{1}{2}}$，以及 $f_{\frac{3}{2}}$ 和 $g_{\frac{3}{2}}$，分别是从 $^2S_{\frac{1}{2}}$ 到 $^2P_{\frac{1}{2}}$ 和 $^2P_{\frac{3}{2}}$ 跃迁的色散和吸收线性函数。尽管 $(\alpha'_{\alpha\beta})^{\mathrm{a}}_{\frac{1}{2}\frac{1}{2}}$ 和 $(\alpha'_{\alpha\beta})^{\mathrm{a}}_{-\frac{1}{2}-\frac{1}{2}}$ 大小相等方向相反，但由于散射是不相干的，从而每个张量分别对散射强度有贡献，其频率相关性为

$$
\omega^2\left[f^2_{\frac{1}{2}}+g^2_{\frac{1}{2}}+f^2_{\frac{3}{2}}+g^2_{\frac{3}{2}}-2\left(f_{\frac{1}{2}}f_{\frac{3}{2}}+g_{\frac{1}{2}}g_{\frac{3}{2}}\right)\right] \qquad (8.4.5)
$$

如果跃迁是明确分离的，就像在钠蒸气中，则该函数展现了两个峰，每个对应了一个跃迁频率。

接下来，讨论跃迁极化率的 xz 和 yz 分量。因为根据式（4.4.26c），算符 μ_z 只能与 $\Delta M = 0$ 的态相关联，我们则预测 xz 和 yz 分量只能通过式（8.4.1b）和式（8.4.1c）产生非对角散射跃迁，发现：

$$
(\alpha_{xz})^{\mathrm{a}}_{+\frac{1}{2}-\frac{1}{2}} = \frac{2\omega}{9\hbar}\left|\langle 0\|\mu\|1\rangle\right|^2\left[\left(f_{\frac{1}{2}}+\mathrm{i}g_{\frac{1}{2}}\right)-\left(f_{\frac{3}{2}}+\mathrm{i}g_{\frac{3}{2}}\right)\right] = -(\alpha_{xz})^{\mathrm{a}}_{-\frac{1}{2}+\frac{1}{2}} \qquad (8.4.6)
$$

$$
(\alpha'_{yz})^{\mathrm{a}}_{+\frac{1}{2}-\frac{1}{2}} = \frac{2\omega}{9\hbar}\left|\langle 0\|\mu\|1\rangle\right|^2\left[\left(f_{\frac{1}{2}}+\mathrm{i}g_{\frac{1}{2}}\right)-\left(f_{\frac{3}{2}}+\mathrm{i}g_{\frac{3}{2}}\right)\right] = (\alpha'_{yz})^{\mathrm{a}}_{-\frac{1}{2}+\frac{1}{2}} \qquad (8.4.7)
$$

这些反对称张量对散射强度也具有频率依赖性[式（8.4.5）]。

可以用类似的方式计算对称极化率分量，为

$$
(\alpha_{xx})^{\mathrm{s}}_{\pm\frac{1}{2}\pm\frac{1}{2}} = (\alpha_{yy})^{\mathrm{s}}_{\pm\frac{1}{2}\pm\frac{1}{2}} = (\alpha_{zz})^{\mathrm{s}}_{\pm\frac{1}{2}\pm\frac{1}{2}}
$$

其中，

$$
(\alpha_{xx})^{\mathrm{s}}_{\pm\frac{1}{2}\pm\frac{1}{2}} = -\frac{2}{9\hbar}\left|\langle 0\|\mu\|1\rangle\right|^2\left[\omega_{\frac{1}{2}}\left(f_{\frac{1}{2}}+\mathrm{i}g_{\frac{1}{2}}\right)+2\omega_{\frac{3}{2}}\left(f_{\frac{3}{2}}+\mathrm{i}g_{\frac{3}{2}}\right)\right] \qquad (8.4.8)
$$

这里，$\omega_{\frac{1}{2}}$ 和 $\omega_{\frac{3}{2}}$ 分别是 ${}^2P_{\frac{1}{2}} \leftarrow {}^2S_{\frac{1}{2}}$ 和 ${}^2P_{\frac{3}{2}} \leftarrow {}^2S_{\frac{1}{2}}$ 跃迁频率。所有其他对称极化率分量都为零。

我们现在可以计算以入射频率为函数的退偏振比；然而，为了简便起见，将只给出与双态组分中的一个完全共振的值。在第 3 章中已经给出当各向同性、各向异性和反对称散射对相同带产生影响时的退偏振比：对于垂直于散射面的线偏振入射光，我们现在使用式（3.5.27），其中 $\beta(\alpha)^2$ 和 $\beta(\alpha')^2$ 被理解成从实或虚跃迁极化率产生的一般各向异性和反对称不变量。这里，$\beta(\alpha)^2=0$。因为不同的跃迁极化率对强度的贡献是非相干的，从而我们将不变量 $\beta(\alpha')^2$ 和 α^2 写成独立不变量的和，每个对应了不同的跃迁：$+\frac{1}{2} \leftarrow +\frac{1}{2}$、$-\frac{1}{2} \leftarrow -\frac{1}{2}$、$+\frac{1}{2} \leftarrow -\frac{1}{2}$ 和 $-\frac{1}{2} \leftarrow +\frac{1}{2}$。利用式（8.4.4）和式（8.4.6）～式（8.4.8）发现，对于 ${}^2P_{\frac{1}{2}} \leftarrow {}^2S_{\frac{1}{2}}$ 共振，$\rho(x)$ 为 1；对于 ${}^2P_{\frac{3}{2}} \leftarrow {}^2S_{\frac{1}{2}}$ 共振，$\rho(x)$ 为 $\frac{1}{4}$。请注意，由于这两个共振给出的每个反对称跃迁极化率的两个相干贡献大小相等、方向相反，如果入射频率远离共振区域，它们将倾向于彼此抵消，从而 $\rho(x)$ 趋于零。

复跃迁极化率 $(\tilde{\alpha}_{\alpha\beta})_{e_m e_n} = (\alpha_{\alpha\beta})_{e_m e_n} - \mathrm{i}(\alpha'_{\alpha\beta})_{e_m e_n}$ 与钠黄色双线中两个组分共振的各组分相对值的一种有用的直观表示形式为

（1）${}^2P_{\frac{1}{2}}$ 共振项：

$$\begin{pmatrix} 1 & \mathrm{i} & 0 \\ -\mathrm{i} & 1 & 0 \\ 0 & 0 & 1 \end{pmatrix} \begin{pmatrix} 1 & -\mathrm{i} & 0 \\ \mathrm{i} & 1 & 0 \\ 0 & 0 & 1 \end{pmatrix} \begin{pmatrix} 0 & 0 & 1 \\ 0 & 0 & \mathrm{i} \\ -1 & -\mathrm{i} & 0 \end{pmatrix} \begin{pmatrix} 0 & 0 & -1 \\ 0 & 0 & \mathrm{i} \\ 1 & -\mathrm{i} & 0 \end{pmatrix} \tag{8.4.9a}$$

$$+\frac{1}{2} \leftarrow +\frac{1}{2} \quad -\frac{1}{2} \leftarrow -\frac{1}{2} \quad -\frac{1}{2} \leftarrow +\frac{1}{2} \quad +\frac{1}{2} \leftarrow -\frac{1}{2}$$

（2）${}^2P_{\frac{3}{2}}$ 共振项：

$$\begin{pmatrix} 2 & -\mathrm{i} & 0 \\ \mathrm{i} & 2 & 0 \\ 0 & 0 & 2 \end{pmatrix} \begin{pmatrix} 2 & \mathrm{i} & 0 \\ -\mathrm{i} & 2 & 0 \\ 0 & 0 & 2 \end{pmatrix} \begin{pmatrix} 0 & 0 & -1 \\ 0 & 0 & -\mathrm{i} \\ 1 & \mathrm{i} & 0 \end{pmatrix} \begin{pmatrix} 0 & 0 & 1 \\ 0 & 0 & -\mathrm{i} \\ -1 & \mathrm{i} & 0 \end{pmatrix} \tag{8.4.9b}$$

$$+\frac{1}{2} \leftarrow +\frac{1}{2} \quad -\frac{1}{2} \leftarrow -\frac{1}{2} \quad -\frac{1}{2} \leftarrow +\frac{1}{2} \quad +\frac{1}{2} \leftarrow -\frac{1}{2}$$

相同因子乘以这两个共振组分，可以对其进行直接比较。

8.4.3 六卤化铱（Ⅳ）在完全对称振动中的共振拉曼散射

在奇电子数分子中，与钠类似的机制可以在完全对称的振动模式中产生反对称共振拉曼散射。在这方面，低自旋 d^5 配合物 $IrCl_6^{2-}$ 和 $IrBr_6^{2-}$ 是比较好的例子。

六卤化铱（Ⅳ）的分子轨道描述类似于在 6.3.2 节中的 $Fe(CN)_6^{3-}$。图 6.6 和图 6.7 中轨道和态的示意图仍然适用，然而这里自旋-轨道分裂比较大，必须完全包含在内。因为这里的自旋-轨道分裂小于八面体环境对原子能级的分裂，所以我们首先考虑将原子态的空间部分分裂成常规群 O_h 的对称类 T_{2g}、T_{1u} 和 T_{2u}。由自旋-轨道耦合产生的态必须根据双基团 O_h^* 的不可约表示进行分类，O_h^* 具有附加的偶不可约表示 $E'_{g,u}$、$E''_{g,u}$ 和 $U'_{g,u}$［用 Griffith（1961）中的术语］。在 O_h 中的 T_{2g}、T_{1u} 和 T_{2u} 变成 O_h^* 中的 T'_{2g}、T'_{1u} 和 T'_{2u}。自旋轨道态的对称类是由波函数空间部分的类与 E'_g 的直接积获得，E'_g 是双自旋部分的类。因此，$T'_{2g}\times E'_g=E''_g+U'_g$，$T'_{1u}\times E'_g=E'_u+U'_u$，$T'_{2u}\times E'_g=E''_u+U'_u$。自旋-轨道分裂模式见图 8.2。

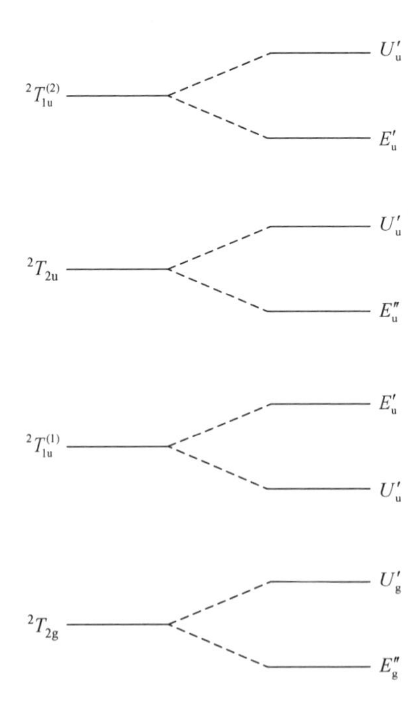

图 8.2　由六卤化铱（Ⅳ）的 $\gamma_u^n t_{2g}^5$ 和 $\gamma_u^{n-1} t_{2g}^6$ 构型产生的自旋-轨道态的普遍模式

因此，基能级为对称类 E''_g 的 Kramers 双态，可能的共振激发能级是由 $^2T_{1u}$ 和 $^2T_{2u}$ 能级的自旋-轨道分裂产生的类 U'_u 和 E''_u（注意，通过激发 E'_u 能级导致的共振散射为电偶极禁阻的)。我们可以用在 8.2 节中给出的群理论准则：反对称拉曼散射在 IrX_6^{2-} 振动的完全对称模式中是允许的，因为$\left[E_g''^2\right]=T_{1g}$，并且，反对称张量分量属于 T_{1g}。

跃迁极化率分量的计算沿着与 Na 的情况相似的路线进行，只是这里我们使用从适用于有限分子双基团的 Wigner-Eckart 定理的 Harnung 版本推导的结果（4.4.33），以确定电偶极矩算符的笛卡儿分量的矩阵元。但是与 Na 的情况不同，我们将不涉及 6j 符号的类似情况，从而将根据包含耦合自旋-轨道态简化的矩阵元给出结果。与 Na 的情况一样，我们期望 XY 分量只能通过式（8.4.1a）产生对角散射跃迁，而 XZ 和 YZ 分量只能通过式（8.4.1b）和式（8.4.1c）产生非对角散射跃迁。

例如，考虑具有类 U_u' 的激发能级共振。使用式（4.4.33）可以产生 XY 分量的矩阵元的唯一非零积：

$$\begin{aligned}\left\langle E''\frac{1}{2}\middle|\mu_X\middle|U'\frac{3}{2}\right\rangle\left\langle U'\frac{3}{2}\middle|\mu_Y\middle|E''\frac{1}{2}\right\rangle &= -\left\langle E''-\frac{1}{2}\middle|\mu_X\middle|U'-\frac{3}{2}\right\rangle\left\langle U'-\frac{3}{2}\middle|\mu_Y\middle|E''-\frac{1}{2}\right\rangle\\ &= -\frac{1}{3}\left\langle E''\frac{1}{2}\middle|\mu_X\middle|U'-\frac{1}{2}\right\rangle\left\langle U'-\frac{1}{2}\middle|\mu_Y\middle|E''\frac{1}{2}\right\rangle\\ &= \frac{1}{3}\left\langle E''-\frac{1}{2}\middle|\mu_X\middle|U'\frac{1}{2}\right\rangle\left\langle U'\frac{1}{2}\middle|\mu_Y\middle|E''-\frac{1}{2}\right\rangle = \frac{1}{24}\mathrm{i}\left|\langle E''\|\mu\|U'\rangle\right|^2\end{aligned} \tag{8.4.10}$$

因此，对所有允许跃迁到激发态 U_u' 能级情况求和，给出：

$$(\alpha'_{XY})^{\mathrm{a}}_{\frac{1}{2}\frac{1}{2}} = \frac{2\omega}{6\hbar}\left|\langle E''\|\mu\|U'\rangle\right|^2\sum_{\upsilon_j}(f+\mathrm{i}g)\langle 1_n|\upsilon_j\rangle\langle\upsilon_j|0_n\rangle = -(\alpha'_{XY})^{\mathrm{a}}_{-\frac{1}{2}-\frac{1}{2}} \tag{8.4.11}$$

其他分量也一样：

$$(\alpha_{XZ})^{\mathrm{a}}_{+\frac{1}{2}-\frac{1}{2}} = \frac{\omega}{6\hbar}\left|\langle E''\|\mu\|U'\rangle\right|^2\sum_{\upsilon_j}(f+\mathrm{i}g)\langle 1_n|\upsilon_j\rangle\langle\upsilon_j|0_n\rangle = -(\alpha_{XZ})^{\mathrm{a}}_{-\frac{1}{2}+\frac{1}{2}} \tag{8.4.12}$$

$$(\alpha'_{YZ})^{\mathrm{a}}_{+\frac{1}{2}-\frac{1}{2}} = \frac{\omega}{6\hbar}\left|\langle E''\|\mu\|U'\rangle\right|^2\sum_{\upsilon_j}(f+\mathrm{i}g)\langle 1_n|\upsilon_j\rangle\langle\upsilon_j|0_n\rangle = (\alpha'_{YZ})^{\mathrm{a}}_{-\frac{1}{2}+\frac{1}{2}} \tag{8.4.13}$$

$$(\alpha_{XX})^{\mathrm{s}}_{\pm\frac{1}{2}\pm\frac{1}{2}} = \frac{\omega}{3\hbar}\left|\langle E''\|\mu\|U'\rangle\right|^2\sum_{\upsilon_j}(f+\mathrm{i}g)\langle 1_n|\upsilon_j\rangle\langle\upsilon_j|0_n\rangle = (\alpha_{YY})^{\mathrm{s}}_{\pm\frac{1}{2}\pm\frac{1}{2}} = (\alpha_{ZZ})^{\mathrm{s}}_{\pm\frac{1}{2}\pm\frac{1}{2}} \tag{8.4.14}$$

为了简便起见，我们没有明确说明 υ_j 是与激发电子能级 U_u' 相关的振动态，以及 f 和 g 是与振动共振相关的线形函数。类似的计算也可以用于具有类 E_u'' 激发能级的其他可能共振。

这两个可能共振的复跃迁极化率 $(\tilde{\alpha}_{\alpha\beta})_{e_me_n}=(\alpha_{\alpha\beta})_{e_me_n}-\mathrm{i}(\alpha'_{\alpha\beta})_{e_me_n}$ 各组分的相对值归纳如下：

（1）E''_{u} 共振能级：

$$\begin{pmatrix} 1 & \mathrm{i} & 0 \\ -\mathrm{i} & 1 & 0 \\ 0 & 0 & 1 \end{pmatrix}\begin{pmatrix} 1 & -\mathrm{i} & 0 \\ \mathrm{i} & 1 & 0 \\ 0 & 0 & 1 \end{pmatrix}\begin{pmatrix} 0 & 0 & 1 \\ 0 & 0 & \mathrm{i} \\ -1 & -\mathrm{i} & 0 \end{pmatrix}\begin{pmatrix} 0 & 0 & -1 \\ 0 & 0 & \mathrm{i} \\ 1 & -\mathrm{i} & 0 \end{pmatrix} \tag{8.4.15a}$$

$$+\frac{1}{2}\leftarrow+\frac{1}{2} \quad -\frac{1}{2}\leftarrow-\frac{1}{2} \quad -\frac{1}{2}\leftarrow+\frac{1}{2} \quad +\frac{1}{2}\leftarrow-\frac{1}{2}$$

（2）U'_{u} 共振能级：

$$\begin{pmatrix} 2 & -\mathrm{i} & 0 \\ \mathrm{i} & 2 & 0 \\ 0 & 0 & 2 \end{pmatrix}\begin{pmatrix} 2 & \mathrm{i} & 0 \\ -\mathrm{i} & 2 & 0 \\ 0 & 0 & 2 \end{pmatrix}\begin{pmatrix} 0 & 0 & -1 \\ 0 & 0 & -\mathrm{i} \\ 1 & \mathrm{i} & 0 \end{pmatrix}\begin{pmatrix} 0 & 0 & 1 \\ 0 & 0 & -\mathrm{i} \\ -1 & \mathrm{i} & 0 \end{pmatrix} \tag{8.4.15b}$$

$$+\frac{1}{2}\leftarrow+\frac{1}{2} \quad -\frac{1}{2}\leftarrow-\frac{1}{2} \quad -\frac{1}{2}\leftarrow+\frac{1}{2} \quad +\frac{1}{2}\leftarrow-\frac{1}{2}$$

在式（8.4.15a）和式（8.4.15b）中张量分量的绝对值分别依赖于 $\left|\left\langle E''\|\mu\|E''\right\rangle\right|^2$ 和 $\left|\left\langle E''\|\mu\|U'\right\rangle\right|^2$，它们是产生这些态的明确轨道构型的函数。由于通常 E''_{u} 和 U'_{u} 激发能级会产生不同的轨道构型，因此对于这两种共振对应的张量分量，如果不进行合适的约化矩阵元的深入计算，是不能直接进行比较的。

注意，E''_{u} 和 U'_{u} 共振的张量模与在钠中的 ${}^2P_{\frac{1}{2}}$ 和 ${}^2P_{\frac{3}{2}}$ 共振相等。这意味着对应的退偏振比是相等的：因此，对于 $E''_{\mathrm{u}}\leftarrow E''_{\mathrm{g}}$ 共振，$\rho(x)$ 为 1；对于 $U'_{\mathrm{u}}\leftarrow E''_{\mathrm{g}}$ 共振，$\rho(x)$ 为 $\frac{1}{4}$。事实上，Hamaguchi 和 Shimanouchi（1976）已经观察到了 $IrBr_6^{2-}$ 吸收带为 E''_{u} 激发能级的共振前值，而 Stein、Brown 和 Spiro（1977）已经近似观察到了 $IrCl_6^{2-}$ 吸收带为 U'_{u} 激发能级的共振后值。

对于计算的其他方法和进一步讨论，我们可以参考 Hamaguchi（1977）及 Stein、Brown 和 Spiro（1977）。

8.4.4 通过振动耦合产生的反对称跃迁张量

正如在 8.3 节中讨论的那样，对于与非完全对称共振相关的共振和非共振拉曼散射需要振动耦合。对应的跃迁极化率，在

$$\sum_p(\partial H_{\mathrm{e}}/\partial Q_p)_0 Q_p$$

中用一级微扰进行计算，由式（8.3.1）中的 $\boldsymbol{Z}$ 张量给出。

我们回顾一下，依赖于

$$\left\langle \upsilon_m \middle| Q_p \middle| \upsilon_j \right\rangle \left\langle \upsilon_j \middle| \upsilon_n \right\rangle$$

的项对于 0-0 共振有最大值，并且依赖于

$$\langle \upsilon_m | \upsilon_j \rangle \langle \upsilon_j | Q_p | \upsilon_n \rangle$$

的项对于 0-1 共振有最大值，我们可以将对应的共振微扰反对称跃迁极化率写成从与特定激发电子态$|e_j\rangle$相关的 0-0 和 0-1 振动共振的贡献和：

$$\begin{aligned}(\alpha_{\alpha\beta})^{\text{a}}_{e_n\upsilon_m e_n\upsilon_n} = \frac{\omega}{\hbar}\Bigg\{&(f_{0\text{-}0}+\text{i}g_{0\text{-}0})\text{Re}\Bigg[\sum_{e_k\neq e_j}\frac{\left\langle e_n\left|\sum_p(\partial H_{\text{e}}/\partial Q_p)_0\right|e_j\right\rangle}{\hbar\omega_{e_je_k}}\\
&\times\Big(\langle e_m|\mu_\alpha|e_k\rangle\langle e_j|\mu_\beta|e_n\rangle-\langle e_m|\mu_\beta|e_k\rangle\langle e_j|\mu_\alpha|e_n\rangle\Big)\langle 1_n|Q_p|0_j\rangle\langle 0_j|0_n\rangle\Bigg]\\
&+(f_{0\text{-}1}+\text{i}g_{0\text{-}1})\text{Re}\Bigg[\sum_{e_k\neq e_j}\frac{\left\langle e_n\left|\sum_p(\partial H_{\text{e}}/\partial Q_p)_0\right|e_j\right\rangle^*}{\hbar\omega_{e_je_k}}\\
&\times\Big(\langle e_m|\mu_\alpha|e_j\rangle\langle e_k|\mu_\beta|e_n\rangle-\langle e_m|\mu_\beta|e_j\rangle\langle e_k|\mu_\alpha|e_n\rangle\Big)\langle 1_n|1_j\rangle\langle 1_j|Q_p^*|0_n\rangle\Bigg]\Bigg\}\end{aligned} \tag{8.4.16a}$$

$$\begin{aligned}(\alpha'_{\alpha\beta})^{\text{a}}_{e_n\upsilon_m e_n\upsilon_n} = \frac{\omega}{-\hbar}\Bigg\{&(f_{0\text{-}0}+\text{i}g_{0\text{-}0})\text{Im}\Bigg[\sum_{e_k\neq e_j}\frac{\left\langle e_n\left|\sum_p(\partial H_{\text{e}}/\partial Q_p)_0\right|e_j\right\rangle}{\hbar\omega_{e_je_k}}\\
&\times\Big(\langle e_m|\mu_\alpha|e_k\rangle\langle e_j|\mu_\beta|e_n\rangle-\langle e_m|\mu_\beta|e_k\rangle\langle e_j|\mu_\alpha|e_n\rangle\Big)\langle 1_n|Q_p|0_j\rangle\langle 0_j|0_n\rangle\Bigg]\\
&+(f_{0\text{-}1}+\text{i}g_{0\text{-}1})\text{Im}\Bigg[\sum_{e_k\neq e_j}\frac{\left\langle e_n\left|\sum_p(\partial H_{\text{e}}/\partial Q_p)_0\right|e_j\right\rangle^*}{\hbar\omega_{e_je_k}}\\
&\times\Big(\langle e_m|\mu_\alpha|e_j\rangle\langle e_k|\mu_\beta|e_n\rangle-\langle e_m|\mu_\beta|e_j\rangle\langle e_k|\mu_\alpha|e_n\rangle\Big)\langle 1_n|1_j\rangle\langle 1_j|Q_p^*|0_n\rangle\Bigg]\Bigg\}\end{aligned} \tag{8.4.16b}$$

我们只保留了$|e_j\rangle$与其他激发电子态$|e_k\rangle$的振动混合，因为这通常比基态$|e_n\rangle$与激发态混合给出更大贡献。

在简并和非简并初态两种情况下，这些反对称张量的应用非常不同。如果初电子态是简并的，则类似于 8.4.1 节中讨论的没有振动反对称散射的情况：对角跃

迁和非对角跃迁的概率相同，然而现在，振动耦合的引入使反对称散射与在振动的非完全对称模式中共振拉曼散射相关，该模式遵循 8.2 节中引入的对称性规则；也就是偶电子体系$\{\Gamma_{\rm e}^2\}\times\Gamma_{\rm A}$和奇电子体系$[\Gamma_{\rm e}^2]\times\Gamma_{\rm A}$必须包含$\Gamma_{\rm v}$。然而，如果初电子态是非简并的，则振动模式的对称类必须与反对称张量分量的一样。现在将这些表达用到卟啉中与非完全对称模式相关的共振拉曼散射上。该分子具有非简并基电子态（至少在具有偶电子数的情况下是这样）。对于具有简并基电子态的分子中的非完全对称模式的应用比较复杂，这里就不描述了。对于六卤化铱（Ⅳ）的详细应用可以参考 Hamaguchi（1977）。

8.4.5 卟啉的共振拉曼散射

卟啉为通过振动耦合产生反对称共振拉曼散射提供了很好的例子。起作用的生色团是共轭环体系：产生近紫外-可见吸收的电子态和跃迁见 6.3.1 节。因为这是一个没有基态轨道简并的偶电子体系，所以反对称散射只能与产生反对称不可约表示的正则振动坐标$Q_{\rm a}$有关；在这种情况下，$D_{4\rm h}$金属卟啉包含$A_{2\rm g}$和$E_{\rm g}$，$D_{2\rm h}$自由基卟啉包含$B_{1\rm g}$、$B_{2\rm g}$和$B_{3\rm g}$。事实上，迄今为止只有在金属卟啉的$A_{2\rm g}$模式中观察到了反对称散射，因而我们将集中介绍该情况。

设$e_m=e_n$，调用电偶极矩算符的厄米性，并假设Q_{A_2}是实数，由式（8.4.16a）得到相关表达：

$$(\alpha_{\alpha\beta})^{\rm a}_{e_n\upsilon_m e_n\upsilon_n}=\frac{\omega}{\hbar}\Big[(f_{0\text{-}0}+{\rm i}g_{0\text{-}0})\langle 1_n|Q_{A_2}|0_j\rangle\langle 0_j|0_n\rangle-(f_{0\text{-}1}+{\rm i}g_{0\text{-}1})\langle 1_n|1_j\rangle\langle 1_j|Q_{A_2}|0_n\rangle\Big]Z^{\rm a}_{\alpha\beta} \tag{8.4.17a}$$

$$Z^{\rm a}_{\alpha\beta}={\rm Re}\left[\sum_{e_k\neq e_j}\frac{\langle e_n|(\partial H_{\rm e}/\partial Q_{A_2})_0|e_j\rangle}{\hbar\omega_{e_je_k}}\times\Big(\langle e_n|\mu_\alpha|e_k\rangle\langle e_j|\mu_\beta|e_n\rangle-\langle e_n|\mu_\beta|e_k\rangle\langle e_j|\mu_\alpha|e_n\rangle\Big)\right] \tag{8.4.17b}$$

现在可以看到，振动耦合导致的反对称散射的基本准则是 0-0 和 0-1 振动跃迁能够很好分离，否则它们的贡献会彼此抵消。这是在卟啉的Q_0和Q_1带而不是在 Soret 带中激发的A_2模式中观察到强反对称散射的原因。这两种贡献的干涉导致当激发激光频率扫过 0-0 和 0-1 吸收区域（激发带宽）时，共振拉曼强度的特征变化。我们参考 Barron（1976）关于卟啉Q_0和Q_1吸收带区域中对称和反对称散射的这些激发带宽的明确形式：主要特征是，反对称散射强度在Q_0-Q_1以外的区域要比对称散射强度更迅速地降为零，但在Q_0和Q_1波段之间更强，尽管二者的峰值都接近 0-0 和 0-1 吸收峰。请注意，式（8.4.17）不需要在任何分子态处于简并才非零。Mortensen 和 Hassing（1979）对共振拉曼散射中的干涉效应作了全面的综述。

激发共振态的电子部分$|e_j\rangle$，对于Q_0和Q_1带的共振是双简并的，并属于6.3.1节中的E_{u_a}。最邻近的另一个激发态对应了Soret带，也是双简并的，属于E_{u_b}。尽管电子态简并集的组分之间存在振动耦合，正如在8.3节末尾讨论的那样，我们仍然可以从重要的非简并结果（8.4.17）推导出正确的对称性部分。因为

$$E_u^2 = [A_{1g}] + [B_{1g}] + [B_{2g}] + \{A_{2g}\}$$

由此可知，类A_{1g}、B_{1g}、B_{2g}和A_{2g}的振动坐标可以影响E_{u_a}和E_{u_b}集组分间的振动耦合；然而，只有A_{1g}、B_{1g}和B_{2g}可以影响同一集合（E_{u_a}或E_{u_b}）组分间的有效耦合（Jahn-Teller 效应）。因此，我们将利用A_{1g}、B_{1g}和B_{2g}类的非完全对称振动坐标，计算在电子态的E_{u_a}或E_{u_b}集的组分间振动耦合产生的跃迁张量分量的相对值，并使用相同的结果计算E_{u_a}集合中通过B_{1g}和B_{2g}振动坐标的Jahn-Teller耦合产生的跃迁张量的相对值。顺便说一下，E_u^2不包含E_g或E_u的事实似乎足以解释卟啉的共振拉曼光谱中不存在振动的E_g和E_u谱带的原因。

当不存在外磁场时，我们可以用分子对称群的Wigner-Eckart定理的实部（4.4.28），以及Griffith关于处于D_4中V系数的表D.3.2（实部）。激发共振态$|e_j\rangle$可以是E_{u_a}态的X或Y组分，并且，因为：

$$\langle EX|(\partial H_e/\partial Q_{A_2})_0|EY\rangle = \frac{1}{\sqrt{2}}\langle E\|(\partial H_e/\partial Q_{A_2})_0\|E\rangle \tag{8.4.18a}$$

$$\langle EY|(\partial H_e/\partial Q_{A_2})_0|EX\rangle = -\frac{1}{\sqrt{2}}\langle E\|(\partial H_e/\partial Q_{A_2})_0\|E\rangle \tag{8.4.18b}$$

$$\langle EX|(\partial H_e/\partial Q_{A_2})_0|EX\rangle = \langle EY|(\partial H_e/\partial Q_{A_2})_0|EY\rangle = 0 \tag{8.4.18c}$$

它可以通过Q_{A_2}分别与E_{u_b}态的Y或X分量耦合。将共振能级的这两个简并X和Y组分的贡献进行求和，从式（8.4.17）得到：

$$\begin{aligned}(\alpha_{XY})^{a}_{e_n\upsilon_m e_n\upsilon_n} = &-\frac{\omega}{\sqrt{2}\hbar\Delta}\Big[(f_{0\text{-}0}+\mathrm{i}g_{0\text{-}0})\langle 1_n|Q_{A_2}|0_j\rangle\langle 0_j|0_n\rangle-(f_{0\text{-}1}+\mathrm{i}g_{0\text{-}1})\langle 1_n|1_j\rangle\langle 1_j|Q_{A_2}|0_n\rangle\Big]\\ &\times|\langle A_1\|\mu\|E\rangle|^2\langle E\|(\partial H_e/\partial Q_{A_2})_0\|E\rangle\end{aligned} \tag{8.4.19}$$

其中，$\Delta = W_{E_b} - W_{E_a}$，是Soret能级和$Q$能级间的能量差。

在B_1和B_2模式中散射的对称张量分量可以用类似方式进行计算。B_1、B_2和A_2振动的复跃迁极化率$(\tilde{\alpha}_{\alpha\beta})_{e_n\upsilon_m e_n\upsilon_n}$分量的相对值（实数计算）总结如下。

（1）0-0 振动共振。

（ⅰ）$|E_{u_a}X\rangle$电子共振态：

$$\begin{pmatrix} 2 & 0 & 0 \\ 0 & 0 & 0 \\ 0 & 0 & 0 \end{pmatrix}\begin{pmatrix} 0 & -1 & 0 \\ -1 & 0 & 0 \\ 0 & 0 & 0 \end{pmatrix}\begin{pmatrix} 0 & -1 & 0 \\ 1 & 0 & 0 \\ 0 & 0 & 0 \end{pmatrix} \tag{8.4.20a}$$

$$Q_{B_1} \qquad Q_{B_2} \qquad Q_{A_2}$$

（ii）$\left|E_{u_a}Y\right\rangle$ 电子共振态：

$$\begin{pmatrix} 0 & 0 & 0 \\ 0 & -2 & 0 \\ 0 & 0 & 0 \end{pmatrix}\begin{pmatrix} 0 & -1 & 0 \\ -1 & 0 & 0 \\ 0 & 0 & 0 \end{pmatrix}\begin{pmatrix} 0 & 1 & 0 \\ 1 & 0 & 0 \\ 0 & 0 & 0 \end{pmatrix} \tag{8.4.20b}$$

$$Q_{B_1} \qquad Q_{B_2} \qquad Q_{A_2}$$

（2）0-1 振动共振。

（i）$\left|E_{u_a}X\right\rangle$ 电子共振态：

$$\begin{pmatrix} 2 & 0 & 0 \\ 0 & 0 & 0 \\ 0 & 0 & 0 \end{pmatrix}\begin{pmatrix} 0 & -1 & 0 \\ -1 & 0 & 0 \\ 0 & 0 & 0 \end{pmatrix}\begin{pmatrix} 0 & 1 & 0 \\ -1 & 0 & 0 \\ 0 & 0 & 0 \end{pmatrix} \tag{8.4.20c}$$

$$Q_{B_1} \qquad Q_{B_2} \qquad Q_{A_2}$$

（ii）$\left|E_{u_a}Y\right\rangle$ 电子共振态：

$$\begin{pmatrix} 0 & 0 & 0 \\ 0 & -2 & 0 \\ 0 & 0 & 0 \end{pmatrix}\begin{pmatrix} 0 & -1 & 0 \\ -1 & 0 & 0 \\ 0 & 0 & 0 \end{pmatrix}\begin{pmatrix} 0 & 1 & 0 \\ 1 & 0 & 0 \\ 0 & 0 & 0 \end{pmatrix} \tag{8.4.20d}$$

$$Q_{B_1} \qquad Q_{B_2} \qquad Q_{A_2}$$

我们已经区分了激发电子共振能级的 X 和 Y 分量的贡献，因为如果卟啉的四重对称轴被取代物破坏，简并度降低，从而有可能分离出独立贡献。请注意，所有分量都是实数：这是因为分子有偶数个电子，并且由于没有外磁场存在，我们使用了简并波函数的实表达。

我们还将利用分子对称群的 Wigner-Eckart 定理的复形式（4.4.29），以及处于 D_4 的 V 系数的 Griffith（1962）表 D.3.2（复形式），在复基上计算卟啉跃迁极化率。这是为了便于后续 8.5.4 节中卟啉的核磁共振拉曼光学活性的计算。由于本节强调的是反对称散射，因此给出了 Q_{A_2} 的计算实例。激发共振态 $|e_j\rangle$ 现在可以是 E_{u_a} 能级的 + 1 或–1 分量，因为：

$$\left\langle E\pm1\right|(\partial H_e/\partial Q_{A_2})_0\left|E\pm1\right\rangle = \pm\frac{\mathrm{i}}{\sqrt{2}}\left\langle E\right\|(\partial H_e/\partial Q_{A_2})_0\left\|E\right\rangle \tag{8.4.21a}$$

$$\left\langle E1\right|(\partial H_e/\partial Q_{A_2})_0\left|E-1\right\rangle = \left\langle E-1\right|(\partial H_e/\partial Q_{A_2})_0\left|E1\right\rangle = 0 \tag{8.4.21b}$$

它可以通过 Q_{A_2} 与 E_{u_b} 态相同组分耦合。当没有磁场时，我们可以再次对式（8.4.17）

中共振能级的这两个简并组分（这次为 +1 和 −1）求和，并恢复式（8.4.19），也就是以实基表示的实跃迁极化率分量。然而，当存在磁场时，简并性被破坏，每个跃迁分量必须独立考虑。结果表明，除了实跃迁极化率（8.4.16a），虚跃迁极化率（8.4.16b）的一些分量是非零的，尽管当对 +1 和 −1 分量求和时这些分量会被抵消。

对于 B_1、B_2 和 A_2 振动，复基计算的复跃迁极化率 $(\tilde{\alpha}_{\alpha\beta})_{e_n\upsilon_m e_n\upsilon_n}$ 分量的相对值总结如下。

（1）0-0 振动共振。

（i）$|E_{u_a}1\rangle$ 电子共振态：

$$\underset{Q_{B_1}}{\begin{pmatrix} 1 & -i & 0 \\ -i & -1 & 0 \\ 0 & 0 & 0 \end{pmatrix}}\underset{Q_{B_2}}{\begin{pmatrix} -i & -1 & 0 \\ -1 & i & 0 \\ 0 & 0 & 0 \end{pmatrix}}\underset{Q_{A_2}}{\begin{pmatrix} -i & -1 & 0 \\ 1 & -i & 0 \\ 0 & 0 & 0 \end{pmatrix}} \tag{8.4.22a}$$

（ii）$|E_{u_a}-1\rangle$ 电子共振态：

$$\underset{Q_{B_1}}{\begin{pmatrix} 1 & i & 0 \\ i & -1 & 0 \\ 0 & 0 & 0 \end{pmatrix}}\underset{Q_{B_2}}{\begin{pmatrix} i & -1 & 0 \\ -1 & -i & 0 \\ 0 & 0 & 0 \end{pmatrix}}\underset{Q_{A_2}}{\begin{pmatrix} i & -1 & 0 \\ 1 & i & 0 \\ 0 & 0 & 0 \end{pmatrix}} \tag{8.4.22b}$$

（2）0-1 振动共振。

（i）$|E_{u_a}1\rangle$ 电子共振态：

$$\underset{Q_{B_1}}{\begin{pmatrix} 1 & i & 0 \\ i & -1 & 0 \\ 0 & 0 & 0 \end{pmatrix}}\underset{Q_{B_2}}{\begin{pmatrix} i & -1 & 0 \\ -1 & -i & 0 \\ 0 & 0 & 0 \end{pmatrix}}\underset{Q_{A_2}}{\begin{pmatrix} i & 1 & 0 \\ -1 & i & 0 \\ 0 & 0 & 0 \end{pmatrix}} \tag{8.4.22c}$$

（ii）$|E_{u_a}-1\rangle$ 电子共振态：

$$\underset{Q_{B_1}}{\begin{pmatrix} 1 & -i & 0 \\ -i & -1 & 0 \\ 0 & 0 & 0 \end{pmatrix}}\underset{Q_{B_2}}{\begin{pmatrix} -i & -1 & 0 \\ -1 & i & 0 \\ 0 & 0 & 0 \end{pmatrix}}\underset{Q_{A_2}}{\begin{pmatrix} -i & 1 & 0 \\ -1 & -i & 0 \\ 0 & 0 & 0 \end{pmatrix}} \tag{8.4.22d}$$

注意，当对电子共振态的 + 1 和−1 分量求和时，虚张量分量为零，我们得到与式（8.4.20）中对 X 和 Y 分量求和的相同结果。

为了完整起见，我们这里还给出卟啉 A_1 模式中共振拉曼散射的跃迁极化率：尽管这些不产生反对称散射（在磁场不存在的情况下），但它们是磁共振拉曼光学活性计算所必需的。振动耦合不再是必需的，从而在式（8.3.1）中的 $\boldsymbol{X}$ 张量产生显著影响。使用实和复基集，对于 0-0 和 0-1 共振，可以得到如下相对值。

（i）$\left|E_{u_a}X\right\rangle$ 电子共振态：

$$\begin{pmatrix} 2 & 0 & 0 \\ 0 & 0 & 0 \\ 0 & 0 & 0 \end{pmatrix} \quad (8.4.23a)$$
$$Q_{A_1}$$

（ii）$\left|E_{u_a}Y\right\rangle$ 电子共振态：

$$\begin{pmatrix} 0 & 0 & 0 \\ 0 & 2 & 0 \\ 0 & 0 & 0 \end{pmatrix} \quad (8.4.23b)$$
$$Q_{A_1}$$

（iii）$\left|E_{u_a}1\right\rangle$ 电子共振态：

$$\begin{pmatrix} 1 & -\mathrm{i} & 0 \\ \mathrm{i} & 1 & 0 \\ 0 & 0 & 0 \end{pmatrix} \quad (8.4.23c)$$
$$Q_{A_1}$$

（iv）$\left|E_{u_a}-1\right\rangle$ 电子共振态：

$$\begin{pmatrix} 1 & \mathrm{i} & 0 \\ -\mathrm{i} & 1 & 0 \\ 0 & 0 & 0 \end{pmatrix} \quad (8.4.23d)$$
$$Q_{A_1}$$

值得一提的是，这里详细给出的机制包括 E_{u_a} 和 E_{u_b} 电子集间的流形振动耦合，并不能完全令人满意地描述金属卟啉共振拉曼散射所有特征。似乎有必要允许三个不同耦合间的干涉：E_{u_a} 和 E_{u_b} 间的流形耦合、E_{u_a} 中的流形耦合、E_{u_a} 和 E_{u_b} 间的电子构型相互作用。关于更深入的讨论，读者可以参考 Zgierski、Shelnutt 和 Pawlikowski（1979）的相关文献。

8.5　磁瑞利光学活性和磁拉曼光学活性

8.5.1　基本方程

在第 3 章中，我们用磁微扰分子性质张量推导出瑞利散射中磁光学活性观测量的普遍表达式。例如，无量纲圆偏振强度差：

$$\varDelta = \frac{I^{\mathrm{R}} - I^{\mathrm{L}}}{I^{\mathrm{R}} + I^{\mathrm{L}}} \tag{1.4.1}$$

为由式（3.5.43）～式（3.5.45）给出的在透明频率处的值。共振散射更普遍的圆偏振强度差分量可以从斯托克斯参数（3.5.46）～（3.5.48）推导出来。通过参考7.3.1 节中的处理，可以得到一个更直接的计算，并只保留 $\tilde{\alpha}^2$ 中的项。因此，对于90°散射，从式（7.3.6）可以写成：

$$\varDelta_x(90^\circ) = \frac{2\mathrm{Im}\left(\tilde{\alpha}_{xy}\tilde{\alpha}_{xx}^*\right)}{\left(\tilde{\alpha}_{xx}\tilde{\alpha}_{xx}^* + \tilde{\alpha}_{xy}\tilde{\alpha}_{xy}^*\right)} \tag{8.5.1a}$$

$$\varDelta_z(90^\circ) = \frac{2\mathrm{Im}\left(\tilde{\alpha}_{zy}\tilde{\alpha}_{zx}^*\right)}{\left(\tilde{\alpha}_{zx}\tilde{\alpha}_{zx}^* + \tilde{\alpha}_{zy}\tilde{\alpha}_{zy}^*\right)} \tag{8.5.1b}$$

这些表达可以通过定磁场平行于入射光束的一级微扰下的极化率给出，并取玻尔兹曼加权平均。导致的平均表达式必须用来描述与对角散射跃迁相关的磁瑞利光学活性和拉曼光学活性；然而，对于非对角散射跃迁，直接从式（8.5.1）开始是比较有利的。我们将看到，在非对角散射跃迁中，磁瑞利光学活性和拉曼光学活性是非常有意义的，因为它可以直接探测基态塞曼分裂。

下面讨论的例子只考虑共振拉曼散射中的磁光学活性；磁光学活性在透明拉曼散射中还未观测到。磁场对分子振动态（即使是简并态）几乎没有直接影响，从而对振动光谱也没有影响。在振动共振拉曼散射中很容易观测到磁光学活性的原因是，拉曼效应本质上是由激发电子态调节的散射过程，而电子态会受到磁场的显著影响，特别是当它们简并时。磁场对振动态的直接作用要弱得多，导致了磁振动圆二色性，见 1.5 节。

8.5.2　钠原子的共振瑞利散射

钠原子蒸气的共振瑞利散射提供了一个简单而易着手的例子，我们可以直接利用 8.4.2 节中明确计算的张量分量。对于与纯磁量子态之间 90°散射跃迁相关的圆偏振强度差，我们将张量分量（8.4.9）直接代入式（8.5.1）。因此，对于与钠黄色双线中每个分量的共振，我们得到如表 8.1 中所列的结果。

表 8.1　Na 的纯磁量子态之间共振瑞利散射跃迁的圆偏振强度差分量

	$+\frac{1}{2}\leftarrow+\frac{1}{2}$	$-\frac{1}{2}\leftarrow-\frac{1}{2}$	$-\frac{1}{2}\leftarrow+\frac{1}{2}$	$+\frac{1}{2}\leftarrow-\frac{1}{2}$
$^2P_{\frac{1}{2}}$ 共振项				
$\varDelta_x(90^\circ)$	1	−1	0	0

续表

	$+\frac{1}{2}\leftarrow+\frac{1}{2}$	$-\frac{1}{2}\leftarrow-\frac{1}{2}$	$-\frac{1}{2}\leftarrow+\frac{1}{2}$	$+\frac{1}{2}\leftarrow-\frac{1}{2}$
$\Delta_z(90°)$	0	0	1	−1
$^2P_{\frac{3}{2}}$ 共振项				
$\Delta_x(90°)$	−4/5	4/5	0	0
$\Delta_z(90°)$	0	0	1	−1

我们看到，极化圆偏振强度差 $\Delta_x(90°)$ 仅由对角散射跃迁产生，而去极化圆偏振强度差 $\Delta_z(90°)$ 仅由非对角散射跃迁产生。因为对于两个不同的对角散射路径，$\Delta_x(90°)$ 是大小相等方向相反的，给出瑞利频率中心处的散射线，非零结果只能通过用式（8.5.1）给出的表达式得到，其中用到了磁场微扰的极化率，并采取玻尔兹曼加权平均：由于磁分裂 $^2S_{\frac{1}{2}}$ 初始项的这两个分量上略微不同的量，以及共振态与其他激发态的混合，给出剩余的效应。剩余的对角效应也会通过将入射频率调控到 $^2P_{\frac{1}{2},\pm\frac{1}{2}}\leftarrow{}^2S_{\frac{1}{2},\pm\frac{1}{2}}$ 跃迁中而观察到，因为这些在磁场中具有略微不同的能量。非对角散射跃迁可能更有趣：即使 $\Delta_z(90°)$ 对于这两个不同的非对角散射路径是大小相等方向相反的，该跃迁仍是容易观测的，因为散射线被基态塞曼分裂移到了瑞利频率中心的两侧。

对原子跃迁角动量选律的简单思考，可以很容易理解这些磁光学活性效应。因为当向着光源的方向观测时，右圆偏振光束的电矢量顺时针旋转，从而如果传播方向为磁量子轴，则右圆偏振光子沿传播方向的角动量分量为 $-\hbar$。同样，左圆偏振光子的投影为 $+\hbar$。结果，右圆偏振光子的吸收在原子态中产生 $\Delta M=-1$ 的变化，而左圆偏振光子的吸收在原子态中产生 $\Delta M=+1$ 的变化。这些结论也可以根据 Wigner-Eckart 定理（4.4.24）解析得出。此外，式（4.4.26）指出，对沿 z 方向线性极化的光子的吸收或发射诱导了原子中 $\Delta M=0$ 的变化，而对 x 或 y 偏振光子的吸收或发射诱导了 $\Delta M=\pm1$ 的变化。

图 8.3 描述了 $^2P_{\frac{1}{2}}\leftarrow{}^2S_{\frac{1}{2}}$ 跃迁共振的非对角瑞利散射过程中，磁光学活性的产生。忽略超精细组分，磁场破坏了这两项 $M_J=\pm\frac{1}{2}$ 组分的简并度。如果磁场沿入射光束的传播方向（也就是 $\mathrm{N}\xrightarrow{z}\mathrm{S}$），则右圆偏振入射光子将下项 $M_J=+\frac{1}{2}$ 组分与上项 $M_J=-\frac{1}{2}$ 组分相关联，并且 z 极化发射光子来自下项 $M_J=-\frac{1}{2}$ 组分的随后发

射[图 8.3（a）]。因此，如果入射光子的频率为 ω，则散射光子的频率为 $\omega+\delta$，其中，δ 是下项的塞曼分裂。从而，由右圆偏振入射光诱导的 90° 非对角共振瑞利散射，产生了一个偏移中心瑞利 $+\delta$ 的去极化谱线[图 8.3（b）]。同样，左圆偏振光产生了 $-\delta$ 的去极化谱线。图 8.3（c）给出对应的去极化圆偏振强度差 $\Delta_z(90°)$ 光谱。事实上，由于 $M_J=-\frac{1}{2}$ 态更高的玻尔兹曼数量，更低频谱线会略微更强（尽管 Δ 是无量纲的，但是这两个线对应的 Δ 值将是一样的）。

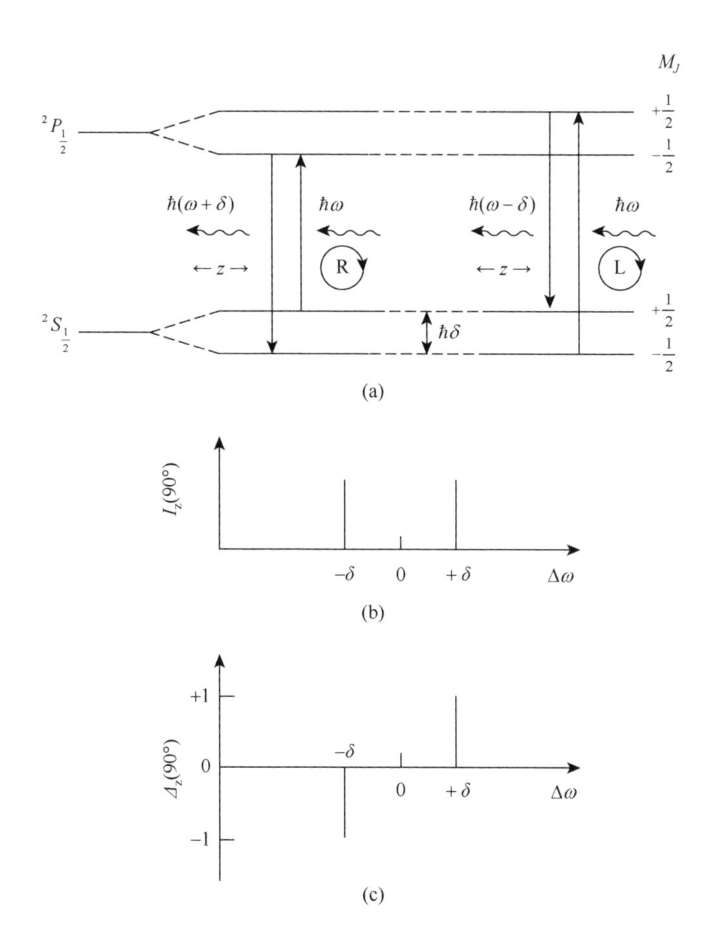

图 8.3　（a）在沿 z 方向的定磁场中，$^2P_{\frac{1}{2}}\leftarrow{}^2S_{\frac{1}{2}}$ 跃迁共振 90° 瑞利散射的非对角自旋反转跃迁，$\hbar\delta$ 是基态塞曼分裂；（b）90° 散射去偏振光谱。偏移瑞利频率 $+\delta$ 的谱线来自 $+\frac{1}{2}\leftarrow+\frac{1}{2}$ 跃迁，由右圆偏振入射光诱导产生，偏移瑞利频率 $-\delta$ 的谱线来自 $+\frac{1}{2}\leftarrow-\frac{1}{2}$ 跃迁，由左圆偏振入射光诱导产生；（c）正磁场下，对应的去极化圆偏振强度差谱

注意，如果这两个偏移非对角瑞利线是分离的（当 g 值为 2 时，1.07T 的场产生 $1cm^{-1}$ 的分裂），基态 g 值可测量为两线间隔的一半。因此，非对角瑞利散射提供了“瑞利电子顺磁共振”的可能性。该技术还直接给出 g 值的符号：通常如果 g 是正值，则高频谱线的 $\varDelta$ 值为正，而低频谱线的 $\varDelta$ 值为负。

总之，原子产生了 $\Delta J = 0$ ，$\Delta M = \pm 1$ 的变化。这种变化只能通过磁耦合相互作用的吸收产生，就像常规电子顺磁共振；然而这里变化受到反对称散射张量算符的影响，因为它以轴矢量的方式变化，与磁偶极算符具有相同选律。另一个特征是原子自旋态之间的跃迁受反对称散射张量算符的影响，该算符不包含明显的自旋算符，仅包含两个空间电偶极矩算符。然而，必须记住中间共振态是一个分辨自旋-轨道态，其中，自旋和轨道分量通过自旋-轨道耦合算符紧密混合，从而给出连接不同初自旋态和终自旋态的散射路径。我们将该过程称为自旋-翻转散射跃迁，它更普遍地将 Kramers 共轭态关联起来。

8.5.3　$IrCl_6^{2-}$ 和 $CuBr_4^{2-}$ 中的振动共振拉曼散射：自旋翻转跃迁和拉曼电子顺磁共振

由于完全对称振动模式中的共振拉曼散射不需要振动耦合，它可以通过前一节讨论的钠原子中机制的简单扩展，在奇电子数分子中产生磁光学活性。特别是非对角散射导致了“拉曼电子顺磁共振”的可能性。

我们考虑图 8.4 中描述的在 90° 散射的自旋反转过程。这只是由如图 8.3 所示的横向和纵向塞曼效应“背对背”组成的散射过程，除了现在叠加到基本振动斯托克斯拉曼过程上。从而，这两个自旋反转拉曼跃迁导致去极化分量的频率移动等于塞曼劈裂 δ ，位于振动拉曼频率 ω_{υ} 的任意一侧。事实上，频移是基态塞曼分裂和分子终激发振动态的平均值，二者略微不同；然而，出于我们的目的，这里假设它们是一样的。因此，右圆偏振入射光产生偏移振动斯托克斯拉曼谱线 $+\delta$ 的去偏振线，左圆偏振入射光产生偏移 $-\delta$ 的去偏振线。从而，大小相等方向相反的去偏振磁圆偏振强度差 $I_z^{R} - I_z^{L}$ 与这两个自旋反转跃迁相关联，从而观察到偶联特征。

低自旋 d^5 铱（Ⅳ）配合物 $IrCl_6^{2-}$ 和 d^9 铜（Ⅱ）配合物 $CuBr_4^{2-}$ 提供了关于自旋反转散射机制很好的例子，它们分别具有 O_h 和 D_{2d} 对称性（Barron and Meehan，1979）。这两种配合物稀溶液的去极化共振拉曼和磁拉曼光学活性光谱见图 8.5。在这两个配合物的磁拉曼光学活性光谱的强偶联与 $IrCl_6^{2-}(A_{1g})$ 的 $341cm^{-1}$ 和 $CuBr_4^{2-}(A_1)$ 的 $174cm^{-1}$ 处完全对称振动伸缩模式的共振拉曼带有关。后者因为太弱而很难觉察到。在 $IrCl_6^{2-}$ 的完全对称振动模式下，E''_{u} 和 U'_{u} 对称态激发电子共振的

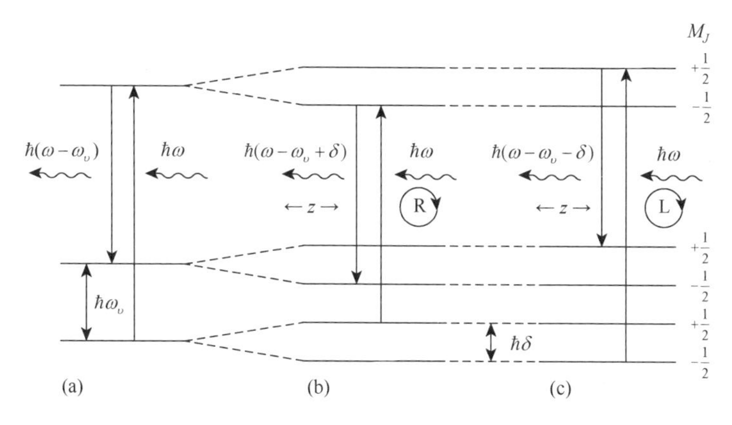

图 8.4　（a）常规振动斯托克斯共振拉曼跃迁过程；（b）和（c）展现了两个不同自旋翻转拉曼过程在 90°散射的极化特征，这产生于在初能级和终能级中，双重 Kramers 简并度被平行于入射光束（z 方向）正方向的磁场所降低

$\mp\frac{1}{2}\leftarrow\pm\frac{1}{2}$ 拉曼跃迁的明确张量分量见式（8.4.15）。将这些分量代入式（8.5.1b），我们发现对于 $-\frac{1}{2}\leftarrow+\frac{1}{2}$ 和 $+\frac{1}{2}\leftarrow-\frac{1}{2}$ 跃迁，无论算符中间共振态是否属于对称类 E''_u 或 U'_u，去偏振圆偏振强度差 $\Delta_z(90°)$ 都分别为+1 和 −1。这些值与从图 8.4 中描述的简单过程直接推导的值相同，并且只有在这两个自旋反转是完全区分的情况下才能被观察到。图 8.5 中展现的偶联要小一个数量级，这是因为这两个略微分离（2δ）的自旋反转拉曼光学活性带具有相反符号（在主拉曼带觉察不到该分裂），从而产生相互抵消。更高频率处存在更小的偶联，来自谐波和这些完全对称伸缩的组合模式。

在图 8.5 中，$IrCl_6^{2-}$ 和 $CuBr_4^{2-}$ 光谱中大的 A_{1g} 和 A_1 偶联的一个有意思的特点是，它们有相反的绝对符号。在相对于入射激光束的正磁场（$N\rightarrow S$）中，观察到 $CuBr_4^{2-}$ 偶联的绝对符号如图 8.4 所示，即正分量有更低的斯托克斯拉曼频移。这意味着 $CuBr_4^{2-}$ 的各向同性基态 g 值为正，然而 $IrCl_6^{2-}$ 的为负。与 $IrCl_6^{2-}$ 中 161cm^{-1} 处 T_{2g} 拉曼带相关的弱磁拉曼光学活性偶联，相对于在 341cm^{-1} 处的大 A_{1g} 偶联，具有相反的符号。这表明在磁结构中的变化对简并振动的影响是显著的。

因此，磁拉曼光学活性可以给出基态 g 值的符号。这在原子中总是正，并且通常在分子中被设为正。例如，在孤立的 Kramers 双态中，这对应了在 $S_z=+\frac{1}{2}$ 态下面的 $S_z=-\frac{1}{2}$ 态，其中，$\boldsymbol{S}$ 是有效自旋角动量。然而，有时该能级的顺序是相反的，这种情况被理解成具有负的 g 值。确定 g 符号的常规方法是在电子顺磁共振实验中使用圆偏振光：因为右圆偏振光子或左圆偏振光子的吸收分别产生 $\Delta M = -1$ 或 $+1$ 的跃迁，从而不同的圆偏振在导致磁共振跃迁方面是有效的，这将在实验上确定 g 的符号。然而，很少进行这样的实验，以这种方式确定负 g 值的唯一例子是关于 NpF_6 的基态（Hutchison and Weinstock，1960）。Abragam 和 Bleaney（1970）详细讨论了负 g 值，他们指出，$IrCl_6^{2-}$ 的各向同性 g 值在理论上应该是负的。

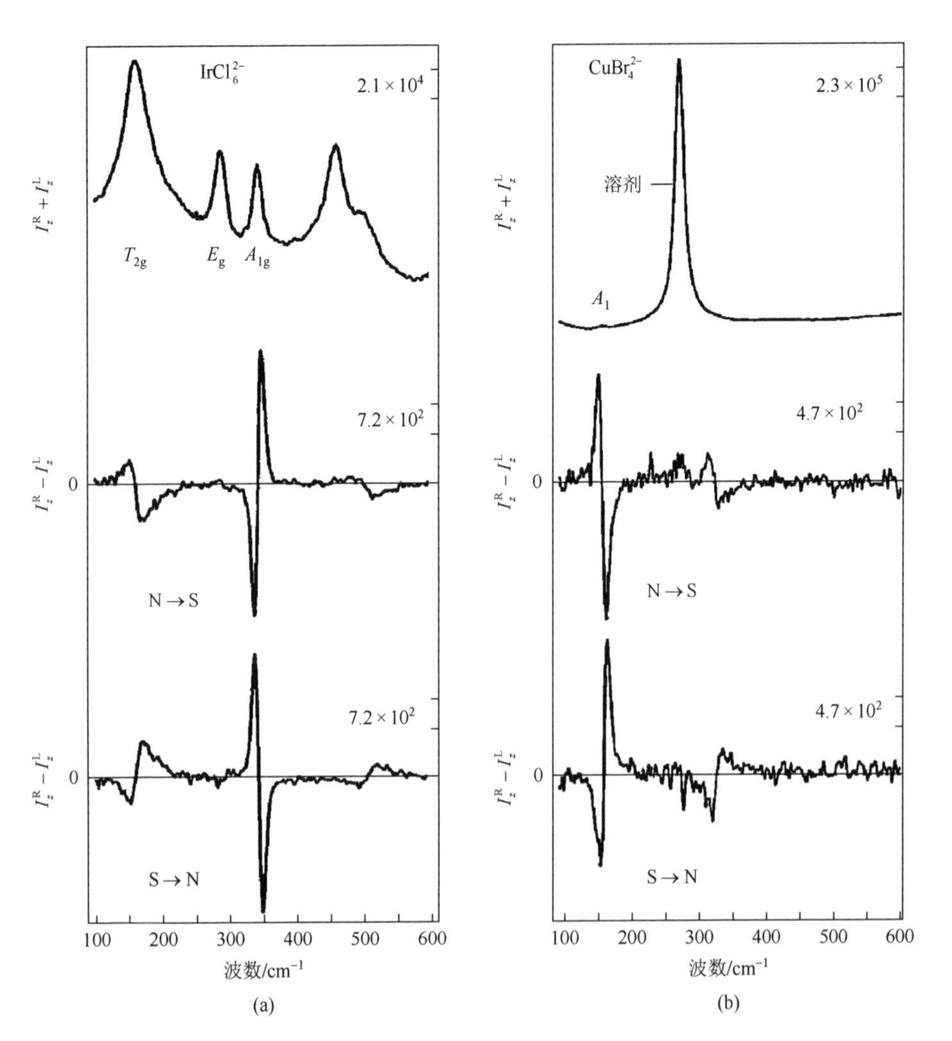

图 8.5　在稀溶液中的 $IrCl_6^{2-}$（a）和在稀二氯甲烷中 $CuBr_4^{2-}$（b）的去偏振共振拉曼 $\left(I_z^R+I_z^L\right)$ 及在正（N→S）和负（S→N）磁场（磁场强度为 1.2T）下的磁拉曼光学活性 $\left(I_z^R-I_z^L\right)$。其中，对于 $IrCl_6^{2-}$，激发波长为 488.0nm；对于 $CuBr_4^{2-}$，激发波长为 514.5nm。出自本书作者实验室。没有确定绝对强度，然而相对拉曼强度和拉曼光学活性强度是显著的

8.5.4　双环辛四烯合铀的电子共振拉曼散射

如前一节所述，与 Kramers 共轭态相关的自旋反转共振拉曼跃迁，并不是磁拉曼光学活性发挥拉曼电子顺磁共振作用的先决条件。在偶电子和奇电子分子的低频电子共振拉曼跃迁中，观察到了许多磁拉曼光学活性的例子，涉及塞曼劈裂能级间普遍的 $\Delta M = \pm 1$ 跃迁，其中，双环辛四烯合铀是一个有趣的例子（Barron and Vrbancich，1983）。

偶电子分子双环辛四烯合铀$[U(C_8H_8)_2]$，是铀的二-(环辛四烯)配合物[环辛四烯（cyclo-octatetraene，COT）]。该分子的结构如图 8.6（a）所示，其中，以具有 U(Ⅳ)氧化态的金属离子为中心，上下两个 COT^{2-} 环，呈 D_{8h} 对称的三明治结构。在配位场中，两个 COT^{2-} 环的 20 个 π 电子在主要的配位轨道上，而 U(Ⅳ)的这两个价电子占据金属 5f 轨道（Warren，1977）。COT^{2-} 环的最高填满 $e_u(\pi)$ 轨道与 $l_z = \pm 2\left(f_{xyz}, f_{z(x^2-y^2)}\right)$ 的铀 5f 轨道叠加，四个 e_u COT^{2-} 电子占据了对应的成键轨道，这是导致双环辛四烯合铀稳定的原因。

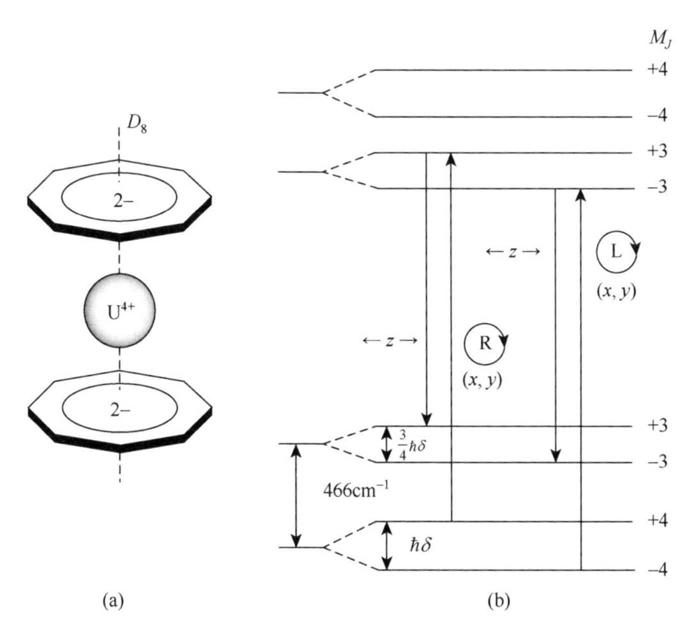

图 8.6　（a）双环辛四烯合铀分子；（b）在双环辛四烯合铀中，圆偏振入射光子在 90° 处散射的 z 偏振光子诱导的 $M_J = \pm 3 \leftarrow M_J = \pm 4$ 跃迁的电子拉曼散射路径，其中，正磁场平行于入射光束（z 方向）

双环辛四烯合铀在 600～700nm 处有四个中等强度的可见吸收带，这源于从 COT^{2-} π 轨道到 U(Ⅳ) f 轨道的电荷转移跃迁。激光在这些可见吸收带附近波长处的激发，产生包含三个带的共振拉曼光谱（Dallinger et al.，1978）。其中，两个是极化的，为完全对称振动，即 $754cm^{-1}$ 处的环呼吸模式和 $211cm^{-1}$ 处的环-金属伸缩模式。第三个谱带在 $466cm^{-1}$ 处，为包含非键 5f 轨道的纯电子拉曼跃迁，展现出异常极化，从而有来自反对称散射的贡献。

与其使用完整的 D_{8h} 配体场处理，还不如在有效的轴向晶体场中使用基于 U(Ⅳ) f^2 构型的简化处理。这样 U(Ⅳ)的 $^3H_4$ 基态分裂成对应于 $M_J = 0,\pm1,\pm2,\pm3,\pm4$ 的五个能级。在 4.4.3 节中，时间反演参数决定了多种原子态之间 $\Delta J = 0$ 跃迁的复跃迁极化率的置换对称性。当 J 为整数时，则复跃迁极化率对于 $M' = -M$ 对角跃迁和非对角跃迁总是完全对称的，然而对于 $M' \neq -M$ 的非对角跃迁，还有附加概率。特别是，如果 $M + M'$ 为奇，复跃迁极化率仍然是实数，然而对称和反对称部分都是允许的。记住，跃迁张量中的这两个电偶极跃迁的选律为 $\Delta M = 0,\pm1$，从而我们可以将对称散射与 $\Delta M_J = 0,\pm1,\pm2$ 相关联，反对称散射与 $\Delta M_J = \pm1$ 相关联。

从而，在双环辛四烯合铀的 $466cm^{-1}$ 处的电子共振拉曼带中观察到的反对称散射可能与 $\Delta M = \pm1$ 跃迁有关。Dallinger、Stein 和 Spiro（1978）根据磁化率数据指出，基能级是 $^3H_4$ 重（manifold）的 $M_J = \pm4$ 分量，从而，$466cm^{-1}$ 处的拉曼带来自 $M_J = \pm3 \leftarrow M_J = \pm4$ 跃迁。双环辛四烯合铀的四氢呋喃稀溶液在可见吸收带 641.0nm 处的激发，在 90° 散射中产生一个显著的去偏振磁共振拉曼光学活性偶联，在正磁场中，该偶联展现了正低频率分量和负高频率分量（Barron and Vrbancich，1983）。这可以通过该跃迁的磁分量来理解[图 8.6（b）]。因为在 641.0nm 处的吸收带是 x，y 极化的，所以到激发共振态的跃迁包含 $M_J = \pm1$。假设 $M_J = \pm4$ 和 $M_J = \pm3$ 能级的 g 值相同且为正，则 ±3 能级的塞曼分裂将是 ±4 能级的 $\frac{3}{4}$，并且可以从图 8.6（b）看出，对于正磁场，斯托克斯磁拉曼光学活性偶联的低频率分量应为正，而高频率分量应为负。这一事实提供了很好的证据，表明基能级的 $|M_J|$ 值比第一激发态的 $|M_J|$ 值大一个单位。然而，基能级的 $|M_J|$ 值比第一激发能级大一个单元的结论也与另一个可能性一致，即 $M_J = \pm3$ 能级在从 $M_J = \pm2 \leftarrow M_J = \pm3$ 跃迁产生的 $466cm^{-1}$ 电子拉曼带的最低能级处。该结果由 Hager 等（2004）在双环辛四烯合铀晶体的共振拉曼研究中给出。这种再分配是基于附加的磁化率数据，以及利用完整的 D_{8h} 配体场处理的计算。

双环辛四烯合铀的共振拉曼光谱也在 $675cm^{-1}$ 处展现了非常弱的异常极化带。在可见吸收带 641nm 处的激发，产生与 $466cm^{-1}$ 带有同样符号的弱磁拉曼光学活性偶联，这使 $675cm^{-1}$ 带完全可以归属为 $466cm^{-1}$ 处电子拉曼跃迁与 $211cm^{-1}$ 处完全对称振动跃迁的结合（Barron and Vrbancich，1983）。

8.5.5　卟啉的共振拉曼散射

由于中性卟啉是具有非简并基态的偶电子分子，因此我们必须使用式（8.5.1）的磁微扰推导。该推导的机制见 3.5.5 节。在卟啉中的效应在激发共振态中产生电子简并，从而只有法拉第 A 张量，即法拉第 A 项（6.2.2c）的推广起作用。这些由微扰极化率（2.7.6a）和（2.7.6b）的第一项磁类似项给出：

$$\alpha_{\alpha\beta,\gamma}^{(m)} = \frac{2}{\hbar}\sum_{j\neq n}\frac{\omega_{jn}^2+\omega^2}{\hbar\left(\omega_{jn}^2-\omega^2\right)^2}A_{\alpha\beta,\gamma} \tag{8.5.2a}$$

$$\alpha_{\alpha\beta,\gamma}^{\prime(m)} = -\frac{2}{\hbar}\sum_{j\neq n}\frac{2\omega\omega_{jn}}{\hbar\left(\omega_{jn}^2-\omega^2\right)^2}A'_{\alpha\beta,\gamma} \tag{8.5.2b}$$

其中，

$$A_{\alpha\beta,\gamma} = (m_{j_\gamma}-m_{n_\gamma})\mathrm{Re}\left(\langle n|\mu_\alpha|j\rangle\langle j|\mu_\beta|n\rangle\right) \tag{8.5.2c}$$

$$A'_{\alpha\beta,\gamma} = (m_{j_\gamma}-m_{n_\gamma})\mathrm{Im}\left(\langle n|\mu_\alpha|j\rangle\langle j|\mu_\beta|n\rangle\right) \tag{8.5.2d}$$

不要将这些 $\boldsymbol{A}$ 张量与具有电偶极-电四极极化率（2.6.27c）和（2.6.27d）混淆了。

这些表达式只有在透明频率处才是严格正确的：式（2.7.8）的磁类似项由于激发态的有限寿命，实际上应该用在独立的吸收带区，但计算变得非常复杂。然而，即使在独立的吸收带区，我们仍将坚持使用更简单的表达式，因为在计算无量纲圆偏振强度差（1.4.1）时，得到相同的频率相关性（除了阻尼因子），这是由于去掉了附加的复杂特征。

微扰极化率（8.5.2）根据对应的未扰动极化率可以写成如下形式：

$$\alpha_{\alpha\beta,\gamma} = \frac{\omega_{jn}^2+\omega^2}{\hbar\omega_{jn}\left(\omega_{jn}^2-\omega^2\right)}m_{j_\gamma}\alpha_{\alpha\beta} \tag{8.5.3a}$$

$$\alpha'_{\alpha\beta,\gamma} = \frac{2\omega_{jn}}{\hbar\left(\omega_{jn}^2-\omega^2\right)}m_{j_\gamma}\alpha'_{\alpha\beta} \tag{8.5.3b}$$

其中，我们只保留了特定简并激发态的贡献，并去掉了 m_{n_γ}，因为基态是非简并的。对于拉曼散射，使用了这些表达的跃迁极化率，并在共振处 $(\alpha_{\alpha\beta,\gamma})_{mn}$ 和 $(\alpha'_{\alpha\beta,\gamma})_{mn}$ 都可以包含对称和反对称部分。

所有需要的项都包含在第 3 章中写出的斯托克斯参数中。90° 散射的圆偏振强度差组分可以立刻从式（3.5.6）、式（3.5.19）和式（3.5.47）得到，其中，$I_x \propto S_0+S_1$，$I_z \propto S_0-S_1$。

考虑卟啉 A_1 振动模式中的第一共振拉曼光学活性。在这种情况下，振动耦合不是必需的，主要贡献来自式（8.3.1）中 $\boldsymbol{X}$ 张量。复基中所需的跃迁极化率分量见式（8.4.23c）和式（8.4.23d）。因为：

$$\langle E\pm 1|m_z|E\pm 1\rangle = \pm\frac{\mathrm{i}}{\sqrt{2}}\langle E|m|E\rangle \tag{8.5.4}$$

并且只保留了法拉第 A 张量的贡献（8.5.2），当对激发共振态的两个分量 $|E1\rangle$ 和 $|E-1\rangle$ 求和时，只有 $(\alpha_{\alpha\beta,\gamma})_{mn}^{\mathrm{a}}$ 和 $(\alpha'_{\alpha\beta,\gamma})_{mn}^{\mathrm{a}}$ 非零。在斯托克斯参数中只保留这些张量，我们得到：

$$\Delta_x(90^\circ) = -\frac{8}{9}B_z\frac{(\alpha'_{XY,Z})_{mn}^{\mathrm{a}}}{(\alpha_{XX})_{mn}^{\mathrm{s}}} = -\frac{16\mathrm{i}}{9\sqrt{2}}\frac{B_z\omega}{\hbar\left(\omega_{jn}^2-\omega^2\right)}\langle E\|m\|E\rangle \tag{8.5.5a}$$

$$\Delta_z(90^\circ) = -2B_z\frac{(\alpha'_{XY,Z})_{mn}^{\mathrm{a}}}{(\alpha_{XX})_{mn}^{\mathrm{s}}} = -\frac{4\mathrm{i}}{\sqrt{2}}\frac{B_z\omega}{\hbar\left(\omega_{jn}^2-\omega^2\right)}\langle E\|m\|E\rangle \tag{8.5.5b}$$

其中，我们用了这样的事实：对于 A_1 模式，$(\alpha_{XX})_{mn}=(\alpha_{YY})_{mn}$。

对于 B_1 模式，需要振动耦合，并且对于 0-0 和 0-1 振动共振，式（8.4.22）给出了对应的跃迁极化分量。现在，当对 $|E1\rangle$ 和 $|E-1\rangle$ 求和时，只保存了 $(\alpha_{\alpha\beta})_{mn}^{\mathrm{a}}$ 和 $(\alpha'_{\alpha\beta,\gamma})_{mn}^{\mathrm{a}}$。由于 B_1 模式中 $(\alpha_{XX})_{mn}=-(\alpha_{YY})_{mn}$，因此，对于 0-0 共振：

$$\Delta_x(90^\circ) = -\frac{8}{7}B_z\frac{(\alpha'_{XY,Z})_{mn}^{\mathrm{s}}}{(\alpha_{XX})_{mn}^{\mathrm{s}}} = -\frac{16\mathrm{i}}{7\sqrt{2}}\frac{B_z\omega_{jn}}{\hbar\left(\omega_{jn}^2-\omega^2\right)}\langle E\|m\|E\rangle \tag{8.5.6a}$$

$$\Delta_z(90^\circ) = -\frac{2}{3}B_z\frac{(\alpha'_{XY,Z})_{mn}^{\mathrm{s}}}{(\alpha_{XX})_{mn}^{\mathrm{s}}} = -\frac{4\mathrm{i}}{3\sqrt{2}}\frac{B_z\omega_{jn}}{\hbar\left(\omega_{jn}^2-\omega^2\right)}\langle E\|m\|E\rangle \tag{8.5.6b}$$

0-1 共振获得的值大小相等符号相反。

对于 B_2 模式，只保留了 $(\alpha_{\alpha\beta})_{mn}^{\mathrm{s}}$ 和 $(\alpha'_{\alpha\beta,\gamma})_{mn}^{\mathrm{s}}$，并且，因为 $(\alpha'_{XY})_{mn}=-(\alpha'_{YY})_{mn}$，对于 0-0 共振我们得到：

$$\Delta_x(90^\circ) = \frac{8}{7}B_z\frac{(\alpha'_{XY,Z})_{mn}^{\mathrm{s}}}{(\alpha_{XY})_{mn}^{\mathrm{s}}} = -\frac{16\mathrm{i}}{7\sqrt{2}}\frac{B_z\omega_{jn}}{\hbar\left(\omega_{jn}^2-\omega^2\right)}\langle E\|m\|E\rangle \tag{8.5.7a}$$

$$\Delta_z(90^\circ) = \frac{2}{3}B_z\frac{(\alpha'_{XY,Z})_{mn}^{\mathrm{s}}}{(\alpha_{XY})_{mn}^{\mathrm{s}}} = -\frac{4\mathrm{i}}{3\sqrt{2}}\frac{B_z\omega_{jn}}{\hbar\left(\omega_{jn}^2-\omega^2\right)}\langle E\|m\|E\rangle \tag{8.5.7b}$$

对于 0-1 共振，大小相等符号相反。

最后，对于 A_2 模式只保留了 $(\alpha_{\alpha\beta})_{mn}^{\mathrm{a}}$ 和 $(\alpha'_{\alpha\beta,\gamma})_{mn}^{\mathrm{s}}$，并且，因为 $(\alpha'_{XX})_{mn}^{\mathrm{s}}=(\alpha'_{YY})_{mn}^{\mathrm{s}}$，对于 0-0 共振我们得到：

$$\Delta_x(90^\circ) = \frac{8}{5}B_z\frac{(\alpha'_{XX,Z})_{mn}^{\mathrm{s}}}{(\alpha_{XY})_{mn}^{\mathrm{a}}} = -\frac{16\mathrm{i}}{5\sqrt{2}}\frac{B_z\omega_{jn}^2}{\hbar\omega\left(\omega_{jn}^2-\omega^2\right)}\langle E\|m\|E\rangle \tag{8.5.8a}$$

$$\Delta_z(90^\circ) = \frac{2}{5}B_z\frac{(\alpha'_{XX,Z})_{mn}^{\mathrm{s}}}{(\alpha_{XY})_{mn}^{\mathrm{s}}} = -\frac{4\mathrm{i}}{5\sqrt{2}}\frac{B_z\omega_{jn}^2}{\hbar\omega\left(\omega_{jn}^2-\omega^2\right)}\langle E\|m\|E\rangle \tag{8.5.8b}$$

与 0-1 共振给出的值大小相等符号相同。

由计算得到的一个重要特征，在所有模式中，$I_x^{\mathrm{R}} - I_x^{\mathrm{L}}$ 的绝对值是 $I_z^{\mathrm{R}} - I_z^{\mathrm{L}}$ 的两倍，尽管这里没有明确给出。

表 8.2 总结了式（8.5.5）～式（8.5.8）的结果。这些预测已经在亚铁细胞色素 c 的磁共振拉曼光学活性的测试中确定，其中，激发波长横跨可见光谱（Barron et al.，1982；Barron and Vrbancich，1985）。图 8.7 展现了在该 d^6 Fe(Ⅱ)金属蛋白的血红素基卟啉环中跃迁产生的可见吸收光谱，以及相关的磁圆二色光谱。磁圆二色光谱强调了 0-1 振动结构，因为法拉第 A 曲线像 0-0 带，与每个振动峰相关联。在 550nm 处，0-0 振动吸收带中的激发（在 6.3.1 节中标记的 Q_0 带）产生了具有相同符号的磁共振拉曼光学活性光谱，正如表 8.2 中相应的数值所期望的那样，由于分母中的因子$(\omega_{jn}^2 - \omega^2)$，在 0-0 带中心两侧的激发符号相反。因为磁圆偏振强度差（8.5.5）～（8.5.8）受与磁圆二色 A/D 值（6.3.4）相同的约化磁偶极矩元素 $\mathrm{i}\langle E\|m\|E\rangle$ 的影响，从而磁拉曼光学活性带的符号也可以直接与对应的磁圆二色光谱的符号有关。其中一些特征与手性分子的天然共振拉曼光学活性类似（Nafie，1996；Vargek et al.，1998）。图 8.8 展现了在 514.5nm 波长的激发下，亚铁细胞色素 c 的去偏振共振拉曼和磁共振拉曼光学活性光谱，在 520nm 处位于 0-1 振动带边（在 6.3.1 节中标记的 Q_1 带）。共振拉曼带显示的对称类由 Pézolet、Nafie 和 Peticolas（1973）及 Nestor 和 Spiro（1973）给出。括号中的对称类表示小的分量，该分量由未束缚的金属卟啉的 $D_{4\mathrm{h}}$ 对称性被蛋白质扭曲到更低对称性而产生。与 0-0 谱带中的激发只产生磁拉曼光学活性光谱相反，其中，所有谱带具有相同符号，图 8.8 中的光谱证实，0-1 谱带中的激发产生包含正负带的磁拉曼光学活性光谱，正如表 8.2 中对应项所期望的那样。特定谱带的绝对符号既取决于振动对应的正则模态的对称类，又取决于与各种振动峰有关的激发波长的位置。磁场方向反转导致的完美反映对称的微小偏移，可能来自从多肽链产生的手性微扰导致的天然拉曼光学活性。

表 8.2　金属卟啉振动的磁圆偏振强度差分量

正则模态	极化率组分	0-0 共振		0-1 共振	
		Δ_x	Δ_z	Δ_x	Δ_z
A_1	$(\alpha_{\alpha\beta})_{mn}^{\mathrm{s}}, (\alpha'_{\alpha\beta,\gamma})_{mn}^{\mathrm{a}}$	4/9	1	4/9	1
A_2	$(\alpha_{\alpha\beta})_{mn}^{\mathrm{a}}, (\alpha'_{\alpha\beta,\gamma})_{mn}^{\mathrm{s}}$	4/5	1/5	4/5	1/5
B_1	$(\alpha_{\alpha\beta})_{mn}^{\mathrm{s}}, (\alpha'_{\alpha\beta,\gamma})_{mn}^{\mathrm{s}}$	4/7	1/3	–4/7	–1/3
B_2	$(\alpha\beta)_{mn}^{\mathrm{s}}, (\alpha'_{\alpha\beta,\gamma})_{mn}^{\mathrm{s}}$	4/7	1/3	–4/7	–1/3

注：每个值要乘以 $-(4\mathrm{i}/\sqrt{2})B_z\omega\langle E\|m\|E\rangle/\hbar\left(\omega_{jn}^2-\omega^2\right)$

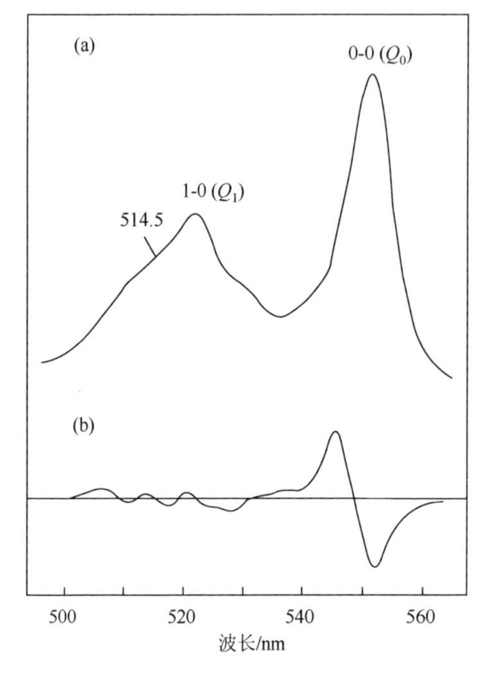

图 8.7　亚铁细胞色素 c 的可见吸收（a）和磁圆二色（b）光谱（任意单位）（Sutherland and Klein，1972）

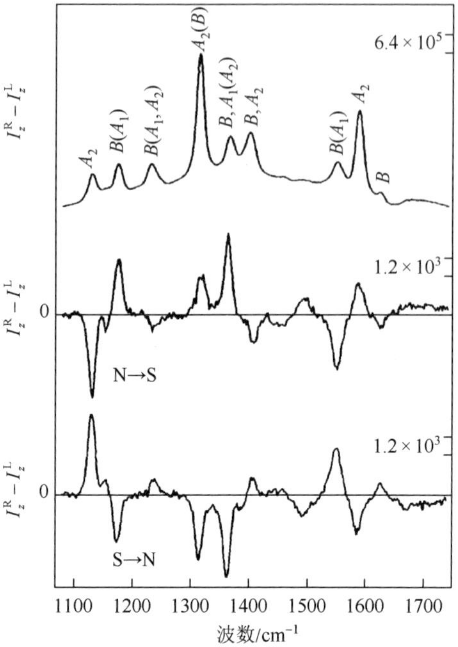

图 8.8　在水溶液中的亚铁细胞色素 c 的去极化共振拉曼（$I_z^R+I_z^L$）和磁拉曼光学活性（$I_z^R-I_z^L$）光谱，其中，激发光波长为 514.5nm，正磁场为 $N\to S$，负磁场为 $S\to N$，强度为 1.2T。来自本书作者的实验室。没有确定绝对强度，但相对拉曼强度和拉曼光学活性强度是显著的

关于亚铁细胞色素 c 的这些结果，证实了本章给出的卟啉共振拉曼散射的振动理论，以及与磁拉曼光学活性相关的理论，其中 0-0 和 0-1 跃迁之间的干涉在反对称散射的情况中起着关键作用，是基本正确的。

参考文献

Abragam, A. and Bleaney, B. (1970). Electron Paramagnetic Resonance of Transition Ions. Oxford: Clarendon Press.

Albrecht, A. C. (1961). J. Chem. Phys. 34, 1476.

Alagna, L., Prosperi, T., Turchini, S., Goulon, J., Rogalev, A., Goulon-Ginet, C., Natoli, C. R., Peacock, R. D. and Stewart, B. (1998). Phys. Rev. Lett. 80, 4799.

Altmann, S. L. (1992). Icons and Symmetries. Oxford: Clarendon Press.

Amos, R. D. (1982). Chem. Phys. Lett. 87, 23.

—(1987). Adv. Chem. Phys. 67, 99.

Anderson, P. W. (1972). Science 177, 393.

—(1983). Basic Notions of Condensed Matter Physics. Menlo Park, California: Benjamin/ Cummings.

Andrews, D. L. (1980). J. Chem. Phys. 72, 4141.

—(1994). Faraday Discuss. 99, 375.

Andrews, D. L. and Thirunamachandran, T. (1977a). Proc. Roy. Soc. A358, 297.

—(1977b). Proc. Roy. Soc. A358, 311.

—(1978). J. Chem. Phys. 68, 2941.

Applequist, J. (1973). J. Chem. Phys. 58, 4251.

Arago, D. F. J. (1811). Mém . de l'Inst. 12, part 1, 93.

Arnaut, L. R. (1997). J. Electromagnetic Waves and Applications 11, 1459.

Atkins, P. W. and Barron, L. D. (1969). Mol. Phys. 16, 453.

Atkins, P. W. and Woolley, R. G. (1970). Proc. Roy. Soc. A314, 251.

Autschbach, J., Patchkovskii, S., Ziegler, T., van Gisbergen, S. J. A. and Baerends, E. J. (2002). J. Chem. Phys. 117, 581.

Avalos, M., Babiano, R., Cintas, P., Jiménez, J. L., Palacios, J. C. and Barron, L. D. (1998). Chem. Rev. 98, 2391.

Ballhausen, C. J. (1962). Introduction to Ligand Field Theory. New York: McGraw-Hill.

—(1979). Molecular Electronic Structure of Transition Metal Complexes. New York: McGraw-Hill.

Baranova, N. B., Bogdanov, Yu. V. and Zel'dovich, B. Ya. (1977). Opt. Commun. 22, 243.

Baranova, N. B. and Zel'dovich, B. Ya (1978). J. Raman Spectrosc. 7, 118.

—(1979a). Mol. Phys. 38, 1085.

—(1979b). Sov. Phys. Usp. 22, 143.

Barnett, C. J., Drake, A. F. and Mason, S. F. (1980). J.C.S. Chem. Commun., 43.

Barron, L. D. (1971). Mol. Phys. 21, 241.

—(1972). Nature 238, 17.

—(1975a). Nature 257, 372.

—(1975b). J.C.S. Faraday Transactions II 71, 293.

—(1975c). Nature 255, 458.

—(1976). Mol. Phys. 31, 129.

—(1978). Adv. Infrared Raman Spectrosc. 4, 271.

—(1979a). J. Am. Chem. Soc. 101, 269.

—(1979b). In Optical Activity and Chiral Discrimination, ed. S. F. Mason, p. 219. Dordrecht: Reidel.

—(1981a). Chem. Phys. Lett. 79, 392.

—(1981b). Mol. Phys. 43, 1395.

—(1986a). Chem. Phys. Lett. 123, 423.

—(1986b). J. Am. Chem. Soc. 108, 5539.

—(1987). Chem. Phys. Lett. 135, 1.

—(1993). Physica B190, 307.

—(1994). Chem. Phys. Lett. 221, 311.

—(1996). Chem. Eur. J. 2, 743.

Barron, L. D., Blanch, E. W., McColl, I. H., Syme, C. D., Hecht, L. and Nielsen, K. (2003). Spectroscopy 17, 101.

Barron, L. D., Bogaard, M. P. and Buckingham, A. D. (1973). J. Am. Chem. Soc. 95, 603.

Barron, L. D. and Buckingham, A. D. (1971). Mol. Phys. 20, 1111.

—(1972). Mol. Phys. 23, 145.

—(1973). J. Phys. B6, 1295.

—(1974). J. Am. Chem. Soc. 96, 4769.

—(1979). J. Am. Chem. Soc. 101, 1979.

—(2001). Accs. Chem. Res. 34, 781.

Barron, L. D. and Clark, B. P. (1982). Mol. Phys. 46, 839.

Barron, L. D. and Escribano, J. R. (1985). Chem. Phys. 98, 437.

Barron, L. D., Escribano, J. R. and Torrance, J. F. (1986). Mol. Phys. 57, 653.

Barron, L. D., Gargaro, A. R. and Wen, Z. Q. (1990). J.C.S. Chem. Commun. 1034.

Barron, L. D. and Gray, C. G. (1973). J. Phys. A6, 59.

Barron, L. D., Hecht, L., Gargaro, A. R. and Hug, W. (1990). J. Raman Spectrosc. 21, 375.

Barron, L. D., Hecht, L. and Polavarapu, P. L. (1992)Spectrochim. Acta 48A, 1193.

Barron, L. D., Hecht, L., Blanch, E. W. and Bell, A. F. (2000). Prog. Biophys. Mol. Biol. 73, 1.

Barron, L. D. and Johnston, C. J. (1985). J. Raman Spectrosc. 16, 208.

—(1987). Mol. Phys. 62, 987.

Barron, L. D. and Meehan, C. (1979). Chem. Phys. Lett. 66, 444.

Barron, L. D., Meehan, C. and Vrbancich, J. (1982). J. Raman Spectrosc. 12, 251.

Barron, L. D. and Nørby Svendsen, E. (1981). Adv. Infrared Raman Spectrosc. 8, 322.

Barron, L. D., Torrance, J. F. and Vrbancich, J. (1982). J. Raman Spectrosc. 13, 171.

Barron, L. D. and Vrbancich, J. (1983). J. Raman Spectrosc. 14, 118.

—(1984). Mol. Phys. 51, 715.

—(1985). Adv. Infrared Raman Spectrosc. 12, 215.

Berestetskii, V. B., Lifshitz, E. M. and Pitaevskii, L. P. (1982). Quantum Electrodynamics. Oxford: Pergamon Press.

Berova, N., Nakanishi, K. and Woody, R. W., eds. (2000). Circular Dichroism. Principles and Applications, 2nd edition. New York: Wiley-VCH.

Bhagavantam, S. (1942). Scattering of Light and the Raman Effect. New York: Chemical Publishing Company.

Bhagavantam, S. and Venkateswaran, S. (1930). Nature 125, 237.

Bijvoet, J. M., Peerdeman, A. F. and van Bommel, A. J. (1951). Nature 168, 271.

Biot, J. B. (1812). Mem ′ . de l'Inst. 13, part 1, 218.

—(1815). Bull. Soc. Philomath., 190.

—(1818). Ann. Chim. 9, 382； 10, 63.

Biot, J. B. and Melloni, M. (1836). Compt. Rend. 2, 194.

Binney, J. J., Dowrick, N. J., Fisher, A. J. and Newman, M. E. J. (1992). The Theory of Critical Phenomena. Oxford: Clarendon Press.

Birss, R. R. (1966). Symmetry and Magnetism, 2nd edition. Amsterdam: North-Holland.

Birss, R. R. and Shrubsall, R. G. (1967). Phil. Mag. 15, 687.

Blaizot, J.-P. and Ripka, G. (1986). Quantum Theory of Finite Systems. Cambridge, MA: MIT Press.

Blanch, E. W., Hecht, L., Syme, C. D., Volpetti, V., Lomonossoff, G. P., Nielsen, K. and Barron, L. D. (2002). J. Gen. Virol. 83, 2593.

Bloembergen, N. (1996). Nonlinear Optics, 4th edition. Singapore: World Scientific.

Blum, K. and Thompson, D. G. (1997). Adv. At. Mol. Opt. Phys. 38, 39.

Bohm, D. (1951). Quantum Theory. Englewood Cliffs, NJ: Prentice-Hall.

Born, M. (1915). Phys. Zeit. 16, 251.

—(1933). Optik. Berlin: Springer.

Born, M. and Huang, K. (1954). Dynamical Theory of Crystal Lattices. Oxford: Clarendon Press.

Born, M. and Jordan, P. (1930). Elementare Quantenmechanik. Berlin: Springer.

Born, M. and Oppenheimer, J. R. (1927). Ann. Phys. 84, 457.

Born, M. and Wolf, E. (1980). Principles of Optics, 6th edition. Oxford: Pergamon Press.

Bose, P. K., Barron, L. D. and Polavarapu, P. L. (1989). Chem. Phys. Lett. 155, 423.

Bosnich, B., Moskovits, M. and Ozin, G. A. (1972). J. Am. Chem. Soc. 94, 4750.

Bouchiat, M. A. and Bouchiat, C. (1974). J. de Physique 35, 899.

—(1997). Rep. Prog. Phys. 60, 1351.

Bour, P., Tam, C. N. and Keiderling, T. A. (1996). J. Phys. Chem. 100, 2062.

Bourne, D. E. and Kendall, P. C. (1977). Vector Analysis and Cartesian Tensors, 2nd edition. Sunbury-on-Thames, Middlesex: Nelson.

Boyle, L. L. and Mathews, P. S. C. (1971). Int. J. Quant. Chem. 5, 381.

Boys, S. F. (1934). Proc. Roy. Soc. A144, 655 and 675.

Branco, G. C., Lavoura, L. and Silva, J. P. (1999). CP Violation. Oxford: Clarendon Press.

Bridge, N. J. and Buckingham, A. D. (1966). Proc. Roy. Soc. A295, 334.

Brown, W. F., Shtrikman, S. and Treves, D. (1963). J. Appl. Phys. 34, 1233.

BroŻek, Z., Stadnicka, K., Lingard, R. J. and Glazer, A. M. (1995). J. Appl. Cryst. 28, 78.

Buckingham, A. D. (1958). J. Chem. Phys. 30, 1580.

—(1962). Proc. Roy. Soc. A267, 271.

—(1967). Adv. Chem. Phys. 12, 107.

—(1970). In Physical Chemistry, ed. D. Henderson, Vol. 4, p. 349. New York: Academic Press.

—(1972). In MTP International Review of Science, Physical Chemistry, Series One, Spectroscopy, ed. D. A. Ramsay, Vol. 3, p. 73. London: Butterworths.

—(1978). In Intermolecular Interactions: From Biopolymers to Diatomics, ed. B. Pullman, p. 1. New York: Wiley.

—(1988). In Proceedings of the Eleventh International Conference on Raman Spectroscopy, eds. R. J. H. Clark and D. A. Long, p. 3. Chichester: Wiley.

—(1994). Faraday Discuss. 99, 1.

Buckingham A. D. and Dunn, M. B. (1971). J. Chem. Soc. A, 1988.

Buckingham, A. D. and Fischer, P. (2000). Phys. Rev. A61, art. no. 035801.

Buckingham, A. D., Fowler, P. W. and Galwas, P. A. (1987). Chem. Phys. 112, 1.

Buckingham, A. D., Graham, C. and Raab, R. E. (1971). Chem. Phys. Lett. 8, 622.

Buckingham, A. D. and Joslin, C. G. (1981). Chem. Phys. Lett. 80, 615.

Buckingham, A. D. and Longuet-Higgins, H. C. (1968). Mol. Phys. 14, 63.

Buckingham, A. D. and Pople, J. A. (1955). Proc. Phys. Soc. A68, 905.

Buckingham, A. D. and Raab, R. E. (1975). Proc. Roy. Soc. A345, 365.

Buckingham, A. D. and Shatwell, R. A. (1978). Chem. Phys. 35, 353.

—(1980). Phys. Rev. Lett. 45, 21.

Buckingham, A. D. and Stephens, P. J. (1966). Annu. Rev. Phys. Chem. 17, 399.

Buckingham, A. D. and Stiles, P. J. (1972). Mol. Phys. 24, 99.

—(1974). Accs. Chem. Res. 7, 258.

Bungay, A. R., Svirko, Yu. P. and Zheludev, N. I. (1993). Phys. Rev. Lett. 70, 3039.

Caldwell, D. J. and Eyring, H. (1971). The Theory of Optical Activity. New York: John Wiley & Sons.

Califano, S. (1976). Vibrational States. New York: John Wiley & Sons.

Charney, E. (1979). The Molecular Basis of Optical Activity. New York: John Wiley & Sons.

Child, M. S. (1962). Phil. Trans. Roy. Soc. A255, 31.

Child, M. S. and Longuet-Higgins, H. C. (1961). Phil. Trans. Roy. Soc. A254, 259.

Chisholm, C. D. H. (1976). Group Theoretical Techniques in Quantum Chemistry. London: Academic Press.

Christenson, J. H., Cronin, J. W., Fitch, V. L. and Turlay, R. (1964). Phys. Rev. Lett. 13, 138.

Clark, R., Jeyes, S. R., McCaffery, A. J. and Shatwell, R. A. (1974). J. Am. Chem. Soc. 96, 5586.

Condon, E. U. (1937). Rev. Mod. Phys. 9, 432.

Condon, E. U., Altar, W. and Eyring, H. (1937). J. Chem. Phys. 5, 753.

Condon, E. U. and Shortley, G. H. (1935). The Theory of Atomic Spectra. Cambridge: Cambridge University Press.

Coriani, S., Pecul, M., Rizzo, A., Jørgensen, P. and Jaszunski, M. (2002). J. Chem. Phys. 117, 6417.

Costa de Beauregard, O. (1987). Time, the Physical Magnitude. Dordrecht: Reidel.

Costante, J., Hecht, L., Polavarapu, P. L., Collet, A. and Barron, L. D. (1997). Ang. Chem. Int. Ed. Engl. 36, 885.

Cotton, A. (1895). Compt. Rend. 120, 989 and 1044.

Cotton, A. and Mouton, H. (1907). Annls. Chim. Phys. 11, 145 and 289.

Craig, D. P. and Thirunamachandran, T. (1984). Molecular Quantum Electrodynamics. London: Academic Press. Reprinted 1998. New York: Dover.

Creighton, T. E. (1993). Proteins, 2nd edition. New York: W. H. Freeman.

Cronin, J. W. (1981). Rev. Mod. Phys. 53, 373.

Crum Brown, A. C. (1890). Proc. Roy. Soc. Edin. 17, 181.

Curie, P. (1894). J. Phys. Paris (3)3, 393.

—(1908). Oeuvres de Pierre Curie. Paris: Société Francaise de Physique.

Dallinger, R. F., Stein, P. and Spiro, T. G. (1978). J. Am. Chem. Soc. 100, 7865.

Davydov, A. S. (1976). Quantum Mechanics, 2nd edition. Oxford: Pergamon Press.

de Figueiredo, I. M. B. and Raab, R. E. (1980). Proc. Roy. Soc. A369, 501.

—(1981). Proc. Roy. Soc. A375, 425.

de Gennes, P. G. and Prost, J. (1993). The Physics of Liquid Crystals, 2nd edition. Oxford: Clarendon Press.

Dekkers, H. P. J. M. (2000). In Circular Dichroism: Principles and Applications, 2nd edition, eds. N. Berova, K. Nakanishi and R. W. Woody, p. 185. New York: Wiley-VCH.

de Lange, O. L. and Raab, R. E. (2004). Mol. Phys. 102, 125.

de Mallemann, R. (1925). Compt. Rend. 181, 371.

Deutsche, C. W. and Moscowitz, A. (1968). J. Chem. Phys. 49, 3257.

—(1970). J. Chem. Phys. 53, 2630.

Devlin, F. J. and Stephens, P. J. (1999). J. Am. Chem. Soc. 121, 7413.

Diem, M. (1993). Introduction to Modern Vibrational Spectroscopy. New York: John Wiley & Sons.

Diem, M., Fry, J. L. and Burow, D. F. (1973). J. Am. Chem. Soc. 95, 253.

Dirac, P. A. M. (1958). The Principles of Quantum Mechanics, 4th edition. Oxford: Clarendon Press.

Djerassi, C. (1960). Optical Rotatory Dispersion. New York: McGraw-Hill.

Dobosh, P. A. (1972). Phys. Rev. A5, 2376.

—(1974). Mol. Phys. 27, 689.

Drude, P. (1902). The Theory of Optics. London, Longmans, Green. Reprinted 1959. New York: Dover.

Dudley, R. J., Mason, S. F. and Peacock, R. D. (1972). J. C. S. Chem. Commun., 1084.

Eades, J., ed. (1993). Antihydrogen: Proceedings of the Antihydrogen Workshop. Basel: J. C. Baltzer. Reprinted from Hyperfine Interactions, Vol. 76, No. 1–4.

Edmonds, A. R. (1960). Angular Momentum in Quantum Mechanics, 2nd edition. Princeton, NJ: Princeton University Press.

Eliel, E. L. and Wilen, S. H. (1994). Stereochemistry of Organic Compounds. New York: John Wiley & Sons.

Englman, R. (1972). The Jahn-Teller Effect in Molecules and Crystals. New York: John Wiley & Sons.

Escribano, J. R. and Barron, L. D. (1988). Mol. Phys. 65, 327.

Evans, M. W. (1993). Adv. Chem. Phys. 85, 97.

Eyring, H., Walter, J. and Kimball, G. E. (1944). Quantum Chemistry. New York: John Wiley & Sons.

Fabelinskii, I. L. (1968). Molecular Scattering of Light. New York: Plenum Press.

Fano, U. (1957). Rev. Mod. Phys. 29, 74.

Fano, U. and Racah, G. (1959). Irreducible Tensorial Sets. New York: Academic Press.

Faraday, M. (1846). Phil. Mag. 28, 294; Phil. Trans. Roy. Soc. 136, 1.

Fasman, G. D., ed. (1996). Circular Dichroism and the Conformational Analysis of Biomolecules. New York: Plenum Press.

Faulkner, T. R., Marcott, C., Moscowitz, A. and Overend, J. (1977). J. Am. Chem. Soc. 99, 8160.

Fieschi, R. (1957). Physica 24, 972.

Fitts, D. D. and Kirkwood, J. G. (1955). J. Am. Chem. Soc. 77, 4940.

Fortson, E. N. and Wilets, L. (1980). Adv. At. Mol. Phys. 16, 319.

Fredericq, E. and Houssier, C. (1973). Electric Dichroism and Electric Birefringence. Oxford: Clarendon Press.

Fresnel, A. (1824). Bull. Soc. Philomath., 147.

—(1825). Ann. Chim. 28, 147.

Fumi, F. G. (1952). Nuovo Cim. 9, 739.

Fujimoto, E., Yoshimizu, N., Maeda, S., Iyoda, M. and Nakagawa, M. (1980). J. Raman Spectrosc. 9, 14.

Gans, R. (1923). Z. Phys. 17, 353.

Gibson, W. M. and Pollard, B. R. (1976). Symmetry Principles in Elementary Particle Physics. Cambridge: Cambridge University Press.

Giesel, F. (1910). Phys. Zeit. 11, 192.

Gottfried, K. and Weisskopf, V. F. (1984). Concepts of Particle Physics, Vol. 1. Oxford: Clarendon Press.

Goulon, J., Rogalev, A., Wilhelm, F., Jaouen, N., Goulon-Ginet, C. and Brouder, C. (2003). J. Phys.: Condens. Matter 15, S633.

Gouterman, M. (1961). J. Mol. Spectrosc. 6, 138.

Graham, C. (1980). Proc. Roy. Soc. A369, 517.

Graham, E. B. and Raab, R. E. (1983). Proc. Roy. Soc. A390, 73.

—(1984). Mol. Phys. 52, 1241.

Griffith, J. S. (1961). The Theory of Transition Metal Ions. Cambridge: Cambridge University Press.

—(1962). The Irreducible Tensor Method for Molecular Symmetry Groups. Englewood Cliffs, NJ: Prentice-Hall.

Grimme, S., Furche, F. and Ahlrichs, R. (2002). Chem. Phys. Lett. 361, 321.

Gunning, M. J. and Raab, R. E. (1997). J. Opt. Soc. Am. B14, 1692.

Gutowsky, H. S. (1951). J. Chem. Phys. 19, 438.

Guye, P. A. (1890). Compt. Rend. 110, 714.

Hager, J. S., Zahradnís, J., Pagni, R. H. and Compton, R. N. (2004). J. Chem. Phys. 120, 2708.

Haidinger, W. (1847). Ann. Phys. 70, 531.

Halperin, B. I., March-Russell, J. and Wilczek, F. (1989). Phys. Rev. B40, 8726.

Hamaguchi, H. (1977). J. Chem. Phys. 66, 5757.

—(1985). Adv. Infrared Raman Spectrosc. 12, 273.

Hamaguchi, H., Buckingham, A. D. and Kakimoto, M. (1980). Opt. Lett. 5, 114.

Hamaguchi, H., Harada, I. and Shimanouchi, T. (1975). Chem. Phys. Lett. 32, 103.

Hamaguchi, H. and Shimanouchi, T. (1976). Chem. Phys. Lett. 38, 370.

Hamermesh, M. (1962). Group Theory. Reading, MA: Addison-Wesley.

Harnung, S. E. (1973). Mol. Phys. 26, 473.

Harris, R. A. (1966). J. Chem. Phys. 43, 959.

—(1980). In Quantum Dynamics of Molecules, ed. R. G. Woolley, p. 357. New York: Plenum Press.

—(2001). J. Chem. Phys. 115, 10577.

—(2002). Chem. Phys. Lett. 365, 343.

Harris, R. A. and Stodolsky, L. (1978). Phys. Lett. 78B, 313.

—(1981). J. Chem. Phys. 74, 2145.

Hassing, S. and Nørby Svendsen, E. (2004). J. Raman Spectrosc. 35, 87.

Hecht, L. and Barron, L. D. (1989). Spectrochim. Acta 45A, 671.

—(1990). Appl. Spectrosc. 44, 483.

—(1993a). Ber. Bunsenges. Phys. Chem. 97, 1453.

—(1993b). Mol. Phys. 79, 887.

—(1993c). Mol. Phys. 80, 601.

—(1994). Chem. Phys. Lett. 225, 525.

—(1996). Mol. Phys. 89, 61.

Hecht, L., Barron, L. D. and Hug, W. (1989). Chem. Phys. Lett. 158, 341.

Hecht, L. and Nafie, L. A. (1990). Chem. Phys. Lett. 174, 575.

Hediger, H. J. and Günthard, Hs.H. (1954). Helv. Chim. Acta 37, 1125.

Hegstrom, R. A., Chamberlain, J. P., Seto, K. and Watson, R. G. (1988). Am. J. Phys. 56,

Hegstrom, R. A., Rein, D. W. and Sandars, P. G. H. (1980). J. Chem. Phys. 73, 2329.

Heine, V. (1960). Group Theory in Quantum Mechanics. Oxford: Pergamon Press.

Heisenberg, W. (1966). Introduction to the Unified Field Theory of Elementary Particles. New York: John Wiley & Sons.

Henning, G. N., McCaffery, A. J., Schatz, P. N. and Stephens, P. J. (1968). J. Chem. Phys. 48, 5656.

Herschel, J. F. W. (1822). Trans. Camb. Phil. Soc. 1, 43.

Herzberg, G. and Teller, E. (1933). Z. Phys. Chem. B21, 410.

Hobden, M. V. (1967). Nature 216, 678.

Hicks, J. M., Petralli-Mallow, T. and Byers, J. D. (1994). Faraday Discuss. 99, 341.

Hoffman, K. R., Jia, W. and Yen, W. M. (1990). Opt. Lett. 15, 332.

Höhn, E. G. and Weigang, O. E. (1968). J. Chem. Phys. 48, 1127.

Hollister, J. H., Apperson, G. R., Lewis, L. L., Emmons, T. P., Vold, T. G. and Fortson, E. N. (1981). Phys. Rev. Lett. 46, 643.

Holzwarth, G., Hsu, E. C., Mosher, H. S., Faulkner, T. R. and Moscowitz, A. (1974). J. Am. Chem. Soc. 96, 251.

Hornreich, R. M. and Shtrikman, S. (1967). Phys. Rev. 161, 506.

—(1968). Phys. Rev. 171, 1065.

Hsu, E. C. and Holzwarth, G. (1973). J. Chem. Phys. 59, 4678.

Hug, W. (2003). Appl. Spectrosc. 57, 1.

Hug, W., Kint, S., Bailey, G. F. and Scherer, J. R. (1975). J. Am. Chem. Soc. 97, 5589.

Hug, W. (2001). Chem. Phys. 264, 53.

Hug, W. (2002). In Handbook of Vibrational Spectroscopy, eds. J. M. Chalmers and P. R.

Griffiths, p. 745. Chichester: John Wiley & Sons.

Hug, W., Zuber, G., de Meijere, A., Khlebnikov, A. F. and Hansen, H.-J. (2001). Helv. Chim. Acta 84, 1.

Hund, W. (1927). Z. Phys. 43, 805.

Hutchison, C. A. and Weinstock, B. (1960). J. Chem. Phys. 32, 56.

Jeffreys, H. (1931). Cartesian Tensors. Cambridge: Cambridge University Press.

Jeffreys, H. and Jeffreys, B. S. (1950). Methods of Mathematical Physics. Cambridge: Cambridge University Press.

Jenkins, F. A. and White, H. E. (1976). Fundamentals of Optics, 4th edition. New York: McGraw-Hill.

Jones, R. C. (1941). J. Opt. Soc. Am. 31, 488.

—(1948). J. Opt. Soc. Am. 38, 671.

Jones, R. V. (1976). Proc. Roy. Soc. A349, 423.

Joshua, S. J. (1991). Symmetry Principles and Magnetic Symmetry in Solid State Physics. Bristol: IOP Publishing.

Judd, B. R. (1975). Angular Momentum Theory for Diatomic Molecules. New York: Academic Press.

Judd, B. R. and Runciman, W. A. (1976). Proc. Roy. Soc. A352, 91.

Jungwirth, P., Skála, L. and Zahradník, R. (1989). Chem. Phys. Lett. 161, 502.

Kaempffer, F. A. (1965). Concepts in Quantum Mechanics. New York: Academic Press.

Kaminsky, W. (2000). Rep. Prog. Phys. 63, 1575.

Kastler, A. (1930). Compt. Rend. 191, 565.

Katzin, L. I. (1964). J. Phys. Chem. 68, 2367.

Kauzmann, W. (1957). Quantum Chemistry. New York: Academic Press.

Keiderling, T. A. (1981). J. Chem. Phys. 75, 3639.

—(1986). Nature 322, 851.

Keiderling, T. A. and Stephens, P. J. (1979). J. Am. Chem. Soc. 101, 1396

Lord Kelvin (1904). Baltimore Lectures. London: C. J. Clay & Sons.

Kerker, M. (1969). The Scattering of Light. New York: Academic Press.

Kerr, J. (1875). Phil. Mag. 50, 337.

—(1877). Phil. Mag. 3, 321.

Khriplovich, I. B. (1991). Parity Nonconservation in Atomic Phenomena. Philadelphia: Gordon and Breach.

Kielich, S. (1961). Acta Phys. Polon. 20, 433.

—(1968/69). Bulletin de la Societ édes ′Amis des Sciences et des Lettres de Poznan' B21, 47.

King, G. W. (1964). Spectroscopy and Molecular Structure. New York: Holt, Rinehart & Winston.

King, R. B. (1991). In New Developments in Molecular Chirality, ed. P. G. Mezey, p. 131. Dordrecht: Kluwer Academic Publishers.

Kirkwood, J. G. (1937). J. Chem. Phys. 5, 479.

Kleindienst, P. and Wagnie`re, G. H. (1998). Chem. Phys. Lett. 288, 89.

Kliger, D. S., Lewis, J. W. and Randall, C. E. (1990). Polarized Light in Optics and Spectroscopy. Boston: Academic Press.

Klingbiel, R. T. and Eyring, H. (1970). J. Phys. Chem. 74, 4543.

Kobayashi, J and Uesu, Y. (1983). J. Appl. Crystallogr. 16, 204.

Kondru, R. K., Wipf, P. and Beratan, D. N. (1998). Science 282, 2247.

Koningstein, J. A. and Mortensen, O. S. (1968). Nature 217, 445.

Koslowski, A., Sreerama, N. and Woody, R. W. (2000). In Circular Dichroism. Principles and Applications, 2nd edition, eds. N. Berova, K. Nakanishi and R. W. Woody, p. 55. New York: Wiley-VCH.

Kraulis, P. J. (1991). J. Appl. Cryst. 24, 946.

Krimm, S. and Bandekar, J. (1986). Adv. Protein Chem. 38, 181.

Krishnan, R. S. (1938). Proc. Indian Acad. Sci. A7, 91.

Kruchek, M. P. (1973). Opt. Spectrosc. 34, 340.

Kuball, H. G. and Singer, D. (1969). Z. Electrochem. 73, 403.

Kuhn, W. (1930). Trans. Faraday Soc. 26, 293.

Landsberg, G. and Mandelstam, L. (1928). Naturwiss. 16, 557.

Landau, L. D. and Lifshitz, E. M. (1960). Electrodynamics of Continuous Media. Oxford: Pergamon Press.

—(1975). The Classical Theory of Fields, 4th edition. Oxford: Pergamon Press.

—(1977). Quantum Mechanics, 3rd edition. Oxford: Pergamon Press.

Lee, T. D. and Yang, C. N. (1956). Phys. Rev. 104, 254.

Lifshitz, E. M. and Pitaevskii, L. P. (1980). Statistical Physics, part 1. Oxford: Pergamon Press.

Lightner, D. A. (2000). In Circular Dichroism. Principles and Applications, 2nd edition, eds. N. Berova, K. Nakanishi and R. W. Woody, p. 261. New York: Wiley-VCH.

Lightner, D. A., Hefelfinger, D. T., Powers, T. W., Frank, G. W. and Trueblood, K. N. (1972). J. Amer. Chem. Soc. 94, 3492.

Lin, T., Chen, Z., Usha, R., Stauffacher, C. V., Dai, J.-B., Schmidt, T. and Johnson, J. E. (1999). Virology 265, 20.

Lindell, I. V., Sihvola, A. H., Tretyakov, S. A. and Viitanen (1994). Electromagnetic Waves in Chiral and Bi-Isotropic Media. Boston: Artech House.

Linder, R. E., Morrill, K., Dixon, J. S., Barth, G., Bunnenberg, E., Djerassi, C., Seamans,

L. and Moscowitz, A. (1977). J. Am. Chem. Soc. 99, 727.

Lister, D. G., MacDonald, J. N. and Owen, N. L. (1978). Internal Rotation and Inversion. London: Academic Press.

Liu, F.-C. (1991). J. Phys. Chem. 95, 7180.

Lockwood, D. J., Hoffman, K. R. and Yen, W. M. (2002). J. Luminesc, 100, 147.

Long, D. A. (2002). The Raman Effect. Chichester: John Wiley & Sons.

Longuet-Higgins, H. C. (1961). Adv. Spectrosc. 2, 429.

Loudon, R. (1983). The Quantum Theory of Light, 2nd edition. Oxford: Clarendon Press.

Lowry, T. M. (1935). Optical Rotatory Power. London: Longmans, Green. Reprinted 1964. New York: Dover.

Lowry, T. M. and Snow, C. P. (1930). Proc. Roy. Soc. A127, 271.

MacDermott, A. J. (2002). In Chirality in Natural and Applied Science, ed. W. J. Lough and I. W. Wainer, p. 23. Oxford: Blackwell Science.

Maestre, M. F., Bustamante, C., Hayes, T. L., Subirana, J. A. and Tinoco, I., Jr. (1982). Nature 298, 773.

Maker, P. D., Terhune, R. W. and Savage, C. M. (1964). Phys. Rev. Lett. 12, 507.

Mason, S. F. (1973). In Optical Rotatory Dispersion and Circular Dichroism, eds. F. Ciardelli and P. Salvadori, p. 196. London: Heyden & Son.

—(1979). Accs. Chem. Res. 12, 55.

—(1982). Molecular Optical Activity and the Chiral Discriminations. Cambridge: Cambridge University Press.

McCaffery, A. J. and Mason, S. F. (1963). Mol. Phys. 6, 359.

McCaffery, A. J., Mason, S. F. and Ballard, R. E. (1965). J. Chem. Soc., 2883.

McClain, W. M. (1971). J. Chem. Phys. 55, 2789.

McColl, I. H., Blanch, E. W., Gill, A. C., Rhie, A. G. O., Ritchie, M. A., Hecht, L., Nielsen, K. and Barron, L. D. (2003). J. Am. Chem. Soc. 125, 10019.

McHugh, A. J., Gouterman, M. and Weiss, C. (1972). Theor. Chim. Acta 24, 346.

Mead, C. A. (1974). Topics Curr. Chem. 49, 1.

Mead, C. A. and Moscowitz, A. (1967). Int. J. Quant. Chem. 1, 243.

Michel, L. (1980). Rev. Mod. Phys. 52, 617.

Michl, J. and Thulstrup, E. W. (1986). Spectroscopy with Polarized Light. Deerfield Beach, FL: VCH Publishers.

Milne, E. A. (1948). Vectorial Mechanics. London: Methuen.

Mislow, K. (1999). Topics Stereochem. 22, 1.

Moffit, W., Woodward, R. B., Moscowitz, A., Klyne, W. and Djerassi, C. (1961). J. Am. Chem. Soc. 83, 4013.

Mortensen, O. S. and Hassing, S. (1979). Adv. Infrared Raman Spectrosc. 6, 1.

Moscowitz, A. (1962). Adv. Chem. Phys. 4, 67.

Mueller, H. (1948). J. Opt. Soc. Am. 38, 671.

Nafie, L. A. (1983). J. Chem. Phys. 79, 4950.

—(1996). Chem. Phys. 205, 309.

Nafie, L. A. and Che, D. (1994). Adv. Chem. Phys. 85 (Part 3), 105.

Nafie, L. A. and Freedman, T. B. (1989). Chem. Phys. Lett. 154, 260.

—(2000). In Circular Dichroism: Principles and Applications, 2nd edition, eds. N. Berova, K. Nakanishi and R. W. Woody, p. 97. New York: Wiley-VCH.

Nafie, L. A., Keiderling, T. A. and Stephens, P. J. (1976). J. Am. Chem. Soc. 98, 2715.

Nafie, L. A., Polavarapu, P. L. and Diem, M. (1980). J. Chem. Phys. 73, 3530.

Nestor, J. and Spiro, T. G. (1973). J. Raman Spectrosc. 1, 539.

Neumann, F. E. (1885). Vorlesungen über die Theorie Elastizität der festen Körper und des Lichtäthers. Leipzig: Teubner.

Newman, M. S. and Lednicer, D. (1956). J. Am. Chem. Soc. 78, 4765.

Newton, R. G. (1966). Scattering Theory of Waves and Particles. New York: McGraw-Hill.

Nye, J. F. (1985). Physical Properties of Crystals, 2nd edition. Oxford: Clarendon Press.

Okun, L. B. (1985). Particle Physics: The Quest for the Substance of Substance. Chur: Harwood Academic Publishers.

Oseen, C. W. (1915). Ann. Phys. 48, 1.

Özkan, I. and Goodman, L. (1979). Chem. Revs. 79, 275.

Papakostas, A., Potts, A., Bagnall, D. M., Prosvirnin, S. L., Coles, H. J. and Zheludev, N. I. (2003). Phys. Rev. Lett. 90, art. no. 107404.

Partington, J. R. (1953). An Advanced Treatise on Physical Chemistry, vol. 4. London: Longmans, Green.

Pasteur, L. (1848). Compt. Rend. 26, 535.

Peacock, R. D. and Stewart, B. (2001). J. Phys. Chem. 105, 351.

Penney, C. M. (1969). J. Opt. Soc. Am. 59, 34.

Perrin, F. (1942). J. Chem. Phys. 10, 415.

Pèzolet, M., Nafie, L. A. and Peticolas, W. L. (1973). J. Raman Spectrosc. 1, 455.

Pfeifer, P. (1980). Chiral Molecules- a Superselection Rule Induced by the Radiation Field. Doctoral Thesis, Swiss Federal Institute of Technology, Zürich. (Diss. ETH No. 6551).

Piepho, S. B. and Schatz, P. N. (1983). Group Theory in Spectroscopy with Applications to Magnetic Circular Dichroism. New York: John Wiley & Sons.

Placzek, G. (1934). In Handbuch der Radiologie, ed. E. Marx, vol. 6, part 2, p. 205. Leipzig: Akademische Verlagsgesellschaft. English translation UCRL Trans. 526 (L)from the US Dept. of Commerce clearing house for Federal Scientific and Technical Information.

Polavarapu, P. L. (1987). J. Chem. Phys. 86, 1136.

—(1990). J. Phys. Chem. 94, 8106.

—(1997). Mol. Phys. 91, 551.

—(1998). Vibrational Spectra: Principles and Applications with Emphasis on Optical Activity. Amsterdam: Elsevier.

—(2002a). Ang. Chem. Int. Ed. Engl. 41, 4544.

—(2002b). Chirality 14, 768.

Pomeau, Y. (1973). J. Chem. Phys. 58, 293.

Portigal, D. L. and Burstein, E. (1971). J. Phys. Chem. Solids 32, 603.

Post, E. J. (1962). Formal Structure of Electromagnetics. Amsterdam: Elsevier. Reprinted 1997. New York: Dover.

Prasad, P. L. and Nafie, L. A. (1979). J. Chem. Phys. 70, 5582.

Quack, M. (1989). Ang. Chem. Int. Ed. Engl. 28, 571.

—(2002). Ang. Chem. Int. Ed. Engl. 41, 4618.

Raab, R. E. (1975). Mol. Phys. 29, 1323.

Raab, R. E. and Cloete, J. H. (1994). J. Electromagnetic Waves and Applications 8, 1073.

Raab, R. E. and de Lange, O. L. (2003). Mol. Phys. 101, 3467.

Raab, R. E. and Sihvola, A. H. (1997). J. Phys. A30, 1335.

Ramachandran, G. N. and Ramaseshan, S. (1961). In Handbuch der Physik, ed. S. Flügge, 25, (1)1.

Raman, C. V. and Krishnan, K. S. (1928). Nature 121, 501.

Lord Rayleigh (then the Hon. J. W. Strutt) (1871). Phil. Mag. 41, 107.

Lord Rayleigh (1900). Phil. Mag. 49, 324.

Rein, D. W. (1974). J. Mol. Evol. 4, 15.

Richardson, F. S. (1979). Chem. Revs. 79, 17.

Richardson, F. S. and Riehl, J. P. (1977). Chem. Revs. 77, 773.

Richardson, F. S. and Metcalf, D. H. (2000). In Circular Dichroism: Principles and Applications, 2nd edition, eds. N. Berova, K. Nakanishi and R. W. Woody, p. 217. New York: Wiley-VCH.

Rikken, G. L. J. A., Fölling, J. and Wyder, P. (2001). Phys. Rev. Lett. 87, art. no. 236602

Rikken, G. L. J. A. and Raupach, E. (1997). Nature 390, 493.

—(1998). Phys. Rev. E58, 5081.

—(2000). Nature 405, 932.

Rikken, G. L. J. A., Strohm, C. and Wyder, P. (2002). Phys. Rev. Lett. 89, art. no. 133005.

Rinard, P. M. and Calvert, J. W. (1971). Am. J. Phys. 39, 753.

Rizzo, A. and Coriani, S. (2003). J. Chem. Phys. 119, 11064.

Rodger, A. and Norden, B. (1997). Circular Dichroism and Linear Dichroism. Oxford: Oxford University Press.

Rosenfeld, L. (1928). Z. Phys. 52, 161.

—(1951). Theory of Electrons. Amsterdam: North-Holland. Reprinted 1965. New York: Dover.

Ross, H. J., Sherbourne, B. S. and Stedman, G. E. (1989). J. Phys. B22, 459.

Rotenberg, M., Bivens, R., Metropolis, N. and Wooten, J. K. (1959). The 3-j and 6-j Symbols. Cambridge, MA: Technology Press, MIT.

Roth, T. and Rikken, G. L. J. A. (2000). Phys. Rev. Lett. 85, 4478.

—(2002). Phys. Rev. Lett. 88, art. no. 063001.

Ruch, E. (1972). Accs. Chem. Res. 5, 49.

Ruch, E. and Schönhofer, A. (1970). Theor. Chim. Acta 19, 225.

Ruch, E., Schönhofer, A. and Ugi, I. (1967). Theor. Chim. Acta 7, 420.

Sachs, R. G. (1987). The Physics of Time Reversal. Chicago: University of Chicago Press.

Salzman, W. R. (1977). J. Chem. Phys. 67, 291.

Sandars, P. G. H. (1968). J. Phys. B1, 499.

—(2001). Contemp. Phys. 42, 97.

Saxe, J. D., Faulkner, T. R. and Richardson, F. S. (1979). J. Appl. Phys. 50, 8204.

Schatz, P. N., McCaffery, A. J., Suet¨aka, W., Henning, G. N., Ritchie, A. B. and Stephens, P. J. (1966). J. Chem. Phys. 45, 722.

Schellman, J. A. (1968). Accs. Chem. Res. 1, 144.

—(1973). J. Chem. Phys. 58, 2882.

Schrader, B. and Korte, E. H. (1972). Ang. Chem. Int. Ed. Eng. 11, 226.

Schütz, G., Wagner, W., Wilhelm, W., Kienle, P., Zeller, R., Frahm, R. and Materlik, G. (1987). Phys. Rev. Lett. 58, 737.

Schwanecke, A. S., Krasavin, A., Bagnall, D. M., Potts, A., Zayats, A. V. and Zheludev, N. I. (2003). Phys. Rev. Lett. 91, art. no. 247404.

Seamans, L. and Moscowitz, A. (1972). J. Chem. Phys. 56, 1099.

Seamans, L., Moscowitz, A., Barth, G., Bunnenberg, E. and Djerassi, C. (1972). J. Am. Chem. Soc. 94, 6464.

Seamans, L., Moscowitz, A., Linder, R. E., Morrill, K., Dixon, J. S., Barth, G., Bunnenberg, E. and Djerassi, C. (1977). J. Am. Chem. Soc. 99, 724.

Sellmeier, W. (1872). Ann. Phys. 147, 386.

Serber, R. (1932). Phys. Rev. 41, 489.

Shubnikov, A. V. and Koptsik, V. A. (1974). Symmetry in Science and Art. New York: Plenum Press.

Silver, B. L. (1976). Irreducible Tensor Methods. New York: Academic Press.

Silverman, M. P., Badoz, J. and Briat, B. (1992). Opt. Lett. 17, 886.

Spiro, T. G. and Stein, P. (1978). Indian J. Pure and Appl. Phys. 16, 213.

Spiro, T. G. and Strekas, T. C. (1972). Proc. Natl. Acad. Sci. USA 69, 2622.

Stedman, G. E. and Butler, P. H. (1980). J. Phys. A13, 3125.

Stein, P., Brown, J. M. and Spiro, T. G. (1977). Chem. Phys. 25, 237.

Stephens, P. J. (1964). Theoretical Studies of Magneto-Optical Phenomena. Doctoral Thesis, University of Oxford.

—(1970). J. Chem. Phys. 52, 3489.

—(1985). J. Phys. Chem. 89, 748.

Stephens, P. J. and Devlin, F. J. (2000). Chirality 12, 172.

Stephens, P. J., Devlin, F. J., Cheeseman, J. R., Frisch, M. J. and Rosini, C. (2002). Org. Lett. 4, 4595.

Stephens, P. J., Suet¨aka, W. and Schatz, P. N. (1966). J. Chem. Phys. 44, 4592.

Stewart, B., Peacock, R. D., Alagna, L., Prosperi, T., Turchini, S., Goulon, J., Rogalev, A. and Goulon-Ginet, C. (1999). J. Am. Chem. Soc 121, 10233.

Stokes, G. G. (1852). Trans. Camb. Phil. Soc. 9, 399.

Stone, A. J. (1975). Mol. Phys. 29, 1461.

—(1977). Mol. Phys. 33, 293.

Sullivan, R., Pyda, M., Pak, J., Wunderlich, B., Thompson, J. R., Pagni, R., Pan, H., Barnes, C., Schwerdtfeger, P. and Compton, R. N. (2003). J. Phys. Chem. A107, 6674.

Sutherland, J. G. and Klein, M. P. (1972). J. Chem. Phys. 57, 76.

Sverdlov, L. M., Kovner, M. A., and Krainov, E. P. (1974). Vibrational Spectra of Polyatomic Molecules. Jerusalem: Israel Program for Scientific Translations.

Svirko, Yu. P. and Zheludev, N. I. (1994). Faraday Discuss. 99, 359.

—(1998). Polarization of Light in Nonlinear Optics. Chichester: John Wiley & Sons.

Tam, A. C. and Au, C. K. (1976). Opt. Commun. 19, 265.

Tellegen, B. D. H. (1948). Philips Res. Repts. 3, 81.

Temple, G. (1960). Cartesian Tensors. London: Methuen.

Theron, I. P. and Cloete, J. H. (1996). J. Electromagnetic Waves and Applications 10, 539.

Tinoco, I. (1957). J. Am. Chem. Soc. 79, 4248.

—(1962). Adv. Chem. Phys. 4, 113.

Tinoco, I. and Williams, A. L. (1984). Ann. Rev. Phys. Chem. 35, 329.

Townes, C. H. and Schawlow, A. L. (1955). Microwave Spectroscopy. New York: McGraw-Hill. Reprinted 1975. New York: Dover.

Turner, D. H., Tinoco, I. and Maestre, M. (1974). J. Am. Chem. Soc. 96, 4340.

Tyndall, J. (1869). Phil. Mag. 37, 384；38；156.

Ulbricht, T. L. V. (1959). Quart. Rev. Chem. Soc. 13, 48.

Vager, Z. (1997). Chem. Phys. Lett. 273, 407.

Vallet, M., Ghosh, R., Le Floch, A., Ruchon, T., Bretenaker, F. and The´pot, J.-Y. (2001). Phys. Rev. Lett. 87, art. no. 183003.

Van Bladel, J. (1991). IEEE Antennas and Propagation Magazine 33, 69.

Van de Hulst, H. C. (1957). Light Scattering by Small Particles. New York: John Wiley & Sons. Reprinted 1981. New York: Dover.

Van Vleck, J. H. (1932). The Theory of Electric and Magnetic Susceptibilities. Oxford: Oxford University Press.

Vargek, M., Freedman, T. B., Lee, E. and Nafie, L. A. (1998). Chem. Phys. Lett. 287, 359.

Velluz, L., Legrand, M. and Grosjean, M. (1965). Optical Circular Dichroism. Weinheim:

Verlag Chemie, and New York: Academic Press.

Verdet, E. (1854). Compt. Rend. 39, 548.

Wagnière, G. H. and Meier, A. (1982). Chem. Phys. Lett. 93, 78.

Walz, J., Fendel, P., Herrmann, M., König, M., Pahl, A., Pittner, H., Schatz, B. and Hänsch, T. W. (2003). J. Phys. B36, 649.

Warren, K. D. (1977). Structure and Bonding 33, 97.

Weigang, O. E. (1965). J. Chem. Phys. 43, 3609.

Weiglhofer, W. S. and Lakhtakia, A. (1998). AEU Int. J. Electronics and Communications 52, 276.

Weinberg, S. (1995). The Quantum Theory of Fields, Vol. 1. Cambridge: Cambridge University Press.

—(1996). The Quantum Theory of Fields, Vol. 2. Cambridge: Cambridge University Press.

Weisskopf, V. and Wigner, E. (1930). Z. Phys. 63, 54；65, 18.

West, C. D. (1954). J. Chem. Phys. 22, 749.

Wesendrup, R., Laerdahl, J. K., Compton, R. N. and Schwerdtfeger, P. (2003). J. Phys. Chem. A107, 6668.

Whittet, D. C. B. (1992). Dust in the Galactic Environment. Bristol: Institute of Physics Publishing.

Wigner, E. P. (1927). Z. Phys. 43, 624.

—(1959). Group Theory. New York: Academic Press.

—(1965). Scientific American 213, No. 6, 28.

Williams, R. (1968). Phys. Rev. Lett. 21, 342.

Wilson, E. B., Decius, J. C. and Cross, P. C. (1955). Molecular Vibrations. New York: McGraw-Hill. Reprinted 1980. Dover, New York.

Wood, C. S., Bennett, S. C., Cho, D., Masterton, B. P., Roberts, J. L., Tanner, C. E. and

Wieman, C. E. (1997). Science 275, 1759.

Woolley, R. G. (1975a). Adv. Chem. Phys. 33, 153.

—(1975b). Adv. Phys. 25, 27.

—(1981). Chem. Phys. Lett. 79, 395.

—(1982). Structure and Bonding 52, 1.

Wu, C. S., Ambler, E., Hayward, R. W., Hoppes, D. D. and Hudson, R. P. (1957). Phys. Rev. 105, 1413.

Wyss, H. R. and Günthard, Hs.H. (1966). Helv. Chim. Acta 49, 660.

Zeeman, P. (1896). Phil. Mag. 43, 226.

Zgierski, M. Z., Shelnutt, J. A. and Pawlikowski, M. (1979). Chem. Phys. Lett. 68, 262.

Zocher, H. and Török, C. (1953). Proc. Natl. Acad. Sci. USA 39, 681.

Zuber, G. and Hug, W. (2004). J. Phys. Chem. A108, 2108.